水电厂检修技术丛书

水电厂电气一次设备检修

张 诚 陈国庆 主编

中国电力出版社
CHINA ELECTRIC POWER PRESS

内 容 提 要

本书为《水电厂检修技术丛书》的一个分册。全书共分六篇三十一章，主要内容包括绪论、大型油浸式电力变压器和电抗器、高压断路器、六氟化硫封闭式组合电器（GIS）、高压配电装置、电力电缆等设备的工作原理及结构、检修管理及工艺、高压测试和故障分析及处理等方面内容。

本书可供从事水电厂电气一次设备检修的专业技术人员、管理人员使用，还可供高等院校相关专业的师生参考。

图书在版编目(CIP)数据

水电厂电气一次设备检修/张诚，陈国庆主编. —北京：中国电力出版社，2012.4（2019.9 重印）

（水电厂检修技术丛书）

ISBN 978-7-5123-2072-7

Ⅰ.①水… Ⅱ.①张… ②陈… Ⅲ.①水力发电站-一次设备-检修 Ⅳ.①TV734

中国版本图书馆 CIP 数据核字(2011)第 177842 号

中国电力出版社出版、发行

（北京市东城区北京站西街 19 号 100005 http://www.cepp.sgcc.com.cn）

北京雁林吉兆印刷有限公司印刷

各地新华书店经售

*

2012 年 4 月第一版 2019 年 9 月北京第三次印刷

710 毫米×980 毫米 16 开本 36.5 印张 682 千字

印数 3501—4500 册 定价 **95.00** 元

《水电厂检修技术丛书》编委会

《水电厂电气一次设备检修》
编　写　人　员

统稿人　肖　荣
编写人员　陈　辉　孙　昕　徐　澄　王义平
徐　江　孙玉华　韩　波　覃　鹏
张松涛　朱　君　董　显　王　军
刘　潇　李俊红　赵雁群　付海涛
覃国茂　罗　曼　卞颖慧　万　松
易继春　严天明　王　平　王超群
唐　力　李燕敏　彭　江　杜　森
田长虹　董珊珊　耿乾坤　李香华
李　广　杨大贵　蔡立新　王卫国
肖燕凤　刘　俊　尹家武
审查人　许承庆

前　言

近年来，我国水电开发迎来了历史性的发展机遇，水电机组单机容量和装机规模不断扩大，水电工程机电设计、制造和安装技术已赶上和达到世界一流水平。随着全球低碳经济的发展，作为大规模可再生清洁能源的水力发电必将得到越来越充分的开发和应用。

水电工程的性能和效益的发挥最终都要通过运行来实现。在水电工程全生命周期管理过程中，优质的建设、优化的运行和优良的检修维护对于充分发挥水电工程的效益都十分重要。得益于计算机、自动化、信息化、网络技术，新材料、新工艺的高速发展，以及现代管理理念和方法的应用，水电厂检修技术也得到不断更新和提高。但一直以来，鲜有全面、完整地介绍水电厂检修技术的书籍面市，使水电厂检修技术的学习、交流和推广受到限制。为了与水电厂同行进行技术交流，探讨推广标准化、规范化的水电厂检修方法，推动水电厂检修技术的不断进步，为从事水电厂检修工作的技术和管理人员提供参考和借鉴，中国长江电力股份有限公司在认真总结三峡水电厂和葛洲坝水电厂多年的检修经验的基础上，精心组织编写了一套《水电厂检修技术丛书》。

《水电厂检修技术丛书》由《水轮发电机组检修》、《水电厂辅助设备及公用系统检修》、《水电厂电气一次设备检修》、《水电厂电气二次设备检修》、《水工建筑物与闸坝机电设备检修》五个分册组成。

本丛书是国内第一套专门针对大中型水电厂的检修技术丛书，力求全面、系统、实用，强调指导性和可操作性。

由于不同形式水轮发电机组的检修方法与工艺有很大差别，因此本丛书检修实例均以国内大型混流式和轴流转桨式水轮发电机组及常见的大型输变电、自动控制和保护设备为主。

《水电厂检修技术丛书》凝聚着中国长江电力股份有限公司广大生产技术人员的智慧和心血，丛书编写历时两年，先后有 100 余人参与其中。公司成立了编写组，总经理张诚亲自组织编写工作，总工程师陈国庆组织了多次编审会议，公司所属三峡水电厂、葛洲坝水电厂和检修厂组织了一大批技术骨干，利用业余时间编写，为《水电厂检修技术丛书》的顺利完成作出了宝贵的贡献。

本书为《水电厂电气一次设备检修》分册，全书详细讲解了水电厂电气一次设备的检修技术，并介绍了一些常见故障的诊断及处理方法。为了帮助读者更好地理解书中内容，本书还辅以大量的图形和图片，力求直观，易懂。本书共分六篇三十一章，第一篇为绪论；第二篇介绍大型油浸式电力变压器和电抗器的检修；第三篇介绍高压断路器的检修；第四篇介绍六氟化硫封闭式组合电器（GIS）的检修；第五篇介绍高压配电装置的检修；第六篇介绍电力电缆的检修。

本书第一章由韩波、孙昕编写，第二章由徐江、张松涛编写，第三章由徐澄、王义平编写，第四章由朱君编写，第五章至第七章由孙昕编写，第八章由赵雁群编写，第九章由罗曼、万松编写，第十章由朱君、赵雁群编写，第十一章由董显编写，第十二章由付海涛、覃国茂编写，第十三、十四章由徐江、王军编写，第十五章由易继春、严天明编写，第十六章由王平、王超群编写，第十七章由唐力编写，第十八、十九章由王军编写，第二十章至第二十三章由陈辉、李燕敏编写，第二十四章由王义平、刘潇编写，第二十五章由彭江、卞颖慧编写，第二十六章由刘潇编写，第二十七章由王军、杜森编写，第二十八章至第三十章由李俊红、孙玉华、刘俊编写，第三十一章由董珊珊编写。本书相关资料收集、管理及校对人员有：覃鹏、耿乾坤、李香华、李广、杨大贵、蔡立新、田长虹、王卫国、肖燕凤、尹家武。全书由许承庆审核，由肖荣编审并统稿。

该书是大中型水电厂检修技术人员几十年经验的积累与总结，内容丰富、易懂、实用，可作为我国水电厂检修维护人员、管理者以及高校相关专业师生的参考书。

由于水电厂检修技术创新日新月异，加之编者水平有限，书中不妥之处在所难免，恳请广大读者提出宝贵意见。

编 者

2011 年 5 月

目　录

第一篇

绪 论

第一章 水电厂电气一次设备简介

第一节 水电厂的生产过程及特点

一、水力发电厂简介

利用水流的动能和势能来生产电能，简称水电厂。水流量的大小和水头的高低，决定了水流能量的大小。从能量转换的观点分析，其过程为：水能→机械能→电能。实现这一能量转换的生产方式，一般是在河流的上游筑坝，提高水位以造成较高的水头；建造相应的水工建筑物，以有效地获取集中的水流。水经引水机构有控制地引入水电厂的水轮机，驱动水轮机转动，水能便被转换为水轮机的旋转机械能。水轮机直接拖动与其相联的发电机，使之旋转，将机械能转换成电能，并由水电厂电气系统升压送入电网。

水电厂主要由水工建筑物、水轮发电机和输变电设备等部分组成。水工建筑物主要用来集中水的落差，使其具备发电条件，并保证水电厂在各种情况下的安全。水轮发电机组将水能转换成电能，输变电设备将发电机发出的电能升压后送入电力系统。

二、水电厂的一般特点

我国水电厂通常具有以下特点。

（1）水电厂一般离电力消费需求较大的负荷中心较远。我国水资源的分布集中在经济和工业相对较为落后的西南部山区，而我国的电力负荷中心集中在经济和工业相对较为发达的东南沿海地区，尤其是沿海大城市。这使得我国水电厂附近负荷相对较小，其电能通常需要通过远距离传输到负荷中心城市或临近集镇供电，从而对水电厂电气一次设备，尤其是输变电设备提出了相对较高的要求。

（2）水电厂布置较为分散。水电厂通常分布在山区，需要通过大电网和各个水电厂的输变电设备使各个水电厂和其他电厂之间相互联系，从而提高水电厂自身运行的可靠性。

(3) 水电厂的检修和运行工作受季节影响较大。水轮发电机组的运行受江河来水的影响较大，丰水季节发电量较大，机组利用率高。枯水季节少水甚至无水发电，机组利用率低。而我国各大河川的枯水季节和丰水季节分布明显，因此，水电厂的机组年利用小时数较低。同时造成水电厂的检修工作通常安排在枯水季节进行的现象，以使水电厂的经济效益最大化。

(4) 流域性梯级开发的集中控制。随着我国水电行业的不断发展，已经出现了同一流域多个水电厂的梯级开发，这就需要将同一流域的梯级开发水电厂集中进行水电联合调度，以提高水资源的综合利用率。

(5) 水轮发电机组启动所需要的时间很短。水轮发电机组的启动到带满负荷往往只需要几分钟，再加上现代水轮发电机组已经具备了较高的自动化程度，使得水轮发电机组在电力系统中承担了调峰、调频的重要任务。

第二节 水电厂电气一次设备的构成与作用

水电厂的正常生产需要各种电气设备参与，按功能分为一次设备和二次设备，前者一般是指发电机、输电线路、主变压器、高压断路器等承受高电压、大电流的主设备；后者主要是承担控制、监视、远动、继电保护、测量等功能，其电压低、电流小。

一、水电厂电气一次设备的基本要求

水电厂的特点决定了其电气一次设备需要以下几个方面的基本要求：

(1) 可靠性。水电厂电气一次设备的可靠性是水电厂输出电能的质量保证。

(2) 经济性。提高水电厂电气一次设备的经济性可以减少发电成本，增加水电厂效益。

(3) 灵活性。即电气一次设备的接线简单、清晰，运行方式灵活，操作和维护方便。在满足多种不同运行方式的倒闸操作的同时，也能满足维护检修、安全满发、系统稳定的要求。

二、水电厂电气一次设备的构成、基本原理及作用

图 1-1 所示为某水电厂部分电气一次设备接线图，从图中可以看出水电厂电气一次设备主要包括以下几个部分：

(1) 水轮发电机。水轮发电机是将水的势能和动能转变成电能的转换装置，是水电厂的核心设备。将具有能量的水引至水轮机，驱动水轮机转动，将水能转化成水轮机的旋转机械能。水轮机带动与其相联的发电机旋转，利用电磁感应原理将机械能转变为电能。水电厂的发电机一般为同步电机，其特点是在稳定运行时，其转

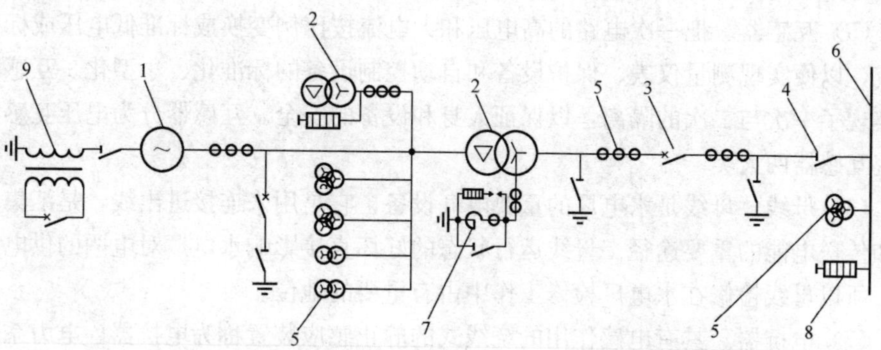

图 1-1 某水电厂部分电气一次设备接线图

1—水轮发电机；2—变压器；3—高压断路器；4—隔离开关；5—互感器；
6—母线；7—电抗器；8—避雷器；9—消弧线圈

速与定子电流的频率保持不变。

（2）变压器。变压器是根据电磁感应原理制成的一种静止的电机。它可用来把某一数值的交流电压或电流变换为同频率的另一数值的交流电压或电流，实现电能的经济传输与灵活分配；也可用来变换阻抗、传输信号；还可用来调节电压、测试电量等。电力变压器是水电厂及电力系统的重要设备。电力变压器分为升压变压器和降压变压器两种。电力变压器主要在电力系统中起功率传送、电压变换和绝缘隔离的作用。在同一段线路上，传送相同的功率，电压经升压变压器升压后，线路传输的电流减小，可以减少线路损耗，提高送电经济性，达到远距离送电的目的。降压变压器在水电厂中主要用于厂用电供电，也就是将电力系统的高电压变成水电厂各种厂用电电气设备的额定电压。

（3）高压断路器。高压断路器是电力系统中最重要的控制和保护设备。高压断路器在正常时接通和断开输电线路；故障时，与继电保护装置相配合，断开故障线路部分，从而保证非故障部分的正常运行。概括地讲，断路器在电网中起两方面作用：①控制作用，即根据电网运行需要，将一部分电力设备或线路投入或退出运行；②保护作用，即在电力设备或线路故障时，通过继电保护装置作用于断路器，将故障部分从电网中迅速切除，防止事故扩大，保证电网的无故障部分正常运行。

（4）隔离开关。高压隔离开关具有明显的分断间隙，因此它主要用来将高压配电装置中需要停电的部分与带电部分可靠地隔离，以保证检修工作的安全。隔离开关用来进行电路的切换操作，以改变系统的运行方式。同时，也可以用来操作一些小电流的电路。隔离开关没有灭弧装置，不能用来切断负荷电流或短路电流，因此它通常与断路器配合使用。

（5）互感器。把一次电路的高电压和大电流按比例变换成标准低电压或标准小电流，以便实现测量仪表、保护设备和自动控制设备的标准化、小型化。互感器同时实现了一次与二次的隔离，以保证人身和设备的安全。互感器分为电压互感器和电流互感器两大类。

（6）母线。母线是水电厂的重要电气设备，它是用来连接进出线，是汇集、分配和传送电能的重要途径。母线运行状态的好坏直接影响水电厂对电网的供电可靠性，所以母线检修在水电厂检修工作中占有重要的地位。

（7）电抗器。具有电感作用的绕线式的静止感应装置称为电抗器。电力系统中常用的有串联电抗器和并联电抗器。串联电抗器主要用来增大短路阻抗，限制短路电流。并联电抗器的主要作用是吸收长距离高电压输电线路上的容性无功功率。消弧线圈也是一种电抗器，其主要作用是在发电机单相接地时通过补偿电容电流来达到熄灭电弧的目的。

（8）避雷器。避雷器的作用是限制过电压以保护电气设备。避雷器通常接在导线和地之间，与被保护设备并联。当被保护设备在正常工作电压下运行时，避雷器不动作，对地视为开路。一旦出现过电压，且危及被保护设备绝缘时，避雷器立即动作，将高电压冲击电流导向大地，从而限制电压幅值，保护电气设备绝缘。当过电压消失后，避雷器迅速恢复原状，使系统能够正常供电。因此避雷器既可用来防护大气过电压，也可用来防护部分操作过电压。

除了图 1-1 中所示的电气一次设备外，水电厂电气一次设备还包括以下设备：

（1）接地装置。接地是指电气设备的某一部分通过接地线和接地体与大地做良好连接。接地体是指直接与土地粘连在一起的金属体或者多个金属体的组合。连接电气设备与接地体的金属连线称为接地线。所谓接地装置就是接地线和接地体的合称。水电厂所有的接地体构成了水电厂的接地网。电气接地是电气安全技术工作之一，用于电气接地的设备既是电气接地装置，也是电气一次设备的重要组成部分。

（2）电力电缆。水电厂中的各种电气一次设备通过电力电缆和母线连接一起构成了水电厂的厂用电系统主接线。

（3）电力电容器。电力电容器是电力系统中补偿无功功率的电气设备。在电网中安装电力电容器的目的是为了减少线路的无功输出，提高电网的输送能力，改善电网的功率因数，降低电能损耗，从而改善了电网和用户的电压质量。电力电容器分为移相、串联、电热、耦合、均压、滤波、脉冲和标准电容器等。

（4）电动机。水电厂在生产过程中需要大量的水泵、油泵、空压机为水电厂的水、油、气系统提供动力，保证水、油、气系统的正常运行。电动机就是为水泵、油泵和空压机等提供动力的电气一次设备。

第二章 水电厂电气一次设备检修概述

第一节 电气一次设备的检修目的和基本要求

一、电气一次设备的检修目的

电气一次设备检修是为了保持或恢复设备的原有功能所进行的技术作业，检修的主要目的如下：

(1) 消除设备缺陷，排除隐患，使设备安全运行。

(2) 提高和保持设备最高效率，提高设备利用率。

(3) 保证设备安全、经济运行，提高设备可用系数，充分发挥设备的潜力。

(4) 保持和恢复设备的铭牌出力，延长使用年限。

(5) 使设备处于良好的技术状态、满足生产的需要。

(6) 保证电力系统安全运行。

电气设备检修通常包括检查、维护、修理和更新等四项任务，其中检查是为了确定和评估设备的实际状态；维护是为了保持设备的期望状态；修理是为了恢复设备的期望状态；更新则是更换无法继续使用或者技术落后的设备。

二、电气一次设备的检修基本要求

(1) 在检修质量管理方面，电气一次设备的检修应在规定期限内高质量、高标准完成计划的全部检修工作并达到质量目标，保证设备安全、稳定、经济运行。

(2) 在检修安全管理方面，坚持“安全第一、预防为主”的基本原则，坚持遵守“两票”制度——工作票和操作票制度。坚持遵守工作许可、工作监护、工作间断、转移和终结制度，保证在检修前完成电气设备作业的停电、验电、接地、悬挂标示牌和装设遮拦的安全技术措施。

(3) 在检修过程控制方面，电气一次设备的检修要采用 PDCA（P—计划、D—实施、C—检查、A—总结）方法，从检修准备工作开始就制定各项计划和具体措施，做好施工、验收和检修后的总结评价工作。

(4) 在检修人员素质方面，检修人员应熟悉各种电气一次设备的结构、性能和原理；熟悉设备的检修工艺、工序、调试方法和质量标准，熟悉安全工作规程；具备一定的钳工技能；熟练掌握与本专业密切相关的电工及其他技能，能看懂图纸并能绘制各种零部件图和电气原理图；要求检修人员能做到一工多艺，一专多能。

(5) 在检修技术与工艺更新方面，应积极建立、推行和采用先进检修工艺、新技术、新方法，推广应用新材料、新工具，提高检修效率。利用设备状态监测和诊断技术，应用计算机检修管理系统，提高发电机、变压器等电气一次设备的可靠性和稳定性。

(6) 在检修施工管理方面，坚持以人为本，完善劳动保护措施，改善检修人员的作业环境和劳动条件，做到文明施工，和谐检修，清洁生产。

(7) 在检修环境管理方面，制定完善的环境保护措施，合理处置各类废弃物，保护好生态环境。

总之，电气一次设备检修工作应在保证安全的前提下，满足《水电厂设备检修管理导则》(DL/T 1066—2007) 中所述的各项基本原则，并坚持贯彻"应修必修，修必修好"的总体原则。

第二节　电气一次设备的检修模式

一、检修模式类型

关于设备检修模式的定义，国内外一直没有统一的标准。目前，检修模式的定义和种类繁多，概念之间相互交错，有从检修触发条件上定义，有从检修手段上区分，有从检修组织管理方法来命名。检修侧重角度不同，相应的模式命名也不尽相同。本书对各类检修模式进行简要介绍。

1. 故障检修模式

故障检修，也称为事后检修或改进性检修，是最原始，也是最基本的一种检修方式。所谓事后检修方式，就是在设备发生故障乃至事故后才进行检修。通常，这种检修方式只适用于造价较低、事故停机带来的直接或间接损失不大的设备，或在关键部位具有备份装置的设备。

2. 预防性检修模式

预防性检修，是以时间为依据的定期检修模式。这种检修模式也称为定期检修、周期性检修，即根据经验和统计资料，为保障设备完好率处于一定水平而进行的检修方式。它是参考设备两次故障之间的平均间隔确定检修间隔，在设备损坏前安排检修，进一步利用设备潜力，使之能继续使用，并尽可能地将设备故障减至最少。

目前，我国水电厂电气一次设备的检修主要采取这种检修模式。

3. 状态检修模式

状态检修是从预防性检修发展而来的更高层次的检修方式，是一种以设备状态为基础、以预测状态发展趋势为依据的检修模式。该检修模式是以电气一次设备当前的实际工作状况为依据，通过在线或离线的监测手段，采集设备的各种状态量，识别故障的早期征兆，对故障部位、严重程度及发展趋势作出判断，从而确定设备各个部件的最佳维修时机。

4. 其他检修模式

根据检修模式划分标准的不同，检修模式还可分为改进性检修、全面生产检修、点检定修、优化检修模式等，对此本书不再赘述。

二、检修等级

水电厂电气一次设备的检修工作的确定，主要以 DL/T 1066—2007 作为主要依据。

水电厂的机组、主变压器的检修等级在 DL/T 1066—2007 中进行了规定。是以机组、主变压器检修规模和停用时间为原则，将检修分为 A、B、C、D 四个等级。A 修和 B 修对应传统的扩大性大修和大修，C 修和 D 修对应小修试验和消缺。

在 DL/T 1066—2007 中，没有规定断路器、隔离开关、互感器等电气一次设备的检修等级，在行业内基本沿用传统的大修和小修。设备的检修时间间隔和检修所需时间根据设备管理单位的相关检修规定、生产厂家的要求，以及设备的运行情况综合确定。

大修是指对电气一次设备进行全面的解体检查和修理，以保持、恢复或提高设备性能。针对设备某些部件存在问题，进行解体检查、修理或者更换，也可对断路器、互感器等输变电设备进行整体更换。

小修是指根据设备的磨损、老化规律，有重点地进行检查、评估、修理、清扫。小修可进行少量零件的更换、消缺、调整、预防性试验等作业。

第三章　水电厂电气一次设备检修的组织与安全管理

第一节　检修前的准备工作

检修前的准备工作有以下几个方面：

（1）针对系统和设备的运行情况、存在的缺陷和小修核查结果，结合上次大修总结，进行现场核对。根据查对结果及年度检修计划要求，确定检修重点项目，制定符合实际情况的对策和措施，并做好有关设计、试验和技术鉴定工作。

（2）落实物资（包括材料、备品备件、安全用具、施工用具等）准备和检修施工场地布置。

（3）制定施工技术措施及安全措施。

（4）准备好技术记录表格。

（5）确定所需测绘和校核的备品备件加工图。

（6）制定实施大修计划的网络图或施工进度表。

（7）明确检修项目组织管理体系，组织人员编制检修文件包内容（见表 3-1）。组织检修员工学习、讨论检修计划、项目、进度、措施及质量等要求。并做好特殊工种和劳动力安排，确定检修项目的施工和验收负责人。

（8）做好大修项目的费用预算，报单位领导批准。

（9）大修前一个月，检修工作负责人应组织相关人员检查上述各项工作的准备情况，开工前还应复核，确保大修顺利进行。

表 3-1　　检修文件包的主要内容

序号	名　称	内　容	备　注
1	检修任务单	（1）检修计划。 （2）工作许可。 （3）检修后设备试运行计划。 （4）检修前交底（设备状况、以往工作教训、修前主要缺陷、特殊项目的安全技术措施）	可根据需要增减部分项目
2	修前准备	（1）设备检修所需图纸和资料。 （2）主要备品配件和材料清单。 （3）工具准备（专用工具、一般工具、试验仪器、测量器具等）	

续表

序号	名 称	内 容	备 注
3	检修工序、工艺	(1) 工作是否许可。 (2) 现场准备。 (3) 拆卸与解体、检修、复装阶段的工序和工艺标准。 (4) 检修记录整理。 (5) 自检。 (6) 结束工作	
4	工序修改记录		根据具体情况
5	质量签证单	质检点签证、三级验收	
6	不符合项处理单		根据具体情况
7	设备试运行单	试运行程序、措施	
8	完工报告单	(1) 检修工期。 (2) 检修主要工作。 (3) 缺陷处理情况（含检修中发现并消除的主要缺陷）。 (4) 尚未消除的缺陷及未消除的原因。 (5) 设备变更或改进情况、异动报告和图纸修改。 (6) 技术记录情况。 (7) 质量验收情况。 (8) 设备和人身安全。 (9) 实际工时消耗记录。 (10) 品配件及材料消耗意见。 (11) 总体检查和验收	

第二节 检修工作的实施

一、检修的开工条件

(1) 根据设备运行状况、技术监督数据和历次检修情况，对机组、设备进行状态评估，并根据评估结果和年度检修工程计划要求，对检修项目进行确认和必要的调整，制订符合实际的对策和技术措施。对重大特殊项目的施工技术措施已经批准。

（2）落实检修费用、材料和备品配件计划等，并做好材料和备品配件的采购、验收和保管工作。

（3）完成所有对外发包工程合同的签订工作。

（4）检修的项目、进度、技术措施、安全措施、质量标准已组织检修人员学习，并为他们熟练掌握。

（5）检查施工机具、专用工具、安全用具，并应检验合格。测试仪器、仪表应有有效的合格证和检验证书。

（6）编制机组、设备检修实施计划，绘制检修进度网络图和控制表。

（7）劳动力、主要材料和备品备件以及生产、技术协作项目等均已落实，不会因此影响工期。

（8）绘制检修现场定置管理图。

（9）根据检修项目和工序管理的重要程度，制定质量管理、质量验收和质量考核等管理制度，明确检修单位和质检部门职责。

（10）编写或修编标准项目检修文件包，制订特殊项目的工艺方法、质量标准、技术措施、组织措施和安全措施。

（11）全体检修人员和有关管理人员应学习安全规程、质量管理手册和检修文件包，并经考试合格。

二、检修阶段的组织管理

（1）贯彻安全工作规程，检查各项安全措施，确保人身设备安全。

（2）检查落实检修岗位责任制、严格执行各项质量标准、工艺措施。

（3）随时根据施工进度，加强组织协调，确保如期竣工。

（4）贯彻勤俭节约原则，爱护工具、器械，节约原料、材料。

（5）搞好文明检修，培养踏踏实实、一丝不苟的工艺作风。

（6）关心检修人员生活，注意职工健康。

三、设备检修的实施和控制

（一）基本要求

（1）应进行安全技术交底和现场检查，审核检修文件、记录是否符合规定要求，管理活动是否按照规定的程序进行。

（2）建立不合格（不符合）处置的程序和责任追溯制度，以防止非预期的使用或交付。

（3）在检修过程中应实施进展评价：评价计划的充分性，计划与工作的符合性，检修项目相互配合与连接的程度，对目标实现的影响。制订纠正措施和预防措施，促进持续改进。

（二）进度控制

(1) 按照工期总目标进行分解，制订阶段控制目标，落实控制进度的措施，包括执行人、目标、任务、检查方法和考核办法。

(2) 应定期检查进度执行情况，分析出现偏差的原因及对后续作业的影响程度。

(3) 采取必要的技术措施、合同措施、经济措施，控制检修进度。

（三）安全控制

(1) 设备检修过程中应贯彻安全工作规程，加强安全管理，明确安全责任，落实安全措施，确保人身和设备安全。

(2) 检查职业健康安全措施计划和安全考核执行情况。记录和分析检查、监测结果，发现问题采取有效的纠正措施和预防措施。

(3) 检修过程中针对检修现场所有的活动、所有的人员、所有的设施进行安全检查和监督。

(4) 严格执行工作票制度和发承包安全协议。

(5) 加强安全检查，定期召开安全分析会。

（四）质量控制

1. 总体要求

(1) 实行质量责任制和追溯制，贯彻三级质量验收原则，严格执行计划变更程序。检修质量管理宜实行质检点检查和三级验收相结合的方式，必要时可引入监理制。

(2) 当发生质量问题时，应分析原因，举一反三，有效整改，完善预控措施。

(3) 检修过程中发现的不符合项，应填写不符合项通知单，并按相应程序处理。

(4) 质检人员应按照检修文件包的规定，对直接影响检修质量的停工待检点、现场见证点进行检查和签证。建立质量记录和报告制度。

(5) 所有项目的检修施工和质量验收应实行签字责任制和质量追溯制。

2. 备品配件的质量控制

(1) 备品配件、材料、工器具的搬运和储存应按规定进行，形成记录。

(2) 采购的备品配件、材料、工器具等应进行现场验收，形成记录。未经检验或检验不合格的不得使用。

3. 工序控制

(1) 设备的分解、检查、修理和复装的整个过程中，应按照作业指导书进行，并有详尽的记录。

(2) 分解阶段。

1) 检修人员到现场拆卸设备，应带全所需的工机具与零星耗用材料，并应检查现场的安全设施（如脚手架、平台、围栏等）是否完整。

2) 应按照检修文件包的规定拆卸需解体的设备，做到工序、工艺正确，使用工具、仪器、材料正确。对第一次解体的设备，应做好各部件之间的位置标识。

3) 拆卸的设备、零部件，应按检修现场定置管理图摆放，并封好与系统连接的管道开口部分。

4) 设备解体前应收集好设备检修的技术文件和试验资料，解体后要进行全面检查，查找设备缺陷，掌握设备技术状况，鉴定以往主要检修项目与技术改进项目的效果。为修理阶段打下基础。

5) 考虑到有可能影响工期的项目（如设备有可能意外磨损、腐蚀、老化等），以及需要进一步落实技术措施的项目，设备的解体检查应尽早进行。

6) 解体重点设备或有严重问题的设备时，检修负责人，有关专业技术人员都应在现场，掌握第一手资料，并抓住关键问题，指导检修工作。

7) 全面测量检查，验证上次检修效果及校正本次检修计划的准确性。

8) 检查所拆卸设备的原始测试数据、设备各部件之间的相对位置标识是否正确、详细。

9) 对故障部位进行测绘、拍照、试验，对设备缺陷应进行重点检查，分析原因。

10) 评价设备的检查情况，调整检修项目、进度和费用等计划。

(3) 修理阶段。

1) 设备解体后，应做好清理工作，及时测量各项技术数据，并对设备进行全面检查，查找设备缺陷，掌握设备技术状况，鉴定以往重要检修项目和技术改造项目的效果。对于已掌握的设备缺陷应进行重点检查，分析原因，实施有针对性的检修处理。

2) 根据设备的检查情况及所测的技术数据，对照设备现状、历史数据、运行状况，对设备进行全面评估，并根据评估结果，及时调整检修项目、进度和费用。

3) 对停工待检点、现场见证点进行检查和验收；确认符合工艺要求和质量标准、缺陷已消除；形成记录，方可进行下一步的工序。

4) 设备解体后，发现新的缺陷，要及时增补检修项目，落实检修方法，并修改网络图和调配必要的工机具和劳动力等，防止窝工。

(4) 复装阶段。

1）设备的修理和复装，应严格按照工艺要求、质量标准、技术措施进行。

2）设备经过修理，符合工艺要求和质量标准，缺陷确已消除，经验收合格后才可进行复装。

3）复装应做到不损坏设备、不错装漏装零部件、不将杂物遗留在设备内。

4）复装过程中，应有详尽记录，必要时应对关键部位、关键工序、工艺进行拍照或摄像。

5）做好防锈、防腐措施并恢复标识，复装后应及时恢复设备原有罩壳、临时拆除的栏杆、平台等。

6）回装过程的主要工序，必须严格控制质量，把住质量验收关。检查与相关设备和系统连接部分的分解、隔离是否适当。

7）质量策划中确定的特殊过程，按照专门的作业指导书重点控制操作人员、材料、设备、工艺等。

（五）费用控制

(1) 建立费用审批程序，实行动态管理，做到主动控制、事前控制。

(2) 检修过程中应及时收集各项费用支出记录，建立检修项目成本核算台账，按检修阶段进行成本核算。

(3) 与计划目标进行对比，发现偏差，分析原因，采取相应的措施。

(4) 在坚持检修“质量第一，保证安全”的前提下，每个检修人员都应树立经济观点，养成勤俭节约的作风，合理使用材料和更换零部件，防止错用和浪费器材。

（六）现场管理

(1) 定期检查、考核现场管理的执行情况，发现问题及时整改。

(2) 定期监测环境管理方案的执行情况，记录监测结果，以便采取纠正措施和预防措施。

(3) 检查节能计划执行情况，发现问题及时纠正。

(4) 检修过程中，要及时做好记录，记录的主要内容应包括：设备技术状况、检修内容、系统和设备结构改动、测量数据和试验结果等。记录应完整、正确、简明和实用。

(5) 检修阶段要抓紧时机，测量实物，校核和测绘备品配件图。

(6) 搞好工具、仪表管理，严防工具、机件或其他物件遗留在设备或管道内；重视消防、保卫工作；工程竣工后，做好现场清理工作。

（七）采购控制

1. 合同管理

(1) 建立并执行合同管理标准，规范合同格式，确认外单位合同格式等效性的程序，明确合同授权或委托的程序及权限。

（2）合同管理实行责任制，贯穿检修的全过程。对进度、安全、质量、合同投资、价款结算、竣工决算、合同期满直至归档等应由专人负责。

（3）控制不规范的项目，避免临时项目的发生。对于确实需要发生的合同变更项目，按照规定的程序执行。应确保相关的合同得到修改，相关人员掌握已变更的内容。

（4）应当监视供方的业绩以确保满足合同条件，监视的结果应当反馈供方，对采取的措施达成一致意见。

（5）企业应选派经授权的代表，全面协调相关各方的关系，履行合同义务，积极为各方开展工作提供必要条件。

（6）合同关闭以前，应当验证所有的合同条件都得到满足，并作为今后评价业绩依据。

2. 检修承包企业的管理

（1）对外发包项目管理应以合同管理为核心，实行全过程监督管理，防止“以包代管”。

（2）开工前应向检修承包方提供有关检修文件、设备图纸及现场管理等要求，并向检修承包方进行技术与安全交底。

（3）应向检修承包方提供现场必要的专用机具和相应的检验合格证明。

（4）在承包方进入现场前，应审查检修承包方编制的检修管理文件，进行安全教育，经过考试合格后，方可进入检修现场。

（5）承包方进行现场作业的特殊工种人员应持有相应的资质证书。使用的机具、仪表应符合有关安全和技术规定，并有检验合格证。

（6）承包企业应建立报告制度，明确报告的格式和周期。

3. 咨询服务企业的管理

应明确专门人员负责咨询服务企业的工作，检查履行合同状况，发现问题双方协商一致，采取改进措施。监理应按照《水电水利工程施工监理规范》（DL/T 5111—2000）开展工作。

（八）沟通控制

（1）检查沟通计划实施状况，注意各有关单位相互衔接和交叉部位沟通效果。

（2）沟通信息应进行收集、汇总、统计、分析、处理、传递和归档。

（3）各级检修管理人员要注意调查研究，随时掌握检修进度，协助现场做好劳动力、特殊工种、检修进度、施工机具和物资供应等的平衡调度工作。如果检修工程不能按期竣工，应办理延长工期手续。

第三节 电气设备的检修质量验收和试运行

一、设备检修工作的要求

(1) 质量优良。设备检修后，消除了设备缺陷；达到各项质量标准；能在规定的检修工期内启动成功；能在一个大修间隔内安全、经济、满出力运行；可靠性、经济性比检修前有所提高；监测装置、安全保护装置、主要自动装置投入率较修前提高，动作可靠；各种信号、标志正确。

(2) 工期短。完成全部规定标准项目和特殊项目，且检修停用日数不超过规定。

(3) 检修费用低。材料、人工、费用不超过批准的限额和合同规定数额。

(4) 安全。施工中严格执行安全规程，做到文明施工、安全作业，杜绝人身重伤以上事故和设备严重损坏事故。

(5) 检修管理科学。能严格执行检修有关规程和规定，不断完善检修管理，各种检修技术文件齐全、正确、清晰，检修现场清洁。

二、设备检修质量检验

质量检验实行检修人员自检和验收人员检验相结合，简单工序以自检为主。

质量检验以行业标准和现场的工艺规程和质量标准为准则。

验收人员必须深入现场，调查研究，随时掌握检修情况，不失时机地帮助检修人员解决质量问题。同时，必须坚持原则，坚持质量标准，把好质量关。

三、设备验收程序和方法

质量验收实行班组、车间（或分场、专业队、检修队）、单位三级验收制度。单位总工程师根据检修项目和工序的重要程度，组织制定质量验收管理制度，明确班组、车间和单位三级验收的职责范围。各项技术监督的验收，应有专业人员参加。

(1) 由班组验收的项目，一般由检修人员自检后交班组长进行检验。班组长要做好必要的技术记录。

(2) 重要工序和重要项目及分段验收项目和技术监督项目由车间一级进行验收。检验后，应填好分段验收记录，其内容包括检修项目、技术记录、质量评价检修和验收双方负责人的签名。

(3) 主要设备大修后的总验收，由总工程师主持进行单位验收。

四、设备检修后试运行

设备检修后试运行有分步试运行和整体试运行。分步试运行由运行负责人主持，检修负责人、有关检修人员和安监人员参加。分步试运行必须在分段试验合格并核查修理项目无遗漏，检修质量合格，且技术记录、有关资料齐全无误后方能进行。整体试运行是由总工程师主持。在核查分段验收、分步试运行资料，并进行现场检查，质量、环境符合要求后，由总工程师发布启动和整体试运行决定。试运行内容包括各项冷态试验、热态试验和带负荷试验。

试运行前，检修人员应向运行人员书面交待设备和系统的变动情况及运行中要注意的事项。在试运行期间，检修人员和运行人员应共同检查设备的技术状况和运行情况。参加验收的运行人员，要重点检查下列内容：

(1) 设备运行是否正常，活动部分是否灵活，设备有无渗漏。

(2) 标志、信号是否正确，自动装置、监测和保护装置、表计是否齐全，指示动作是否正常。

(3) 核对设备、系统的变动情况。

(4) 施工设施和电气临时接线是否已拆除。

(5) 现场是否整洁。

经过整体试运行，并经全面检查，确认情况正常后，由总工程师批准竣工并报电网调度投入运行。这就完成检修验收和移交的全部工作。

第四节　检修过程的安全管理

一、检修前的安全管理

1. 检修前的安全准备

(1) 加强人员安全培训，满足工程要求。

(2) 检修现场增设的各种安全设施应符合安全要求。高空作业的脚手架、平台、栏杆、起重设备的安装必须牢固可靠，工地现场的照明布置照度必须符合要求，检修电源和所有电动工具都应配备有漏电保护器；其他必要的防护设施都应符合安全要求。

(3) 确定合适的工作负责人及工作班成员。

(4) 按工作要求准备材料、工具、仪表、备品配件，并对工具、材料进行检查，确定符合要求。

(5) 进行现场勘察，详细了解现场施工条件，确认安全技术措施。

(6) 了解设备的原始资料（含试验、油化、缺陷等资料）。

(7) 工作负责人和工作票签发人组织工作班成员进行施工现场危险源、环境因素识别，在危害识别和风险分析的基础上，制定危险源、环境因素控制措施清单，编制施工的安全措施，并组织进行安全技术交底。

2. 需要注意的问题

（1）制定安全组织措施。在组织措施中应明确检修项目、内容和人员的分工，以使各项目负责人充分了解工程细节和施工要领；确定具体项目的工作负责人，组织安全网络，明确工作负责人和安全员的职责以及相互间的配合、联络的程序。对多单位、多工种联合作业的检修来说，必须明确检修中的总工作负责人，有关安全事项由总负责人统一指挥。

（2）制订安全检修规定。应针对检修作业的内容、范围制订相应的检修安全规定，明确检修作业程序、进入施工现场的安全纪律，并指派专人负责现场安全规定的宣传、检查和监督工作。

（3）明确施工要求。施工要求应在检修准备阶段制定明确，对设备的分解、更换零部件、检修部位等要有具体的操作步骤，检修应达到的要求都应在施工方案中阐明。对关系重大的焊接、起吊等应对施工前的安全措施、工艺、施工要求、检验方法和评定标准等提出明确的要求。

（4）准备设备、附件、材料和安全用具。根据检修的项目、内容和要求，准备检修所需的材料、备品和配件，做好安全工器具、起重设备、焊接设备、电动工具的事前安全检查以及吊具、索具等用具的检查。有登高作业之处按安全规定搭好脚手架，安全带、安全帽、防毒面具以及消防器材、消防设施等都应指定专人分别负责，仔细检查或检验，确保完好。

（5）层层落实分解目标。在检修前应召开安全会议或检修动员会，向参加检修的全体人员宣布组织机构和各级安全负责人名单、检修安全纪律、规定及安全注意事项，明确检修项目、内容、计划进度、作业程序、检修质量要求、安全标准、工作范围、区域划分等。各项目的负责人应召开所属人员会议，将检修项目的内容和安全要求具体化，将有关检修中的安全措施落实到人。

二、检修实施阶段的安全管理

1. 工作许可手续

工作许可手续是指工作许可人在完成施工现场的安全措施后，会同工作负责人，到工作现场所做的一系列证明、交待、提醒和签字而准许检修工作开始的过程。该过程要实现认真办理开工手续、认真执行工作票制度、布置完善的安全技术措施。

2. 工作负责人对工作班成员的第二级许可

办理工作许可手续后还应使检修人员掌握工作的安全技术措施，明确工作范围，清楚工作程序和本工作的危险点及其预防措施。工作负责人带领工作班人员进入工作现场，向工作班成员宣读工作票，指明工作活动范围，指明临近设备的带电部位，讲清现场安全措施及注意事项，同时对工作人员可能误登、误碰的场所和设备，以及现场存在的其他危险因素予以提示、提醒。工作负责人还要宣布工作制度、任务方案，回答工作班成员的有关问题，让所有的成员都明白自己的责任和应完成的任务。工作班成员应在工作票和危险点预控表上签字。

3. 检修工作中的安全管理

工作负责人的职责是对工作的全面负责，必须认真交待安全注意事项，落实安全措施，特别要注意有无习惯性违章。

检修现场设置了安全界标成栅栏后，应有专人负责监护，非检修人员禁止入内。检修中应经常清理现场，正确堆放材料和工具，保持道路的畅通。

严格遵守安全制度，检修过程中对检修的内容、设备的缺陷情况、作业方法、更换的附件等应做详细记录。对检修工作中的关键过程和特殊过程，检修指挥机构必须组织相关部门进行过程鉴定，保证所使用的设备处于完好状态。工作班成员要求技术素质合格，严格按照工艺规程、作业指导书和有关文件进行作业，同时做好相应的记录。

通过执行工作监护制度，工作负责人对工作人员工作过程中的不安全动作、错误做法及时进行纠正和制止，对工作班成员的技术技巧予以必要的指导和监督。

4. 工作间断的安全管理

工作过程中因为某种原因工作人员从工作现场撤出而停止一段时间工作的情况称为工作间断。工作间断主要有当日工作间断和隔日工作间断两种形式。

当日工作间断。工作票不回交值班许可人，工作现场的安全措施全部保持原样。在复工前工作负责人应将前段工作作出简单的小结，对下段工作进行要求和布置。

隔日工作间断。工作间断后次日再进行工作，因工作间断时间较长，现场布置的安全措施因某种原因可能发生改变，因此每日工作收工时应清理现场，开放已封闭的通道，将工作票回交值班许可人。次日复工时要取得值班员的许可，取回工作票，重新检查现场所做的安全措施与工作票所载的相符，做好相关其他措施，工作班成员在工作负责人的带领下进入工作地点，恢复工作。

三、工作终结的安全管理

工作完毕后，工作负责人应完成以下步骤，办理工作终结手续。

（1）工作班成员清理工作现场，检查有无物件遗留、设备是否清擦干净等，对工作的全过程进行周密的检查后，工作人员全部撤离工作地点。

（2）工作负责人向值班负责人讲清所修项目、发现的问题、遗留的问题，提交试验报告和检修结论。许可人与工作负责人一起对设备状况进行全面的检查，必要时可进行仪器测试或操动试验，所查结果应与报告结论一致。

(3) 工作许可人在工作票上签写工作结束的时间，许可人与工作负责人分别在工作票上签名，检修现场工作至此完全结束。

检修工作结束或告一段落，总工作负责人及各专业负责人应主持召开一次短会，总结作业任务；同时总结安全和文明生产情况，奖优评差，对作业中发生的不安全因素、现象提出防范措施。总工作负责人及各专业负责人要及时、全面地总结经验，将检修过程中有关安全和质量方面的信息作为今后改进的主要依据。

第二篇

大型油浸式电力变压器和电抗器的检修

第四章　油浸式电力变压器的分类和结构

电力变压器是电力系统中最关键的设备之一，它承担着电压变换、功率传递和分配等重要功能，随着电力工业的发展，越来越多的高电压大容量油浸式电力变压器陆续投入到电力系统中运行，对电力的安全和经济传输等都起到重要作用。

第一节　油浸式电力变压器的分类

一、油浸式电力变压器的分类

油浸式电力变压器的种类很多，按功能分，有升压变压器和降压变压器两大类，如图 4-1 所示；按相数分，有单相和三相两大类；按调压方式分，有无载调压（又称为无励磁调压）和有载调压两大类；按绕组结构分，有单绕组自耦变压器、双绕组变压器、三绕组变压器；按冷却方式分，有油浸自冷、油浸风冷、强迫油循环风冷、强迫油循环水冷等。

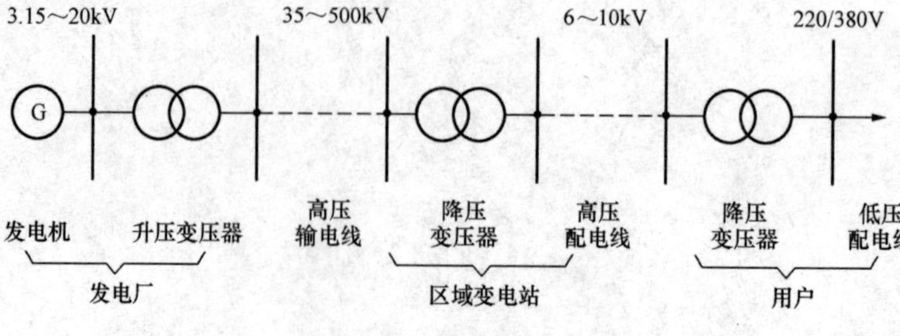

图 4-1　变压器的升压与降压过程图

二、油浸式电力变压器的型号

油浸式电力变压器的型号是由字母和数字组成的，如下所示：

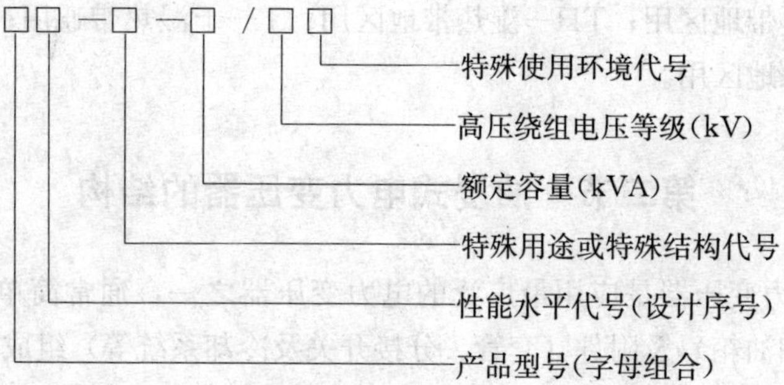

(1) 变压器的型号和字母符号的含义见表 4-1。

表 4-1　　变压器的型号和字母符号的含义

序　号	分　类	类　别	代表符号	
			新型号	旧型号
1	相数	单相	D	D
		三相	S	S
		空气	K	G
		成型固体	C	C
2	冷却方式	油浸自冷式	不标注	J
		风冷式	F	F
		水冷式	W	S
3	油循环方式	自然循环	N	不标注
		强迫导向循环	D	不标注
		强迫循环	P	P
4	绕组数	双绕组	不标注	不标注
		三绕组	S	S
5	调压方式	无励磁调压	不标注	不标注
		有载调压	Z	Z
6	绕组导线材料	铜	不标注	不标注
		铝	不标注	L
7	绕组耦合方式	自耦	O	O
		分裂	不标注	不标注

(2) 特殊用途或特殊结构代号含义：

Z—低噪声用；L—电缆引出；X—现场组装式；J—中性点为全绝缘；CY—发电厂自用变压器。

(3) 特殊使用环境代号含义：

TA—干热带地区用；TH—湿热带地区用；T—干湿热带通用；W—防轻腐蚀用；GY—高原地区用。

第二节　油浸式电力变压器的结构

油浸式电力变压器是应用最广泛的电力变压器之一，通常简单定义为由本体（铁芯、绕组和油箱）及附件（套管、分接开关及冷却系统等）组成，还可细分为：

（1）器身，包括铁芯、绕组、绝缘结构、引线、分接开关等。

（2）油箱，包括油箱（箱盖、箱壁、箱底）和油箱上安装的部件（放油阀门、油样活门、接地螺栓、铭牌等）等。

（3）冷却装置，即散热器或冷却器等。

（4）保护装置，包括储油柜（油枕）、油位计、压力释放阀、吸湿器（呼吸器）、温度计、净油器、气体继电器（瓦斯继电器）等。

（5）出线装置，包括高、低压及中性点套管等。

一、铁芯

铁芯是电力变压器最基本组成部分，它的作用是构成磁路。为了减少铁芯的磁滞和涡流损耗，铁芯一般用厚度 0.30～0.50mm 的硅钢片冲剪成几种不同尺寸，并在表面涂 0.01～0.13mm 绝缘漆，烘干后按一定规则叠装而成，图 4-2 所示为老式电力变压器铁芯片叠积图，图 4-3 所示为低损耗全斜接不断轭铁芯片叠积图，图 4-4 所示低损耗全斜接断轭铁芯片叠积图。

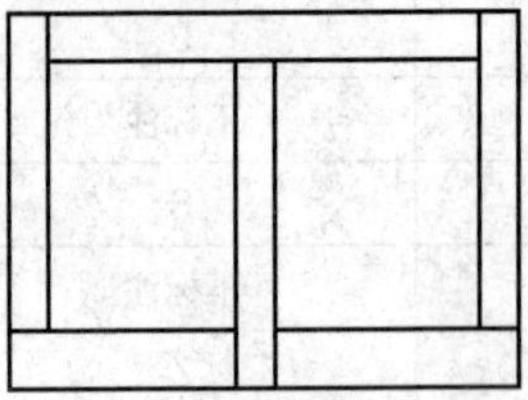

图 4-2　老式电力变压器铁芯片叠积图

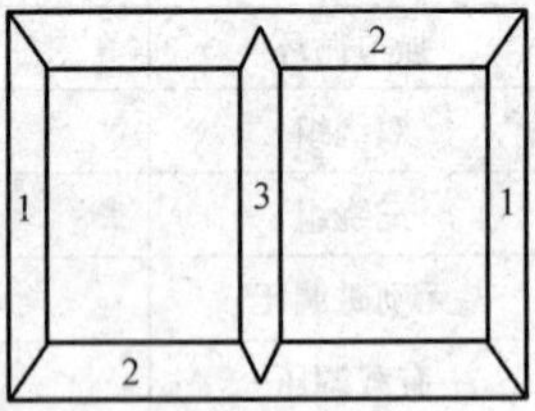

图 4-3　低损耗全斜接不断轭铁芯片叠积图

1—边柱叠片；2—上下铁轭叠片；3—中柱片

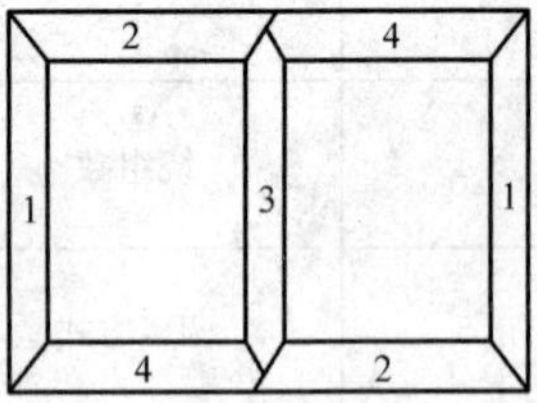

图 4-4　低损耗全斜接断轭铁芯片叠积图

1—边柱叠片；2，4—上下铁轭叠片；3—上下带 45°轭片

铁芯由芯柱、铁轭和夹紧装置组成，绕组套装在铁芯柱上。低损耗电力变压器，铁芯采用全斜接缝结构，可降低铁芯柱到铁轭拐弯处的附加损耗，其空载损耗比老产品可降低 40%左右。采用全斜接缝铁芯，铁芯片叠成芯柱后，可不用穿芯

螺杆紧固，而采用无纬玻璃丝带绑扎，再经金属夹件夹紧。

老式电力变压器铁芯用穿芯螺杆紧固，穿芯螺杆必须与硅钢片绝缘，否则涡流损耗增加，使铁芯过度发热。铁芯叠片与穿芯螺杆之间用胶木纸管绝缘；胶木纸管的两端要伸入纸板垫圈中；在钢垫圈和纸板垫圈之间有辅助绝缘垫圈，用来防止由于安装不正等原因造成钢垫圈与铁芯柱表面的接触，如图 4-5 所示。

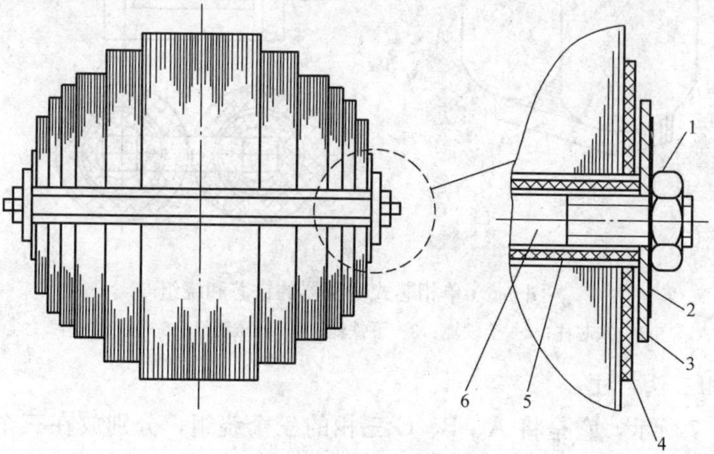

图 4-5 穿芯螺杆的绝缘结构

1—钢螺母；2—辅助绝缘垫圈；3—钢垫圈；4—纸板垫圈；5—胶木纸管；6—穿芯螺杆

随着制造工艺的提高，铁芯结构设计与制造水平达到了新的高度。铁芯叠片采用多级阶梯接缝，可降低变压器空载损耗和空载电流，阶梯接缝的位置靠铁轭片上的定位孔确定，铁芯叠装时使用定位棒。某些厂家铁芯叠装采用不叠上铁轭工艺，可以降低损耗和节省工时，起立前，通过简易定位结构保证铁芯各柱之间的尺寸及垂直度，在将上下夹件、撑板、垫脚、拉板、拉带等装配齐全并紧固到位后，才使用滚转台起立铁芯。芯柱采用机器整体绑扎烯纬黏带方法，较采用钢紧固件和烯纬黏带间隔绑扎的传统方法又更进了一步。

总的来说，变压器的铁芯结构，其基本型式有两种，一种称为芯式铁芯，也称为内铁式芯；另一种称为壳式铁芯，也称为外铁式铁芯。

（一）芯式铁芯

1. 单相两铁芯柱

如图 4-6 所示，它有两个铁芯柱，用上、下两个铁轭将芯柱连接起来，构成磁路。将绕组分别放在两个铁芯柱上，这两个铁芯柱上的绕组可以接成串联，也可以接成并联。通常将低压绕组放在内侧，即靠近铁芯，而把高压绕组放在外侧，即远离铁芯，这样便于绝缘处理和绕组的分接抽头等。

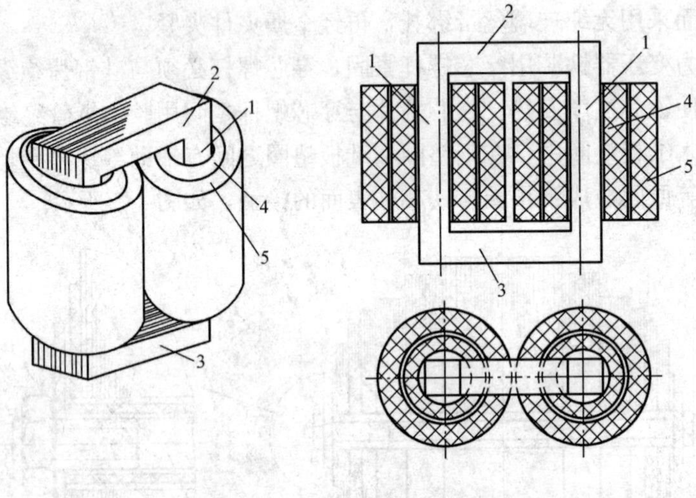

图 4-6 单相芯式变压器的铁芯和绕组

1—铁芯柱；2—上铁轭；3—下铁轭；4—低压绕组；5—高压绕组

2. 三相三铁芯柱

如图 4-7 所示，它是将 A、B、C 三相的三个绕组，分别放在三个铁芯柱上，三个铁芯柱也由上、下两个铁轭连接起来，构成磁回路，绕组的布置方式也同单相一样，将低压绕组放在内侧，而把高压绕组放在外侧。

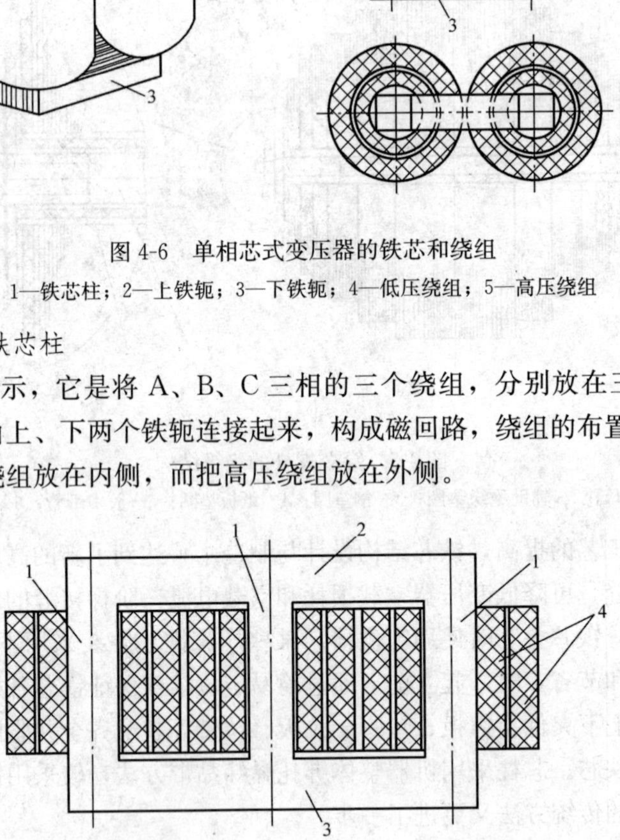

图 4-7 三相三铁芯柱变压器的铁芯和绕组

1—铁芯柱；2—上铁轭；3—下铁轭；4—绕组

3. 三相五铁芯柱

如图 4-8 所示，它与图 4-7 中的三相三铁芯柱相比较，在铁芯柱的左右两个尽头端，多了两个分支铁芯柱，它称为旁轭，各电压级的绕组分别按相套在中间三个铁芯柱上，而旁轭是空的铁芯柱，没有绕组，这样就构成了三相五铁芯柱变压器。

国内某电厂的 840MVA 主变压器采用三相五柱式铁芯，铁芯叠片采用六级阶

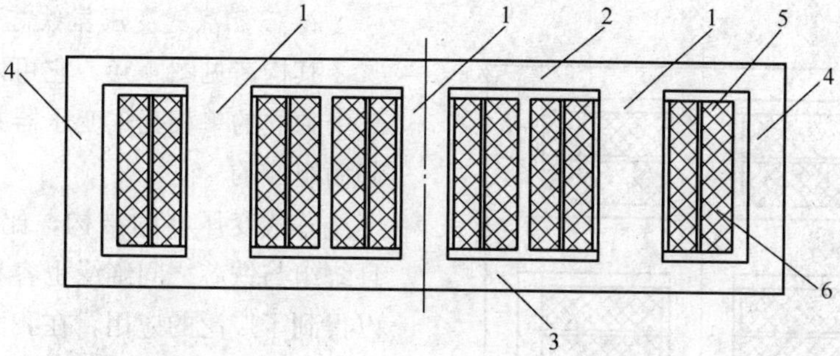

图 4-8　三相五铁芯柱变压器的铁芯和绕组

1—铁芯柱；2—上铁轭；3—下铁轭；4—旁轭；

5—低压绕组；6—高压绕组

梯接缝，可降低变压器空载损耗和空载电流。铁轭及旁柱截面为椭圆形，芯柱及旁柱采用玻璃带和钢质拉紧螺杆紧固，钢质拉紧螺杆用圆铜线引出接地。上下轭靠夹件和钢拉带紧固，钢拉带与夹件单边绝缘。铁芯有底部垫脚和上部撑板。芯柱采用非导磁钢拉板，旁柱采用导磁高强度钢拉板。芯柱拉板下部是一整块钢板，用于与下夹件固定，每条钢板的上部与钢螺杆焊接。铁芯叠片采用并联接地，五个散热油道，夹件接地单独引出。为降低变压器铁芯噪声，铁芯片间每隔 200mm 加装一层 1mm 耐油橡胶板。芯柱的末级片开槽，防止漏磁引起局部过热。

（二）壳式铁芯

1. 单相壳式变压器铁芯

单相壳式变压器铁芯构造见图 4-9，具有两个分支铁芯柱，中间一个铁芯柱的宽度为两个分支铁芯柱宽度之和。把全部绕组放在中间的铁芯柱上，两个分支铁芯柱围绕在绕组的外侧，好像“外壳”似的因而得名。

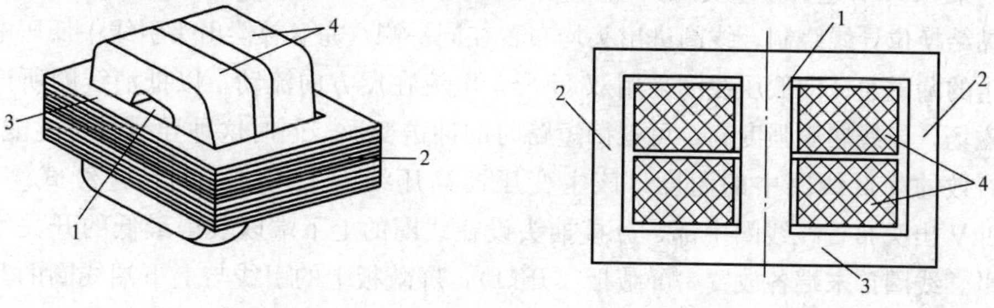

图 4-9　单相壳式变压器铁芯和绕组

1—铁芯柱；2—分支铁芯柱；3—铁轭；4—绕组

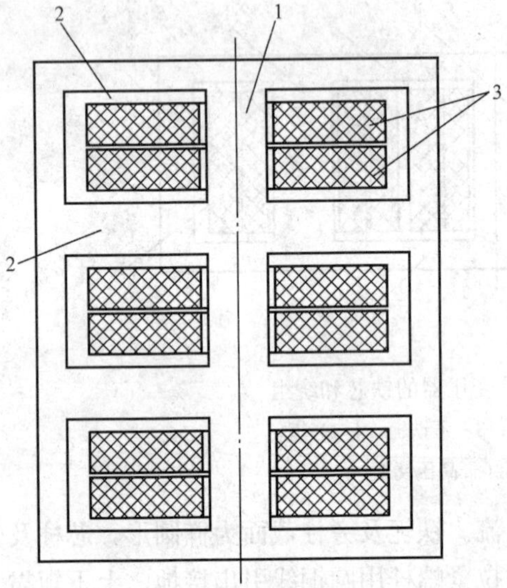

图 4-10　三相壳式变压器铁芯和绕组
1—铁芯柱；2—铁轭；3—绕组

2. 三相壳式变压器铁芯

其构造见图 4-10，它可以看作是由三个独立的单相壳式变压器并排放在一起而组成的。

芯式变压器的结构，比壳式简单，且绕组与铁芯之间绝缘也容易处理，所以得到了广泛的应用，在我国电力变压器一般都制造成芯式变压器。

二、绕组

绕组也是电力变压器最基本组成部分，它与铁芯合称电力变压器器身，是建立磁场和传输电能的电路部分。电力变压器绕组由高压绕组，低压绕组，对地绝缘，绕组间绝缘及油道，高、低压引线等构成。不同容量、不同电压等级的电力变压器，绕组形式也不一样。一般电力变压器中常采用同芯式和交叠式两种结构形式。

（一）同芯式绕组

同芯式绕组是把高压绕组与低压绕组套在同一个铁芯上，一般是将低压绕组放在里边，高压绕组套在外边，以便绝缘处理。同芯式绕组结构简单、绕制方便，故被广泛采用。按照绕制方法的不同，同芯式绕组又可分为圆筒式、螺旋式、连续式、纠结式等几种。

某 500kV 超大容量变压器低压线圈采用轴向分裂的螺旋式绕组，使用网状环氧黏结换位导线绕制，线圈进出头均布置在同一侧，完全补偿出头引线中低压电流产生的漏磁通。即低压线圈采用双 U 形，电流在反方向流动，以抵消线圈所产生的磁场，导线屈服强度高，可抵御短路时的冲击变形，同时这种导线散热性能好，可有效的降低线圈中的温度；该主变压器高压线圈采用饼式纠结连续式绕组，500kV 出头布置在线圈中部，分接抽头设在线圈的上下端以获得最低的开关绝缘水平。线圈首末端各放置一屏蔽板（开口），屏蔽板上的引线与上下端线圈的其中一引线焊接在一起，中部插入纠结绕组一同增加其纵向电容，改善电压分布，使线圈电压均衡。高压绕组采用的组合导线绕制连续纠结式，连续部分采用网状环氧黏结换位导线绕制，使绕组的涡流损耗减少。

（二）交叠式绕组

交叠式绕组又称为交错式绕组，在同一铁芯柱上，高压绕组、低压绕组交替排列、间隙较多、绝缘较复杂、包扎工作量较大。它的优点是力学性能较好、引出线的布置和焊接比较方便、漏电抗较小，一般用于电压为35kV及以下的电炉变压器中。

三、分接开关

分接开关又称为调压开关，是调整电压比的装置，可分为无励磁分接开关和有载调压分接开关两种。

（一）无励磁分接开关

无励磁分接开关，也称为无载调压开关，其作用是在变压器的一次侧和二次侧均在与网路开断的情况下，用以变换一次或二次绕组的分接，改变其有效匝数，进行分级调压。

无励磁分接开关动作位置准确、操作灵活方便、有良好的绝缘性能和稳定性、机械强度高、寿命长。

目前电力变压器使用的无励磁分接开关有三相中性点调压无励磁分接开关、三相中部调压无励磁分接开关、三相中部调压横条型无励磁分接开关、单相无励磁分接开关等。

（二）有载调压分接开关

有载调压分接开关是在变压器负载运行中用以变换一次或二次绕组的分接，改变其有效匝数，进行分级调压。

四、绝缘套管

绝缘套管是油浸式电力变压器箱外的主要绝缘装置，变压器绕组的引出线必须穿过绝缘套管，使引出线之间及引出线与变压器外壳之间绝缘，同时起固定引出线的作用。绝缘套管应具有足够的绝缘能力、机械强度和良好的热稳定性、体积小、质量轻、便于维护检修等性能。

套管种类很多，一般按绝缘种类可分为单一绝缘套管和复合绝缘套管，在高电压110～500kV等级多采用油浸纸电容式套管。近年来还发展了环氧树脂胶浸纸绝缘套管，其性能较为优越。

胶纸电容式套管由上胶纸和铝箔加热卷制而成，没有下瓷套，上瓷套内充绝缘混合物，它具有机械强度高、尺寸小等优点。但由于上胶纸卷制时内部气隙不易消除，会产生局部放电，有使介损增大等缺点，对制造水平要求较高。

油纸电容式套管由电缆纸和铝箔卷制而成，由上瓷套、下瓷套和其他附件组成。现主要以高电压油纸电容式套管为例介绍套管的结构。

油纸电容式套管的内绝缘是以铝箔作为各电容层的电极板和油浸纸作为各电容层的绝缘卷成电容式芯棒承受电压。上、下段瓷套既作为套管的内、外绝缘，也作为绝缘油的容器，使电容芯棒始终充满合格的绝缘油，保证其电容层间油浸纸的电气强度，另外保证沿瓷套内壁具有较高的放电电压，其结构如图4-11所示。

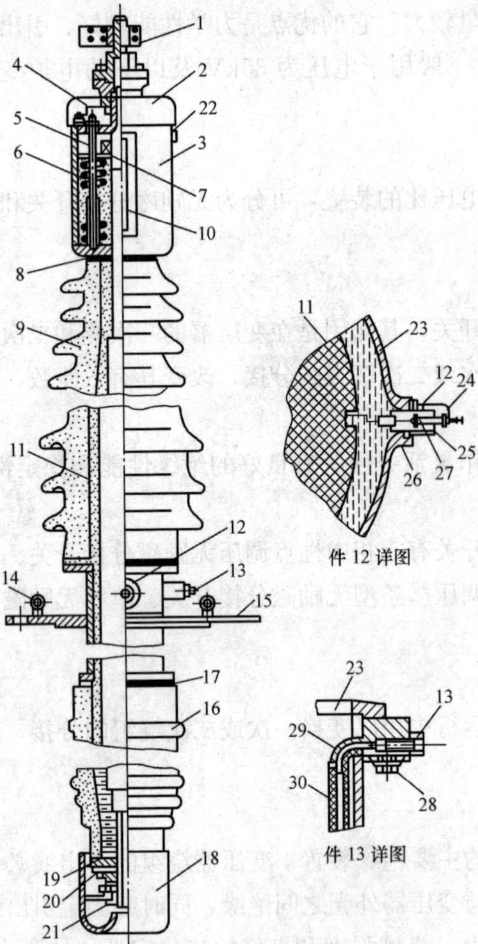

图 4-11　油纸电容式套管结构

1—接线板；2—均压罩；3—储油柜；4—弹性膨胀罩；5—螺杆；6—压力弹簧；7，21—螺母；8—密封垫；9—上瓷套；10—油位计；11—油纸电容芯子；12—接地小套管；13—取油样塞；14—吊环；15—法兰；16—下瓷套；17—密封垫；18—均压球；19—下底板；20—放油塞；22—注油塞；23—连接套筒；24—接地片；25，26—密封垫圈；27—接地螺杆；28—放油样塞；29—连接头；30—尼龙管

油纸电容式套管的电容芯棒按等电容等台阶方式进行设计，所以就使沿径向上的各个电容层的绝缘厚度不一致，场强也随之不一致，大体上是首末层（屏）附近的一些电容层的场强较高些，一般为中间各电容层的1.4倍左右，中间各电容层的场强则较低。中间部位各电容层的场强虽较低但散热条件较差，而首末层（屏）附近的部分电容层场强虽较大，但散热情况较好，两者可互补。

油纸电容式套管结构为全密封式，其上、下瓷套用强力弹簧通过导管压紧，连接处用优质耐油胶皮垫圈以保证套管的密封。电容套管端部的储油柜顶有弹性的波纹板，当温度变化引起油的体积变化时，由弹性波纹板下的气室起缓冲作用，以调节压力变化。波纹板依靠导管上的正、反压紧螺母和螺母之间的两个特殊密封环挤紧、密封，使套管内部与大气隔绝，可以防止芯子和油受潮与老化。

某主变压器与 SF_6 开关设备直接连接，其高压套管采用高品质的环氧树脂浸渍纸为主绝缘，使产品结构更加紧凑。其电容芯子由特种环氧树脂浸渍纸和分级排列的金属箔片卷制而成，从而使电场分布均匀连续，无论是在正常工作电压还是在远超过正常工作电压下，其局部放电水平均大为降低。

在变压器侧法兰和 SF_6 侧法兰之间，布置了一个环形盒，这样通过长时间扩散而聚积在这里的气体可以通过排气阀在接近无压力的情况下排到外部空间，载流导体处的 O 形密封圈处于液体密封系统中，整个密封系统可实现寿命最长而泄漏率最小。

套管芯子固定在铝合金法兰内，由两个法兰盘和一个中间体构成，采用螺栓连接、O 形密封圈密封。由于主绝缘与法兰，主绝缘与引线之间的密封分属于不同的密封系统，该套管使用了既耐油又耐 SF_6 的密封圈。

五、油箱和底座

油箱是油浸式变压器的外壳，其结构要求具有一定的机械强度，不仅满足变压器在运行时的要求，还满足变压器在检修和运输时的要求。一般要求能承受真空压力 133Pa 和正 98kPa，无永久变形和损坏。

随着制造工艺的发展，油箱不再由单一的钢板焊接而成，其设计与建造中还综合变压器内部电场和磁场的分布，某主变压器低压侧油箱部分盖板就采用了低导磁钢板焊接，减少发热；同时在油箱壁部装设电磁屏蔽板，减少损耗。

油箱按变压器容量的大小，其结构基本上有以下两种型式：

（一）吊器身式油箱

图 4-12 所示为中、小型变压器的构造图，当变压器的器身需要进行检修时，可以将整个变压器带油搬运至有起重设备的场所，将箱盖打开，吊出器身，于是就可以进行详细的检查和必要的修理。

某 500kV 主变压器油箱为桶式结构，油箱四角为拼接直角结构，箱盖为平顶结构，由单块厚钢板制成，无加强铁。箱底在铁芯垫脚处为盒式结构，从结构上解决了箱底整体刚度问题。高压出线为间接出线型式，低压出线在侧壁。箱壁外侧焊接板式加强铁以提高机械强度。油箱低压侧的低压套管周围箱壁和加强铁及对应箱盖处采用低导磁钢板材料制造，低压升高座内壁及升高座周围油箱内壁加装铝板，以防止大电流引线产生强大漏磁场造成油箱局部过热。低压侧油箱下部及对应低压引线处箱盖安装磁屏蔽，以降低变压器结构损耗。高压侧油箱内壁加装铝板电屏蔽。

（二）吊箱壳式油箱

大型的电力变压器箱壳，一般做成吊箱壳式，当器身进行检修时，可避免吊出笨重的器身，改为吊去较轻的箱壳，分为上、下节油箱。图 4-13 所示为大型电力变压器钟罩式箱壳的构造图。

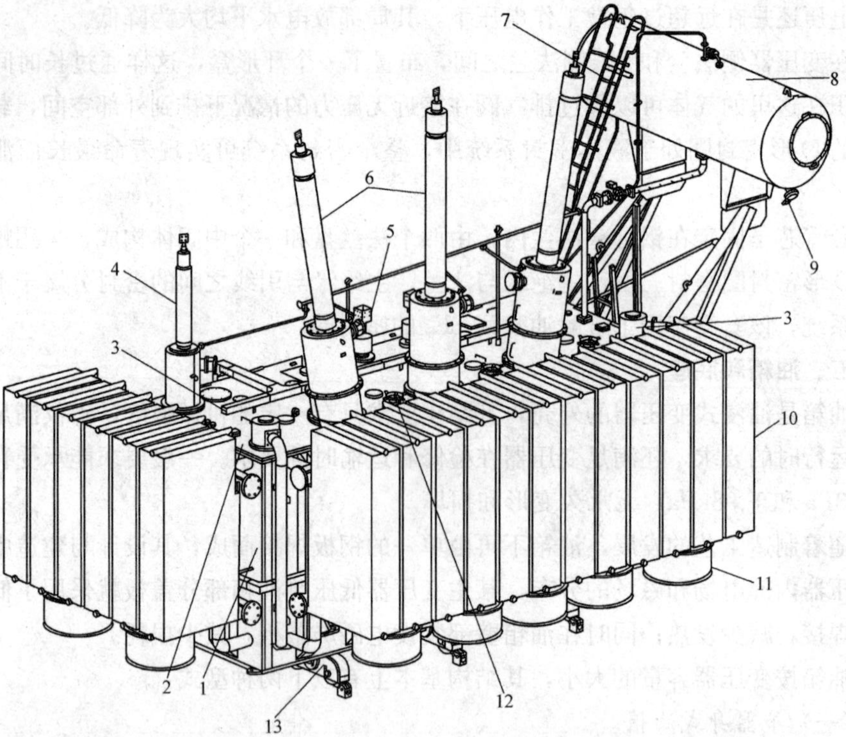

图 4-12　吊器身式油箱的变压器构造图

1—油箱；2—箱盖；3—压力释放阀；4—中性点套管；5—低压侧套管；6—高压侧套管；7—储油柜爬梯；8—储油柜；9—油位计；10—散热器；11—冷却风机；12—分接开关；13—本体小车

图 4-14 中下节油箱 11，其应承受整个变压器的重量，同样，对不同电压等级在作不同的真空处理时，也要满足不同的机械强度。

当要求在下节油箱底部装有小车时，其底部结构设计时应考虑安装小车时的强度。在下节油箱的两顶端，还有很多油管道的接口法兰、阀门、活门、排油阀等。上、下节油箱的箱沿法兰平面，必须平直，螺孔位置必须准确，这些都是保证变压器在运行中，下部箱沿法兰处的密封垫不致发生渗漏油的重要条件。

六、冷却装置

油浸式电力变压器的冷却装置包括散热器和冷却器。不带强油循环的称为散热器；带强油循环的称为冷却器。

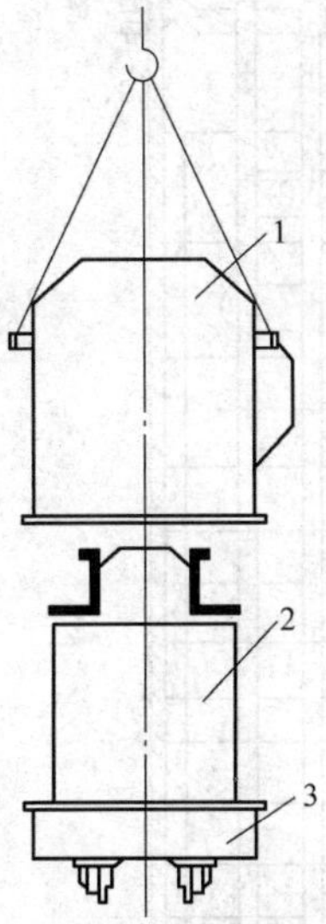

图 4-13　吊箱壳式油箱的变压器构造图

1—钟罩式箱壳（上节油箱）；2—器身；3—下节油箱

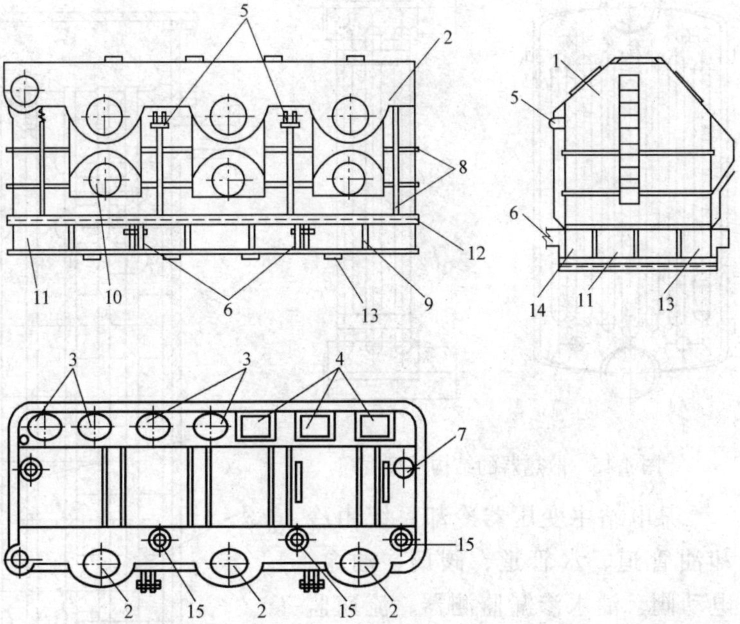

图 4-14　大型电力变压器钟罩式箱壳构造图

1—上节油箱；2—高压绝缘套管座；3—中压绝缘套管座；4—低压绝缘套管座；5—上节油箱吊攀；6—整台变压器起吊攀；7—压力释放阀；8—上节油箱加强筋；9—下节油箱加强筋；10—高压绝缘套管观察人孔；11—下节油箱；12—上、下节油箱的箱沿法兰；13—底部加强筋；14—底部内侧加强筋；15—分接开关手柄孔

（一）散热器

片式散热器是用板料的波形冲片，靠上下集油盒或油管经焊接组成。焊接工艺要求高、机械强度较差，但节油、质量轻、节省材料。

油浸式电力变压器一般采用可拆片式散热器，通过阀门安装在油箱上，如图 4-15 所示。为了加强冷却，在散热器侧面或底部沿片间缝隙方向安装冷却风扇。

（二）冷却器

冷却器有强油风冷却器、新型大容量风冷却器、强油水冷却器等。水冷却器的结构如图 4-16 所示。

强油循环的风冷却器在冷却效率上较一般散热器有很大的提高，而强油水冷却器的冷切效果更加优越，在大容量高电压等级的油浸式电力变压器上普遍采用，然而这是以复杂的结构为代价的，尤其是水冷却器，要求严格的质量工艺，同时必须保证油压高于水压防止水向油中渗漏。

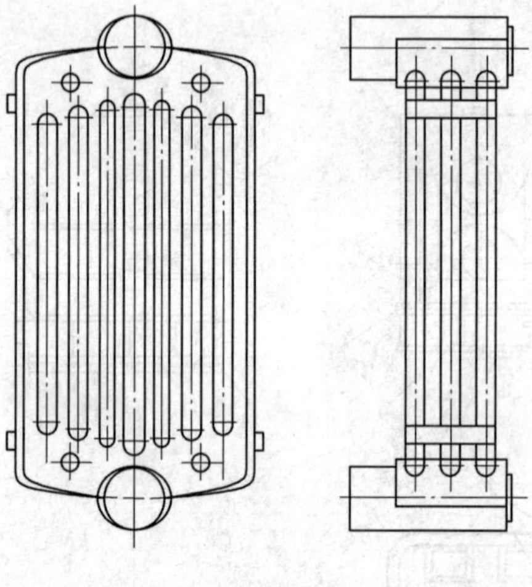

图 4-15　散热器的结构外型

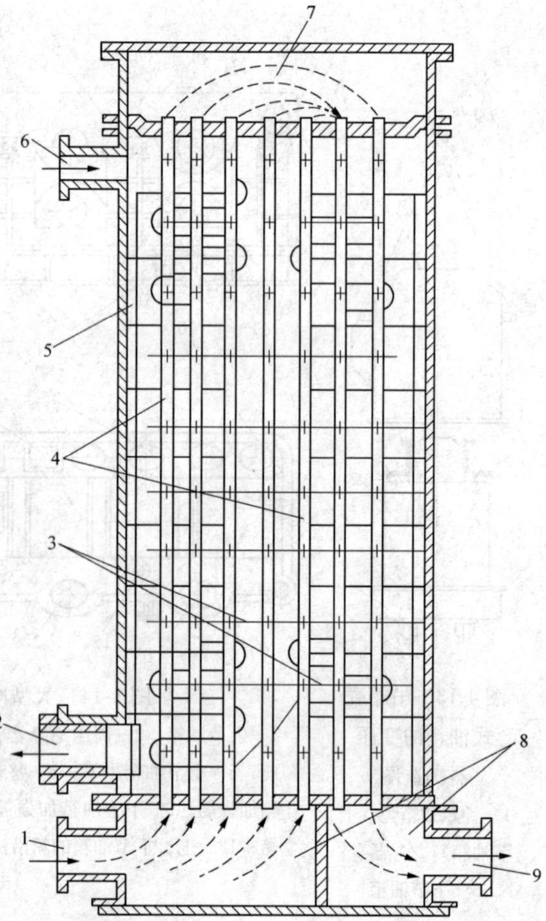

图 4-16　水冷却器的构造图

1—进水口；2—出油口；3—隔板；4—水管；5—油室；6—进油口；7—上水室；8—下水室；9—出水口

某电站主变压器冷却系统由冷却油管道、水管道、阀门、油泵、电动阀、油水渗漏监测器、流速监视器、水流指示器、电接点压力表、电控测温装置、控制箱及双向供水阀组成。冷却器为双流向、双重管型，自动排除杂物。油流的方向从冷却器上方到下方，冷却水流的方向既可以从冷却器底端到顶端（正向供水时），也可以从冷却器的顶端到底端（反向供水时）。为防止冷却器不被泥沙、杂物堵塞，冷却器采用正反向供水，定期自动切换，冷却器正向供水效果比反向供水效果好，这是因为正向供水时，冷却水从冷却器底部流向顶部，冷却器为淹没式冷却，而反向供水时，冷却水从冷却器顶部流向底部，冷却器为淋浴式冷却。

冷却器增加了潜油泵，潜油泵的金属涡轮磨损也将给变压器运行带来安全隐患，所以也为产品质量提出了很高要求。近年来，国内变压器厂家也在大容量变压器冷却方式上积极探索，容量在 200MVA 以下的 220kV 油浸自然风冷变压器产品目前也在稳定运行。

七、储油柜

储油柜（油枕）装在油箱的斜上方，有油管和油箱相通。当变压器油的体积随油温变化而膨胀或缩小时，储油柜起着储油和补油的作用，以保证油箱内充满油，储油柜内的胶囊还能减少油与空气的接触，防止油被过速氧化和受潮。一般储油柜的容积为变压器油箱的 1/10。储油柜上装有油位计，用以观察油位的变化。储油柜下部设集污器，其作用是收集油中沉淀下来的杂质、油泥和水分。集污器下部有排污阀门，运行中应定期排放集污器收集的油泥和水分。

八、压力释放装置

老式变压器的压力释放功能由防爆管承担，防爆管（安全气道）装在油箱的上盖上，由一个喇叭形管与大气相通，管口用薄膜玻璃板或酚醛纸板封住。为防止正常情况下防爆管内油面升高使管内气压上升而造成防爆膜松动或破损及引起气体继电器误动作，在防爆管与储油柜之间连接一小管，以使两处压力相等，如图 4-17 所示。

随着变压器制造技术的发展，防爆管逐渐被动作可靠、维护方便的压力释放阀取代。压力释放阀是避免油箱爆炸的有效保护装置，普遍装置于大中型变压器上，其结构见图 4-18。

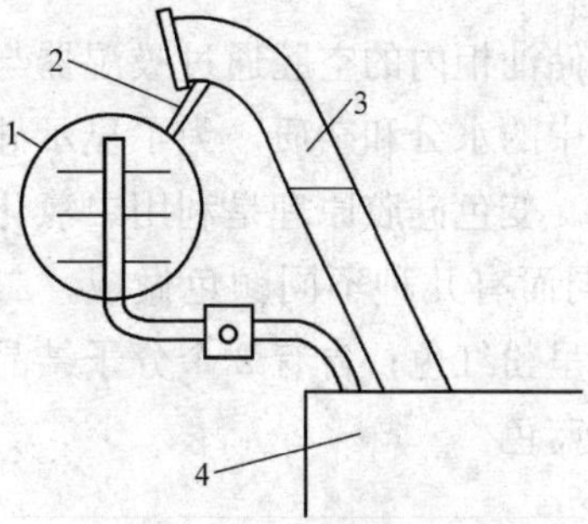

图 4-17　防爆管与储油柜的构造图

1—储油柜；2—连接管；3—防爆管；4—油箱

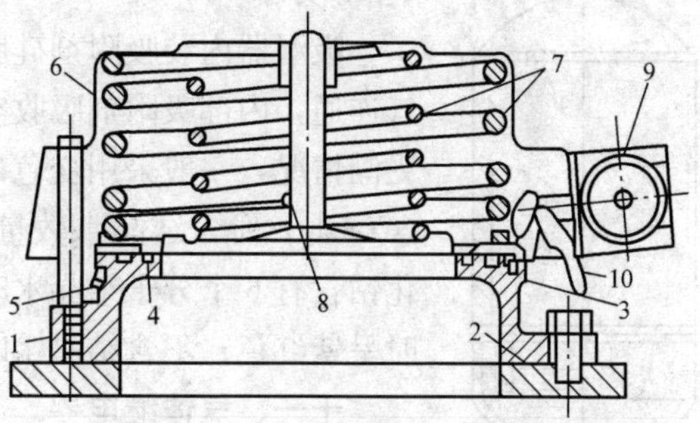

图 4-18　压力释放阀的构造图

1—法兰盘；2—垫衬；3—蝶形阀；4—环形密封垫圈；5—环形垫衬；6—罩盖；7—盘形弹簧；8—小圆柱；9—防雨示警开关；10—手控复置开关

由图 4-18 可见，有两套螺旋型弹簧，弹簧下圆盘阀压着两个垫衬，将油密封。当加在平面环形垫圈上的压力超过弹簧开启压力时，圆盘阀从平面环形密封垫圈 4 上升少许，于是变压器内部压力很快变成处于在一个外圈侧面环形垫衬 5 上，这样弹簧受力大为增加，立即将阀全部开启，这使变压器压力迅速减至正常值，于是弹簧使阀片回至原来位置。总的开启时间在 2ms 之内。这是一个动作迅速灵敏的保护装置。大型变压器油箱较大、油量较多，为了使油箱压力迅速释放，对油量大于 20t 的变压器，在油箱的两端顶盖上装置两只压力释放阀。在压力释放阀上装有导流管道，使释放的油气引向地面事故油池。

九、净油器

净油器（热虹吸器）是圆桶形的小油罐，罐内装有硅胶或活性氧化铝吸附剂。当油温变化而上下流动时，经过净油器达到吸取油中水分、渣滓、酸、氧化物的作用。净油器安装在变压器上部时净化效率高，装在下部时易于更换，安装位置视具体情况而定。

随变压器制造技术的改进，净油器逐渐取消。例如，国内某变压器厂家生产的主变压器安装净油器的目的是为了解决早期设计的储油柜内部结构不能抽真空，不能有效防止变压器油与空气隔绝的问题。在主变压器大修中，对变压器的油路系统重新进行了设计，将原来的储油柜改成全密封式，有效防止变压器油老化，所以在改造储油柜后拆除了净油器。

十、吸湿器

吸湿器（呼吸器），常用吸湿器为吊式吸湿器结构如图4-19所示。

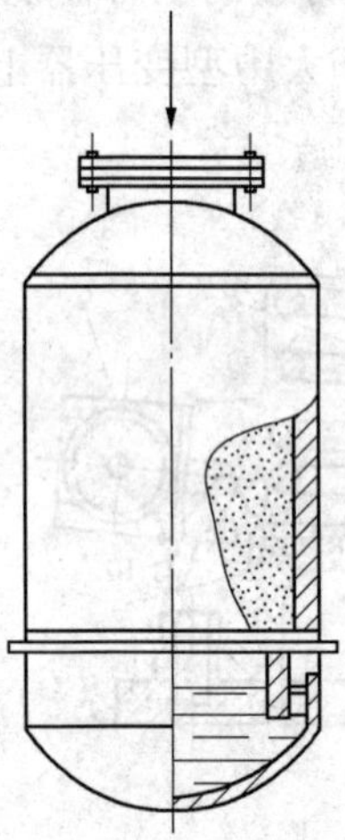

图 4-19　吸湿器结构图

吸湿器内装吸附剂硅胶，储油柜内的空腔通过吸湿器与大气连通，内部吸附剂吸收空气中的水分和杂质。为了显示硅胶受潮情况，一般采用变色硅胶。变色硅胶原理是利用二氯化钴（$COCl_2$）所含结晶水数量不同而有几种不同颜色做成，二氯化钴含有 6 个分子结晶水时，呈粉红色；含有 2 个分子结晶水时呈紫红色；不含结晶水时呈蓝色。

十一、气体继电器

气体继电器（瓦斯继电器）装在油箱和储油柜的连接管上。气体继电器的作用是当变压器内部发生故障（如绝缘击穿、匝间短路、铁芯故障等）产生的气体，或油箱漏油使油面降低时，发出报警信号或切断电源以保护变压器。透过气体继电器玻璃窗口观察分解出的气体颜色及数量可以初步判断故障，而通过气体继电器上部排气阀还能取出气样进行分析，从气体性质和颜色可进一步判断变压器的故障，见表 4-2。

表 4-2　　不同颜色气体与相应故障情况对应表

气体性质	故障情况	说　明
灰黑色	绝缘油炭化	可能接触不良、局部过热、应取油样
黄色、易燃	木质制件烧毁	应停电检查
灰白色、可燃、有臭味	纸质制件烧毁	立即停电检查
无色、不燃	空气	可继续运行

十二、温度计

温度计可以监视变压器的运行温度，对于大容量油浸式电力变压器一般都装设有两个用于监测上层油温的温度计，一个监测绕组温度的温度计。变压器常用的温度计有水银式、压力式、电阻式等。

上层油温由装设于箱体顶部的温度传感器得到，绕组温度计在有的变压器采用电流互感器测量工作电流换算取得。

第五章　油浸式电力变压器的检修周期和检修项目

第一节　油浸式电力变压器的检修周期

用于指导变压器检修的标准和导则有很多，特别是《电力变压器检修导则》DL/T 573 和《发电企业设备检修导则》DL/T 838—2003 都对变压器的检修周期和项目做了界定。

各电力企业一般根据重要程度和运行状况并结合自身企业实际状况制定变压器检修规程。尤其值得关注的是目前电力企业做出的基于状态检测和诊断技术的状态检修对变压器检修周期的调整。

一、DL/T 573 规定的变压器检修周期

（一）DL/T 573—1995 规定的变压器检修周期

DL/T 573—1995 将变压器检修分为大、小修，并规定了相应的检修周期。

1. 变压器大修周期

DL/T 573—1995 对变压器大修周期有如下规定：

（1）主变压器及主要的厂用变压器，在投入运行后 5 年内和以后每 5～10 年大修一次；一般厂用变压器，7～10 年大修一次。

（2）箱沿焊接的全密封变压器或制造厂另有规定者，若经过试验与检查并结合运行情况，判定有内部故障或本体严重渗漏油时，才进行大修。

（3）在电力系统中运行的主变压器当承受出口短路后，经综合诊断分析，可考虑提前大修。

（4）运行中的变压器，当发现异常状况或经试验判明有内部故障时，应提前进行大修；运行正常的变压器经综合诊断分析良好，总工程师批准，可适当延长大修周期。

2. 变压器小修周期

DL/T 573—1995 对变压器小修周期有如下规定：

（1）一般每年 1 次。

（2）安装在 2～3 级污秽地区的变压器，其小修周期应在检修规程中予以规定。

（二）DL/T 573—2010 规定的变压器检修周期

DL/T 573—2010 则指导变压器检修应贯彻预防为主，计划检修和状态检修结合的方针，在综合监测数据、试验结果、运行状态和厂家要求等因素的基础上进行评估，制定检修计划，将冷却器、套管、分接开关、气体继电器、压力释放阀、温度计等附件的停电检查周期定为1～3年（或必要时）。

二、DL/T 838—2003 规定的变压器检修周期

根据DL/T 838—2003发电企业设备检修导则，针对单机容量为40MW及以上水力发电设备检修工作，以机组规模和停用时间为原则，将发电企业机组检修分为A、B、C、D四个检修等级。相应主变压器的检修规定为：

(1) 主变压器第一次A级检修可根据试验结果确定，一般为投产后5年左右；以后A级检修根据运行情况和试验结果确定，一般间隔为10年。

(2) 主变压器C级检修每年安排一次。

三、状态检修周期

基于在线检测和诊断技术的状态检修，各大电网公司和电力生产企业都在积极探索，并取得了一定的成就。状态检修突破原有检修模式，不再严格界定检修周期，通过对设备现有运行状态进行评估，判断设备的好坏，在设备未发生故障前制定检修项目，应修必修，修必修好，极大程度地缓解了水电厂检修和发电之间的矛盾。

第二节　油浸式电力变压器的检修项目

电力企业一般根据自身实际，按照电力变压器检修导则来制定相应的检修项目，通常遵循下列两种标准。

一、电力变压器检修导则 DL/T 573—2010 规定的变压器检修项目

（一）变压器大修项目

DL/T 573—2010规定的变压器大修项目为：

(1) 绕组、引线装置的检修。

(2) 铁芯、铁芯紧固件（穿芯螺杆、夹件、拉带、绑带等）、压钉、压板及接地片的检修。

(3) 油箱、磁（电）屏蔽及升高座的解体检修，套管检修。

(4) 冷却系统的解体检修及校验，包括冷却器、油泵、油流继电器、水泵、压差继电器、风扇、阀门及管道等。

(5) 安全保护装置的检修及校验，包括压力释放装置、气体继电器、速动油压继电器、控流阀等。

(6) 油保护装置的解体检修，包括储油柜、吸湿器、净油器等。

(7) 测温装置的校验，包括压力式温度计、电阻温度计（绕组温度计）、棒形温度计等。

(8) 操作控制箱的检修和试验。

(9) 无励磁分接开关或有载分接开关的检修。

(10) 全部阀门和放气塞的检修。

(11) 全部密封胶垫的更换。

(12) 必要时对器身绝缘进行干燥处理。

(13) 变压器油的处理。

(14) 清扫油箱并进行喷涂油漆。

(15) 检查接地系统。

(16) 大修的试验和试运行。

(二) 变压器小修项目

DL/T 573—2010 规定的变压器小修项目为：

(1) 处理已发现的缺陷。

(2) 放出储油柜积污器中的污油。

(3) 检修油位计，包括调整油位。

(4) 检修冷却油泵、风扇，必要时清洗冷却器管束。

(5) 检修安全保护装置。

(6) 检修油保护装置（储油柜、吸湿器）。

(7) 检修测温装置。

(8) 检修调压装置、测量装置及控制箱，并进行调试。

(9) 检修全部阀门和放气塞，检查全部密封状态，处理渗漏油。

(10) 清扫套管和检查导电接头（包括套管将军帽）。

(11) 检查接地系统。

(12) 清扫油箱和附件，必要时进行补漆。

(13) 按有关规程规定进行测量和试验。

二、DL/T 838—2003 规定的变压器检修项目

(1) DL/T 838—2003 规定的变压器 A 级检修参考项目见表 5-1。

表 5-1　　变压器 A 级检修参考项目

部件名称	标准项目	特殊项目
(一) 外壳和绝缘油	(1) 检查和清扫外壳及其附件，消除渗漏油。 (2) 检查和清扫防爆管、压力释放阀、气体继电器等安全保护装置。 (3) 检查呼吸器。 (4) 检查及清扫油位指示装置。 (5) 进行绝缘油的电气试验和化学试验，并根据油质情况，过滤或再生绝缘油。 (6) 检查外壳、铁芯接地	(1) 更换绝缘油。 (2) 更换或检修散热器。 (3) 变压器外壳油漆

续表

部件名称	标准项目	特殊项目
（二）铁芯和绕组	（1）非密封式变压器第一次A级检修若不能利用打开大盖或人孔盖进入内部检查时，应吊罩（芯）检查，以后A级检修是否吊罩（芯），应根据运行、检查、试验等结果确定。 （2）吊罩（芯）后，应检查铁芯、铁壳接地情况及穿芯螺栓绝缘，检查及清理绕组及绕组压紧装置、垫块、引线各部分螺栓、接线板。 （3）测量油道间隙，检测绝缘材料老化程度。 （4）更换已检查部件的全部耐油胶垫	（1）补焊外壳。 （2）修理或更换绕组。 （3）干燥绕组。 （4）修理铁芯。 （5）密封式变压器吊罩
（三）冷却系统	（1）检查风扇电动机及其控制回路。 （2）检查、修理强迫油循环泵、油流继电器及其控制回路、管路、阀门。 （3）检查、清理冷却器	（1）更换泵或电动机。 （2）更换冷却器芯子
（四）分接开关	检查、修理有载或无载分接开关切换装置	更换、切换装置部件
（五）套管	（1）检查、清扫全部套管。 （2）检查充油式套管的绝缘油质	（1）更换套管。 （2）解体检修套管
（六）其他	（1）更换全部密封胶垫。 （2）进行预防性试验、局部放电试验。 （3）检查及清扫变压器一次系统的配电装置及电缆。 （4）检查、校验测量仪表、保护装置、在线监测装置及控制信号回路。 （5）检查和试验消防系统。 （6）清理油坑	检查充氮保护装置

（2）主变压器的B级别检修项目是根据设备状态及系统的特点和运行状况，有针对性地实施部分A级检修项目和定期滚动检修项目。

（3）C级检修的标准项目有：

1）消除运行中发生的缺陷。

2）重点清扫、检查和处理易损、易磨部件，必要时进行实测和试验。

3）按各项技术监督规定检查项目。

（4）D级检修的主要内容是消除设备缺陷。

三、定期维护的项目

定期维护的项目有：

（1）瓷套外表面清扫加强绝缘。这对环境比较污秽的地段和风沙地区，尤为重要，必要时可在清扫后的绝缘子表面涂加强绝缘的涂料（如长效防污闪涂料）。

（2）清扫变压器箱壳及其他附件。

（3）对本体以及充油附件，根据取样周期做油样试验。

（4）检查油纸电容式套管出线导电板帽盖的严密性，防止进水。

（5）检查各电压级的出线套管导电接头，防止高温过热。

（6）对强油循环水冷的变压器，在秋末冬初维护时，应检查冷却水管的保温设施是否完好，防止冬季严寒时水管冰冻而破裂。

（7）缺陷的消除。

第六章　变压器检修前的准备工作

第一节　技术资料的搜集

变压器检修的目的是为了消除变压器运行中存在的缺陷，保障变压器安全稳定运行，因此在检修前应查阅相关的技术资料，了解变压器的运行检修状况，以便制定相应的检修方案。主要应搜集的资料如下。

1. 变压器的竣工报告

(1) 变压器出厂文件。

(2) 安装竣工后所移交的安装资料。

(3) 交接试验记录。

(4) 变压器保护和测量装置的校验记录。

(5) 油处理及补油记录。

(6) 其他资料。

2. 变压器的运行档案

了解变压器的运行状况，明确运行中所发现的缺陷和异常（事故）情况，特别是变压器遭受过电压和系统冲击（出口短路、严重过电流等冲击）次数及程度；变压器异常运行记录（如超温、气体继电器动作）。

3. 历次检修总结报告

查阅历次变压器检修总结报告，了解历次检修时的缺陷情况、处理方法及有效性，以及检修后遗留的缺陷情况等。

4. 历次试验记录

历次试验记录包括检修试验和例行试验（油的化验和色谱分析），了解变压器的工况。

第二节　检修施工组织和技术方案的制定

一、检修的组织及分工

工作前建立组织机构，明确人员职责及分工。主要包括项目总负责人，各协助单位的施工负责人、技术负责人、安全员、质量技术管理员、材料管理员、试验人员（含油务）、检修人员、起重指挥人员等。具体人员数量应根据实际情况决定。

1. 检修施工方应负责项目

（1）填写工作票。

（2）工作负责人检查安全措施是否正确、完备。

（3）负责人或技术负责人在开工前向全体工作成员讲解施工步骤和安全措施，并严格按施工步骤进行。

（4）根据检修的实际情况选派合适的工作人员以良好的精神状态完成工作。

（5）进入变压器内部检查人员应仔细检查，以确保检查质量。

（6）收工时现场进行必要的清理。

2. 起重作业

起重作业应专人指挥，并有统一信号，可根据实际情况派监护人协助。

3. 外协工作的组织准备

（1）核查外协单位的资格认证。

（2）办理必要的进网工作手续。

（3）消耗材料及工器具应由双方单位负责人商定后按照分工分别准备。

（4）外协单位担负的工作需经单位主管同意，并由单位工作负责人协调实施，以保证工程顺利进行。

二、技术措施

以一台500kV油浸式电力变压器检修为例，列出检修的技术措施，其他相同电压等级变压器不同结构时应做相应调整。

（1）变压器吊罩（芯）尽可能在室内进行，如在室外检查时，应趁天晴无风沙时进行，并设有防尘措施。场地四周应清洁。选择晴朗的天气施工，器身暴露在空气中的时间要尽量缩短，不应超过下述值：

1）在空气相对湿度不超过65%时为16h。

2）在空气相对湿度不超过75%时为12h。

时间计算规定如下：带油运输的变压器，器身暴露时间是从变压器放油时起至开始抽真空或注油时为止；不带油运输的变压器，由揭开顶盖或打开任一堵塞算起，至注油开始为止。

（2）检查时气温不宜过低。

（3）现场技术负责人作好技术数据、现场温度及湿度的记录。

（4）变压器吊罩（芯）前后分别进行试验（包括套管、本体油样及电气试验），应符合试验标准。

（5）变压器油预处理至满足试验标准。

（6）储油柜胶囊（按厂家规定值）密封试验。

（7）提高器身温度使之高于环境温度 5℃（必要时采用热油循环），为吊罩（芯）做准备。

（8）抽真空时应专人负责。正确操作真空泵，防止真空泵油倒灌本体内，同时巡视本体外壳，注意本体外壳变形情况（箱壁的弹性变形，其最大值不得超过壁厚的 2 倍），并在抽真空过程中严格控制真空度，使真空度达到实际可能的最高值（低于 133Pa），抽真空保持时间应遵循检修规程并结合变压器的实际情况做相应调整，500kV 不得少于 24h。然后真空注油至油箱上盖以下 200mm 左右，停止注油。继续保持真空，保持时间不少于 4h。并做好记录。

（9）进行热油循环，油温维持在 55～65℃，每 4h 打开一组冷却器运行 10min，周而复始。500kV 电压等级的变压器循环时间一般不小于 48h。

（10）变压器补油至正常位置后静置足够时间（500kV 不少于 72h），静放期间对各排气塞多次排气。

（11）注排油时严格控制滤油机的进出油量，防止胶囊破裂，注油速度应控制在 3～5t/h，油温为 45～55℃。

（12）拆除附件前应做好标记便于安装时校正位置；渗漏点划线，吊罩（芯）时处理。

（13）大修改造后的变压器各部分联管法兰之间，对接时尺寸应吻合，其螺栓连接处的尺寸偏差小于 2mm。

（14）所有的改造工作应按变压器生产厂的工艺标准进行。

（15）变压器在进行排油、本体抽真空以及真空注油全过程中各部蝶阀位置应正确无误，所有连通管应畅通无阻。

（16）引线的电气连接必须可靠。

（17）本体内检查如发现有问题，应立即上报，拍照、处理。

（18）气体继电器、压力释放阀、电磁式油位表、二次测量仪表等在回装前应效验。

（19）进入本体作业时严格遵守检修规程（如应穿无纽扣、无口袋工作服，戴工作帽及橡胶套鞋。执行工器具登记手续，以防工器具物品遗留在油箱内或器身上等）。

三、进度控制

按工程情况编制施工进度控制表，如表 6-1 所示。

表 6-1　　变压器大修施工进度表

工程名称	主要工作项目	1	2	3	4	5	6	7	8	9	10	11	12	13	14	15	16	17	18	19	20	21	22
500kV主变压器大修	前期准备工作																						
	修前试验	—																					
	热油循环		—																				
	排油及吊罩检修、附件检修			—	—	—	—																
	抽真空							—	—	—													
	真空注油										—												
	热油循环											—	—	—									
	静放														—	—	—						
	密封性试验																—						
	修后试验																	—	—	—			
	现场清理、验收																				—	—	—
	收集资料、提交竣工报告																						

注　1. 根据检修项目调整相关工期。

2. 表中进度安排是以天气晴好为前提下安排的。

3. 各项准备工作在正式施工前完成。

四、施工的质量控制

施工质量管理体系和措施：

（1）实行施工负责人和质检工程师工程质量负责制。

（2）建立并坚决贯彻执行施工单位自检、现场监理复查、项目负责方抽检的三级质检体系。

（3）质量验收卡，见表 6-2。

表 6-2　　变压器检修验收表

序号	检修项目	验收人签名			备　注
		一级验收人	二级验收人	三级验收人	
1	变压器本体检查	×××	×××	×××	×××
2	真空度检查	×××	×××	×××	×××
3	油质检查	×××	×××	×××	×××
4	变压器各部分检查	×××	×××	×××	×××

续表

序号	检修项目	验收人签名			备　注
		一级验收人	二级验收人	三级验收人	
5	外壳、铁芯、夹件接地检查	×××	×××	×××	×××
6	套管及绝缘子检查	×××	×××	×××	×××
7	冷却器检查（油泵、油流继电器等）	×××	×××	×××	×××
8	风扇电动机及其控制回路检查	×××	×××	×××	×××
9	各部阀门检查、分接开关检查	×××	×××	×××	×××
10	压力释放阀、气体继电器等装置检查	×××	×××	×××	×××
11	变压器试验	×××	×××	×××	×××
12	变压器整体验收	×××	×××	×××	×××

第三节　其他检修前的准备工作

一、施工场地的布置

变压器的检修工作，如条件许可，应尽量安排在检修间内进行。施工现场无检修间，或环境条件达不到吊罩（芯）检查的要求而又必须进行吊罩（芯）检查时，可以创造吊罩（芯）环境。

（1）作好防雨、防潮和防尘措施。把变压器室的上下通风窗用棉毯封堵起来，露天的变压器可搭建临时检修保温棚，在人员进出的变压器室（棚）小门内侧挂厚实的门帘，使变压器室同外界相对隔绝，减少室内干热空气同室外冷湿空气交换。

（2）提高变压器室（或临时保温棚）的温度。安装临时提升温度用的加热板、红外线灯泡等。现场做好防火措施，并有人不间断地值班。

（3）采用真空滤油机或其他方法对变压器进行加热，待变压器温度比变压器室内温度高出10℃左右时，即可进行吊罩（芯）检查。

（4）检修现场应合理布局，检修设备、附件以及工器具摆放应有利于检修流程快捷有序的开展。根据实际情况绘制现场定置图，如图6-1所示。

二、检修用设备、工器具和材料的准备

变压器的检修，尤其是大修是一个异常复杂的过程，整个工作涉及的方面也很广泛，涵盖了电气、机械、水工等多个工种，因此能否正确、合理地选取设备、工器具与材料将直接关系到变压器检修的成败。现以主变压器大修为例，列出检修所需的设备、工器具与材料。

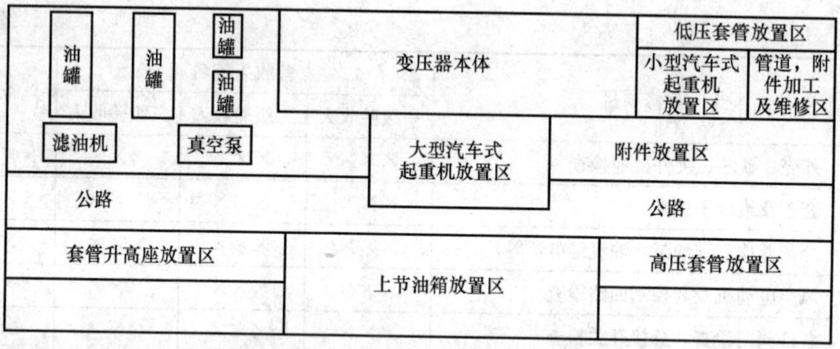

图 6-1　变压器检修现场定置图

（一）变压器检修设备的选用

（1）准备油处理、抽真空等工作的设备。油罐、真空泵、输油泵、压差式滤油机、真空滤油机及油管（管路清洗干净，所有设备都能正常运转）。

（2）准备烘箱、电焊机、高压冲洗机及管路。

（3）准备起重设备。应准备与变压器器身钟罩、套管重量相匹配的起重机及相关吊具（钢丝绳、吊带、绑绳），变压器在移位换向过程中，应准备好足够安全裕度的液压千斤顶。

（4）现场准备足够的电源、照明灯具（包括进入本体内检查所要的照明灯具）。

（5）准备套管支架。

（6）防腐喷漆用空气压缩机等。

（二）工器具的准备

（1）准备各种必备工器具。电动扳手、套筒组合套件、棘轮扳手、力矩扳手、电工刀、螺丝刀、榔头、橡皮冲、钢丝钳等。

（2）专用工器具的准备。特殊情况下可以自制专用工器具，例如变压器低压套管轴密封紧固扳手、变压器小车换向支座等。

（三）材料的准备

（1）准备变压器检修改造项目所需要的各种备品备件和材料。如螺栓、胶囊、全套密封垫、压力释放阀、气体继电器、呼吸器、各种规格的管路、各部堵板、法兰盘、真空蝶阀等。

（2）大修中需要更换变压器油时，应准备足够的合格变压器用油；使用不同厂家或不同型号的变压器油时应先做混油试验。

（3）准备器身检查时所用的专用检修工作服、鞋、帽。

（4）根据实际情况，准备搭建检修平台的材料及木梯、枕木、木板。

（5）现场准备足够用于搭建防雨、防潮、防尘设施的材料。

（6）准备足够的氧气、乙炔、干燥空气。

（7）变压器防腐用的材料。

（8）现场准备足够数量的消防器材。

（9）准备各种消耗材料。

第七章　变压器的现场检修和质量控制

DL/T 573—2010 对变压器部件的检修工艺和质量标准都作了明确的规定，各电力生产企业一般都按其相关规定执行。

电力变压器检修流程图见图 7-1。

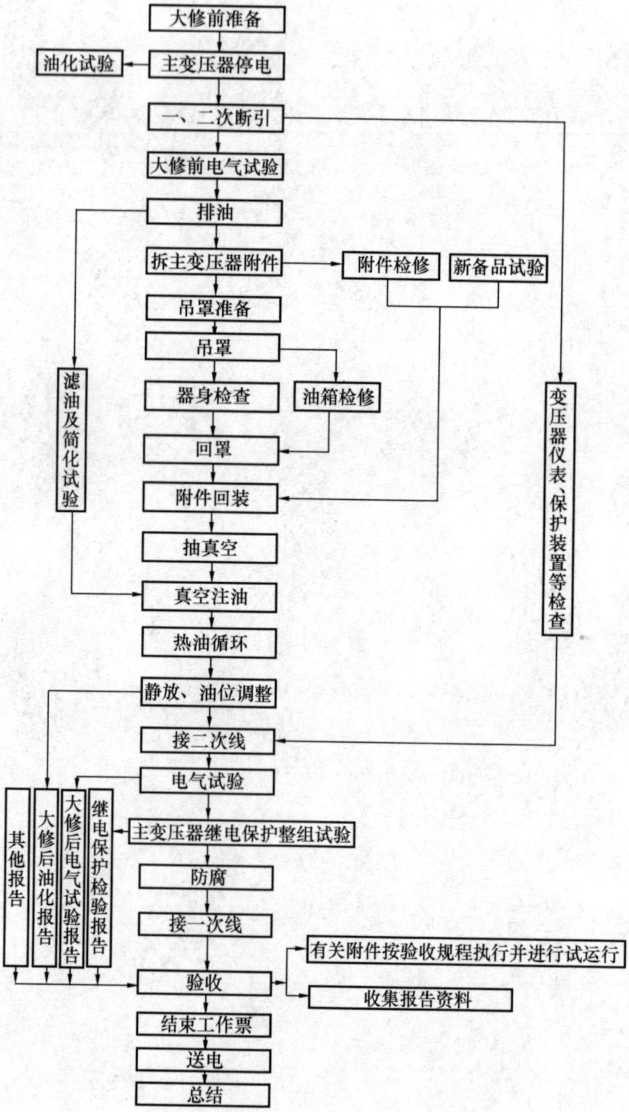

图 7-1　电力变压器检修流程图

第一节　变压器组件的拆除

变压器组件拆除之前必须停电并断开所有电气连接，并进行相关试验，有些部件必须排油之后才能拆除，检修人员应根据现场实际制定相应检修流程。

一、变压器组件拆除前的工作

变压器吊罩（芯）检修前需要断开变压器的所有电气连接并进行必要的试验，主要工作有：

(1) 主变压器高低压侧、中性点、铁芯接地套管断引，二次接线断引。

(2) 变压器大修前试验（电气、油样）。

(3) 套管进行更换时应先对新套管做试验。

(4) 变压器油箱的渗漏点标识，以便在吊罩时处理。

(5) 清理油池鹅卵石，按实际需要搭建临时检修平台。

二、变压器组件拆除

排油、拆卸连接引线、套管，升高座、储油柜、冷却器、净油器、压力释放阀、联管等附属装置，拆除所有组件之前应做好标记，以方便装复。同时应做好吊罩（芯）前的其他相关准备工作。

(1) 排油至油罐（有条件时可在排油时向本体充干燥空气），使油位稍低于铁轭顶面即可依次拆去箱盖上的部分附件，例如储油柜、气体继电器及其连通管、安全气道、温度计等，按实际情况对能够更换的部件，如本体上端冷却器母管与本体连接的蝶阀及密封等进行更换。

(2) 排油至低压套管手孔以下时即可拆除低压套管。拆除低压套管时应注意防止套管磁裙触碰损坏，用于断开变压器内部低压引线连接螺栓的扳手等工具应使用白布带绑扎牢靠，防止工具和螺栓等掉入变压器内部。

(3) 继续排油，至高压套管升高座手孔以下即可，逐个拆除高压套管、中性点套管及升高座，更换密封垫，回装升高座。

在拆除穿缆式套管时，应先旋下顶部的接线端帽盖，然后捏牢绕组引出线接头，并拆去绕组引出线接头与套管之间的定位销钉，将绕组的端头少许拉出至套管外，用螺栓头旋入绕组的引线端头并用尼龙绳绑扎牢靠后，拆去套管中部的安装法兰螺栓，然后用起重设备将套管吊出，此时应将拉住绕组端头的尼龙绳，随着套管的吊出渐渐地放入，直到套管全部吊出箱体上的安装孔后，再将绕组的引线放进变压器内。套管吊出后，为防止灰尘、潮气和异物等进入变压器内，可用预先准备好的堵板将安装孔封堵。

（4）拆除散热器。为了便于搬运，可先拆下散热器。拆下散热器的步骤：先关闭每个散热器与箱壳连通的上下两个蝶形阀，然后放掉散热器内的变压器油；对于水冷却器，应先关闭进水阀，然后将冷却水排尽，然后关闭与变压器本体相连的蝶阀，排尽冷却器的残油。然后用起重设备将散热器吊住后，再拆去散热器与蝶形阀之间连接的螺栓，拆下散热器后，用预先准备好的堵板封堵，以防止变压器油从蝶阀处渗漏出来。用类似的方法拆下净油器。

（5）搭建器身检查隔离间。

（6）变压器本体上所有孔口封好堵板，本体重新注油至距箱顶 150～200mm 处，进行器身热油循环，提高绕组温度，为第二天吊罩做准备（本体温度高于环境温度，防止绝缘受潮）。

（7）在变压器吊罩准备过程中，可以同时对相应部件进行检修和改造。

（8）本体表面检查、清扫，挂吊具，完成吊罩（芯）前的所有工作。

第二节　变压器的起重作业

变压器起重作业责任重，要求高，在变压器检修工作中占有相当重要的地位，变压器检修的起重设备一般包括起重机、厂房内部起重机、液压千斤顶等，可根据现场条件灵活运用。起重作业的责任划分及安全注意事项如下所示。

一、起重作业的责任划分

（1）电气专业人员负责起吊工作前的所有变压器外部一次引线的拆除，以及变压器吊芯（罩）时箱体螺栓的拆除和内部引线的断开，并协助做好安全监护工作。

（2）起重人员应具备特种行业资质，负责变压器的移位、吊罩（芯）和套管等重型部件安装的起吊工作等。

二、起重作业的注意事项

（1）起重工作应分工明确，专人指挥，并有统一信号，严格遵守“十不吊”。

（2）根据变压器钟罩（或器身）的重量选择可靠的起吊用器具，包括起重机、卷扬机、绞车吊环、U 形挂环、千斤顶、枕木等。所具备的主吊钢绳的强度应足够；除直接用专用起重机起吊外，其余方式均应计算和选择好滑轮组及起吊用动力的安全裕度。

（3）起重前应先拆除影响起重工作的各种连接。

（4）如起吊器身，应先紧固器身有关螺栓。

（5）起吊变压器整体或钟罩（器身）时，钢丝绳应分别挂在专用起吊装置上，遇棱角处应放置衬垫；起吊 100mm 左右时应停留检查悬挂及捆绑情况，确认可靠后再继续起吊。

(6) 起吊时钢丝绳的夹角不应大于 60°，否则应采用专用吊具或调整钢丝绳套。

(7) 起吊或落回钟罩（或器身）时，四角应系缆绳，由专人扶持，使其保持平稳。

(8) 起吊或降落速度应均匀，掌握好重心，防止倾斜。

(9) 起吊或落回钟罩（或器身）时，应使高、低压侧引线，分接开关支架与箱壁间保持一定的间隙，防止碰伤器身。

(10) 当钟罩（或器身）因受条件限制，起吊后不能移动而需在空中停留时，应采取支撑等防止坠落措施。

(11) 吊装套管时，其斜度应与套管升高座的斜度基本一致，并用缆绳绑扎好，防止倾倒损坏瓷件。

(12) 采用汽车式起重机起重时，应检查支撑稳定性，注意起重臂伸张的角度、回转范围与临近带电设备的安全距离，并设专人监护。

第三节　变压器吊罩(芯)检修

变压器吊罩(芯)检修，可以直观检查变压器内部组件状况，有条件地消除潜在缺陷，确保变压器安全运行，并适当延长变压器寿命。对于吊罩(芯)过程中拆下各个单元部件，应严格遵照相关标准，利用现场条件，进行有效的检查或检修，试验合格之后才能回装；对于现场条件无法彻底消除，但不影响安全运行的缺陷，应在检查完毕投运后密切监测其运行状态，争取时机对其进行返厂检修或更换。

一、吊罩(芯)检修前后做常规绝缘测试

变压器吊罩(芯)前，应通过试验了解变压器的绝缘水平，同时为检修后的试验做好对比依据，如果发现绝缘水平降低，则可根据各项测试数据，分析其原因，以便制订吊罩(芯)检修的相应处理措施，消除缺陷，使绝缘水平恢复正常。

变压器在吊罩(芯)检修完毕，也必须进行绝缘试验，可通过吊罩(芯)前后的试验数据对比，验证检修的效果和质量。通常经过吊罩(芯)检修，器身暴露在空气中长达几个小时或十几个小时，对绝缘极其不利，在检修时应创造良好的吊罩(芯)环境，按检修规程严格控制器身暴露时间，并做好各项检查或检修工作，经吊罩(芯)检修后的变压器各项试验数据应符合相关试验规程的要求。

二、变压器吊罩(芯)检修的项目概要

变压器吊罩(芯)检修的内容包括：

（1）检查器身(包括绕组和铁芯)。

（2）检查分接开关。

（3）检查各电压等级的套管。

（4）检查箱壳及附件。

（5）检查冷却系统。

（6）检查测量仪表及信号装置。

（7）滤油或换油。

三、变压器吊罩(芯)检修的具体内容

变压器吊罩(芯)检修的准备工作全部完毕，应选择晴朗干燥的天气进行吊罩(芯)，尽量错开雨雪天气，若必须在阴雨天或下雪天吊罩(芯)时，则应将变压器拖运至室内或采取其他措施进行，防止雨雪和灰尘等异物落入变压器内，同时根据温湿度情况严格控制变压器器身在空气中的暴露时间，不应超过前面章节的规定。

（一）器身的检查

器身是变压器最关键的部件，器身主要包括铁芯、绕组、引线及绝缘支架等，变压器运行中铁芯不但要发热，而且还要受到电磁振动；绕组不但因流过电流而发热，而且还要承受线路故障时的冲击电流，都将危及变压器的稳定运行，所以当进入检查或钟罩（器身）吊出后，必须对器身进行仔细的检查，排除隐患。变压器铁芯、绕组、引线及绝缘支架等的检修要求见表 7-1～表 7-3。

表 7-1　铁芯的检修要求

序号	检查内容	检查方法	工艺质量要求
1	检查铁芯表面	目测	（1）铁芯应平整、清洁，无片间短路或变色、放电烧伤痕迹。 （2）铁芯应无卷边、翘角、缺角等现象。 （3）油道应畅通，无垫块脱落和堵塞，且应排列整齐
2	检查铁芯结构紧固情况	目测、力矩扳手	（1）铁芯与上下夹件、方铁、压板、底脚板间均应保持良好绝缘。 （2）钢压板与铁芯间要有明显的均匀间隙，绝缘压板应保持完整、无破损、变形、开裂和裂纹现象。 （3）钢压板不得构成闭合回路，并有一点可靠接地。 （4）金属结构件应无悬空现象，并有一点可靠接地。 （5）紧固件应拧紧或锁牢

续表

序号	检查内容	检查方法	工艺质量要求
3	检查铁芯绝缘	目测、绝缘电阻测量	(1) 铁芯绝缘应完整、清洁，无放电烧伤和过热痕迹。 (2) 铁芯组间、夹件、穿芯螺杆、钢拉带绝缘良好，其绝缘电阻应无较大变化，并有一点可靠接地。 (3) 铁芯接地片插入深度应足够牢靠，其外露部分应包扎绝缘，防止铁芯短路。 (4) 采用500V或1000V绝缘电阻表测量铁芯级间绝缘电阻宜大于1MΩ。 (5) 采用2500V绝缘电阻表测量铁芯对夹件绝缘电阻宜大于1MΩ
4	检查电屏蔽或磁屏蔽	目测、500V或1000V绝缘电阻表	(1) 绝缘电阻应大于1MΩ以上，接地应可靠。 (2) 固定应牢靠。 (3) 表面应清洁，无变色、变形、过热、放电痕迹

表 7-2　　绕组的检修要求

序号	检查内容	检查方法	工艺质量要求
1	检查相间隔板和围屏有无破损、变色、变形、放电痕迹	目测	(1) 围屏应清洁无破损、无变形、无发热和和树枝状放电痕迹。 (2) 围屏的起头应放在绕组的垫块上，接头处应错开搭接，并防止油道堵塞。 (3) 相间隔板完整并固定牢固。 (4) 静电屏应清洁完整，无破损、无变形、无发热和树枝状放电痕迹，绝缘良好，连接可靠
2	检查绕组表面是否清洁，匝绝缘有无破损，油道是否畅通	解开围屏目测、内窥镜检查	(1) 绕组应清洁，表面无油垢，无变形。 (2) 整个绕组无倾斜、位移，导线辐向无明显弹出现象。 (3) 油道应保持畅通，无油垢及其他杂物积存。 (4) 外观整齐清洁，绝缘及导线无破损
3	检查绕组各部垫块有无位移和松动情况	目测、内窥镜检查	(1) 垫块无位移和松动情况。 (2) 垫块应排列整齐，辐向间距相等，轴向成一垂直线，支撑牢固有适当压紧力
4	检查绝缘状态	用指压、聚合度测试	绝缘状态分如下四级： (1) 良好绝缘状态，又称为一级绝缘：绝缘有弹性，用手指按压后无残留变形，或聚合度在750mm以上。 (2) 合格绝缘状态，又称为二级绝缘：绝缘稍有弹性，用手指按压时无裂纹、脆化，或聚合度在500～750mm之间。 (3) 可用绝缘状态，又称为三级绝缘：绝缘轻度脆化，呈深褐色，用手指按压时有少量裂纹和变形，或聚合度在250～500mm之间。 (4) 不合格绝缘状态，又称为四级绝缘：绝缘已严重脆化，呈黑褐色，用手指按压时即酥脆、变形、脱落，或聚合度在250mm以下

续表

序号	检查内容	检查方法	工艺质量要求
5	检查绕组轴向预紧力是否合适	采用液压装置	(1) 绕组垫块的压强应大于 $20kg/cm^2$。 (2) 绝缘状态在三级以下，不宜进行预压

表 7-3　　引线及绝缘支架的检修要求

序号	检查内容	检查方法	工艺质量要求
1	检查引线及引线锥的绝缘包扎有无变形、变脆、破损，引线有无断股，引线与引线接头处焊接情况是否良好，有无过热现象	目测	(1) 引线绝缘包扎应完好，无变形、起皱、变脆、破损、断股、变色现象。 (2) 对穿缆套管的穿缆引线应用白纱带半叠包一层。 (3) 引线绝缘的厚度及间距应符合有关要求
2	检查引线	目测	(1) 引线应无断股损伤现象。 (2) 接头表面应平整、光滑，无毛刺、过热变色现象。 (3) 接头面积应大于其引线截面的 3 倍以上。 (4) 引线长短应适宜，不应有扭曲和应力集中现象
3	检查绝缘支架	目测	(1) 绝缘支架应无破损、裂纹、弯曲变形及烧伤现象。 (2) 绝缘支架与铁芯夹件的固定可用钢螺栓，绝缘件与绝缘支架的固定应用绝缘螺栓；固定螺栓均需有防松措施。 (3) 绝缘固定应可靠，无松动和窜动现象。 (4) 绝缘夹件固定引线处应加垫附加绝缘，以防卡伤引线绝缘。 (5) 引线固定用绝缘夹件的间距，应符合要求
4	检查引线与各部位之间的绝缘距离	测量	(1) 引线与各部位之间的绝缘距离应符合要求。 (2) 对大电流引线（铜排或铝排）与箱壁间距，一般应大于 100mm，并在铜（铝）排表面可包扎一层绝缘
5	紧固所有螺栓	力矩扳手	均处在合适紧固状态

（二）油箱的检修

油箱上装有变压器的许多附件，检修时对密封垫的接触面要铲除干净，密封垫应完好，放置应正确。装复后的变压器，必须保证箱盖及附件孔洞处的密封良好，不能渗漏油。在大多数情况下，总要更换为新的耐油胶垫。油箱检修的检修要求见表 7-4。

表 7-4　　油箱的检修要求

序号	部位	检查内容	检查方法	质量标准
1	外部	检查焊缝	目测	应无渗漏点
		清洁度		油箱外表面应清洁，无锈蚀，漆膜完整
2	内部	内表面		油箱内部应清洁，无锈蚀、放电现象，漆膜完整
		磁(电)屏蔽		磁（电）屏蔽装置固定牢固，无放电痕迹，接地可靠
		器身定位钉		定位装置不应造成铁芯多点接地
		结构件		应无松动放电现象，固定应牢固
3	管道	管道内部		管道内部应清洁，无锈蚀、堵塞现象
		导油管		固定于下夹件上的导向绝缘管，连接应牢固，无泄漏现象
4	密封	法兰		法兰结合面应无漆膜，保证光滑、平整、清洁
		密封胶垫		（1）胶垫接头黏合应牢固，并放置在油箱法兰直线部位的两螺栓的中间，搭接面应平方，搭接面长度不少于胶垫宽度的2倍。 （2）胶垫压缩量为其厚度的1/3左右（胶棒压缩量为1/2左右）。 （3）不得重复使用已用过的密封件
		密封试验	油压	在储油柜内施加0.035MPa压力，保持12h不应渗漏

（三）主要附件的检修

1. 分接开关的检修

变压器分接开关分为无励磁分接开关和有载调压分接开关两种。大型油浸式电力变压器一般采用无励磁分接开关，其检修要求见表7-5。

表 7-5　　无励磁分接开关的检修要求

序号	检查内容	检查方法	工艺质量要求
1	检查开关各部件	目测	完整无缺损
2	检查机械转动灵活情况	拨动或摇动手柄	（1）转动操作手柄，动触头转动应灵活，若转动不灵活，应进一步检查卡滞原因。 （2）机械转动应灵活，转轴密封良好，无卡滞，上部指示位置与下部实际接触位置一致
3	检查接触情况	目测、检测	（1）检查动静触头间接触是否良好，触头表面应清洁，无氧化变色、镀层脱落及碰伤痕迹，弹簧无松动，发现氧化膜时，用碳化铝和白布带穿入触柱来回擦拭清除；触柱如有严重烧损时应更换。 （2）绝缘操作杆U型拨叉接触应良好，如有接触不良或放电痕迹应加装弹簧片。 （3）触头表面应保持光洁，无氧化变质、碰伤及镀层脱落，触头接触压力用弹簧秤测量应在0.25～0.5MPa之间，或用0.02mm塞尺检查应无间隙，接触严密

续表

序号	检查内容	检查方法	工艺质量要求
4	检查紧固情况	触摸	开关所有紧固件均应拧紧，无松动，触头分接线应紧固，发现松动应拧紧、锁住
5	位置	调整	(1) 检修的分接开关，拆前做好明显标记，拆装前后指示位叉必须一致，各相手柄及传动机构不得互换。 (2) 检查绕组实际分接是否与上部指示位置一致，不一致则应进行调整
6	绝缘件	目测	(1) 绝缘筒应完好，无破损、剥裂、变形，绝缘筒如有严重剥裂变形时应更换，表面清洁无油垢；操作杆绝缘良好，无弯曲变形。 (2) 分接开关绝缘件应无受潮、剥裂或变形。表面应清洁，发现表面脏污应用无绒毛的白布擦试干净。 (3) 操作杆拆下后，应放入油中或用塑料布包好
7	接触电阻	测量	触头接触电阻小于 500$\mu\Omega$

2. 套管的检修

套管常规检修是对套管进行全面的检查清扫，对各零部件进行维护修理紧固；更换局部渗漏油胶垫，对油塞松动、油表渗油等现象进行处理。在变压器进行标准项目大修过程中，一般对油纸电容式套管不作解体检修。对经试验结果判明电容芯子有轻度受潮时，可用热油循环法进行干燥。油纸电容式套管的检修要求见表 7-6。

表 7-6　　油纸电容型套管的检修要求

序号	部　位	检修内容	工艺质量要求
1	套管本体	拆卸	(1) 穿缆式。 1) 应先拆除套管顶部端子和外部连线的连接。再拆开套管顶部的将军帽，脱开内引线头，用专用带环螺栓拧在引线上，并拴好合适的吊绳。 2) 套管拆卸时，应依次对角松动安装法兰螺栓，在全部松开法兰螺栓之前，应用吊车和可以调整套管倾斜角度的吊索具吊住套管（不受力），调整吊车和吊索调整套管的安装角度，并微微受力以后方可以松开法兰螺栓。 3) 拆除法兰螺栓，先轻轻晃动，使法兰和密封胶垫之间产生间隙后，再调整起吊角度与套管安装角度一致后方可吊起套管。同时使用牵引绳徐徐落下引线头，继续沿着套管的安装轴线方向吊出套管并防止碰撞损坏。 4) 拆下的套管应垂直放置于专用的作业架上，中部法兰与作业架用螺栓固定 3 或 4 点，使之连成整体避免倾倒。 (2) 导杆式套管应先拆除下部与引线的连接，再进行吊装

续表

序号	部　位	检修内容	工艺质量要求
2	外表面	完整性、清洁度	应清洁，无放电、裂纹、破损、渗漏现象
3	连接端子	完整性、放电痕迹	连接端子应完整无损，无放电、过热、烧损痕迹。如有损伤或放电痕迹应清理，有明显损坏应更换
4	油位	是否正常	油位应正常。若需补油，应实施真空注油，避免混入空气使套管绝缘性能降低。添加油应采用原标号的合格油
5	末屏端子	连接可靠性、放电痕迹、渗漏油	(1) 接地应可靠，绝缘应良好，无放电、损坏、渗漏现象。 (2) 通过外引接地的结构应避免松开末屏引出端子的紧固螺母打开接地片，防止端部转动造成损坏。 (3) 弹簧式结构应注意检查内部弹簧是否复位灵活，防止接地不良。 (4) 通过压盖弹片式结构应注意检查弹片弹力，避免弹力不足。 (5) 压盖式结构应避免螺杆转动，造成末屏内部连接松动损坏
6	下尾端均压罩	固定情况	位置应准确，固定可靠，应用合适的工具测试拧紧程度
7	油色谱	判断是否存在内部缺陷	在必要时进行，要求密封采油样，如采用注射器取油样等
8	套管整体	复装	(1) 先检查密封面应平整无划痕、无漆膜、无锈蚀，更换密封垫。 (2) 先将穿缆引线的引导绳及专用带环螺栓穿入套管的引线导管内。 (3) 安装有倾斜度的套管必须使用可以调整套管倾斜角度和吊索具，起吊套管后应调整套管的倾斜角度和安装角度一直，并保证油位计的朝向正确。 (4) 起吊高度到位以后将引线绳的专用螺栓拧紧在引线头上并穿入套管的导管，收紧引线绳拉直引线（确认引线外包绝缘完好），然后逐渐放松并调整吊钩使套管沿安装轴线徐徐落下的同时应防止套管碰撞损坏，并拉紧引导绳防止引线打绕，套管落到安装位置时引线头必须同时拉出到安装位置，否则应重新吊装（应打开人孔，确认应力锥进入均压罩）。 (5) 对角拧紧安装法兰螺栓，使密封胶垫均匀压缩 1/3 左右（胶棒压缩量为 1/2 左右）。 (6) 在安装套管顶部内引线头时应使用足够力矩的扳手锁紧将军帽，更换将军帽的密封垫。 (7) 如更换新套管，运输和安装过程中套管上端都应该避免低于套管的其他部位，以防止气体浸入电容芯棒。 (8) 电容套管试验见有关规定

注　不推荐油纸电容型套管现场解件检修。

而当那些套管本身深度受潮或电容芯子存在严重缺陷或已发现套管中的电容芯子存在树枝状放电痕迹时，则都需要在具有专用处理设备的检修厂和返回原厂进行处理或更换。

3. 储油柜的检修

对于国内普遍安装的胶囊式储油柜，其检修要求见表7-7。

表7-7　胶囊式储油柜的检修要求

序号	部　位	检修内容	工艺质量要求
1	储油柜整体	拆卸	(1) 先打开油位计接线盒将信号连接线脱开，放尽剩油后拆卸所有的连接管路，保留并关闭连通气体继电器的蝶阀。 (2) 用吊具吊住储油柜，拆除储油柜固定螺栓，起吊后拖出变压器后落下进行检修
2	外部	清洁度、锈蚀	(1) 外表面应清洁、无锈蚀。 (2) 清洗油污，清除锈蚀后重新漆化处理
3	内部	清洁度、锈蚀	(1) 必要时放出储油柜存油，取出胶囊，清扫储油柜。储油柜内部应清洁，无锈蚀和水分。 (2) 排除积污盒内污油
4	管道	清洁、畅通	(1) 管道表面应清洁，管道内应畅通，无杂质、锈蚀和水分。 (2) 更换接口密封垫，保证密封和呼吸畅通
5	整体密封	渗漏	(1) 更换所有密封胶垫，复装管道、盖板。 (2) 清理和检查积污盒、塞子等零部件。整体密封良好无渗漏，应耐受油压0.01～0.03MPa，12h无渗漏
6	储油柜整体	复装	应更换所有连接管道的法兰密封垫，保持连接法兰的平行和同心，密封垫压缩量为1/3（胶棒压缩1/2），确保接口密封和畅通，储油柜本体和各管道固定牢固
		调试	一次注油至正常油位，胶囊打压至储油柜顶部放气塞冒油，旋紧放气塞后调整油位

4. 散热器、冷却器的检修

散热器的检修要求见表7-8。

表7-8　散热器的检修要求

序号	部　位	检修内容	工艺质量要求
1	散热器	拆卸	(1) 先将蝶阀关闭，打开排油塞和放气塞排尽剩油。 (2) 用吊车吊住散热器，再松开蝶阀靠散热器侧螺母，收紧吊钩将散热器平移并卸下。 (3) 将散热器翻转平放于专门存放区域进行检修。如不立即检修，应注油或充干燥气体密封存放

续表

序号	部　位	检修内容	工艺质量要求
2	内外表面	焊缝质量	（1）采用气焊或电焊，无渗漏点，片式散热器边缘不允许有开裂。 （2）对渗漏点进行补焊处理时要求焊点准确，焊接牢固，严禁将焊渣掉入散热器内
		清洁度	（1）对带法兰盖板的上、下油室应打开法兰盖板，清除油室内的杂质、油垢。检查上、下油室内表面应清洁，无锈蚀，漆膜完整。 （2）清扫外表面，应无锈蚀、无油垢，漆膜完整或镀锌层完好。油垢严重时可用金属洗净剂（去污剂）清洗，然后用清水冲净晾干，清洗时管接头应可靠密封，防止进水。 （3）应使用合格的变压器油对散热器内部进行循环冲洗，散热器进油端略高于出油端，出油端的吸油管插到底
3	放气塞、排油塞	透气性、密封性、密封圈	塞子透气性和密封性应良好，更换密封圈时应使密封圈入槽
4	密封试验	渗漏	用盖板将接头法兰密封，充油（气）进行试漏，试漏标准： （1）片式散热器，正压 0.05MPa、时间 2h。 （2）管状散热器，正压 0.1MPa、时间 2h
			对可抽真空的散热器，可结合变压器本体进行抽真空密封试验
5	散热器	复装（含风机）	（1）先检查密封面应完整无划痕、无漆膜、无锈蚀，更换密封垫。 （2）检查蝶阀应完好，安装方向、操作杆位置应统一，开闭指示标志应清晰、正确。 （3）安装应用吊车进行，吊装时确保密封面平行和同心，密封胶垫放置位置准确，密封垫压缩量为 1/3（胶棒压缩 1/2）。 （4）安装好散热器的拉紧钢带（螺杆）。 （5）调试时先打开下蝶阀和旋松顶部排气塞，待顶部排气塞冒油后旋紧，再打开上蝶阀，最终确认上、下蝶阀均处在开启位置。 （6）风机的调试在安装就位固定后进行，拨动叶轮转动灵活，通入 380V 交流电源，运行 5min 以上。转动方向正确，运转应平稳，灵活，无转子扫膛，叶轮碰壳等异声，三相电流基本平衡，和其他相同风机的工作电流基本相同。 （7）有总控箱的应进行温度控制、负荷电流控制等功能检查，符合要求

强油风冷却器的检修要求见表7-9。

表 7-9　　强油风冷却器的检修要求

序号	部　位	检修内容	工艺质量要求
1	冷却器	拆卸	(1) 应先将蝶阀关闭，打开油塞和放气塞排尽剩油。 (2) 用吊车吊住冷却器，再松开蝶阀靠冷却器侧螺母，收紧吊钩将冷却器平移并卸下。 (3) 将冷却器翻转平放于专门存放区域进行检修。如不立即检修应注油或充干燥气体密封存放
2	表面	清洁度、锈蚀	(1) 整体表面漆膜完好、无锈蚀，冷却器管束间、散热片之间应洁净，无堆积灰尘、昆虫、草屑等杂物，无锈蚀，无大面积变形。 (2) 清扫可用 0.1MPa 的压缩空气（或水）吹尽管束间堵塞的灰尘、昆虫、草屑等杂物，若油垢和污垢严重，可用散热翅片专用的洗净剂喷淋冲洗干净
3	冷却管道	密封、畅通	打开上、下油室端盖，检查油室内部应清洁，进行冷却器的试验和内部冲洗。冷却器管应无堵塞现象，更换密封胶垫
4	放油塞	透气性、密封性	放油塞透气性、密封性良好，更换密封圈并入槽，不渗漏
5	密封试验	渗漏	(1) 充油（气）进行试漏，试漏标准：正压 0.25～0.275MPa、时间 30min，应无渗漏。 (2) 管路有渗漏时，可将渗漏管的两端堵塞，但所堵塞的管子数量每回路不得超过 2 根，否则冷却器应降容使用
			对可抽真空的冷却器可结合变压器本体进行真空密封试验
6	冷却器	复装	(1) 应先将潜油泵安装在冷却器的下方原位，以保持冷却器吊装时两连接法兰面为同一平面，便于安装和控制密封垫的压缩量。 (2) 检查蝶阀和法兰密封面应平整无划痕、无锈蚀、无漆膜，更换密封垫。 (3) 连接法兰的密封面应平行和同心，密封垫位置准确，压缩量为 1/3（胶棒压缩 1/2）。 (4) 检查连接电缆应完好，否则进行更换。 (5) 先打开下蝶阀和旋松顶部排气塞，待顶部排气塞冒油后旋紧，再打开上蝶阀，最终确认上、下蝶阀处于开启位置

续表

序号	部　位	检修内容	工艺质量要求
7	冷却装置	潜油泵和冷却器装置联动试验（含负压测试）	（1）进行冷却器整组调试，潜油泵和风机应接通电源线，并试运转。检查转动方向正确，运转平稳，无异声，各部密封良好，不渗油，无负压，油泵之间和风机之间相互比较，负载电流无明显差异，小于铭牌额定电流。 （2）油流继电器指针偏转到位稳定，微动开关切换正确稳定。冷却器全部投入时所有油流继电器的指针都不能抖（晃）动，否则应处理或更换。 （3）负压检查：在冷却器管路系统的进油放气塞处，安装真空压力表后，开启所有运行油泵，不应出现负压。 （4）进行冷却器装置联动试验，在冷却装置控制箱进行操作。 （5）主供、备供电源互为备用，手动切除任何一路工作电源，另一路工作电源应自动投入。 （6）在冷却器故障状态下备用冷却器应正确启动。 （7）检查各信号指示灯和动作试验正确对应。 （8）测量绝缘值。 （9）运行保护功能性检查和处理。 1）保护误动检查：开启所有油泵后，不应出现气体继电器和压力释放阀的误动。 2）保护误动检查处理：适当调大气体继电器的流速整定值，或压力释放阀的开启压力值。若多台油泵同时启动时才出现保护误动现象，则可采用加速延时继电器逐台启动方式

油/水热交换装置的检修要求见表7-10。

表7-10　　油/水热交换装置的检修要求

序号	部　位	检修内容	工艺质量要求
1	压差继电器	调试	拆下并检查压差继电器，消除缺陷，调试合格，必要时更换
2	油/水热交换器	拆卸	（1）关闭进水阀，放出存水，再关闭进出油阀，放出本体油，排尽残油、残水。 （2）拆除水、油连管，拆上盖，松开本体和水室间的连接螺栓，卸下油/水热交换器
		冷却管道	（1）内部应洁净，无水垢、油垢和锈蚀，无堵塞现象，漆膜完好。 （2）管道应无渗漏，发现渗漏应进行更换或堵塞，但每回路堵塞不得超过2根，否则应降容使用
		密封	充油（气）进行试漏，试漏标准：正压0.4MPa，时间30min，无渗漏
			油管密封良好，无渗漏现象，在本体直立位置下进行检漏（油泵未装）；由冷却器顶部注满合格的变压器油并加压；在水室入口处注入清洁水，由出水口缓慢流出，应无油华，油样试验合格
		复装	按照拆卸逆顺序安装，更换密封垫，无渗漏
		反冲洗	必要时对冷却器进行反冲洗

5. 潜油泵的检修

潜油泵的检修要求见表7-11、表7-12。

表7-11　潜油泵的检修要求

序号	部位	检修内容	工艺质量要求
1	潜油泵	拆卸	可以连同冷却器一起拆卸，也可以单独分开拆卸，拆卸前应打开接线盒将电源连接线脱开
2	叶轮	转动平稳、灵活	转动应平稳、灵活
3	试验	绝缘电阻	用500V或1000V绝缘电阻表测量电动机定子绕组绝缘电阻应大于1MΩ
		直流电阻	测量线圈直流电阻三相互差不超过2%
		运转试验	将泵内注入少量合格的变压器油，接通电源试运转。运转应平稳、灵活，无转子扫膛、叶轮碰壳等异声，三相空载电流平衡
4	潜油泵	复装	(1) 推荐先将潜油泵安装到冷却器上，使冷却器吊装时的接口在同一平面。 (2) 检查法兰密封面应平整无划痕、无锈蚀、无漆膜，更换密封垫。 (3) 调整连接法兰的密封面，使各对接法兰对接正确，密封垫位置准确

累计运行未满10年的潜油泵，经以上检查合格即可复装到冷却器上，如发现缺陷或运行10年以上的可更换或进行检修，检修按照表7-12的程序和方法进行。

表7-12　有缺陷或运行10年以上的潜油泵检修要求

序号	部位	检修内容	工艺质量要求
1	拆卸蜗壳	检查完整性	将油泵垂直放置，拆下蜗壳，检查内、外部应干净，无扫膛、整体无损坏，密封法兰面平整无锈蚀和损伤，并进行清洗，清除密封法兰面上的密封胶
2	拆卸叶轮	检查完整性	(1) 叶轮应安装牢固，转动灵活、平稳，无变形及磨损。 (2) 打开止动垫圈，卸下圆头螺母，用三角爪取下叶轮，同时取出平键，检查叶轮应无变形和磨损，妥善放置好叶轮和平键。 (3) 有变形锈蚀及磨损时应更换
3	拆卸前端盖和转子	将前端盖、转子和轴承与定子和后端盖分离	(1) 用专用工具（两爪扳手）从前端盖上拆下带螺纹的轴承挡圈。 (2) 卸下前端盖与定子连接螺栓，用顶丝将前端盖和转子及后轴承顶出。 (3) 前端盖、定子及轴承应无损坏
		分离前端盖和转子	(1) 用三角爪将前端盖从转子上卸下。 (2) 转子、轴承挡圈、轴承应无损坏

续表

序号	部 位	检修内容	工艺质量要求
4	轴承	完整性	用手边转动边检查。轴承挡圈及滚珠应无损坏
		灵活性	用手拨动同时观察。轴承转动应灵活，无卡滞
		磨损情况	轴承累计运行时间满10年应更换。更换轴承应使用专用的拉具和压床，禁止敲打
		拆、装轴承	（1）备用轴承应使用专用轴承。 （2）更换轴承应使用专用拉具和压床，正确拆、装轴承，不得损伤轴和轴承。禁止用手锤敲打轴承外环拆、装轴承 。 （3）将转子放在平台上，用三角爪卸下前后轴承。 （4）将新轴承放入油中加温至120～150℃时取出，套在转子轴上，用特殊的套筒，顶在轴承的内环上，用压具将轴承压到轴台处。 （5）再用特制的两爪扳手将轴承挡圈嵌入。用手拨动轴承转动应灵活
5	转子和轴承	放电和过热痕迹	转子短路条及短路环应无断裂、放电，铁芯应无损坏、磨损及过热现象。有损坏应更换
		磨损情况	前后轴应无损坏，测量转子前后轴颈尺寸，直径允许公差为±0.0065mm，超过允许公差或严重损坏时应更换
6	端盖	检查前端盖的完整性和清洁度	前端盖应清洁无损坏，测量前轴承室内径允许公差比前轴承外径大0.025mm。检查轴承室内磨损情况，磨损严重或有损坏时应更换
		拆卸后端盖	正确拆卸后端盖。卸下后端盖与定子外壳的连接螺栓，用顶丝将后端盖顶出
		后端盖完整性和清洁度	清理后端盖，清除轴承室的润滑脂，检查后端盖应干净无损坏，用内径千分尺测量轴承室尺寸，轴承室内径允许公差比后轴承外径大0.025mm。检查后轴承室的磨损情况，严重磨损时应更换后端盖或电动机
7	滤网和视窗	完整性、清洁度	（1）拆下视窗法兰、压盖，取出视窗玻璃及滤网，检查法兰、压盖、视窗玻璃及过滤网应洁净，无损坏、无堵塞，材质符合要求。 （2）将视窗玻璃擦净，清除滤网（或烧结网）上的污垢：清洗时用压板压紧，用汽油从内往外冲洗，安装时先放入过滤网及两侧胶垫，再放入O形胶圈，安装盖板，再放入视窗玻璃及两侧胶垫，安装法兰
8	定子	放电、过热、扫膛痕迹	清扫和检查定子和外壳应清洁无锈蚀。定子线圈表面应清洁、外观良好，无匝间、层间短路，无过热及放电痕迹。各引线接头脱断焊及断股，连接牢固。定子铁芯无过热、扫膛损坏。有损坏应更换
		绝缘电阻	用500V或1000V绝缘电阻表测量定子线圈绝缘电阻值应大于1MΩ
		直流电阻	测量定子线圈直流电阻三相互差不超过2%

续表

序号	部　位	检修内容	工艺质量要求
9	接线盒	完整性、清洁度	(1) 打开接线盒，检查接线端子是否存在渗漏油。 (2) 清洗接线盒内部，检查绝缘板及接线柱尾部应焊接牢固，无脱焊及断股，更换接线盒及接线柱的密封胶垫。 (3) 测量绝缘电阻大于1MΩ
10	油路	畅通	清洗分油路内的污垢，检查分油路应清洁，畅通
11	复装电机	转子装入后端盖	将转子后轴承对准后端盖轴承室，在前轴头上垫木方，用手锤轻轻敲击木方后轴承即可进入轴承室，转子在后端盖上应转动灵活
		转子穿入定子	定子内外整洁，与前、后端盖结合处密封胶涂抹均匀。将定子放在工作台上，转子穿入定子腔内，此时后端盖上的分油路孔要对准定子上的分油路孔，再对角均匀地拧紧后端盖与定子连接的螺栓
		装前端盖	将定子放在工作台上，定子止口处涂密封胶，对准分油路，把前端盖放入定子止口出，对角均匀地拧紧前端盖与定子连接的螺栓。电动机装配后，用手拨动转子，应转动灵活，无扫膛现象
12	安装叶轮	平衡和间隙	(1) 将圆头平键装入转轴的键槽内，再将叶轮嵌入轴上。带上止动垫圈，拧紧圆头螺母，将止动垫圈撬起锁紧圆头螺母。拨动叶轮应转动灵活，无碰壳。叶轮密封环与蜗壳的配合间隙不大于0.2mm。 (2) 用磁力千分表测量叶轮跳动及转子轴向窜动间隙。2级泵不大于0.07mm，4级泵不大于0.1mm，转子轴向窜动不大于0.15mm
13	密封	渗漏	应更换所有密封处的胶垫和密封环，包括前后端盖、密封网、压盖、法兰、各部油塞的密封胶垫及密封环、密封胶垫的压缩量为1/3（胶棒压缩1/2）
14	试验	绝缘电阻	用500V或1000V绝缘电阻表测量电动机定子绕组绝缘电阻应大于1MΩ
		直流电阻	测量线圈直流电阻三相互差不超过2%
		运转试验	将泵内注入少量合格的变压器油，接通电源试运转。运转应平稳、灵活、声音和谐，无转子扫膛、叶轮碰壳等异声，三相空载电流基本平衡
		密封性能	打压油0.4MPa（或打气压0.25MPa），保持30min，各密封处涂白土（或涂肥皂液）观察
15	放气塞、排油塞	密封垫圈透气和密封性能	更换密封垫圈并确保密封垫圈入槽。检查各部油塞，包括放气塞、测压塞螺纹无损坏，透气性和密封性良好

6. 气体继电器的检修

气体继电器的检修要求见表 7-13。

表 7-13　气体继电器的检修要求

序号	部　位	检修内容	工艺质量要求
1	继电器	拆卸	切断变压器二次电源，断开气体继电器二次连接线，关闭两侧蝶阀，在气体继电器下方放置盛油的开口油桶放出剩油，拆开两端法兰的连接螺栓，将其拆下
2	各部件	完整性、清洁度、方向指示、接线端子	(1) 各部件（容器、玻璃窗、放气阀门、放油塞、接线端子盒、小套管）应完整清洁，密封无渗漏。 (2) 盖板上箭头及接线端子标示应清晰正确
		探针、浮筒、挡板和指针	检查探针动作应灵活，检查浮筒、挡板和指针的机械转动部分应灵活，正确。检查指针动作后应能有效复位
3	试验	密封	将气体继电器密封，充满变压器油，在常温下加压 0.15MPa，持续 30min 无渗漏，再用合格的变压器油冲洗继电器芯体
		接线端子绝缘	用 2500V 绝缘电阻表测量绝缘电阻应大于 1MΩ，或用工频耐压试验 AC2000V、1min 应不击穿
		动作校验	检验应由专业人员进行。 对于轻瓦斯信号，注入 200～250mL 气体时应正确动作。 除制造厂有特殊要求外，对于重瓦斯信号，油流速达到：①自冷式变压器，0.8～1.0m/s；②强油循环变压器，1.0～1.2m/s；③120MVA以上变压器，1.2～1.3 m/s时应动作。 同时，指针停留在动作后的倾斜状态，并发出重瓦斯动作标志（掉牌）
4	继电器	复装（含联动试验）	(1) 检查连接管径应与继电器标称口径相同，其弯曲部分应大于 90°，联管法兰密封胶垫的内径应大于管道的内径。应使继电器盒盖上的箭头朝向储油柜。 (2) 复装时更换连接管法兰和两侧碟阀的密封垫，先装两侧联管与碟阀，如无不锈钢波纹联管，联管与油箱顶盖、储油柜之间的连接螺栓暂不完全拧紧，此时将气体继电器安装其间，用水平尺找准位置并使出、入口联管和气体继电器三者处于同一中心位置，后再将法兰螺栓拧紧，确保气体继电器不受机械应力。 (3) 气体继电器应保持基本水平位置：联管朝向储油柜方向应为 1%～1.5%的升高坡度。继电器的接线盒应有防雨罩或有效的防雨措施，放气小阀应低于储油柜最低油面 50mm。检查原连接电缆应完好，否则进行更换。 (4) 气体继电器两侧均应装碟阀，一侧宜采用不锈钢波纹联管，口径均相同，便于气体继电器的抽芯检查和更换。 (5) 调试应在注满油并连通油路的情况下进行，打开气体继电器的放气小阀排尽气体，用手按压探针时重瓦斯信号应该发出，松开时应该恢复。从放气小阀压入 200～250ml 左右的气体，轻瓦斯信号应发出，将气排出后应该恢复，否则应处理或更换

7. 压力释放阀的检修

压力释放阀的检修要求见表 7-14。

表 7-14　　压力释放阀的检修要求

序号	部　位	检修内容	工艺质量要求
1	压力释放阀	拆卸	先将二次连接线全部脱开，依次对角松动安装法兰螺栓，轻轻摇动，待密封垫脱开后拆下
2	护罩和导流罩	清洁	清扫护罩和导流罩，应清洁，无锈蚀
3	连接螺栓和压力弹簧	检查各部连接螺栓和压力弹簧	各部连接螺栓及压力弹簧应完好，无锈蚀、无松动
4	微动开关	检查微动开关动作和防雨	（1）微动开关触点接触良好，进行动作试验，微动开关动作应正确。 （2）无雨水进入和受潮现象
5	密封	密封性能	更换密封胶垫后密封良好不渗油
6	升高座	放气塞	放气塞良好，若无应增设，能够防止积聚气体因温度变化而发生误动
7	动作试验	动作正确性	进行加压和减压测定开启和关闭压力值，开启和关闭压力应符合规定
8	电缆	检查信号电缆	信号电缆应采用耐油电缆，无损坏和中间接头
9	绝缘试验	信号接点绝缘	用 2500V 绝缘电阻表测量绝缘电阻应大于 1MΩ，或用工频耐压试验 AC2000V、1min 应不击穿
10	压力释放阀	复装	（1）先检查密封面应平整无划痕、无漆膜、无锈蚀，更换密封垫。 （2）按照原位安装，依次对角拧紧安装法兰螺栓。 （3）打开放气塞排气，至冒油再拧紧放气塞。 （4）连接二次电缆应完好，否则进行更换

8. 油流继电器的检修

油流继电器的检修要求见表 7-15。

表 7-15　　油流继电器的检修要求

序号	部　位	检修内容	工艺质量要求
1	油流继电器	拆卸	应先打开接线盒将信号连接线脱开，拆卸过程中应注意防止挡板变形和损坏
2	挡板	灵活性	从冷却连管上拆下继电器，挡板轴孔、轴承应完好，无明显磨损痕迹。挡板转动应灵活，转动方向与油流方向一致

续表

序号	部 位	检修内容	工艺质量要求
3	挡板铆接	可靠	挡板应铆接牢固，无松动、开裂
4	弹簧	弹性	返回弹簧应安装牢固，弹力充足
5	指针	与挡板同步性	（1）指针及表盘应清洁，无灰尘，无锈蚀，转动灵活无卡滞：转动挡板，主动磁铁与从动磁铁应同步转动，观察指针应同步转动，无卡滞现象。 （2）如有异常应卸下端盖、表盘玻璃及塑料圈、固定指针的滚花螺母，取下指针、平垫及表盘，清扫内部。再转动挡板，观察主动磁铁与从动磁铁是否同步转动，有无卡滞。如有异常应更换
6	试验	绝缘电阻	用500V或1000V绝缘电阻表测量各端子对地绝缘电阻值应大于1MΩ
		微动开关动作性	检查微动开关，用手拨动挡板，在原位转动85°时，用万用表测量接线端子，微动开关应动作正确
7	油流继电器	复装	（1）先检查密封法兰面应平整无划痕、无锈蚀、无漆膜，更换密封垫。 （2）密封面应平行和同心。并使密封垫位置准确。 （3）检查挡板转动无阻碍，连接的二次电缆应完好，否则进行更换。 （4）油流继电器的调试和冷却器的调试同时进行

9. 指针式油位计的检修

指针式油位计的检修要求见表7-16。

表7-16 指针式油位计的检修要求

序号	部 位	检修内容	工艺质量要求
1	表计	拆卸	拆卸表计时应先将油面降至表计以下，再将接线盒内信号连接线脱开，松开表计的固定螺栓，松动表计将其与内部连接的连杆脱开，取出连杆和浮筒，防止损坏。连杆应伸缩灵活，无变形折叠，浮筒完好无变形和漏气
2	传动机构	完整性、灵活性	齿轮传动机构应无损坏，转动灵活，无卡滞、滑齿现象
3	磁铁	主动、从动磁铁耦合同步	转动主动磁铁，从动磁铁应同步转动正确
		指针指示范围是否与表盘刻度相符	摆动连杆，摆动45°时指针应从“0”位置指示到“10”位置或与表盘刻度相符，否则应调节限位块，调整后将紧固螺栓锁紧，以防松脱。连杆和指针应转动灵活、准确

续表

序号	部　位	检修内容	工艺质量要求
4	报警装置	动作是否正确	当指针在“0”最低油位和“10”最高油位时，限位报警信号动作应正确，否则应调节凸轮或开关位置
		绝缘试验	2500V 绝缘电阻表测量信号端子绝缘电阻应大于 1MΩ，或用工频耐压试验 AC 2000V、1min 应不击穿
5	密封	密封性能	更换密封胶垫，进行复装以后密封应良好无渗漏
6	表计	复装	（1）复装时应根据伸缩连杆的实际安装结点用手动模拟连杆的摆动观察指针的指示位置应正确，然后固定安装结点。否则应重新调整油位计的连杆摆动角度和指示范围。 （2）连接二次信号线，检查原电缆应完好，否则要更换

10. 阀门及塞子的检修

阀门及塞子的检修要求见表 7-17。

表 7-17　　阀门及塞子的检修要求

序号	部　位	检修内容	工艺质量要求
1	阀门各部件	完整性和密封性	应拆下阀门，检查转轴、挡板等部件应完整，挡板关闭严密，轴杆密封良好，开闭方向限位正确有效，经 0.05MPa 油压试验无渗漏，指示开、闭位置的标志清晰、正确。发现有损坏应更换
		清洁度	清洗后检查应清洁、无锈蚀，如影响使用应更换
2	密封	渗漏	检修后应做 0.15MPa 压力试验不渗漏。复装时更换所有密封垫，阀体和操作轴头安装方向一致。各密封面平整无渗漏
3	塞子	通透性和密封型	更换密封圈，松动时可控制放气（油）量，旋紧时密封圈入槽，密封好、无渗漏油

11. 二次端子箱的检修

二次端子箱的检修要求见表 7-18。

表 7-18　　二次端子箱的检修要求

序号	部　位	检修内容	工艺质量要求
1	表面	油漆、清洁度	清扫外壳，除锈并进行防腐处理；先切断防潮加热器和继电保护电源，再清扫内部和清理杂物
2	端子	完好性	（1）各部触点及端子板应完好无缺损，连接螺栓应无松动或丢失，交、直流信号端子应分开设置，不用的套管型电流互感器接线端子应短接后接地。 （2）如有损坏或缺损应更换和补齐

续表

序号	部　位	检修内容	工艺质量要求
3	密封	防腐、封堵	箱门的密封衬垫完好有效，电缆入口封堵完好
4	试验	绝缘电阻	测量回路绝缘电阻大于1MΩ
		防凝露加热器	加热功能完好

12. 温度计的检修

(1) 压力式（信号）温度计的检修要求见表7-19。

表7-19　　　压力式（信号）温度计的检修要求

序号	部　位	检修内容	工艺质量要求
1	温度计含温包	拆卸	应先将二次连接线全部脱开，松开安装螺栓，保持外观完好，金属细管不得扭曲、损伤和变形。拧下密封螺母连同温包一并取出，然后将温度表从油箱上拆下，并将金属细管盘好，其弯曲半径应大于75mm
2	温包及金属细管	损伤	逐处查看温包及金属细管应无扭曲、挤压、损伤、变形，无泄漏、堵塞现象
3	温度面板	指示清晰	应清洁完整、无锈蚀现象，指示应正确清晰
4	温度刻度	校验	应由专业人员进行校验，与标准温度计对比： (1) 1.5级，全刻度±1.5℃。 (2) 2.5级，全刻度±2.5℃。 并进行警报信号的整定
5	绝缘试验	端子绝缘	用2500V绝缘电阻表测量信号端子绝缘电阻应大于1MΩ，或用工频耐压试验AC 2000V、1min应不击穿
6	温度计含温包	复装	(1) 将经校验合格的温度计固定在油箱座板上，检查发信温度设置准确，连接二次电缆应完好，否则进行更换。将玻璃外罩密封好，其出气孔不得堵塞，防止雨水侵入。 (2) 变压器箱盖上的测温座中预先注入适量变压器油，再将测温包安装在其中，擦净多余的油，将测温座防雨盖拧紧，不渗油。 (3) 金属细管应按照弯曲半径大于75mm盘好妥善固定

(2) 电阻温度计（含绕组温度计）的检修要求见表7-20。

表7-20　　　电阻温度计（含绕组温度计）的检修要求

序号	部位	检修内容	工艺质量要求
1	热电耦	拆卸	应先将二次连接线全部脱开，松开安装螺栓，拧下密封螺母连同温包一并取出

续表

序号	部位	检修内容	工艺质量要求
2	温度计	完好性	用刷子和软布清扫仪器，检查应清洁、完整、无锈蚀现象；指示应正确清晰
3	埋入元件	完好性	铂电阻应完好无损伤，电阻值符合标准
4	二次回路	连接	接线应连接可靠正确
		绝缘试验	用 2500V 绝缘电阻表测量绝缘电阻应大于 1MΩ
5	温度刻度	校验	应由专业人员进行校验，与标准温度计对比：全刻度±1.0℃
6	调试	指示准确	应由专业人员进行调试，可采用温度计附带的匹配元件
7	热电耦	复装	（1）变压器箱盖上的测温座中预先注入适量变压器油，再将测温热电耦安装在其中，擦净多余的油，将测温座防雨盖拧紧，不渗油。 （2）连接二次电缆检查原连接电缆应完好，否则进行更换

第四节 变压器组件的回装

一、整体组装前的准备工作和要求

（1）组装前应彻底清理冷却器（散热器）、储油柜、压力释放阀（安全气道）、油管、升高座、套管及所有组、部件，可用合格的变压器油冲洗。

（2）所附属的油、水管路必须进行彻底的清理，管内不得有焊渣等杂物，并作好检查记录。

（3）油管路内不许加装金属网，以避免金属网冲入油箱内。

（4）安装上节油箱前，必须将油箱内部、器身和箱底内的异物、污物清理干净。

（5）有安装标志的零部件，如气体继电器、分接开关、高压、中压套管升高座及压力释放阀（或安全气道）升高座等与油箱的相对位置和角度需按照安装标志组装。

（6）准备好全套密封胶垫和密封胶。

（7）准备好合格的变压器油。

（8）将注油设备、抽真空设备及管路清扫干净，新使用的油管亦应先冲洗干净，以去除油管内的脱模剂和杂质。

二、回装

变压器吊罩后的回装：

（1）确认本体内无遗留物，吊回钟罩（或器身）。

(2) 更换全部密封圈，更换相应阀门。

(3) 回装箱体上部导油管。

(4) 回装低压、铁芯接地套管。

(5) 回装高压升高座及套管、中性点套管。

(6) 回装其他附件：储油柜、下部导油管、波纹管、气体继电器、两侧蝶阀、储油柜注（排）油管、呼吸管、瓦斯采气管、压力释放阀及导油管。

(7) 回装冷却器导油管、波纹管、蝶阀。

(8) 变压器抽真空前全面检查。

(9) 抽真空、真空注油、热油循环。

(10) 设备清洗或防腐。

(11) 连接测温装置、保护装置及电流互感器的连线。

第八章 变压器油的运行和维护

变压器油是指适用于变压器、电抗器、互感器、套管等充油电气设备中，起绝缘和冷却作用的一种绝缘油品。

一般来讲，对变压器油的监督，不仅能判断运行中油品质量是否符合生产运行要求，而且还可以反映运行设备的状况。尤其是变压器油中溶解气体的分析，是当前绝缘监督的一项重要手段，它可以早期诊断变压器内部故障和故障性质（包括故障类型、故障严重程度及发展趋势等），提出针对性防范措施，实现变压器不停电检测和早期故障诊断，对安全生产具有极为重要的作用。

第一节 变压器油的验收和日常维护

一、新变压器油的验收

新变压器油到货后，对国产油应按《变压器油》（GB 2536—1990）中所规定的项目和指标进行验收试验，进口油的验收可参考 IEC 60296 标准执行。验收过程，若有项目不符合规定时，则不能购置使用。对经过再生处理后的再生油，也要按标准进行油质全分析，合格后方能使用，相关技术要求见表 8-1。

表 8-1　　新变压器油的技术要求

项　目		质量标准			试验方法
牌号		10	25	45	
外观		透明，无悬浮物和机械杂质			目测①
密度（20℃，kg/m^3）		≤895			GB/T 1884 GB/T 1885
运动黏度（mm^2/s）	40℃	≤13	≤13	≤11	GB/T 265
	−10℃	—	≤200	—	
	−30℃	—	—	≤1800	
倾点（℃）		≤−7	≤−22	报告	GB/T 3535②

续表

项　目		质量标准			试验方法
牌号		10	25	45	
凝点（℃）		—		≤−45	GB/T 510②
闪点（闭口，℃）		≥140		≥135	GB/T 261
酸值（mgKOH/g）		≤0.03			GB/T 264
腐蚀性硫		非腐蚀性			SH/T 0304
氧化安定性③	氧化后酸值（mgKOH/g）	≤0.02			SH/T 0206
	氧化后沉淀（%）	≤0.05			
水溶性酸碱		无			GB/T 259
击穿电压④（间距 2.5mm 交货时，kV）		≥35			GB/T 507⑤
介质损耗因数（90℃，%）		≤0.5			GB/T 5654
界面张力（mN/m）		≥40		≥38	GB/T 6541
水分（mg/kg）		报告			SH/T 0207

① 把产品注入 100mL 量筒中，在（20±5）℃下目测，如有争议时，按 GB/T511 测定机械杂质含量为无。
② 以新疆原油和大港原油生产的变压器油测定倾点和凝点时，允许用定性滤纸过滤。倾点指标，根据生产和使用实际经与用户协商，可不受本标准限制。
③ 氧化安定性为保证项目，每年至少测定一次。
④ 击穿电压为保证项目，每年至少测定一次。用户使用前必须进行过滤并重新测定。
⑤ 测定击穿电压允许用定性滤纸过滤。

二、运行中变压器油的维护

运行油的质量随老化程度和所含杂质等条件的不同而变化很大，除能判断设备故障的项目（如油中溶解气体色谱分析等）以外，通常不能单凭任何一种试验项目作为评价油质状态的依据，而应根据所测定的几种主要特性指标进行综合分析，并且随电压等级和设备种类的不同而有所区别，但评价油品质量的前提首先是考虑安全第一的方针，其次才是考虑各地具体情况和经济因素。运行中变压器油的试验项目和要求见表 8-2。

表 8-2　　运行中变压器油的试验项目和要求

序号	项　目	设备电压等级（kV）	质　量　标　准		试验方法
			投入运行前的油	运行油	
1	外状		透明、无杂质或悬浮物		外观目测
2	水溶性酸（pH 值）		>5.4	≥4.2	GB/T 7598

续表

序号	项　目	设备电压等级(kV)	质量标准		试验方法
			投入运行前的油	运行油	
3	酸值（mgKOH/g）		≤0.03	≤0.1	GB/T 7599 或 GB/T 264
4	闪点（闭口杯，℃）		≥140 （10、25 号油） ≥135 （45 号油）	与新油原始 测定值相比 不低于 10	GB/T 261
5	水分[①]（mg/L）	330～500 220 ≤110 及以下	≤10 ≤15 ≤20	≤15 ≤25 ≤35	GB/T 7600 或 GB/T 7601
6	界面张力（25℃，mN/m）		≥35	≥19	GB/T 6541
7	介质损耗因数（90℃）	500 ≤330	≤0.007 ≤0.010	≤0.020 ≤0.040	GB/T 5654
8	击穿电压[②]（kV）	500 330 66～220 35 及以下	≥60 ≥50 ≥40 ≥35	≥50 ≥45 ≥35 ≥30	GB/T 507 或 DL/T 429.9
9	体积电阻率 （90℃，Ω·m）	500 ≤330	≥6×10^{10}	≥1×10^{10} ≥5×10^{9}	GB/T 5654 或 DL/T 421
10	油中含气量 （体积分数，%）	330～500	≤1	≤3	GB/T 423 或 DL/T 450
11	油泥与沉淀物 （质量分数，%）		＜0.02（以下可忽略不计）		GB/T 511
12	油中溶解气体组分 含量的色谱分析		按 DL/T 596—1996 中 第 6、7、9 章，附录 A		GB/T 17623 GB/T 7252

①取样温度为 40～60℃。

②质量指标为平板电极测定值。

对运行中变压器油进行分析，其分析结果是评定变压器油质量的主要依据。按其主要特性指标的评价，运行中变压器油大致可分以下几类：

第一类：可满足连续运行的油。各项指标均符合《运行中变压器油质量》（GB/T 7595—2008）中按设备类型规定的允许极限值的油品。此类油可继续运行，不需采取处理措施。

第二类：能继续使用，仅需过滤处理的油。这种情况一般是指水分含量、击穿电压、油中总含气量不符合 GB/T 7595—2008 中的极限值，其他特性均属正常的油品。这类油品外观可能有絮状物或污浊物存在，可用机械过滤去除水分及不溶物。但处理必须彻底，水分含量、击穿电压和油中总含气量应能符合 GB/T 7595—2008 中的标准要求。

第三类：油品质量较差，为恢复正常特性指标必须进行再生处理。该类油通常表现为油中存在不溶性或可沉析性油泥，酸值或介质损耗因数超过控制标准的极限值。此类油必须再生处理，为保证设备安全或若经济性合理也可更换。

第四类：油品质量很差，许多指标均不符合 GB/T 7595—2008 极限值要求。因此，从技术角度考虑应予报废，更换新油。

表 8-3 所示为运行中变压器油各试验项目超极限值的各种可能原因及相应措施。

表 8-3　　运行中变压器油超极限值原因及对策

序号	项　目	超极限值		超极限值可能原因	采取对策
1	外观	不透明有可见杂质		油中含有水分或纤维、炭黑及其他固体物	检查含水量，调查原因，与其他试验配合决定措施
2	颜色	油色太深，有异常气味		可能过度劣化或污染	检查酸值、闪点、油泥以决定措施
3	水分（mg/kg）	500kV	＞20	（1）密封不严，潮气侵入。 （2）超温运行，导致固体绝缘老化或油质劣化较深	（1）更换呼吸器内干燥。 （2）降低运行温度。 （3）采用真空过滤处理
		220～330kV	＞30		
		66～10kV	＞40		
4	酸值（mgKOH/g）	＞0.1		（1）超负荷运行。 （2）抗氧化剂消耗。 （3）补错了油。 （4）油被污染	调查原因，增加试验次数，投入净油器或更换吸附剂，测定抗氧化剂含量并适当补加；换油
5	水溶性酸	pH＜4.2		（1）油质老化。 （2）油被污染	与酸值进行比较查明原因。换油
6	击穿电压（kV）	500kV	＜50	（1）油中水分含量太大。 （2）油中有杂质颗粒污染	查明原因，进行真空滤油或更换新油
		330kV	＜45		
		66～220kV	＜35		
		20～35kV	＜30		
7	介质损耗因数（90℃）	500kV	＞0.02	（1）油质老化较深。 （2）油被污染。 （3）油中含有极性杂质	检查酸值、水分、界面张力。进行再生处理，或换新油
		≤330kV	＞0.04		

续表

序号	项　目	超极限值	超极限值可能原因	采取对策
8	界面张力	＜19	（1）油质老化严重，油中有可溶性或沉析性油泥析出。 （2）油质污染	结合酸值、油泥的测定采取对策进行再生处理或换新油
9	油泥与沉淀物	有油泥和沉淀物存在（质量在0.02%以下可忽略不计）	（1）油质深度老化。 （2）杂质污染	进行油处理，如经济合理或考虑设备安全，可换油
10	油中气体含量	超过3%	（1）设备密封老化。 （2）密封性能不好。 （3）胶囊破裂	查找原因，消除隐患，进行真空脱气处理
11	溶解气体组分含量	超过注意值	设备存在过热或放电故障	进行追踪分析，找出故障点，消除隐患，进行真空脱气处理

第二节　变压器油的净化处理

所谓油的净化处理，就是通过简单的物理方法（如沉降、过滤等）除去油中的污染物，使油品某些指标达到要求，如绝缘油的耐压、微水含量和介质损耗因数等。一般来说，新油在运输、保存过程中不可避免的被污染，油中混入杂质和水分，使油品的某些性能变坏并加速油的氧化。为此注入设备前必须进行净化处理。油的净化方法很多，根据油品的污染程度和质量要求选择适当的净化方法。

一、重力沉降法

重力沉降法是利用在浊液中，固体或液体的颗粒受其本身的重力作用而沉降的原理，除去油中悬浮的混杂物和水分等。混杂物的密度通常都比油品大。当油品长时间处于静止状态时，利用重力作用的原理，可使大部分密度大的混杂物从油中自然沉降而分离。该方法净化油比较简单，但不彻底只能除去油中大量的水分和能自然沉降下来的混杂物。在集油槽油箱中正是利用此方法，将杂质沉降到底部。

二、压力过滤法

利用油泵压力将油通过具有吸附及过滤作用的滤纸（或其他滤料），除去油中混杂物，达到油净化的目的，这种方法称为压力过滤法。过滤材料有滤纸（粗孔、细孔和碱性）、致密的毛织物和树脂微孔滤膜等。电力生产中多采用滤纸作过滤材料，因为它不仅能除去机械杂质，而且吸水性强，能除去油中少量水分。

压力式过滤机的工作情况是污油首先进入由框架所组成的空间，在油压作用下使油强迫通过滤纸而透入滤板（在一块铸铁的方铁板上具有许多突出的方块）。如图 8-1 所示的槽沟内，在各突出小方块之间所形成的沟槽，恰好成为许多并联油路。因此压力式过滤机总过滤面积为各个滤板上的并联油路的并联支路数之和。

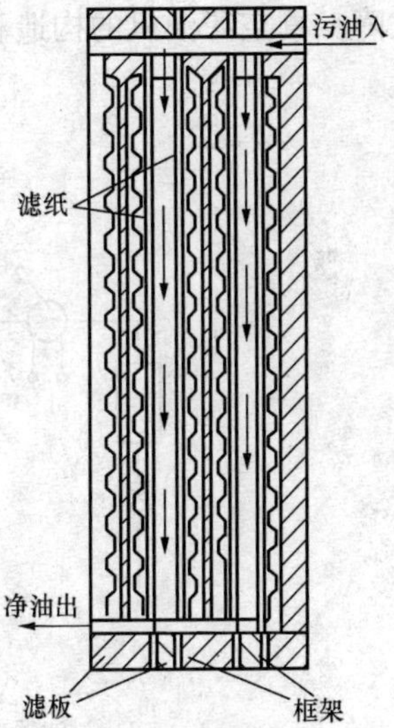

图 8-1　压力式滤油机工作原理

压力式滤油机的正常工作压力为 0.1～0.4MPa（视油品与温度而异）。在过滤中，如果压力逐渐升高，甚至超过 0.5～0.6MPa 时说明油内的污染物过多，填满了滤纸孔隙。此时必须更换新的干燥滤纸。

压力式滤油机主要用来滤去油中水分和大颗粒的污染物，用来提高电力用油的性能，目前广为采用，效果很好。但在过滤变压器用油时，尤其是随着高电压大容量电力设备的出现，对超高压用油的绝缘强度、微水含量、含气量和介质损耗因数有更高的要求时，单靠压力式滤油机净化油，远不能满足要求，为此要与真空滤油配合使用，才能收到良好效果。

三、真空过滤法

真空过滤法是借助于真空滤油机，在高真空和不太高的温度下使油雾化，除去油中微量水分和气体；因为真空滤油机也带有滤网，所以亦能除去杂质污染物，如果与压力式滤油机串联使用，除杂质效果更好。这种净化处理适用范围很广，不仅能满足一般电气设备用油的净化需要，而且对高电压大容量电气设备用油的净化效果尤其显著。对脱出油中气体（包括可燃气体），也同样有其明显效果。

真空滤油机的工作原理：油先过滤和加热，然后热油经真空罐的喷雾管，形成极细的油雾，此时油中水分、气体便在真空状态下蒸发被负压抽出，而油滴落下回到下部油室，由油泵排出。油中水分、气体的脱除效果，取决于真空度和油的温度。真空度越高水的汽化温度越低，脱水效果越好。

真空滤油机在过滤变压器油时，往往能很好地除去油中的水分及杂质。并能将油中溶解气体降得很低，使油品的电气性能得到很好的恢复。因此，在变压器油的现场检修处理中应用广泛。但在采用此方法时，应注意油的加热温度不宜过高（不超过 90℃），否则容易造成油的裂解，产生乙炔等裂解气体，以免误认为设备存在故障。真空滤油机的构造和流程如图 8-2 所示。

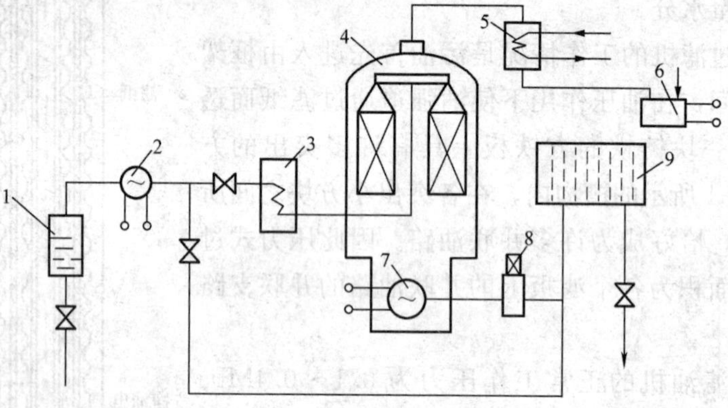

图 8-2 真空滤油机的流程示意图

1—过滤器；2—进油泵；3—加热器；4—真空罐；5—冷却器；
6—真空泵；7—出油泵；8—电磁阀；9—二级滤网（精滤）

当运行中变压器油的水分含量、击穿电压、油中总含气量或油中溶解气体组分含量不符合 GB/T 7595—2008 中的极限值，其他特性均属正常时，应对变压器油进行真空热油循环滤油处理。真空热油循环滤油处理油温一般控制在 60℃左右，变压器油从变压器底部抽取，而由变压器顶部回入。当变压器油的质量符合表 8-4 的要求时才可以停止真空热油循环滤油处理。

表 8-4　　热油循环后变压器油质量要求

试验项目	500kV	220～330kV	66～110kV
绝缘强度（kV）	≥60	≥50	≥40
含水量（μL/L）	≤10	≤15	≤20
含气量（体积比，%）	≤1	≤1	—
介质损耗因数（90℃，%）	不比过滤处理前高		

注　处理过程中应监测油的介质损耗因数，防止真空油污染变压器油。

真空热油循环滤油处理后的变压器在投入前应进行油试验，油质量标准应满足 GB/T 7595—2008 的质量标准，并进行色谱分析。

四、离心分离法

当油内含有过多的水分，特别含有乳化水分时，利用压力式滤油机不能达到高效率的净化，必须采用离心分离法。离心分离法净化油是通过离心分离机来实现的。油的离心分离净化是基于油、水及固体杂质三者密度不同，在离心力的作用下，其运动速度和距离也各不相同的原理。油最轻，聚集在旋转鼓的中心；水的密度稍大被甩在油质的外层；油中固体杂质最重被甩在最外层；并在鼓中不同分层处被抽出，从而达到净化油之目的。这种方法对含水较多的油品（如汽轮机油），特别对含有乳化水的油品效果更显著。

第三节　变压器油的防劣措施

变压器油的防劣措施主要针对水分、氧气的危害性而采取一些机械、物理和化学上的方法。

一、添加抗氧化剂

在我国，使用较为普遍的变压器油抗氧化剂是 T501，学名为：2，6——二叔丁基对甲基酚，白色粉状晶体。过去使用的胺类抗氧化剂，基本上已完全淘汰。

1. T501 的优点

与其他抗氧化剂相比，T501 具有如下的优越性能：

（1）由于 T501 的独特化学结构（屏蔽酚），所以它具有高度的抗氧化性能，油中加入这种抗氧化剂后，能有效地改善油的氧化安定性，降低油氧化形成的酸性物质、沉淀物的含量，并抑制低分子有机酸的生成。

（2）T501 的应用范围广，不仅适用于新油、再生油和轻度老化油，同样也可用于多种类型的润滑油。

（3）T501 对油的溶解性好，不会使油产生沉淀物。且不会对绝缘油、固体绝缘材料产生不良影响。

T501 抗氧化剂可以大大延缓油的老化，延长油的使用寿命，是运行中变压器油防劣的一项有效措施，具有效果好、费用省、操作简单、维护量少等优点。

2. T501 添加方法

运行油中添加 T501 前要先清楚设备内的油中水分、油泥和杂质。具体加入的方法有：热溶解法和从热虹吸器中添加的方法。运行油中 T501 的含量不应低于 0.15%，另外，在这一含量下进行添加，效果最好。同时，补加时还应控制运行油的 pH 值不小于 5.0 为好。

二、安装热虹吸器

热虹吸器是利用颗粒状吸附剂对运行中变压器油进行连续吸附净化的一种装置，它具有结构简单、使用方便、维护工作量少，而对油防劣效果好的特点。因此，该项技术，成为变压器油防劣的有效措施。

1. 净油器的分类

净油器可分为热虹吸净油器和强制循环净油器两类。热虹吸净油器是利用温差产生的虹吸作用，使油流自然循环净化；强制循环净油器则是借强迫油循环的油泵，使油循环和净化。热虹吸净油器用于油浸自冷风冷式变压器，而强制循环净油器则用于具有强迫油循环水冷和风冷式的变压器。因此，可根据变压器的具体情况选用不同的净油器。

2. 吸附剂的填装

热虹吸净油器及强制循环净油器中装填的吸附剂一般选用硅胶（用得最多）。吸附剂在装入净油器前应在 150～200℃条件下充分干燥至恒重。装吸附剂之前，热虹吸净油器内应先充入 1/3～1/2 的新油或合格油。在装吸附剂的过程中，吸附剂的上面始终应有油封。

三、安装隔膜密封装置

采用隔膜密封装置，就是利用橡胶薄膜，将油与促使其老化的空气中的氧和水隔绝，以防油质老化。这种防劣措施，结构简单，维护工作量少，并经多年运行经验证明其防劣效果较好，适用于大中型变压器采用。目前在变压器上采用的密封方式有隔膜式和薄膜囊式。

安装运行及检修中的注意事项：

（1）安装隔膜胶囊前要详细检查和清除储油柜内壁的电焊渣和铁毛刺，保证内壁平整光滑，以免损坏胶囊。

（2）变压器在运行过程中，应随时监视油位是否正常，隔膜胶囊是否漂浮，防爆膜是否完好不漏。运行中如发现集气罩中无油时，则说明油内有气体逸出，应进行抽气，直到集气罩内充油为止。如集气罩中的油面在较短时间内下降到看不见位置，则可能是密封不严有漏气现象，应仔细检查密封系统消除漏气缺陷。

在目前我们的日常监督，经常发现不少变压器安装不久，其油中总含气量上涨很快，往往一两年时间就超过了 3%的注意值，检查后发现很多都是因为安装不当导致胶囊破裂，使得空气进入而造成总含气量超标。因此，在安装过程中一定要保证安装质量。

第四节　变压器油的监督实例

运行中变压器油的监督是油务工作者日常工作的重中之重。在对充油设备的监督中，主要根据国标的有关规定，结合受检设备的特点，开展有针对性的监督工作。下面将简单介绍几个案例。

一、新绝缘油的验收

2000 年 7 月，在对一批 50t 的国产 25 号绝缘油进行验收试验中发现油的 pH

值只有4.1，不仅不符合新油的标准要求，甚至还低于运行油极限pH值4.2的要求。为慎重起见，将此油样分送三家检验单位（不同地点）进行检测，结果分别是5.6、4.3、4.6。四家检验单位有三家认定该绝缘油不合格，厂家同意重新发油，但新油的检测结果显示油的pH值仍然是4.2。送其他检测机构检验后，证实该绝缘油不合格，油中pH值为4.2。再三分析后认为，两批受检的绝缘油pH值超过新油标准，油质不合格，这极有可能是由于该油在炼制过程中工艺不当造成。

二、220kV变压器油中色谱超标

某水电厂一台220kV主变压器，在2003年4月小修后投运不久，油中总烃含量突然增大，超过了注意值，主要成分是甲烷和乙烯，有少量乙炔，三比值为022，判断分析为高温过热性故障。停电后排油检查，没有发现明显故障点。脱气处理后，设备重新投运。2005年1月色谱分析发现：油中溶解特征气体总烃再次超过注意值，特征气体组成与以前的试验一致，经过追踪分析发现，故障有继续发展的趋势。2005年5月，对该台变压器进行了更换。对退出运行的原主变压器进行检查。吊拆套管后发现，在设备本体与套管引线连接处有烧焦痕迹。此处应该就是故障点所在。

三、500kV变压器油中总含气量超标

某水电厂一台500kV主变压器，2003年3月投运后不久，油中总含气量增长迅速，运行6个月后，即接近国标运行油不大于3%的标准。从色谱检验数据上看，导致油中总含气量增长过快的主要原因为氧、氮含量的增高，分析认为，极有可能是设备密封性不好，致使空气进入油中造成的。图8-3所示为2003年3月到2004年12月，该主变压器的油中总含气量增长趋势图。

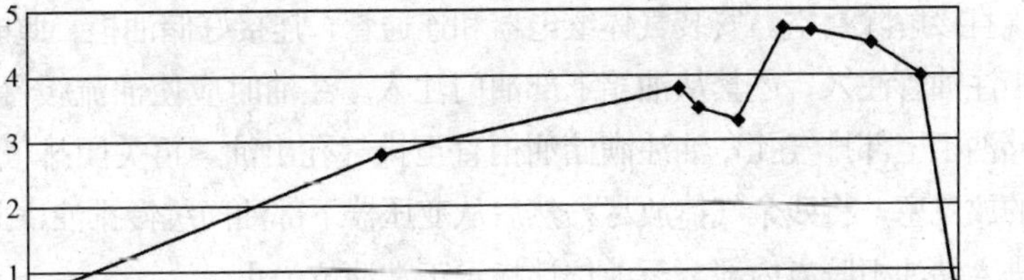

图8-3　500kV主变压器的油中总含气量增长趋势图（%）

2004年12月，对设备进行了排油检查。当打开储油柜的法兰盘时发现，胶囊上除有明显压痕外，还有破裂的地方。分析认为是安装储油柜法兰盘时，将胶囊压住，设备运行后，油温升高，胶囊膨胀造成破裂，从而使得空气进入，引起油中总含气量超标。更换储油柜胶囊后，对设备进行脱气处理后重新投运，情况良好。

第五节 变压器的真空注油和油处理

变压器全部附件回装后开始抽真空。对储油柜不能抽真空的变压器，在装气体继电器的油箱侧法兰上加封板，打开各附件、组件通本体的所有阀门，使除储油柜和气体继电器以外的所有附件（包括冷却器）连同本体抽真空。对于可带储油柜抽全真空的变压器，则是所有附件和本体一起抽真空。

在对油箱抽真空之前，单抽管道真空，查明真空系统本身实际能达到的真空度，如大于 10Pa 应检查渗漏。在抽真空过程中应随时检查有无渗漏，为便于听泄漏声响，必要时可暂停真空泵。同时巡视本体外壳，注意本体外壳变形情况（箱壁的弹性变形，其最大值不得超过壁厚的 2 倍），并严格控制真空度，使真空度达到实际可能的最高值（应不大于 133Pa）。抽真空保持时间应结合变压器的实际情况调整，500kV 不得少于 24h。

注油前提交油试验报告，由质量监督人员认可后，才允许将油打入油箱。油宜从油箱底部的注油阀注入。对于无含气量要求的低电压等级变压器，可使用压差式滤油机注油。对于高电压等级变压器，应用性能可靠的真空滤油机注油。注油温度在 40～60℃为宜，注油速度为 4～5t/h。注油时真空泵继续运行，各部阀门保持与抽真空时相同，使各附件连同本体一起注油。

对抽全真空的变压器可一次注油至规定的油面。

对储油柜不能抽真空的变压器，注油至油箱顶约 200mm 时停止抽真空，继续注油，直到油位逼近气体继电器处的封板，才停止真空滤油机。松开封板，残留的空间很小，可以用大气直接解除真空。安装气体继电器和连通管，连接好储油柜。此时变压器补油需从储油柜注油管注入，严禁从油箱下部油门注入。注油时应使油流缓慢注入储油柜，注意打开储油柜上部排气孔，油注满储油柜直至排气孔出油，再关闭排气孔和进油阀。打开所有的放气塞，将残余气体放尽，然后从变压器下部油门缓慢排油，此时空气经吸湿器自然进入储油柜胶囊内部，至油位计指示正常油位为止。

变压器真空注油后需要进行热油循环。关闭冷却器与本体之间的阀门，打开油箱与储油柜之间的蝶阀。油从油箱下部抽出，经真空滤油机加热到 55～65℃，再注入油箱上部。每 4h 打开一组冷却器运行 10min，这样周而复始进行热油循环。500kV 变压器热油循环时间一般不小于 48h。测量油中的含水、气量，如果合格循环可以停止。

热油循环结束后，变压器开始静置，静放期间对各排气塞多次排气。500kV 变压器静置时间不少于 72h，220kV 变压器可适当缩短时间，绝缘强度试验应在静置后进行。

第九章　变 压 器 的 试 验

第一节　变压器的试验标准和要求

根据《电力设备预防性试验规程》(DL/T 596—1996) 对于电力变压器有相应标准规定，大型油浸式电力变压器的试验项目和要求见表 9-1。

表 9-1　　大型油浸式电力变压器试验项目和要求

<table>
<tr><th>序号</th><th>项　目</th><th colspan="2">要　求</th></tr>
<tr><td>1</td><td>油中溶解气体色谱分析</td><td colspan="2">(1) 运行设备的油中 H_2 与烃类气体含量（体积分数）超过下列任何一项值时应引起注意：总烃含量大于 150μL/L；H_2 含量大于 150μL/L；C_2H_2 含量大于 5μL/L（500kV 变压器为 1μL/L）。
(2) 烃类气体总和的产气速率大于 0.25mL/h（开放式）和 0.5mL/h（密封式），或相对产气速率大于 10%/月，则认为设备有异常。
(3) 对 330kV 及以上的电抗器，当出现痕量（小于 5μL/L）乙炔时也应引起注意；如气体分析虽已出现异常，但判断不至于危及绕组和铁芯安全时，可在超过注意值较大的情况下运行</td></tr>
<tr><td>2</td><td>绕组直流电阻</td><td colspan="2">(1) 1.6MVA 以上变压器，各相绕组电阻相互间的差别不应大于三相平均值的 2%，无中性点引出的绕组，线间差别不应大于三相平均值的 1%。
(2) 与以前相同部位测得值比较，其变化不应大于 2%</td></tr>
<tr><td>3</td><td>绕组绝缘电阻、吸收比或（和）极化指数</td><td colspan="2">(1) 绝缘电阻换算至同一温度下，与前一次测试结果相比应无明显变化。
(2) 吸收比（10～30℃范围）不低于 1.3 或极化指数不低于 1.5</td></tr>
<tr><td rowspan="4">4</td><td rowspan="4">绕组的 tanδ</td><td colspan="2">(1) 20℃时 tanδ 不大于下列数值：
330～500kV　0.6%
66～220kV　0.8%
35kV 及以下　1.5%
(2) tanδ 值与历年的数值比较不应有显著变化（一般不大于 30%）。
(3) 试验电压如下：</td></tr>
<tr><td>绕组电压 10kV 及以上</td><td>10kV</td></tr>
<tr><td>绕组电压 10kV 以下</td><td>U_N</td></tr>
<tr><td colspan="2">(4) 用 M 型试验器时试验电压自行规定</td></tr>
</table>

续表

<table>
<tr><th>序号</th><th>项　目</th><th>要　求</th></tr>
<tr><td>5</td><td>电容型套管的 tanδ 和电容值</td><td>（1）20℃时的 tanδ（%）值应不大于下表中数值：
<table>
<tr><td colspan="2">电压等级（kV）</td><td>20～35</td><td>66～110</td><td>220～500</td></tr>
<tr><td rowspan="5">大修后</td><td>充油型</td><td>3.0</td><td>1.5</td><td>—</td></tr>
<tr><td>油纸电容型</td><td>1.0</td><td>1.0</td><td>0.8</td></tr>
<tr><td>充胶型</td><td>3.0</td><td>2.0</td><td>—</td></tr>
<tr><td>胶纸电容型</td><td>2.0</td><td>1.5</td><td>1.0</td></tr>
<tr><td>胶纸型</td><td>2.5</td><td>2.0</td><td>—</td></tr>
<tr><td rowspan="5">运行中</td><td>充油型</td><td>3.5</td><td>1.5</td><td>—</td></tr>
<tr><td>油纸电容型</td><td>1.0</td><td>1.0</td><td>0.8</td></tr>
<tr><td>充胶型</td><td>3.5</td><td>2.0</td><td>—</td></tr>
<tr><td>胶纸电容型</td><td>3.0</td><td>1.5</td><td>1.0</td></tr>
<tr><td>胶纸型</td><td>3.5</td><td>2.0</td><td>—</td></tr>
</table>
（2）当电容型套管末屏对地绝缘电阻小于 1000MΩ 时，应测量末屏对地 tanδ，其值不大于 2%。
（3）电容型套管的电容值与出厂值或上一次试验值的差别超出±5%时，应查明原因</td></tr>
<tr><td>6</td><td>绝缘油试验</td><td>见变压器油部分</td></tr>
<tr><td>7</td><td>交流耐压试验</td><td>油浸变压器试验电压值按表 6-2（定期试验按部分更换绕组电压值）</td></tr>
<tr><td>8</td><td>铁芯（有外引接地线的）绝缘电阻</td><td>（1）与以前测试结果相比无显著差别。
（2）运行中铁芯接地电流一般不大于 0.1A</td></tr>
<tr><td>9</td><td>穿心螺栓、铁轭夹件、绑扎钢带、铁芯、线圈压环及屏蔽等的绝缘电阻</td><td>220kV 及以上者绝缘电阻一般不低于 500MΩ，其他自行规定</td></tr>
<tr><td>10</td><td>油中含水量（mg/L）</td><td>
<table>
<tr><td>投入运行前的油</td><td>运行油</td></tr>
<tr><td>66～110kV≤20
220kV≤15
330～500kV≤10</td><td>66～110kV≤35
220kV≤25
330～500kV≤15</td></tr>
</table></td></tr>
<tr><td>11</td><td>油中含气量（%）</td><td>
<table>
<tr><td>投入运行前的油</td><td>运行油</td></tr>
<tr><td>330～500kV≤1</td><td>一般不大于 3</td></tr>
</table></td></tr>
<tr><td>12</td><td>绕组泄漏电流</td><td>（1）试验电压一般如下：
<table>
<tr><td>绕组额定电压（kV）</td><td>3</td><td>6～10</td><td>20～35</td><td>66～330</td><td>500</td></tr>
<tr><td>直流试验电压（kV）</td><td>5</td><td>10</td><td>20</td><td>40</td><td>60</td></tr>
</table>
（2）与前一次测试结果相比应无明显变化</td></tr>
</table>

续表

序号	项　目			要　求
13	绕组所有分接的电压比			（1）各相应接头的电压比与铭牌值相比，不应有显著差别，且符合规律。 （2）电压 35kV 以下，电压比小于 3 的变压器电压比允许偏差为±1%；其他所有变压器：额定分接电压比允许偏差为±0.5%，其他分接的电压比应在变压器阻抗电压值（%）的 1/10 以内，但不得超过±1%
14	校核三相变压器的组别或单相变压器极性			必须与变压器铭牌和顶盖上的端子标志相一致
15	空载电流和空载损耗			与前次试验值相比，无明显变化
16	短路阻抗和负载损耗			与前次试验值相比，无明显变化
17	局部放电测量			在线端电压为 $1.5U_m/\sqrt{3}$ 时，放电量一般不大于 500pC；在线端电压为 $1.3U_m/\sqrt{3}$ 时，放电量一般不大于 300pC
18	有载调压装置的试验和检查	检查动作顺序，动作角度		范围开关、选择开关、切换开关的动作顺序应符合制造厂的技术要求，其动作角度应与出厂试验记录相符
		操作试验：变压器带电时手动操作、电动操作、远方操作各 2 个循环		手动操作应轻松，必要时用力矩表测量，其值不超过制造厂的规定，电动操作应无卡涩，没有连动现象，电气和机械限位动作正常
		检查和切换测试	测量过渡电阻的阻值	有条件时进行
			测量切换时间	与出厂值相符
			检查插入触头、动静触头的接触情况，电气回路的连接情况	三相同步的偏差、切换时间的数值及正反向切换时间的偏差均与制造厂的技术要求相符
			单、双数触头间非线性电阻的试验	动、静触头平整光滑，触头烧损厚度不超过制造厂的规定值，回路连接良好，按制造厂的技术要求
			检查单、双数触头间放电间隙	无烧伤或变动
			检查操作箱	接触器、电动机、传动齿轮、辅助接点、位置指示器、计数器等工作正常
			切换开关室绝缘油试验	符合制造厂的技术要求，击穿电压一般不低于 25kV
			二次回路绝缘试验	绝缘电阻一般不低于 1MΩ

续表

序号	项　目	要　求
19	测温装置及其二次回路试验	密封良好，指示正确，测温电阻值应和出厂值相符；绝缘电阻一般不低于1MΩ
20	气体继电器及其二次回路试验	整定值符合运行规程要求，动作正确；绝缘电阻一般不低于1MΩ
21	压力释放器校验	动作值与铭牌值相差应在±10%范围内或按制造厂规定
22	整体密封检查	110kV及以上变压器，在储油柜顶部施加0.035MPa压力，试验持续时间24h无渗漏
23	冷却装置及其二次回路检查试验	(1) 投运后，流向、温升和声响正常，无渗漏。 (2) 强油水冷装置的检查和试验，按制造厂规定。 (3) 绝缘电阻一般不低于1MΩ
24	套管中的电流互感器绝缘试验	绝缘电阻一般不低于1MΩ
25	全电压下空载合闸	(1) 全部更换绕组，空载合闸5次，每次间隔5min。 (2) 部分更换绕组，空载合闸3次，每次间隔5min

电力变压器交流试验电压值及操作波试验电压值见表9-2。

表9-2　　电力变压器交流试验电压值及操作波试验电压值

额定电压（kV）	最高工作电压（kV）	线端交流试验电压值（kV）		中性点交流试验电压值（kV）		线端操作波试验电压值（kV）	
		全部更换绕组	部分更换绕组	全部更换绕组	部分更换绕组	全部更换绕组	部分更换绕组
<1	≤1	3	2.5	3	2.5	—	—
3	3.5	18	15	18	15	35	30
6	6.9	25	21	25	21	50	40
10	11.5	35	30	35	30	60	50
15	17.5	45	38	45	38	90	75
20	23.0	55	47	55	47	105	90

注　操作波的波形为：波头大于20μs，90%以上幅值持续时间大于200μs，波长大于500μs；负极性三次。

对于1.6MVA以上油浸式电力变压器定期试验项目见表6-1中序号1、2、3、4、5、6、7、8、10、11、12、18、19、20、23，其中10、11项适用于330kV及以上变压器。一般性大修不做项目12，在定期试验的基础上增加项目9、17、22、24；更换绕组的在一般性大修的基础上增加项目13、14、15、16、25。

值得一提的是，虽然DL/T 596—1996长期一直是电力生产实践中一本重要的常用标准，为我国电力设备的安全运行发挥了积极的作用，但随着时代的发展及电网规模迅猛增长，社会对供电可靠性的要求越来越高，同时电力设备新的现场试验和检测方法与手段不断出现，电力企业的管理水平越来越高，电力设备制造技术也在不断进步，DL/T 596—1996已不能很好满足当前生产的实际需要。

为了适应新的形势，推广应用新的试验项目和方法，2004年南方电网公司编制了《电力设备预防性试验规程》（Q/CSG 10007—2004），作为中国南方电网有限责任公司的企业标准；为了更好地开展状态检修，反映状态检修的思想体系，2007年国家电网公司编制出版了《输变电设备状态检修试验规程》。各区域电网公司也纷纷推出适用于本区域的规程，如华中电网有限公司于2007年8月推出《华中电网有限公司500kV输变电设备预防性试验（检验）规程（试行）》，华北电网有限公司、江苏省电力公司、山东电力集团公司、上海市电力公司也分别于2005年10月、2002年、2003年3月、2006年1月分别推出了适用于本区域的规程，其中华北电网有限公司还于2008年8月对原规程进行了修订。这些融入新方法后的新标准都有很好的借鉴和参照意义。

第二节　变压器绕组和套管的绝缘特性试验

一、绕组和套管的绝缘电阻、吸收比和极化指数

测量绝缘电阻、吸收比和极化指数是检查变压器绝缘状态简便而通用的方法。一般对绝缘受潮及局部缺陷，如瓷件破裂、引出线接地等，均能有效地查出。

吸收比是指绝缘电阻表对变压器绝缘加压时间为60s和15s时，测得绝缘电阻的比值，即R_{60}/R_{15}。吸收比对绝缘受潮反应比较灵敏。对于新投入的变压器，当绝缘介质温度为10～30℃时，电压为35～60kV级的变压器，其吸收比应不低于1.2；110～330kV级的变压器应不低于1.3。对于检修干燥后和备用的变压器，均应高于上列数值。

对于高压大容量变压器，有时会出现绝缘电阻很高，而吸收比不合格的情况，此时需用极化指数来判断其绝缘状况。极化指数是指绝缘电阻表对变压器绝缘加压时间为600s和60s时，测得绝缘电阻的比值，即R_{600}/R_{60}。当绝缘介质温度为10～30℃时，极化指数应不低于1.5。

测量时，按标准规定使用绝缘电阻表，依次测量各绕组对地及绕组间的绝缘电阻、吸收比和极化指数。被测绕组短接，非被试绕组端短路接地。只要吸收比和极化指数其中一项符合标准时就可认为绝缘良好。

二、绕组和套管的直流泄漏电流

泄漏电流试验和测量绝缘电阻相似。但因施加电压较高，能发现某些绝缘电阻试验不能发现的绝缘缺陷，如变压器绝缘的部分穿透性缺陷和引线套管缺陷等。

1. 试验接线

测量变压器直流泄漏电流的试验接线、测量顺序及部位，与测量绕组绝缘电阻基本相同。同样，如果变压器为自耦变压器时，自耦绕组可视为一个绕组。测量时，直流高压试验装置的高压输出端接被测绕组，被测绕组各引线端应短路，其余各非被测绕组则短路接地。例如，测量 YNd11 组别变压器的高压绕组直流泄漏电流时，试验接线如图 9-1 所示，图中虚线框内为成套试验设备。

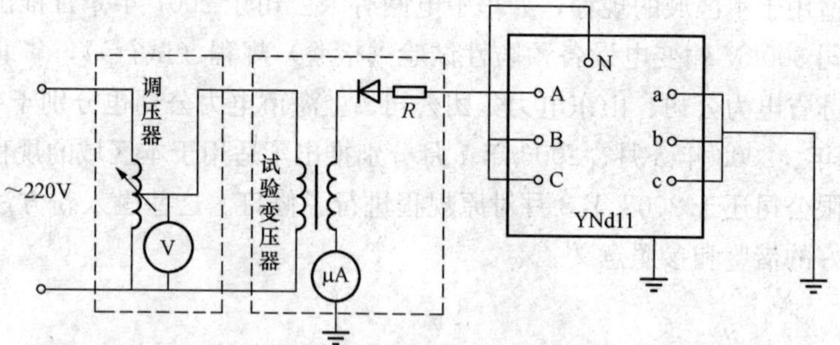

图 9-1　测量 YNd11 变压器高压绕组泄漏电流的试验接线

双绕组和三绕组变压器直流泄漏电流的测量顺序及部位如表 9-3 所示。

表 9-3　　测量变压器绕组直流泄漏电流的顺序及部位

顺序	双绕组变压器		三绕组变压器	
	被测绕组	接地部位	被测绕组	接地部位
1	低压绕组	外壳和高压绕组	低压绕组	外壳和高、中压绕组
2	高压绕组	外壳和低压绕组	中压绕组	外壳和高、低压绕组
3	—	—	高压绕组	外壳和中、低压绕组

2. 加压标准

测量直流泄漏电流时，绕组上所加的电压与其额定电压有关，不同电压等级试验电压的标准见表 9-1。为了使读数准确，可将微安表接在高电位处，并在试验电压下读取 1min 的泄漏电流值。

现在大容量变压器的绕组多采用分级绝缘（绕组尾端电压等级低于首端），测量其直流泄漏电流时，试验电压仍应按被试绕组电压等级的标准，但不能超过中性点绝缘的耐压水平。如 500kV 等级 YNd11 组别的变压器，高压绕组中性点（绕组尾端）电压等级为 35kV，测量泄漏电流时施加电压应为 60kV。

3. 试验结果分析

因为直流泄漏电流值与变压器的绝缘结构、温度等因素有关，所以在规程中也不作规定。在分析时，主要是强调比较。

(1) 与历年的测量结果比较。每次的测量结果与历年比不应有显著变化，当年测量值一般不应大于上一年测量值的150%。例如，西北某水电厂的一台90MVA变压器，在测量绕组泄漏电流时发现其值由前次的9.5μA增加到425μA，即增加到44.7倍。经检查该变压器油箱已进水，导致绝缘下降。

(2) 与同类型变压器的泄漏电流比较。这有助于分析测量结果，以保证正确地进行综合判断。对500kV变压器的直流泄漏电流不作规定，但一般不大于30μA。

4. 注意事项

(1) 分级绝缘变压器试验电压应按被试绕组电压等级的标准，但不能超过中性点绝缘的耐压水平。

(2) 高压引线应使用屏蔽线以避免引线泄漏电流对结果的影响，高压引线不应产生电晕。

(3) 微安表应在高压端测量，以保证测量精度。

(4) 负极性直流电压下对绝缘的考核更严格，应采用负极性。

(5) 由于出厂试验一般不进行直流泄漏电流测量，直流泄漏电流值应符合有关标准规定，并为以后预防性试验比较判断留存依据。

(6) 如果泄漏电流异常，应查明原因并加以消除。

三、绕组和套管的介质损耗因数

测量变压器绕组绝缘的介质损耗因数 $\tan\delta$，主要用于检查变压器整体受潮、油质劣化、绕组上附着油泥及严重的局部缺陷等。当变压器电压等级为35kV及以上，且容量在8MVA及以上时，应测量绕组的 $\tan\delta$ 值。

1. 绕组（连同套管）的介质损耗因数 $\tan\delta$ 测量

测量绕组 $\tan\delta$ 值时应连同套管一起测量。由于变压器外壳均接地，现场测量绕组 $\tan\delta$ 一般采用反接线法。规程规定测量绕组 $\tan\delta$ 值时所加电压标准为：对于额定电压为10kV及以上的变压器，无论是已注油还是未注油的均为10kV；若变压器额定电压低于10kV，则试验电压应不超过绕组的额定电压。1000V以下的绕组可不进行 $\tan\delta$ 测量试验。

对双绕组和三绕组变压器，其 $\tan\delta$ 测量部位如表9-4所示。其中，第4、5、6三项仅在变压器投产前或测量值出现异常时进行，而预防性试验只测第1、2、3项即可。测量变压器 $\tan\delta$ 时，应将非被测绕组短路接地，加压绕组短路并接介质损耗测试仪高压。

表 9-4　　变压器绕组 tanδ 的测量部位

顺序	双绕组变压器		三绕组变压器	
	被测绕组	接地部位	被测绕组	接地部位
1	低压绕组	外壳和高压绕组	低压绕组	外壳和高、中压绕组
2	高压绕组	外壳和低压绕组	中压绕组	外壳和高、低压绕组
3	—	—	高压绕组	外壳和中、低压绕组
4	高、低压绕组	外壳	高、中、低压绕组	外壳
5	—	—	高、低压绕组	外壳和中压绕组
6	—	—	高、中压绕组	外壳和低压绕组

测量双绕组变压器的绕组的介质损耗因数 tanδ 及电容量 C 的试验接线如图 9-2 所示。

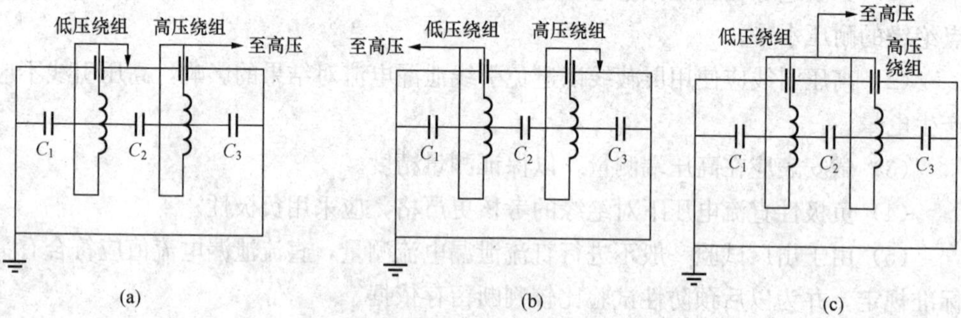

图 9-2　测量双绕组变压器的 tanδ 及 C 的接线图

(a) 高压—低压绕组及地；(b) 低压—高压绕组及地；(c) 高、低压绕组—地

按图 9-2 接线进行测量时，可得到各部分的电容值和 tanδ

$$\left.\begin{aligned} C_1 &= \frac{C_L - C_H + C_{H+L}}{2} \\ C_2 &= C_L - C_1 \\ C_3 &= C_H - C_2 \end{aligned}\right\} \tag{9-1}$$

$$\left.\begin{aligned} \tan\delta_1 &= \frac{C_L\tan\delta_L - C_H\tan\delta_H + C_{H+L}\tan\delta_{H+L}}{2C_1} \\ \tan\delta_2 &= \frac{C_L\tan\delta_L - C_1\tan\delta_1}{C_2} \\ \tan\delta_3 &= \frac{C_H\tan\delta_H - C_2\tan\delta_2}{C_3} \end{aligned}\right\} \tag{9-2}$$

式（9-1）和式（9-2）的意义在于：当实测的绕组 tanδ 值出现异常时，可以利用这两个式子推算出究竟是何部位存在异常。

现场实践和理论分析均表明，空气湿度过大对变压器绕组的 tanδ 测量结果影响很大，故 tanδ 测量应尽量在较好天气下进行。

2. 电容型套管的介质损耗因数 tanδ 测量

现场一般使用介质损耗自动测试仪、正接线测量套管的 tanδ 和电容量，但为使测量原理及接线更好理解并具有通用性，测量接线图中仍用 QS1 电桥原理接线表示。

当套管未安装到变压器上，或交接大修从变压器本体上拆下来单独试验时，可用正接线测量套管的 tanδ 和电容量，如图 9-3 所示。

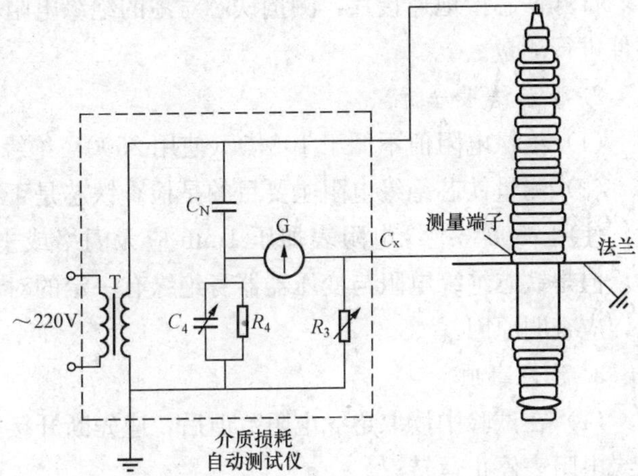

图 9-3　电容型套管 tanδ 测量接线图

只测量主电容（高压导杆对末屏）的 tanδ 和电容量，而不做末屏对地的 tanδ 试验，是不全面的。实践证明：潮气和水分总是先进入最外层的电容层，用反接线测量末屏对地的 tanδ 对反映套管初期进水受潮是很灵敏的，而只测量主电容的 tanδ 和电容量不一定能反映出来，给设备运行留下安全隐患。因此，当末屏对地绝缘电阻小于 1000MΩ 时，应测量末屏对地 tanδ，其值不大于 2%。

若电容套管已安装于变压器本体上，无法将套管导电杆与内部绕组连接拆开，为最大程度地减小变压器绕组电感、本体电容对套管 tanδ 和电容量测量的影响，现场测量接线时需采用如下特殊接线：将被测套管相连的所有绕组端子连在一起加压，其余绕组端子均接地，被测套管的测量端子（末屏）接测试仪 C_x 引线，用正接线分别测量各相套管的 tanδ 和电容量。如测量高压套管时，将高压绕组首尾短接后接测试仪高压引线，中、低压绕组引线短接并接地。

现场实践和理论分析均表明，套管表面脏污对其 tanδ 测量结果影响很大，故测量时应保持套管表面清洁。

3. 试验结果分析

(1) 和现行标准比较。所测得的 tanδ 值不应超出相关的规定标准，否则，应查明原因。

(2) 同一设备相间相互比较。为了便于比较，可以分相试验的被试品，必须分相试验，若某相 $\tan\delta$ 显著增大，表明该相绝缘有缺陷。一般地说，良好绝缘各相的 $\tan\delta$ 值之比不应超过 1.5 倍。

四、铁芯和夹件的绝缘电阻

1. 测试方法

打开铁芯接地连接片，测量铁芯对地的绝缘电阻值。夹件引出接地的可单独对夹件进行测量。

2. 试验结果分析

(1) 绝缘电阻值不低于 10MΩ（使用 2500V 绝缘电阻表）。

(2) 测量铁芯绝缘电阻主要目的是检查铁芯是否存在多点接地，按这个目的要求：使用 2500V 绝缘电阻表加压 1min 应无闪络或击穿现象，绝缘电阻值要求很低。但是铁芯绝缘电阻与变压器器身绝缘有一定的对应关系，如果铁芯绝缘电阻过低，应查明原因。

3. 注意事项

(1) 在试验中读取绝缘电阻数值后，应先断开接至被试品的连接线，然后再将绝缘电阻表停止运转。

(2) 注意对试验完毕的变压器铁芯必须充分放电。

第三节　变压器的交流耐压试验

工频交流耐压试验，对考核变压器主绝缘强度、检查局部缺陷，具有决定性作用。采用这种试验能有效地发现绕组主绝缘受潮、开裂，或在运输过程中振动引起的绕组松动与移位、引线距离不够及绕组绝缘上附着污物等情况。

一、试验接线

试验时被试绕组的引出线端头均应短接，非被试绕组引出线端头应短路接地，如图 9-4 所示。对于双绕组变压器，现场一般只做高压－低压绕组（地）和低压—高压绕组（地）两个试验项目。

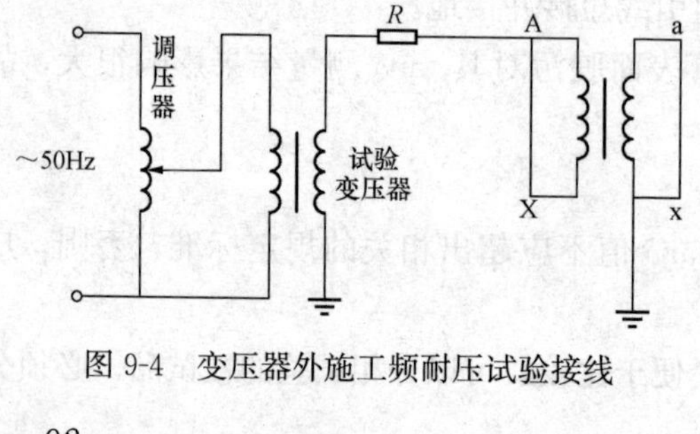

图 9-4　变压器外施工频耐压试验接线

如果试验接线不正确，可能造成被试变压器绝缘的损坏。现场工作中最容易出现两种错误试验接线方式，如图 9-5 所示。

1. 被试绕组和非被试绕组均不短接

如图 9-5（a）所示。由于分布电

容 C_1、C_2 和 C_{12} 的影响，在被试绕组对地及非被试绕组将有电流流过，而且沿整个被试绕组的电流不相等，越靠近 A 端电流越大，因而所有线匝间均存在不同的电位差。由于绕组中所流过的是电容电流，故靠近 X 端的电位比所加的电位高；且非被试绕组处于开路状态，被试绕组的电抗很大，故由此而导致 X 端电位的升高是不容忽视的。显然，这种接线方式是不允许的，在试验中必须避免。

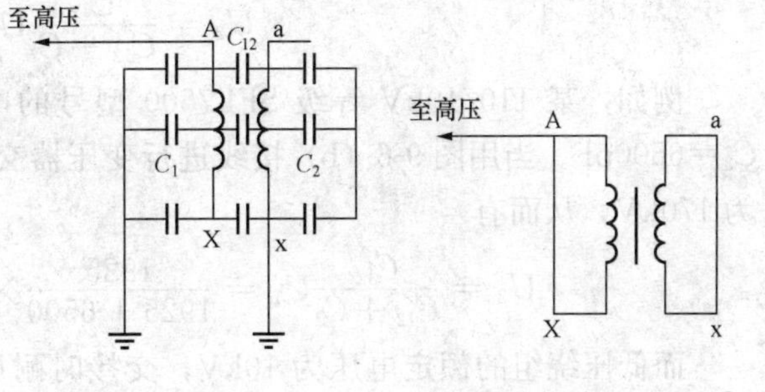

(a) (b)

图 9-5 两种错误试验接线方式

(a) 被试绕组和非被试绕组均不短接；

(b) 非被试绕组短接但不接地

2. 非被试绕组短接但不接地

如图 9-5 (b) 所示。这种接法对被试绕组来说，首尾端电容电流 I_C 的方向相反，回路电抗很小，整个绕组对地的电位基本相等，符合试验要求。但是非被试绕组由于没有接地而处于悬浮状态，如果非被试绕组为低压绕组，此时的电位分布情况如图 9-6 所示。

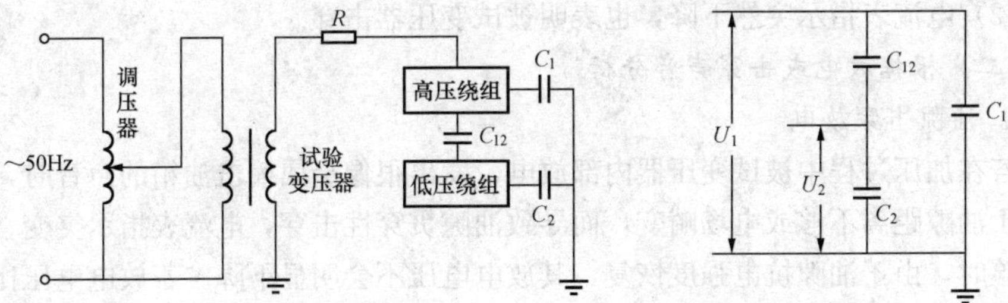

(a) (b)

图 9-6 低压绕组悬浮时的电位分布

(a) 等值电路；(b) 电位分布

由图 9-6 可见，低压绕组处于高压绕组对地的电场之中，将具有一定的对地电位，这极可能造成引起低压绕组电位过高，从而引起低压绕组对地放电或绝缘损坏。显然，这种接线方式同样是不允许的，在试验中也应避免。

低压绕组对地电位的大小取决于高、低压绕组之间的电容和低压绕组对地的电容大小，计算公式为

$$U_2 = \frac{C_{12}}{C_{12} + C_2} U_1 \tag{9-3}$$

例如，某 110/10kV 等级 SFL7500 型号的电力变压器，测得 $C_{12}=1925\text{pF}$，$C_2=6500\text{pF}$。当用图 9-6（b）接线进行变压器交接耐压试验时，高压绕组耐压值为 170kV，从而有

$$U_2 = \frac{C_{12}}{C_{12} + C_2} U_1 = \frac{1925}{1925 + 6500} \times 170 = 38.84(\text{kV})$$

而低压绕组的额定电压为 10kV，交接时耐压值为 30kV，小于 38.84kV。低压绕组对地电位偏高，易造成低压绕组绝缘损坏。

二、试验结果分析

对于交流耐压试验结果的分析，主要根据仪表指示、监听放电声音、观察有无冒烟冒气等异常情况进行判断。

（一）根据仪表指示分析

在交流耐压试验过程中，若仪表指示不抖动，被试变压器无放电声音，说明被试变压器能经受试验电压而无异常。当被试变压器内绝缘击穿时，会出现两种情况：

（1）电流指示突然上升，且被试变压器发出放电响声，同时保护球隙有可能放电，说明被试变压器内部击穿。

（2）电流表指示突然下降，也表明被试变压器击穿。

（二）根据放电或击穿声音分析

1. 油隙击穿放电

若在加压过程中被试变压器内部放电，发出很像金属撞击油箱的声音时，一般是由于油隙距离不够或电场畸变，而导致油隙贯穿性击穿，电流表指示突变。当重复试验时，由于油隙抗电强度恢复，其放电电压不会明显下降。若放电电压比第一次降低，则是固体绝缘击穿。

2. 油中气体间隙放电

试验时，若第二次出现的放电声比第一次的声音小，仪表指示摆动不大，再重复试验时放电又消失，这种现象常是油中气体间隙放电所致。当气隙局部击穿时，声音轻微断续，电流表指示也不会明显变动。油中气泡所引起的击穿，无论是贯穿性的还是局部性的，在重复试验时均可能消失。这是由于击穿放电后，气泡逸出所致。因此，在进行耐压试验时，要注意放气（如将 35kV 及以上电压等级变压器的导管和升高座的放气孔拧开放气，直至冒油为止）。

3. 带悬浮电位的金属件放电

在加压过程中，被试变压器内部如有像炒豆般的放电声，而电流表的指示又很

稳定，这可能是带有悬浮电位的金属件对地放电（如在制造过程中，铁芯和接地的夹件未用金属片连接，当两者之间达到一定的电压时，便会发生放电）。

4. 固体绝缘爬电

若出现哧哧的放电声，或是沉闷的响声，电流表指示突增，这是由于内部固体绝缘（多数是绝缘角环纸板）爬电，或线圈端部对铁扼爬电。再重复试验时，放电电压就明显下降。

5. 外部试验回路放电

当外部试验回路绝缘（或球隙）击穿时，将发生明显的响声和放电火花，这是容易观察判断的。此外，在试验时，空气中有轻微电晕或瓷件表面有很轻微的放电，仍属于正常现象。

第四节　变压器绕组和套管的直流电阻试验

测量变压器绕组直流电阻的目的是：检查绕组接头的焊接质量和绕组有无匝间短路；分接开关的各个位置接触是否良好以及分接开关实际位置与指示位置是否相符；引出线有无断裂；多股导线并绕的绕组是否有断股等情况。变压器绕组的直流电阻是变压器在交接、大修和改变分接开关后必不可少的试验项目，也是故障后的重要检查项目。

一、测试方法

应用电桥平衡的原理来测量绕组直流电阻的方法称为电桥法。常用的直流电桥有单臂电桥及双臂电桥两种。当被测电阻越小，单臂电桥测量误差较大，因此，应尽量减小引线电阻的影响。单臂电桥常用于测量 1Ω 以上的电阻。双臂电桥能够消除引线和接触电阻带来的测量误差，适宜测量准确度要求高的小电阻。

测量变压器低压绕组的直流电阻往往需要很长的时间，因此缩短测量时间对提高试验工效很有意义。现场常常使用的方法有串联助磁法等。串联助磁法接线如图 9-7 所示。

具体测试步骤如下：

(1) 测量 R_{ac} 时，高压 A 接仪器 $+I$，B、C 短路接低压 a，从低压 a 引出线接仪器 $+U$，从低压 c 引出线接 $-I$、$-U$。用电桥测量时，$+I$、$-I$ 接电桥的电流接头 C1、C2；$+U$、$-U$ 接电桥的电流接头 P1、P2。

(2) 测量 R_{bc} 时，高压 C 接仪器 $+I$，A、B 短路接低压 c，从低压 c 引出线接仪器 $+U$，从低压 b 引出线接 $-I$、$-U$。

(3) 测量 R_{ab} 时，高压 B 接仪器 $+I$，A、C 短路接低压 b，从低压 b 引出线接

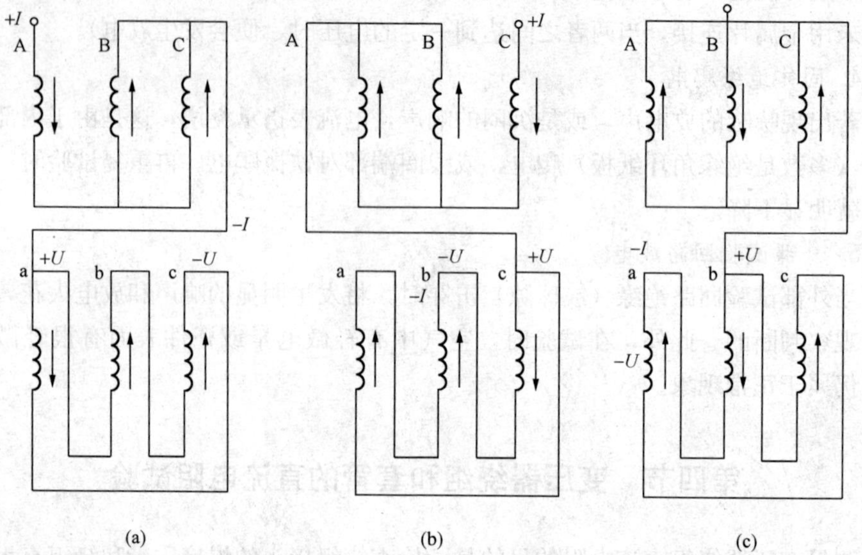

图 9-7 串联助磁法测低压绕组的直流电阻接线示意图

(a) 测 R_{ac}；(b) 测 R_{bc}；(c) 测 R_{ab}

仪器＋U，从低压 a 引出线接－I、－U。

二、试验结果分析

(1) 按公式 $R_2 = R_1(T + t_2)/(T + t_1)$ 将测量值换算到同一温度（式中 R_1、R_2 分别为在温度 t_1、t_2 下的电阻值，t_1 可取为交接试验时的变压器绕组温度；T 为电阻温度常数，铜导线取 235，铝导线取 225）。

(2) 1.6MVA 以上的变压器，各相绕组电阻相互间的差别，不应大于三相平均值的 2%；无中性点引出的绕组，线间差别不应大于三相平均值的 1%。

(3) 1.6MVA 以下的变压器，相间差别一般不应大于三相平均值的 4%；线间差别一般不应大于三相平均值的 2%。

(4) 各相绕组电阻与以前相同部位、相同温度下的历次结果相比，不应有明显差别。

(5) 三相不平衡率是判断的重要标准，各种标准、规程都作了详细明确的规定。交接时与出厂时比较三相不平衡率应无明显变化，否则即使小于规定值也不能简单判断为合格。

三、注意事项

(1) 测量一般应在油温稳定后进行。只有油温稳定后，油温才能等同绕组温度，测量结果才不会因温度差异而引起温度换算误差。

(2) 对于大型变压器测量时充电过程很长，应予足够的重视，可考虑使用助磁法或其他可以缩短测量时间的方法。

(3) 应注意在测量后对被测绕组充分放电。

第五节　变压器的电压比、极性和组别试验

一、试验目的

变压器接线组别是并列运行的重要条件之一，若参加并列运行的变压器接线组别不一致，将出现不能允许的环流。因此，在出厂、交接和绕组大修后都应测量绕组的接线组别。

测量电压比的目的是：

(1) 检查变压器绕组匝数比的正确性。

(2) 检查分接开关的状况。

(3) 变压器故障发生后，常用测量电压比来检查变压器是否存在匝间短路。

(4) 判断变压器是否可以并列运行。

由于变压器的绕组在一次、二次间存在着极性关系，当几个绕组互相连接组合时，无论是接成串联或并联，都必须知道极性才能正确地进行。

二、电压比测试方法

试验时使用的仪器为 QJ35 型变比电桥或变比测试仪。

(一) 变比电桥测量变压比

利用变比电桥能够很方便的测量出被试变压器的变压比。变比电桥的测量原理图如图 9-8 所示，只需要在被试变压器的一次侧加电压 U_1，则在变压器的二次侧感应出电压 U_2，调整电阻 R_1，使检流计指零，然后通过简单的计算求出电压比 K。

测量电压比的计算公式为

$$K = U_1/U_2 = (R_1 + R_2)/R_2 = 1 + R_1/R_2 \tag{9-4}$$

QJ35 型变比电桥，测量电压比范围为 1.02～111.12，准确度为±0.2%，完全可以满足我国电力系统测量变压比的要求。

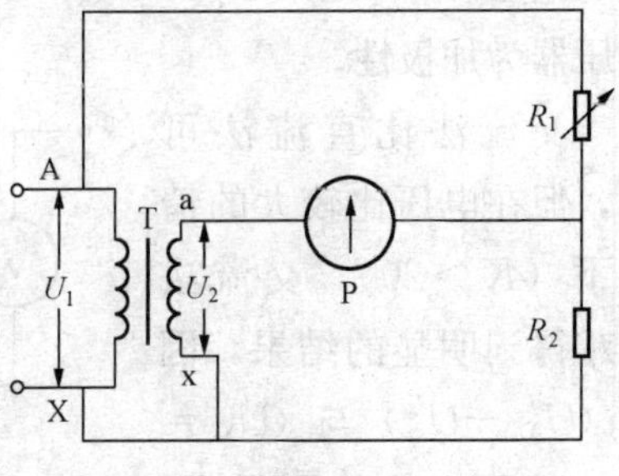

图 9-8　变比电桥测量原理图

U_1—被试变压器一次电压；U_2—二次感应电压；P—检流计；R_1—变比调节电阻；R_2—标准电阻（980Ω）

(二) 自动变比测试仪

按照仪器的需要，输入相关参数，按接线图和操作步骤，测出每个分接位置的变压比，

同时还可以测出极性、组别等参数。

三、极性和组别试验

试验时使用的仪器有万用表或直流毫伏表、电压表、相位表。

（一）极性校核试验方法

1. 直流法

如图 9-9 所示，将 1.5～3V 直流电池经开关 S 接在变压器的高压端子 A、X 上，在变压器二次绕组端子上连接一个直流毫伏表（或微安表、万用表）。注意，要将电池和表计的同极性端接往绕组的同名端。例如电池正极接绕组 A 端子，表计正端要相应地接到二次 a 端子上。测量时要细心观察表计指针偏转方向，当合上开关瞬间指针向右偏（正方向），而拉开开关瞬间指针向左偏时，则变压器是减极性。若偏转方向与上述方向相反，则变压器就是加极性。试验时应反复操作几次，以免误判断。在开、关的瞬间，不可触及绕组端头，以防触电。

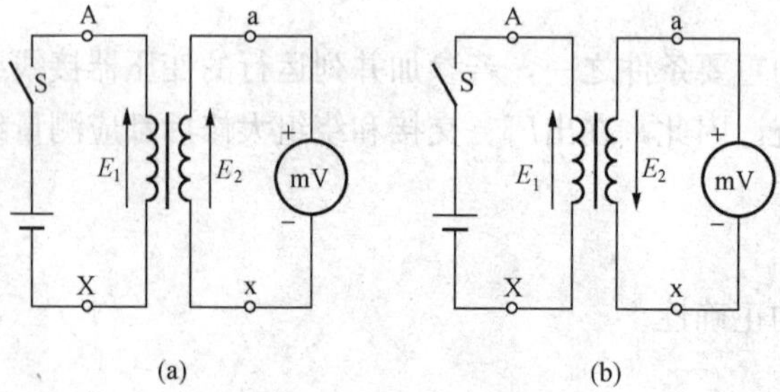

(a)　　(b)

图 9-9　用直流法检查极性

(a) 减极性；(b) 加极性

E_1—一次绕组电动势；E_2—二次绕组电动势

2. 交流法

如图 9-10 所示，将变压器的一次的 A 端子与二次的 a 端子用导线连接。在高压侧加交流电压，测量加入的电压 U_{AX} 和低压侧电压 U_{ax} 与未连接的一对同名端子间的电压 U_{Xx}。如果 $U_{Xx}=U_{AX}-U_{ax}$，则变压器为减极性，若 $U_{Xx}=U_{AX}+U_{ax}$，则变压器为加极性。

交流法比直流法可靠，但在电压比较大的情况下（$K>20$），交流法很难得到明显的结果，因为（$U_{AX}-U_{ax}$）与（$U_{Xx}=U_{AX}+U_{ax}$）的差别很小。这时可以从变压器的低压侧加压，使减极性和加极性之间的差别增大。

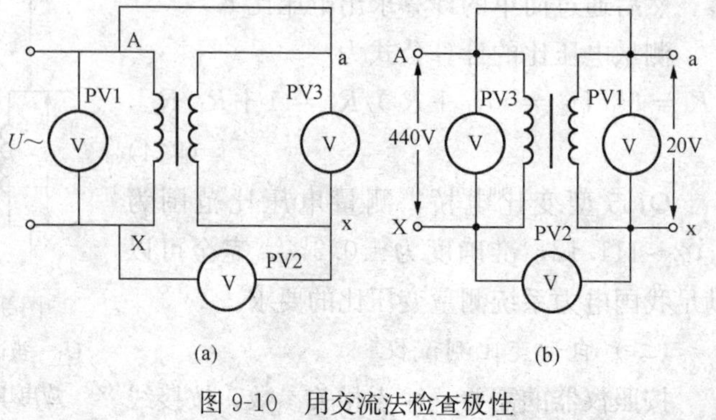

(a)　　(b)

图 9-10　用交流法检查极性

(a) 高压侧加压；(b) 低压侧加压

（二）相位表法测量变压器组别

相位表法就是利用相位表可直接测量出高压与低压线电压间的相位角，从而来判定组别，所以又称为直接法。

如图 9-11 所示，将相位表的电压线圈接于高压，其电流线圈经一可变电阻接入低压的对应端子上。当高压通入三相交流电压时，在低压感应出一个一定相位的电压，由于接的是电阻性负载，所以低压侧电流与电压同相。因此，测得的高压侧电压对低压侧电流的相位就是高压侧电压对低压侧电压的相位。

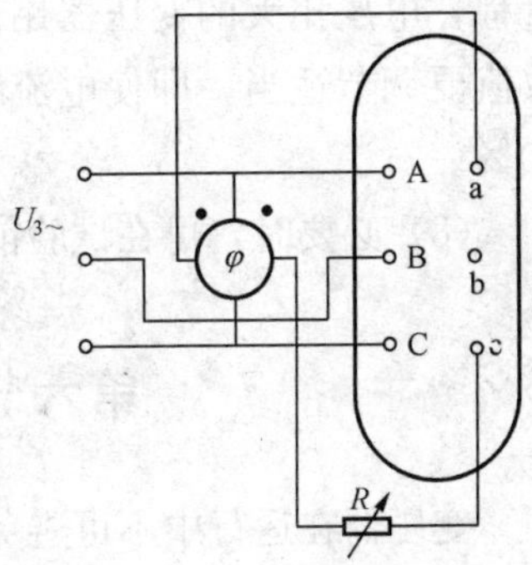

图 9-11　相位表法测量接线组别

（三）自动变比测试仪测量极性、组别

按照仪器的需要，输入相关参数，按接线图和操作步骤，可测出极性、组别等参数，同时还可以测出每个分接位置的电压比。

四、试验结果分析

（1）各相应分接的电压比顺序应与铭牌相同。

（2）电压 35kV 以下，电压比小于 3 的变压器电压比允许偏差为±1%，其他所有变压器的额定分接电压比允许偏差为±0.5%，其他分接的偏差应在变压器阻抗值（%）的 1/10 以内，但不得超过 1%。

（3）三相变压器的接线组别或单相变压器的极性必须与变压器的铭牌和出线端子标号相符。

五、注意事项

（1）对于一个绕组有分接开关的多绕组变压器，可只测量带分接开关绕组对一个绕组所有分接头的变压比，而对第三绕组只测额定变压比。

（2）测试前应正确输入被测变压器的铭牌、型号。

（3）仪器的操作要求进行，首先计算额定变比，然后加压测量实际变比与额定变比的误差。

（4）将专用变压比测试仪与被测变压器的高压、低压绕组用测试线正确连接。

（5）直流法测量时应注意电池和仪表的极性，最好能采用中间指零的仪表，操作时要先接通测量回路，再接同电源回路，读数后要先断开电源回路，后断开测量回路表计。

（6）相位表法对单相变压器要供给单相电源，对三相变压器要供给三相电源，接线时要注意相位表两线圈的极性。

（7）在被试变压器的高压侧供给相位表规定的电压，一般相位表有几挡电压量程，电压比大的变压器用高电压量程，电压比小的用低电压量程。可变电阻的数值要调节适当，即使电流线圈中的电流值不超过额定值，也不得低于额定值的20%。

（8）必要时，可在试验前，用已知接线组的变压器核对相位表的正确性。

第六节　变压器绕组的变形试验

变压器在运行中不可避免地要遭受出口短路或近区短路故障冲击，在运输安装过程中也可能受到碰撞冲击。变压器绕组在机械力或电动力作用下发生的轴向或径向尺寸变化，通常表现为绕组局部扭曲、鼓包或移位等特征，即所谓的绕组变形。变压器绕组出现变形现象，将直接影响到变压器的安全运行。

变压器绕组变形的试验方法主要有两种，短路阻抗法和频率响应法。前者通过测量变压器的集中参数，来对变压器绕组的变形程度进行判断，此方法有明确的标准可依；后者则通过测量变压器的分布参数，来实现对变压器绕组变形程度的判断，此法应用较为普遍。本节着重对频率响应法进行论述。

一、试验方法

对变压器每一绕组的一端每施加一系列特定频率的信号，测量其两端的响应信号，即可得出频率响应特性。对于有中性点引出的绕组依次测量OA、OB、OC的频率响应特性，对于角接的绕组依次测量AB、AC、BC的频率响应特性，接线图如图9-12所示。

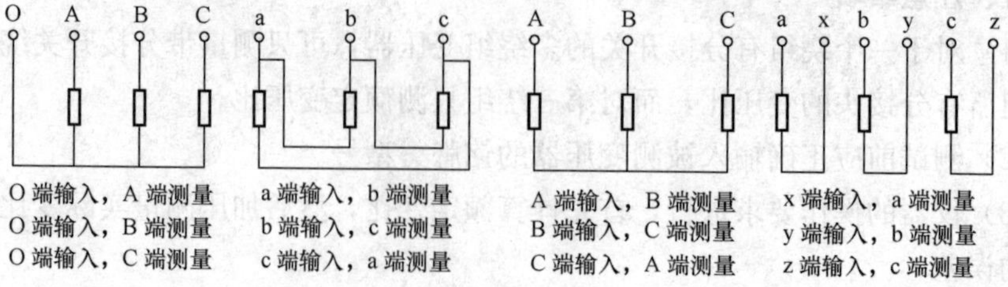

图9-12　绕组变形试验接线图

二、试验结果分析

用频率响应分析法判断变压器绕组变形，主要是对绕组的幅频响应特性进行纵向或横向比较，并综合考虑变压器遭受短路冲击的情况、变压器结构、电气试验及油中溶解气体分析等因素。根据相关系数的大小，可较直观地反映出变压器绕组幅频响应特性的变化，通常可作为判断变压器绕组变形的辅助手段。

1. 纵向比较法

纵向比较法是指对同一台变压器、同一绕组、同一分接开关位置、不同时期的幅频响应特性进行比较，根据幅频响应特性的变化判断变压器的绕组变形。该方法具有较高的检测灵敏度和判断准确性，但需要预先获得变压器原始的幅频响应特性，并应排除因检测条件及检测方式变化所造成的影响。

图 9-13 是某台变压器在遭受突发性短路电流冲击前后测得的低压绕组幅频响应特性曲线。遭受短路电流冲击以后的幅频响应特性曲线（LaLx02）与冲击前的曲线（LaLx01）相比较，部分波峰及波谷的频率分布位置明显向右移动，可判定变压器绕组发生变形。

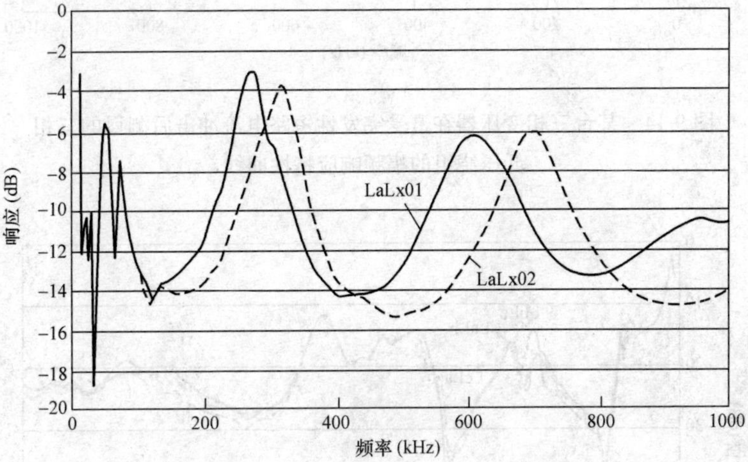

图 9-13　某台变压器在遭受突发性短路电流冲击前后测得的低压绕组幅频响应特性曲线

2. 横向比较法

横向比较法是指对变压器同一电压等级的三相绕组幅频响应特性进行比较，必要时借鉴同一制造厂在同一时期制造的同型号变压器的幅频响应特性，来判断变压器绕组是否变形。该方法不需要变压器原始的幅频响应特性，现场应用较为方便，但应排除变压器的三相绕组发生相似程度的变形或者正常变压器三相绕组的幅频响应特性本身存在差异的可能性。

图 9-14 是某台三相变压器在遭受突发性短路电流冲击后测得的三相低压绕组的幅频响应特性曲线。曲线 LcLa 与曲线 LaLb、LbLc 相比，波峰和波谷的频率分布位置以及分布数量均存在差异，即三相绕组的幅频响应特性一致性较差。而同一制造厂在同一时期制造的同型号变压器的三相绕组的幅频响应特性一致性却较好（见图 9-15），故可判定变压器在遭受突发性短路电流冲击后绕组变形。

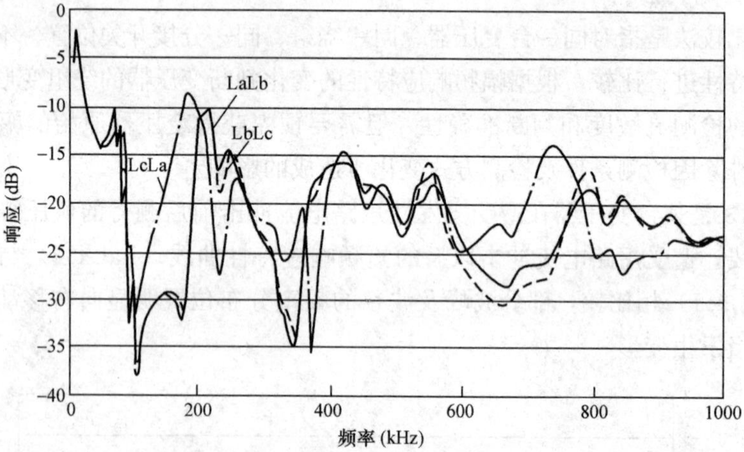

图 9-14　某台三相变压器在遭受突发性短路电流冲击后测得的三相低压绕组的幅频响应特性曲线

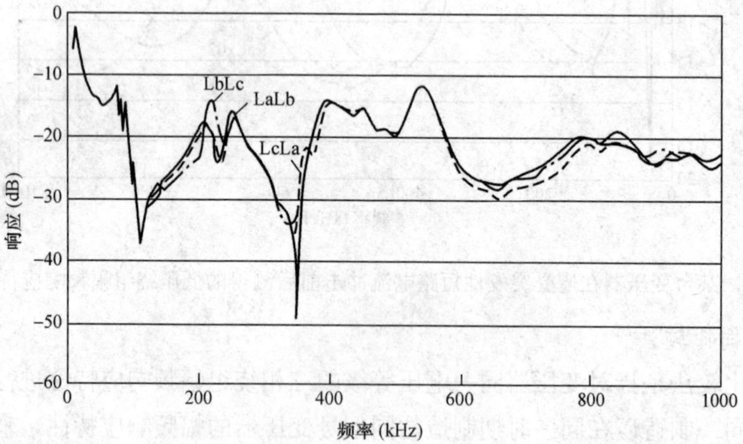

图 9-15　与图 9-14 同型号变压器的三相低压绕组的幅频响应特性曲线

3. 判据

通过相关系数可以定量描述出两条波形曲线之间的相似程度，通常可作为辅助手段用于分析变压器的绕组变形情况，具体结果还应根据变压器的运行情况及其他信息综合判断。

某些仪器可以自动计算出相关系数，用此辅助判断变压器绕组变形的方法见表 9-5。

表 9-5　相关系数与变压器绕组变形程度的关系

绕组变形程度	相关系数 R
严重变形	$R_{LF}<0.6$
明显变形	$1.0>R_{LF}\geqslant 0.6$ 或 $R_{MF}<0.6$
轻度变形	$2.0>R_{LF}\geqslant 1.0$ 或 $0.6\leqslant R_{MF}<1.0$
正常绕组	$R_{LF}\geqslant 2.0$，$R_{MF}\geqslant 1.0$ 和 $R_{HF}\geqslant 0.6$

注　R_{LF}为曲线在低频段（1～100kHz）的相关系数；R_{MF}为曲线在中频段（100～600kHz）的相关系数；R_{HF}为曲线在高频段（600～1000kHz）的相关系数。

变形程度正常，指变压器处于原始状态或不存在明显变形，可以继续运行，绕组不需要整修。一般变形，指变压器存在明显变形需要加强监督，应在适当时机安排检修，再次短路或其他冲击将有很大可能造成变压器损坏，需要整修或更换绕组。严重变形，指变压器因变形而不能继续运行必须马上处理。

4. 绕组变形分析

幅频响应特性曲线低频段（1～100kHz）的波峰或波谷位置发生明显变化，通常预示着绕组的电感改变，可能存在匝间或饼间短路的情况。频率较低时，绕组的对地电容及饼间电容所形成的容抗较大，而感抗较小，如果绕组的电感发生变化，会导致其幅频响应特性曲线低频部分的波峰或波谷位置发生明显移动。对于绝大多数变压器，其三相绕组低频段的响应特性曲线应非常相似，如果存在差异则应及时查明原因。

幅频响应特性曲线中频段（100～600kHz）的波峰或波谷位置发生明显变化，通常预示着绕组发生扭曲和鼓包等局部变形现象。在该频率范围内的幅频响应特性曲线具有较多的波峰和波谷，能够灵敏地反映出绕组分布电感、电容的变化。

幅频响应特性曲线高频段（>600kHz）的波峰或波谷位置发生明显变化，通常预示着绕组的对地电容改变，可能存在绕圈整体移位或引线位移等情况。频率较高时，绕组的感抗较大，容抗较小，由于绕组的饼间电容远大于对地电容，波峰和波谷分布位置主要以对地电容的影响为主。

三、注意事项

1. 测试方法的注意事项

可靠的测试结果是变压器绕组变形判断的基础，测试时应注意以下事项：

（1）试验前仪器应可靠接地，最好使用隔离变压器。

（2）试验前应将被试变压器线端对地放电，以防静电感应损坏仪器。

（3）试验电缆放好后，先将电缆短接，检验仪器及电缆是否完好，检验曲线应近似一台 0dB 直线（末端允许有±1dB）。

(4) 输入被试变压器铭牌及分接位置，注明试验是在末屏或变压器外部直接接线。

(5) 应注意电缆与仪器及被试变压器接触良好。

(6) 应尽量在最大分接位置试验。

(7) 应尽量保持变压器外部接线一致。

(8) 对110kV及以上变压器绕组，试验引线与套管间杂散电容可能会影响其幅频响应曲线高频部分的一致性，应尽量在前后试验或三相试验时保持一致。

(9) 试验中如果变压器三相幅频响应特性不一致，应检查设备后重做，直至同一相两次试验结果一致。

(10) 试验完成后，检查数据文件是否存妥，然后退出测试系统并依次关机。

2. 判断方法的注意事项

(1) 变压器绕组发生变形的必要条件是出口短路、近区短路或多次过流动作、运输中发生冲撞。

(2) 在低频部分（几十千赫兹）幅频响应曲线一般能够较好的重合，否则应首先怀疑测试接线接触不良。

(3) 一般来说35kV及以下变压器（包括厂用变压器）幅频响应特性一致性可能较差，应在交接时留原始数据待比较。

(4) 测得的幅频响应曲线一般在－80～＋20dB之间，如果超出应检查试验回路是否接触不良或断线。

(5) 角接绕组分开试验时三相幅频响应特性可能不一致。

(6) 平衡绕组可能引起三相幅频响应特性不一致。

(7) 绕组严重变形会影响临近绕组的幅频响应特性。

(8) 有些小厂及现场检修的变压器，由于工艺较差可能导致变压器绕组幅频响应特性不一致。

(9) 有资料表明温度对幅频响应特性有影响。

(10) 纠结式绕组有换位导线时可能导致变压器绕组幅频响应特性不一致。

第七节　变压器的局部放电试验

电压等级为220kV及以上变压器交接时或大修后，必须进行现场局部放电试验；对于电压等级为110kV及以上变压器，当对绝缘有怀疑时，也应进行长时间的感应耐压及局部放电测量试验。通过局部放电测量判断变压器的绝缘状况相当有效，并且已作为衡量电力变压器质量的重要检测手段之一。

对已出厂的变压器，有以下几种情况须进行局部放电试验：

（1）新变压器投运前进行局部放电试验，检查变压器出厂后运输、安装过程中有无绝缘损伤。

（2）对大修或改造后的变压器进行局放试验，以判断修理后的绝缘状况。

（3）对运行中怀疑有绝缘故障的变压器作进一步的定性诊断，例如油中气体色谱分析有放电性故障，以及涉及绝缘其他异常情况。

（4）作为预防性试验项目或在线检测内容，监测变压器运行中绝缘状况。

一、试验接线和加压程序

1. 试验接线

一台三相变压器，推荐采用按照按图 9-16 用单相连接的方式逐相地将电压加在线端进行试验。

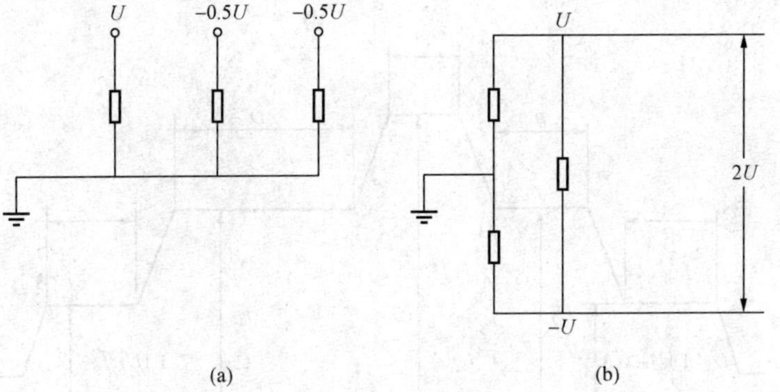

图 9-16　星形或三角形连接三相变压器的逐相试验

（a）星形连接；（b）三角形连接

被试绕组的中性点端子（如果有）应接地。对于其他的独立绕组如为星形连接，应将其中性点端子接地；如果为三角形连接应将其一个端子接地，或通过电源的中性点接地。除非另有规定，带分接的绕组应连接到主分接。

现场试验原理接线图如图 9-17 所示，试验接线完成后检查接线的正确性。

为了保证能检测并记录局部放电的起始和熄灭电压，推荐背景噪声水平远低于 100pC。局部放电测试仪的要求：方波发生器内阻应不大于 100Ω，上升时间应小于 60ns，测量仪器特性应符合国家标准规定。

2. 加压程序

施加电压应按图 9-18 所示的程序进行。图中对地电压值 $U_1=1.7U_m/\sqrt{3}$，$U_2=1.5U_m/\sqrt{3}$或 $1.3U_m/\sqrt{3}$，视试验条件而定。

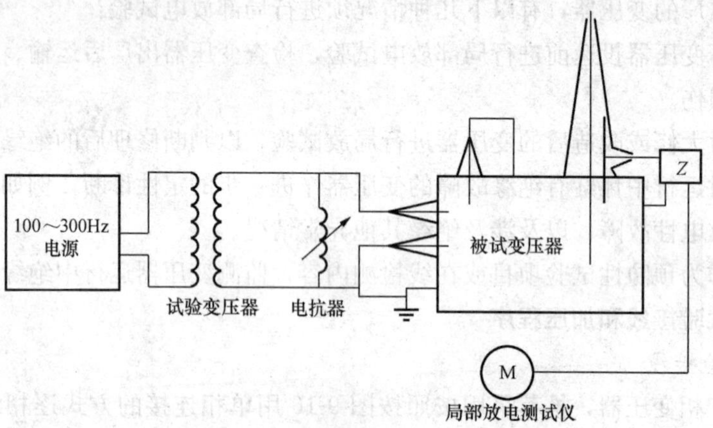

图 9-17 变压器局部放电试验原理接线图

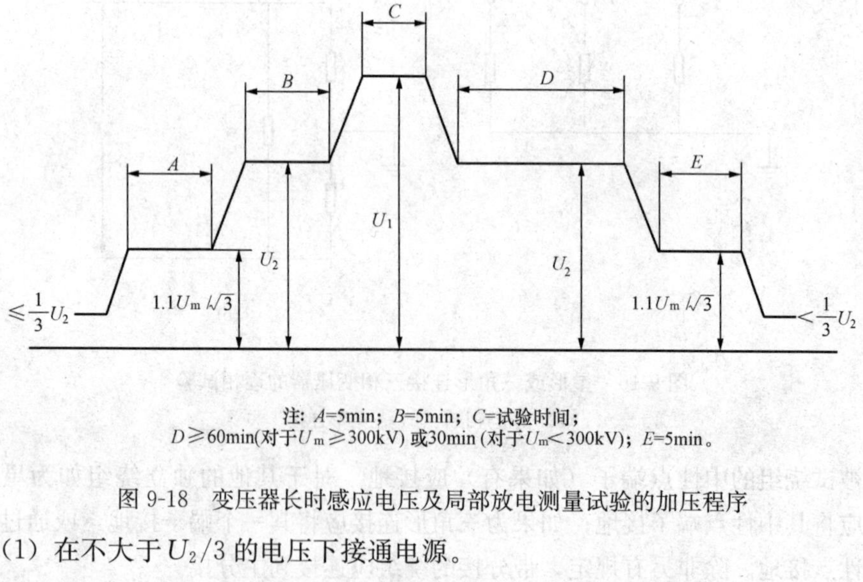

注：A=5min；B=5min；C=试验时间；
D≥60min(对于Um≥300kV) 或30min (对于Um<300kV)；E=5min。

图 9-18 变压器长时感应电压及局部放电测量试验的加压程序

（1）在不大于 $U_2/3$ 的电压下接通电源。

（2）电压上升到 $1.1U_m/\sqrt{3}$ 时，保持 5min，U_m 为设备的最高运行线电压。

（3）电压上升到 U_2，保持 5min。

（4）电压上升到 U_1，持续试验时间应为 60s（当试验电压频率等于或小于 2 倍额定频率时），或 $120\times\frac{额定频率}{试验频率}$s（当试验频率超过两倍额定频率时，但不少于 15s）。

（5）试验后立刻不间断地将电压降低到 U_2，并至少保持 60min（对于 $U_m\geq$ 300kV）或 30min（对于 $U_m<300$kV），以便测量局部放电。

(6) 电压降低到 $1.1U_m/\sqrt{3}$，保持 5min。

(7) 当电压降低到 $U_2/3$ 以下时，方可切断电源。

(8) 除 U_1 的持续时间外，其余试验持续时间与试验频率无关。

(9) 在施加试验电压的整个期间，应监测局部放电量。

二、局部放电的观察和评估

(1) 应在所有分级绝缘绕组的线路端子上进行测量。对自耦连接的一对绕组的较高电压和较低电压的线路端子应同时测量。

(2) 接到每个所用端子的测量通道，都应在该端子与地之间施加重复的脉冲波来校准，这种校准是用来对试验时的读数进行计量的。在变压器任何一个指定端子上测得的视在电荷量，应是指最高的稳态重复脉冲并经合适的校准而得出的。偶然出现的高幅值局部放电脉冲可以不计入。在每隔任意时间的任何时间段中出现的连续放电电荷量，若不大于 500pC 是可以接受的，只要此局部放电不出现稳定的增长趋势。

(3) 在施加试验电压的前后，应记录所有测量通道上的背景噪声水平。

(4) 在电压上升到 U_2 及由 U_2 下降的过程中，应记录可能出现的起始电压和熄灭电压。应在 $1.1U_m/\sqrt{3}$ 下测量视在电荷量。

(5) 在电压 U_2 的第一阶段中应读取并记录一个读数。对该阶段不规定其视在电荷量值。

(6) 在施加 U_1 期间内不要求给出视在电荷量值。

(7) 在电压 U_2 的第二个阶段的整个期间，应连续地观察局部放电水平，并每隔 5min 记录一次。

三、试验结果分析

如果满足下列要求，则试验合格：

(1) 试验电压不产生突然下降。

(2) 在 $U_2=1.5U_m/\sqrt{3}$ 或 $1.3U_m/\sqrt{3}$ 下的长时试验期间，局部放电量的连续水平不大于 500pC 或 300pC。

(3) 在 U_2 下，局部放电不呈现持续增加的趋势，偶然出现的较高幅值脉冲可以不计入。

(4) 在 $U_2=1.1U_m/\sqrt{3}$ 下，视在电荷量的连续水平不大于 100pC。

只要不产生击穿并且不出现长时间的特别高的局部放电，则试验是非破坏性的。U_m 为设备的最高电压有效值。

当测量结果表明局部放电量超过标准规定或被试品有异常放电时，应停止试验，检查测量接线是否存在问题，复测试验电源背景噪声水平是否低于标准，确定异常放电的原因后，重新进行试验。

第八节 变压器的红外测温

电力设备红外测温技术为一项新技术，可以在设备不停电的情况下进行非接触式检测，安全高效，在设备维护与检修方面发挥着越来越重要的作用。

一、检测诊断周期

依据《带电设备红外诊断应用规范》（DL/T 664—2008）规定，运行电气设备的红外检测和诊断周期，应根据电气设备的重要性、电压等级、负荷率及环境条件等因素确定。

正常运行变压器的检测应遵循检修和预防性试验前普查、高温高负荷等情况下的特殊巡测相结合的原则。一般 220kV 及以上等级每年不少于两次，其中一次可在大负荷前，另一次可在停电检修和预防性试验前，以便使查出的缺陷在检修中能够得到及时处理，避免重复停电。

110kV 及以下重要变压器每年检测一次。

对于运行环境差、陈旧或有缺陷的设备，大负荷运行期间、系统运行方式改变且设备负荷突然增加等情况下，需对变压器增加检测次数。

新建、改扩建或大修后的电气设备，应在投运带负荷后 1 个月内（但至少在 24h 以后）进行一次检测，并对变压器进行精确检测，对原始数据及图像进行存档。

每年应对 330kV 及以上变压器进行一次精确检测，做好记录，必要时将测试数据及图像存入红外数据库，进行动态管理。有条件的单位可开展变压器的精确检测并建立图库。

二、试验基本要求

1. 一般检测对检测环境的要求

适用于用红外热像仪对电气设备进行大面积检测，称为一般检测。

（1）被检设备是带电运行设备，应尽量避开视线中的封闭遮挡物，如门和盖板等。

（2）环境温度一般不低于 5℃，相对湿度一般不大于 85%；天气以阴天、多云为宜，夜间图像质量为佳；不应在雷、雨、雾、雪等气象条件下进行，检测时风速一般不大于 5m/s。

（3）户外晴天要避开阳光直接照射或反射进入仪器镜头，在室内或晚上检测应避开灯光的直射，宜闭灯检测。

（4）检测电流致热型设备，最好在高峰负荷下进行。否则，一般应在不低于30%的额定负荷下进行，同时应充分考虑小负荷电流对测试结果的影响。

2. 精确检测对检测环境的要求

精确检测主要用于检测电压致热型和部分电流致热型设备的内部缺陷，以便对设备的故障进行精确判断。除满足一般检测的环境要求外，精确检测还需满足以下要求：

（1）风速一般不大于0.5m/s。

（2）设备通电时间不小于6h，最好在24h以上。

（3）检测期间天气为阴天、夜间或晴天日落2h后。

（4）被检测设备周围应具有均衡的背景辐射，应尽量避开附近热辐射源的干扰，某些设备被检测时还应避开人体热源等的红外辐射。

（5）避开强电磁场，防止强电磁场影响红外热像仪的正常工作。

三、注意事项

红外检测时通常先做一般检测，即用红外热像仪或红外热电视对所有应测部位进行全面扫描，找出热态异常部位，然后再对异常部位和重点检测设备进行精确检测。

精确检测应注意以下事项：

（1）检测温升所用的环境温度参照体应尽可能选择与被测设备类似的物体，且最好能在同一方向或同一视场中选择。

（2）在安全距离允许的条件下，红外仪器宜尽量靠近被测设备，使被测设备（或目标）尽量充满整个仪器的视场，以提高仪器对被测设备表面细节的分辨能力及测温准确度，必要时，可使用中、长焦距镜头。

（3）为了准确测温或方便跟踪，应事先设定几个不同的方向和角度，确定最佳检测位置，并可做上标记，以供今后的复测用，提高互比性和工作效率。

（4）正确选择被测设备的辐射率，特别要考虑金属材料表面氧化对选取辐射率的影响。

（5）将大气温度、相对湿度、测量距离等补偿参数输入，进行必要修正，并选择适当的测温范围。

（6）记录被检设备的实际负荷电流、额定电流、运行电压、被检物体温度和环境参照体的温度值。

四、诊断方法和判断依据

1. 表面温度判断法

主要适用于电流致热型和电磁效应引起发热的设备。根据测得的设备表面温度值，对照 GB 763 的有关规定，凡温度（或温升）超过标准者可根据设备温度超标的程度、设备负荷率的大小、设备的重要性及设备承受机械应力的大小来确定设备缺陷的性质，对在小负荷率下温升超标或承受机械应力较大的设备要从严定性。

2. 相对温差判断法

主要适用于电流致热型设备。特别是对小负荷电流致热型设备，采用相对温差判断法可降低小负荷缺陷的漏判率。

对电流致热型过热，若发现设备的导流部分热态异常，应按规定进行准确测温，按公式算出相对温差值，按表 9-6 规定判断设备缺陷的性质。两个对应测点之间的温差与其中较热点的温升之比的百分数。相对温差 δ_t，可用式（9-5）求出

$$\delta_t=(\tau_1-\tau_2)/\tau_1\times100\%=(T_1-T_2)/(T_1-T_0)\times100\% \qquad (9\text{-}5)$$

式中 τ_1、T_1——发热点的温升和温度；

τ_2、T_2——正常相对应点的温升和温度；

T_0——环境温度参照体的温度。

表 9-6　电流致热型过热缺陷诊断判据

设备类别和部位		热像特征	故障特征	缺陷性质		
				一般缺陷	严重缺陷	危急缺陷
电气设备与金属部件的连接	接头和线夹	以线夹和接头为中心的热像，热点明显	接触不良	温差不超过 15K，未达到严重缺陷的要求	热点温度大于 80℃或$\delta\geqslant80\%$	热点温度大于 110℃或$\delta\geqslant95\%$
金属部件与金属部件的连接	接头和线夹	以线夹和接头为中心的热像，热点明显	接触不良	温差不超过 15K，未达到严重缺陷的要求	热点温度大于 90℃或$\delta\geqslant80\%$	热点温度大于 130℃或$\delta\geqslant95\%$
套管	柱头	以套管顶部柱头为最热的热像	柱头内部并线压接不良	温差不超过 10K，未达到严重缺陷的要求	热点温度大于 55℃或$\delta\geqslant80\%$	热点温度大于 80℃或$\delta\geqslant95\%$

对于负荷率小、温升小但相对温差大的设备，如果有条件改变负荷率，可增大负荷电流后进行复测，以确定设备缺陷的性质。当无法进行此类复测时，可暂定为

一般缺陷，并注意监视。

3. 同类比较判断法

在同一电气回路中，当三相电流对称和三相（或两相）设备相同时，比较三相（或两相）电流致热型设备对应部位的温升值，可判断设备是否正常。若三相设备同时出现异常，可与同回路的同类设备比较。当三相负荷电流不对称时，应考虑负荷电流的影响。

对于型号规格相同的电压致热型设备，可根据其对应点温升值的差异来判断设备是否正常。电压致热型设备的缺陷宜用允许温升或同类允许温差的判断依据确定。一般情况下，当同类温差超过允许温升值的30%时，应定为重大缺陷。当三相电压不对称时应考虑工作电压的影响。

4. 图像特征判断法

主要适用于电压致热型设备。根据同类设备在正常状态和异常状态下的热谱图的差异来判断设备是否正常。

五、设备缺陷管理

红外检测发现的设备过热缺陷应纳入设备缺陷管理制度的范围，按照设备缺陷管理流程进行处理。

根据过热缺陷对电气设备运行的影响程度分为以下三类：一般缺陷、严重缺陷和危急缺陷。

1. 一般缺陷

指设备存在过热，有一定温差，温度场有一定梯度，但不会引起事故的缺陷。这类缺陷一般要求记录在案，注意观察其缺陷的发展，利用停电机会检修，有计划地安排试验检修消除缺陷。

当发热点温升值小于15K时，不宜采用表9-6的规定确定设备缺点的性质。对于负荷率小、温升小但相对温差大的设备，如果负荷有条件或机会改变时，可在增大负荷电流后进行复测，以确定设备缺陷的性质，当无法改变时，可暂定为一般缺陷，加强监视。

2. 严重缺陷

指设备存在过热，程度较重，温度场分布梯度较大，温差较大的缺陷。这类缺陷应尽快安排处理。对电流致热型设备，应采取必要的措施，如加强检测等，必要时降低负荷电流；对电压致热型设备，应加强监测并安排其他测试手段，缺陷性质确认后，立即采取措施消缺。

3. 危急缺陷

指设备最高温度超过《高压开关设备和控制设备标准的共用技术要求》（GB/

T 11022—1999）规定的最高允许温度的缺陷。这类缺陷应立即安排处理。对电流致热型设备，应立即降低负荷电流或立即消缺；对电压致热型设备，当缺陷明显时，应立即消缺或退出运行，如有必要，可安排其他试验手段，进一步确定缺陷性质。

电压致热型设备的缺陷一般定为严重及以上的缺陷。

第十章　变压器常见故障的检修

第一节　变压器铁芯故障的检修

铁芯由经过处理的硅钢片叠装而成，需要夹紧固定，紧固件松动会造成噪声过大；铁芯的局部短路（片间短路或搭接金属异物）会造成涡流，严重时铁芯会烧毁；铁芯接地片接触不良、磁屏蔽接地不好等也会导致故障的产生。

一、不正常鸣叫声的判断和处理

1. 故障原因

铁芯由于铁磁震荡会发出声音，但由于铁芯制造工艺不足或者长时间的震动会导致铁轭夹件等紧固件松动，产生不正常的鸣叫声。

2. 故障判断与处理

不正常的声音既可在运行中发生，也可在检修后投运时发生。在一般情况下，常常是铁轭经长期运行后松动或是检修后紧固不够所致，此时可将穿芯螺杆的螺母拧紧即可消除。

有时在运行中出现“营营”的杂音，拧紧穿芯螺杆后亦不消失，这可能是铁芯叠层（级块）边缘的硅钢片因未压紧而产生的振荡或是硅钢片的端角部分有振荡。此时应对附近边缘处的硅钢片用薄纸板塞紧即可；对硅钢片的接合处的振荡，用适当的加补硅钢片或用薄纸板塞紧即可。

当变压器突然运行(如空载合闸)或负载突变时，在变压器内部可能出现“叮当”响声，这可能是在其内部有些部件松动所致。可将与铁芯相关联的各紧固件紧固即可。

在对铁芯大修（含重新叠片或插铁轭）后还出现不正常的鸣叫声，可能由下列因素引起：

（1）在进行铁芯装配时，由于铁轭插板有错误，如每“叠”中有多片或少片，个别轭片未与芯柱片相接，即未形成闭合磁路。因此，在铁芯中形成空间，在电磁力作用下可使这些硅钢片产生振荡，或者在其接合处的硅钢片产生振荡。这时可能发出“营营”的声响，一般可在这些空间处加垫纸板来纠正。

（2）在铁芯装配时，有的硅钢片卷了边或损伤了边缘，这时也同样可以产生“空间”，由于振荡发出“营营”声响，此时也可在空隙处加垫纸板并进行紧固。

（3）在铁芯装配中可能混杂有厚度不相同的硅钢片，这种情况和加入多余的硅钢片一样形成“空间”。但比前两者情况为小，硅钢片的振幅也较小。此时就不能采用上述办法处理，而需要将铁芯拆开重新装配厚度相同的硅钢片。但如果这种振荡并不太大，且不同厚度的硅钢片片数占的比例不多，则也可以不拆开重装，只要将紧固件紧固即可。

(4) 在铁芯中有弯曲的硅钢片，此时亦可形成“空间”，或是硅钢片的个别部分未被压紧而产生振荡。这时在变压器运行中有忽高忽低的鸣叫声，且伴有“营营”作响。此时的检修方法只能是把铁芯拆开，剔除那些弯曲不能用的硅钢片，前述的垫纸板、压紧或打楔子的办法都不能奏效。

(5) 整个铁轭夹的不够紧，此时只要逐个将穿芯螺杆拧紧后，异音可消失。

二、穿芯螺杆绝缘的损坏和处理

1. 故障原因和影响

夹紧铁轭的穿芯螺杆，应该与铁芯硅钢片和钢夹件间均应有可靠的绝缘。因此，在穿芯螺杆上套以可靠的绝缘管（一般为胶纸管），而穿芯螺杆与钢夹件间要加放专门的绝缘垫圈（对于超高压变压器的穿芯螺杆的一端尚需可靠接地）。

在运行中的变压器，其铁芯的穿芯螺杆绝缘出现的故障，一般是穿芯螺杆可能与铁芯硅钢片或与钢夹件相连接。

当穿芯螺杆绝缘损坏，使铁芯发生两点接地时，在穿芯螺杆中将产生短路电流（相当于一个线匝短路），使穿芯螺杆发热乃至烧坏，同时还要波及附近硅钢片的损坏，进而引起铁芯硅钢片的严重事故，甚至无法检修（可能需要更换一部分硅钢片才行）。

当穿芯螺杆导致铁芯两点接地时还将使油箱的油不断地发生分解，产生可燃性烃类气体，油色谱分析中出现异常，并使油箱中的油闪点急剧降低，直接威胁到变压器的安全运行。

2. 故障处理

当穿芯螺杆的一处与铁芯相连接或与钢夹件相连接时，对变压器的运行并无直接危害。为了防止穿芯螺杆处再发生另一点接地，穿芯螺杆的绝缘亦应进行更换新件（若穿芯螺杆在机械上亦不够满意时，则应一并进行更换）。

若两个穿芯螺杆因专门的绝缘垫圈损坏，致使螺杆的两端均与钢夹件相连接时，则形成回路并在其中流经较大的电流，进一步烧坏穿芯螺杆的绝缘并进而损坏铁芯。在这时应设法找到故障部位，立即进行彻底修复。有时，发现穿芯螺杆与钢夹件间绝缘较低或间歇性连接时，只要对穿芯螺杆进行转动，则这种低绝缘或连通的现象有可能消失。即便如此，也需要查出原因并对它的绝缘进行彻底处理。

如果用绝缘电阻表测得的绝缘电阻值较前次大修（或出厂时）的测得值降低一半以上时，应设法找出原因，并在条件许可的情况下更换新的穿芯螺杆绝缘。

三、铁芯多点接地故障的判断和处理

变压器正常运行时，铁芯必须有一点可靠接地。若没有接地，则铁芯对地的悬浮电位，会造成铁芯对地断续性击穿放电，铁芯一点接地后消除了悬浮电位。但当铁芯出现两点以上接地时，铁芯间的不均匀电位就会在接地点之间形成环流，并造成铁芯多点接地发热的故障。变压器的铁芯接地故障会造成铁芯局部过热，严重时，铁芯局部温升增加，轻瓦斯动作，甚至将会造成重瓦斯动作而跳闸的事故。烧熔的局部铁芯形成铁芯片间的短路故障，使铁损变大，严重影响变压器的性能和正常工作，以致必须更换铁芯硅钢片加以修复。有关资料统计表明，因铁芯问题造成的故障比例，占变压器各类故障的第三位。

1. 故障原因

(1) 安装过程中的疏忽。完工后未将变压器油箱顶盖上运输用的定位钉翻转或卸除。

(2) 制造或大修过程中的疏忽。铁芯夹件的支板距芯柱太近，硅钢片翘凸而触及夹件支板或铁轭螺杆衬套过长，碰及铁芯硅钢片。

(3) 铁芯下夹件垫脚与铁轭间的纸板脱落，造成垫脚与硅钢片相碰或变压器进水使纸板受潮形成短路接地。

(4) 潜油泵轴承磨损，金属粉末沉积箱底，受电磁力影响形成导电小桥，使铁轭与垫脚或箱底接通。

(5) 油箱中落入金属异物，如铜丝、焊条头或铁芯碎片等造成多点接地。

(6) 下夹件与铁轭阶梯间的木垫受潮或表面附有大量油泥、水分、杂质使其绝缘被破坏。

(7) 变压器的油泥污垢堵塞铁芯纵向散热油道，形成短路接地。

(8) 变压器油箱和散热器等在制造过程中，由于焊渣清理不彻底，当变压器运行时，在油流、电场的作用下，杂质被堆积在一起，使铁芯与油箱壁短接。这种情况在强油循环冷却变压器中尤其容易发生。

(9) 穿芯螺杆绝缘破损或是与钢夹件间有金属异物连通。有时下铁轭的上端面与钢夹件间有金属异物桥接也可造成多点接地。

2. 故障判断

(1) 用气相色谱法对油中含气量进行分析。如果气体中的甲烷及烯、烃组分很高，而及 CO 及 CO_2 气体变化甚少或正常，可判别为裸金属过热。而变压器中的裸金属件主要是铁芯，当出现 C_2H_2 时，则可以认为是间歇性接地。

(2) 利用变压器铁芯的接地套管外引线，测量是否有电流出现。正常时地线上无电流，或电流在 1A 以下，当有多点接地时，地线电流往往会显著增大，可达几

十安或以上。

（3）用直流法判断铁芯多点接地，将铁芯与夹件的连接片打开，在铁轭两侧的硅钢片上通入6V的直流电，用直流电压表依次测量各级硅钢片间的电压，检测电压。当电压等于零或表针反向指示时，则可认为该处是接地点。

（4）用交流法判断铁芯多点接地。将变压器低压绕组接入220～380V交流电压，此时铁芯中有磁通存在，如果多点接地，用毫安表测量会出现电流（铁芯和夹件的连接片打开），用毫安表沿铁轭各级逐点测量可判断接地点。

3. 故障处理

针对这些故障的处理方法：

用绝缘电阻表检测钢夹件与铁芯间的绝缘状况（此时接地片要拆开），若测得某个穿芯螺杆绝缘电阻为零，则应拧下螺母取出穿芯螺杆，检查绝缘管有否损坏，检查螺母附近的绝缘垫片有无破损，检查螺纹附近有无铁屑。经过这些检查并处理后，这些多点接地故障现象即可消除。

检查上下铁轭的上端面与钢夹件间、边柱拉板与下夹件处有无金属异物搭接，这种搭接的异物一般是焊渣、铁屑、钢绳头等，清除即可。

有时用强油压对下铁轭面与油箱底间的缝隙中进行冲洗，或用白布、薄塑板穿入缝隙中往返抽拉，或用面团清除附着在铁轭底部的颗粒状金属异物（如焊渣）有较好的清除效果。

最后，是吊起器身进行彻底的检查和处理。用绝缘电阻表测试铁芯、钢夹件对油箱，铁芯与钢夹件的绝缘电阻情况，若这些测试结果均良好，则应检查钟罩内壁上有无可能触及钢夹件或铁芯的部位；如果铁芯对地绝缘电阻为零或很低，则应检查铁芯与油箱底间有无金属异物，检查铁芯与绕组上、下部的磁屏蔽是否相碰；铁芯各处的接地屏绝缘有否破损（可拆开接地屏引线与钢夹件间的连接点，测试绝缘电阻）；要检查在搬运过程中造成铁芯片翘起产生铁芯与钢夹件间有否相碰的情况。

四、铁芯的局部短路故障

1. 故障形式分类

（1）铁芯的局部短路，最常见的是由结构件形成的闭合回路。例如铁轭的穿芯螺杆两端绝缘损坏，经边缘的铁轭硅钢片或夹件而形成短路匝并与部分磁通交链，出现较大的短路电流，有可能把铁芯烧坏。与此相似的有钢带绑扎时的绝缘卡扣损坏以及老式结构中芯柱螺杆的排间短路等现象。

（2）铁芯片的短接，这是硅钢片的一边被某一结构件短接。例如当侧梁绝缘损坏时，铁轭片一部分被侧梁短接，由于部分磁通通过被短接的铁轭片间，使该部分的铁轭片形成短路产生短路电流，促使铁轭片短接处发热。与此相似的有上梁、垫脚以及老式结构中同排芯柱螺杆和铁轭螺杆绝缘损坏或不良时均会发生与上述相似的现象。

（3）采用绝缘油道的铁芯（串联接地或并联接地方式），经运输或夹紧时，由于结构上不当或施工方式欠妥，常会发生绝缘油道两侧连通，与此相类似的缺陷也出现在接地片跨过相应厚度铁芯的短接，或外引接地片连至夹件上时，在跨铁轭厚度处短接部分铁芯片。

（4）铁芯施工中的金属物件撞击使铁芯片卷边短接或金属物件的粉末形成铁芯片的短接，此外在运输中或检修过程中的施工不当，因受重击使铁芯片形成凹坑局部短接，与此相似的还有靠近铁芯柱的绕组短路变形烧坏（或短接）铁芯片，以及穿入穿芯螺杆时，由于铁轭孔不规则，在重力下硬性穿入穿芯螺杆时使穿孔处多片短接。

2. 故障检查和处理

（1）首先，铁芯片和所有的夹紧件之间必须是绝缘的。在变压器大修或改造施工中，对上述缺陷的处理是较为方便的，因为此时可以直接接触和测试到上述的各个部位。

（2）在检查和处理时，当发现铁轭旁螺杆所包绝缘损坏且与边缘的铁芯片相碰时，应即重包螺杆的绝缘（要刷绝缘漆），而后用纸板覆盖螺杆的绝缘层（所用覆盖的纸板应用布带扎紧）。而对钢带绑扎的绝缘卡扣损坏时，应更换新品，若施工现场不方便时，亦可用环氧黏带捆绑（需要干燥）。

（3）对于铁轭的旁螺杆、上梁和垫脚铁的绝缘也应检查并更换新绝缘。

至于钢夹件的绝缘虽是为了形成油道，避免铁轭磁通流入夹件而设置的，但由于铁芯是一点接地的，在钢夹件的绝缘不良时，相当于又有了接地点，这样铁轭将通过两个及以上的接地点而短接，所以在大修时亦应仔细检查钢夹件的绝缘。

（4）在用绝缘油道结构时，铁轭各级片的接地。无论是并联接地或是串联接地，在油道两侧都会有电位差，其值的大小决定于插入相邻两级铁芯内接地片之间硅钢片截面的大小（或硅钢片片多少），因此如果在某一油道内因油道片尖角翘起或落入异物，即可造成似接非接的状况。在大修时应尽量找到位置进行处理。

（5）对于重力撞击或电弧烧伤的铁芯片短接，首要的是要剔除短接的铁芯片。在铁轭上的短接铁芯片若是受重力撞击，可用扁的刀片（在铁扼夹件稍松些的情况下）小心的扶正各铁芯片，若可塞入薄云母片，当无法塞入时，可刷涂绝缘漆并用吹风机吹干，紧好钢夹件。若故障点是电弧烧伤时，处理方法与上相似，先用扁铲或细砂轮剔除被烧伤的铁芯片，用钢刷刷净铁屑，然后，稍松钢夹件刷涂绝缘漆并用吹风机吹干，再夹紧好钢夹件。

对于铁轭连至钢夹件间的接地片，一定要在经过铁轭端面处加包绝缘，并放置纸板条（要固定在包绝缘的接地片表面），防止接地片短接铁轭硅钢片。

在铁芯柱表面的铁芯片间短接时，其处理方法与上相似，只是需将铁芯柱紧固用的环氧带箍拆下两道使铁芯柱片稍松些（施工时可先放置好夹具），处理好后，夹紧铁芯柱并把环氧带箍补缠好。

五、接地屏的故障和检修

近些年来生产的大型变压器，出于降低局部放电量的要求，常在铁芯柱表面装设接地屏，以屏蔽铁芯柱表面的棱角。通常，它是由粘贴在绝缘纸板上的多条铜带组成并围绕在铁芯柱表面（开口环，不能构成短路环），把各条铜带连接后外引或直接插入铁芯柱中进行接地。

在一个时期中，由于设计和施工上存在问题，曾造成过数台特大型变压器（包括500kV级）接地屏故障。有的是连接各铜带（如竖条结构）的连接片在插入铁芯柱时，短接了铁芯，烧坏了绝缘纸板；有的则因为钢带（横条结构）装配不好，折断后短接烧伤了下铁轭。油中可燃气体剧增，被迫退出运行。

在检修中应该保证“开口”，防止局部短路成闭环，同时确保与铁芯接地处应连接可靠，防止悬浮电位。

六、油箱壁和夹件肢板上磁屏蔽的故障和检修

为降低磁通在油箱壁和夹件肢板的结构损耗和减少局部过热，近些年来，在特大型变压器上采用了这两种磁屏蔽。在采用过程中，由于经验不足，在运行中暴露了磁屏蔽自身短接、多点接地和悬浮电位等故障，有的不得不拆除这些磁屏蔽。因此，在检修处理或是新装采用（根据结构要求）时，一定要注意如下三点：

（1）对每组磁屏蔽必须有一点可靠接地。

（2）每组磁屏蔽都不得出现自身短接。

（3）每组磁屏蔽都不能出现悬浮电位或是多点接地。

七、铁芯故障实例和处理过程

1. 变压器铁芯拉板过热故障处理实例

一台SFP-300000/500型三相变压器，1988年7月投运。由于历年不断积累，总烃含量已达到171μL/L（注意值为150μL/L），变压器总烃变化趋势图如图10-1所示。根据“三比值法”分析，存在着300～700℃的中温过热故障；总含气量已达到2.96%（标准值为3%），但相对产气率较低，仅1.2%（注意值为10%）。

2006年2月吊罩后，检修过程中发现铁芯芯柱轴向拉板有严重发热迹象，如图10-2所示，验证了试验结果是准确的。

根据修前制定的器身检查方案，在吊罩检查过程中进行逐项检查，对器身用干燥空气吹、清理器身及箱底的杂质（用面团），然后再用合格变压器油对器身进行冲洗（从

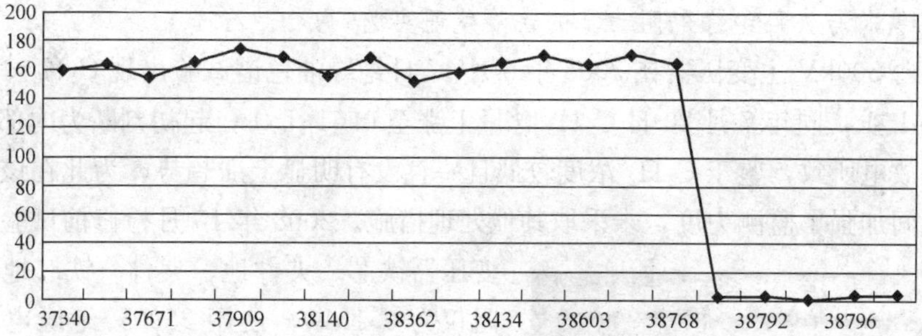

图 10-1　某变压器总烃变化趋势图（%）

图 10-2　铁芯芯柱轴向拉板严重发热

上到下）；在铁芯下铁轭与油箱间隙用白布反复对拉，并用小镜子观察无异物；修后变压器器身检查清洁干净。由于现场条件限制，无法进行解体处理，对器身进行热油循环后，绝缘油试验正常，只能通过油试验密切监测内部发热情况，现运行正常。

2. 铁芯夹件穿芯螺杆绝缘故障处理实例

一台 SSP3-150000/220 型三相变压器在吊罩检修中发现器身上部一颗穿芯螺杆对铁芯上夹件绝缘电阻为零。工作人员在拆下穿芯螺杆螺母后，发现螺杆与夹件之间的绝缘衬垫上存在少许铁屑，经清理重装后，绝缘恢复。

3. 铁芯接地套管试验问题排除实例

一台 SSP3-150000/220 型三相变压器吊罩回装过程中，在铁芯接地套管回装完毕进行试验时，发现铁芯接地套管绝缘为零，由于该套管为新更换部件，工作人员初步认为是铁芯接地引出线端部与上节油箱距离太近短接引起，重新拆卸铁芯接地套管后，对引出线进行了重包处理，重包后测量绝缘情况仍为零。此时经过排查发现，热油循环处理前将绕组中性点引线接头搭在了铁芯上，同时高压绕组接头与油箱底部相接触，造成铁芯接地引出线对地短接，所以试验测试绝缘为零，排除短路点后，重新测试绝缘正常，试验完毕回装铁芯接地套管。

4. 铁芯与夹件绝缘电阻为零的缺陷处理实例

一台500kV主变压器在2008年6月17日绝缘油色谱试验出现C_2H_2，其含量为0.4μL/L，同年7月20日C_2H_2含量上涨至0.51μL/L，起初判断为内部裸金属小火花放电所致，鉴于C_2H_2浓度较低且一直没有明显上涨趋势，为此在该变压器运行期间加强了监测力度，未采取其他处理措施。2008年10月检修前试验时发现变压器铁芯—夹件地、夹件—铁芯地绝缘电阻仅为0.1MΩ，使用2500V绝缘电阻表测量铁芯—夹件绝缘电阻时曾多次听到器身内放出放电声，初步判断内部出现短接情况。

图10-3　拉带与铁轭位置图

进入检查发现变压器B、C相铁芯柱下拉带两侧与铁轭已直接接触，如图10-3所示。

具体处理方法为：用扳手松开B、C相拉带紧固螺栓（200N·m）并临时加垫两层0.5mm的绝缘板（见图10-4），并用预先干燥处理过的白布带绑扎固定牢固，如图10-5所示，用2500V的绝缘电阻表测量铁芯—夹件绝缘电阻高达7GΩ，至此查明上铁轭B、C相下拉带与铁轭下方两侧搭接是导致铁芯与夹件短接的直接原因，经上述处理后试验合格，至此铁芯经拉带通过夹件接地点已经找到并处理完毕。

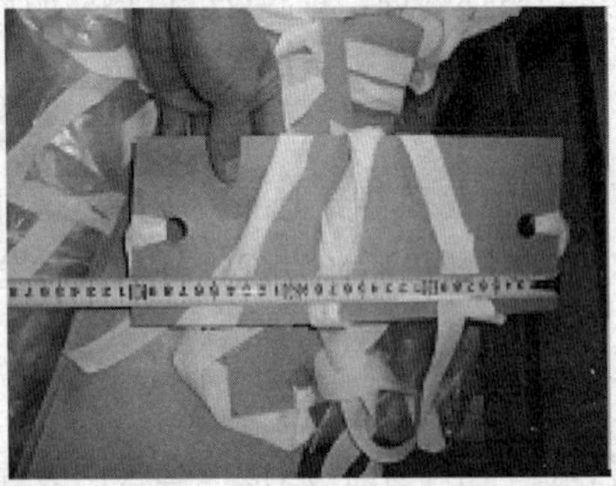

图10-4　加垫的绝缘纸板

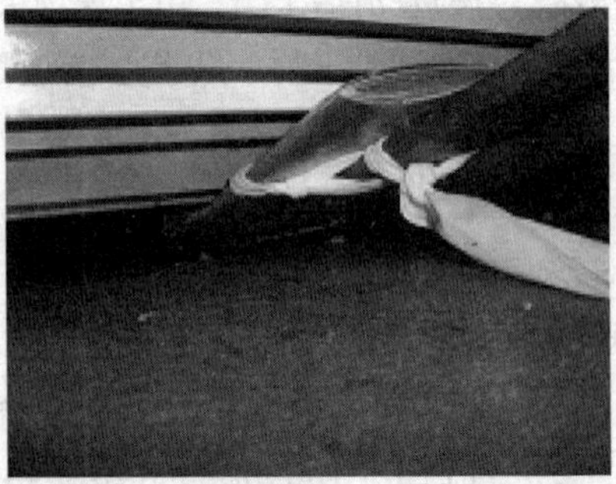

图10-5　处理后状态图

第二节　变压器绕组故障的检修

绕组是变压器的心脏，它一旦发生故障，将直接影响变压器的运行。

一、故障原因

绕组发生故障占有较大比重的是匝间短路，它有时还会波及附近的一些线匝，甚至还会造成主绝缘故障。

从发生绕组故障的型式上看，纠结式绕组为最多，连续式和螺旋式绕组也有发生。近些年来，随着绕组型式的改进和匝绝缘的加厚，使绕组的匝间短路故障得到了抑制。

从发生故障的导线型式上看，除普通导线外，组合导线和换位导线也出现了一些股或匝间短路故障。此外，由多股导线并绕的螺旋式绕组也会出现股间短路，并进而发展到线段间（匝间）的故障。

绕组的匝间（含股间）短路原因可归结为材质、施工操作以及设计选择等，现从以下几点进行具体分析。

（1）导线的匝绝缘不够。例如在包扎导线绝缘时，由于施工不当，造成纸带跑层（少层），在历史上曾经生产过薄匝绝缘结构等。这些都可使匝间工作场强增高，耐受不了长期工作电压，或短时的冲击电压作用而发生短路。

（2）由于施工不当，造成匝绝缘损坏。例如在绕组绕制过程中，换位弯折不当使匝绝缘损伤，在对绕组加压整形时，第一次压紧力过大使导线匝绝缘受伤。

（3）导线材质不好，存在尖角和毛刺，经绕组绕制时的弯折和加压整形，以及长时期运行的电磁振动，导线的匝绝缘被刺破而发生匝间短路。

（4）绕制绕组时的拉力太小，线匝间松弛，干燥后更加松动，在长期电动力的机械振动下，匝绝缘被磨破形成匝间短路。

（5）早期采用的换位导线技术不过关。表现在单股线上漆膜有破损易形成股间短路，同时较大的换位节距使编成的换位导线比较松散，抗弯强度较差。另外，松散的换位导线束表面包扎的纸绝缘也松散，经较长时间的热负载后，绝缘将出现胀包而堵塞了横向油道，使导线的统包匝绝缘焦煳并发生匝绝缘故障。

（6）近些年来，二组合和三组合导线得到了广泛的应用，其单根导线的绝缘为0.3～0.45mm，组合后在其表面按照需要统包匝绝缘厚度。由于导线的股绝缘较薄，若在包纸带时跑层或“拔缝”及导线本身有毛刺，都会使它形成股间短路，进一步发展成匝间短路。

（7）导线接头焊接质量不好。例如接头没锉平，有尖角刺破匝绝缘或者出现假焊（虚焊），在重负载下产生接头过热，引起匝间短路。

二、绕组故障的分析

1. 变压器绕组故障的分析和检查

故障发生后，应根据故障时的状况（运行中的负载情况、气象条件、系统的操作情况以及在线监测情况等）和排油进入检查所了解的内部状况，初步分析故障的性质和部位，以及选择处理的地点（运行现场、检修厂、制造厂）。

2. 故障的进一步检查和制订检修或处理方案

（1）吊出钟罩（器身）、解开围屏，进行检查和测试。

（2）根据故障部位和损坏程度制订修复方案。

（3）准备资料（包括施工图纸、工艺措施）、材料（包括导线和绝缘材料）和施工所需设备及工具。

（4）初步清理故障后绝缘件和金属屑等杂物。

（5）重新吊回钟罩（器身）并注油减少受潮。

三、故障的处理

绕组故障处理是一个相当复杂的过程，由于高压绕组套在低压绕组外部，所以低压绕组损坏后处理的难度将更大。

（1）排油，吊开钟罩。

（2）拆除铁轭，吊起完好部分的绕组。

（3）如果被处理的是外绕组局部故障，则应将绕组的完好部分在松开压钉的情况下吊起，剪除故障段，彻底清除金属屑等杂物，采用大回旋的盘绕办法，按图纸要求绕补线段并焊接好连接线，包好接头处绝缘。

（4）如果绕组损坏的较为严重或是内（中）绕组，则需拆开铁轭（挑插板），拔下故障绕组和端绝缘，对故障绕组进行整体的或是局部的更换。其后回装绕组及端、主绝缘，插铁轭片（板）、固紧铁轭及接头焊接，包好绝缘，进行电气测试，吊回钟罩（器身），准备并实施绝缘干燥和绝缘处理。对于无法修复的绕组故障，应视情况对故障或全部绕组进行更换。绕组的更换工作一般应返厂进行。

（5）确定干燥方案。干燥前需再次检查和清理器身、油箱，绝不允许有工器具和杂物遗留在油箱内或器身中。对于一些细小的铁屑或焊渣等物，清扫后再用面粉团进行黏附干净，还要对绝缘表面（包括外围屏纸板、木支架和引线绝缘表面）形成的污迹进行清拭干净（一般可用高纯度甲苯、酒精或四氯化碳）。

具体干燥方法在本章第六节变压器受潮处理中将做详细介绍，在这里不做赘述。

第三节　电力变压器引线故障的检修

一、引线常见故障

1. 中、小型变压器引线常见故障

中、小型变压器数量多，运行维护条件差，保护条件少，虽结构简单，但出现故障的概率大。故障中引线故障所占比例较大。通常发生的故障有：引线与套管下部连接不良，引线与软接线片焊接不良，引线之间焊接不良而造成过热或开焊。主要原因为焊接不良、假焊、焊接面不够，也可能是由于较长时间过载造成，其中低压引线故障机会较大。变压器中性点开焊，会造成三相电压不平衡而烧毁用户电器设备。

2. 大型变压器引线常见故障

高电压大型变压器引线故障除包括焊接不良、假焊、开焊等故障外，还有由于引线绝缘损坏、引线绝缘距离不够，而导致引线间、引线对绕组、引线对地的击穿等故障。同时，高电压变压器内部电场强度高，引线如果屏蔽不好有尖角、毛刺时，电场分布更不均匀，产生局部放电，甚至引起绝缘击穿放电。另外，引线支架的固定螺杆在运行中也会因振动而松动甚至脱落，而导致引线击穿。

二、故障处理

1. 中、小型变压器引线故障检修方法

对于中、小型变压器，应吊芯检查，确定故障部位，对接触不良的可以重新打磨压紧，对焊接不良的重新焊接，如焊接面不够则应增大，引线截面不足的也要更换，修后应仔细检查。此类故障经短时抢修后即可恢复运行。

2. 大型变压器引线故障处理方法

(1) 穿缆引线电缆头脱焊，大多是由于采用锡焊且灌锡不满，电缆头处理不净，运行后发热所致。对缆头脱焊可吊下套管后处理。最好采用磷铜焊或冷压连接。如果焊锡流进油箱内应放油并将油箱清理干净。

(2) 由于引线对其他部位的击穿，使引线绝缘受到损坏，而引线的导线并未损伤或仅有轻微痕迹，一般不需要更换引线，只需将损坏的绝缘剥掉，并重新包好绝缘即可。注意包扎绝缘时，绝缘的接合部必须呈锥形连接。对于大型变压器，这种情况下可以不吊芯，而由人孔进入油箱直接修理。重新包好绝缘后，必须检查引线对地或对其他带电部分的绝缘距离。如果绝缘距离不够，最好在原故障放电路径上增设绝缘屏障并固定，以保证修理后不再造成放电击穿，最后将引线固定牢靠。

(3) 引线有损伤需要更换引线，由于引线焊接部位脱焊、假焊等，需要重新焊接引线，这时在油箱内修理是极不安全的，因此要吊芯检修。焊接时为了防止浸过油的绝缘起火，要注意采取保护措施。靠近绕组的焊接点应缠上浸湿的石棉绳，但要防止将水弄到器身上。当需要焊接的部位有其他零部件而影响操作时，应设法先拆走一些零件，使焊接方便安全可靠。另外，在焊接时还应准备充足的 CO_2 灭火器。焊好后按要求包扎绝缘并很好地固定。

(4) 由于支架等固定螺栓的松动或脱落而引起绝缘击穿，则包扎好绝缘后要重新将引线排列好，并固定牢靠，必要时可局部加包绝缘。固定螺杆应加锁紧螺母以防松动。

3. 引线过热缺陷处理实例

一台 SSP3-150000/220 型主变压器 1982 年投运，2005 年 1 月 27 日退出运行备用，2005 年 4 月对该变压器进行吊罩检查大修，在拆除 A、C 相高压套管引线的过程中，发现 A、C 相高压引出线接头导电杆严重过热（总烃含量达 276.5μL/L 严重超标的原因），如图 10-6 所示。

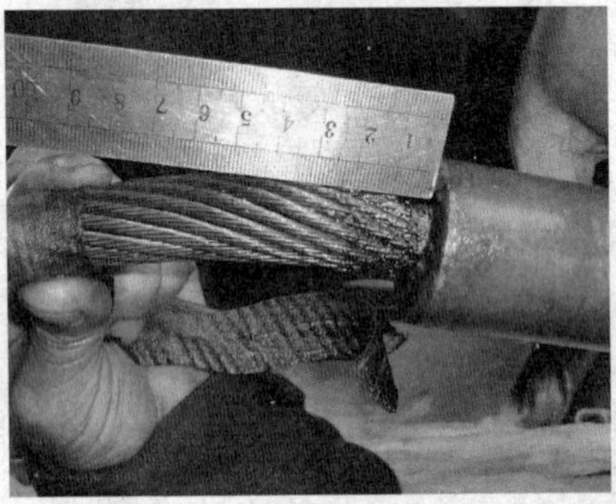

图 10-6　高压引出线接头导电杆严重过热

引出线接头导电杆与外部引线接头之间采用螺纹方式连接，而引出线接头导电杆与穿缆引线（多股软铜线）之间采用焊接方式（磷铜焊）连接。检查发现由于穿缆引线在插入导电杆后进行焊接处理时磷铜焊条未充分熔解、填满，造成虚焊，在长期运行过程中引起导电杆接头过热、部分熔化。

现象：导电杆与引线接头过热，螺纹变形粘连在一起，导致引线接头难以拆除；导电杆处的穿缆引线外层绝缘，部分已炭化，且过热点沿引线向下有进一步延伸的趋势。

处理：更换 A、C 相高压引出线接头导电杆（采用磷铜焊），重包穿缆引线外层绝缘。

第四节　变压器套管故障的检修

变压器使用的高压套管中，绝大多数是油纸电容式套管，少数的其他型式的高压套管正在被淘汰。油纸电容式套管为全密封结构，可长期安全运行。早期产品由于质量不稳定，常常发生一些故障，近期产品质量已能保证，基本上达到不检修的要求，但为了掌握其运行的质量状态，需定期进行绝缘测试和油样检查。

变压器套管的常见故障有：套管的零部件松动、局部渗漏油；绝缘油不合格、套管轻度受潮；中部法兰升高筒上接地小套管松动断线等。

第五节　变压器渗漏油的检修

一、变压器渗漏的原因

油浸变压器渗漏的原因很多，大多是由于制造中形成的缺陷和材质不良所引起的。此外，设计、工艺、质量控制、检修水平、环境恶劣等因素都有影响。

1. 变压器的焊点多、焊缝长

油浸式电力变压器是以钢板焊接壳体为基础的多种焊接和连接件的集合体，渗漏油途径较多，直接渗漏的原因是橡胶密封件失效和焊缝开裂、气孔、夹渣等。

2. 密封件材质低劣

密封件材质低劣和缺损是变压器连接部位渗漏的主要原因。密封件的表面、几何形状对油的渗漏也有一定影响，但关键仍是橡胶密封件的材质性能：在变压器运行时，橡胶密封件处于高温挤压、油浸、局部暴露的条件下，质量不良的，油浸后便开始变质。因其受到油压大小不匀，若在变压器移动中发生摇晃、振动，再加上运行时的振动和油流的冲击就会渗漏。

3. 焊接残余应力的影响

焊接残余应力是变压器焊缝渗漏的一个主要原因。油箱焊点多、焊缝长、焊接难、焊接材料、焊接规范、焊接工艺、施焊技术等都会影响焊接质量，特别是手工电焊时更易形成焊缝烧穿、气孔、夹渣、裂缝、未熔合等缺陷。其中，在油箱水压密封试验时不一定能检出未焊透缺陷，这也是导致渗漏油的原因。

焊接实质上是金属重新熔炼的过程，1350℃左右的溶液在空气中骤冷，使焊缝产生 200MPa 以上的残余拉应力，极大地降低了疲劳强度，特殊情况下，残余应力的峰值可能接近焊缝的疲劳强度。变压器在受到冲击和振动时，这些外力叠加焊缝残余应力，一旦超过其疲劳强度，出现在残余应力的峰值区非贯穿焊缝缺陷处就要产生裂缝。有关统计资料表明，焊接残余应力引起的渗漏油占焊缝渗漏的 65%，同时在电力变压器运行中，大部分金属构件受到频率为 100Hz，振幅为 6～60μm 的强迫振动，箱壁平直部分的振幅达 75～440μm。因为焊缝潜伏着残余应力，所以变压器现场往往由冲击、振动而产生焊缝渗漏油。

4. 其他原因

除密封件和焊缝渗漏油外，中、小型变压器的导电铜杆、特种变压器的导电铜板及安装座的铜焊处也常发生渗漏。部分厂家因各种原因，时常采用铜铸杆或板代替轧制杆或板。铸铜最易产生气孔、疏松和夹渣，往往形成贯通沟道而发生渗漏。导电铜板与支座的铜焊脆性很大，可能在变压器安装接线或运行中出现裂缝而渗漏，变压器连接密封部位的螺母也常因变压器运行时振松而渗漏。

二、变压器渗漏的类型

变压器渗漏一般包括空气渗漏和油渗漏两种类型。

1. 空气渗漏

空气渗漏是一种看不见的渗漏。如套管头部、储油柜的隔膜、安全气道的玻璃以及焊缝砂眼等部位的进出空气都是看不见的。但是由于渗漏造成油加速老化和绕组绝缘受潮，空气的侵入虽是很微弱，但是长期的累积作用对变压器内绝缘的损害严重。

2. 油渗漏

油渗漏分为内渗漏和外渗漏两种。

(1) 内渗漏主要指套管中的油或有载调压分接开关室的油向变压器本体渗漏。充油套管正常油位高于变压器本体油位，若套管下部密封部位密封不严，在油压差作用下会造成套管中缺油现象，影响设备安全运行。而有载调压切换开关油室的油向变压器本体渗漏，易造成变压器本体油色谱分析异常而引起误判断，这类渗漏故障常有发生，处理也比较麻烦。常发生的有载分接开关向主变压器本体渗漏的原因主要有：

1) 设计制造工艺的原因。如有一台 SYXZ 系列分接开关，解体时发现法兰偏心，压板及密封圈之间的装配不当，偏心法兰定位不准，压板安装时螺栓紧固不匀，导致密封圈受挤压不均匀，密封破坏而产生渗油。

2) 密封结构不合理及材质不良的原因。如 O 形密封圈材质不良，易老化龟裂，而造成渗漏。又如 SYJZZ 系列复合开关在开关筒上的接线座及筒的钢底盘处易发生渗漏等。

3) 安装、注油方法不当的原因。真空注油时未将主变压器本体油箱与有载分接开关油箱联通，而只对主变压器本体抽真空，致使压差较大。而会使密封件发生问题，造成渗漏油。

(2) 外渗漏主要是焊缝渗漏和密封件渗漏，这是最易发生也是最常见的渗漏现象。

三、渗漏检查

整体密封检漏。大型变压器本体安装完毕，在注油前应抽真空。达到要求真空度后停止抽真空，静放 2h 真空度应无下降，然后在真空下注油至变压器顶部，并按下述方法加压检漏：

(1) 静油注压。静油注压是在电力变压器油箱的顶盖上安装油柱，然后向油箱内注入绝缘油，使油面升高到油柱的指定位置，经过静油注压，如果油箱的各个密封处不渗油，则认为密封良好（220kV 变压器油柱高度为 3m，加压时间为 24h；35～110kV 变压器油柱高度为 2m，加压时间为 24h；油柱高度从拱顶或箱盖算起）。

(2) 充气加压。实际操作中 220kV 及以上大修后的变压器，可以在储油柜顶部施加 0.01～0.03MPa 气压，静放 12h 不渗油，则认为无渗漏。

四、焊缝渗漏的处理

焊缝渗漏的处理可用速堵胶封堵，也可采用电焊法处理。原因不同，修理的方法也不同。

(1) 因铸件砂眼或焊件气孔等引起的渗漏油。有以下解决方法：

1) 用环氧树脂胶黏剂封堵。

2) 用 NSH 型变压器瞬间堵漏胶封堵。

操作步骤：

① 将封堵处表面清洁干净。

② 将堵漏胶金属管中的 A 胶与 B 胶按 10∶1 的比例充分调匀，调至不见白色膏状物，备用。

③ 在堵漏处表面先均匀地涂上一层调制好的 AB 混合胶（未加入堵漏棉前，固化速度较慢，可使胶与金属表面充分接触浸润）。

④ 取出专用堵漏棉均匀展开，铺于专用护手膜（一也可用一般烟料薄膜）上。将已调好的胶液倒到堵漏棉上（棉花宜薄，胶液宜多），迅速用手按在渗漏处（由于化学反应剧烈，防止飞溅物灼伤眼睛）。5s 后轻揉薄膜，30s 后撕下薄膜，再用少量调好的胶液涂于堵胶处表面。

⑤ 第一次堵住后，应立即进行第二、第三次加固。后一次堵漏面积应大于前一次。

按上述方法处理后，约经 2h，变压器渗漏点就可完全堵住。

(2) 速堵胶处理经济、方便、安全，但胶体易老化，使用寿命短，目前，大多还是采用补焊的方法。

补焊：将变压器油放尽，进行补焊处理。具体做法如下：

带油补焊简捷、易修、可靠，但存有一定的难度和较高的技术要求。

带油补焊时，由于变压器油箱内的油要对流散热，热油受大量冷油的包围，高温油迅速失去热量，在焊接瞬间油箱内紧贴焊接处温度约为 55℃，且带油补焊时间短促，因此控制得当，带油补漏不会燃烧。但在补漏过程中已漏出的油和正漏出的油却极容易燃烧分解，形成强大的气流，使焊条熔滴很难落到漏处，同时过大的油流会直接熄灭电弧，可能使补漏无法进行，这是补焊的主要困难。而且，燃烧的油烟和油混合在一起，污染了漏处，即使突破气流达到漏处的溶滴也难以与漏处的金属良好溶合，影响焊接的致密性，可能造成渗漏由一处变多处，因此焊接难度较大，技术要求高。

其次，是油箱内油的激烈对流传热，使箱壁温度不能上升，漏出的油快速分解使熔滴快速冷却，降低熔滴的熔合能力。

根据上述问题，为实现带油焊修，可采取以下措施：

1）根据带油补漏的热量会很快散掉的特点，应采用电弧焊，不采用气焊。

2）为防止油流熄火电弧和妨碍溶滴溶合，可采用石棉绳等物预先将漏处堵死，然后再焊，这样可消除或减小油流；对不能预先塞死的漏处，如条裂，可一部分、一部分地补焊，待漏处归结到一点后，用石棉绳等堵塞进行补焊；对厚板上的小漏孔，也可先用尖锤捻死后再焊；对微渗处则一般采用电弧快速点离法，烤热漏处的四周，令其升温膨胀，抑制油流，然后一举焊成。

为抵制残余油流的分解力，可采用大电弧来补焊，补焊可采用ϕ3.2及以下的焊条，电流为每毫米直径65～75A。立焊、仰焊、横焊的电流比平焊要小15%左右。

3）补焊时由上往下运焊，要在引弧后一次快速焊死漏处。

4）焊接速度要快，如漏处较大，最好焊一会儿后停一会儿，让油能冷却一下。

带油补漏是可行的，但要在实践中不断积累经验，同时要准备好砂子和泡沫消防器材；附近地面不能有易燃物；易溅进火花处用铁板挡好；补漏点在油面线下100～200mm处不能长时间施焊，以免箱内压力增高（负压法除外）；不能在箱内无油时施焊。带油补漏后要对油进行过滤，将因带油补漏在油中引起的烃类气体滤掉。以免色谱分析时误判。若焊后不滤油，根据现场经验，由于焊缝区域的不同，往往因焊接引起的色谱变化要较长时间才变化，因此应引起重视和分析判断。

五、密封件渗漏的处理

1. 常用作密封垫圈的材料

（1）耐油橡胶。耐油橡胶具有弹性好、加工方便的特点，是最适用的密封材料。一般宽12～25mm，厚6～10mm。使用时，擦拭干净并在两面涂上虫胶漆液。虫胶漆液采用浓度为96%以上的无水酒精与洁净无杂质的漆片按1∶4（质量比）的比例预先调制而成。耐油橡胶的压缩量为30%～40%。

（2）软木垫。厚度约为12mm，在酚醛酒精溶液或1030号漆（黏度为20s）中浸渍12h，取出晾至半干即可使用。软木垫的压缩量为50%。

（3）石棉绳。用作密封填料。石棉绳应选择有弹性而又较结实的，直径为1～3mm为宜。用于螺纹密封时要浸渍，浸渍要求与软木垫相同；用于转动部分密封时则需涂黄油。

2. 密封件安装注意事项

密封件渗漏油的情况最为普遍也比较复杂，因此要对具体问题具体分析，绝不是现场简单地紧紧螺栓就认为能根本解决的问题，尤其在变压器安装或大修工作中，要把密封件的缺陷问题解决处理好。

因密封不良引起的渗漏油。首先应查明原因，如是密封垫圈安置不良引起，则只要将密封垫圈放正、压均、压紧即可；如是密封垫圈老化或损坏引起，则必须更换密封垫圈。

选用和处理密封件应注意：

(1) 防止密封件渗漏的关键是密封件的质量，质量低劣和有缺损的密封件易造成渗漏故障，一定要特别注意选材的质量。因此，研制高质量的橡胶密封件是消除变压器连接密封部位渗漏油的关键。密封件在高温、挤压、油浸、暴露以及温度和环境条件急剧变化的情况下使用，其物理性能取决于胶料的化学成分和制造工艺水平。例如日本产 220 号胶料的制品具有很好的性能，能够适应变压器密封胶件工作条件的要求；国产丁腈－26 变压器专用橡胶密封件，经多年使用，反映也良好。其性能指标与日本 220 号胶的比较如表 10-1 所示。

表 10-1　　橡胶物理性能比较表

项　目	国产丁腈－26 橡胶	日本 220 号胶料
硬度（韶式）A	70	80
扯断强度（MPa）	20.1	20.4
扯断伸长率（%）	350	320
扯断伸长率（100℃，24h）	270	270
永久变形（%）	6	8
老化系数（100℃，24h）	0.77	0.84
脆性（℃）	－45 正常	－45 正常
压缩永久变形（100℃，24h,%）	35	38
质量变化率（常温，24h,%）	18.8	7.8
体积变化率（100℃，24h,%）	1.2	－3.2

(2) 橡胶密封件的几何形状对密封性能有一定影响。经对矩形、圆柱形橡胶密封件的应用试验表明，矩形板垫两面形成多圈沟槽的，减少了胶料，增加了密封的压强，改善了密封性能。圆柱带状密封件内部形成小直径空心的，其密封性能优于实心圆柱胶带，这是因为增加了胶带内部空气弹簧的作用，改善了密封性能。

(3) 有些不同部位的胶垫，尺寸差不多，易造成错用，要提高施工工艺水平，掌握压紧的合理力度，其压缩量应控制在正常范围的 1/3 左右。才能解决好密封件的渗漏问题。

(4) 所有大小法兰的密封面或密封槽，均应清除锈迹和凸起的焊滴，以及补平砂孔，要保证平整光滑。

（5）对于无密封槽的法兰，大修安装过程中要把密封垫放好，不要移位。若法兰处于水平面则问题好解决；若法兰处于斜面，比如 220kV 侧和 110kV 侧套管与本体密封法兰面大多为斜面无密封槽，安装过程中密封垫易移位，最好是用密封胶将胶垫粘于密封面上再进行安装紧固。对板式油门密封垫及气体继电器密封垫等用此法更好。

六、渗漏处理举例

密封老化引起的渗漏油处理案例：

一台 500kV 变压器运行 20 多年，高压套管升高座法兰密封严重老化，变压器绝缘油渗漏严重。近几年均采用变压器专用快速金属封堵泥堵漏，效果比较明显，封堵前后比较如图 10-7 和图 10-8 所示。然而由于夏天高温条件影响，以及高压套管的正常振动导致每年都要进行重复堵漏处理。

图 10-7　封堵前

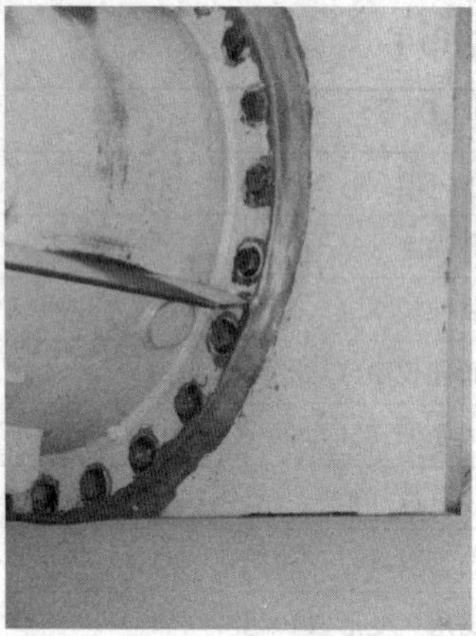

图 10-8　封堵后

第六节　变压器受潮的检修

一、变压器受潮的原因

变压器在生产制造、运行和检修过程中，绝缘材料都会直接或者间接受到周围环境中潮气的侵蚀，为确保变压器的安全稳定运行以及绝缘材料的柔韧度，必须严格控制绝缘中含水量，在变压器运行时应防止绝缘油将潮气带入，引起器身受潮。变压器器身受潮的原因为：

（1）生产制造环节未能严格控制环境的潮湿程度。

（2）运行中油渗漏，空气潮气通过渗漏点入侵。

（3）水冷却器管道渗漏，水进入油中引起绝缘受潮。

（4）储油柜胶囊穿孔，呼吸器硅胶功能丧失导致潮气入侵。

（5）检修质量不过关，抽真空时间不够，导致原有潮气未被排出等。

二、变压器受潮的判断

运行中的变压器大修时一般不需要干燥，只有经试验证明受潮，或检修中超过允许暴露时间导致器身绝缘下降时，才考虑进行干燥，其判断标准如下：

（1）$\tan\delta$ 在同一温度下比上次测得数值增高 30%以上，且超过预防性试验规程规定值时。

（2）绝缘电阻在同一温度下比上次测得数值降低 30%以上，35kV 及以上的变压器在 10～30℃的温度范围内吸收比低于 1.3 和极化指数低于 1.5。

（3）油中含有水分或油箱中及器身上出现明显受潮迹象时。

三、变压器的干燥处理

在一般制造厂的条件下，变压器的器身常放置在剩余含水量不大于 0.3%～0.5%的专用干燥罐或干燥室里，最高允许的干燥温度为 105～110℃，真空残压不超过 600～700Pa，而在一些较大的制造厂里的干燥罐中，此残压可维持在 133Pa 以下，甚至可达到 10Pa 以下。

在进行干燥时，温度和真空残压这两个参数决定着器身绝缘中的平均含水量。温度越高、真空残压越低，器身绝缘中的排水越彻底，对应关系见表 10-2。

表 10-2　　绝缘材料中含水量与温度和真空残压关系表

残压（kPa）	在下列温度下纤维材料的含水量（%）			
	60℃	80℃	100℃	120℃
100	2～3	1.4～1.5	0.3～0.5	0.2～0.4
48	0.9～2	0.6～1.0	0.2～0.3	0.15～0.2
6.65	0.4～0.8	0.15～0.5	0.06～0.1	0.02～0.09
1.33	0.1～0.4	0.05～0.3	0.02～0.15	0.04～0.07
0.665	0.06～0.07	0.02	—	—

在现场的条件下对变压器绝缘进行干燥时，有两种情况需要提示，一种是对更新改造变压器的新绝缘干燥时，它所采用的干燥温度达 110℃（与制造厂基本一致），以便使绝缘尽快排水并使绝缘处在最佳状态。另一种则是局部更新的部件和大部分保留浸过油部件混合体的绝缘干燥时，对绝缘施加的温度只能达到（95±10）℃。因为这些浸过油绝缘部件在加热到 95℃以上时，绝缘部件中的油将加速老化，使绝缘的质量变坏。

在运行现场进行大型变压器的干燥，是一项较为复杂且很费时间的工艺过程。该项工艺过程之所以复杂，是在于必须保证对工艺参数的严格要求并需逐条付诸实施。在干燥过程中，温度和真空度仅能在较小范围的变化。此外，在干燥时尚需准备一定数量的电工材料、隔热材料、真空设备及其他设备仪表，还需准备有较大容量的电源（如用蒸汽加热，则另需准备相应管路和阀门）。

四、几种常用干燥加热方法比较

1. 变压器的干燥加热方法

目前，在现场干燥变压器的加热方法大体上有如下几种：感应法（涡流法）、绕组短路法、热油喷淋法和热风法以及零序电流法等。根据实践，对几种干燥中采用的加热方法的特点及其利弊的比较见表10-3。

表10-3　　几种干燥方法的比较

项　目	感应法	短路法	零序法
电源功率与变压器容量的比例	0.25%～0.5%消耗较小	7%～10%消耗大	0.1%～0.3%消耗小
电源功率因数	约0.7	—	约0.6
电源电压	220V或380V	约等于短路电压。电压高安全性差，不易取得	在几百伏之间调压不易取得
电源电流	100～150A	为被干燥变压器额定电流的80%～100%	比感应法小
发热原理	来自箱壁铁损	来自线圈的电阻损耗可能局部过热，不易调节	来自铁芯附件和油箱的铁损，易使金属部件过热
器身温度限值（℃）	105	90	95
箱壁温度限值（℃）	120	可低于器身	低于器身
箱底温度值（℃）	115	可低于器身	95
上层油温（℃）	—	带油时85	—
保温措施	必须保温	不必保温	不强调保温
干燥时间	加慢热，3～10天	局部过热对绝缘不利，干燥时间不宜超过48h	内部发热，速度快
施工要求	需盘绕磁化绕组	只需一侧短路一侧供电	需更改绕组接线
测试条件	测试便利	需停电测试	需停电测试

续表

项　目	感 应 法	短 路 法	零 序 法
适应范围	适用于一切变压器的无油干燥、带油干燥及器身加热	因所需电源容量大，只适用于中小型变压器轻度受潮时的无油或带油干燥或器身加热，不适用于壳式变压器	因电源不易取得，发热又不均匀，只适用于中小型变压器无油或带油的轻度干燥。不适用于壳式变压器

2. 各种干燥方法的特点及注意事项

(1) 在油箱内不抽真空干燥。此时的加热方式一般是采用感应法，必要时可在油箱底部采用电热器作为辅助加热装置，并采用风机从油箱下部送入干燥的热风，在油箱顶部装以高 2～2.5m 的自然通风管或热风循环管。热空气的温度一般为 100～105℃。在干燥过程中可按时通入干燥的冷风（一般为 40～50℃）进行热扩散，待器身温度下降至 60～70℃时再进行加热，以逐步排除潮气。

(2) 在干燥室内不抽真空进行干燥。干燥室中的加热方式一般用电热器、热风或用热力管，为使器身受热比较均匀，器身距热源应大于 200mm，器身应放置在专用的铁槽中，以盛接流下的残油。如用热风进行加热时，进口的空气温度应为 100～105℃。潮气应从上部排出。

(3) 油箱内充油干燥（热油循环）。此法是在油箱中充入合格的变压器油，经真空滤油机对油箱内的变压器油进行多次热油循环而达到对器身绝缘干燥的目的。加热温度一般在 70～80℃。真空滤油机的真空度控制应充分考虑油箱的机械强度（必要时应予补强）。

(4) 用热油喷淋法进行干燥。此方法是近年来在现场最常用的干燥方式，方法应用设备少简便易行且有较好效果。但采用时应注意两点，一是油加热的温度应不超过 90℃，以减少油在高温下的老化，或尽可能地提高真空度也可延缓油的老化；二是要经常注意监视喷淋热油化学性质的变化，注意油的老化。

五、在油箱中用涡流加热法进行真空干燥

用感应加热法对变压器真空干燥时的总体布置如图 10-9 所示。为了在干燥时能从油箱中抽出水蒸气，并在油箱中建立所必需的真空度，应采用足够抽气量的真空泵，并用真空管路把它们连接到油箱盖的阀门上。

在进行干燥时，还必须配备一台备用的真空泵和足够数量的真空泵油。在干燥过程中，为了防止从器身绝缘中抽出的水蒸气和水分进入真空泵里，需在油箱和真空泵之间的真空管路上装设冷凝器。此冷凝器能应耐受足够的真空强度，且通过蒸汽的能力应不低于 150L/昼夜。冷凝器本身的各焊接点应保证不渗漏，以防止冷却用水进入真空回路中。这样，就可以较顺利地把从变压器油箱中抽出来的潮湿水蒸气经过冷凝器形成的冷凝水排出。

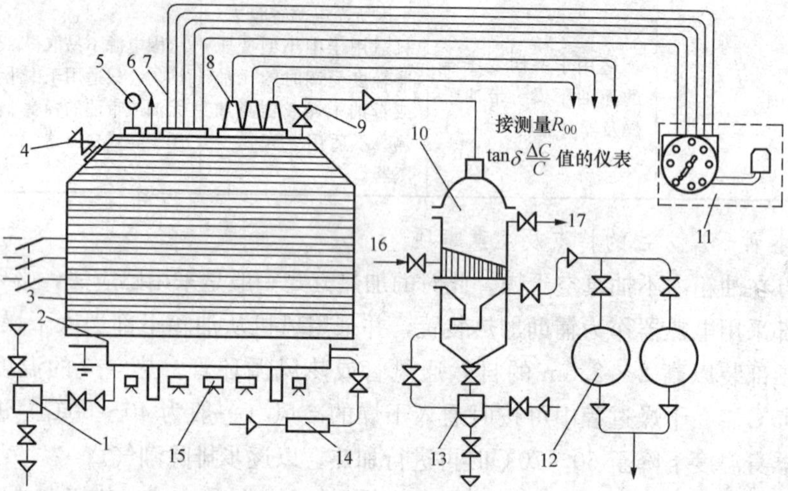

图 10-9　感应加热法进行绝缘真空干燥时设备和仪表的配置图

1—放油用的小储油柜；2—变压器油箱；3—励磁绕组；4—注油阀；5—指针式真空计；6—BT-3 型或 BCB -1型仪表传感器；7—温度传感器引出线；8—测量套管；9—真空管路阀门；10—冷却塔；11—测温仪表；12—真空泵；13—分离冷凝水容器；14—空气过滤器；15—加热炉；16—进水口；17—出水口

为了排除干燥中的冷凝水，在冷凝器的下部装设一个专用的容器，它通过阀门与冷凝器的内腔和周围介质相连接。在冷凝器工作中，阀门处于关闭状态。在排除冷凝水时，操作阀门，先把分离冷凝水的容器与冷凝器的内腔相连接，待压力均衡后，向容器内流入冷凝水，然后通过阀门把容器与冷凝器的内腔隔开，再与周围介质相连通，并把冷凝水注入量器中进行计量。

为提高抽真空效果，所布置和连接的真空管路应尽可能地粗些和短些，管路的截面不应小于真空泵的入口截面，而且不应有很多弯曲。

为排除在干燥过程中从器身和绝缘中抽出的残油，在油箱底部的放油塞子上连接一个容积不小于 1L 的小油箱。小油箱应能耐受全真空的强度。

为了提高干燥效果，常在干燥过程中向变压器油箱里供以被加热的空气，以便于带走油箱中的水蒸气。热空气通过过滤器经过阀门送至油箱中（通常是在油箱的下部送入）。热风取自油箱底部加热器的地方，而此过滤器里面充满干燥的吸附剂，为了避免这些吸附剂进入变压器的油箱中，在过滤器内部应加装细金属网。

六、涡流加热连续热风真空干燥

涡流加热真空连续热风干燥法是将通常采用涡流真空干燥法和热风干燥法的综

合使用。在单独应用涡流真空干燥法或热风干燥法进行器身绝缘干燥时，干燥的效率都不很高，但两者同时应用时，干燥的效率却较高，这是现场的实践结果。

涡流加热真空连续热风干燥的原理是：当在油箱壁上缠以涡流线圈后，利用涡流线圈产生的磁通，将在油箱壁中产生涡流损耗并引起发热，此热量可以加到器身和绝缘中。

在对器身的加热完成预热阶段后，即可启动真空系统并逐步地提高油箱中的真空度，依据油箱中真空度的逐步提高，器身绝缘中所含水分沸点降低的特点，就可使器身绝缘中所含水分易于汽化蒸发，并被真空系统排到油箱外部。若在此时，连续不断地向油箱内部补入干燥的热风，干燥的热风源源不断地向油箱中进入并扩散，与油箱内器身绝缘物所产生的水蒸气混合后又被真空泵抽到油箱外部，从而解决了涡流加热真空法在保持真空时油箱内水蒸气排出速度慢的问题，使油箱内的空气湿度很快降低，有利于器身绝缘物中水分的继续蒸发。根据实践，采用这种干燥法后可使大型变压器的干燥时间缩短至 9～11 天（即较原单一干燥方法干燥时提前 2～3 天）。

连续抽真空装置由抽真空装置、连续破坏真空系统和冷凝结水收集装置等三部分组成。如图 10-10 所示。

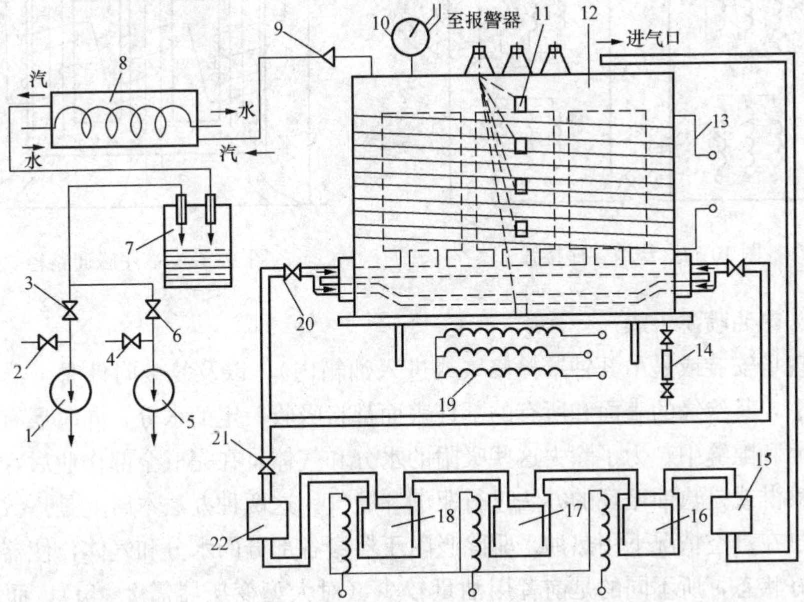

图 10-10　变压器涡流加热、连续热风真空干燥示意图

1—真空泵Ⅱ；2，4—旁路阀；3，6—进气阀；5—真空泵Ⅰ；7—集水罐；8—冷凝器；9—逆止阀；10—节点真空表；11—测温元件；12—变压器；13—涡流线圈；14—排油器；15，22—净化罐；16，17，18—空气加热罐；19—电阻加热器；20—进气阀门；21—总进气阀

七、零序短路真空干燥

通常，零序电流加热器身的方法是利用三相变压器自身绕组中通入单相交流电来达到此目的，即在三相变压器内，选择一个较为合适的电压级绕组，将三相绕组的首尾端串接或并接起来，然后在此绕组内通入单相交流电，其他绕组则处于开路，如图 10-11 所示。此时在变压器的两相铁芯柱中都将产生磁通，且其方向相同，这就是零序磁通。这些零序磁通将通过铁芯、夹件和油箱闭合，且会在夹件和油箱等处产生涡流损耗并发热，如图 10-12 所示。由于在油箱上已采用了石棉布、毛毡等隔热材料进行保温，所以热量的绝大部分就转向变压器的内部空间并使器身得到加热，与此同时，在铁芯中的零序磁通产生的铁耗发热也将传到器身上，而在绕组中也因有电流通过而使导线发热，所有这些都会使器身的加热速度较单一方法为快。

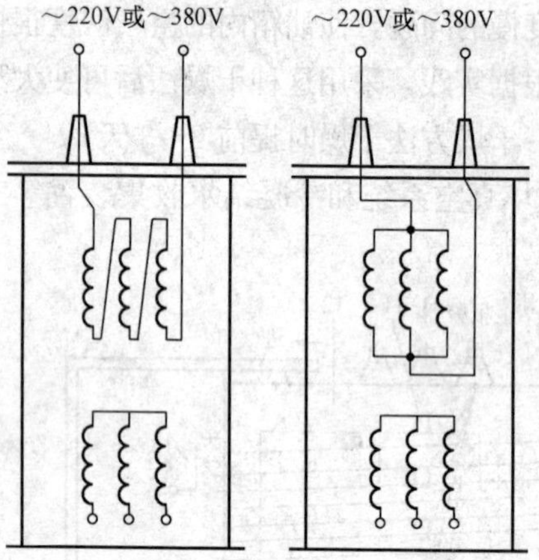

图 10-11　绕组零序接线

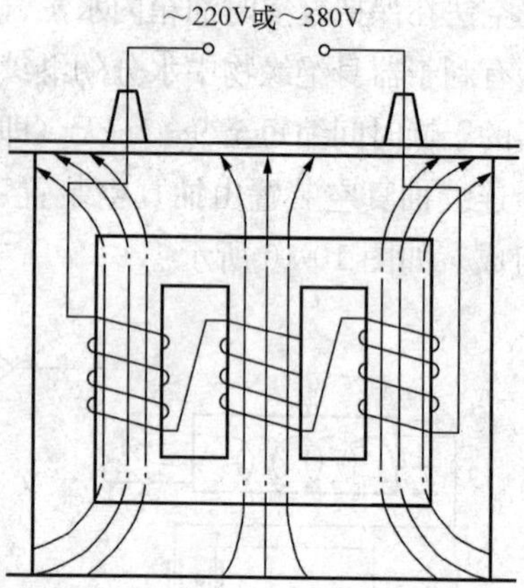

图 10-12　零序磁通路径

八、热油喷淋干燥

在现场安装或是吊开钟罩检修（或进入油箱内），以及复装附件时，器身暴露在空气中，其绝缘的表面和所有的部件表面都将吸收一定的水分，同时还有气体附着于表面和隙缝中。为了除去这些吸附的水分和气体，在完成全部作业后，都要采用热油喷淋或是热油循环的办法进行驱潮和脱气。这两种办法本质上是一致的，即都是通过在真空情况下用热油来驱除吸附于器身各部分的水分和气体，使器身绝缘达到完好状态，所不同的是前者用油量较少（对大型变压器需 2～5t），而后者用油却要超过或与器身相等油位面；对器身受潮程度的处理上，前者可对器身受潮较重时采用，后者是受潮较轻时采用。

（一）热油喷淋真空干燥

（1）热油喷淋（循环）干燥系统如图 10-13 所示。

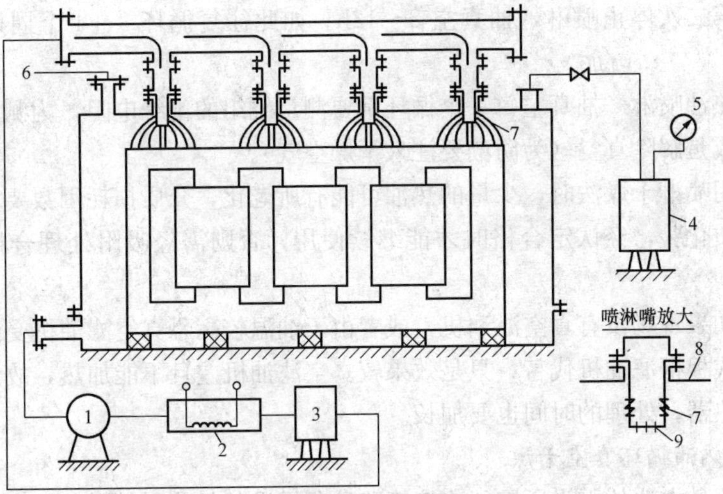

图 10-13　热油喷淋（循环）干燥系统图

1—油泵；2—电加热器；3—真空滤油机；4—真空泵；5—真空表；6—真空计；7—喷淋嘴；8—油箱；9—ϕ2 孔

首先要对装配好的变压器抽真空检查密封是否完好，当完成变压器的密封检漏之后，即向变压器油箱内注入合格的变压器油，油量要根据油箱的结构而定（下节油箱形状），不要浸没绝缘件，但也不能太少，必须能保证循环喷淋。注入的油通过循环油泵和真空滤油机进行循环（要注意循环油泵和真空滤油机的油流量匹配），由外装的加热器和真空滤油机内的内加热器对油进行加热。注入变压器喷淋的油温最好能达到 90℃，最低也不能低于 80℃。如果进入到变压器中的油达不到 80～90℃的要求时，则可以在油箱底部用电热器加热。为保持油箱底部温度均匀，应在电热器和油箱底部之间插入薄钢板，油箱底部表面的温度控制在 100℃左右，以防止铁芯垫脚与油箱底之间的绝缘纸板老化。

（2）给变压器器身进行预加热。这时可不抽真空，热油带出的水分经过真空滤油机脱水，待进口油温达到 85～90℃，回油温度不低于 65～75℃时保持 2～3h。

（3）停止喷淋只抽真空。只要油箱强度允许，真空度越高脱水越快。但这时因气体膨胀吸热，器身温度逐渐下降，脱水效果也逐渐减慢。在监控器身温度时，可采用测量绕组直流电阻的办法来推算绕组平均温度。当连续抽真空 8～12h，如果器身温度（绕组温度）降低到 40℃左右时，即使连续抽真空的时间不足 8h，也要停止抽真空。

（4）停止抽真空再次喷淋，给器身升温。待循环的变压器油（进口）温达 90℃，回油温度 75℃左右时保持 2～3h。

（5）第二次停止喷淋，抽真空8～12h。如此往复循环3～4个周期即可完成干燥。

（6）热油喷淋—抽真空每一个循环都要测量绕组的绝缘电阻，为测量准确常需降低真空或是解除真空（为防潮要注入干燥空气）。

（7）用喷淋干燥法时，少量的热油可能有所老化，介质损耗因数要增大，故必须进行油质化验，经认定合格时才能继续使用，否则需经吸附处理合格才能继续使用。

（8）如果现场没有真空滤油机，或者由于油温较高恐真空滤油机受到损害，可以用压力式板框滤油机代替，只是效果较真空滤油机差且不能加热，故油箱底部需多配加电热器，处理的时间也要加长。

（二）热油循环真空干燥

（1）这种方法的干燥所需的连接管路和所需设备与前列相同，首先给装配好的变压器注入合格的变压器油，使器身浸没于油中（油面至顶盖要留有约200mm的间隙），循环油泵和滤油机使油通过电加热器加热由上部注入变压器中进行循环。

（2）器身经充分预加热，使进油口油温在85～90℃，回油温度不低于65℃，保持2～3h。

（3）边排油边抽真空，抽到油箱强度允许的高真空，维持8～12h。器身温度用测量绕组电阻的办法来推算。如果在抽真空阶段还不到8h，但绕组温度已下降至40℃以下时，则应停止抽真空。

（4）第二次注满油［同（1）］进行油循环加温使器身温度再次达到（2）中要求。

（5）重复同（3）。如此往复循环3～4次，则可完成干燥作业。此方法的效果与前述方法相当，只是用油量较大，用过的油要进行化验，必要时要经过吸附处理，一定要严格控制油的各项指标。最后注入变压器中的油要符合标准要求。

现场干燥实例：

一台500kV主变压器进入检查完毕，封堵盖板，进行干燥处理。

（1）变压器第一次抽真空：2009年2月7日16：25开始抽真空，20：00真空度到100Pa，至2月14日8：00，共计156h，真空最低至3Pa（麦氏真空计测得）。

（2）变压器真空注油、试验：2月14日9：50开始真空注油（速度为6500L/h，油温整定65℃），18：50注油至距离变压器至油箱顶部以下约300mm处，静置1h后测量变压器绝缘电阻及极化指数和吸收比，试验数据如表10-4所示，表明干燥效果较好。

表 10-4　　变压器注油后的试验结果

测试部位	绝缘电阻（MΩ）			吸收比	极化指数
	15s	60s	10min		
H-LE	2740	3500	7750	1.28	2.22
L-HE	1370	2600	5850	1.9	2.25
HL-E	1990	3080	5000	1.55	1.62

(3) 热油循环、试验：变压器热油循环约 72h，变压器上层油温为 56℃，油箱壁平均温度为 47℃。排油完毕再次测量变压器绝缘电阻及极化指数和吸收比，试验数据表明热油循环干燥效果良好。至此，干燥的第一个周期结束。

(4) 变压器第二次抽真空：2009 年 2 月 17 日 15：30～2 月 21 日 20：10 变压器抽真空 101h，其中真空低于 13Pa 为 80h，真空最高为 2Pa。

(5) 变压器真空注油及热油循环：2 月 21 日 20：10 真空注油至正常油位，22 日 14：40 开始热油循环。至 2 月 25 日 9：20 停机，循环约 56h。静置后试验测量变压器绝缘电阻、吸收比及极化指数，试验数据再次表明变压器在干燥处理后，各项试验合格。至此，变压器的干燥结束。

两个干燥周期完毕，测得铁芯—夹件地绝缘电阻为 786MΩ。

九、变压器干燥结束的标志

(1) 在保持温度不变的条件下，绕组绝缘电阻：110kV 及以下的变压器持续 6h 不变，220kV 变压器持续 12h 以上不变。

(2) 在上述时间内无凝结水析出，达到上述条件即认为干燥终结。

干燥完成后，变压器即可以 10～15℃/h 的速度降温（真空仍保持不变）。此时应将预先准备好的合格变压器油加温，且与器身温度基本接近（油温可略低，但温差不超过 5～10℃）时，在真空状态下将油注入油箱内，直至器身完全浸没于油中为止，并继续抽真空 4h 以上。

第十一章　油浸电抗器的检修

第一节　油浸电抗器的原理和结构

一、电抗器原理及分类

电抗器也称为电感器，一个导体通电时就会在其所占据的一定空间范围产生磁场，所以所有能载流的导体都有感性。然而通常直导体的电感较小，所产生的磁场不强，因此实际的电抗器是导线绕成螺线管形式，称为空心电抗器；有时为了让这只螺线管具有更大的电感，便在螺线管中插入铁芯，称为铁芯电抗器。电抗分为感抗和容抗，比较科学的归类是感抗器（电感器）和容抗器（电容器）统称为电抗器，然而由于过去先有了电感器，并且被称为电抗器，所以现在人们所说的电容器就是容抗器，而电抗器专指电感器。

电力系统中最常用的电抗器有限流电抗器、串联阻尼电抗器和并联电抗器。限流电抗器主要用来限制母线短路电流，亦可用于限制大容量电动机的启动电流。串联阻尼电抗器主要用于限制涌流和操作过电压，抑制高次谐波。并联电抗器主要用于补偿电容效应，调节无功功率和电压；超高压并联电抗器用于补偿线路的电容性充电电流，限制系统电压升高。它可以降低系统的工频过电压和操作过电压，在高压输变电系统中充当着很重要的角色，主要包括：

（1）减轻空载或轻负荷线路上的电容效应，以降低工频暂态过电压。

（2）改善长输电线路上的电压分布。

（3）使轻负荷时线路中的无功功率尽可能就地平衡，防止无功功率不合理流动，同时也减轻了线路上的功率损失。

（4）在大机组与系统并列时降低高压母线上工频稳态电压，便于发电机同期并列。

（5）防止发电机带长线路可能出现的自励磁谐振现象。

（6）当采用电抗器中性点经小电抗接地装置时，还可用小电抗器补偿线路相间及相地电容，以加速潜供电流自动熄灭，提高线路自动重合闸的成功率。

本章重点分析和研究超高压油浸并联电抗器的检修。

二、电抗器基本结构

以电感而被电力系统作为限制短路电流、稳定电压、无功补偿和移相等使用的高压电器，即电抗器是带铁芯的或不带铁芯的电感绕组。图 11-1 所示为单相电抗

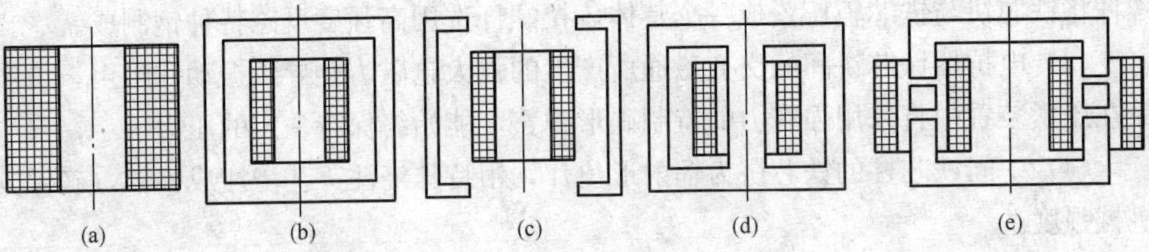

图 11-1　单相电抗器的基本磁路结构示意图

(a) 无铁磁式；(b) 带磁屏蔽式；(c) 带磁分路式；(d) 闭合式；(e) 带气隙式

器基本磁路结构示意图。

空芯式电抗器是只有一个空芯电感绕组而无铁芯的电抗器。有的空芯式电抗器带有磁屏蔽或磁分路。因为没有主铁芯，磁路的磁导较小，电感值也小，无饱和现象。通常户内干式混凝土柱式结构用于额定电压在 35kV 以下、额定电流一般为 150～3000A 的电抗器。油浸式通常箱壁加装磁分路式磁屏蔽。为了防止振动和减少噪声，有些大型高压并联电抗器也采用磁屏蔽式空芯结构。空芯式电抗器制造工艺简单、振动和噪声小、运行可靠、维护方便，广泛用作串联和并联电抗器以及滤波、阻波等各类电抗器。空芯式电抗器的缺点是磁通密度低、铜线用量较大。铁芯式电抗器是绕组内装有主铁芯的电抗器。因铁芯的磁阻比空气的小，所以铁芯式电抗器的电感值通常较大，相同容量时体积也比空芯式的小。铁芯式电抗器还分闭合式和带气隙式两种。铁芯式电抗器广泛用作并联电抗器、电炉电抗器等。

下面以 BKD-50000/500 型油浸并联电抗器为例，对电抗器内部结构进行深入剖析。

（一）产品型号含义

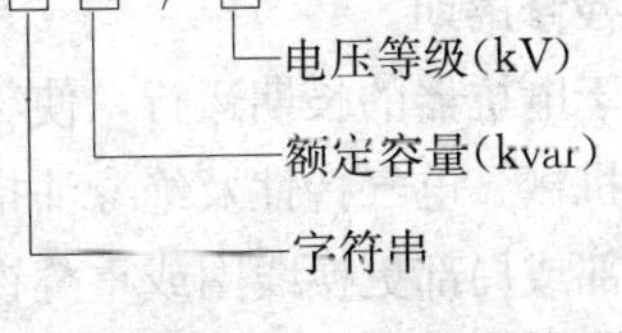

产品型号中各字母代表的意义：BK—并联电抗器；S—三相；D—单相。例：BKD-50000/500 型表示额定容量为 50 000kvar 的 500kV 并联电抗器。

（二）BKD-50000/500 型并联电抗器的结构特点

（1）电抗器铁芯采用单柱加两旁轭铁芯结构，中间铁芯柱是一个有间隙的铁芯，铁芯柱外套有接地屏和线圈。

（2）中间铁芯柱由若干个铁芯饼叠加而成，并以气隙垫板相隔形成间隙，下铁轭与两旁轭组成 U 形结构，上铁轭置于两旁柱之上，多根穿过铁芯饼中心孔的拉螺杆将铁芯饼与铁芯轭压紧成一个整体，拉螺杆选用高强度反磁特种钢制成。

（3）电抗器铁芯饼间的交变磁通所产生的强大电磁力会导致振动和噪声，该产品在压紧装置中将采用强有力的特制碟形弹簧，能始终保持一定的压力。

（4）中间铁芯柱的铁芯饼为辐射形垫片，用特殊浇注工艺浇注成整体，确保其机械强度。

（5）线圈结构形式为多层圆筒式结构，线圈与铁芯饼之间放置了接地屏，线圈首末端放置有静电环，电位分布均匀，具有良好的耐冲击能力。

（6）电抗器油箱采用钟罩式结构，能承受真空压力 133Pa 和正 98kPa，无永久变形和损坏。油箱上放置有由硅钢片制成的磁屏蔽，能有效吸收漏磁、降低损耗。两旁轭及上下铁轭和油箱垫脚处均有金属箔做成的屏蔽，这些屏蔽均需可靠接地。

（7）冷却系统：散热器用蝶阀固定在并联电抗器的油箱上，便于在不排除油箱内油的情况下进行安装或拆卸散热片。并联电抗器散热器下部预留有安装风机的支架，支架设置在电抗器本体上。

（8）储油柜采用可抽真空的胶囊式储油柜，和油箱一起抽真空，利于真空注油。储油柜带有油位计和吸湿器等保护附件。

（9）多层圆筒式结构的绕组，最外层全部用铝箔纸包起来，对外为同一电压。绕组采用梯形结构，电压越高处，离铁芯越远。铁芯的磁通密度控制在 1.35T 以下。铁芯的夹件全是非磁性材料（不锈钢）。电抗器的磁屏蔽宽 400mm，由铝箔制成。

第二节　油浸并联电抗器的检修周期和项目

一、油浸并联电抗器的检修周期

（1）大修。大修是指由于电抗器的长期运行，使零部件磨损、绝缘劣化、密封件老化失效等因素造成设备机械、电气特性及绝缘油指标的变化，需要将电抗器进行吊罩、器身解体检修、全部或局部更换线圈或重叠铁芯的检修；更换已损坏的零部件和密封件，改造已淘汰的零部件，消除缺陷，并经修后试验合格，使之恢复性能，满足正常运行的要求。大修可根据具体情况调整项目。

（2）小修。小修是指由于设备的磨损、老化规律、有重点的对其进行检查、评估、修理、清扫。小修时可进行少量零件的更换、设备的消缺、调整、预防性试验等作业，使之恢复性能，满足正常运行的要求。

（3）巡回检查。巡回检查是在电抗器正常运行或备用工况下，经常性的检修形式。目的是发现电抗器运行过程中暴露的缺陷，以便通过临时或计划性检修中消除缺陷，防止缺陷扩大。

油浸并联电抗器的检修周期如表 11-1 所示。

表 11-1　油浸并联电抗器的检修周期

检修类别	检修周期	工期
大修	根据现场的实际情况（试验及检查情况）进行技术评估，确定检修计划和实施方式，由总工程师批准执行，大修可根据具体情况调整项目	10～30 天
小修	每年一次	5～10 天
巡回检查	每周一次（根据需要适当增加）	

二、油浸并联电抗器的检修项目

表 11-2　油浸并联电抗器的检修项目

类别	项目
大修	（1）吊开电抗器上节油箱，露出器身进行检查（吊罩时）；进入对变压器器身进行检查（不吊罩时），不吊罩进入检查应根据内部结构决定检查项目。 （2）检查线圈、绝缘、引线、电磁屏蔽装置等；在不分解绝缘结构的前提下，对发现的缺陷进行处理。 （3）检查铁芯、铁芯紧固件（穿心螺杆、夹件、拉带、绑带等）、压钉、压板及接地片的状况；在不分解绝缘结构的前提下，对发现的缺陷进行处理。 （4）油箱检修，清洗油箱内外及油箱附件，必要时将外壳表面喷漆。 （5）附件检修，包括套管、呼吸器、储油柜等；套管电气试验不合格时更换套管，套管内部绝缘油不合格时，对绝缘油进行处理，必要时更换绝缘油。 （6）检修冷却装置、油泵、风扇、阀门及管道等附属设备。 （7）检查更换密封胶垫、消除各密封渗漏点，并进行检漏试验。 （8）处理绝缘油，必要时更换绝缘油。 （9）必要时对器身进行干燥。 （10）安全保护装置（压力释放装置、气体继电器等）的检查及校验。 （11）检查各接头接触情况，断开各引出线接头并检查处理各接触面。 （12）检查并处理中性点电抗器及接地系统。 （13）操作控制箱的检修和试验。 （14）按照预防性试验规程规定的试验项目进行试验。 （15）油池清理及管道疏通。 （16）消防系统检修

续表

类别	项　目
小修	(1) 检查套管的密封和引线端子的发热情况。 (2) 检查清扫电抗器外壳、套管和冷却器、储油柜、油管，并处理渗漏油，必要时补刷油漆。 (3) 检查呼吸器，更换干燥剂。 (4) 检查冷却器、风扇及电动机，并冲洗冷却器表面污秽。 (5) 检验或更换温度计。 (6) 检查或处理压力释放阀、油位计，必要时检查处理储油柜胶囊。 (7) 检查并校验气体继电器。 (8) 检查各接头接触情况，必要时断开引线接头并检查处理各接触面。 (9) 处理已发现的缺陷。 (10) 检查并处理中性点电抗器及接地系统。 (11) 按预防性试验规程规定进行测量和试验
巡回检查	(1) 电抗器的油温及温度计正常，储油柜油位与油温相适应，无假油位。 (2) 套管外部无破损裂纹、无油污、无放电痕迹及其他异常现象。 (3) 检查套管法兰，升高座法兰、油箱、人孔门、冷却器、气体继电器、吸湿器、各部管路、阀门及丝堵应不渗漏油。 (4) 电抗器运行时应无异常振动、爆裂、放电等异常声响。 (5) 电抗器低压侧、中性点引线接头及套管包箍检查无过热。 (6) 防爆装置状态正常、无喷油。 (7) 呼吸器硅胶变色不超过 2/3，油封用油适量，无喷出油污。 (8) 油箱接地引线接地良好，无严重锈蚀、断裂。 (9) 冷却器运转正常，无异音，冷却器手感温度应接近，无过热及过冷现象。 (10) 检查绝缘油在线监测装置，油含气量应正常

第三节　油浸并联电抗器的检修和试验

油浸并联电抗器的检修工艺及质量标准和油浸变压器基本相同，可参考相关章节。油浸式电抗器的试验项目见表 11-3。

表 11-3　　油浸式电抗器的试验项目

油浸式电抗器的试验项目	35kV 及以上电抗器增加项目
(1) 测量绕组连同套管的直流电阻。 (2) 测量绕组连同套管的绝缘电阻、吸收比或极化指数。 (3) 绕组连同套管的交流耐压试验。 (4) 测量与铁芯绝缘的各紧固件的绝缘电阻。 (5) 绝缘油的试验。 (6) 额定电压下冲击合闸试验	(1) 测量绕组连同套管的介质损耗因数 $\tan\delta$。 (2) 测量绕组连同套管的直流泄漏电流。 (3) 非纯瓷套管的试验。 (4) 测量噪声。 (5) 测量箱壳的振动。 (6) 测量箱壳表面的温度

注　具体试验方法可参见变压器的试验。

需要注意的是，测量绕组连同套管的直流电阻时，三相电抗器绕组直流电阻相互间差值不应大于三相平均值的2%，单相与同温下产品出厂值比较相应变化不应大于2%。

（一）非纯瓷套管的试验

对于非纯瓷套管的试验包括：

（1）测量绝缘电阻：采用2500V绝缘电阻表，绝缘电阻值不应低于1000MΩ。

（2）测量20kV及以上非纯瓷套管的介质损耗因数tanδ和电容值：在室温不低于10℃的条件下，tanδ值不应大于表11-4的规定；电容型套管的实测电容量值与产品铭牌数值或出厂试验值相比，其差值应在±5%范围内。

表11-4　套管主绝缘tanδ的标准

套管主绝缘类型		tanδ（最大值，%）
电容式	油浸纸	0.7（500kV套管0.5）
	胶浸纸	0.7
	胶黏纸	1.0（66kV及以下电压等级套管1.5）
	浇注树脂	1.5
	气体	1.5
	有机复合绝缘	0.7
非电容式	浇注树脂	2.0
	复合绝缘	由供需双方商定
其他套管		由供需双方商定

（3）交流耐压试验：参考高压电气设备绝缘的工频耐压试验电压标准。

（4）绝缘油的试验。

（5）SF_6套管气体试验。

（二）额定电压下冲击合闸试验

在额定电压下，对变电站及线路的并联电抗器连同线路的冲击合闸试验，应在带线路条件下进行，目的是为了防止空载下冲击并联电抗器时产生较高的谐振过电压，从而造成对断路器分、合闸操作后的工况及电抗器绝缘性能等带来不利影响。进行5次，每次间隔时间为5min，应无异常现象。

（三）测量箱壳的振动

测量箱壳的振动，目的是为了避免在运行中过大振动而造成箱壳开裂的恶性事故。对于中性点电抗器，因运行中很少带全电压，故对振动测试不作要求。额定电压为500kV的电抗器，在额定工况下测得的箱壳振动振幅双峰值不应大于100μm。

(四) 测量箱壳表面的温度

电压等级为 330～500kV 的电抗器，应测量箱壳表面的温度，温升不应大于65℃。测量箱壳表面的温度，主要是检查电抗器在带负荷运行中是否会由于漏磁而造成箱壳法兰螺钉的局部过热，据有的单位介绍，最高可达 150～200℃，为此有些制造厂对此已采取磁短路屏蔽措施予以改进。初期投产时应予以重视，一般可使用红外测温仪等设备进行测量与监视。

第四节　油浸并联电抗器的故障分析处理

一、概述

电抗器的检修维护与同电压等级的油浸式变压器基本相同，如对油的充放、套管的处置、试验监测等基本一致。但是，电抗器由于自身结构与变压器有很大的区别，因而在其检修维护中也有自己特殊的地方。电气方面，电抗器的损耗与系统电压上升的平方成正比，这些损耗都会导致电抗器过热；结构方面，由于电抗器铁芯内存在空气隙，运行噪声和振动都相对较大，气隙的存在导致漏磁增大，局部过热现象严重。

单相电抗器的结构型式主要有两种。一种是壳式电抗器，即电抗器线圈内的主磁通通道是空心的，没有铁磁介质，在线圈的外部设置导磁回路以引导磁通。这种结构振动小，噪声也小，但耗材多，体积大，故只用于小型电抗器。但据资料显示，乌克兰扎布罗什厂生产的 60 Mvar/500 kV 电抗器其外形体积与国产心式同容量大小的电抗器相比，体积、质量还略小一点，可见技术在不断的发展中。另一种是心式电抗器，线圈内部设置有铁芯，而铁芯带有多个气隙，铁轭宽度大于心柱直径，以吸收端部部分漏磁。由于铁芯磁密高，故材料消耗较壳式少。缺点是部件加工复杂，由于中间有气隙，因此漏磁大，振动大，噪声大。为减小振动和噪声，中间铁芯采用带碟形弹簧补偿的拉紧螺杆。目前大部分电抗器均采用这种结构。心式电抗器由于铁芯气隙的存在，使铁芯磁阻增加，磁阻的增加使得很大一部分磁通形成漏磁，导致杂散损耗增加，容易引起局部过热，因此在电抗器的油箱壁上也装有防外壳过热的磁屏蔽。而铁芯的分段，使各段铁芯间存在 2 倍工频的交变磁拉力，引起额外的振动和噪声。这些特点导致电抗器在运行中有着与变压器很大不同的表现。

电抗器运行过程中最常见的故障是低温过热故障和局部放电故障，主要表现为油温升高、色谱分析异常。

当绝缘油检测发现色谱分析异常后，应加大油务检测密度，对电抗器进行长期的检测和跟踪，对所测数据分析总烃含量，增长速率，用三值法进行分析和确定故障类型，必要时还可以同并列运行的同型号电抗器进行比较，得出最佳的解决方案。一般来说进行脱气处理是比较有效的办法，如果事故现象仍然无法消除，则考虑进行吊罩查找过热痕迹和放电痕迹，或者直接返厂处理，对电抗器的漏磁场和温度场分布进行试验和分析，在结构上进行局部改进，如采用反磁钢材料抗漏磁涡流，局部增加油道加强冷却等。

二、故障分析处理实例

（一）油务检测周期及判别标准

依据现行标准《电力设备预防性试验规程》（DL/T 596—1996）和《变压器油中溶解气体分析和判断导则》（DL/T 722—2000），对运行中设备油务检测周期按表 11-5 进行，当发现油样异常时，缩短检测周期，进行追踪分析。

表 11-5　　油务检测周期

设备名称	设备规范	检验周期
变压器和电抗器	电压 330kV 及以上、容量 240MVA 及以上、所有发电厂升压变压器	3 个月一次
	电压 220kV 及以上、容量 120MVA 及以上	6 个月一次
	电压 66kV 及以上、容量 8MVA 及以上	1 年一次
	电压 66kV 及以下、容量 8MVA 及以下	自行规定

注　制造厂规定不取样的全密封互感器，一般在保证期内不做检测。在超过保证期后，应在不破坏密封的情况下取样分析。

关于故障设备异常判定标准，依据 DL/T 722—2000 进行判别，一般情况下：

（1）运行设备的油中 H_2 与烃类气体含量超过下列任何一项值时应引起注意：

1）总烃含量大于 150μL/L。

2）H_2 含量大于 150μL/L。

3）C_2H_2 含量大于 5μL/L。

（2）烃类气体总和的产气速率大于 0.25mL/h（开放式）和 0.5mL/h（密闭式），或相对产气速率大于 10%/月，则认为设备有异常。

（二）国产电抗器故障分析处理实例

1. 一台 20 世纪 80 年代投运的国产电抗器 BKDJ-50000/500 出现过热故障时分析、检查以及处理的方法

（1）故障现象及分析。该电抗器自 1988 年投入运行后，绝缘油监督工作一直按周期进行，1989 年 12 月首次发现油中总烃含量达到 165μL/L，超过注意值 150μL/L，油简化分析正常，用三比值法判断，编码为 0，2，0 型，设备内部存在

低温过热故障。这期间，油中总烃含量不断增长，每年的夏季增长较快，冬季有所降低。另外，油的简化分析发现除油的颜色逐渐变深外，闪点值也逐渐降低。

2001 年 4 月色谱分析发现油中总烃含量达到了 1252μL/L，总烃含量增长较快，特将检验周期缩短为一个月一次。2001 年 7 月 26 日，色谱分析油中总烃含量达到 1338μL/L，简化分析发现油的闪点降至 140℃，油的颜色变深变黑。根据三比值法判断，编码仍为 0，2，0 型，说明设备内部仍然存在低温过热故障现象。其投运后历年色谱数据和闪点试验数据分别见表 11-6 和表 11-7。

表 11-6　　油色谱试验数据　　μL/L

时　间	H_2	CH_4	C_2H_6	C_2H_4	C_2H_2	C_1+C_2	CO	CO_2
1988-06-22	0	4	0	0	0	4	117	707
1989-12-27	0	146	11	8	0	165	697	4182
1990-12-11	12	236	22	10	0	268	751	4878
1991-09-24	7	279	31	12	0	322	969	6081
1992-10-12	6	418	39	14	0	471	673	4819
1993-08-05	8	420	46	19	0	485	631	7247
1994-08-26	0	612	65	23	0	700	901	9629
1995-08-16	31	638	86	34	0	758	1245	11 370
1996-12-18	29	539	96	38	0	673	779	6466
1997-05-27	34	562	110	46	0	718	1362	10 737
1998-08-06	65	673	177	75	0	925	2517	15 205
1999-10-18	50	677	230	92	0	999	1959	14 339
2000-09-20	85	629	228	105	0	962	1954	17 935
2001-02-15	80	593	295	108	0	996	2047	14 639
2001-04-18	102	835	304	113	0	1252	2419	15 116
2001-05-08	88	771	290	109	0	1170	2106	13 665
2001-06-21	84	826	311	117	0	1254	2220	14 930
2001-06-27	88	834	313	119	0	1266	2264	15 969
2001-07-26	92	888	320	131	0	1339	2353	15 747

表 11-7　　油闪点试验数据

试验时间	1995-08 前	1996-08-19	1997-08-27	1998-05-18	1999-04-28	2000-10-30	2001-07-26
闪点（℃）	154	152	151	148	141	141	140

考虑到该设备长期存在低温过热故障和油的颜色较深，且油中CO和CO_2的含量比较高，为了判断设备内部固体绝缘是否老化，对油中糠醛进行分析，以判断设备内部绝缘纸老化程度；同时加强对设备进行追踪分析。油的糠醛分析结果为0.04μL/L，小于标准0.4μL/L。油中糠醛主要是绝缘纸的纤维素受高温、水分、氧气的作用而发生裂解形成的，试验结果说明设备内部绝缘纸良好，但油中糠醛含量对铁芯绝缘漆和夹件绝缘损坏可能不能判断。在其后的追踪分析中发现总烃变化不大，但油的闪点由140℃下降到134℃，由于油的闪点是绝缘油的安全性指标，为确保设备的安全运行，对绝缘油应进行处理。

（2）现场检查及分析。2001年8月16日，该厂对该电抗器进行现场检查和换油处理。在排油进入内部检查中，发现器身上部端面残留有大量的碳化颗粒状杂质，上铁轭靠近高压侧上夹件处有两处明显过热痕迹，长度约为500mm，夹件绝缘已严重炭化，脱落，靠近夹件发热处围屏绝缘支撑杆高温碳化断裂，靠近低压侧上铁轭中间边缘位置，同样有一处过热现象，夹件绝缘已碳化。随即，对绕组和铁芯进行仔细检查，铁芯无松动，夹件紧固件无异常，同时，查铁芯对夹件、对地绝缘3万MΩ，合格，无多点接地现象。引线和绕组无异常。鉴于发现的故障现象较为严重，决定该电抗器退出运行，返厂进行解体检修。

从检查情况来看，与试验数据分析和判断基本吻合。油中乙炔是设备内部有无放电故障的标志，本次试验结果总烃高达1300μL/L，没有乙炔，说明设备内部不存在放电故障，这与实际检查结果一致。

（3）处理方法。

2001年9月，该电抗器返回制造厂进行解体检修。制造厂对此类故障现象非常熟悉，认为过热原因是铁芯夹件之间没有油道，冷却效果差，且夹件比较厚，涡流损耗大。在修复时，用反磁不锈钢板，重新加工了全部夹件，代替原有的厚夹件，加工了双面油道，重新加工了铁轭屏蔽，这样做一方面降低了涡流损耗，一方面加强了冷却，改善了铁芯的冷却效果，消除铁芯局部过热。对油箱磁屏蔽进行了改造，在漏磁最严重的位置增加了一块加长的屏蔽，改善油箱屏蔽效果，消除油箱壁局部过热。

2002年4月，修复后的电抗器重新安装投入运行，至今运行正常，说明修复是成功的，过热原因分析正确，改造处理效果明显。

2. BKDJ-50000/500电抗器出现局部放电故障时分析、检查以及处理的方法

（1）故障现象及分析。某电抗器投入运行后仅8个月，即在电抗器本体油色谱定检中发现总烃超过注意值，氢气含量高达3420μL/L。其投运后色谱分析数据见表11-8。以1989年2月12日色谱数据进行分析，用三比值法判断故障情况，编码

0，1，0 型，故障特征为低能量密度的局部放电。

表 11-8　　油色谱试验数据　　μL/L

时间	H_2	CH_4	C_2H_6	C_2H_4	C_2H_2	C_1+C_2	CO	CO_2
1988-07-23	28	10	3	1	0	14	431	3260
1988-08-17	577	23	4	2	0	29	379	3196
1988-09-10	1247	67	10	3	0	80	551	4485
1988-10-06	1826	93	15	3	0	110	590	4832
1988-11-05	2306	104	16	3	0	123	596	4558
1988-12-01	2506	134	20	3	0	157	615	4747
1989-01-14	2970	149	27	3	0	179	659	4383
1989-02-12	3420	215	25	3	0	243	603	4086

（2）处理方法。1989 年 4 月将其退出运行，后将此电抗器返厂分解检修，发现上下铁轭夹件内的绝缘板都已严重碳化，据测算，该处局部温升达 150K，原因是漏磁通在夹件上产生涡流损耗造成过热。类似的局部过热情况在当时其他运行单位也有发生，既有国产设备也有进口设备。针对这个问题，厂家会同有关高等院校和科研单位进行攻关，对电抗器的漏磁场和温度场分布进行试验和分析，在结构上进行局部改进。一是采用反磁钢材料抗漏磁涡流，二是局部增加油道加强冷却。经改造后进行的温度测试表明，夹件最热点温升不超过 80K，可见这种改造是成功的。该电抗器经改造检修返回后于 1994 年重新安装投入运行，至今基本运行正常。

（三）进口电抗器故障分析处理实例

同样的问题也很多次出现在进口电抗器中，下面以一台富士电抗器为例说明进口电抗器在遇到低能放电兼低温过热的问题时的分析处理方法。

1. 故障现象及分析

该电抗器基本参数同前面提到的国产电抗器基本相同，安装投入运行后仅 3 个月，乙炔值便开始超过注意值，以后缓慢上升，其投运后色谱分析数据见表 11-9。以 1988 年 12 月 12 日色谱数据进行分析，用三比值法判断故障情况，编码为 1，2，1 型，故障特征为低能放电兼低温过热，总烃平均绝对产气速率为 0.05mL/h，绝对产气速率最快为 0.54mL/h。

表 11-9　　油色谱试验数据　　μL/L

时间	H_2	CH_4	C_2H_6	C_2H_4	C_2H_2	C_1+C_2	CO	CO_2
1986-07-25	36	5	5	2	0.2	12.2	38	446
1986-10-10	50	36	32	20	4	92	161	1092

续表

时间	H_2	CH_4	C_2H_6	C_2H_4	C_2H_2	C_1+C_2	CO	CO_2
1986-12-08	65	44	22	24	5	95	148	884
1987-03-25	61	56	23	33	7	119	169	884
1987-06-23	61	69	40	59	13	181	154	1053
1987-09-18	64	97	52	91	17	257	188	1358
1987-12-28	62	99	53	104	24	280	170	972
1988-03-25	58	106	50	111	22	289	158	1228
1988-08-16	68	118	60	134	27	339	191	1359
1988-12-22	62	121	64	157	33	375	206	1331

2. 第一次处理方法

更换下来的电抗器运至检修间内进行分解后，内部检查发现中性点套管引线根部外包绝缘局部烧焦，均压球对应部分有连续放电痕迹，其余部分因现场条件限制，进行器身外观检查，并无异常，当时认为，故障的原因已找到。处理后于1989 年 4 月将其恢复运行，但仅运行一月后，其乙炔值即超过注意值。1991 年 4 月，在设备检修期间，对绝缘油进行真空热油循环脱气处理后继续运行，直至1994 年 4 月退出运行。其色谱分析数据见表 11-10。以 1991 年 3 月 23 日数据，以及绝缘油脱气处理后的 1993 年 11 月 2 日数据进行分析，用三比值法判断故障情况，编码均为 1，2，2 型，故障特征仍为低能放电兼低温过热。显然，当年并未找到造成乙炔过高的真正原因，故障仍然存在。

表 11-10　　油色谱试验数据　　$\mu L/L$

时间	H_2	CH_4	C_2H_6	C_2H_4	C_2H_2	C_1+C_2	CO	CO_2
1989-04-17	0	1.4	3.1	1.3	0	5.8	7.8	206.4
1989-05-06	0	6	4	8	6	24	15	309
1989-06-05	9	12	7	14	8	41	29	624
1989-07-07	17	18	10	33	11	72	37	930
1989-08-14	22	28	15	44	14	101	55	1246
1989-09-16	34	34	18	56	18	126	66	1287
1990-02-12	48	51	27	98	26	202	84	1055
1990-05-17	86	73	30	114	31	248	90	1195
1990-07-16	65	79	40	148	40	307	115	1456
1990-09-15	69	85	46	139	41	311	211	1560

续表

时间	H_2	CH_4	C_2H_6	C_2H_4	C_2H_2	C_1+C_2	CO	CO_2
1991-01-29	95	102	44	164	41	351	139	1316
1991-03-23	86	102	49	170	43	364	135	1370
1991-04-28	0	1.8	8.2	5.5	2	17.5	2	110
1991-05-13	6	6.2	5.4	10.8	7.7	30.1	12.9	545.5
1991-07-22	15	15.5	13	23	16	67.5	30	973
1991-10-25	34	29	19	46	20.2	114.2	57	1156
1992-01-13	37	41	21	62	23	147	43	719
1992-04-07	32	63	23	79	30	195	67	847
1992-07-22	60	70	37	110	39	256	104	1227
1992-10-13	75	112	41	146	44	343	114	987
1992-12-16	84	127	57	163	48	395	120	1354
1993-02-16	111	144	47	180	52	423	138	1171
1993-08-06	121	178	56	230	70	534	162	1598
1993-11-02	111	207	61	257	77	602	120	1560

3. 第二次处理方法

1994 年 4 月，该电抗器退出运行。后经研究，于 1996 年将其送往国内某制造厂修理。解开箱体后，未发现有明显的局部放电等异常现象。由于结构的原因，该电抗器未能彻底地分解，而只是做了局部分解，对上铁轭进行了一些改善局部过热的改造并将日本变压器油更换成国产变压器油。经过检修后试验合格返回，于 2001 年 1 月投入使用，运行 5 个月后，乙炔再次超过注意值，其 2001 年色谱分析数据见表 11-11。从数据可见，油中烃类气体缓慢增长，到 2001 年 8 月增长速率加快，8 月 1 日至 8 月 23 日总烃绝缘产气速率为 0.6mL/h，大于标准规定的注意值 0.25mL/h。以 2001 年 8 月 23 日数据进行分析，用三比值法判断故障情况，编码为 1，0，2 型，故障特征为低能放电。由此可见，这次电抗器的检修除处理了部分过热故障外，造成乙炔增长的故障点未得到消除。除油化数据异常外，该电抗器在运行中的油温及振动和其他电抗器相比并无异常。2003 年 2 月，考虑到该电抗器的运行年限，该电抗器再次退出运行。

表 11-11　　油色谱试验数据　　μL/L

时间	H_2	CH_4	C_2H_6	C_2H_4	C_2H_2	C_1+C_2	CO	CO_2
2001-02-14	5	3	2	5	1	11	33	310
2001-06-21	23	26	6	42	7	81	127	981
2001-07-26	30	36	9	56	8	109	165	1348
2001-08-01	44	37	9	56	9	111	162	1691
2001-08-23	48	45	9	69	10	133	199	1514
2001-08-31	46	42	9	66	9	126	188	1488
2001-09-13	46	43	10	69	9	131	193	1406
2001-09-27	48	47	12	76	10	145	190	1278
2001-10-18	46	41	10	69	10	130	169	1279
2001-10-29	51	49	11	84	11	155	214	1478
2001-11-05	48	49	11	80	10	150	204	1393
2001-11-12	52	50	11	80	11	152	209	1363
2001-11-26	47	47	11	83	11	152	185	1320
2001-12-05	49	50	11	84	11	156	203	1389
2001-12-12	47	49	11	85	11	156	214	1538
2001-12-27	44	47	10	79	10	146	145	1040

（四）油温普遍偏高的处理方法

大部分电抗器均采用 ONAN 即油浸自冷方式，某厂国产电抗器采用 4×4 组风冷器，而日产电抗器仅采用 1×7 组风冷器。某厂电抗器投入运行后，这些电抗器均表现出过热现象，上层油温普遍偏高，可见当初的设计值均不能满足运行要求，或者说电抗器的实际损耗超过了额定值。后在国产电抗器的每组散热器的下部增加两个功率为 0.25kW 的外冷式散热风扇，实际测定散热效果较好，以后在日产电抗器的散热器上也采用这种办法，但日产电抗器只有一组冷却器，故散热效果不如国产电抗器。由此可以看出，散热器的冷却方式应根据地域环境来选择，如南方夏季酷热，采用自冷方式可能不足，对于大容量电抗器，可考虑采用强油风冷方式。一方面减少了散热器数量，另一方面会减少运行中温度过高的麻烦，这对新产品的设计和选用是值得仔细考虑的问题。

（五）保证电抗器安全运行的措施

在电抗器的检修维护中，如何有效地发现和检出故障、缺陷，仅靠电气试验是不够的，而油色谱分析对潜伏性的故障和发展性的故障早期诊断则十分有效，这在电抗器及其他油类设备的维护中屡次得以证实。通过对电抗器采用油质定期检测的方法，可以有效地保证了设备的稳定运行；针对设备油质的状况，缩短检测周期进行追踪分析，及时检出故障，可以有效地将事故消灭在萌芽之中。

产气率的增加和油质呈劣化趋势是表征事故的前兆，这从理论上实际中都得到了证实。乙炔则是表征油中高温放电的特征气体，因此实际运行中其注意值很低。从前面分析的两台日产电抗器情况来看，乙炔严重超过注意值，其乙炔值的增加呈阶跃性，但累计运行时间也已很长，其他电气参数并没有相应恶化。因此，乙炔值与运行状况的关系还需要仔细研究，乙炔偏高是否应马上将电抗器退运处理，还需根据实际情况慎重考虑。

综上所述，20 世纪 80 年代无论国内还是国外的制造厂对电抗器的认识上都存在不足。目前，通过技术的发展，已较好地解决了电抗器漏磁处理问题。对于高压电抗器的运行管理部门，及早对存在隐患的设备进行技术改造，无疑是解决问题的办法，但这样需要很大的投入。据不完全统计，早期生产的电抗器在运行中由于故障的发展而造成事故被迫退出运行的仅有两台，如何在保证电抗器安全运行的前提下，继续发挥这批电抗器的作用，是一个值得探讨的课题。作为运行管理部门，可以采取以下措施来监测和控制故障的进一步发展：

（1）对存有故障的电抗器实施油中气体在线监测，掌握设备运行状况，通过与历史数据的对比，结合故障诊断方法，判断故障发展趋势。

（2）加强电抗器电气性能的监视，定期通过预防性试验，评估电气绝缘状况。

（3）改善电抗器冷却效果，保证电抗器内部温升低于许用值。

第五节　消弧线圈的检修

一、油浸消弧线圈原理与结构概述

（一）消弧线圈的工作原理

消弧线圈的作用主要是补偿系统单相接地时的电容电流，使接地点电流补偿到较小的数值，防止弧光短路，保证安全供电。同时降低弧隙电压恢复速度，防止电弧重燃造成间歇性接地过电压。

其工作原理如图 11-2 所示。正常运行情况下，三相系统平衡，变压器中性点 N 的电位为 0，消弧线圈中没有电流流过。当某点（如 A 相 k 点）发生金属性接地点，A 相电压变为 0，中性点电压变为 $-\dot{U}_{\mathrm{A}}$，于是消弧线圈中产生电感电流 $\dot{I}_L$，

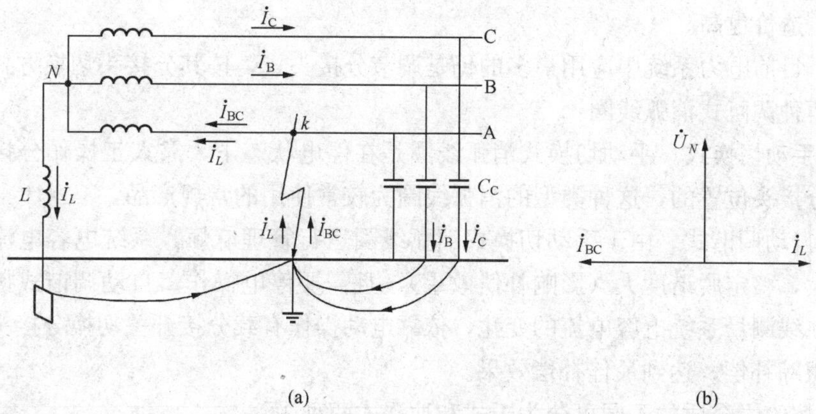

图 11-2 消弧线圈接地系统单相接地原理图及故障点电流相量图

(a) 原理图；(b) 相量图

其相位滞后于$\dot{U}_N$90°；B、C 相电容电流之和$\dot{I}_{BC}$经接地点流回电源中性点，其相位超前于$\dot{U}_N$90°。这样，接地点通过的故障电流为两者的相量和，如图 11-2（b）所示，通过合理选择消弧线圈分接头，可使接地点的电流变得很小，则接地点不致产生电弧以及由电弧所引起的危害。

（二）消弧线圈的结构及分类

1. 消弧线圈的结构

消弧线圈和变压器相似，其主要构件也包括铁芯、线圈、油箱、套管、储油柜、分接开关、散热器、变压器油。与变压器不同之处在于其铁芯为均匀多间隔的芯柱结构，间隙中填以绝缘纸板，这样可以避免铁芯磁饱和，得到一个近乎恒定的电抗值，使补偿电流与电压成线性关系，从而使消弧线圈能保持有效的消弧作用。

为了改变消弧线圈的电抗值，消弧线圈设有 5～9 个分接头，通过分接开关实现分接头切换，以选择适应不同网络电容电流的电抗器。

2. 消弧线圈的分类

（1）按调节电感（抗）的方法不同，可将消弧线圈分为以下 3 大类：

1）调节分接头式。通过改变消弧线圈的匝数（分接头），调节消弧线圈的电抗值；缺点是电感不能平滑调节，达不到最优补偿状态。

2）调气隙式。电感可以连续调节，线性度好；但需要较为精密的机械传动装置，相应速度慢，且噪声大。

3）直流助磁式。通过调节直流励磁电流的大小，改变铁芯的交流等值磁导，实现电感的连续调节范围大，相应速度快。但直流励磁电源容量大，结构复杂，谐波较大，造价也高。

（2）目前电力系统中应用最多的仍是调节分接头式，按其分接头切换方式的不同又有两种调匝式消弧线圈：

1）手动切换式。手动切换式消弧线圈是在停电状态下，靠人工操作分接开关来调节分接头位置的，这种类型的消弧线圈为较常使用的常规产品。

2）自动调谐式。由于手动切换式消弧线圈运行管理麻烦，系统电容电流的计算误差大，整定脱谐度大（影响补偿效果），且需要停电操作。自动调谐式接地补偿装置在线测量系统电容电流的变化，依靠电动操作有载分接开关切换分接头，实现自动跟踪补偿，达到最佳补偿效果。

3）按绝缘介质的不同可分为干式和油浸式两种。

（三）消弧线圈的常见技术参数

消弧线圈常见的有手动调匝式、自动切换分接头式。

1．手动调匝式

手动调匝式消弧线圈的型号含义如下：

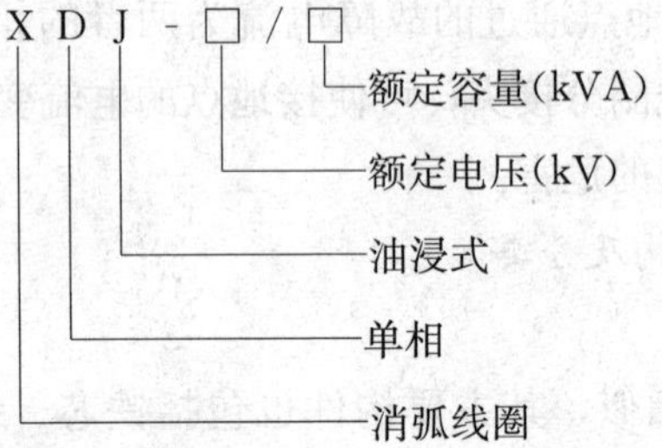

XDJ 型消弧线圈的结构除铁芯、油箱外，其电气部分组成如下：

（1）主线圈。为连接于变压器中性点与大地之间的电抗线圈。

（2）副线圈。一般无此副线圈，63kV 及以上电压的消弧线圈，需要连接外附电阻器时才设此线圈。

（3）电压表线圈。供外接电压表的线圈，以监视中性点位移电压的大小，其电压为 80～110V，分接头随主线圈分接头一起接入切换开关，额定电流为 10A 。

（4）电流互感器。内接于主线圈的接地端，供监视消弧线圈中的接地电流用。

2．自动切换分接头式

自动切换分接头式消弧线圈的型号含义如下：

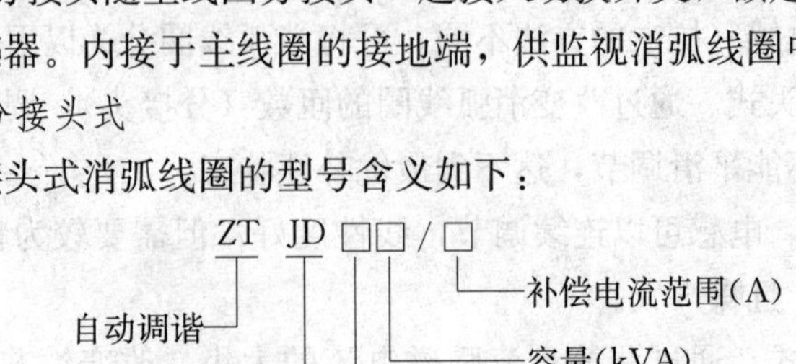

自动调谐接地补偿装置主要由下列 4 部分组成：

(1) 消弧线圈。采用有载分接开关切换线圈分接头，实现远方控制电动操作。

(2) 微机控制器。对系统电容电流进行在线监测，按其变化实现调谐。

(3) 阻尼电阻控制器。起到限制调谐过电压的作用。

(4) 接地变压器。在系统中性点不接地时，用接地变压器引出中性点连接消弧线圈或通过接地变压器接地。

在额定使用条件下消弧线圈各部分温升限值如表 11-12 所示。

表 11-12　消弧线圈各部分温升限值

部位	线圈	铁芯表面	顶层油
温升限值（℃）	75	85	65

二、消弧线圈的检修周期及项目

消弧线圈的检修周期及项目见表 11-13。

表 11-13　消弧线圈的检修周期及项目

类别	周期	项目
大修	(1) 油浸式消弧线圈 4～6 年。 (2) 干式消弧线圈一般不需大修。 (3) 运行中的消弧线圈，当发生异常状况或经试验判明有内部故障时，应提前进行大修	(1) 排油后拆卸套管、储油柜、冷却器等附件。 (2) 吊开钟罩或吊出器身检修。 (3) 线圈、引线、铁芯、紧固件、压钉及接地法兰的检修。 (4) 油箱、附件（包括套管、冷却器、吸湿器）等的检修。 (5) 安全保护装置的检修。 (6) 油保护装置、测温装置、操作控制箱等的检修。 (7) 分接开关的检修。 (8) 全部密封胶垫的更换和组件试漏。 (9) 必要时对器身进行干燥处理。 (10) 变压器油处理或更换。 (11) 清扫并进行喷涂油漆。 (12) 试验及试运行
小修	(1) 每年进行一次检查维护。 (2) 随预防性试验时进行一次小修维护	(1) 清扫油箱、各附件和套管绝缘。 (2) 检查密封、导电接头、接地良好。 (3) 检修安全保护装置，包括压力释放阀、气体继电器等。 (4) 检修测温装置、调节装置及监测系统。 (5) 检修油位计、阀门和塞子，处理渗漏油，调整油位。 (6) 按预防性试验规程进行电气试验。 (7) 处理已发现的缺陷

第十二章　变压器在线监测装置的维护和检修

第一节　变压器在线监测的范围

变压器在线监测技术通过及时捕捉早期故障的先兆信息，可以防止故障向严重程度的发展，以便将故障造成的损失降到最低限度。这种方式不仅降低了变压器维护成本，还降低了意外停电率。因此，变压器在线监测可提高设备运行可靠性，延长检修周期和变压器寿命，并由此带来可观的经济效益和社会效益。

自20世纪90年代初开始，国内多家电力研究部门和高等院校研制出各种在线监测装置并陆续在现场投运，对变压器及高压电器设备的在线监测起到一定作用，并积累了许多实际经验。在监测项目和功能方面，变压器的在线监测可分为两种，即单指标专项监测和多指标的综合在线监测。单指标的专项在线监测装置监测项目较为单一，如油气含量在线监测、油中故障气体组分监测、局部放电在线监测等；多指标的综合在线监测是由多个单指标专项监测组合在一起，使用公共的服务器构建而成系统。

目前，国内外变压器在线监测的范围很广，主要包括：

（1）利用光纤传感器进行热点监测。

（2）监测油中可燃气体总量，可分析 H_2、CH_4、C_2H_6、C_2H_4、C_2H_2、CO、CO_2 等7种特征气体含量。

（3）在线监测局部放电，包括电气局部放电、声音局部放电、超高频局部放电、静态局部放电。

（4）在线监测套管的功率因数和电容。

（5）在线监测冷却装置的功能（如风扇、油泵的转换状态等）。

（6）在线监测油中湿度、温度、酸度。

（7）在线监测负载电流。

（8）在线监测绝缘纸的湿度和迁移情况。

（9）在线监测绕组顶部和底部油温。

（10）在线监测结构件的夹紧力。

（11）在线监测有载调压分接开关（OLTC）的性能和缺陷，包括OLTC声音传播情况，OLTC分接变换过程中的振动，在线监测OLTC电动机驱动性能。

(12) 在线监测铁芯接地故障和绕组缺陷。

(13) 在线监测储油柜的油位，通过安装传感器提供油渗漏信息。

目前，电力设备的在线监测技术均离理想实用状态有相当距离。在所有变压器在线监测项目里，变压器的油气在线监测和局部放电在线监测技术相对成熟，且现场应用也最为广泛，并取得了一定的成果。故本章将重点对变压器局部放电在线监测和变压器油气在线监测进行探讨。

第二节　变压器局部放电在线监测的主要方法和关键技术

一、局部放电在线监测的主要方法

局部放电信号的监测仍是以伴随放电产生的电、声、光、温度和气体等各种理化现象为依据，通过能代表局部放电的这些物理量来测定，相应出现了电脉冲检测法、超声波检测法、光测法及射频检测法和 UHF 超高频检测法。

1. 超声检测法

声测法是非电测法中应用最广泛的一种方法，用固定在变压器油箱壁上的超声传感器接收变压器内部局放产生的超声波来检测局放的大小和位置。通常采用的超声传感器为压电传感器，选用的频率范围为 70～150kHz，目的是为了避开铁芯的磁噪声和变压器的机械振动噪声。

超声检测法的优点是基本不受现场电磁干扰的影响，信噪比高，可以确定放电源的位置；缺点是灵敏度低，不能确定放电量。

2. 光测法

光测法是利用局放产生的光辐射进行检测。在变压器油中，各种放电发出的光波长不同，光电转换后，通过检测光电流的特征可以实现局放的识别。虽然在实验室中利用光测法来分析局放特征及绝缘劣化机理等方面取得了很大进展，但由于光测法设备复杂、昂贵、灵敏度低，在实际中并未直接使用。

3. 电脉冲法

电脉冲法又称为脉冲电流法，是研究最早、应用最广泛的一种检测方法，IEC 对此制订了相应标准。该方法通过检测变压器套管末屏接地线、外壳接地线、铁芯接地线及绕组中由于局放引起的脉冲电流，获得视在放电量。

脉冲电流法是离线条件下测量电气设备局部放电的基本方法，也是目前在线监测局部放电的主要手段。脉冲电流法的优点是灵敏度高，如果监测系统频率小于 1000kHz（一般为 500kHz 以下），并且按照国家标准进行放电量的标定后，可以得到变压器的放电量指标。其缺点是由于现场存在严重的电磁干扰，将大大降低监测灵敏度和信噪比。

电脉冲法其关键技术是如何有效地识别和抑制干扰，将真正的局放信号提取。

4. 射频检测法

利用罗哥夫斯基线圈从电气设备的中性点处测取信号，测量的信号频率可达30MHz，提高了局放的测量频率。测试系统安装方便，检测设备不改变电力系统运行方式。对于三相变压器而言，得到的信号是三相局放量的总和，无法进行分辨，信号容易受外界干扰。随着数字滤波技术的发展，该法在局放在线监测中有较广泛的应用，尤其是在发电机在线监测领域。

5. 超高频检测法

针对传统检测方法的不足，近几年出现了一种新的检测方法——超高频（UHF）检测方法。超高频局放检测通过检测变压器内部局放产生的超高频（300～3000 MHz）电信号，实现局部放电的检测和定位，达到抗干扰目的。

每一次局放的发生都伴随一个陡的电流脉冲，并向周围辐射电磁波。研究表明，变压器中局部放电脉冲上升时间基本为1～2ns，发射的电磁波中超高频分量相当丰富。这些超高频成分可以用电容传感器或超高频天线接收。

超高频局放检测技术近年来得到了较快发展，在一些电力设备（如GIS、电机、电缆）的检测中已得到应用。对电力变压器而言，局放在变压器内油—隔板绝缘中，由于绝缘结构复杂，电磁波在其中传播时会发生多次折射、反射及衰减，同时变压器内箱壁也会对电磁波的传播带来不利影响，增加了局放超高频电磁波检测的难度，因此，深入研究油—隔板绝缘和箱壁对超高频电磁波传播机理的影响十分必要。

二、监测灵敏度和抗干扰技术

1. 在线监测灵敏度

在线监测局部放电的灵敏度是指在线条件下，监测系统能够测到或辨识的最小放电量。

根据国内外运行经验，电力变压器的局部放电量在数千皮库时仍可继续安全运行；当达到10 000pC及以上时，则应引起严重注意，因为此时绝缘可能存在明显的损伤。从实际使用情况考虑，监测系统应能达到测出危险放电量的灵敏度，即至少应在数千皮库，如4000～6000pC。

监测系统还应保证其测量结果的可靠性，希望尽可能提高监测的灵敏度和信噪比，以便对设备的绝缘状况作出正确的判断。所有这些都要求采取和加强抗干扰措施，因此，干扰的消除和抑制是在线监测电力设备局部放电的一个关键技术问题。

2. 现场干扰

干扰来源主要有以下几种：

(1) 线路或其他邻近设备的电晕放电和内部的局部放电。这种干扰普遍存在于变电站中。干扰信号是脉冲型的，和待测设备局部放电的波形几乎一样，这是一种重要的干扰源。

(2) 电力系统的载波通信和高频保护信号对监测的干扰。载波通信和高频保护信号是一种十分强大而重要的干扰源，它是一种连续的周期性高频干扰信号，其频率为 30～500kHz。

(3) 晶闸管整流设备引起的干扰。当晶闸管闭合或开断时会发出脉冲干扰信号，它在一个工频周期上出现的相位是固定的，属于脉冲型周期性干扰。

(4) 无线电广播的干扰。这种干扰也是连续的周期性干扰，其频率在 500kHz 以上。

(5) 其他随机性干扰，如开关、继电器的断合，电焊操作，荧光灯、雷电等的干扰以及旋转电机的电刷和滑环间的电弧引起的干扰等，这是一种无规律的随机性脉冲干扰。

综上所述，根据干扰信号的波形可分为脉冲型干扰信号（包括上述 1、3、5 类干扰）和连续的周期性干扰（包括上述 2、4 类干扰）两大类。

3. 抗干扰技术

现场干扰信号主要通过以下三种途径进入监测系统：

(1) 从监测系统的工频电源进入，故监测系统电源宜由隔离变压器加上低通滤波器供电，以抑制这类干扰。

(2) 通过电磁耦合进入监测系统，故监测系统包括连线应很好地屏蔽，或利用和光纤传输信号，以减少干扰。

(3) 通过传感器（即监测组件）进入的干扰信号，它和局部放电的信号混叠在一起，上述方法不能抑制这个干扰通道，需采取其他技术措施。

由于现场的干扰有多种类型，而且有时还十分强大，不同地点的干扰类型和强弱又都不同，故抗干扰措施要有针对性，对不同情况采取不同对策。

(1) 周期性干扰的抑制。周期性干扰的频谱特征与局部放电信号的频谱特征有较大差异，因此常采用频域方法处理。由频谱分析来确定各谐波成分后，再通过各种滤波器进行滤波。

(2) 脉冲型干扰的抑制。脉冲型干扰分为周期性脉冲干扰和随机性脉冲干扰。

周期性脉冲干扰和局部放电信号在频域分布上非常接近，时域的表现形式也基本相同。常用的消除周期性脉冲干扰的方法有差动平衡法和脉冲极性鉴别法。这两种方法都是利用 2 个测量点间的极性进行判别，如果是外来脉冲，表现为同极性，内部局部放电脉冲表现出反极性，由此可以判断是局部放电信号还是周期性脉冲信号。

利用差动平衡法抗干扰的基本原理如图 12-1 所示。

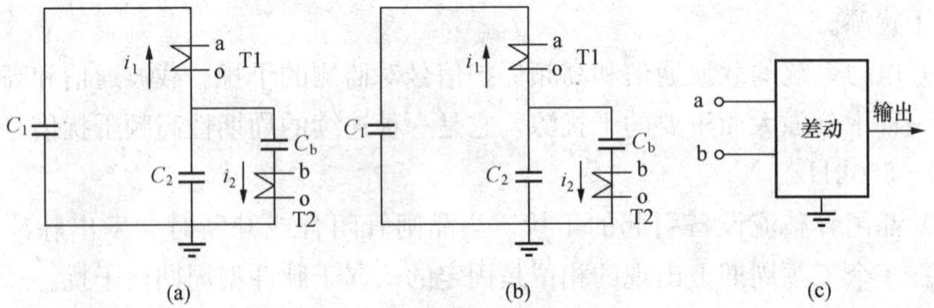

图 12-1　差动平衡法抗干扰基本原理图

（a）外界干扰；（b）内部放电；（c）差动

随机脉冲干扰与局部放电信号的特征也很相似，有些是外部放电信号，区分他们十分困难，目前常采用逻辑判断和模式识别方式。逻辑判断主要是采用可以抑制周期型脉冲干扰的差动平衡法和脉冲极性鉴别法，但只能抑制外部耦合的干扰。模式识别是根据不同脉冲的特征，建立各自的指纹库，区分脉冲的类型，是一种很有效的方法，可靠性较高，但建立脉冲指纹库工作量很大。

（3）白噪声干扰的抑制。白噪声信号是一均值为 0 的平稳随机信号，属宽带干扰信号，与局部放电信号混叠在一起，用常规的频域分析方法很难将其分离开来。近年来一些数学家通过引入基于小波的滤波方法对白噪声干扰进行滤除。小波去噪一般采用 Shrinkage 技术，设定一个门限值，把系数小于门限的值置为 0，保留大于门限的值，再经过反变换，得到去噪后的信号。此方法具有实现简单、运算速度快、去噪效果好、波形失真小等优点。

综上所述，抑制干扰的措施包括消除干扰源、切断干扰途径和干扰的后处理三个方面。

由于干扰来源路径、类型众多，给干扰的抑制带来很大的困难，因此如何抑制干扰仍是实现变压器局部放电在线监测的技术关键。

三、局部放电的模式识别

最初的变压器局部放电在线监测设备对局部放电类型判定采用与离线检测相同的方法，对局部放电的一些基本参数进行测量（如视在放电电荷、放电重复率、放电能量等）。

随着统计分析方法在局部放电模式识别上的应用，局部放电谱图作为一种重要的分析方法得到重视。与传统的基本参数不同，放电谱图需要观察的基本参数不是一个工频周期内的信息，而是一个比较长的时间段内基本参数的统计量。这个时间段一般要大于100个工频周期。放电谱图根据基本参数的变化大致可分成三类：随时间变化的放电谱图、随工频相位变化的放电谱图、组合参数分布放电谱图。

该方法需要通过有经验的专业人员分析，才能得出正确的结果，在现场推广有很大的难度。近年来，一些学者利用局部放电谱图，提出了以其为统计参数（也称为指纹参数），描述谱图的正、负半个周期的统计特征。引入统计参数的目的是将繁杂而且仅仅是定性的各种分布谱图用于定量分析，用定量的数值提取每个相应谱图的特征，精确分析和判断测量到的局部放电信号。

四、局部放电的定位技术

目前，应用在变压器上的在线局部放电监测定位方法主要有超声法、电气定位法和声—电联合法。

超声定位是在电气设备外壁放置声波传感器，探测辐射出的声能，对绝缘状态做出判断，并确定发生局部放电的位置。超声波法不需采用高压电容器，不用其他电源提供电力，对电磁干扰完全免疫，在局部放电的定位上是最灵敏的。

电气定位法是利用变压器在特定频率范围内等值电路的特点、变压器绕组内部产生局部放电时首末端电压（或电流）比值、放电点位置的关系，判定故障点位置的方法。

声—电联合定位法是以局部放电脉冲作为触发基准信号，同时记录电脉冲信号和多路超声信号，以电信号与各超声波信号的时差作为局部放电点到传感器的传播时间，计算出放电位置。

第三节 变压器局部放电监测装置的应用举例

变压器中每一次局部放电都发生正负电荷中和，并伴随有一个陡的电流脉冲，向周围辐射电磁波，最高频率可达数吉赫兹。超高频检测技术通过接收变压器内部局部放电所激发的超高频电磁波，实现局部放电的检测和定位，并实现抗干扰，它具有测量频率高、检测频带可调、抗干扰性强、灵敏度高等优点，可以较全面地研究变压器绝缘系统中局部放电的本征特征。

一、局部放电超高频检测系统的硬件构成

近几年来，国内某大学深入研究了油纸绝缘系统中局部放电的产生、传播、接收及信号分析技术，研制成功了可用于变压器局部放电带电检测和在线监测的局部放电超高频检测系统。该系统主要包括超高频传感器、信号传输电缆、信号调理单元、数据采集卡、便携式工业控制计算机及相关的控制单元。变压器中局部放电产生的电磁波经超高频传感器接收后，放电信号转换为电压信号，然后通过同轴通信电缆传送到信号调理单元，信号经过调理后，送入工业控制计算机内的数据采集卡进行信号的采集、存储等处理。检测系统主要完成变压器局部放电信号的自动循环检测和手动检测，整个检测系统的结构如图 12-2 所示。其中，超高频传感器可通过专门的机构由变压器油阀伸入变压器内，并且可以带电操作，变压器无需停电。

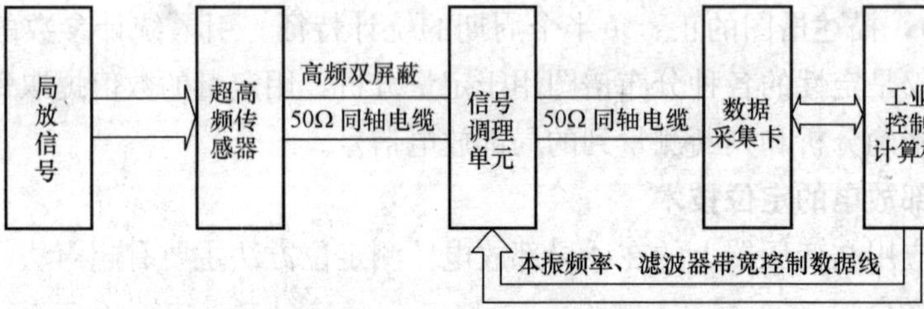

图 12-2　局部放电超高频检测系统结构示意图

信号调理单元组成如图 12-3 所示，它通过计算机并行接口控制，即实现对系统选通频带的中心频率和滤波器带宽的选择和控制。这样既可以滤掉频率较低的电晕放电等干扰信号，也能有效避开移动电话、载波通信等频带比较固定的干扰信号，极大提高了系统的抗干扰性能。工控机通过数据采集卡记录并处理数据。

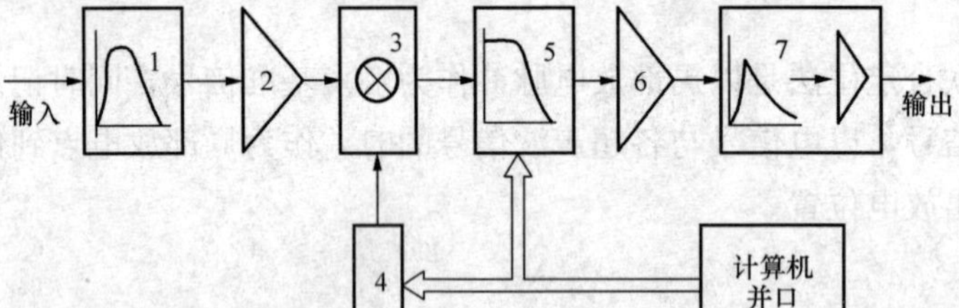

图 12-3　信号调理单元组成框图

1—带通滤波器；2—前置放大器；3—混频器；4—频率综合器；5—低通滤波器；6—中频放大器；7—检波对数放大器

二、局部放电超高频检测系统的软件

检测系统软件分为数据采集和远程后台数据处理两部分，主要包括监测显示、参数设置、数据分析及报警、数据保存及历史查询等功能。

该软件提供 $H_{qmax}(\varphi)$、$H_{qn}(\varphi)$、$H_n(\varphi)$ 三种二维谱图、传统的椭圆放电谱图以及 φ-q-n 三维放电谱图，放电谱图的指纹示意图提供直观、形象的数据显示结果，可反映不同类型局放的特点。该软件对放电谱图提供了 37 个特征量，可计算并显示按照年月日累计的变压器放电趋势图，通过自适应遗传算法和人工神经网络算法进行模式识别，可对变压器内部的几种典型局部放电类型进行识别。图 12-4 所示为某一放电对应的 φ-q-n 三维谱图和椭圆谱图。

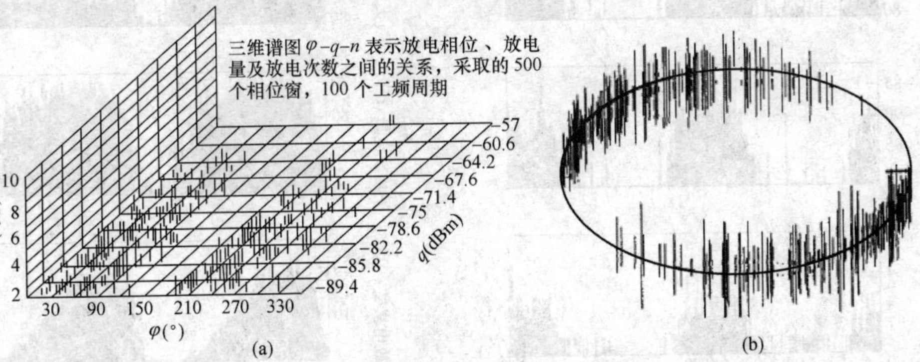

图 12-4　变压器中某一放电的谱图

(a) φ-q-n 三维谱图；(b) 椭圆谱图

三、变电站现场实测数据及分析

1. 实例一

2003 年 11 月，某 500kV 变压器使用该超高频检测系统测试，发现 B 相局部放电水平偏高，有故障征兆，但油色谱水平正常，故虽然提出警告，但未引起充分注意，A、B 两相局部放电二维谱图如图 12-5 所示，相应的频域分布如图 12-6 所示。

比较 A、B 相的二维谱图和频域分布图，可看出 B 相的局部放电检测值比 A 相高，虽然此系统所用的单位 dBm 与常规的单位 pC 没有精确的对应关系，但比较 A、B 两相可发现 B 相局放有明显异常。2004-05，常规检测发现，该变压器 B 相乙炔值异常，故停电进行脉冲电流法、超高频检测法及超声检测法等多种局部放电检测，证实本检测系统 2003-11 检测结果的正确性。该变压器 2004-07 返厂检修，解体结果为中、低压绕组间穿过围屏有贯穿性放电。

2. 实例二

一台 500kV 变压器 C 相油色谱异常，因此停电试验。利用多种局部放电检测法测量了该变压器修复前和修复后的局部放电。解体前脉冲电流法测得 6000pC 的放电量，解体发现是由于静电屏蔽焊接不良，造成电位浮动产生。现场解体修理后试验，发现仍有明显放电，此时脉冲电流法测得 4000 pC 的局放量，超高频法也有明显放电存在，表明此变压器有一个以上的局部放电源，现场解体修理前后超高频局部放电检测系统检测结果如图 12-7 所示，从图 12-7 (a) 变压器解体修理前超高

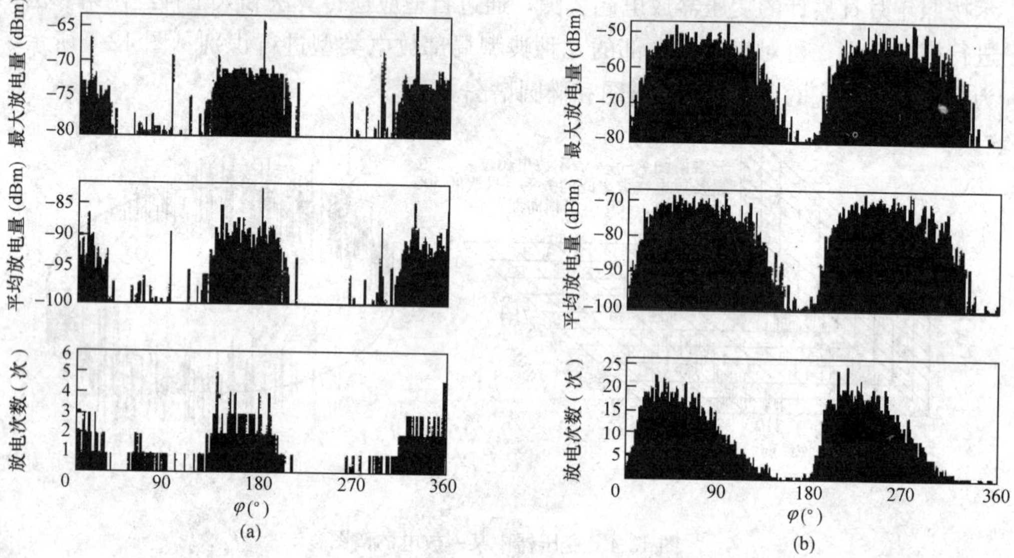

图 12-5　某变压器的局部放电二维谱图

(a) A 相二维谱图；(b) B 相二维谱图

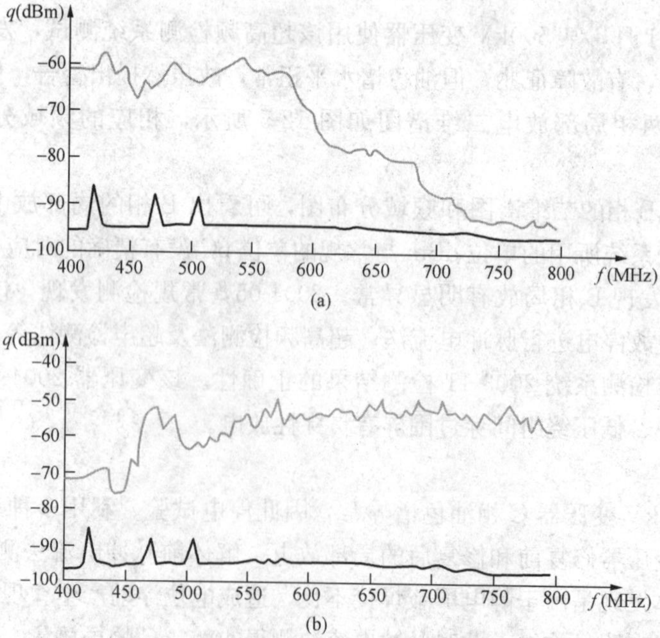

图 12-6　信号的频域分布

(a) A 相频域分布图；(b) B 相频域分布图

频放电谱图可明显看出有两种模式的放电存在，现场解体后发现故障源为静电屏蔽焊接不良。由图 12-7（b）可看出现场修理后放电量仍异常，说明此时仍有一个放电源存在，后决定返厂进一步修理。该变压器返厂修理解体后发现了另外一个故障源，如图 12-8 所示。

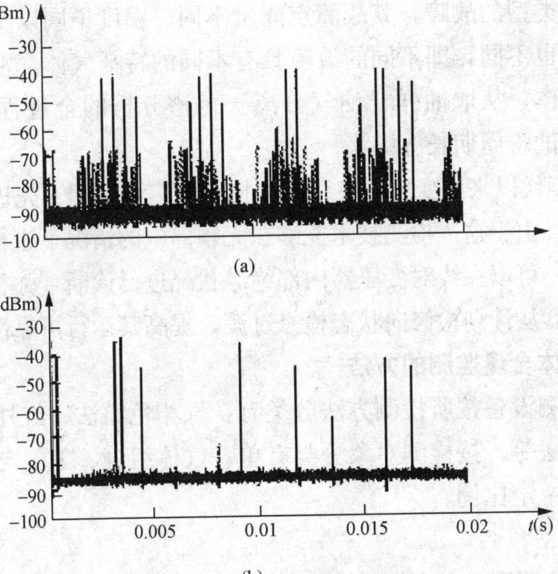

图 12-7　变压器现场测得的放电谱图

（a）现场解体修理前；（b）现场解体修理后

图 12-8　返厂后发现的第 2 个放电故障源

第四节　变压器油溶解气体的在线监测

目前油中溶解气体分析是电力系统中对变压器等充油电力设备常规使用的重要监测手段。利用油中溶解气体分析进行设备内部故障判断的原理是充油电气设备发生故障时，不同类型的故障，其故障点能量不同、温度不同以及涉及的绝缘材料不同，其产气情况也不同，即不同的故障具有不同的特征气体。常规的实验室气相色谱法检测油中气体，从取油样－油气分离－色谱分析的全过程看，存在分析环节多、操作频繁、试验周期长等弊病。

20世纪80年代以来，变压器在线监测技术中广泛应用了先进的科研成果，逐渐走向实用化阶段。由于这一检测技术能够在无须停电的情况下进行，不受外界电场和磁场因素的影响，可以在线对变压器内部绝缘状况进行诊断，弥补试验室气相色谱法的不足，是变压器从计划检修向状态检修过渡，提高其运行可靠性的重要技术手段。

一、在线气体含量监测的方法

在线气体检测设备按所检测方法分类有：气相色谱法、红外光谱法、气敏传感器法、光声光谱法等，按检测对象分类有单一气体组分、氢气与甲烷、乙炔、一氧化碳四种气体按一定比例。

1. 气相色谱法

气相色谱法检测原理是利用样品中各组分在流动相和固定相中吸附力不同，在两相作相对运动时，样品中各组分在两相间进行反复多次的分配，吸附力小的组分较快地流出色谱柱，不同组分就得到了分离，经分离后的气体通过检测器转换成电信号，经A/D采集后获得气体组分的色谱出峰图。根据组分峰高或面积进行浓度定量。

色谱法检测的优点是采用相对测量原理，即通过测量组分峰偏离基线的高度或峰与基线围成的面积，不存在因漂移可能造成的累积误差，检测范围宽。

检测灵敏度主要取决于检测器的检测分辨率，采用特制的半导体检测器，对C_2H_2的检测限可以达到0.2μL/L；检测所需的气样少，仅需1mL，重复性好。缺点是需要载气，要经常检查载气的压力，压力较低时要及时更换；对温度变化很敏感，整个系统需要稳定性能好的温度控制。采用这一方法的国内外仪器有美国的TUREGAS，宁波理工的MGA2000-6型，日本三菱N-TCG-6C型，上海加创C201-6型，唯科真空ECG-2型，河南中分3000型在线监测仪。

2. 红外光谱法

红外光谱气体检测原理是基于气体分子吸收红外光的吸光度定律（比耳定律，Beer's Law），吸光度A与气体浓度C以及光程L的线性关系如下

$$A=\lg\frac{I_0}{I}=\lg e^{\alpha CL}=\alpha CL\lg e=\alpha' CL \tag{12-1}$$

式中　A——吸光度；

I_0——入射通量；

I——透射光通量；

α——吸收系数；

L——光程；

C——气体浓度。

因此由光谱扫描获得吸光度 A 通过比尔定律计算可得到气体的浓度 C。

红外光谱检测的优点是：扫描速度极快，多次扫描结果累加可有效降低噪声；具有很高的测量分辨率，测量精度高，重复性可达 0.1%；不需载气，维护量小。缺点是：检测所需的气样要求较多，不能少于 100mL；对油蒸气、湿度很敏感。这类仪器有 GE-Syprotec TNU 在线监测仪。

3. 气敏传感器法

气体传感器的交叉敏感是极其复杂的非线性关系，采用神经网络结构进行反复的离线训练可以建立各气体组分浓度与传感器陈列响应的对应关系，消除交叉敏感的影响，从而实现对混合气体浓度的在线监测。用作混合气体检测的神经网络一般可采用三层 6-10-6 结构的 BP 网络，输入层 X_i 为多个气体传感器（一般为 6 个）对混合气体的响应输出，隐层 Z_j（节点数一般为 10）、输出层 Y_k（一般为 6 或 7 个节点）为消除交叉敏感影响后的各组分气体的浓度值。

气敏传感器检测原理的优点是不需对混合气体进行分离，而是采用人工神经网络技术解决气敏传感器交叉敏感问题；结构十分简单，成本低，不需要载气，维护量小。缺点是由于是绝对测量，传感器漂移的累积误差对测量结果有影响；训练过程（即标定过程）相当复杂，一般需要几十到 100 个样本。采用这一方法的仪器有 KG2100A，HYDRAN 201i。

4. 光声光谱法

光声光谱法气体检测原理是基于光声效应，光声效应是由于气体分子吸收电磁辐射（如红外线）而造成。特定气体吸收特定波长的红外线后，温度升高，但随即以释放热能的方式退激，释放出的热能使气体产生成比例的压力波。压力波的频率与光源的斩波频率一致，并可通过高灵敏微音器检测其强度，压力波的强度与气体的浓度成比例关系。

光声光谱检测的特点是检测精度主要取决于气体分子特征吸收光谱的选择、窄带滤光片的性能和电容型驻极微音器的灵敏度；测量分辨率很高，可达亚 ppb 级

（1ppb＝10^{-9}）；分析所需样品量小，仅需 2～3mL；不需载气，标定简单，缺点是对油蒸汽污染敏感，环境适应能力较差。

采用这一方法的仪器有英国的 TRANSFIX 在线监测仪。

二、在线气体含量监测仪的主要技术

不论设备采用哪一种方法，都存在油样的采集和油气的分离、组分分离和定量检测、数字化远程网络传输和数据分析等主要技术。

1. 油样的采集和油气的分离技术

在变压器溶解气体分析过程中，油中取出气体是一个重要环节。试验室测量误差的原因多半是在油中气体的脱气阶段，IEC 标准要求油中气体脱气效率应达到 97％以上。

油样的采集和油气的分离装置的总体要求是：设备的安装要简单可行，每次分析的油样应代表设备内油的最新状况；能够自动在线分离油中的溶解气体，脱气平衡时间应尽可能的小；不应对变压器油造成污染，装置使用寿命长。

目前在线检测油气分离技术主要采用渗透膜分离和顶空式分离两种技术，渗透膜分离装置结构简单，维护量少，但气体达到平衡的时间较长，设备检修时要防止设备内压力的变化对渗透膜的破坏。顶空式分离装置气体达到平衡的时间短，效率高，重复性好，但顶空方式的油样与气样之间没有隔离，脱出的气样中会含有少量的油蒸汽，从而造成对色谱柱的污染，降低色谱柱的使用寿命。

2. 组分分离和定量检测

红外光谱、光声光谱、陈列式气敏传感器不需对混合气体各组分进行分离，直接在气室中检测，由于是绝对测量，仪器漂移的累积误差对测量结果有影响。

对气相色谱法来说，组分分离技术的好坏直接影响检测器对各组分的检测，对所检测组分的分离度应满足定量分析的要求，即分辨率大于 1.5。对检测器总的要求是：灵敏度高，线性范围宽；工作性能稳定，重现性好；对操作条件变化不敏感，噪声小；死体积小，响应时间短。在线监测仪常使用的检测器有两种，分别是热导检测器（TCD）和半导体检测器（SNO_2），氢焰检测器由于要使用氢气，在设备现场使用不安全，一般不采用。

3. 数字化远程网络传输和数据分析

目前，数字化远程网络传输技术非常成熟，完全能够满足在线监测的要求。终端控制软件不仅对试验数据进行准确的分析和故障判断，对采样周期、组分含量超标报警等进行远程设置，而且能够对各硬件进行监控，及时对硬件故障进行提示报警。

在线监测设备还要有很好的环境适应能力，有良好的对设备现场电磁的抗干扰能力，对气相色谱法的在线监测仪来说，色谱柱和检测器要有良好的恒温功能，温度的微小变化将严重影响组分的分离和检测器基线的漂移。

总体来说，在线监测装置要求分析一次油样的时间要短，对油中溶解气体的最小检测浓度能满足：氢气不大于 10μL/L；一氧化碳、二氧化碳不大于 25μL/L；乙炔不大于 1μL/L。检测的组分多于 7 种，最好能检测氧气和氮气的含量，监督设备的总含气量的变化；检测的重复性要好；要安装终端控制软件，及时查询和分析油中气体的含量和产气速率。

三、在线监测仪的应用

一台日本富士生产电抗器，1986 年投入运行的，早期色谱分析认为设备内部存在放电和高温过热性故障，后来油中乙炔停止增长，总烃含量逐渐增加，表现为过热性故障，投运 18 年没有进行排油检修，绝缘油没有进行真空循环过滤处理，一直在追踪分析中。色谱分析发现油中溶解气体含量在环境温度高时增长明显，在冬季又呈下降趋势，且数据变化幅度很大。安装在线监测仪就是实时检测气体含量变化的规律，试验对比见表 12-1。

表 12-1　试验室与在线监测仪的结果对比　μL/L

监测方式	时间	氢气	甲烷	乙烷	乙烯	乙炔	总烃	一氧化碳	二氧化碳
试验室	2004-06-17	6	180	480	189	11	860	97	3443
	2004-09-23	8	175	544	203	12	934	104	4074
在线监测仪	2004-06-17	22.4	267.5	499.5	186.8	15.1	968.9	117.6	4491.5
	2004-09-23	24.3	289.6	526.7	179.9	14.3	1011	118.3	4682.4

两者之间除甲烷和氢气误差较大外，其他数据比较接近，主要考察气体含量的变化趋势。

图 12-9 所示为夏季在线监测仪监测总烃的变化曲线。

从图 12-9 可以看出，6 月到 10 月，总烃从 950 μL/L 增长到 1050μL/L，起伏变化较大，十月份总烃下降比较快。

图 12-10 所示为十月份每天 4 点油温和总烃的变化图。

图 12-11 所示为十月份每天 12 点油温和总烃的变化图。

总的来看，总烃下降的趋势明显，油温变化的幅度不大，说明油中溶解气体含量变化与油温没有明显的对应关系。

变压器油溶解气体在线监测能够连续不断采样分析，分析故障发展趋势。但与试验室色谱仪相比，灵敏度比较低，有时会发生误报，因此在线监测发现设备油中溶解气体含量在异常时，应取样进行试验室色谱分析，核对设备油中溶解气体是否增长。

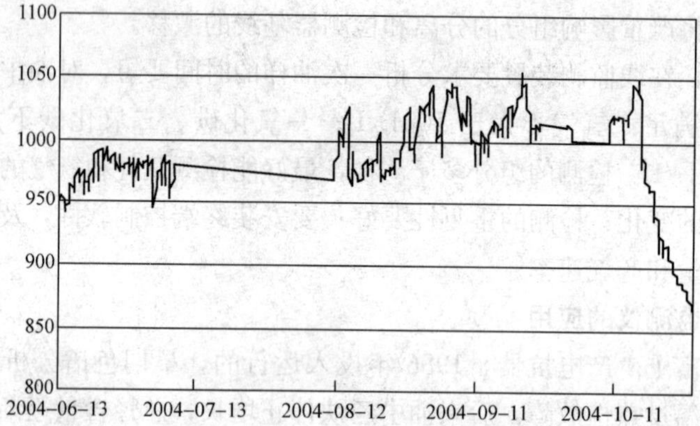

（图中 7 月 8 日到 8 月 12 日没有产生数据，是一条直线）

图 12-9　总烃的变化曲线

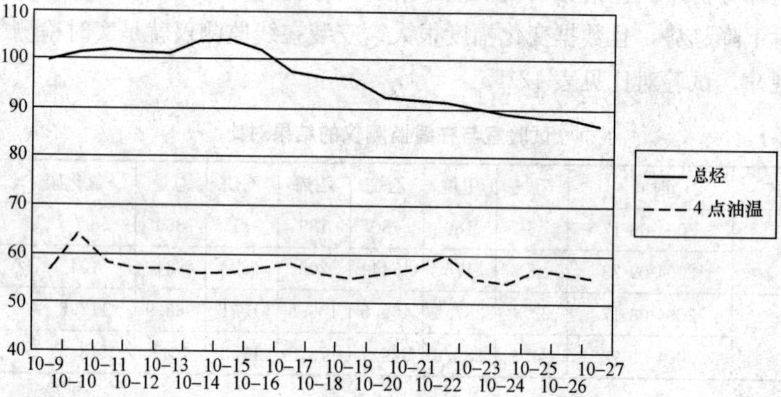

图 12-10　十月份每天 4 点油温和总烃的变化图

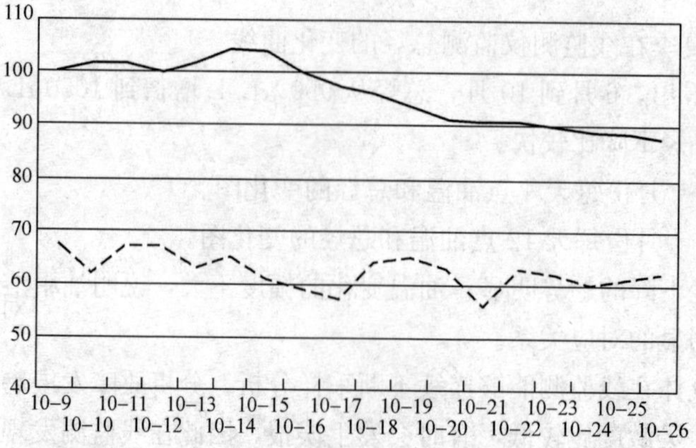

图 12-11　十月份每天 12 点油温和总烃的变化图

第三篇

高压断路器的检修

第十三章 断路器的基本结构和分类

一、高压断路器的作用和基本结构

高压断路器是电力系统中最重要的控制和保护电器。无论被控制电器处在何种工作状态，例如空载、负载或断路故障状态，断路器在继电保护的配合下都应可靠地动作，也就是说，高压断路器在正常时接通和断开电路；故障时，与继电保护装置相配合，断开故障线路部分，从而保证非故障部分的正常运行。

高压断路器的类型很多，但就其结构来讲，都是由开断元件、支撑绝缘元件、传动元件、基座和操动机构五个部分组成，如图 13-1 所示。在上述五个组成部分中，其中开断元件是断路器的核心，它包括断路器的动、静触头和导电回路及灭弧室等。断路器的控制、保护等任务都需要由它来完成。其他组成部分都是配合开断元件，为完成上述任务而设置的。开断元件一般安装在绝缘支柱上，是处于高电位的触头与绝缘支柱连接安装在基座上构成与地的绝缘。

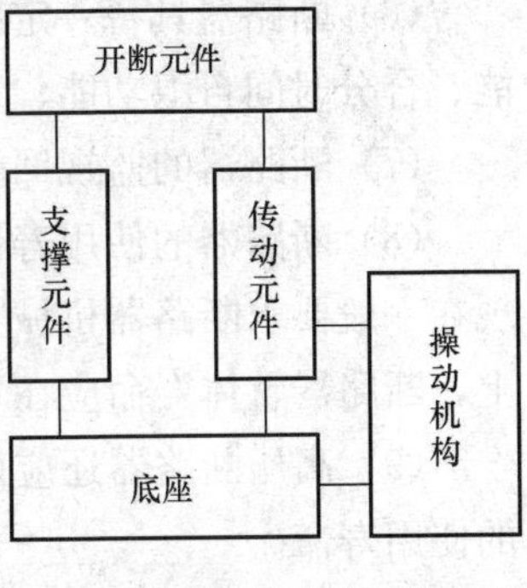

图 13-1 断路器组成的逻辑框图

二、电力系统对交流高压断路器的要求

（1）绝缘能力。高压断路器长期运行在高电压下，需有一定的绝缘承受能力，能够长期承受断路器额定电压及以下电压，并能短时承受允许范围的工频过电压、操作过电压和雷电过电压，而其绝缘性能不发生劣化。要求高压断路器对地及断口间具有良好的绝缘性能，在额定电压以及允许的过电压下不致发生绝缘破坏，在额定电压下长期运行时，绝缘寿命在允许范围内。

（2）通流能力。断路器能够长期承受额定电流及以下电流，其温升不超过规定允许值。并能短时承受规定范围内的短路电流，其电气和机械性能不发生劣化。要求高压断路器在合闸状态下为良好导体，不仅对正常负荷电流而且对规定的短路电流也能承受其发热和电动力的作用。

（3）关合、开断能力。由于电网电压较高、电流较大，当断路器在开断电路时，触头间会出现电弧，只有将电弧熄灭，电路才算是断开。因此，要求断路器有足够的开断能力。尤其在短路故障时，应能可靠地切断短路电流，并保证具有足够的热稳定度和动稳定度。断路器能在规定时间内可靠开断其标称额定短路电流及范围内的电流，而不发生重燃和重击穿，在规定时间内能可靠关合规定范围内的故障电流而不致发生熔焊，能承受其电动力影响而不致发生机械破坏。必要时还要开断和关合空载长线或电容器组等电容负荷，以及开断空载变压器或高压电动机等小电感负荷。

（4）断路器的动作特性应满足电力系统稳定的要求，尽可能缩短切除故障时间。当电力网发生短路故障时，要求断路器能迅速地切断故障电路，这样可以缩短电力网的故障时间和减轻短路电流对电气设备的危害。在超高压电网中，迅速切断故障电路，可以提高输送能力和系统的稳定性。因此，分闸时间是高压断路器的一个重要参数。

（5）断路器能够在允许的外部自然环境中长期运行，其性能应不发生劣化，且使用寿命不受影响。

（6）断路器具备一定的自保护功能、防跳功能、失灵保护、防止非全相合闸功能、合分时间自卫功能、重合闸功能等。

（7）断路器的监视回路、控制回路应能与保护系统、监控系统可靠接口。

（8）断路器的使用寿命能够满足电力系统要求，包括机械寿命和电气寿命，如现在一般要求断路器机械上可以连续操作 3000 次以上，开断额定短路电流 20 次以上，断路器整体寿命应在 20 年以上。

（9）高压断路器还应保证在一般的自然环境条件下能够正常运行，并保证一定的使用寿命。

（10）结构简单、价格低廉。在要求安全可靠的同时，还应考虑到经济性，并要求结构简单、体积小、质量轻、安装维护方便。

三、高压断路器的分类

（一）按控制、保护对象的不同分

1. 发电机断路器

控制、保护发电机用的断路器。断路器的额定电压在 40.5kV 以下，额定电流大，不需要快速重合闸。

2. 输电断路器

用于 110（63）kV 及以上输电系统中的断路器。其中 110、220kV 电压等级使用的断路器称为高压断路器，330kV 及以上电压等级使用的断路器称为超高压断路器。输电断路器除要求具备快速自动重合闸功能外，还常要具备开合近区故障、失步故障、架空线路和电缆线路充电电流的能力。由于电压高，断路器的结构也比较复杂。

3. 配电断路器

用于35（63）kV及以下的配电系统中的断路器。这类断路器除要求具备快速自动重合闸的功能，有时还要求具备开合电容器组（单个电容器组或多个并联电容器组）和电缆线路充电电流的能力。由于电压低，断路器的结构简单。

4. 控制断路器

用于控制、保护经常需要启停的电力设备（如高压电动机、电弧炉等）的断路器。断路器的额定电压在12kV以下。要求断路器能够频繁操作并具有高的机械和电气寿命。

（二）按安装地点分

1. 户外高压断路器

能承受风、雨、雪、污秽、凝露、冰及浓霜等作用，适用于安装在露天使用的高压断路器。

2. 户内高压断路器

不具有防风、雨、雪、污秽、凝露、冰及浓霜等性能，适用于安装在建筑物内使用的高压断路器。

对于户外和户内高压断路器的制造工艺、技术要求都不同，一般对户外断路器设备要求更严格一些，其价格也贵得多，但户内设备需要专门的建筑物。一般在城市为了安全和美化环境，户内高压断路器使用较多，发电厂使用的220～500kV高压电力断路器一般都是户外的。

（三）按其所采用的灭弧介质分

1. 油断路器

采用变压器绝缘油作为灭弧介质的称为油断路器。如其中的变压器绝缘油除了作为灭弧介质外，还作为触头开断后的断口间绝缘以及带电部分与接地外壳之间的绝缘介质的断路器，成为多油断路器；变压器绝缘油只作为灭弧介质和触头开断后的绝缘介质，不作为带电导体部分对地之间的绝缘，而带电部分的绝缘采用瓷件或其他介质的，则称为少油断路器。由于易发生火灾、易爆炸，因此油断路器具有检修周期短、使用寿命短等特点，从而直接影响供电的可靠性，故在发达国家已经淘汰。有的国家也已明文规定不准使用油断路器，目前我国少油断路器的使用也在淘汰期。

2. 压缩空气断路器

压缩空气断路器是用压缩空气作为灭弧介质的断路器，但因其制造、运行、维护复杂，已被淘汰。

3. SF_6 断路器

SF_6 断路器是采用具有优良绝缘性能和灭弧性能的 SF_6 气体作为绝缘介质和灭弧介质的断路器。目前 110kV 以上电网大多采用 SF_6 断路器，它与真空断路器一样，都是着重发展的断路器。

4. 真空断路器

真空断路器是利用高真空作为绝缘介质和开断时断口间的灭弧介质的断路器。

5. 自产气断路器

该断路器是利用固体介质受电弧作用而分解的气体来灭弧的断路器。该断路器一般应用在农电和居民配电场所。

6. 磁吹断路器

该断路器靠磁力吹弧，将电弧引入狭缝中冷却而灭弧。

目前水电厂全部 110kV 以上断路器和部分 35kV 断路器使用 SF_6 作为灭弧介质，35kV 以下断路器主要使用真空灭弧。SF_6 断路器与真空断路器是现在着重发展的断路器。

（四）SF_6 断路器按总体结构分

1. 瓷柱式（又称为支持瓷套式或敞开式）SF_6 断路器

这一类型断路器的结构特点是安置触头和灭弧室的容器（可以是金属筒也可以是绝缘筒）处于高电位，靠支持瓷柱对地绝缘，它可以用串联若干个开断元件和加高对地绝缘的方法组成更高电压等级的断路器，如 LW6、LW10 型等。

瓷柱式 SF_6 断路器又称为敞开式 SF_6 断路器，其总体结构和常规的瓷柱式空气断路器和少油断路器相似，属积木式结构，灭弧室与接地装置之间的绝缘由支柱瓷套来承担，灭弧室装在支持瓷套的上部，断口装在瓷套内，一般每个瓷套内装一个断口，随着电压等级的提高，支持瓷套的高度以及串联灭弧室的个数也将增加。支持瓷套的下端与操动机构相连，通过支持瓷套内的绝缘拉杆带动触头完成断路器的分、合闸操作。

瓷柱式 SF_6 断路器的灭弧室可布置成 T 形或 Y 形，如断路器超过两个断口就要在灭弧室瓷套边上装设并联均压容器，对于 330kV 及以上的 SF_6 断路器应根据过电压计算结果决定是否装设并联电阻。瓷柱式 SF_6 断路器具有产品系列性好，制造容易，用气量少，价格便宜，SF_6 气体的维护工作量少等优点，但存在抗震性能不如落地罐式 SF_6 断路器，电流互感器要单独安装等不利之处。由于受瓷套的限制，断口的耐受电压水平不可能做得很高；受机械性能的影响，瓷套长度不可能做得很长。

2. 罐式（又称为接地金属箱型或落地罐式）SF_6 断路器

其特点是触头和灭弧室安装在接地金属箱中，导电回路由绝缘套管引入，对地绝缘由 SF_6 气体承担，如 LW13 型。

罐式 SF_6 断路器的总体结构与多油断路器相似，其特点是导电部分和灭弧室在充有 SF_6 气体的金属箱体内，箱体接地，带电部分与箱体之间的绝缘由 SF_6 气体承担，随着断路器额定电压的提高，断口（灭弧室）也随之增多，为了均压，每个灭弧室都装设了并联电容器，电流经高压引线引入，高压引线通过箱体上装设的套管引入，一般都装设了套管式电流互感器，引线套管内腔亦充 SF_6 气体。如断路器超过两个断口就要装设并联均压容器，对于 330kV 及以上的 SF_6 断路器还应根据过电压计算结果决定是否装设并联电阻。

罐式 SF_6 断路器的优点是结构紧凑、重心低、抗震能力强，在地震区域比较受欢迎。该类型断路器可提供多个电流互感器装设位置。以罐式断路器为基础，可以集成其他高压电器元件，形成 HGIS、GIS 等系列复合开关设备。罐式断路器的主要元器件都放在内充 SF_6 气体的金属箱体内，不受外部环境影响，运行可靠性较高。断路器的断口和灭弧室在 SF_6 中，绝缘能力强，不像瓷柱式断路器外绝缘受瓷套限制，因此罐式 SF_6 断路器可以开发出更高电压等级的断路器，如现在的 550kV 单断口断路器就是在罐式 SF_6 断路器上开发成功的，但是对于瓷柱式多断口 SF_6 断路器，在开断电容器组时，耐受重击穿的能力比单断口断路器要好一些。

从适应外部环境低温角度来看，大容积的罐式 SF_6 断路器有优势，可以在罐内装设加热器，而瓷柱式则不行，但可以通过使用混合气体如 SF_6+N_2 或 SF_6+CF_4 等方法来解决，但其灭弧性能不如 SF_6 气体。

罐式 SF_6 断路器的不足是耗原材料较多，价格较贵，在不需要装电流互感器的地方，瓷柱式 SF_6 断路器的价格只有罐式 SF_6 断路器的 60%。罐式 SF_6 断路器耗用了更多的 SF_6 气体，环保性能要差一些，罐式 SF_6 断路器制造工艺较复杂，检修较困难。

罐式 SF_6 断路器一般可以抗 0.9 级地震，并且已制造出抗 1.0 级地震的罐式断路器，而瓷柱式在加装专门的抗震器后最高才可抗 0.5 级地震。因此在易发生地震的日本以及我国华北地区罐式断路器使用较多，在美国因为比较强调线路保护和考虑地震影响，集成电流互感器的罐式 SF_6 断路器使用也较多。

随着电力系统对高压断路器开断能力、稳定性要求的增高，制造工艺的不断进步，采用油、压缩空气的断路器在国内已淘汰了，真空断路器在中压系统中应用广泛，但是在高压及超高压成熟度不够，所以本书只对在高电压应用最广泛的 SF_6 断路器进行叙述，本篇重点讲述瓷柱式 SF_6 断路器，罐式 SF_6 断路器在第四篇中叙述。

第十四章　SF_6 断路器检修的组织管理

第一节　SF_6 断路器的特点

一、SF_6 断路器的特点

（1）断口电压高。适合应用于高压、超高压和特高压领域，结构简单，可靠性高，体积小，无火灾危险。

（2）开断能力强，开断性能好。目前 SF_6 断路器可以开断 80～100kA 的短路电流，开断时间小。由于 SF_6 气体具有强电负性，离解温度低，离解能大，电弧在 SF_6 气体中可以形成有利于熄弧的“电弧弧柱结构”，熄弧时间小，一般为 5～15ms，同时对其他类型断路器反应较为沉重的开断任务如反相开断、近区故障、空载长线、空载变压器等开断任务也能轻松完成。开断小的感性电流时截流电流值小，操作过电压低。

（3）寿命长。可以开断 20～40 次额定短路电流不用检修，额定负荷电流可以开断 3000～6000 次，机械寿命可达 10000 次以上。现在的产品一般可以做到 20～30 年不用大修。

（4）品种多、系列性好。有瓷柱式（GCBP）和罐式（GCBT）两大系列，以 SF_6 断路器为基础，发展了 GIS、HGIS 等多种产品。

（5）SF_6 断路器没有燃烧危险。SF_6 气体不燃烧，也不支持燃烧，运行更安全。不含碳分子，在电弧反应中没有碳或碳化物生成，绝缘和灭弧性能好。

二、SF_6 断路器灭弧室及灭弧过程

如图 14-1 所示为典型自能式 SF_6 断路器灭弧室结构及灭弧原理图。SF_6 断路器的灭弧室要求：

（1）在最有利的距离（电弧熄灭后能保持绝缘的距离）和最有利的时间（电流的第一个，最多第二个过零点）熄灭电弧。

（2）在最有利的开距和第一个零点时，保证吹弧时的压力为音速。

以上这两点要求灭弧室的动触头在灭弧时要有足够的速度，操动机构能够提供足够大的操作功。

（3）为了充分发挥 SF_6 气体绝缘和灭弧能力优势，提高断路器的断口电压和短路开断能力，应该尽量提高灭弧室（包括灭弧过程中）的电场的均匀性。如西门

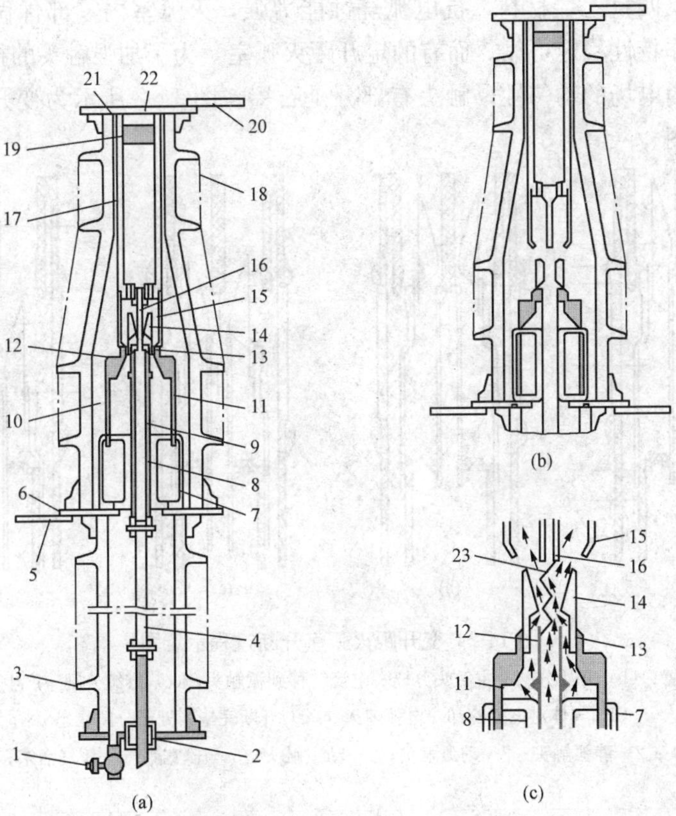

图 14-1　自能式断路器灭弧室结构及灭弧原理图（变开距）

（a）合闸位置；（b）分闸位置；（c）灭弧过程示意图

1—气阀；2—滑动密封；3—支持绝缘子；4—绝缘拉杆；5—下接线端子；6—法兰；7—中间触指；8—活塞；9—活塞拉杆；10—SF_6 气体；11—压气缸；12—动弧触头；13—动触头；14—喷口；15—静触头；16—静弧触头；17—触头支撑座；18—灭弧室瓷套；19—吸附剂；20—上接线端；21—O 形密封圈；22—法兰；23—电弧

子公司的定开距灭弧室就特别注意灭弧室的电场均匀性，但过分强调电场均匀性会提高操作功要求。

（4）灭弧室的电流回路、灭弧触头既要保证正常运行能长期通过足够大的负荷电流，又要保证能开断足够大的故障电流，一般 SF_6 断路器的通流触头（主触头）和灭弧触头分开设计。

触头结构，对于一般变开距灭弧室，主触头采用独特的整体自力型触头，无触头弹簧，电接触稳定可靠。弧触头采用整体烧结的铜钨触头，铜钨块不会脱落，喷口一般使用聚四氟乙烯材料，抗电弧烧蚀能力强，灭弧室内零部件做到了最低程度，因此工作特性稳定可靠。而有的定开距灭弧室，为了加强触头的抗烧蚀能力和提高灭弧室内电场的均匀性，触头有部分是石墨。图 14-2 所示为变开距灭弧室开断过程示意图。

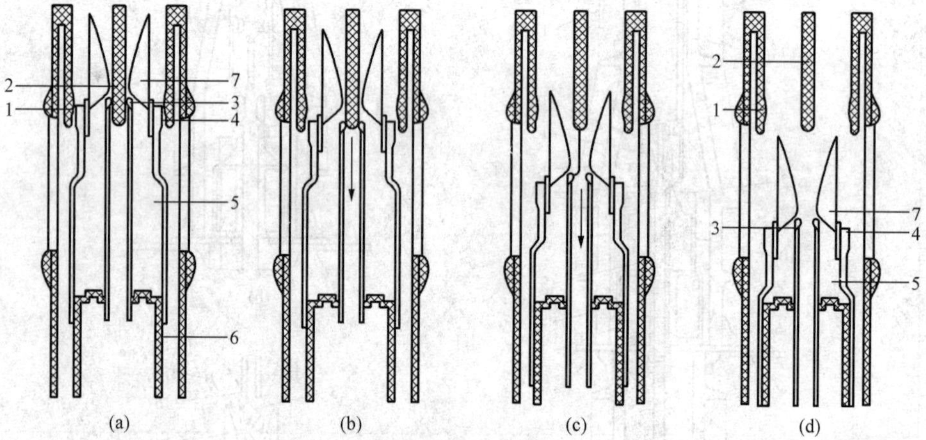

图 14-2　变开距灭弧室开断过程示意图

(a) 合闸位置；(b) 开始分闸—主触头分离—电流转移到弧触头；(c) 继续分闸—产生电弧—压缩 SF_6 气体对电弧冷却—电弧熄灭；(d) 开断完毕，处于分闸状态

1—静触头；2—静弧触头；3—动弧触头；4—动主触头；5—压气缸；6—压气活塞；7—喷口

第二节　SF_6 断路器的检修周期和项目

对于高压断路器检修，首先要确定断路器设备在何种条件下应实施检修。由于目前电力系统内各单位对于断路器的检修实行不同的管理制度，大多数单位按照周期检修的制度进行管理，少数单位则按状态检修的制度进行管理。对于实施状态检修的设备，应根据对设备全面的状态评估结果来决定是否对断路器设备进行检修工作，对于未实施状态检修的设备，基本上按周期来确定是否对断路器设备进行检修。

相关规程对不同的高压开关设备检修有规定和要求（见表 14-1），厂家对不同型号高压开关设备检修也有推荐原则（见表 14-2）。

以 LW6-500 型断路器为例，一般的检修周期和检修项目如下：

（一）检修周期

(1) 本体机构大修周期：一般 15 年一次。

(2) 操动机构大修周期：凡是本体大修必须进行操动机构大修（包括动力元

件)，机构大修除结合本体大修外，还需 7～8 年进行一次。

(3) 小修周期：一般 1～3 年进行一次。

(4) 临时性检修：开断短路电流次数达到规定值时，开断故障电流和负荷电流累积达 3000kA 时，机械操作次数达到 3000 次时，存在着严重缺陷、影响安全运行时均需作临时性检修。

表 14-1　高压断路器检修规定

设备类别	检修相关规定
断路器设备	1. 检修的分类 (1) 大修：对设备的关键零部件进行全面解体的检查、修理或更换，使之重新恢复到技术标准要求的正常功能。 (2) 小修：对设备不解体进行的检查与修理。 (3) 临时性检修：针对设备在运行中突发的故障或缺陷而进行的检查与修理。 2. 检修的依据 应根据设备的状况、运行时间并参照设备安装使用说明书中推荐的实施检修的条件等因素来决定是否应该对交流高压断路器进行检修。 (1) 对于实施状态检修的设备，应根据对设备全面的状态评估结果来决定对断路器设备进行相应规模的检修工作。 (2) 对于未实施状态检修的设备，一般应结合设备的预防性试验进行小修，但周期一般不应超过 3 年
SF_6 断路器（国家电网公司检修规范规定）	(1) 电寿命：累计故障开断电流达到设备技术条件中的规定值。 (2) 机械寿命：机械操作次数达到设备技术条件中的规定值。 (3) 运行时间：12～15 年（推荐）

表 14-2　几种高压断路器的厂家检修规定

厂家、设备类别	检修规定或建议
500kV 日本三菱单柱双断口 500-SFM-50B（E）断路器，操动机构采用 AM-32 型气动弹簧操动机构，气动分闸储能，弹簧合闸	根据三菱公司推荐的维护和检查大纲，断路器运行情况良好，按设计是免维护的。建议巡视检查每星期一次，主要巡视运行中的断路器是否有异常。定期检查（小修）每六年一次，此时断路器的停电时间极短，进行简单的试验检查，查看外部是否有异常，清扫灰尘、污秽，不放气加润滑油。当达到以下条件之一时，就应对断路器进行大修： (1) 达到断路器允许操作的次数时。 (2) 切断小电流 4000 次以上时。 (3) 切断额定负荷电流 2000 次以上时。 (4) 切断额定短路电流 20 次以上时，应该检查或更换主触头。 (5) 当操作总次数达到 5000 次以上时，必须更换操动机构零件。 根据断路器的运行时间：运行时间已经达到或超过 12 年的断路器，就应该进行一次大修检查。 在确定同时达到检修周期的设备的检修次序时，应该首先对运行条件最为恶劣的设备进行检修

续表

厂家、设备类别	检修规定或建议
意大利MAGRINI公司生产的MHMe-2Y型SF_6断路器，双断口、带并联电阻，操动机构为G20N气动机构，三相由一台空压机集中供气，气动分、合闸	厂家说明书建议：在断路器投运第一年中，每个月进行一次检查，主要检查空压机的排水情况及油位，记录断路器的气压及动作情况。 每年在断路器退出运行时进行年检。主要包括清洗或更换气滤网，更换曲轴箱内的压缩机油和滤网，检查安全阀动作是否正确；检查压缩空气回路和压力触头；检查断路器的控制回路；检查断路器和操动机构；检查弹簧装置；检查SF_6气体回路和压力触头；检查漏气情况，并根据情况适当补气；测试断路器的机械特性。 每隔五年对断路器进行一次维护（小修）。检查SF_6气体含水量，并根据检查情况确定是否大修。 当出现下列情况时，必须进行大修： (1) 切合负荷和故障电流累计700kA。 (2) 切合额定负荷电流2000次。 (3) 运行时间10年以上时
平顶山高压开关厂生产的LW6系列SF_6断路器。有LW6B-220型、LW10B-252/YT型	华中电管局编写的《LW6系列SF_6断路器检修工艺》建议： (1) 本体大修周期一般15年进行1次。 (2) 操动机构大修周期：凡是本体大修必须进行操动机构大修（包括动力元件），机构大修除结合本体大修外，还需7～8年进行一次。 (3) 小修周期：小修一般1～3年进行一次。 (4) 临时性检修： 1) 开断短路电流次数达到规定值时。 2) 开断故障电流和负荷电流累计达3000kA时。 3) 机械操作次数达3000次时。 4) 存在严重缺陷，影响安全运行时
ABB公司的HPL550B2-4000A/50kA系列SF_6断路器，采用BLG-1002A弹簧机构	正常操作条件下，厂家建议维护计划可以按照下列方式制定： (1) 检查：12年之后，或者开断3000次额定电流之后进行，断路器必需停运并隔离，不需要打开气室。 (2) 检修：25年之后，或者开断6000次额定电流之后进行，断路器必需停运并隔离，需要打开气室。 (3) 灭弧室检修：达到允许的故障开断次数，断路器必需停运并隔离，需要打开气室
西门子公司的3AT3EI-400A/50kA系断SF_6断路器，采用液压机构	正常操作条件下，厂家建议维护计划可以按照下列方式制定： (1) 检查：12年之后，或者开断3000次额定电流之后进行，断路器必须停运并隔离，不需要打开气室。 (2) 检修：25年之后，或者开断6000次额定电流之后进行，断路器必须停运并隔离，需要打开气室。 (3) 灭弧室检修：达到允许的故障开断次数，断路器必须停运并隔离，需要打开气室
阿尔斯通公司的GL17-3150A/50kA系列SF_6断路器，均采用FK3-4型弹簧机构	正常操作条件下，厂家建议维护计划可以按照下列方式制定： (1) 维护视察：1年1次或2次，如果设备几乎没有使用，则建议每年完成最少2次开闸—合闸（CO）工作周期，目的是检查断路器及其辅助控制回路工作是否正常。 (2) 检验：每5年1次，检验时需要停运断路器，但是没有必要拆卸灭弧室和其他组件。 (3) 大修、满足下列条件时进行：操作时间大于或等于20年，机械周期数大于或等于3000，或出现电气磨损，电气磨损可用下列曲线确定，该曲线根据下列公式作出：$\sum NI^2=20000kA^2$，N为对应I值上的开断次数。 厂家建议先对使用最频繁的电极或断路器进行检验，然后根据分析的结果对开关作出维护计划

续表

厂家、设备类别	检修规定或建议
法国MG公司的FA4-550系列 SF_6 断路器，以及其他系列断路器，采用液压机构	FA系列断路器与LW6系列为同样产品，华中电管局编与的《LW6系列 SF_6 断路器检修工艺》建议： (1) 本体大修周期一般15年进行1次。 (2) 操动机构大修周期：凡是本体大修必须进行操动机构大修（包括动力元件），机构大修除结合本体大修外，还需7～8年进行一次。 (3) 小修周期：小修一般1～3年进行一次。 (4) 临时性检修： 1) 开断短路电流次数达到规定值时。 2) 开断故障电流和负荷电流累计达3000kA时。 3) 机械操作次数达3000次时。 4) 存在严重缺陷，影响安全运行时
ABB原装进口的ELFSP7-22型、ELFSP7-21型 SF_6 断路器，采AHMA-8型液压弹簧机构	正常操作条件下，厂家建议维护计划可以按照下列方式制定： (1) 维护视察：1年至少1次，如果设备几乎没有使用，则建议每年完成最少2次分闸—合闸（CO）工作周期，目的是检查断路器及其辅助控制回路工作是否正常。 (2) 检验：每5年1次，检验时需要停运断路器，但是没有必要拆卸断路器灭弧室和其他组件。 (3) 大修、满足下列条件时进行：运行时间12～16年，机械操作大于或等于5000（CO），累计开断电流达到厂家规定值。厂家建议先对使用最频繁的电极或断路器进行检验，然后根据分析的结果对开关作出维护计划
西电三菱公司的500-SFM-50E-4000A /63kA支柱式 SF_6 断路器，带并联电阻，均采用CQ7型气动弹簧机构	正常操作条件下，厂家建议维护计划可以按照下列方式制定： (1) 维护视察：1年1次或2次，如果设备几乎没有使用，则建议每年完成最少2次分闸—合闸（CO）工作周期，目的是检查断路器及其辅助控制回路工作是否正常。 (2) 检验：每5年1次，检验时需要停运断路器，但是没有必要拆卸灭弧室和其他组件。 (3) 大修、满足下列条件时进行：操作时间大于或等于20年，机械周期数大于或等于5000，累计开断电流超过厂家规定
西门子公司的3AQ-EE(G) 4000A/50kA系列 SF_6 断路器，3AQ-EG型为三相共机构，均采用液压机构	正常操作条件下，厂家建议维护计划可以按照下列方式指定： (1) 检查：12年之后，或者开断3000次额定电流之后进行，断路器必须停运并隔离，不需要打开气室。 (2) 检修：25年之后，或者开断6000次额定电流之后进行，断路器必须停运并隔离，需要打开气室。 (3) 灭弧室检修：达到允许的故障开断次数，断路器必须停运并隔离，需要打开气室

（二）检修项目

1. 大修项目

（1）SF_6 气体回收及处理。

（2）灭弧室解体检修。

（3）并联电阻解体检修。

（4）支柱装配解体检修。

（5）操动机构解体检修。

（6）三（五）联箱检查，并联电容器检查、试验。

（7）去锈、刷漆，现场清理及验收。

2. 小修项目

（1）支柱中 SF_6 气体微水测量（灭弧室、并联电阻中 SF_6 气体微水测量必要时进行）。

（2）检漏（必要时进行）。

（3）清扫和检查断路器外观。

（4）液压油的过滤或更换。

（5）检查断路器 SF_6 气体压力值。

（6）密度继电器、压力开关、各种压力表的校验。

（7）液压元件的检查。

（8）导电回路电阻及并联电阻值的测量。

（9）辅助回路和控制回路绝缘电阻测量。

（10）并联电容值和介质损耗因数的测量。

（11）油泵打压时间检查和保压检查。

（12）分、合闸油压降检查。

（13）动作电压的校验。

（14）检查联锁、防跳及防止非全相合闸等辅助控制装置的动作性能。

（15）清理现场及验收。

3. 临时性检修项目

依照具体情况而确定。

第三节　SF_6 断路器大修前的准备

一、高压断路器检修技术要求

高压断路器的正确检修（拆、修、装复）是保证高压断路器正常运行的重要条件。正确的检修还可延长高压断路器的使用寿命。

（一）在高压断路器检修工作中的要求

1. 掌握有关技术资料

首先了解制造厂的产品安装使用说明书和产品试验证书中的有关规定，掌握高压断路器的技术特性、结构、工作原理，以及运输、保管、检查、组装、测试、调整的方法及要求。据此制订检修工序及检修措施。制定检修工序及检修措施时，应注意高压断路器的结构和技术特性在不断地改进，不同时期生产的同一型号产品或不同制造厂生产的同一型号的产品的个别部件、个别调整数据有可能不相同。对于出厂时间长和运行时间长的高压断路器还应切实了解发生过哪些问题？有过哪些改进？以便掌握薄弱环节，消除缺陷。

2. 仔细检查记录

拆卸断路器时必须认真仔细地按照该型断路器的分解组装步骤进行，对部件做记号并详细测量记录原始数据、损坏部位、损坏情况及异常现象等，以保证装复质量。

3. 严格遵守检修相关标准或制造厂安装技术规定

遵守技术规定，可以保证检修质量，加快检修速度，避免质量事故。如先经过慢速操作试验，证明高压断路器的合闸和分闸等动作都正常以后，再进行快速操作试验，就能够有效地防止机械性故障；先调整高压断路器传动机构的运动速度和动作时间，符合标准以后，再进行导电回路电阻的测量和调整，能够减少测试工作的次数和迅速达到技术标准的规定。

（二）经检修后的高压断路器应满足的要求

（1）在基础或支架上的位置准确，固定牢固符合安全要求。

（2）油箱、储气罐和其他密封部分不渗油、不漏气、不漏水。

（3）整组的和各部分的电气绝缘良好，符合制造厂或相关标准的规定。

（4）各机件之间的间隙、距离、角度、行程和搭扣等符合制造厂或“导则”规定。

（5）慢速或快速操作时，准确可靠地完成指定的动作。合闸、分闸的运行速度和动作时间符合制造厂或相关标准的规定。

（6）动触头和定触头的接触良好，导电回路的电阻符合制造厂或现行规程的规定。

（三）断路器检修起吊和组装的技术要求

断路器及其操动机构都备有基础或支架，运行时，基础或支架承受断路器及其操动机构的自重（静荷载），当合闸和分闸时，基础或支架还承受向上或向下的附加垂直作用力及在断路器与操动机构之间、断路器与断路器（分相安装的）之间的水平作用力（动荷载）。因此必须保证断路器的基础或支架具有足够的强度或刚度，在静荷作用下不变形，在动荷作用下不位移。只有这样断路器才能正常工作。

检修时应检查和处理基础或支架的缺陷。断路器及其操动机构固定在混凝土支架上或钢支架上，混凝土支架和钢支架应能够承受不小于 0.5t 的操作动荷载，固定螺栓埋进地面内的深度应不小于 150mm。对固定在导轨上的断路器和操动机构，其允许的各相基础或支架的中心距和高度误差为：对于三相联动的断路器不应大于 5mm；对分相操作的断路器不应大于 10mm。各个地脚螺栓与设备安装孔的中心线间的偏差不应大于2～3mm。对固定在混凝土基础上的断路器和操动机构，其地脚螺栓的埋入深度应按合闸或分闸的最大向上垂直作用力验算决定，但最小不得小于500mm。

断路器吊装复位时，首先进行找平找正，先是粗调，合适后再细调，最后达到要求。在组装部件时，必须按照该型断路器所规定的组装顺序、方向、间隙和角度进行组装。如果解体时标有顺序编号，要按照其编号“1、2、3、4…的顺序进行组装，按照标记确定部件安装方向。

二、断路器检修准备工作

（一）制订断路器检修计划

断路器检修计划是否合理、完整，直接影响检修质量和效果。计划部门、运行和检修单位应密切配合，做好下述工作。

(1) 确定断路器检修项目和深度要求。对于一台具体设备来说，产品型号（它的结构特点）、质量、投运后的工作状态、故障运行和事故跳闸记录等，才是确定检修项目和检修深度要求的具体依据。必须以产品说明书、出厂试验报告、投产时及以后历次检修和预防性试验报告、运行记录、缺陷及其处理记录等资料，作为确定检修项目和深度要求的依据。

(2) 确定技术改进项目和消除缺陷的技术措施。早年生产的设备，或由制造厂，或由别的用户作了某些改进，性能有所改善，或者本单位已发现有可改进之处，应根据这些外来资料和本单位的技术改进经验，对设备的现存缺陷制订出具体处理方案。

(3) 编制材料、备品清单。根据拟定的检修计划和技改措施编制备品和材料计划。编制计划时，要考虑一些意外的需要，尤其易损件如触指（包括引弧指）、密封圈和断路器内用到的各种规格的螺钉、垫圈等要有较充足的准备。

(4) 编制断路器检修用机具和工具清单。如制造厂提供的专用工具、测试仪器、SF_6气体回收装置、滤油机等专用机具、安全工具和常用工具等。

(5) 劳动组织。根据工作班成员技术条件和工作需要，将工作班分成若干个工作小组。

(6) 编制断路器检修进度表。

（二）拟订断路器检修工作方案

组织工作班和有关人员讨论与修改检修计划，让全体工作人员了解工作任务和要求及安全注意事项，如对原计划予以修改和完善，应使每个工作成员都心中有数。各小组也要在讨论计划的基础上拟定小组的工作方案。

（三）断路器检修安全注意事项

施工安全包括设备安全和人身安全两个方面。

在设备安全方面，主要注意防止拆卸吊装套管、瓷套、油标等易碎部件与其他物品的碰撞；拧紧各部件的固定螺栓时，要用力均匀，以防止零件受扭劲。在操作试验之前，必须先进行操动机构和传动机构的粗调，以防止油断路器合不上，分不开，或者合闸以后锁扣锁不住，又重新分开等。在线路带电时，不许用手动方式闭合大型高压断路器。

在人身安全方面，必须注意：使断路器处于分闸位置，将储能电源断开，将油压力释放至零表压，方能进行工作；储气罐和液压式操动机构的储压器带着高气压和高液压时，不许拆卸其上面的部件或进行检修工作，对必须的调整，也应当谨慎地进行，防止部件脱出伤人；对于 SF_6 断路器气室解体时，应当首先对气室进行排气充氮处理，防止吸入有害气体。

（四）其他准备工作

（1）核对备品、材料及机具设备的规格、数量是否与计划清单相符,质量是否合格。

（2）制订安全措施。

（3）办理工作票许可手续。

（4）工作班及设备进入检修现场，开始工作。

对检修现场布置，主要注意选择在整个吊装过程中尽量少移动，或不移动起吊设备。在高处工作时,最好能用可升降的工作架,并采取防止掉下工具损坏设备和伤人的措施，室外工作应有防雨防尘措施(如搭帐篷等)，现场应干燥清洁并有防火措施。

（五）外部检查和试验

（1）测量 SF_6 气体的压力值。

（2）定性检漏后进行定量检漏。

（3）测量各组件内 SF_6 气体的微水量。

（4）做好各组件的标记。

（5）检查液压操动机构各管道接头有无渗漏油、油位是否正常，并做好记录。

（6）进行电动分、合闸操作，检查动作情况，测量断路器的机械特性。

（7）观察电动机运转情况。

（8）测量回路电阻。

三、SF_6 断路器检修流程

（一）SF_6 断路器大修总体流程图

SF_6 断路器大修总体流程图，见图 14-3。

（二）SF_6 断路器本体大修流程图

SF_6 断路器本体大修流程图，见图 14-4。

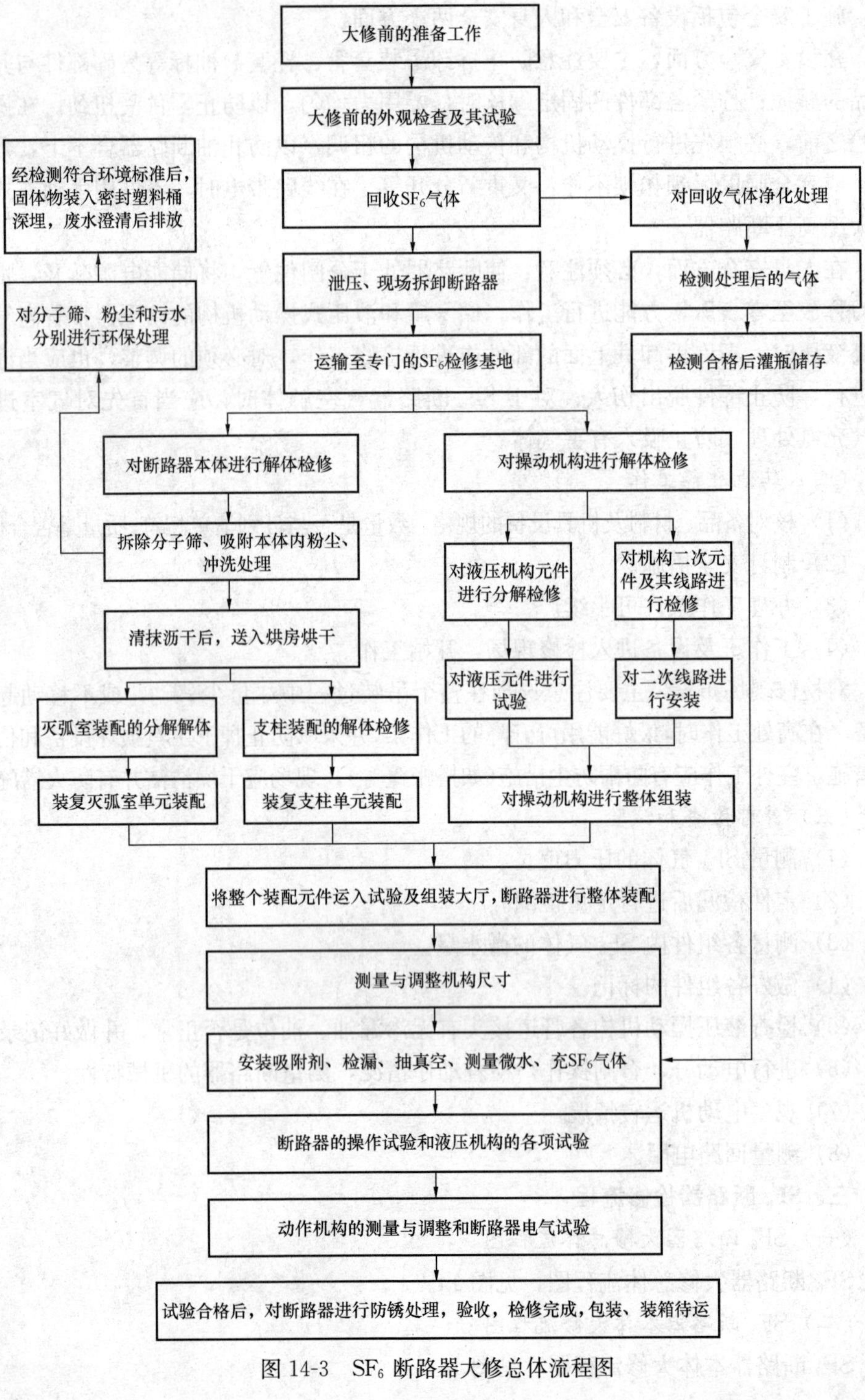

图 14-3　SF_6 断路器大修总体流程图

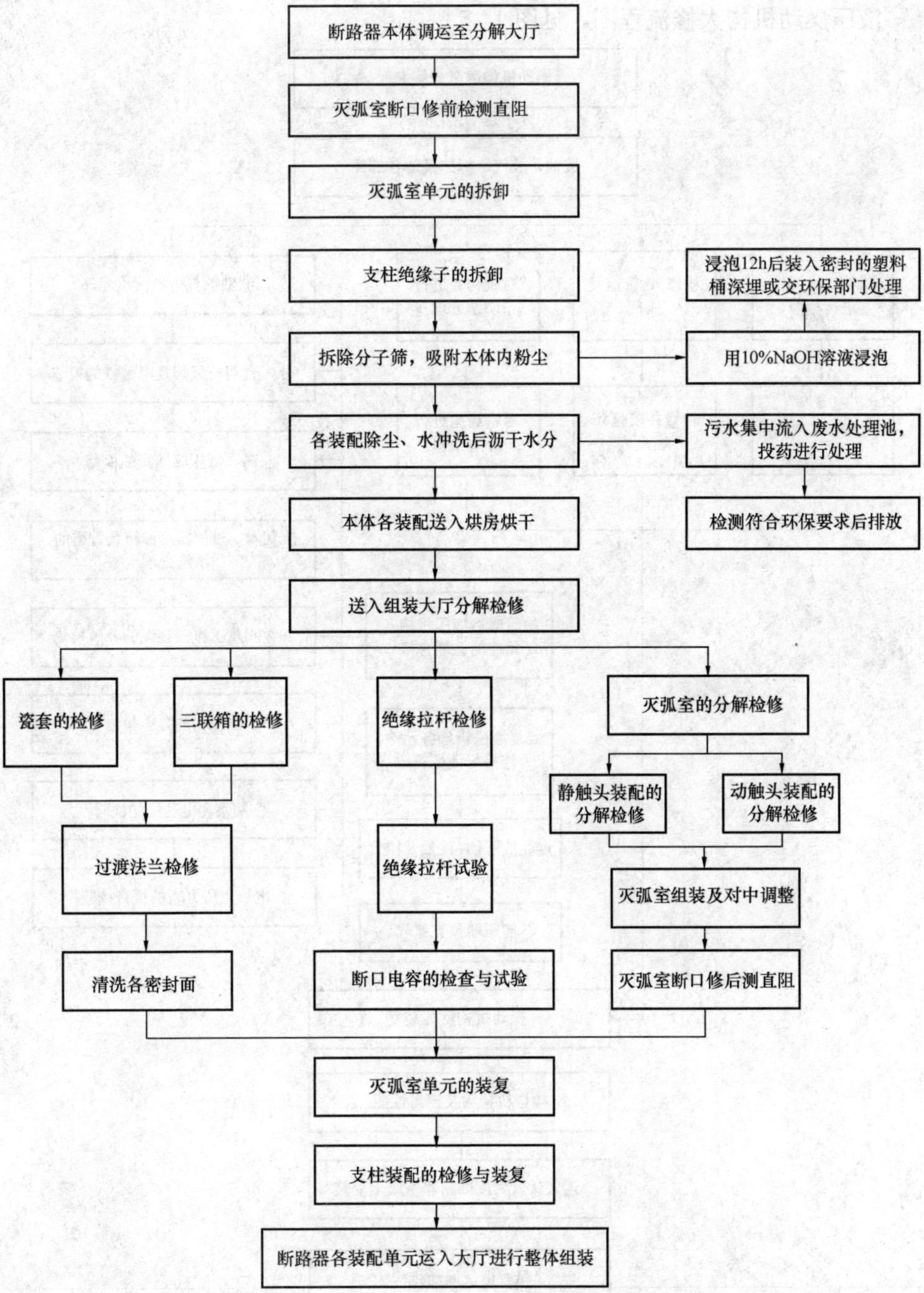

图 14-4　SF_6 断路器本体大修流程图

（三）液压操动机构大修流程图

液压操动机构大修流程图，见图 14-5。

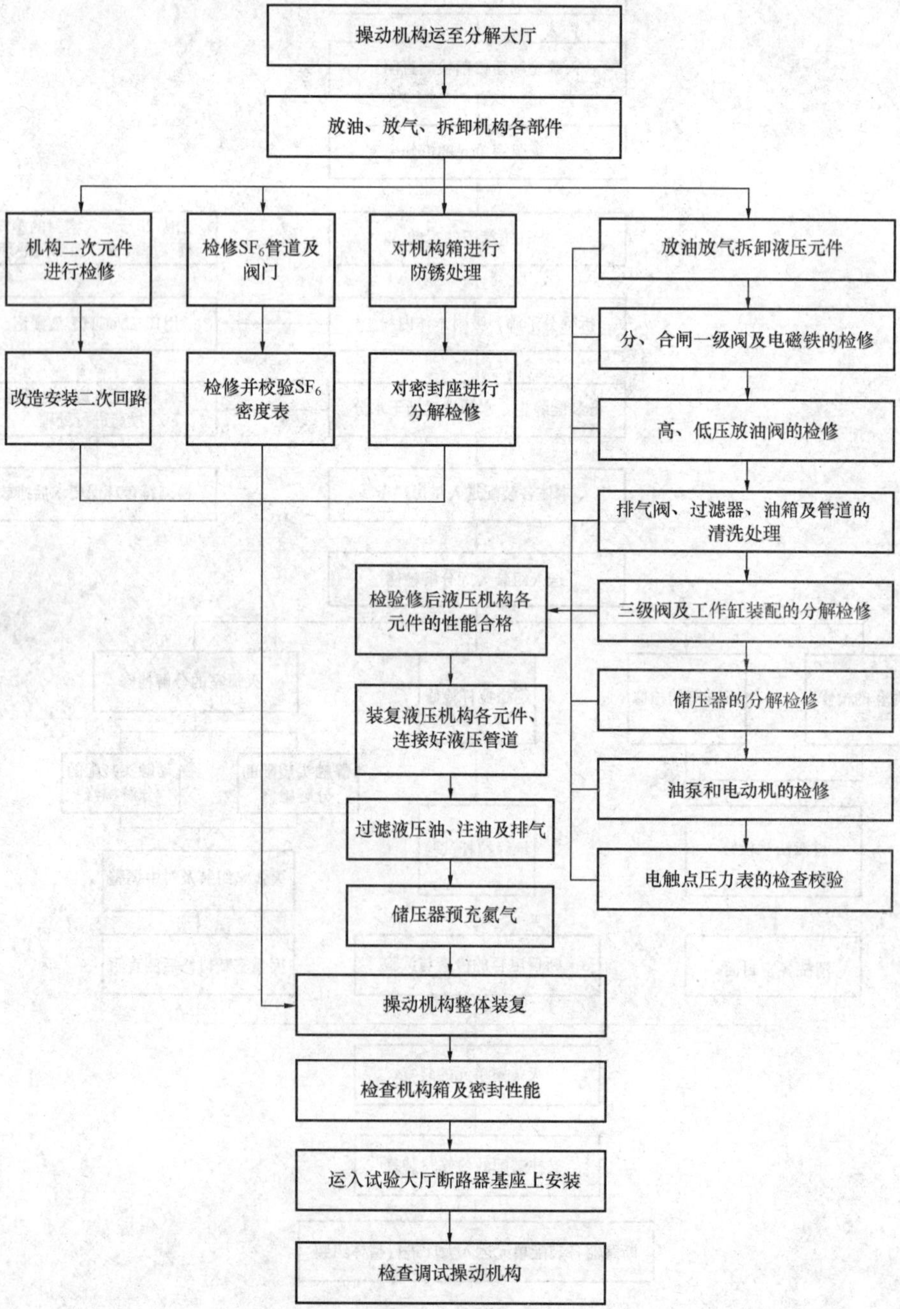

图 14-5　液压操动机构大修流程图

（四）断路器的安装、调试及试验流程图

断路器的安装、调试及试验流程图，见图 14-6。

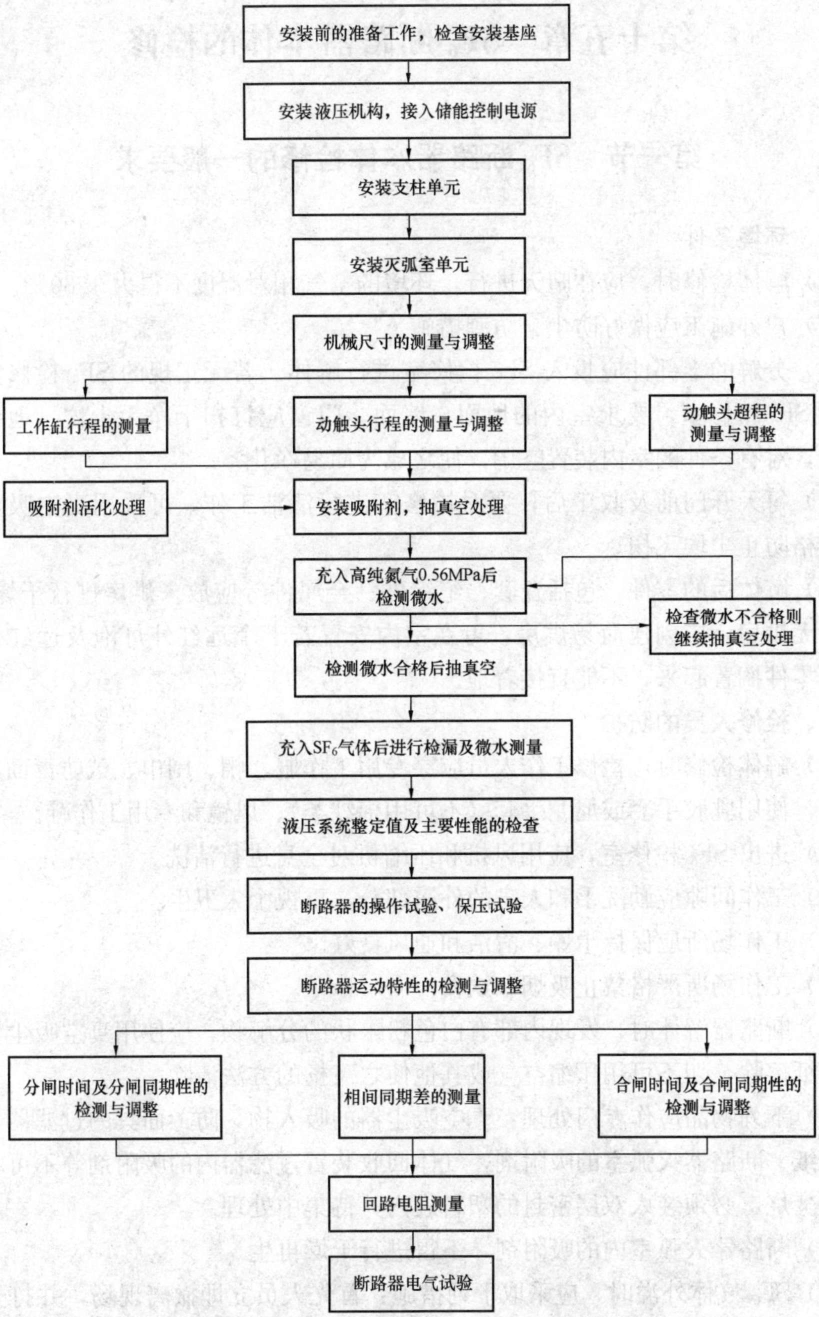

图 14-6　断路器的安装、调试和试验流程图

第十五章　SF_6 断路器本体的检修

第一节　SF_6 断路器本体检修的一般要求

一、环境条件

(1) 解体检修时，应在晴天进行，环境的空气相对湿度不得大于80%。

(2) 户外施工应做好防尘、防潮措施。

(3) 分解的零部件应投入 SF_6 检修室进行解体。若无正规的 SF_6 检修室可建立临时 SF_6 检修室，要求室内的地面、墙面、门窗应打扫干净无尘埃，地面可铺橡胶块，对有条件的室内装置空调，使之成为简易净化室。

(4) 每天开门前及收工后，要对检修室进行清洁工作，可采用真空吸尘器进行，严格防止尘埃飞扬。

(5) 解体后的零件，包括瓷套、绝缘件、金属件等应放入烘房进行干燥处理。若现场无烘房，应创建简易烘房，可在室内安置若干个远红外灯泡及远红外电炉板，将零件搁置起来，不能直接着地。

二、检修人员的防护

(1) 解体检修时，检修工作人员应穿专用工作服、帽、围巾、戴防毒面具或防尘口罩，使用乳胶手套或尼龙手套（不可用棉纱类）、风镜和专用工作鞋。

(2) 进出 SF_6 检修室，应用风机和压缩机对全身进行清洗。

(3) 工作间隙应勤洗手和人身的外露部分，重视个人卫生。

(4) 工作场所应保持干燥、清洁和通风良好。

(5) 工作场所严格禁止吸烟和饮食。

(6) 断路器解体时，发现内部有白色粉末状的分解物，应使用真空吸尘器或柔软卫生纸擦除，切不可用压缩空气或其他使之飞扬的方法清除。

(7) 下列物品应作专门处理：真空吸尘器的吸入物，防毒面具的过滤器，全部擦布及纸、断路器灭弧室的吸附剂，气体回收装置过滤器内的吸附剂等不可在现场加热或焚烧，必须装入双层密封的塑料袋内，待集中处理。

(8) 断路器灭弧室内的吸附剂，不得进行干燥再生。

(9) SF_6 气体外溢时，应采取下列措施：首先人员立即撤离现场，并打开所有通风装置。事故发生15min内，人员不准进入室内（抢修人员除外）；在15min以后4h以内，任何人员进入室内都必须穿防护衣，戴手套及自氧式防毒面具；4h以后进入室内，虽可不用上述措施（应根据现场实际情况而定），但在清扫工作时，仍需采用上述安全措施。若故障时有人被外溢气体侵袭，应立即对其清洗后送医院诊治。

三、气体回收的要求

（1）气体回收装置由经过培训、熟悉操作方法的人员操作。

（2）使用前应确认回收装置处于良好状态。严格按照说明书操作，禁止误操作，防止对 SF_6 气体污染或 SF_6 气体外泄造成周围环境的污染。

四、组装过程要求

（1）仔细清洁，防止灰尘、水分、纤维等异物留在内部，严禁戴手套工作，按装配要求进行组装；封盖、装吸附剂前由专人负责最后的清扫吸尘工作。

（2）每项工作结束后必须复查。复查工作应指定专人负责，特别需复查内部螺栓的紧固情况。

五、密封面及导电接触面的装配

（1）灭弧室、并联电阻内部机械可动部分的润滑，电接触脂选用FL-8（聚三氯乙烯脂）。

（2）润滑脂涂抹层不宜太厚。

（3）涂密封脂目的是为了防锈、防密封圈老化、延长使用寿命、增加密封的可靠性。所有O形密封圈及法兰面应均匀涂抹密封脂，禁止将密封脂涂在O形密封圈内侧，防止密封脂与 SF_6 气体接触。

（4）密封槽面不能有划痕，密封槽面及法兰平面应无锈蚀。

（5）密封面组装顺序：

1）用丙酮或无水乙醇清洗密封面、密封槽。

2）用无纤维的专用擦拭纸反复擦拭，直到确认清洁为止。

3）检查、确认密封面及密封槽内无任何异物。

4）用无纤维的专用擦拭纸擦O形密封圈，O形密封圈检查试放，确认良好；用酒精擦拭，禁止用汽油清洗。

5）在密封圈槽内、密封面、O形密封圈上涂适量密封脂，放入槽内。

6）专人检查O形密封圈放置位置。

7）注意，用过的O形密封圈必须更换，不得再次使用。

第二节　LW6-500型 SF_6 断路器本体的检修

LW6系列 SF_6 断路器的灭弧室有单断口和V形布置的双断口两种，它可以组成单柱单断口（LW6-63、110、132)、单柱双断口（LW6-220)、双柱双断口（LW6-330)、双柱4断口（LW6-500）的不同结构。500kV还可装设并联电阻。

断路器配用的液压操动机构，每柱设有一个工作缸，装于支架下方，缸体有大尺寸和小尺寸两种，分别用来操作单柱双断口和单柱单断口，三相之间用全液压控制。单柱双断口结构，支柱瓷套与断口之间由三联（220kV）或五联（500kV）机构箱过渡。

一、LW6系列断路器基本结构和工作原理

（一）LW6系列断路器支柱构造

LW6-220型断路器一相支柱装配的结构，如图15-1所示。它由两节瓷套串联（LW6-110型为一节瓷套，LW6-500型为三节瓷套）组成。支柱上端的连接法兰8与上连杆9之间设有骨架密封圈12，使支柱内SF_6气体装配过程中不泄漏。在连接法兰8上装有两只自封接头24，供吊装时将两断口装配上的塞子13分别插接之用，以使断口与支柱内SF_6气体连通。对于220kV及以上的产品支柱，连接法兰8上还装有均压罩23，以减少内部电晕放电。在支柱两节瓷套连接处还装导向盘10，可减少绝缘拉杆1在受到合闸推力时产生的弯曲。支柱下法兰与下连杆16之间装有密封组件17，它采用滑动式密封结构，下连杆16与工作缸30的活塞杆18相连接。在支座下方的方形连接座20两侧设有观察窗，由此可观察到断路器分、合闸位置指示器。在方形连接座20下方装着工作缸30，侧面装着主储压器6。在工作缸下方装着供排油阀11，在供排油阀上又装着辅助油箱2。在方形连接座上还设有SF_6气体充气接头29，接头经管路与支柱内气体相通，在充气接头上装有密度继电器（或压力表）。

（二）灭弧室构造与动作原理

1. 灭弧室构造

LW6系列断路器装用典型的单压、变开距、双吹灭弧室，其结构如图15-2所示。灭弧室瓷套（断口瓷套）为腰鼓形，这种结构内部空间利用率最高，承受内压力强度也最好。它在断口上部设有吸附剂，断口瓷套上法兰由螺钉固定着上出线座，静触头装配与出线座连为一体。当拧去出线座固定螺钉后，就可卸下静触头座装配进行检修，并可更换吸附剂。

断口瓷套下法兰上装有下出线座，下出线座由螺钉固定在三（五）联箱上或者支柱上部基座上。动触杆与传动杆装配由螺纹连为一体，传动杆在通过下出线座的中心孔处，装有活动密封圈，当断口内SF_6气体与三（五）联箱（或支柱）内气体未连通时，该密封圈起作用；当两侧气路连通后，密封圈两侧SF_6气体压力相等。传动杆下部用可调节接头与传动机构或者绝缘拉杆相连。

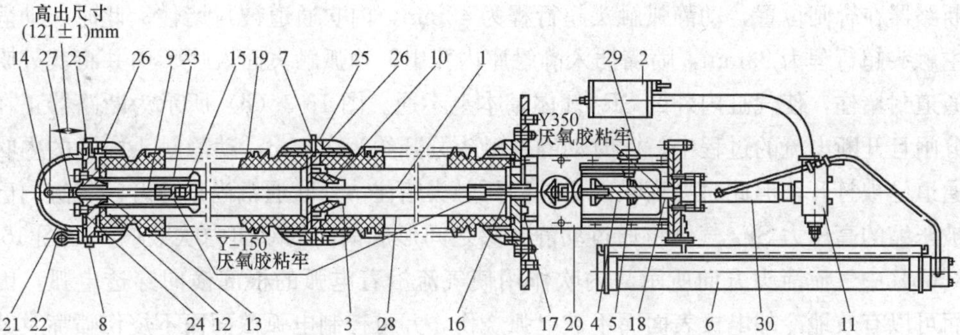

图 15-1　LW6-220 型断路器一相支柱装配结构

1—绝缘拉杆；2—辅助油箱；3—导向套；4—六方接头；5—分、合指示板；6—主储压器；7—隔球；8—连接法兰；9—上连杆；10—导向盘；11—供排油阀；12—骨架密封圈；13—塞子；14—接头；15—接头；16—下连杆；17—密封组件；18—活塞杆；19—上瓷套；20—方形连接座；21—临时封帽；22—吊环；23—均压罩；24—自封接头；25，26—密封圈；27—螺母；28—下瓷套；29—充气接头；30—工作缸

静触头为管状结构，端部焊有耐电弧合金，外径约为 30mn，内孔直径约为 20mm，从而构成向上内吹通道。静主触头为梅花形状，闭合圆直径约为 85mm。动触头装配的触杆也是管状结构，内孔径约为 50mm。其端部设有带耐电弧合金的梅花型动弧触头，闭合圆直径约为 25mm，从而形成向下内吹通道，主动触头的直径约为 90mm，并略有锥形。当触头接触后，触指逐渐增大压缩量，具有良好的接触性能。在动触头装配上端装着由聚四氟乙烯材料制成的喷嘴，它的内孔成喇叭状，喉部直径与径弧触指的外径相配合。

压气缸与动触头装配连为一体，并随着动触头一并作上下合分运动，动触头的行程也是压气缸的行程。气缸与活塞之间为精密配合，且活塞静止。在活塞上装有逆止阀，在分闸操作时气缸向下运动，气缸内 SF_6 气体被压缩。当内部压力高于外部压力时，逆止阀自动关闭，使气缸内建立起足够高的吹弧压力；而在合闸操作时，压力缸向上运动，当气缸内 SF_6 气体压力低于外部压力时，逆止阀自动打开，使外部 SF_6 气体迅速地补充入气缸内，为分闸压气做好准备。

2. 动作原理

（1）合闸过程。当断路器合闸时，五联箱或三联箱的传动机构，带动灭弧室拉杆和接头，使动触头、压气缸、动弧触头、喷管同时向静触头方向移动，运动到一定位置时，静弧触头首先插入动弧触头中，即弧触头首先合闸，紧接着动触头的前端插入到静触指中，直到灭弧室拉杆行进（150+1）mm 完成合闸动作，在压气缸快速向前行进中，阀片打开，使灭弧室内 SF_6 气体迅速进入压气缸内。

（2）灭弧过程。LW6 系列断路器灭弧过程如图 15-3（a）所示。图 15-3（a）所示为断路器在合闸位置，动静弧触头超行程为43mm，内吹通道被封堵住。此时，动静主触头超行程为23mm，喷嘴插入静触座内孔中，静弧触头插入喷嘴内并将其外吹通道封堵住，使气缸内外的SF_6气体基本上不通。图15-3（b）所示为断路器正在分闸且开断电流的过程中。此时动静主触头分开约为20mm，动静触头内孔的内吹通道已被打开，但此时喷嘴喉部仍被静弧触头堵住，外吹通常尚未打开。气缸内已被压缩的高压力SF_6气体将通过动静触头之间形成横向的双向内吹效应。如图15-3（b）中气流箭头方向所示。内吹作用使气流沿着电弧的根部横向穿透电弧，因而可以有效地冷却电极表面而不被电弧烧伤，并可控制电弧截面而不烧伤喷嘴及其他部件。图15-3（c）所示为开断电流过程中且静弧触头已从喷嘴喉部拉出。此时喷嘴也已从静触头座中脱出，向上主纵吹通道已被打开，气缸中高压力SF_6气体沿着喷嘴内部向上吹，并在喉部形成激流。然后气体沿着电弧表面纵向吹弧（此时内吹效应仍在继续进行），弧区产生强烈的去游离作用，从而使电弧熄灭。最后，从喷嘴中流出的高温高压SF_6气体，沿着静触头座内腔向上排出。电弧一般应在喷嘴与静主触头脱

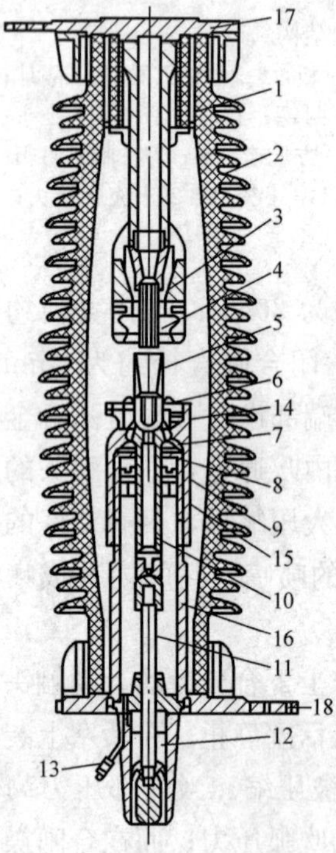

图15-2 灭弧室断口结构

1—吸附剂；2—瓷套；3—静触头；4—静主触头；5—喷嘴；6—动弧触头；7—压气缸；8—逆止阀；9—弹簧装置；10—动触头；11—传动杆装；12—接头；13—SF_6气体连接杆；14—主动触头；15—中间触头；16—支架；17—上法兰（出线座）；18—下法兰（出线座）

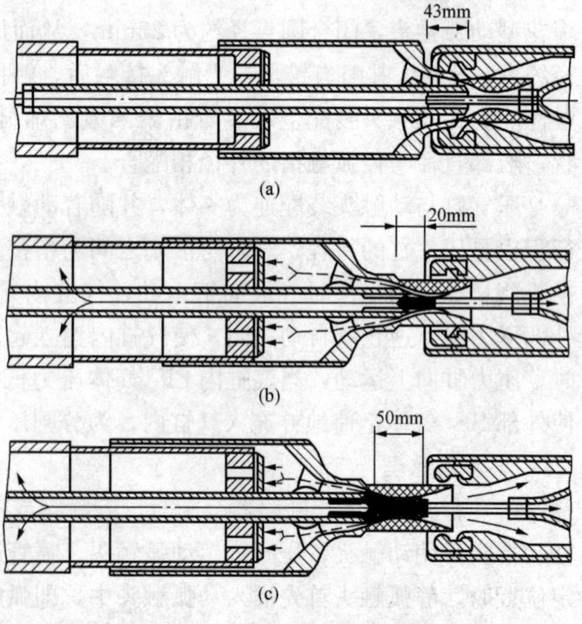

图15-3 LW6系列SF_6断路器的灭弧过程

（a）合闸位置；（b）灭弧过程中，双向内吹已形成；（c）灭弧过程中，外吹已形成

开之前熄灭。电弧熄灭后，动触头还将继续向分闸方向运动一段行程并处在图示分闸位置，动静触头之间开距约为 107mm。此外，该型号灭弧室结构还利用了电弧堵塞效应。

(三) 五联箱的构造及动作

脱扣爪式五联箱的结构见图 15-4，它由下列部件组成：

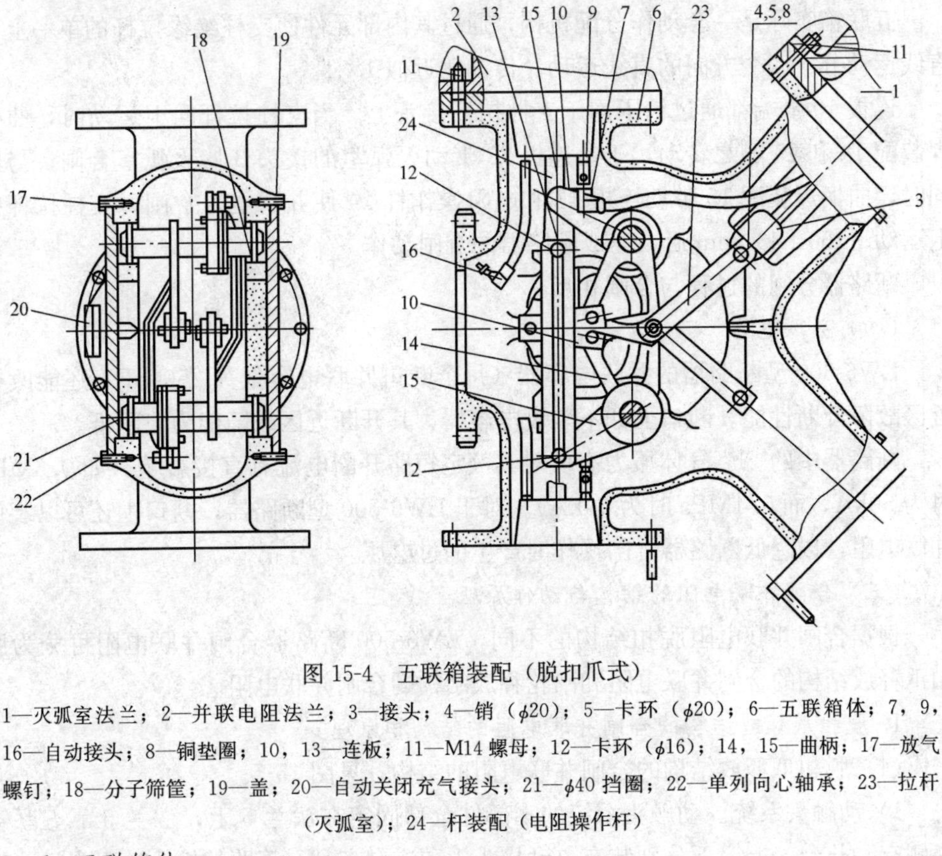

图 15-4　五联箱装配（脱扣爪式）

1—灭弧室法兰；2—并联电阻法兰；3—接头；4—销（$\phi 20$）；5—卡环（$\phi 20$）；6—五联箱体；7，9，16—自动接头；8—铜垫圈；10，13—连板；11—M14 螺母；12—卡环（$\phi 16$）；14，15—曲柄；17—放气螺钉；18—分子筛筐；19—盖；20—自动关闭充气接头；21—$\phi 40$ 挡圈；22—单列向心轴承；23—拉杆（灭弧室）；24—杆装配（电阻操作杆）

1. 五联箱体

五联箱体 6 由高强度铝合金铸成，周围有五个法兰面，每个法兰上固定有六个 M14 的不锈钢螺栓，分别用于固定灭弧室法兰 1、并联电阻法兰 2 和支柱装配。其中间部分两侧面装有盖 19 两块，一侧板上装有自动关闭充气接头 20，另一侧有氧化铝分子筛筐 18，五联箱上部有放气螺钉 17 和密封圈。

2. 曲柄焊装配

曲柄 14、15 它们通过轴承 22 安装在五联箱上，两个轴相互平行，转动灵活，且轴向亦可适当活动，曲柄焊装配 14 和 15 焊接于同一轴上，而其相互位置则由制造厂已经调好并固定。

3. 连板

连板10和23用销与曲柄焊装配14相连，另一端与灭弧室接头和支柱绝缘杆接头相连。销4装入相应连板的孔后，用铜垫圈8和卡环5卡住，防止轴销脱落。连板13为铸铝合金零件，其两端分别与并联电阻操作杆和曲柄焊装配15相连。

4. 五联箱的动作

五联箱实际是一套动作分配机构，通过其内部元件使支柱绝缘拉杆的单一上下直线运动分成四个方向的直线运动。传动比近似1∶1。

连板10下端都通过销子连于支柱拉杆接头上。当支柱拉杆向上运动时，曲柄焊装配14和15随之转动，于是连板23带动灭弧室的接头3使灭弧室合闸；与此同时，曲柄焊装配15带动连板13和电阻操作杆24使并联电阻合闸。支柱拉杆向上运动（150±1）mm后，完成断路器的合闸动作。

断路器分闸的过程与合闸相反。

（四）并联电容

LW6-500型断路器的并联电容器（每个断口并联电容量为2500pF）还能改善近区故障开断性能。断口上如不装设电容器，其开断近区故障能力将降低。

断路器中的SF_6气体压力高低对其额定短路开断电流有直接影响（如0.6MPa时为50kA，而0.4MPa时为40kA）。对于LW6-500型断路器，断口上还可以装设并联电阻，以降低断路器合闸操作时产生的过电压。

（五）合闸并联电阻的结构与动作原理

根据合闸并联电阻脱扣结构的不同，LW6-500断路器合闸并联电阻可分为脱扣爪释放结构的合闸并联电阻和凸轮释放结构的合闸并联电阻。

1. 脱扣爪释放结构的合闸并联电阻的结构和原理

（1）脱扣爪释放结构的合闸并联电阻的结构，见图15-5。

1）动触头系统。动触头系统的零部件全部固定在法兰5上，法兰5靠五联箱一侧有一凸台，上、下分别装有自动接头1和连有充SF_6管路的接头，而中间装有一螺塞上有复合轴套，塞内两骨架密封圈2，中间是操作杆7，法兰5的另一侧装有弹簧3和挡板4，法兰上同时固定有中间支座8，8的两端镶有复合套，8的前面又装有法兰装配27、挡圈10、弹簧9。挡圈10与座24之间有间隙，挡圈10可在其间隙内前后运动，24前面有用M6螺栓固定于8上的套筒13，套筒内装有弹簧26。在套筒里面还装有动触头支座25、导电杆27、连接座14、均压罩28、滑动触头座15、触指16、触头弹簧29，而外面装有均压罩28，其中25的后部装有环11，前部伸入14内，形成前部导向，因此25可在14内灵活滑动。导电杆27用螺纹固定在25上，前部插入触指16内。操作杆7的里面插有顶杆23，中部装有挡铁6，

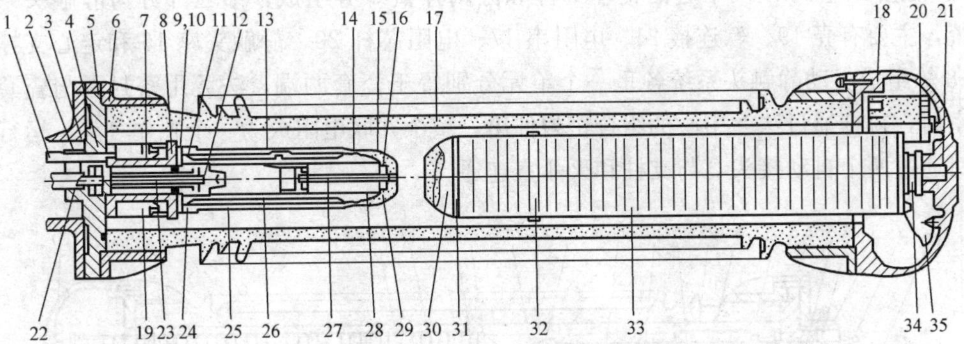

图 15-5　脱扣爪释放结构的合闸并联电阻的结构

1—自动接头；2—骨架密封圈；3，9，26—弹簧；4—挡板；5—法兰；6—挡铁；7—操作杆；8—中间支座；10—挡圈；11—环；12—脱扣爪；13—套筒；14—连接座；15—滑动触头座；16—触指；17—瓷套；18—壳；19—分子筛框；20—圆螺母；21—电阻芯杆；22—螺塞；23—顶杆；24—座；25—动触头支座；27—导电杆；28，30—均压罩；29—触头弹簧；31—静触头座；32—定心横撑装配；33—电阻片；34—碟型弹簧；35—软连接

前端装有脱扣爪 12。

2）静触头系统。静触头系统主要有均压罩 30、电阻片 33、电阻芯杆 21、定心横撑装配 32 及壳 18 等零部件组成。

3）瓷套。瓷套是安装动、静触头的瓷容器，一端法兰 5 与五联箱连接，另一端法兰固定着静触头系统，定心横撑将静触头保持在同心位置。

（2）脱扣爪释放结构的合闸并联电阻的动作原理，见图 15-5。操作杆 7 前部为一空心管，其中穿有顶杆 23，操作杆 7 有一长孔，而 23 上穿有挡铁 6，同时操作杆 7 前部装有脱扣爪 12，两只成对称位置，当合闸时，操作杆 7 沿空心箭头方向运动，带动 23、9、12 一起运动，而 12 又钩住动触头支座 25，从而使动触头随 7 一起运动，直到合闸时动触头杆插入静触头座 31 内。在合闸过程中弹簧 26 被压缩储能，为分闸做准备，当操作杆 7 继续向前，使得挡铁 6 带动 23 相对向后退，到一定位置顶杆 23 前部退出脱扣爪 12，使得脱扣爪 12 两件合拢，当合拢至动触头支座 25 分离时，则动触头支座 25 随同动触头在弹簧 26 的作用下迅速后退完成分闸。并联电阻与相应的灭弧室并联，其作用是限制合闸操作过电压，并联电阻触头在灭弧室主断口合闸前 7～11ms 合闸，当灭弧室主断口合闸完了而后自动断开。并联电阻在断路器运行中是断开的。

2. 凸轮释放结构的合闸并联电阻的结构与动作原理

（1）凸轮释放结构的合闸并联电阻的结构。大致可分为三部分（见图 15-6）：第一部分为外壳，只有一个瓷套 7；第二部分为动触头系统，主要有法兰 6、套筒

8、动触头座 12 以及中心的传动部件和分闸弹簧 9 等组成；第三部分为静触头系统，主要有壳 19、软连接 21、电阻串 17、电阻芯杆 20、静触头座 16 和定心支撑 18 等组成。动静触头系统各呈一个单元分别置于瓷套两端，法兰用密封圈与瓷套密封，拉杆通过法兰中心的组合密封伸出，整个并联电阻成为一个独立气隔，运行时通过两个自动接头 2 与支柱和灭弧室连通。

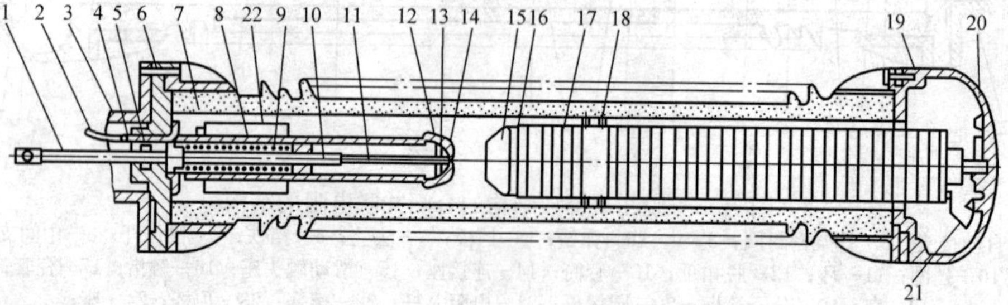

图 15-6　凸轮释放结构的合闸并联电阻的结构

1—拉杆；2—自动接头；3—五联箱；4—密封座；5—密封圈；6—法兰；7—瓷套；8—套筒；9—分闸弹簧；10—连接杆；11—导电杆；12—动触头座；13—触指及弹簧；14，15—均压罩；16—静触头座；17—电阻串；18—定心支撑；19—壳；20—电阻芯杆；21—软连接；22—过滤器

（2）凸轮释放结构的合闸并联电阻的动作原理。并联电阻水平安装在五联箱两侧的法兰上与灭弧室共用一套传动机构。操动电阻的连杆系统的动作原理见图 15-7。

扇形板 1 与拐臂 5 安装在五联箱的主轴 3 上，脱扣轴 4 与止位板 8 为一体，装

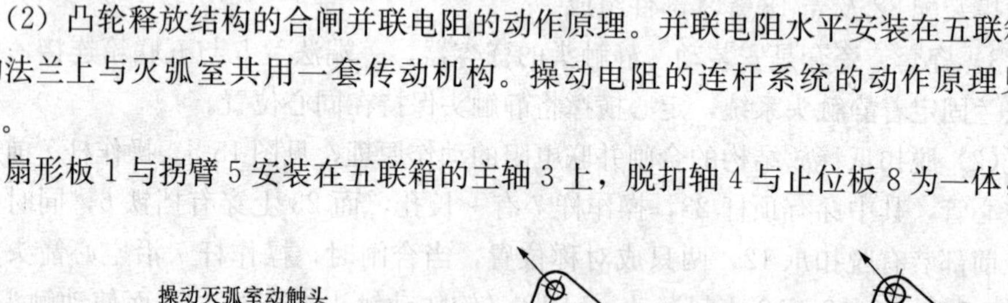

图 15-7　操动电阻的连杆系统的动作原理

（a）断路器分闸位置；（b）断路器合到顶前瞬间；（c）断路器合闸状态

1—扇形板；2—扭力弹簧；3—主轴；4—脱扣轴；5—拐臂；6—连杆；7—止位销；8—止位板（与 4 为一体）；9—挡柱；10—轴销

在拐臂5上，在扭力弹簧2的作用下使脱扣轴4永远保持顺时针方向旋转的趋势。止位销7也固定在拐臂5上，挡住止位板8以确定脱扣轴4的初始角度，亦即最大顺时针方向旋转角度。连杆6与拐臂5用轴销10铰连，连杆6的另一端与并联电阻的拉杆铰连，组成一副摇杆变直机构，操作电阻分、合闸。

断路器合闸时，扇形板在绝缘拉杆及连板（未画出）作用下逆时针方向转动，小扇形板扣住脱扣轴弧面并带动拐臂一起转动，然后通过连杆6带动并联电阻操作杆、连接杆、导电杆一起作向右直线运动完成合闸动作，同时压缩分闸弹簧，进行分闸储能。

合闸过程中，由于止位销7的作用，脱扣轴与拐臂的相对方位是不变的，但随着拐臂的转动，脱扣轴与小扇形板的相对方位却是变化的。当断路器主断口合闸终了前一瞬间，小扇形板正好从脱扣轴的圆弧上滑下平面［见图15-7（b）］完成脱扣，拐臂不再随着扇形板继续转动，而在并联电阻分闸弹簧作用下分闸。断路器合闸完毕后，并联电阻也迅速分闸完毕，但脱扣轴在扭力弹簧作用下，还有一角靠在小扇形弧面上［见图15-7（c）］。

断路器分闸，扇形板顺时针方向旋转，小扇形板弧面在脱扣轴平面上滑过，电阻不动作。分闸完毕，小扇形板弧面脱离脱扣轴，在扭力弹簧作用下复位，重新进入合闸准备状态。

二、LW6-500型SF_6断路器主要调整技术数据

LW6-500型SF_6断路器主要调整技术数据见表15-1。

表15-1　LW6-500型SF_6断路器主要调整技术数据

序号	项目			标准	
1	支柱装配接头销孔中心至法兰面尺寸（mm）			121±1	
2	工作缸活塞行程（mm）			151±1	
3	动触头超行程（mm）			43±4	
4	额定操作电压、油压及SF_6气压下分闸时间（ms）			63～132kV	≤30
				220kV	≤28/38
5	额定操作电压、油压及SF_6气压下合闸时间（ms）			≤90	
6	操作不同期	相间	分闸	≤3	
			合闸	≤5	
		同相	分闸	≤2	
			合闸	≤3	
7	分闸速度（m/s）			$6^{+1}_{-0.5}$	

续表

序号	项目	标准
8	合闸速度（m/s）	4±0.6
9	每项合闸并联电阻（Ω）	400±5%
10	电阻断口比主断口提前接通时间（ms）	7～11
11	储压氮气预压力（15℃，MPa）	$18.0^{+1}_{-0.6}$
12	合闸闭锁压力（20℃，MPa）	27.8±0.8
13	分闸闭锁压力（20℃，MPa）	25.8±0.7
14	安全阀动作油压（20℃，MPa）	>32.0 压力下关闭，34.5+2 压力下打开
15	闭锁油压（20℃，MPa）	18±2
16	油泵停止压力（20℃，MPa）	32.6±1
17	油泵启动压力（20℃，MPa）	31.6±1
18	分闸电磁铁动作电压（额定电压 U_N）	$30\%<U_N<65\%$
19	合闸电磁铁动作电压（额定电压 U_N）	$30\%<U_N<80\%$
20	油压为 32.6MPa 时的分闸和合闸状态历时 12h 压力下降值（MPa）	≤1.0
21	油压为 31.6MPa 时的分闸一次压力下降值（MPa）	≤3.5
22	油压为 27.8MPa 时的合闸一次压力下降值（MPa）	≤1.8
23	油压为 31.6MPa，断开油泵电源，三相自动重合闸一次压力下降值（MPa）	≤7.0
	合上油泵电源启动油泵打压，油压升至 32.6MPa 所用时间（min）	≤3
24	额定气体压力为 0.6MPa 时：发报警信号压力值（20℃，MPa）	0.52+0.015
	额定气体压力为 0.6MPa 时：发闭锁信号压力值（20℃，MPa）	0.50±0.015
	额定气体压力为 0.4MPa 时：发报警信号压力值（20℃，MPa）	0.32±0.015
	额定气体压力为 0.4MPa 时：发闭锁信号压力值（20℃，MPa）	0.30±0.015
25	额定气压（20℃，MPa）	0.4/0.6
26	单个主触头电阻（不小于 100A 直流下，μΩ）	≤35
27	SF_6 气体中水分值（20℃，体积比，$\times10^{-6}$）：交接	≤150
	SF_6 气体中水分值：运行 支柱	≤1200
	SF_6 气体中水分值：运行 断口	≤300
28	（用 1000V 绝缘电阻表）测试辅助回路和控制回路绝缘电阻值（MΩ）	≥1
29	并联电容器（20℃）：电容值	2500pF±5%
	并联电容器（20℃）：介质损耗因数	≤0.5%
30	年漏气率	≤1%

三、LW6-500 型 SF_6 断路器本体的解体检修

（一）支柱拆卸

灭弧断口单元拆卸后，再将卸下支柱与液压操动机构之间的连接油管，用阀头和塑料布将各管接头封好，保持其内部清洁，并以防潮气进入；拆开密度监视器和氮气压力信号引线，卸下密度监视器辅助油箱，用塑料布将各接头封好；将两个 M14 螺母拧入支柱上部对称位置的两个螺杆上，然后装上吊环及细钢丝绳，吊钩对中后，钩住细钢丝绳并轻轻收紧吊绳，支柱套管上系一根晃绳，防止晃动；卸下支柱 4 个支腿的地脚紧固 M20 螺母后，支柱支腿系两根晃绳，防止晃动，将支柱徐徐吊起，转动起重机，将支柱横卧在专用支架上，两个支腿落在地上；将吊绳绑在最上面的支腿上，利用起重机轻轻将吊绳带紧；拆卸下支腿之间的连板上的 4 个 M16 的螺栓，卸掉连板；拆卸下支腿与基座连接的 5 个 M20 螺母，卸掉支腿；拆卸后应带小螺母；依次拆下其他两个支腿，将瓷套表面清理干净，并将支柱装上保护帽。

（二）三（五）联箱的检修

三（五）联箱的检修以脱扣爪式结构为例，装配见图 15-4。凸轮释放式结构的三（五）联箱检修步骤类似，装配见图 15-8。

1. 拆卸

拆卸三（五）联箱两侧封盖，取出分子筛筐，将分子筛筐倒入 20% 的 NaOH

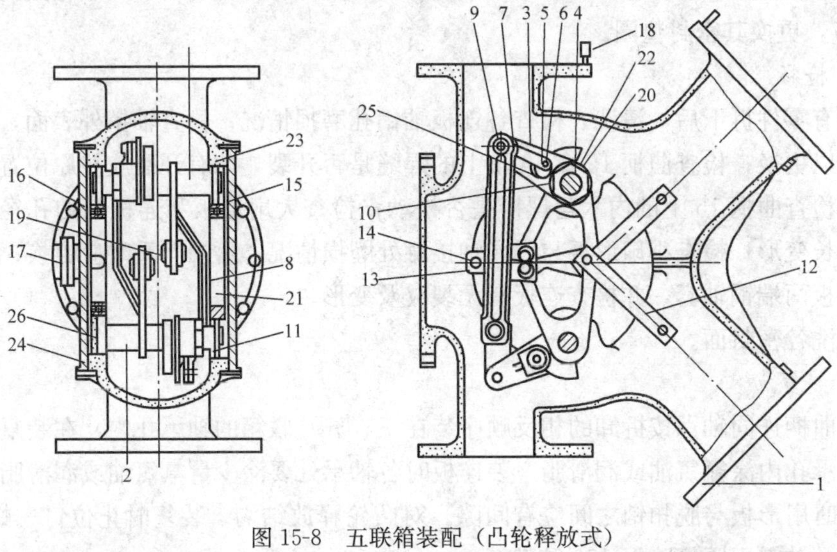

图 15-8 五联箱装配（凸轮释放式）

1—五联箱；2—拐臂；3—拐臂装配；4—螺母；5—连板；6，7，9—轴；8，14—连杆装配；10—扭力弹簧；11—轴承；12，13—连杆；15，16—盖；17—接头装配；18—螺栓；19—轴；20—垫片；21—过滤器装配；22—垫圈；23，24—密封圈；25—弹簧圆柱销；26—弹簧挡圈

溶液中处理，拔下支柱与断口、并联电阻充气接头。注意检修人员站在上风处，吸附剂等废弃物浸泡12h后深埋；取下提升杆与三（五）联箱连接的ϕ20的卡环、垫圈及轴销；将起重机钩往专用吊具在三（五）联箱上对中，然后将专用吊具扣住三（五）联箱，拧紧专用吊具上的螺杆，并轻轻收紧吊绳，在灭弧单元两端打上晃绳，防止三（五）联箱晃动：卸下三（五）联箱底部法兰与支柱连接的12个M14的螺母；将吊钩徐徐升起使三（五）联箱稳妥地与支柱分离，取下均压环，然后将保护法兰盘装在三（五）联箱底部，将瓷套表面清理干净。

2. 解体

拆卸三（五）联箱时，要注意保护好各法兰密封面不得碰伤，必要时要加盖保护。

当解体三（五）联箱时，三（五）联箱应平稳放置在专用的支架上。三（五）联箱内的曲柄14、15装在同一轴上，但不能互换，在拆装时要做好标记。取下各连板10、13、23的所有轴销、卡环、垫圈，此时各连板即可拿下来，注意在拆卸挡圈时不要使之变形太大，如果变形严重应更换。拆卸曲柄14，将14连同单列向的轴承23向一侧打击，只要一个轴承退出三（五）联箱轴承孔，则曲柄14即可取出。对凸轮释放结构的脱扣装置的拆卸（见图15-8）：用喷灯加热螺母4，拧下螺母4后依次取下垫片20、扭力弹簧10及拐臂装配3，再用喷灯加热螺栓，拧下螺栓后取下止位板、脱扣轴，轴6如果不更换可不拆卸。拧下三（五）联箱上的放气螺钉17，更换其密封垫圈。

3. 检修

所有零件拆下后，清洗、检查各连板轴销孔磨损情况；检查轴销外表面，如有变形应以更换；检查曲柄15在14轴上的焊缝是否开裂，如有开裂应按原位置重新焊牢；检查曲柄15上的内六角螺栓是否松动；检查大扇形板和连板孔的孔径，不得有拉长变形；检查小扇形板与脱扣轴接触处磨损情况，磨损严重时应更换；更换电阻连板两端铜轴套，并检查连板有无裂纹及变形。

清洗各密封面。

4. 装复

将曲柄连同轴承按拆卸的相反顺序装在三（五）联箱的轴承孔内，在装复时轴销、轴承孔内涂氟氯油或润滑脂。装连板时各轴承处要涂少量氟氯油或润滑脂。分闸位置时扇形板与脱扣销之间应有间隙。对凸轮释放结沟，装复时止位钉、螺母、螺栓以及轴需用厌氧胶Y-150胶粘。

（三）并联电容的拆卸

在分解灭弧单元后，进行并联电容的拆卸时参考步骤如下：

（1）将吊绳绑在并联电容器的绝缘子上，利用吊具轻轻地将吊绳带紧，可用人托住并联电容，至少两人以上操作。

（2）松开连接螺栓，利用吊具将并联电容移至铺有橡皮垫的地面上。

（四）并联电阻的分解检修

1. 脱扣爪释放结构的并联电阻解体检修

并联电阻的结构见图 15-5。

（1）解体。将并联电阻放在工作台上，卸下法兰 5 与法兰瓷套固定用的六个 M14 螺母。利用专用工具轻轻拉出动触头系统，吸除粉尘，清理干净，工作人员暂撤离现场三十分钟。将动触头系统固定在专用支架上。松掉环 11 上的三个 M5 的顶丝，并取下环和过滤器（新电阻此处为分子筛筐）。拧去中间支座 8 前法兰内侧的 12 个 M6 螺母、垫圈，在拧松 M6 螺母的同时，用力按住动触头前部，随着螺母的后退缓慢使套筒 13 慢慢后移，至此 11、13、25、27 全部拿出。取下脱扣爪 12 的轴用挡圈环，取下销子，这时脱扣爪 12 即可取下。依次取下 24、9、10。卸掉 8 法兰上六个 M12 内六角螺栓，则 8 从法兰 5 上取下，并依次取出 3、4。拧松螺塞 22，将操作杆 7 拔出，取出骨架密封圈 2。将操作杆 7 头部向下，则顶杆 23 即可从杆口中取出。松掉均压罩 28 上顶丝，拧动 28，则可将 28 从连接座 14 上拆下，随之取出滑动触头座 15、触指 16 等部件。松掉套筒 13 上顶丝，可将 14 从 13 上旋下。

（2）检修。测量法兰面 5 至动触头均压罩 A 尺寸（$A=604.6\text{mm}\pm2\text{mm}$）（见图 15-9），作好记录；检查导电杆 27 有无弯曲及损伤情况；对动触头的均压罩 28 和导电杆 27 进行同心度测量，作好记录；检查挡铁 6 有无弯曲、裂纹，检查脱扣爪 12 有无裂纹、弯曲变形；检查轴销，不允许由于脱扣爪造成的明显压痕，且不应弯曲，否则应更换；检查触指 16 是否脱落，其磨损程度如何，触头弹簧 29 有无变形断裂。一般来说更换触指弹簧时，如果磨损严重要同时更换触指弹簧；检查动触头支座 25，特别是内镶的套如发现严重磨损松动，则必须更换。为此用喷灯烘烤与导电杆 27 连接处，拧下导电杆将已镶好套的新支座与导电杆拧紧，螺纹处涂 350 厌氧胶；检查顶杆 23、挡铁 6、导电杆 27 及动触头支座 25，如果磨损情况不严重，仍可继续使用；检查各孔中镶的复合轴套，如果磨损严重应整件报废，更换新件；测量导电杆在伸出均压罩是否可靠分闸（伸出尺寸 126～136mm）。

对各密封面、槽和法兰清理。所有法兰面清洗、修理后在装配前放烘房。

（3）装复。安装滑动触指 16，将已装上触指弹簧的触指圈装在滑动触头座 15 上，如果更新触指，则每瓣触指相对位置要有序。将滑动触头座 15 放好，将均压罩 28 拧到连接座 14，紧好顶丝，并打样冲眼防松。将套筒 13 与连接座 14 连接，拧好顶丝待装。将骨架密封圈 2 装入法兰中，其空腔涂满 7501 硅脂装上塞子防松。

将操作杆 7 轻轻插入法兰孔内，装上挡板 4 和弹簧 3。装上中间支座 8，装顶杆 23 和挡铁 6，将操作杆 7 的长孔露出中间支座 8 外面，将顶杆 23 从前端插入，中间支座 8 上的长孔与操作杆 7 长孔相对，插挡铁 6 之后一起退到瓷套 17 内。装弹簧 9、挡圈 10 和座 24，装脱扣爪 12，为此脱扣爪 12 放孔中，套好环，然后穿销子，最后装弹性挡圈，将弹簧 26、酚醛纸板垫圈、动触头和支座装入套筒 13，一起装在中间支座 8 的法兰上，拧紧 M6 螺母。将导电杆顶部涂少许 FL-8 氟氯油，利用专用工具快、慢分合闸几次。

2. 凸轮释放结构的合闸并联电阻解体检修

并联电阻的结构见图 15-6。

（1）解体。将并联电阻平放在工作台上，卸下法兰 6 与法兰瓷套固定用的六个 M14 螺母。利用专用工具轻轻拉出动触头系统，吸除粉尘，清理干净，工作人员暂撤离现场 30min。将动触头系统固定在专用支架上。拧下套筒 8 与法兰 6 的紧固螺母、取下套筒 8。这时应注意内有弹簧，防止弹簧弹出伤人或损坏零件。松开顶丝，拧下均压罩 14，取下触指及弹簧 13 和动触头座 12。拧下密封座上的螺塞，取出骨架密封圈 5，并打出与拉杆 1 连接的弹簧座上的直销后即可取出拉杆 1。用喷灯加热连接杆 10 与导电杆 11 连接处，待厌氧胶失效后可拧下导电杆 11。

（2）动触头系统的检修。清洗所有的零件并更换骨架密封圈 5，检查分闸弹簧 9、导电杆 11，滑动触指及弹簧 13。对各密封面、槽和法兰清理。所有法兰面清洗、修理后在装配前放入烘房。装配时按拆卸相反顺序进行，装配时所有导电接触面应除去氧化层，并涂少量导电硅脂。所有滑动部位均涂一薄层 7501 硅脂。装配密封座 4 时，其内部涂满 7501 硅脂。利用专用工具快、慢分合闸几次。

（3）静触头系统的检修。静触头系统的检修在有条件（有对中充气和检查专用工具）时进行，如无条件应送制造厂检修。并联电阻检修时各记录尺寸及标准见图 15-9。

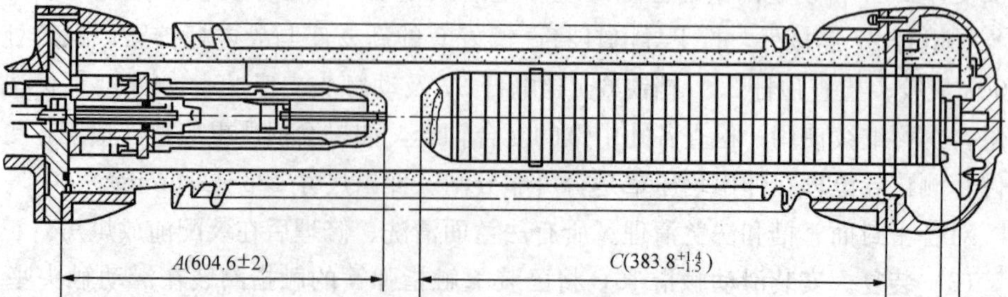

图 15-9　并联电阻检修时各记录尺寸及标准

1）解体。将拆除了动触头系统的并联电阻瓷套直立放在固定支架上。测量瓷套法兰到静触头均压罩的 B 尺寸，作好记录。用圆管制成的扁管或扁铲敲掉定心横撑装配上的塑料顶杆。拆下外壳与瓷套之间的六个 M14 固定螺母，利用吊具吊起瓷套。用专用扳手将壳内软连接螺栓卸下，将并联电阻平放下来。测量外壳法兰到静触头均压罩的 C 尺寸（$383.8^{+1.4}_{-1.5}$），作好记录。用喷灯烘烤壳头中心部位，边烘烤边逆时针旋转并联电阻到能旋转时，将并联电阻直立起来，旋下并联电阻。将并联电阻均压罩一端朝下直立在专用支架上。测量压紧螺母至圆垫之间的 D 尺寸，作好记录。拆下并联电阻压紧螺母，如松不动时可用烘烤的办法进行。取下圆垫、蝶型弹簧、电阻片及定心横撑装配。取出壳内分子筛筐，处理分子筛。

2）检修。测量电阻的总阻值（100±5）Ω，作好记录。检查触指的损伤情况，无问题不要更换。如芯杆损坏须更换时，测量电阻均压罩至芯杆顶部的尺寸，作好记录。测量芯杆顶部至圆垫之间的尺寸，作好记录。将瓷套密封面清洗后放入烘房烘烤（60～80℃，48h）。清理所有法兰面，并在装配前放入烘房。

3）装复。电阻片的组装：将烘烤好的电阻静触头系统放在电阻装配工具上（如更换了芯杆则要复查其高度尺寸），按照电阻的顺序号套在芯杆上，顺序号应在同一方向上。在装上第五片后，装上定心横撑装配，装完电阻片后装上圆垫、蝶型弹簧，在圆螺母上涂 350 厌氧胶，拧上。

测量压紧螺母至圆垫之间的 D 尺寸，应恢复到原有尺寸，复查电阻值，并做好相应记录。将活化好的分子筛装入筐内并固定在壳内。将壳头朝上，将芯杆螺纹处涂 350 厌氧胶，旋在壳上。

测量外壳法兰到静触头均压罩的尺寸 C，应符合要求。将软连接与壳体用螺栓连接紧固。将触指上涂少量 FL-8。按记号方向装上瓷套，紧固好瓷套与壳连接的六个 M14 螺母。检查电阻片与瓷套之间的间隙，选择相应的塑料顶杆，将对中充气工具嘴部涂少许凡士林，然后装入瓷套并插入静触头孔内，用 M14 螺栓紧固在瓷套法兰上，连接充气管道，充氮 2MPa 后，用充气工具法兰上的观察孔，用 0.05mm 塞尺检查 12 个塑料顶杆是否全部到位。

将对中充气工具取下，装上对中检查工具（此时提起芯杆），用 M14 螺栓紧固在瓷套法兰上，之后缓慢地放下芯杆，同时检查芯杆插入静触头时的同心情况（肉眼应看不见误差），芯杆插入时应感觉良好（无偏移卡住现象），如以上工作良好则静触头装配合格。

（4）并联电阻的总复装及组装后的测试。将待装配的法兰面密封槽用绸布擦净，涂少许 FL-8 氟氯油将相应的密封圈粘好。将活化好的分子筛装入筐内，尽快装在电阻动触头的中间支座上，如果没有分子筛筐，建议大修中加装。利用专用工具将动触头系统平稳地装进瓷套中。拧紧 M14 螺母，电阻至此装配完毕。将装配后的电阻装到专用支架上，用手力接通电阻，测量电阻值。

用专用工具将电阻操作 50 次，合格组装后立即抽真空，真空度 133Pa 后，继续抽 30min 以上。充 SF_6 气体至额定压力。

按照要求进行检漏和含水量的测试。

（五）灭弧室检修

1. 拆卸

将吊绳绑在灭弧室第六片小瓷裙上，利用吊具轻轻地将吊绳带紧，卸掉导电连接板及连接灭弧室的 9 个 M14 螺栓和五联箱的连接导管的 4 个 M12 螺栓，并取下导电连接板、导管、均压罩，将拆卸下的各个螺栓、螺母、垫圈集中装在专用箱内。不得碰伤三（五）联箱密封面并保持三（五）联箱平衡，小心轻放；卸掉 $\phi20$ 的卡环、铜垫圈和轴销，将拆卸的各个卡环、轴销、垫圈集中装在专用箱内；拆掉灭弧室与三（五）联箱的 6 个连接螺母，起吊灭弧室，使灭弧室沿 45°轴线方向慢慢拉出直至全部吊起为止；将灭弧室平稳放在专用小车上，并运至清洁室。

用吊绳将瓷套绑好，并轻轻带紧，拆下静触端法兰上 6 个 M14 紧固螺母，吊起瓷套 10mm 左右。用螺丝刀插入两法兰之间，使其分离，吊起瓷套并平稳地放在铺有橡胶板的地面上。将静触头部件放在平台上，拆卸分子筛筐 5。将吸附剂倒入装有 20%的 NaOH 溶液的塑料桶内，浸泡 12h 后装入密封容器深埋。检查时用吸尘器清理灭弧室瓷套中的粉尘，并用丙酮和绸布擦干净。检查各部件损伤情况，如果动、静触头系统各部件完好且主触头电阻符合标准，则无需进一步解体，可直接进行清洗，否则还需进行解体检修。

单断口灭弧室结构如图 15-10 所示。分解后，首先测量单个断口主触头电阻，后将灭弧室处于分闸位置，竖直放在平地上（动触头侧在上方）。拧下动触头法兰的 6 个 M14 固定螺母，利用吊具从瓷套中慢慢提出动触头部件，注意防止碰伤瓷套内壁。动触头部件吊出后，工作人员应马上撤离现场 30min。

2. 动触头系统的拆卸与检查

首先将接线板法兰固定，用手拉紧压气缸，使接头的斜孔位于缸体两长孔的位置。将一个 $\phi12 \sim \phi14$ 的铁棒插入触头的抖孔中，使之与缸体连成一体，拆卸导轨并取下密封圈，用喷灯加热螺纹处，将铁棒插入接头的孔中旋转，直至接头和拉杆分离为止，并一同拉出压气缸与动触头，注意不得用手直接触摸喷管；检查喷管、护套、压气缸、动触头组成的组件有无损伤，若无损伤可不需拆卸；在此同时检查阀板是否平整、动作是否灵活，然后再拆卸逆止阀中的阀座、阀片和阀挡环，取出

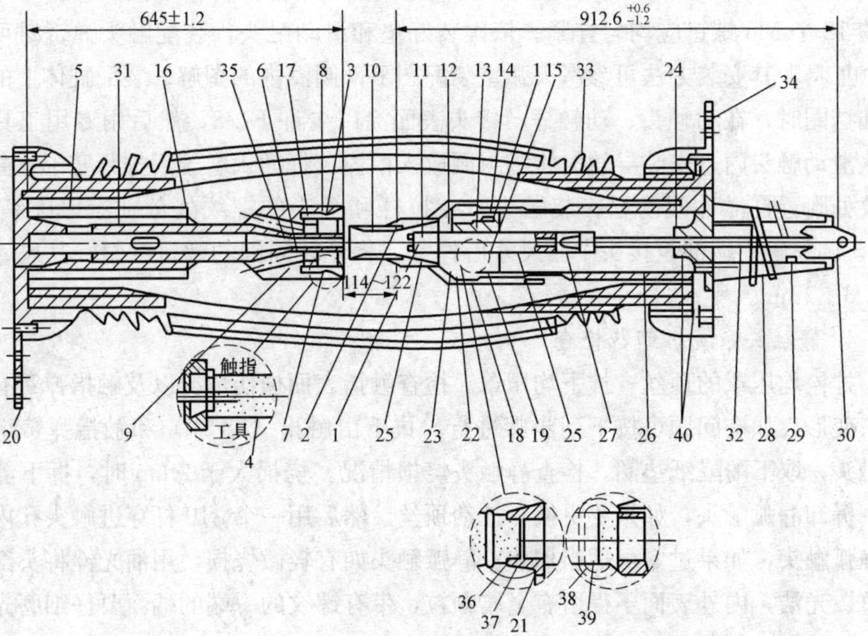

图 15-10　单断口灭弧室结构图

1，25—动触头；2—压圈；3，4—触指弹簧；5—分子筛筐；6—静弧触头；7—均压罩；8—触指；9，19—触座；10—喷管；11—护套；12—阀挡环；13—滑动触头；14—压气缸；15—M16×25 内六角螺钉；16—夹板；17，21—垫圈；18—挡圈；20—接线端子；22—阀座；23—阀片；24—塞子装配；26—缸体；27，30—接头；28—导轨；29—充气接头；31—静弧触头座；32—拉杆；33—鼓形瓷套；34—接线端子；35—顶丝；36—安装触指；37—弹簧工具；38—弹簧；39—工具；40—密封圈

阀座中的垫圈和挡圈，检查滑动触指磨损是否严重，如磨损严重，应更换触指及触指弹簧：取下缸体外面的有机玻璃挡圈和密封圈；松掉 15 个 M6×25 内六角螺钉，拆卸触座。松下塞子取出导轨中两个骨架密封圈。各部件拆卸下的密封圈、垫圈应全部更换新件；再用细砂纸砂光触座、滑动触头、触指及缸体电接触表面，对表面的金属颗粒可用油锉打光；各密封面、槽和法兰也必须同时进行清理；在装配前将动部件放入烘房烘干处理，在进行烘干处理时，必须控制好烘房的温度（60℃），时间为 4h。

3. 动触头系统装复

复装时将所有的密封圈、挡圈密封圈和挡圈装在阀的相应位置上，并涂以 FL-8（聚三氟氯乙烯脂）或 7501 硅脂。在装配逆止阀时，将密封圈和挡圈装在阀的相应位置上，并涂以 FL-8 或 7501 硅脂；将骨架密封圈装入导轨，并在其空间涂满

FL-8 或 7501 硅脂，之后拧入塞子；将触座安装在缸体上，接触面应保持干净，其上的 12 个 M6 螺钉应均匀拧紧。依次装好垫和滑动触头，装配触头弹簧时可自制一个工具，其安装方法可参考灭弧室装配图下部圆圈内的图解；装配缸体上的密封圈和挡圈时，在动触头、动触杆、接头表面涂以少许 FL-8，然后用专用工具配合插入滑动触头内；安装导轨时将密封圈放入槽内，杆插入塞子后拧紧塞子，并在其螺纹处附近打洋冲眼防松；装触头时在拉杆和触头的螺纹处分别涂以厌氧胶 Y-150，调整触头端部至接头中心尺寸后拧紧，将导轨周围的螺钉拧紧，其尺寸应为 $912.6^{+0.4}_{-1.2}$mm。

4. 静触头系统拆卸与检查

拧松均压罩的顶丝，拧下均压罩。检查触指表面损伤情况以及触指弹簧有无失效、变形，如有问题可按下列步骤进行：拔下由触指（28 片）和触指弹簧组成的静触头，取下酚醛纸垫圈，检查静触头烧损情况。烧损大于 2mm 时，拆下静触头座，拆卸静弧触头，如果要更换，拧动顶丝，然后用一个 ϕ10 杆穿进触头孔内，拧下静弧触头，如果过紧可适当加热；静弧触头如有轻微烧损，用油光锉将头部修理平整、光洁，内外表面不得留有金属颗粒，带有螺纹的一端的端面要仔细磨光、除油。之后再进行各密封、槽和法兰的清理。

在装配前将静触头部件放入烘房烘干；将瓷套密封面清洗、修理后放入烘房；同时将新的吸附剂放入筐内，放进烘箱活化。吸附剂的使用和活化需符合要求。

5. 静触头系统的装复

（1）在静弧触头的上半部分涂以厌氧胶 Y-150，将静触头按规定的拧紧力矩拧紧，然后拧紧顶丝（M5×5），均压罩装后应注意触指不得扭斜和卡住，用手按动触指应能运动灵活，复位良好，否则要用工具调整触指位置。

（2）测量法兰平面到均压罩端面的尺寸。其标准应为（645＋1.2）mm；固定已活化的分子筛筐，安装时间按要求进行，避免干燥剂长时间暴露在空气中。

6. 灭弧室装复

（1）准备好真空泵、充气装置、密封圈、FL-8、乙醇和绸布等；检查灭弧室瓷套各端面有无损坏、裂纹，用卡尺检查止口尺寸应为 10mm±1.2mm；再用无水酒精和绸布仔细清洗各个密封面及瓷套内壁，将密封圈均匀涂以 FL-8 或 7501 硅脂后放密封槽内；按照拆卸相反顺序进行装复，控制组装时间小于 30min，拧紧力矩为 100N·m。

（2）先装静触头部件，再装动触头部件。装静触头部件要注意法兰上定位销的位置。用手推动接头分、合应灵活、无异常；组装后立即抽真空，其真空度为 133Pa 后继续抽 30min 以上。

(3) 充 SF_6 气体至额定气压 0.4/0.6MPa (20℃)；测量单个断口的接触电阻，其值应不大于 35μΩ，最后进行检漏和含水量的测试。

(六) 灭弧单元装复

(1) 将检修完毕组装好的灭弧室、并联电容器、三 (五) 联箱的各密封面、密封槽及电接触面擦洗干净，检查和清洁新的密封圈，涂少许硅脂，放入密封槽；将灭弧室、并联电阻中的 SF_6 气体回收至 0.03MPa，再按灭弧室拆卸的相反顺序，先装并联电阻，后装灭弧室，最后装并联电容。

(2) 装好并联电阻、灭弧室和并联电容后，分别将并联电阻、灭弧室的连板和曲柄焊装配的连接销、铜垫圈、ϕ16 的卡环和 ϕ20 的卡环装好，最后将三 (五) 联箱的盖板和专用底板装好。

(七) 支柱装配的分解检修

1. 支柱部分的结构

支柱部分包括：支柱瓷套装配 (见图 15-12)、连接座装配 (见图 15-11)、动力元件三部分。

(1) 支柱瓷套部分。瓷套 13、14 中间装有隔环 3，瓷套间用 M14 螺栓、螺母、弹簧垫连接件连接成一整体，隔环两侧有密封圈。每节瓷套两端均为主要密封面，两节瓷套中间垫有导向盘，导向盘 5 与瓷套端面之间有密封圈，导向盘中间压装有导向套 2，瓷套 14 的下端固定于连接座 9 的法兰上。

支柱最上端装有连接法兰，法兰靠瓷套侧除装有密封圈外，中间孔装有骨架密封圈和塞子装配 8，塞子中装有复合轴套 7。同时法兰上还装有均压罩 10 (内装有吸附剂)，法兰外侧中间装有复合轴套 7，两个自动接头 11。

整个三节瓷套中贯穿有绝缘杆 1，其上端装有拉杆 4，拉杆 4 通过法兰的内孔和轴套伸出法兰外，并装有接头 6，接头 6 和拉杆 4 螺纹相连，当接头位置调整好后用六角螺母 12 紧固，1 的下端与连接座 9 相连。

(2) 连接座装配结构，见图 15-11。

连接座板装配 1 是由钢板焊成，上面和下面为圆形法兰，上法兰除有密封槽外，还装有密封座装配 3，有四个 M16 螺孔用来固定防慢分工具，在其下部侧面焊有安装充气接头，1 的下端焊有法兰，使之与法兰连接。杆 2 上端与绝缘拉杆下端螺纹连接，下端与接头螺纹相连，此螺纹为左旋。

接头为铝制，两端有螺孔，下端与动力元件工作缸的活塞杆螺纹连接，上端为左旋，下端为右旋，制造厂在出厂时接头两端螺纹均涂有 Y-350 厌氧胶，一般为不可卸。新结构接头改成一对铝合金法兰，下法兰与动力元件工作缸的活塞杆螺纹连接，上法兰与杆 2 螺纹相连，法兰用 4 条螺栓紧固。分、合指示盘用支板和螺钉

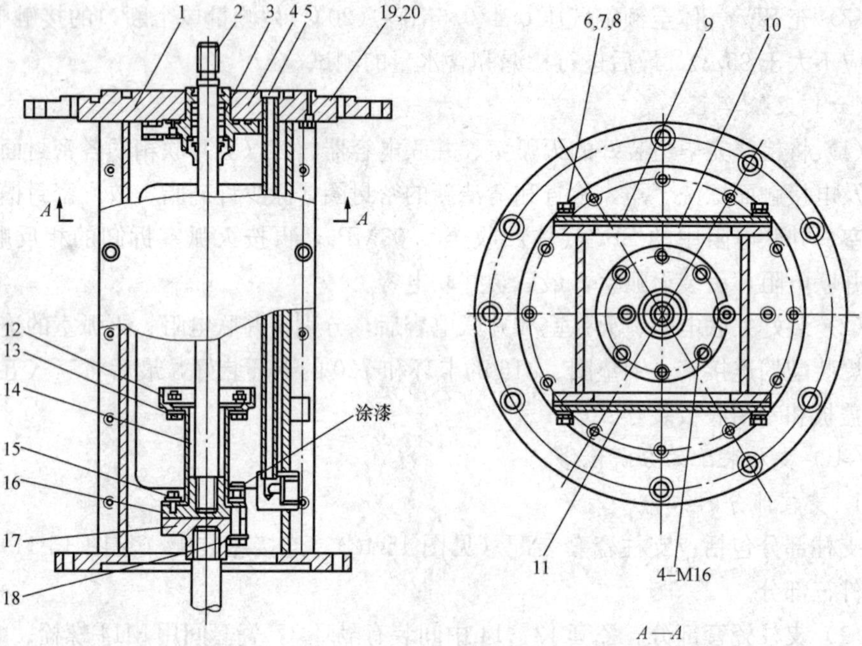

图 15-11 连接座装配

1—连接座板装配；2—杆；3—密封座装配；4，5—密封圈；7—弹簧垫；8—平垫；9—前盖板；10—密封板；11—后盖板；12—指示板；6，13，15，18—螺栓；14—弯板；16，17—法兰；19，20—螺栓、垫片

固定在接头上。

密封座板装配 3 是为使支柱瓷套中 SF_6 气体不致漏出，同时又是 2 的导向滑动密封。其滑动密封由防尘圈和一组矩形表面橡胶圈，聚四氟乙烯制的挡圈组成一组。密封座板装配 3 上面加工有两道密封槽，用于放置密封圈 4、5，3 的下部装有螺塞，通过弹簧以压紧滑动密封组。

（3）动力元件。该部分是液压操动机构的执行元件，主要有：

1）工作缸。其上用法兰和螺栓固定于法兰 18 上，法兰与连接座相连，工作缸活塞杆与连接座中的连杆法兰之下法兰相连，从而使工作缸活塞与支柱中绝缘杆成为一体。

2）供排油阀。用于控制工作缸中高压油充入和排放，完成活塞的上（合闸），下（分闸）运动。

3）储压器。是液压机构的储能元件，通过两根不锈钢管与供排油阀相连。

4）辅助油箱。用于快速排油时的临时油箱，固定于供排油阀的排油口上。

2. 支柱本体的分解检修

支柱装配见图 15-12。

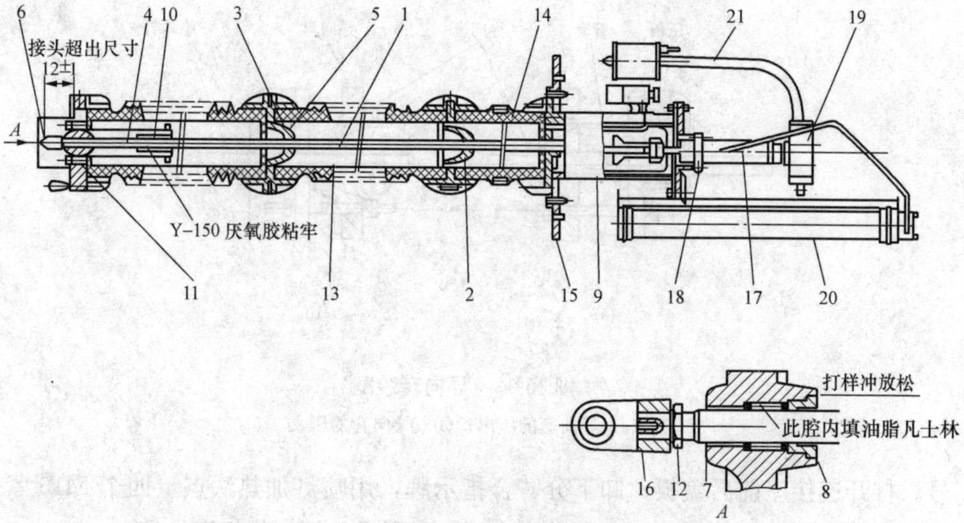

图 15-12　支柱装配

1—绝缘拉杆；2—导向套；3—隔环；4—拉杆；5—导向盘；6—接头；7—复合轴套；8—塞子装配；9—连接座；10—均压罩或分子筛筐；11，16—自动接头；12—六角螺母；13—瓷套（1550mm）；14—瓷套（1300mm）；15—圆板；17—工作缸；18—法兰；19—供排油阀；20—储压器；21—辅助油箱

（1）解体。将支柱平稳地放在专用的检修小车上，工作缸在分闸位置时，测量端部接头 6 中心孔与上法兰端面尺寸为 121mm±0.3mm。使工作缸处于合闸位置时，松开接头 6 螺母，并加热接头 6，分离时用 15 寸（1 寸＝0.033m）扳手卡住拉杆 4，用 ϕ20 钢棒插入绝缘拉杆 1 中，如拧不动时不要继续用力，要加热直到可以拧动为止，使拉杆 4 与 6、12 分离。拆卸支柱上法兰的十二个 M14 螺栓，取下上法兰（含自动充气接头和均压罩或分子筛筐），拧下塞子装配 8，取出里面的骨架密封圈，从上法兰上取下均压罩或分子筛筐。注意将拉杆 4 垫起，使其保持水平。

将吸附剂倒入装有 20％NaOH 溶液的塑料桶内，浸泡 12h 后装入密封容器深埋。

用吊绳扎在第一节瓷套中间，并使吊绳轻轻受力，卸掉第二节法兰上十二个 M14 螺栓，启动吊具吊出第一节瓷套放在铺有厚橡皮垫的地面上或利用专用小车移出第一节瓷套。利用专用工具使导向套和导向盘脱离（见图 15-13），在导向套与绝缘拉杆 1 之间放薄铜套，然后锯开导向套，不得锯伤绝缘拉杆 1，并将法兰、导向盘作好记号。导向套丢弃，旧密封圈剪断后集中放置。

拆下其余瓷套，在拆卸过程中注意保持拉杆的水平，并将法兰、导向盘作好记

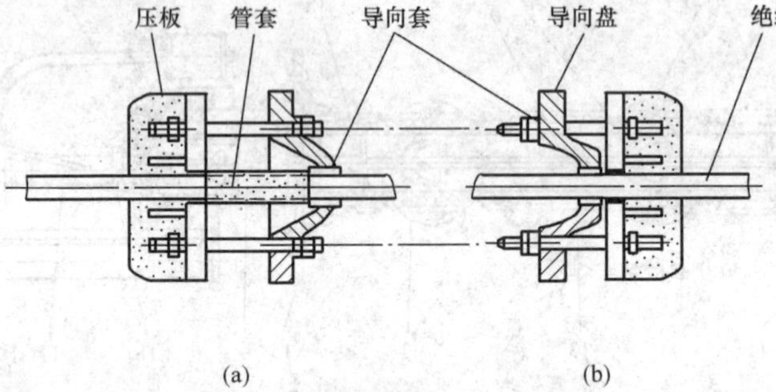

图 15-13 导向套装配
(a) 导向套的压出；(b) 导向套的压入

号。打开连接座前后盖板，卸下分、合指示牌，用喷灯加热法点上四个 M16 紧固螺母，卸下螺栓，然后加热两个对接法兰，取下提升杆，作好记号。

(2) 检修。检查瓷套损伤情况及法兰与瓷套浇装部分，瓷套应无裂纹、端面无破损、浇装部分无脱落。擦洗密封面，测量瓷套两端止口尺寸为 10mm±0.2mm。将瓷套密封面清洗后放入烘房在 60～80℃下烘烤 48h。

清洗所有金属法兰面，并在装配前放入烘房在 60℃下烘烤 4h。将新的吸附剂装入吸附剂筐内，放入烘箱在 450～550℃下烘烤 4h。

检查提升杆表面及两端接头紧固情况及 $\phi28$ 拉杆有无划痕，否则用绝缘漆修复，并清洗干净后用红外线灯吊挂烘烤，并作耐压试验。

清洗、检查导向盘，更换上法兰盘的骨架密封圈。

3. 动力元件的分解检修

(1) 连接座检修。连接座装配见图 15-11。拆卸下连接座与工作缸法兰的连接螺母，依次折下工作缸、辅助油箱、供排油阀、储压器及连接油管。拆下 4×M12 螺栓，取出密封座装配 3，拧下塞子，更换所有密封圈。

(2) 储压器的分解检修。储压器装配见图 15-14。

储压器是液压操作系统的能源，储压器活塞上部预先充有 18MPa 的压缩氮气 $\left(\text{在 15℃的情况下测试压力，其他温度下的换算为：} p=\frac{273+t}{273+15}\times 18\right)$。

储能时，油泵打压将高压油压入储压器活塞下部，当油压高于预压力时则油压推动活塞向上运动，进一步将氮气压缩，从而储存了能量，当压力升高到工作压力 32.6MPa 时，油泵停止打压，储能结束，以备断路器分、合闸使用。

将螺栓 31、罩 32 和螺塞 30 拆下来，将紧固黄铜螺钉 28 和球阀 27 取出来，用

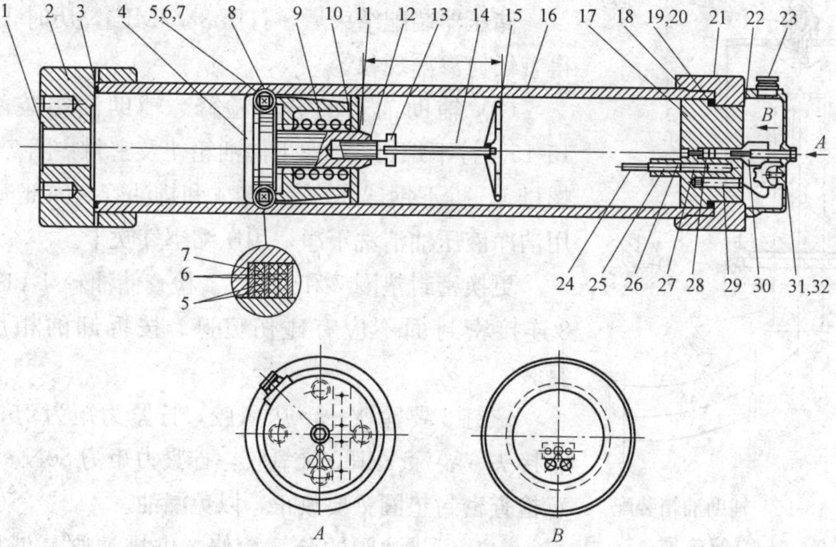

图 15-14　储压器装配

1，3，5，19，20，22—密封垫圈；2—座；4—活塞；6—弹簧座；7，8，21—垫圈；9，25—弹簧；10—导向板；11—卡圈；12—螺母；13，31—螺栓；14—杆；15—板；16—缸体；17—塞盖；18—上帽；23—进线套；24—磁棒；26—气密封圈；27—球阀；28—紧固黄铜螺钉；29—干簧管；30—螺塞；32—罩

一个直径小于 2mm 的钢丝顶进，将氮气压力释放。拆开上帽 18、座 2，即可将活塞全部拿出来，再用装配工具将组合式滑动密封圈全部拿出来。检查漏氮指示动作是否正常。将所有密封圈全部更换，所有零件清洗干净，再用无尘的压缩空气吹干净，在干净的环境中装配。缸体内壁、螺纹部分、密封圈表面涂以润滑脂。装配 ϕ92 组合式滑动密封圈：在干燥的活塞上装上聚四氟乙烯垫圈、密封垫圈、铜垫圈、弹簧座、弹簧、弹簧导向板及卡圈等，弹簧被轻轻压缩在弹簧座内，并且轻轻压在垫圈外端，推到缸体内，借助专用工具将滑动密封圈在缸体内压紧。将密封垫圈 3 放在缸体的密封槽内，然后装上座，用 500N·m 的力矩将座拧紧，直至座和缸体的平面压紧为止。

气密封阀 27 由一个 $\phi3\times5$ 的密封条（耐油）和黄铜的衬套组成，将气密封阀装入铆在塞盖上的圈内，用铜销防止掉出。在充气的端内倒入 10mL 的 10 号航空液压油，将塞盖 17 及密封垫圈 19、20、21 和铜垫圈轻轻推入缸体内，再装上帽，用规定的力矩拧紧，拧紧力矩为 500N·m。用专用工具对储压器预充 18MPa（15℃）压缩氮气，经检查不漏气后，将球阀 27 放入塞盖的密封孔内，用紧固黄铜螺钉将球阀压紧在密封面上，然后再装上帽，管接头用规定力矩拧紧，固定座盖的

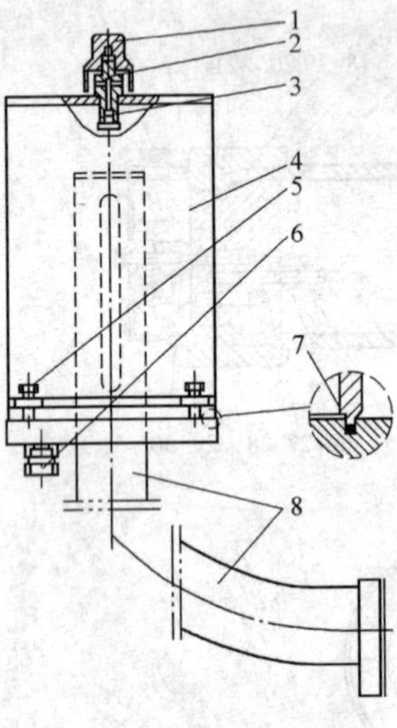

图 15-15　辅助油箱装配

1—螺母；2—弹簧垫圈；3—钢球；4—储油箱；5—螺钉；6—管接头；7—密封垫圈；8—排油管

4 个 M16 的螺栓用规定力矩拧紧。

储压器装配结束后，打压 33.5MPa，历时 1min 不得有任何渗漏现象。

（3）辅助油箱的分解检修。辅助油箱装配见图 15-15。拧下螺钉 5，取下储油箱 4 及密封垫圈 7，拧下螺母 1，拆下钢球 3。储油箱 4 和排油管 8 内部清理后，用洁净液压油清洗干净，用压缩空气吹干。

更换密封垫圈 7 和钢球 3。检查储油箱 4 和排油管 8 连接密封面不应有碰伤痕迹。按拆卸的相反顺序复装。

螺钉 5 要涂 Y-150 厌氧胶，拧紧力矩为 15N・m，管接头 6 要涂 Y-150 厌氧胶，拧紧力矩为 80N・m，注意检查密封垫圈 7 要放正，以免漏油。

（4）供排油阀的分解检修。供排油阀是液压系统中的重要元件，供排油阀的行程、开距以及定径孔的大小，决定了断路器的分、合闸速度的大小和分、合闸时间的快慢。供、排油阀装配见图 15-16。供油阀 5 打开，同时排油阀 9 关闭，高压油经供油阀 5 进入工作缸活塞合闸侧使断路器合闸。当排油阀 9 打开，同时供油阀关闭，工作缸活塞合闸侧的油经排油阀迅速排入辅油箱，活塞分闸侧常高压油推动活塞使断路器分闸。

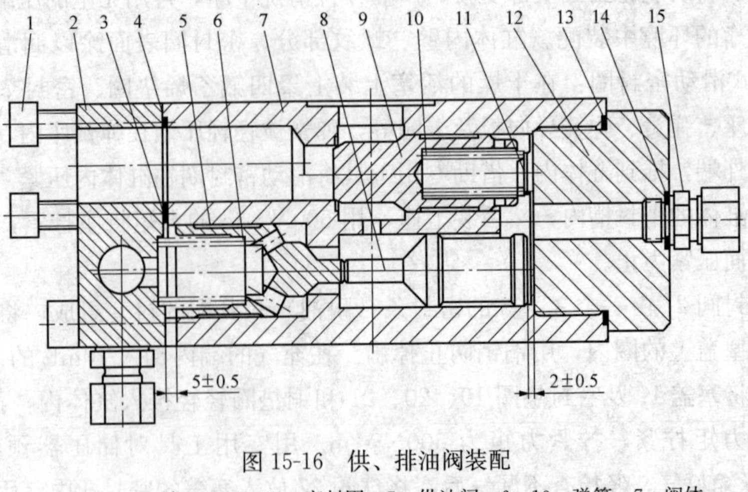

图 15-16　供、排油阀装配

1—螺栓；2—盖；3，4，13—密封圈；5—供油阀；6，10—弹簧；7—阀体；8—锥阀；9—排油阀；11—托；12—螺塞；14—密封铜垫；15—连接头拆下螺栓 1 和盖 2 即可取出供排油阀，更换所有密封圈。装配前，所有零件用洁净液压油清洗干净，用压缩空气吹干，各零件应无毛刺，各密封接触面清洁、平整、光洁度符合要求。检查供、排油阀与阀体装配密封情况，如不合格，使用 400～500 号的研磨膏进行研磨。

装配前按图纸要测量供、排油阀的行程 5mm±0.5mm 和行程 2mm±0.5mm，行程 1 不合格时可以修理油阀和排油阀的尾部（即装弹簧一端）；行程 2 不合格时可以修理锥阀一端。装配所有的密封圈时，在外表面涂凡士林油。装配螺塞 12 时，在外表面密封处涂二硫化钼，并立即用干布擦抹，在螺纹处涂 Y-150 厌氧胶，用 2400N·m 力矩拧紧，拧紧后在阀体和螺塞连接处划一条线后作为拧紧位置的标志。螺栓 1 的拧紧力矩为 80N·m，ϕ10 管接头拧紧力矩为 80N·m，ϕ18 管接头拧紧力矩为 220N·m。

供排油阀装配结束后，从管连接头 15 处充 0.2MPa 的低压油应不渗油。高压管接头拆下后，铜垫圈应更换。

(5) 工作缸的分解检修。工作缸是断路器的驱动装置，它和提升杆连接，带动五联箱或三联箱中的拐臂使断路器分、合闸运动。工作缸装配见图 15-17。工作缸的原理为：当液压系统打压以后，常高压油进入工作缸活塞分闸侧，使断路器保持分闸状态，而工作缸活塞合闸侧为零压，当断路器接受合闸命令之后，合闸高压油经管路进入工作缸的合闸端，由于活塞合闸端截面积大于分闸端面积，利用差压原

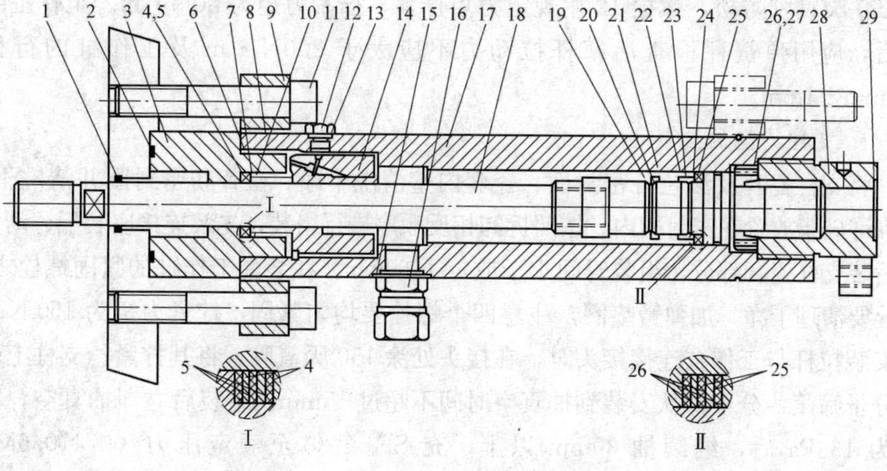

图 15-17　工作缸装配

1—防尘圈；2，4，6，25，26—密封垫圈；3—上螺塞；5，13，15—垫圈；7—压环；8—卡环；9—连接套；10，21—弹簧；11—螺塞；12—螺栓；14—合闸缓冲套；16—接头；17—工作缸；18—活塞杆；19，23—卡圈；20—弹簧座；22—箍；24—压圈；27—分闸缓冲套；28—下螺塞；29—O 形密封圈

理推动活塞向合闸方向运动，带动断路器合闸。当断路器接受分闸命令之后，活塞合闸侧高压油经排油阀排至副油箱。活塞分闸侧常高压油推动活塞向分闸方向运动，带动断路器分闸。

用专用工具拆卸上螺塞3后，依次取出合闸缓冲套14和活塞杆18。

用专用工具拆卸下螺塞28后，取出分闸缓冲套27。

拆卸活塞杆上的卡圈19，取出弹簧座20，弹簧21及组合密封垫圈25、26，注意不得损伤活塞杆表面。检查下螺塞28金属密封面有无损伤，必要时将其密封端面重新加工，端面允许加工精度不大于0.15mm，并研磨、抛光；检查工作缸和活塞杆有无沟痕，活塞与杆是否松动，如无法修复则更换新件；检查合闸缓冲套内4个$\phi 2.5$钢球动作间隙及密封状况，可以有1mm以上活动范围；检查分闸缓冲套有无裂痕，两端面有无变形。

装配时先将密封垫圈及密封圈装在下螺塞上。装配下螺塞前，应将其金属密封面涂少量二氧化钼，放入分闸缓冲套，不要装反，再拧紧下螺塞，拧紧力矩为1500N·m。将活塞杆合闸缓冲部位用铜皮包好，放入涂有凡士林工作缸内，再装上密封垫圈25、26及压圈24等，最后用专用工具装上卡圈19。

装配上螺塞前，应将其金属密封面涂少量二氧化钼，放入合闸缓冲套，再拧紧上螺塞，拧紧力矩为1500N·m。装配接头16时用规定力矩拧紧，拧紧力矩为200N·m，螺塞11加弹簧垫圈用规定力矩拧紧，拧紧力矩为170N·m，并涂上Y-150厌氧胶防松，螺栓12用规定力矩拧紧，拧紧力矩为80N·m。工作缸装配完后，应用弹簧秤检查活塞杆拉动力不应大于200N·m及工作缸的行程为150mm±1mm。

4. 支柱装配的装复

将支柱瓷套及法兰各密封面、瓷套内壁清洗干净。检查新密封圈并清洗干净，涂少许硅脂放置在密封槽内。按照拆卸相反顺序进行组装，先装连接座装配、动力元件后装支柱瓷套部分，组装时间小于或等于60min。在装配工作缸的紧固螺栓之前，螺栓要清理干净，加弹簧垫圈，注意四个螺栓要均匀紧固，拧紧力矩为150 N·m。在安装拉杆与工作缸连接接头时，在接头处涂150厌氧胶，将其拧紧。支柱上端中加分子筛筐，分子筛从安装到抽真空时间不超过15min。组装后立即抽真空，真空度为133Pa后，继续抽30min以上，充SF_6气体至额定压力（0.4/0.6MPa，20℃）。校准接头超出尺寸121mm±0.3mm，并紧固接头螺母和接头。进行检漏和含水量测试。

（八）断路器总装复

支柱和三（五）联箱的装复顺序与拆卸相反。安装时三（五）联箱和支柱的密封面（密封槽）应用酒精、白布清理干净，检查密封圈并在其上涂少许硅脂；安装支腿与连接座的螺母以及支腿之间的连接板先不要拧紧，待支腿安装在基座上后再拧紧。靠密度继电器一侧支腿后的连接板，待密度继电器安装完毕再安装，将校验合格的密度继电器进行装复。

装好三（五）联箱中所有轴销和连板，连接好自动充气接头。

安装分子筛筐，控制分子筛筐暴露在空气中的时间，从分子筛筐安装到抽真空时间不超过15min。三（五）联箱中装复分子筛筐后，首先将三（五）联箱连同支柱、（并联电阻）抽真空，抽真空至133Pa后继续抽30min以上，充SF_6气体至额定压力（0.4/0.6MPa，20℃）。

测量单个断口的接触电阻。按要求进行检漏和含水量的测试。

（九）密度继电器的检测

1. 密度继电器使用原理

为保证SF_6高压设备安全运行，必须对SF_6的气体密度、含水量等参数和泄漏情况进行严格监测。如果这些设备发生泄漏，则会使SF_6气体密度降低，造成断路器设备耐压强度降低、断路器开断容量下降等严重的后果。

当高压设备的气室充有SF_6气体后，常用SF_6气体密度这个概念来衡量是否已满足绝缘或灭弧的要求，因为SF_6气室内的绝缘强度取决于SF_6气体的密度值，即单位体积内SF_6气体的分子数，与温度无关。而密度值是由在20℃情况下的充气压力来体现的。为了保证SF_6气体绝缘设备安全可靠运行，必须监测SF_6的气体密度值，而不是气体压力。SF_6气体的击穿强度与温度的关系曲线如图15-18所示。

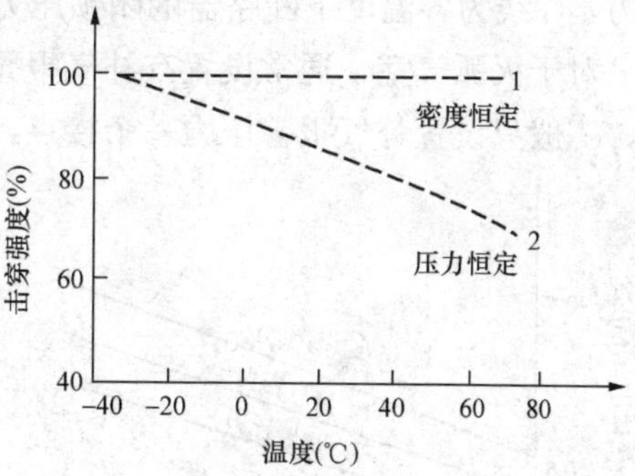

图15-18　SF_6气体击穿强度与温度的关系曲线图

由图15-18可知：当气体密度恒定时，SF_6气体的击穿强度与温度无关；当气体压力恒定时，SF_6气体的击穿强度随温度的上升而下降。

在密度一定的情况下，温度发生变化时压力也随之改变，不同密度所对应的变化曲线各不相同。为了正确反映压力的变化是由漏气还是由温度变化引起的，必须通过温度补偿或修正的方法，使压力指示仪表的读数始终是20℃时的标准压力值，将此值等效为气室内SF_6气体密度值。当发生泄漏时，密度继电器能立即指示出漏气引起的密度变化。当SF_6气体的密度指示值低于事先设定的报警值时，如果

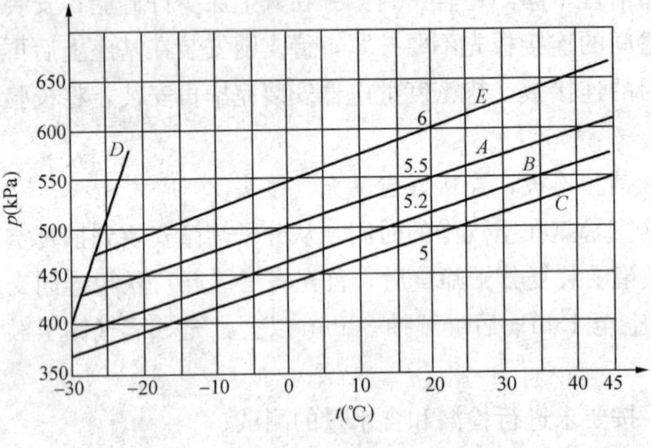

图 15-19　SF_6 气体温度—压力曲线

A—正常压力下限；B—报警压力；C—闭锁压力；

D—液化曲线；E—额定压力

泄漏较轻，则密度继电器就会给出报警补气的接点信号并给予补气，以防绝缘性能降低，设备还能继续运行；如果泄漏严重，则密度继电器就会给出一对闭锁接点信号，将断路器操作闭锁，表示这时设备已不能正常运行，断路器操作便会发生事故。

不同型号 SF_6 断路器压力整定值不同，报警压力也不相同，密度继电器的整定值要从相关控制图及 SF_6 气体温度—压力曲线获得。如图 15-19 所示为某型号 SF_6 断路器温度—压力曲线，其中 A、E 线之间为各温度下断路器的正常运行压力，B 线为各温度下断路器的报警压力，C 线为各温度下断路器的闭锁压力。

对于灭弧气室，通常设置有补气报警压力和闭锁压力两个接点，对于非灭弧气室，一般只设置补气报警压力一个接点，如图 15-20 所示。

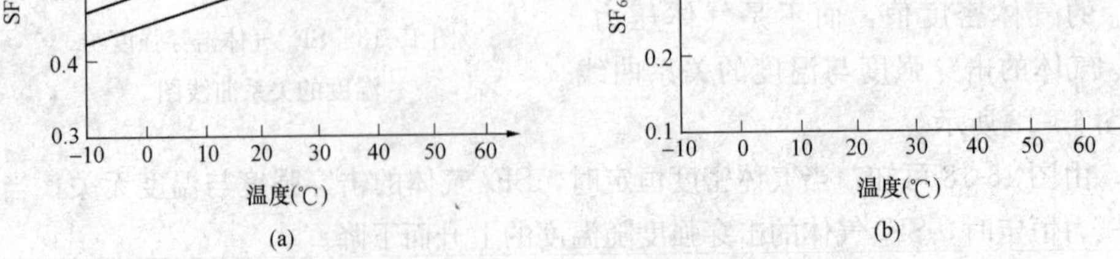

图 15-20　气体绝缘设备中，SF_6 气体压力与温度的关系

（a）灭弧气室；（b）非灭弧气室

2. 密度继电器结构

密度继电器是 SF_6 断路器通用元件之一，主要分为机械式和非机械式气体密度继电器。

(1) 机械式气体密度继电器。图 15-21 所示为机械式气体密度继电器原理图。图中预充气室内充有 SF_6 气体，气体压力与被监测的 SF_6 气室工作压力相同，金属波纹管则与 SF_6 气室相通。当 SF_6 气室发生气体泄漏时，金属波纹管中的气体压力就会下降。这样，在内外压力差的作用下金属波纹管即被压缩，并通过带有双金属片的传动机构带动微动断路器，使其触头接通，信号继电器即被启动，发出补气或闭锁信号。密度继电器在结构设计上使整个预充气室置于被监测的 SF_6 气体之中。因而温度对预充气室和被监测气室中 SF_6 气体压力的影响是一样的，温度的变化不会在金属波纹管内外侧产生压力差，也就是说该密度继电器具有温度自动补偿作用。

由于密度继电器直接装在气室上，波纹管内外的 SF_6 气体以及密度继电器动作压力值的调整等工作，都在厂家恒温室（20℃）内进行，波纹管内 SF_6 气体密封好坏直接影响密度继电器的动作压力值，因此，密度继电器的内部元件在现场不得随意拆卸。

为了保证密度继电器动作的可靠性，在气体绝缘设备定期检修时，应对密度继电器进行动作压力的现场校验。

(2) 非机械式密度继电器。由于 SF_6 分子具有极强的电负性，所以这种气体中的离子流对气体的密度很敏感。非机械式密度继电器就是根据这一原理工作的，图 15-22 所示为非机械式密度继电器原理图，在其电离腔内有一个很小的平面 α 离子源，工作时发射出高速 α 粒子使 SF_6 气体分子电离。在外施直流电场作用下，电子向上极板迁移，正离子向 α 粒子发射体迁移，从而形成电流，经放大后发出信号。输出信号的强弱与 SF_6 气体密度有直接关系，当气体绝缘设备发生泄漏时，SF_6 气体密度就会下降，输出电流也会相应减小。因此，只要检测出输出电流的变化就可以达到监视 SF_6 气体密度变化的目的。

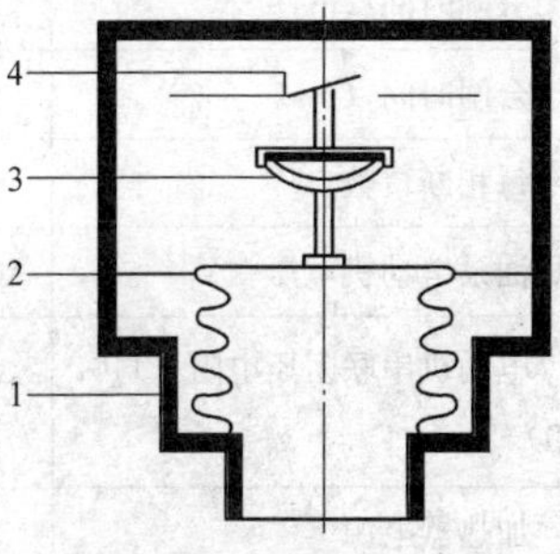

图 15-21　机械式气体密度继电器原理图
1—预充气室；2—金属波纹管；
3—双金属片；4—微动开关

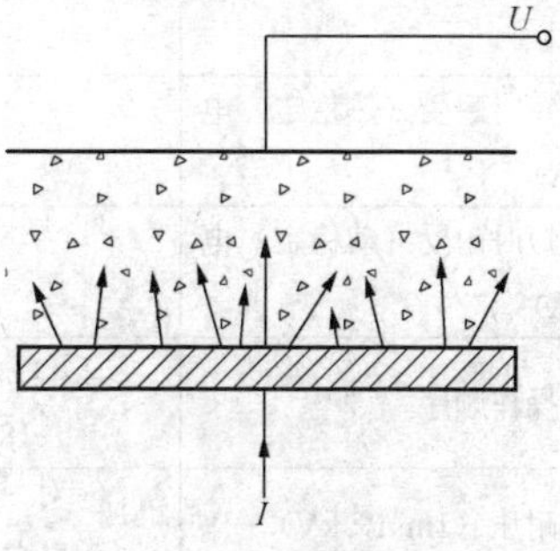

图 15-22　非机械式密度继电器原理图

第三节　ELF SP4-1 型 SF_6 断路器本体的检修

一、ELF SP4-1 型断路器结构

ELF SP4-1 型 SF_6 断路器是三相交流 50Hz 户外高压电力设备，主要用于输电线路的控制和保护，也可作联络断路器使用。

ELF SP4-1 型 SF_6 断路器采用三相独立，分相操作。配用 AHMA 型弹簧储能液压操动机构，断路器可以通过和开断额定电流及短路电流。其特点是开断电流大，机构简单，操作方便。

断路器采用单极、单断口结构，每台断路器由三相断路器本体、一个控制箱和电气连接电缆组成，由一个共用控制柜控制三相分、合闸。每相断路器包括 1 个灭弧室、1 节对地绝缘套管、1 个操动机构、1 个 SF_6 密度继电器和 1 个断路器支架组成。

ELF SP4-1 型 SF_6 断路器主要电气参数见表 15-2，ELF SP4-1 型 SF_6 断路器的 SF_6 气体压力参数见表 15-3。

表 15-2　ELF SP4-1 型 SF_6 断路器主要电气参数

项　目	参　数	项　目	参　数
额定电压（kV）	220	断路器质量（每相，kg）	1790
最高电压（kV）	252	合—分金属短接时间（ms）	≤40
额定电流（A）	3150/4000	相间分闸同期性（ms）	≤3
额定短路开断电流（kA）	50	相间合闸同期性（ms）	≤5
额定短路关合电流（峰值，kA）	125	分闸时间（ms）	≤20
额定短时耐受（热稳定）电流（kA）	50	合闸时间（ms）	≤60
额定短时耐受（动稳定）电流（kA）	125	每相断口数	1
		油泵电动机电压（V）	AC 220/DC 220
额定操作顺序	O-0.3s-CO-180s-CO	电动机串联阻压电阻（110，Ω）	470
工频耐压（1min，kV）	对　地：460 断口间：510	加热器电源	380V、310W
雷电冲击耐压（峰值，kV）	对　地：1050 断口间：950+206	分/合闸线圈电流（A）	DC 2.8/1.4
		分/合闸线圈额定电压（V）	AC 110/220

表 15-3　　ELF SP4-1 型 SF_6 断路器的 SF_6 气体压力参数（20℃绝对值）

序　号	项　　目	技术参数
1	额定压力（MPa）	0.50
2	补气报警压力（MPa）	$A=0.45\pm0.03$
3	补气报警解除压力（MPa）	$L=A+0.03$
4	断路器闭锁压力（MPa）	$B=0.40\pm0.03$
5	断路器闭锁解除压力（MPa）	$M=B+0.03$

每相 1 个灭弧室单元含有用压缩 SF_6 气体来灭弧的压气式灭弧装置，触头为变开距结构。其特点是触头的开距在分闸过程中不断增大，相对于定开距而言最终的开距也比较大。它由静触头、动触头和灭弧室绝缘瓷套组成。如图 15-23 所示。

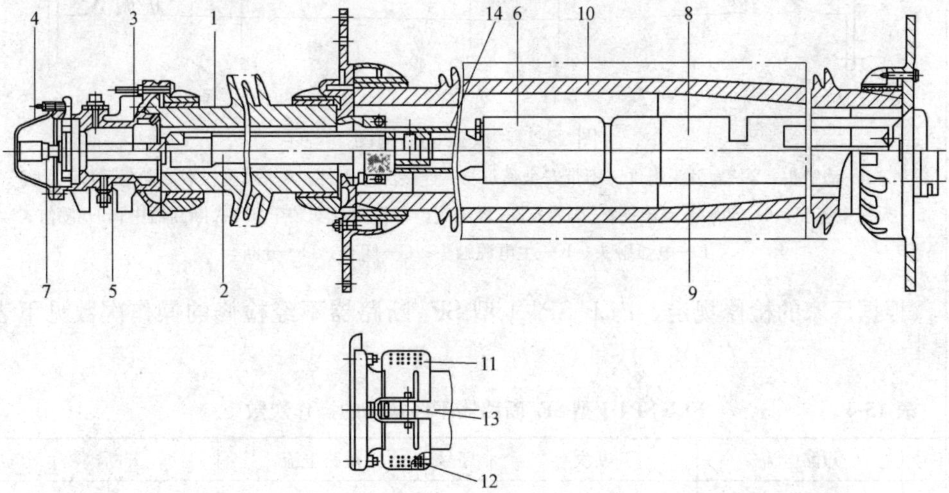

图 15-23　ELF SP4-1 型断路器瓷柱

1—绝缘瓷套；2—绝缘拉杆；3—连杆；4—运输罩；5—联箱；6—动触头；7—锥形连接元件；8—不带安全膜的静触头；9—带安全膜的静触头；10，11—灭弧室瓷套；12—过滤袋；13—隔离套筒；14—动触头支架

断路器的开断采用单压、轴向同步吹弧原理，利用每相操动机构操作连杆驱动，机械地使压气和开断同时进行。

断路器分闸时，压气缸在绝缘拉杆的带动下运动，压气缸内 SF_6 气体被压缩，压力骤然增加，当动、静触头分离瞬间产生电弧时，下排气口打开，SF_6 即通过压气缸中空轴末端吹出；当开距达到熄弧距离时（约全程的 1/4），主喷口突然打开，强大的气流猛烈吹拂弧柱，使电弧迅速拉长和冷却，直至电流过零时电弧熄灭。

这种滞后喷气的优点在于能使压气缸内压力充分建立起来，并得到最大的开断容量。

在压气活塞下装有止回阀，它在合闸过程中开启，给压气缸充气，分闸过程中关闭，保证压气缸内有足够的压力。三相的 SF_6 气体完全是独立的。灭弧室结构如图 15-24 所示。

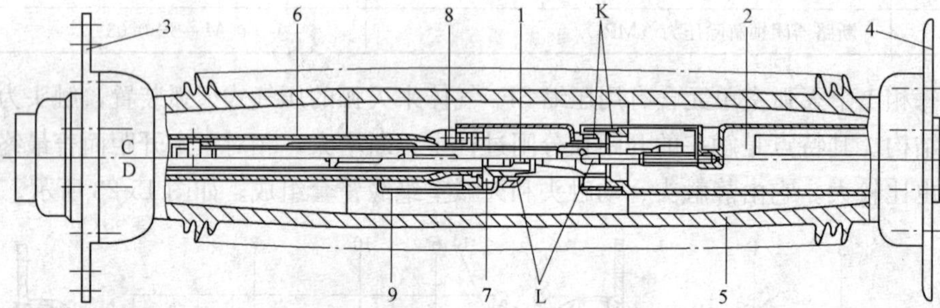

图 15-24　灭弧室结构图

1—动触头；2—静触头组件（不带安全膜）；3—连接法兰组件；4—端盖（不带安全膜）；5—灭弧室瓷套；6—动触头支架；7—隔膜；8—释压阀，释压阀仅安装于 63kA 断路器中；9—喷缸；L—电弧触头；K—主电源触头；C—闭合；D—分断

根据厂家的检修规定，ELF SP4-1 型 SF_6 断路器不经检修的操作次数见下表 15-4。

表 15-4　　ELF SP4-1 型 SF_6 断路器不经检修的操作次数

序号	短路电流	开断次数	序号	短路电流	开断次数
1	50kA	15	4	21kA	100
2	40kA	20	5	11kA	500
3	27kA	50	6	机械寿命	5000

二、ELF SP4-1 型 SF_6 断路器的现场拆卸

（一）断路器现场拆卸的准备工作

（1）断路器退出运行，解除两端引线。

（2）将断路器操作到分闸位置，隔离并接地。

（3）断开控制电压、加热器电源。

（4）断开电动机的电源；ELF SP4-1 型 SF_6 断路器解体检修时，要卸放液压系统的操作压力。

（5）拆下断路器 SF_6 密度继电器及操动机构控制电缆，并立即封堵好接口。

(6) 断路器 SF_6 气体回收到小于 0.125MPa（绝缘压力）时，断路器做好了拆卸准备。

（二）操动机构及灭弧室支柱拆卸

(1) 断路器操动机构拆卸。

1）安装专用绞车将断路器 AHMA4 操动机构拉住或用叉车将操动机构固定在安装位置。

2）打开操动机构防护罩，拆开操动机构连接件与支柱传动杆锥形连接件的夹件。

3）拆除操动机构与断路器支柱底部连接的 M12 螺杆。

4）平行启动绞车或叉车将操动机构放下并运抵检修间。

(2) 在单极灭弧室顶部对称系紧尼龙吊绳，找正垂直后并带紧，松开支柱下法兰与机构箱顶板法兰的 M16 螺栓，缓缓垂直起吊灭弧室，在此过程中应防止直动密封连杆、SF_6 气体阀门与断路器支架碰撞。

(3) 吊出的灭弧室立即安装直动密封连杆和 SF_6 气体阀门的保护弯板，并用塑料薄膜包裹密封，机构箱顶部法兰上安装保护盖板和软木橡胶垫，以防尘防潮。

(4) 将灭弧室运至检修净化间专用支架上待检修。

第四节 HPL-245B1 型 SF_6 断路器本体的检修

HPL-245B1 型单断口 SF_6 断路器。断路器由三个独立的柱（相）组成，每相包括三个主要部分，在底部的合金外壳中是机械操作部分，机构上部连接的是在中空的绝缘瓷套中运动的绝缘拉杆，上部是灭弧室。

断路器每相内永久地充以在 20℃时为 0.7MPa（绝对压力）的 SF_6 气体，在这种压力下，断路器可用于最低环境温度不小于−30℃的环境中。

断路器配用电动机储能的 BLG-1002A 型三相联动弹簧操动机构。

HPL-245B1 型 SF_6 断路器的每个灭弧室绝缘子中的灭弧单元是由上、下出线法兰和在其中间的上下电流通道及触头系统组成。喷吹室在下电流通道上，安装在上下电流通道中的触头是集成式结构，极柱结构如图 15-25 所示。

载流触头在弧触头打开前打开，在弧触头闭合后闭合，载流触头在开断时不受电弧影响。

分闸时，压气缸 1 沿固定活塞向下移动，因此封闭在压气缸中的 SF_6 气体被压缩，迫使气体经过喷口 2 和弧触头 3 高速喷出。

当弧触头分开时产生电弧，强大的电弧被阻塞在喷口 2。当电流接近过零时，气体开始经过压气缸喷出。特殊设计的喷嘴保证气流被引导吹向电弧，气体经过下面的动弧触头和上面的静弧触头。当电弧被冷却时电弧熄灭，电流被开断。

合闸时，压气缸 1 向上滑动，触头互相闭合，压气缸重新被充气。

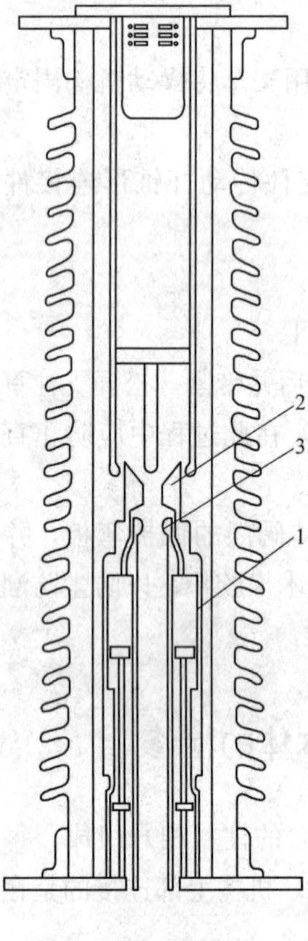

图 15-25　极柱结构图
1—压气缸；2—喷口；
3—弧触头

HPL-245B1 型 SF_6 断路器的主要电气参数见表 15-5，制造厂家规定的 HPL-245B1 型 SF_6 断路器的使用年限、机械寿命、电气寿命见表 15-6。

表 15-5　HPL-245B1 型 SF_6 断路器的主要电气参数

项　目	参　数
额定电压（kV）	220
最高工作电压（kV）	252
额定电流（A）	4000
额定短路开断电流（kA）	50
额定关合电流（kA）	125
切空载长线电流（A）	125
额定短路持续时间（s）	3
额定操作顺序	O-0.3s-CO-180s-CO
工频耐受电压（kV）	460
雷电冲击耐受电压（kV）	1050
操作冲击耐受电压（kV）	1050
首相开断系数	1.5
SF_6 气体质量（kg）	26
断路器总质量（kg）	2991

表 15-6　HPL-245B1 型 SF_6 断路器的使用年限、机械寿命和电气寿命

序号	运行情况	检 修 重 点	检修周期
1	使用年限	轴承、干燥剂、弧触头、密封圈、其他零部件	30 年
2	额定短路电流开断寿命	轴承、干燥剂、弧触头、密封圈、其他零部件	$\sum n \times I^{1.8}=20000$
3	机械操作	轴承、干燥剂、弧触头、密封圈、其他零部件	10000 次

注　n 为开断次数；I 为短路电流，kA。

HPL-245B1 型 SF_6 断路器和 ELF SP4-1 型断路器都是 ABB 公司生产，采用相似的支柱及灭弧室结构，两种断路器的主要区别在于 HPL-245B1 型 SF_6 断路器使用弹簧操动机构，而 ELF SP4-1 型 SF_6 断路器使用的是液压弹簧操动机构。对于 HPL-245B1 型 SF_6 断路器本体的检修，可以参照 ELF SP4-1 型 SF_6 断路器的相关内容进行。

第五节　HECI 型 SF_6 断路器本体的检修

HECI 型 SF_6 断路器是发电机出口 SF_6 高压断路器，ABB 公司生产的型号为 HECI3 和 HECI5（见图 15-26），ABB 公司的前身 BBC 公司生产的型号为 HEK-3。各断路器的主要技术参数如表 15-7 所示。

表 15-7　**ABB SF_6 高压断路器的主要技术参数**

技术参数	HECI3	HECI5	HEK-3
额定电压（kV）	25.3	24	24
额定电流（kA）	9	10	10
额定短路开断电流（kA）	100	120	110
20℃时 SF_6 额定运行压力（MPa）	0.62	0.62	0.62
分闸时间（≤，ms）	55	56	60

图 15-26　HECI5 型 SF_6 断路器

ABB 生产的 HECI 型 SF_6 断路器成套设备采用模块化设计，包括断路器、操动机构、隔离开关、接地开关、电压互感器、电流互感器、设备外护罩等。

ABB HECI 型 SF_6 高压断路器由断路器本体、SF_6 气路系数（包括压力表、管接头和密度继电器）以及液压储能弹筑操动机构及控制箱等设备组成。断路器本体连同操动机构和控制装置安装在同一个支撑构架上。

HECI5 型 SF_6 断路器技术参数如表 15-8 所示。

表 15-8　**HECI5 型 SF_6 断路器技术参数**

项目	参数	项目	参数
型号	HECI5	额定短路电流对称电流（kA）	120/175
最高运行电压（kV）	24	额定峰值耐受电流(kA)	360
额定频率（Hz）	50	额定短时耐受电流（1s，kA）	120
额定持续电流（A）	10000	额定工频耐受电压（kV）	80/88

续表

项　目	参　数	项　目	参　数
额定雷电冲击耐受峰值电压（kV）	150/165	负载电流运行顺序	CO-30min-CO
		最大分断时间（ms）	56
并联电容（nF）	130（发动机侧），260（变压器侧）	断路器操动机构	AHMA4
		合闸线圈的控制电压（V）	DC220
20℃时 SF_6 的额定运行压力（kPa）	620	跳闸线圈的控制电压（V）	DC220
		电动机的额定电压（V）	DC220
额定短路操作循环	CO-30min-CO	断路器系统的总质量（kg）	3100

（一）断路器本体拆卸

（1）拆除外壳和挠性接头（电流搭接片）。

（2）拆除柱架外壳。

（3）拆除密度监视器。注意不要损伤或覆盖联轴器的密封表面（见图 15-27）。

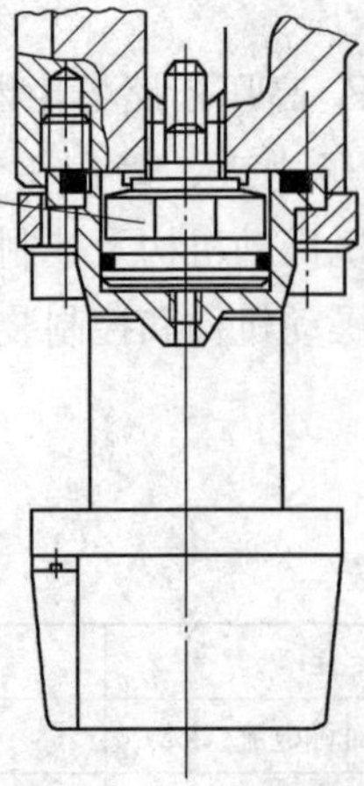

图 15-27　密度继电器拆卸图

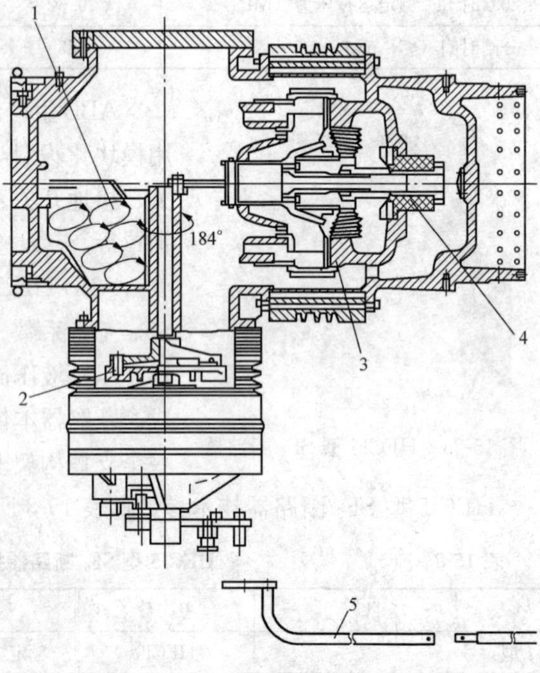

图 15-28　单极结构拆卸图（一）

1—袋形组合件、吸湿器的定位器；2—旋转绝缘子；3—铜主电流环；4—线圈组件；5—紧急操纵杆

(4) 用气体处理装置抽出 SF_6 气体。

(5) 拆去 SF_6 气体管道和操作联锁装置，从 SF_6 断路器柱架上卸下断路器极柱。

(6) 将紧急操纵杆调整到分闸位置（见图 15-28）。

(7) 松开紧固件，拆除盖子（见图 15-29），注意保护密封表面。

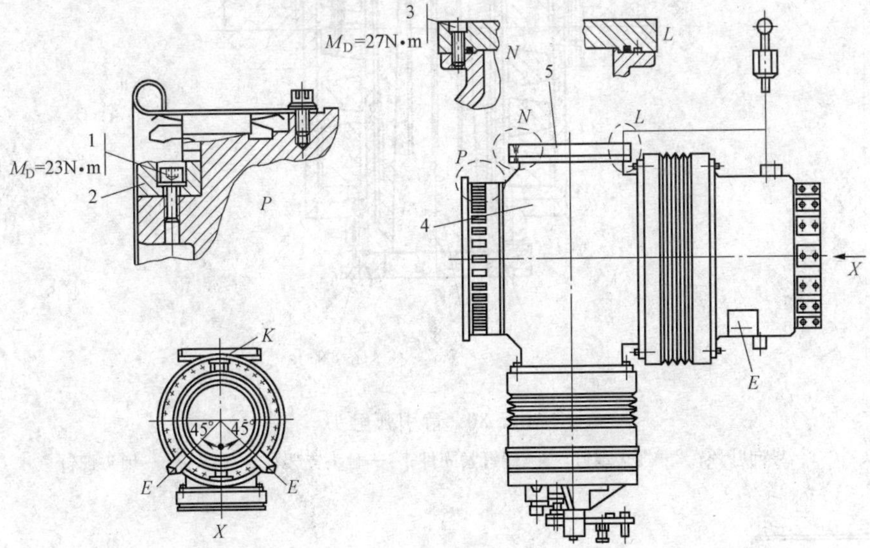

图 15-29　单极结构拆卸图（二）

1—螺钉紧固件；2—定中心元件；3—紧固件；4—操动机构室组件；5—盖子

(8) 松开螺钉紧固件（见图 15-30），拆除吸湿器的定位器（见图 15-28）。

(9) 更换袋形组合件（见图 15-28），并进行清扫和储存。注意控制操作时间，防止受潮。

(10) 打开螺钉（见图 15-31），将操动机构室组件（见图 15-29）无倾斜地吊开后再吊出旋转绝缘子（见图 15-28），吊出过程中注意保护无遮盖的密封表面。

(11) 松开螺钉紧固件，卸去定中心元件（见图 15-29）。

(12) 使断路器进入垂直位置，并下降到适当的平面上。

(13) 连接箱组合件。

(14) 从绝缘子上卸下连接箱组合件，松开紧固件（见图 15-31），无倾斜地吊下连接箱组合件。

(15) 卸去螺纹环，螺纹环在装配时用锁定剂予以处理。为了便于拆卸，在整个圆周上将接线室外壳的表面缓慢加热 80℃，打松螺纹环，彻底清洗螺纹（见图 15-32）。

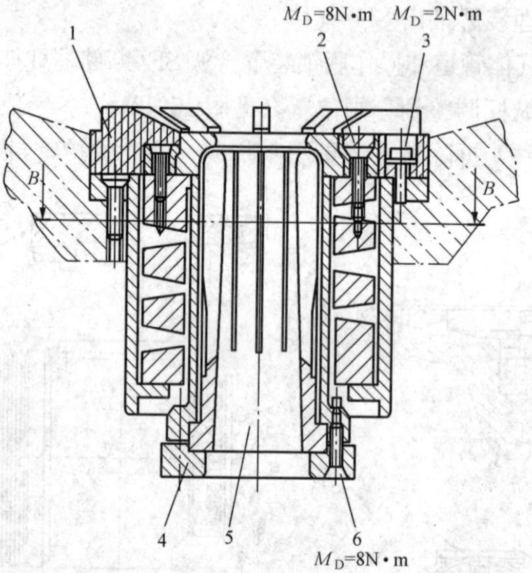

图 15-30　静引弧触头

1—导向叶环；2—埋头螺钉；3—螺钉紧固件；4—触头支架；5—触头；6—埋头螺钉

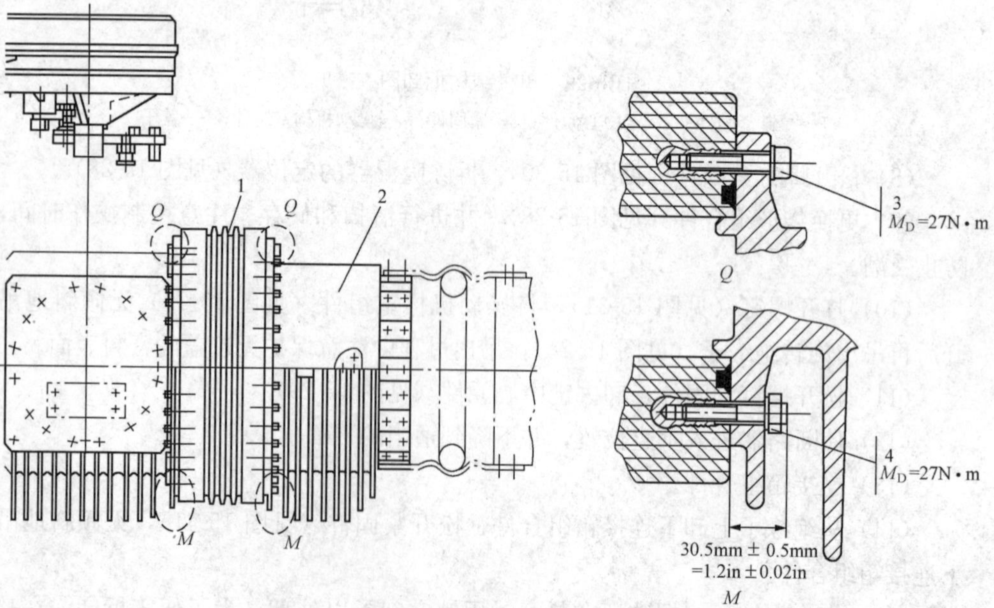

图 15-31　连接箱组合件

1—绝缘子；2—连接箱组合件；3—紧固件、螺钉；4—紧固件

（16）卸去线圈组件（见图 15-28），拧松紧固件，卸去导向叶环（见图 15-30）。松开埋头螺钉，取出线圈组件。

（17）松开埋头螺钉，拆下漏头形触头支架（见图 15-30）。

（18）抽出漏斗形触头，更换内外插件（见图 15-33）。

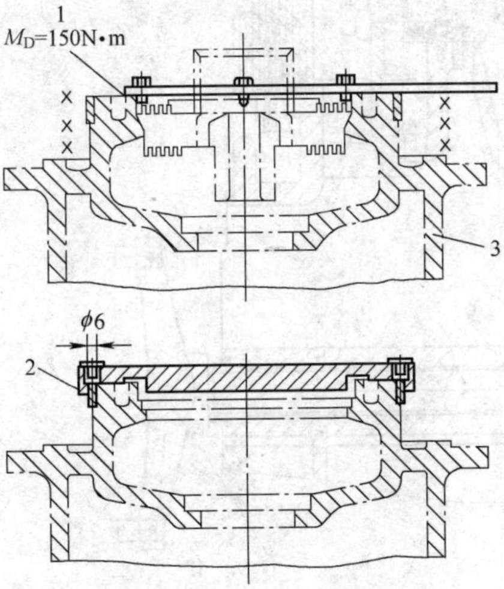

图 15-32　转孔板安装图

1—螺纹环；2—钻孔板；3—接线室外壳

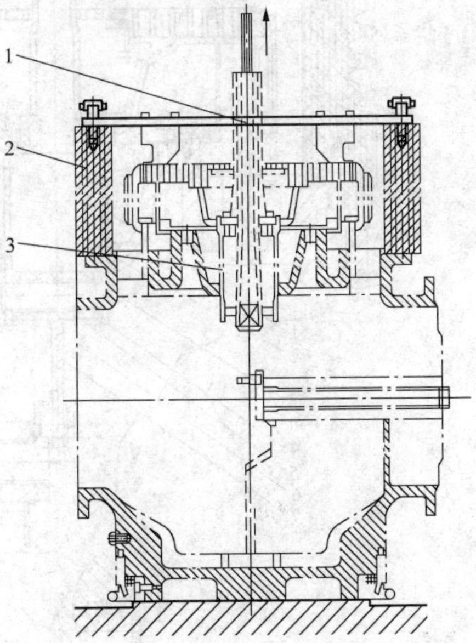

图 15-33　动触头

1—对中装置；2—绝缘体；3—活塞组件

（19）松开埋头螺钉环和灭弧环（见图 15-33）。

（20）将钻孔板（见图 15-32）放在铜主电流环上。使用钻套在铜主电流环（见图 15-28）上钻孔，钻孔直径 6mm。（注意不要损坏接线室外壳）。

（21）均匀清除和磨光接线室外壳的擦伤痕迹。

（22）安装对中装置，安装在绝缘体上，从操动机构室内卸去活塞组件（见图 15-33）。

（23）卸去螺钉，拔出销钉，从活塞组件中抽出连接杆（见图 15-34）。

（24）取出绝缘垫圈，从连接杆中拖出轴承套（见图 15-34）。

（25）将绳圈穿过活塞组件，并固定于轭铁上（见图 15-34）。

（26）拆去活塞密封件，拧松紧固件并卸下密封装置定位器（见图 15-34）。

（27）从操动机构室内取出活塞密封件，密封件定位器和隔膜。

（28）卸下导环，折下轴组件，拉出锁紧销，脱去旋转杆组件，填隙垫圈和间隔套（见图 15-34）。

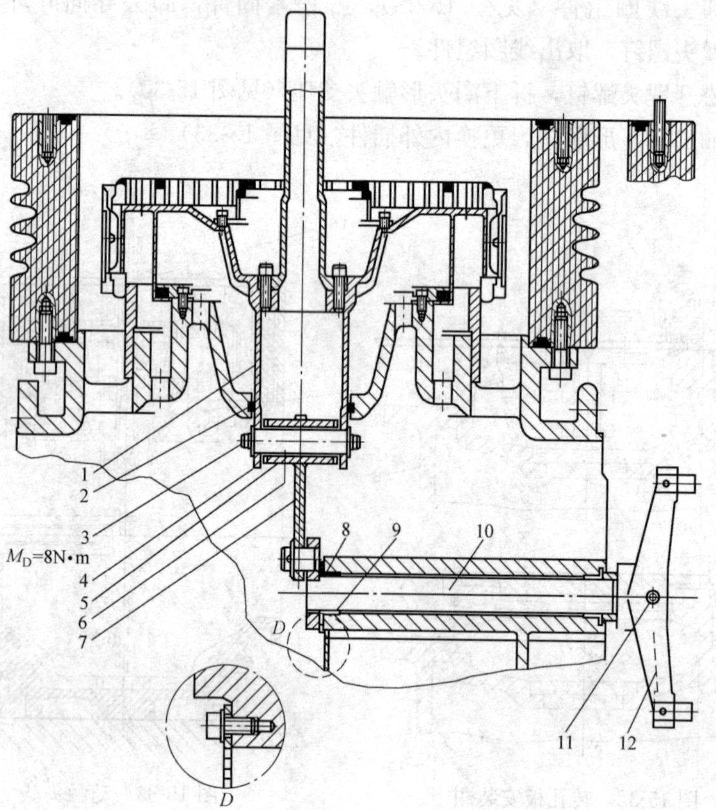

图 15-34 箱体内部拆卸图

1—活塞组件；2—导环；3—螺钉、紧固件；4—绝缘垫圈；5—轴承套；6—销钉；7—连接杆；8—轴承垫圈；9—轴瓦；10—轴组件；11—锁紧销；12—旋转杆组件

(29) 拔出轴组件，取出连接杆侧的轴承垫圈。若有必要，更换操动机构室内的轴瓦（见图 15-34）。

(30) 拆下连接杆（见图 15-34），拉出锁紧销和垫圈。

(31) 脱去管形触头，将钻夹套插入操动机构室的孔中，用斜角钻床在管形触头 1 的 2 个位置上钻孔（直径 D=8mm）。

(32) 拆下活塞组合件，松开紧固件，拿开可动触头组件。用钳子夹住滑环的肩部，用螺丝刀将滑环的鼻部推向活塞的中央后将滑环拉出。拿开接触压指组件，提出支承环。

(33) 松开紧固件，卸除密封定位器。

(34) 卸下拉出器，卸下轴瓦和垫片。

（35）卸下弹簧销、垫圈，从杠杆组件和操纵杆上拔出联锁单元组件。

（36）卸下垫圈和替换轴承（见图 15-35）。

（37）从基座上拉出旋转杆组件的轴，提取，若有必要，予以替换。

（38）从基座上拉出轴颈，卸下滚针轴承和垫圈。替换密封环，必要时替换滚针轴承和垫圈。

（39）必要时更换安全隔膜。

（40）卸下 DILO 气体管路接头，松开气舌槽管接头零件。

（二）断路器本体回装

（1）加热器组件回装。在基座中插入装有加热元件，用紧固件固定，注意力矩。

（2）基座回装。在中间的断路器极上安装密度监测器，压入衬套，并施加锁定剂。对联轴器的螺纹进行了处理后拧入联轴器（注意力矩）。注意不损坏联轴器的密封表面。

（3）对密封环加注润滑脂，并放入轴颈的密封槽中。

（4）对滚针轴承加注润滑脂，并装入轴颈中。

（5）将轴颈插入基座内。

（6）将环放在轴颈上滑动，并用螺钉和弹簧锁紧垫圈。

（7）对密封装置润滑，并在轴颈上滑动，直至它紧贴在轴颈的挡块上时为止。最后拧紧螺钉（注意力矩）。

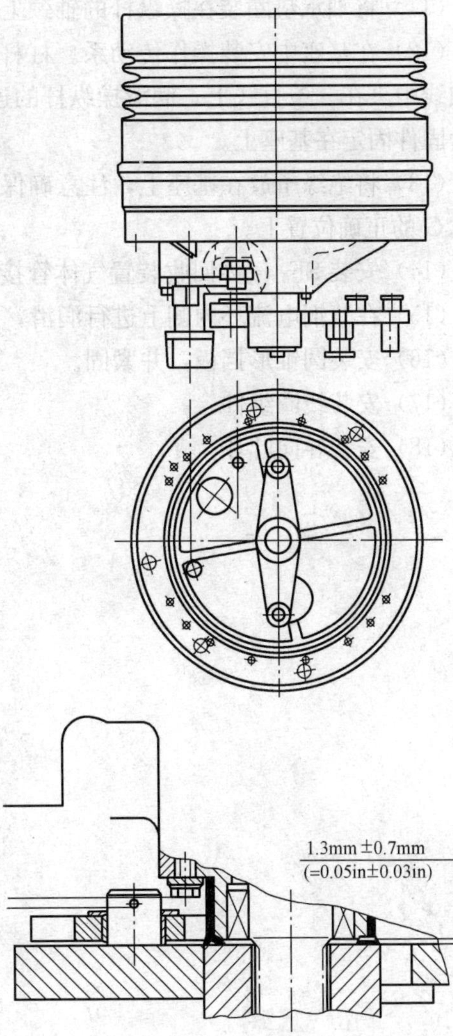

图 15-35　垫圈拆卸图

（8）安装旋转杆组件的轴，将轴承垫圈放在基座上，使镀层边紧靠着旋转杆组件。将装配套筒放在旋转杆组件轴的花键上。随着装配套筒滑落，将轴小心地插入基座中。

（9）对垫圈进行润滑，并滑到杠杆组件的轴颈上。

（10）装配垫圈，用弹簧销固定。润滑垫圈，并装配在操纵杆的各个轴颈上。将操纵杆和联锁单元组件连接起来，装上垫圈，并用锁紧销固定。

（11）将轴承垫圈装在操纵杆的轴颈上，使镀层边紧靠着操纵杆。

（12）在基座中安装操作传动系。杠杆组件和轴的花键要对中，使弹簧销与轴的轴线中央在一条直线上。润滑操纵杆的连杆接触表面，将连杆放在操纵杆上，并用紧固件固定在基座上。

（13）将绝缘子放在基座上，注意确保基座上的孔 *B* 安排在相对于绝缘子上面的孔 *C* 的正确位置上。

（14）安装 SF_6 气体回收装置气体管接头。

（15）在紫铜电流环内侧上进行润滑，然后放在连接箱的外侧。

（16）安装圆锥形挡板，并紧固。

（17）安装线圈组件。

（18）安装导向叶环。

第十六章　SF_6 断路器操动机构的检修

第一节　高压断路器操动机构

一、高压断路器对操动机构的要求

高压断路器的分合闸动作是靠操动机构来完成的，因此断路器的工作性能，特别是动作特性直接决定于操动机构，高压断路器对操动机构的主要要求有：

(1) 动作可靠、稳定，制动迅速。

(2) 足够的操作能量。

(3) 防“跳跃”功能。

(4) 防慢分功能。

(5) 联锁功能。

(6) 缓冲功能。

(7) 具备重合闸、三相不一致、失灵保护功能。

(8) 与保护及监控系统的接口功能。

(9) 足够的使用寿命。

(10) 使用环境要求，环保要求，具备防火、防小动物、驱潮功能。

(11) 断路器的操动机构还应满足各种使用环境的要求，对于外界温度，特别是液压和气动机构应具备自保护和补偿功能，因为液压机构和气动机构的动作特性受温度影响比较大。

二、几种操动机构的使用现状

断路器的操动机构是决定断路器操作性能的重要部分，造价约占整个断路器的1/3，断路器操动机构的发展与断路器的本身灭弧技术的进步以及社会工业水平发展密切相关，断路器从油断路器到空气断路器，再到 SF_6 断路器，其灭弧性能大大提高，SF_6 断路器从双压式到单压式，再发展到自能式和混合式，断路器所需要的操作功逐步减小。随着电力系统对节能和环保问题的高度重视，操动机构从手动操动机构、电磁操动机构、液压操动机构、压缩空气操动机构，到弹簧机构和数字电动机操动机构，操动机构也逐步发展和进步，大量先进技术应用到传统的操动机构中来。

在126～550kV 高压断路器中，配用的操动机构主要有液压、气动、弹簧机构。如 126kV 的断路器和 GIS 主要是自能式灭弧断路器，一般配弹簧机构，252kV 高压开关设备灭弧方式有单压式、自能式和混合式三种，三种机构都有使用。363～550kV 断路器、HGIS、GIS 主要灭弧方式有压气式或混合式，三种类型机构也都有使用。对于需要操作功较大的定开距灭弧室的高压开关设备，一般配用液压操动机构，对于特高压使用的 HGIS 等也需要很大操作功，也配用液压操动机构。用户根据自身的维护经验，在操动机构的选用上也有不同要求，在我国南方地区比较倾向液压和弹簧机构，而在北方地区则更多使用气动和弹簧机构。现在液压弹簧机构也在我国大量使用。

第二节　LW6 系列断路器液压机构的检修

一、配用液压机构的特点

LW6 系列断路器液压操作机构采用差压式动作原理，与 CY 型等液压操作机构的动作原理相似，其主要具有下列特点：在每个支柱下装设工作缸，采用全液压联动，可排除液压系统的相互干扰。易实现相间分、合闸操作的同步。每个工作缸旁装有主储压器，可实现快速供油，并可缩短合闸时间。同时还装有辅助油箱，可实现分闸时快速排油，以缩短分闸时间。它采用弹簧油压行程开关监测油压，可减少环境温度变化对压力整定值的影响。采用防震容器，可减少油泵打压时的压力波动。防震型油压力表（表壳内充有油）可减少油泵运转时机械震动对压力表的影响。信号缸传动辅助开关结构可靠，并可缩短辅助开关触头切换时间，以保证断路器的自卫能力。但是该机构的结构较为复杂，元件及外接管路接头多，容易出现渗漏油，且难以处理。该液压操动机构的结构原理如图 16-1 所示，图中符号的含义见表 16-1。

表 16-1　　图 16-1 中的符号含义

符　号	元　　件	符　号	元　　件
A	控制阀	AH1	合闸一级阀中的供油阀
1-A、B、C	分、合闸命令油管	AH2	分闸一级阀中的排油孔
2-A、B、C	高压油管	AH3	逆止阀
3-A、B、C	低压回油管	AH4	二级阀中的供油阀
AD	手力泵	AH5	二级阀中的排油孔
AE	控制阀中的检漏孔	AH6	逆止阀
AF1	合闸一级阀中的排油孔	AK	定径孔（$\phi 1.7$）
AG	防震容器中的安全阀	AM	防震容器中的逆止阀

续表

符　号	元　　件	符　号	元　　件
AN	定径孔（ϕ1.7）	FB1	信号缸中的定径孔
AV2	二级阀上部空腔	FBD	信号缸活塞分闸端受压截面
AV3	二级阀内部空腔	FBE	信号缸活塞合闸端受压截面
B1	主储压器	HPDV	高压放油阀
B10	辅助储压器	I	辅助开关
B2	油压开关中辅助储压器	J	油压开关
C	供排油阀	K	压力检测装置
C3	供排油阀中的排油阀	M	工作缸
C4	供排油阀中的供油阀	MD	工作缸活塞分闸端受压截面
C5	供排油阀中的空腔	ME	工作缸活塞合闸端受压截面
CAP	防震容器	MO	电动机
D	低压主油箱	N1	合闸定径孔
D3	三级阀中的排油阀	N2	分闸定径孔
D4	三级阀中的供油阀	N3	辅助油箱
E	电动油泵	PSG	主储压器内的漏氮指示装置
E1、E3	电动油泵中的阀	RA	三级阀
EVD、EVDS	分闸电磁铁（两套）	S	油压开关中的微动开关
EVE	合闸电磁铁	SD	泄压螺杆
F	油过滤器	SS	油压开关中的安全阀
FB	信号缸		

LW6-500 型 SF_6 断路器为分相操作，每台液压机构负责一相两台支柱。如图 16-1 所示，其组成元件如下：电动机(MO)、电动油泵(E)、手力泵(AD)、油过滤器(F)、防震容器(CAP)、油压开关(J)、低压主油箱(D)、压力检测装置(K)等元件三相公用一套，装在操动机构箱内；合闸电磁铁(EVE)、分闸电磁铁(EVD 和 EVDS)、控制阀(A)、信号缸(FB)及辅助开关(I)等元件每相一套(共三套)也装在操动机构箱中；工作缸(M)、供排油阀(C)、主储压器(B1)、辅助油箱(N3)等元件作为动力单元，每柱一套，装在断路器支柱下面。

二、液压机构的动作原理

(一) 油泵打压

如图 16-1 所示，当电动机油泵(E)中的柱塞动作时，低压油经油过滤器(F)和吸油阀(E1)进油腔内，压缩成的高压油经高压出油阀(E3)输出。当用手力泵打压

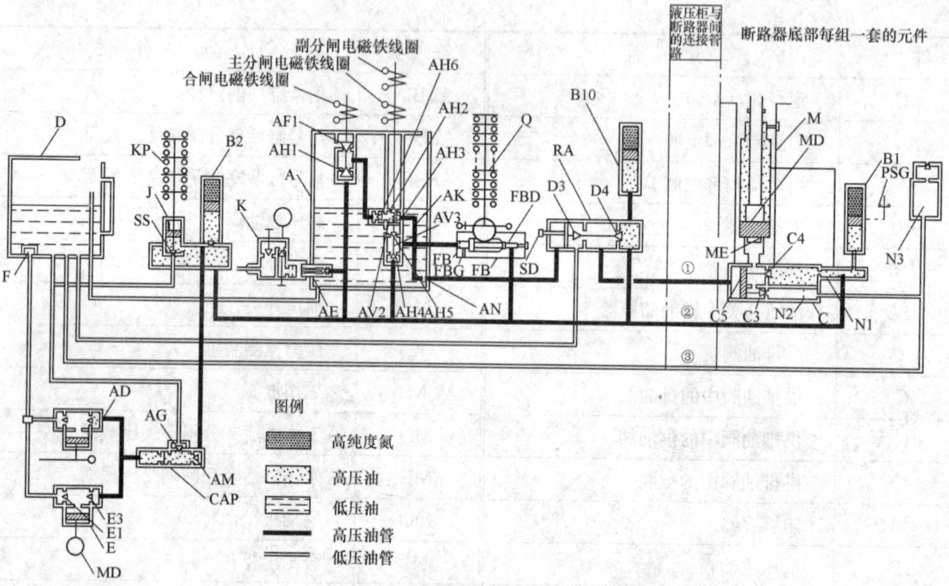

图 16-1　LW6-500 型 SF_6 断路器液压操作原理图（对应断路器分闸状态）

时，其过程与上述过程相同。高压油进防震容器(CAP)后，由于防震容器内存少量空气，因而油压的脉动被减少。高压油途经逆止阀(AM)后，对主储压器(B1)，辅助储压器(B10)、油压开关(J)中的辅助储压器(B2)同时储能。当油泵停止打压时，逆止阀(AM)自动关闭，将电动油泵和手力油泵从高压系统隔离出来，以减少油压泄漏及便于油泵检修。

正常情况下，当储压器内预充氮气压力在规定值时，高压油压力数值整定值可通过调整微动开关(S)来实现。如果控制油泵停止的电气回路发生故障，且油泵打压超过规定值，则安全阀(AG)动作，释放高压油，以保证液压系统不出现危险的过压。

（二）合闸操作

如图 16-1 所示，合闸电磁铁(EVE)动作后，打开合闸一级阀(AF1)，高压油经过逆止阀(AH6)进二级阀的上部空腔(AV2)内，推动二级阀杆向下运动，并打开供油孔(AH4)和关闭排油孔(AH5)，于是高压油进二级阀内部空腔(AV3)。此高压油经定径孔(AN)后进三级阀(RA)，并关闭排油阀(D3)和打开供油阀(D4)，于是高压油经油管(分、合闸命令油管)到供、排油阀的空腔(C5)中。

如果在合闸过程中，合闸电磁铁断电，合闸一级阀的逆止阀(AH6)关闭，排油孔(AF1)开启，而二级阀内部空腔(AV3)内的高压油经定径孔(AK)补充到空腔(AV2)内，使二级阀保持在合闸位置，以继续完成合闸全过程。

传递合闸命令的高压油进供、排油阀以后将打开供油阀(C4)。此时排油阀(C3)关闭，主储压器(B1)中高压油经定径孔(N1)进入工作缸(M)的合闸侧(其活塞受压截面为ME)，而工作缸的分闸侧活塞受压截面为MD，由于ME的面积比MD的大，所以工作缸活塞向上作合闸动作，驱动断路器合闸。完成合闸后，工作缸的合闸侧继续受高压油作用，使断路器保持在合闸位置。

当二级阀合闸动作时，其内部空腔(AV3)的高压油经定径孔(FB1)(该孔径在调试中决定)进信号缸(FB)受压截面(FBE)，而信号缸的分闸侧受压截面(FBD)受常充高压油作用。由于FBE的面积比FBD的大，所以信号缸活塞向左运动(合闸方向)，通过齿轮机构带动辅助开关转换，将合闸电磁铁电源断开，并将分闸回路接通。

(三) 分闸操作

如图16-1所示，分闸电磁铁(EVD、EVDS)可以同时或单独接受分闸命令动作，从而打开分闸一级阀(AH2)，于是空腔(AV2)内的高压油被释放(降压)，二级阀返回，关闭供油阀(AH4)并打开排油孔(AH5)，二级阀内部空腔(AV3)内高压油被释放。三级阀(RA)复位，供油阀(D4)关闭，排油阀(D3)开启，油管1降压，供排油阀中的内腔(C5)也随之降压，供油阀(C4)关闭，排油阀(C2)开启，工作缸合闸侧的高压油经定径孔(N2)被排到辅助油箱(N3)内，工作缸的分闸侧常充高压油，所以活塞向下运动，驱使断路器分闸。由于辅助油箱安装位置高于操动机构箱低压主油箱(D)，所以油最终将流到低压主油箱。分闸完毕后，供、排油阀中的排油阀(C3)在弹簧作用下复位。由于工作缸分闸侧常受高压，因而断路器保持在分闸位置。在内腔(AV3)释压时，信号缸(FB)的合闸侧(ABE)也降压。由于分闸侧(FBD)受常充高压油作用，所以信号缸活塞向分闸方向运动，传动辅助开关(I)触头切换，将分闸电磁铁电源断开，并接通合闸回路。

(四) 慢分、慢合闸操作

断路器只有在退出运行、两侧隔离开关已拉开，且不承受高压电情况下，才允许进行慢分、慢合闸的操作，此种操作只能在断路器检修调试中进行。

(1) 慢分操作。断路器处于合闸位置，将液压系统高压油放至零压，先用手按住分闸电磁铁，再用手力泵打压，此时断路器即慢分。同时，在阀系统的二级阀阀芯上装有防“打压慢分”闭锁装置。当断路器在合闸位置，且液压系统压力降到零时，二级阀芯机械地被闭锁在合闸位置，其结构动作原理与CY3型液压操动机构类似。产品还带有外加防“打压慢分”的机械工具，运行中如果油压降到零，断路器又不能从系统中退出运行，则在处理泄压故障时可预先用卡具将断路器机械闭锁在合闸位置，待压力已打至正常，卡具不受到外力作用（能轻松地取地下）时，再取下卡具。

（2）慢合操作。断路器处于分闸位置，将液压系统高压油放至零压。对于分相操作的断路器，先用手力泵打压至 20MPa 左右。然后用手按住合闸电磁铁使合闸一级阀和二级阀处于合闸动作位置，再用手力泵（或电动泵）继续打压，则断路器慢慢合闸。对于三相联动操作的断路器，也可采用拧紧泄压螺钉（SD），再用手力泵打压，则断路器即慢合闸。

（五）油压开关

（1）油压开关（J）中的 4 个微动开关（最多可装 6 个）中，一个用作油泵电动机的启动、停止；一个用作合闸闭锁；一个用作分闸闭锁；另一个用作失压闭锁。

（2）油压开关(J)中还有一安全阀(SS)，当油泵停止打压时，逆止阀(AM)关闭，防震容器中的安全阀(AG)被隔离在高压系统之外。如果油泵在环境温度比较低时打压，且在油泵停止期间环境温度过分升高(例如日照)，则液压系统会产生过压，使安全阀(SS)动作泄压。安全阀(SS)也会在液压系统受到非正常的过压时动作，它的动作特性比安全阀(AG)更为准确，但动作次数不宜过多。

（3）油压开关(J)中的辅助储压器(B2)和三级阀附近的辅助储压器(B10)用来提高油压稳定性。

（4）在控制阀(A)上带有逆止阀的检漏孔(AE)处可装上压力检测装置(K)(即装上标准表)，以检查液压系统的油压，也可由此处将液压系统的高压放掉。

（5）在主储压器(B1)上，还装有预充氮气泄漏触头，接通时，将发出氮气泄漏的信号。

（6）装有油泵打压超时信号。当电动机运转超过 3～5min 时，泄压螺杆（SD）动断延时触头分开，切除电动机电源，同时发出电动机打压超时信号。

三、操动机构调整

（一）压力整定值的调整

LW6 系列断路器液压机构主要调整数据见表 16-2。

LW6 系列断路器液压机构的正常情况下工作压力为 32.6～31.6MPa，压力低到 31.6MPa 时，启动电动油泵补压，至 32.6MPa 时使油泵停止；若油泵不启动补压，压力继续降低到 27.8MPa 时，断路器合闸操作回路要被断开，使断路器处于合闸闭锁状态；当压力继续降低到 25.8MPa 时，断路器分闸操作回路要被断开；当油压降低至 18.0MPa 以下时，已经低于储压器氮气预充压力，此时应当闭锁油泵电动机回路。

当油泵失控或者环境温度上升而引起油压升高到(34.5+1.0)MPa 时，压力开关内的安全阀要打开泄压。安全阀泄压至 33.0MPa 时，安全阀关闭。

另外为了防止在液压操作系统漏油或者油泵出力不足时油泵长时间工作，造成故障加重或者烧坏油泵电动机，机构二次控制回路没有时间闭锁继电器，当油泵连续运行时间超过 3min 时，闭锁油泵电动机控制回路。

压力开关组件是液压系统中的主要元件，它能反映液压系统的压力数值，通过使常高压油推动活塞带动阀针运动，控制微动开关节点动作，从而控制操动机构二次回路的开闭。

表 16-2　　LW6 系列断路器液压机构主要调整数据

序号	项　目	标　准
1	储压器氮气预充压力（15℃，MPa）	$18.0^{+1}_{-0.6}$
2	合闸闭锁压力（20℃，MPa）	27.8±0.8
3	分闸闭锁压力（20℃，MPa）	25.8±0.7
4	安全阀动作压力（20℃，MPa）	34.5+2
5	安全阀关闭压力（20℃，MPa）	≥32.0+1
6	油泵闭锁压力（20℃，MPa）	18.0±2
7	油泵停止压力（20℃，MPa）	32.6±1
8	油泵启动压力（20℃，MPa）	31.6±1
9	油压为 32.6MPa 时在分闸和合闸状态历时 12h 压力下降值（MPa）	不大于 1.0
10	油压为 31.6MPa 时分闸一次压力下降值（MPa）	不大于 3.5
11	油压为 27.8MPa 时分闸一次压力下降值（MPa）	不大于 1.8
12	油压为 31.6MPa，断开油泵电源，三相自动重合闸一次压力下降值（MPa）	不大于 7.0
	合上油泵电源启动油泵打压，油压升至 31.6MPa 时的时间（min）	不大与 3

微动开关的位置调整精确与否，直接决定操动机构高压缸内油的压力值的准确性：

微动开关的开闭是受液压机构内油压的变化带动，一只与高压油缸相连的活塞连杆运动从而推动微动开关按钮而实现的，活塞连杆的高度是可调的，微动开关固定在开有四个圆孔的钢板上，微动开关与活塞连杆的相对距离可以通过活塞连杆的高度来调节，此相对距离与高压缸中油的压力紧密相关，如果微动开关位置调整不准确，则储压油泵的启停、断路器的分合闸闭锁压力均不能满足要求，在调试中，先要检查微动开关的开闭是否灵活，对不灵活的开关立即更换，然后按照表 16-2 中压力值要求逐一对微动开关的相对位置进行调整，直到压力满足表 16-2 中要求，拧紧固定螺栓，以防断路器多次操作后，微动开关位置发生变化，危害断路器的安全操作。

调整步骤：

1. 安全阀动作值

在分闸状态下，接通液压机构的电源，用工具按压住压力开关组件的控制油泵闭锁的阀针，使油泵能在压力超过 32.6MPa 后继续运转。

注意观察液压表指示，当压力达到某一最高位置时，压力会忽然降低，立刻松开阀针，使油泵停止。记录液压表指示的最高油压，即为安全阀的动作压力。压力表停止下降的稳定油压，即为安全阀的关闭压力。

安全阀动作压力需要调整时，可增、减组合弹簧上部的垫片，增加垫片安全阀打开压力增高，反之，打开压力降低。

安全阀关闭压力需作调整时，可调节压力组件下部套内的垫片。

2. 油泵启动压力

断开油泵电源，对液压机构泄压，将压力降至 31.6MPa，观察油泵打压微动开关是否动作，如果没有动作，调整活塞连杆行程，使顶杆松开微动开关。同时注意微动开关不能在压力还没有降到 31.6MPa 时就动作。活塞连杆向上旋转，则闭锁压力降低；反之，闭锁压力升高。

3. 合闸闭锁压力

油泵启动压力调整合格以后，继续泄压，将压力降至 27.8MPa，检查合闸闭锁微动开关是否动作。如果没有动作，调整合闸闭锁微动开关下的活塞连杆，活塞连杆往下调整，则合闸闭锁压力升高；反之，合闸闭锁压力降低。

4. 检查合闸压力降

合闸闭锁压力调整合格后，使液压系统油压在 27.8MPa，对断路器进行手动合闸，待压力表稳定后，读取油压值。检查此时油压应比 27.8MPa 降低不大于 1.8MPa。

5. 检查分闸闭锁压力

合闸闭锁压力合格后，对液压系统进行泄压至 25.8MPa，检查分闸闭锁微动开关是否能动作。若没有动作，调整分闸闭锁微动开关下的活塞连杆，活塞连杆往下调整，则分闸闭锁压力升高；反之，分闸闭锁压力降低。

6. 检查油泵停止压力

合上油泵电动机电源，油泵启动打压，当油泵停止时，检查液压系统压力是否在(32.6±1)MPa 范围内。如果不合格，适当调整油泵开启压力，使油泵开启、停止压力都在规定的范围内。

7. 检查重合闸压力降

断开油泵电源，将油压降至31.6MPa。对断路器进行手动分闸，待压力表读数稳定后，记录液压系统压力相对31.6MPa降低量是否不大于3.5MPa。再对断路器进行手动合闸、分闸操作各一次，记录此时压力较31.6MPa下降量是否不大于7.0MPa。

8. 检查重合闸后油泵打压时间

记录从合上油泵电源开始打压，到油泵停止的时间，检查此时油压是否是油泵停止压力，油泵打压时间是否不大于3min。

9. 检查油泵闭锁压力

断开油泵电源，对液压系统泄压至18.0MPa，检查油泵闭锁微动开关是否动作。如果微动开关没有动作，调整微动开关动作压力在(18.0±2)MPa范围内。向下调整油泵闭锁微动开关下活塞连杆，将使油泵闭锁压力升高，反之，油泵闭锁压力降低。

10. 检查氮气预充压力

将液压系统压力降至零压，关闭泄压阀门，用手力泵打压，观察油压表快速上升至稳定、缓慢上升时的压力，此压力即为氮气预充压力，检查是否在$18.0_{-0.6}^{+1}$ MPa范围内。

11. 检查零起建压时间

合上油泵电源，记录从油泵启动开始打压到油压至32.6MPa自动停泵所用时间。此时间应不大于5min。

12. 检查24h压力降

液压机构要求24h压力下降值不大于1.0MPa。

将操动机构打压至32.6MPa稳定后，可以通过两个办法检测：

(1) 继续合上油泵电源，接通油泵打压计数器，记下计数器读数。24h后检查计数器，读数无增加或增加1次表示机构良好。

(2) 断开油泵电动机电源，24h后观察油压表，压力下降不大于1.0MPa为合格。

13. 注意事项

(1) 上面所说的氮气预压$18.0_{-0.6}^{+1}$是指标准温度（15℃）下的值，如果调整时温度为t，则压力可按下式计算

$$p_t = p_{15℃} + 0.09(t - 15)$$

式中　p_t——温度为t时的氮气压力；

$p_{15℃}$——温度为15℃时的氮气压力；

t——即时温度。

（2）整定值调整必须在断路器停运、与系统断开后进行。

（3）零起升压在油泵打压3min时，时间继电器应当动作，断开油泵电源，零起升压时间不包括时间继电器动作至手动复位期间油泵暂停时间。检查时间继电器动作情况，如果异常，应当检查继电器动作值是否设定正确。如果是继电器出现问题，应更换时间继电器。

（4）检查各压力时，应首先检查微动开关是否能可靠动作，是否固定牢固没有松动，是否有黏滞现象，对于有故障的微动开关应当及时更换。更换微动开关或者解体压力组件后，各压力整定值必须全部重新调整。

（5）对于LW6-500型断路器，可以从三级阀处泄压，泄压速度较快。但是应当注意，三级阀不能在合闸状态下泄压，合闸时需要泄压，应当从压力表头的阀门处泄压；每次泄压结束，三级阀必须完全回位：另外，当用三级阀将压力降至零时，注意控制泄压速度，有可能三级阀不回位造成无法建压。

（6）当油泵开启压力（31.6MPa）合格，而关闭压力（32.6MPa）不足时，可在正常范围内（31.6MPa＋1MPa）适当调整油泵开启压力，使油泵关闭压力在正常范围内（32.6MPa＋1MPa）。

（二）金属短接时间的调整

重合闸命令管内限流孔孔径的大小，决定了断路器金属短接时间的长短。将该孔扩大，金属短接时间缩短：反之，孔径较小的限流孔元件，则使金属短接时间延长。

限流孔调节应当由经过培训，且经验丰富的人员操作。应根据断路器实际动作时间与标准要求的偏差大小，根据经验决定调节量。偏差较大时，可以分几次调节，每次孔径扩大不能太大。

（三）同期的调整

对断路器同期性要求见表16-3。

表16-3　断路器同期性要求表　ms

相间	分闸	≤3	同相	分闸	≤2
	合闸	≤5		合闸	≤3

三级阀至辅助储压器管路有一限流孔，调整该限流孔的孔径可使合闸同期有2～3ms的变化。若同期相差太大，需查明原因：如三相液压机构是否都在正常油压下，管路中是否有气体未排尽，辅助储压器是否无氮等。

断路器三相分闸同期调整，改变分闸命令管的长度，或更换控制阀、三级阀来达到调整三相分闸同期的目的。

增加分闸命令管的长度，或者增大弯度，都可以增加分闸时间，相反，缩短命令管长度，减少管路弯曲，也可以减少分闸时间。若同期时间相差太大，调节命令管长度无效，则要检查主储压器是否无氮、管路是否有堵塞。

分、合闸同期时间调整，必须由经验丰富的检修人员进行。操作过程要小心，每次调整幅度不要过大。

对于同相分、合闸不同期，应分析是不是都在正常时间内，如果有一相内两支柱有一个或全部不合格，应当首先调整各个支柱动作时间到合格范围内。同期仍然不合格，应当首先调节偏差时间较大的那一支柱。

（四）并联电阻提前量的调整

在断路器进行合闸操作时，并联电阻应当提前主断口 7～11ms 接通。如果试验测得提前时间不在这个范围，且偏差不大时，可在现场调整。

按照五联箱解体步骤，打开五联箱盖板，取下连杆与拐臂连接螺栓的塑料塞，可以看到连杆与拐臂的连接螺栓为一不规则圆截面，松动螺母，稍微转动螺栓，可以略微改变连杆的活动长度。伸长，即可使电阻提前时间缩短；减短，可延长提前时间。如果调整到最大位置仍然不能使提前量合格，必须更换断路器，对故障断路器进行返厂大修。

（五）低电压动作值的调整

LW6-500 型断路器操动机构额定电压为 220V，为防止干扰，满足动作需求，须达到以下条件：

电压为 176V 即 80％额定操作电压时，合闸信号应能使断路器可靠动作合闸；

电压为 143V 即 65％额定操作电压时，分闸信号应能使断路器可靠动作分闸；

电压为 66V 即 30％额定操作电压时，应能闭锁断路器，分、合闸信号都不能使断路器动作。

1. 调整方法

对线圈动作电压的调整，可以通过改变分、合闸电磁铁回路的电阻或动铁芯的活动间隙行程大小来实现：在回路电阻不变的情况下，缩短铁芯的间隙行程，动作电压升高，反之降低；在铁芯的间隙行程一定的情况下，减小回路电阻，动作电压降低，反之升高。

由于改变回路电阻范围有限，且容易引起其他动作压力不正常，一般的调整中主要以改变动铁芯行程为主。

（1）分、合闸电磁铁最低动作电压在低于额定电压值的 30％动作。由于电磁铁衔铁顶杆为铜质顶杆，工作人员根据铜的延展性，将衔铁顶杆轻轻敲打使顶杆延长，增长衔铁与静铁芯的气隙，在线圈电阻及直流电压一定时，励磁电流一定，衔铁受到的电磁力减小，从而使分、合闸电磁铁最低动作电压在低于额定电压值的30%不动作。由于铁磁性物质磁路是非线性的，因此主要依据经验推导，估算出衔铁与静铁芯的气隙增长 0.2mm 和 0.3mm，分、合闸电磁铁动作电压相应提高4～10V。

(2) 分闸电磁铁动作电压在额定电压值的65%时不动作。同理，仔细磨短衔铁顶杆，减少衔铁与静铁芯的气隙。增大衔铁受到的电磁力使分闸电磁铁动作电压在额定电压值的65%下动作。

2. 注意事项

(1) 分、合闸衔铁间隙不能随意伸长或缩短，过分加大间隙有可能导致顶杆运行不到位，使分、合闸线圈铁芯没有足够的长度来撞击开液压机构的控制阀，从而使动作电压又升高，造成分、合闸不成功。衔铁顶杆延展过长，导致分、合闸速度过缓慢或开关误动。

(2) 另外，调整动作电压改变了各相电磁铁芯的动作时间，从而会影响分、合闸时间及相间同期，故应综合考虑。

为了防止调整顶杆后出现分、合闸速度过于缓慢或断路器拒动，检修人员在对断路器分、合闸电磁铁间隙进行调整正常后，还应进行分、合闸速度及同期性测试。

四、液压机构的分解检修

(一) 液压机构的拆卸

断开油泵电动机、计数器、加热器电源，将液压机构卸压，使油压降至零压。拆下最低处油管路，将液压油全部排出。拆除所有管路，将管接头用干净塑料布包好。依次拆卸控制阀、三级阀、信号缸、压力开关组件、手力泵、防震容器、高压油泵、电动机。

(二) 分、合闸电磁铁分解检修

见图16-2，拆下分、合闸电磁铁，打出销钉2，取出骨架1和动铁芯10，取出弹簧片11，拿下线圈8。用锉刀将铆钉13锉平，打下铆钉，然后拧下螺钉3，取下压板4和上部副分闸电磁铁动、静铁芯。拧下螺钉9，取下板5及垫片6。清洗除线圈外所有零部件，检查线圈引出线有无卡伤，用1000V绝缘电阻表测量线圈绝缘电阻应不小于0.5MΩ，测量线圈直流电阻值不应超过规定的±5%。

各种断路器配用线圈如表16-4所示。相反顺序装复，电磁铁装复后应检查铁芯运动情况。测量和调整合闸电磁铁铁芯杆露出静铁芯的尺寸（13.6mm＋0.1mm），必要时更换新件。测量和调整主、副分闸电磁铁铁芯杆露出静铁芯尺寸，不合格时可调整垫片6。

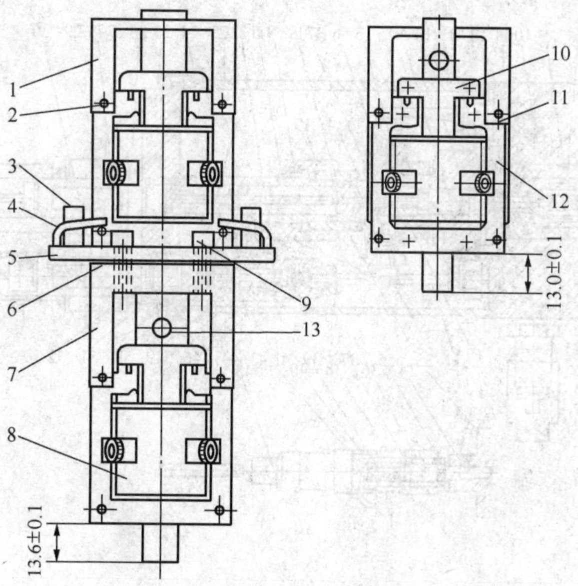

图 16-2　分、合闸电磁铁

1—骨架；2—销钉；3，9—螺钉；4—压板；5—板；6—垫片；7—支架；
8—线圈；10—动铁芯；11—弹簧片；12—静铁芯；13—铆钉

表 16-4　　**各种断路器配用线圈**

线圈电压	DC220V		DC110V	
线圈	分	合	分	合
分相操作	G3 串 82Ω	G7	G3 串 32Ω	G1
三相联动	G7	G7	G1	G1

注　G1：匝数为 2160 线径为 0.25mm 阻值为 74.5Ω；G3：匝数为 1000 线径为 0.35mm 阻值为 18Ω；G7：匝数为 3100 线径为 0.18mm 阻值为 210Ω。

（三）控制阀的分解检修

控制阀的结构见图 16-3。控制阀是分闸一级阀、合闸一级阀及二级阀的装配体，是液压机构的核心，它接收分、合闸命令去执行分、合闸动作。

1. 控制阀的分解

取下密封罩 24，拧下固定缸体的四颗螺钉，取下缸体 23。拆下高压油管 15 和 31 后，拧下合闸阀与盖 25 之间的垫片。用工具拆卸卡圈 52，依次取出活塞 51、弹簧 57，再拧下接头 44，选用一杆从上部向下打击，取出调节导向阀 48，最后，依次取出阀针 50，弹簧 46，弹簧座 45，阀针 47。拧下盖 25，取下导向管 21 上部的垫片保存好，然后拧下阀座帽 3，取出分闸阀系统。拧下螺母 19，依次取下导向

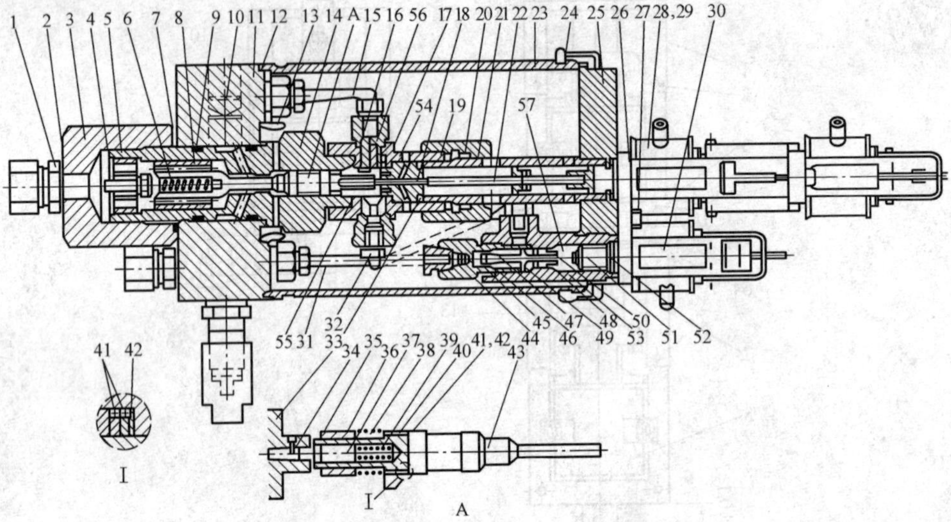

图 16-3　控制阀的结构

1—管接头；2，16—垫圈；3—阀座帽；4—支柱；5—塞子；6，38，39，46，57—弹簧；7，9，12，41，42，49，54，55—密封圈；8—阀；10—自保持定径孔；11—座；13，40—套；14，17，33—阀座；15—自保持通油管道；18，47，50—阀针；19—螺母；20—止位圈；21—导向管；22，A—阀杆；23—缸体；24—密封罩；25—盖；26—支架；27—螺钉；28—分闸电磁铁；29—定位销；30—合闸电磁铁；31—常高压管道；32—合闸管道；34—球阀；35—止位圈；36，45—弹簧座；37—顶杆；43—锥阀；44—接头；48—调节导向阀；51—活塞；52—卡圈；53—阀体；56—逆止阀

管 21，阀杆 22，再拧下阀座 17，依次取下球阀 34、顶杆 37、弹簧 38，拔出阀杆 A，然后取出阀针 18 与阀座 33。用工具卸下弹簧挡圈，依次取出塞子 5、支柱 4、弹簧 6、阀 8。拆卸阀杆 A 上的组合密封，将止位圈 35 拆下，依次取出弹簧 38、39，套 40 及密封圈 41、42。

2. 清洗、检查、修理

将拆卸后的零部件用洁净的液压油清洗干净，各部分零部件分别保管好。检查阀针 18、50、47，阀座 14、17、33 有无毛刺和锈蚀，阀针与阀座动作是否灵活，检查复位弹簧是否良好，检查钢球表面是否光滑，阀座 14、17、33 阀口密封面有无损伤，不合格时更换新件，更换新件后应重新打密封线，用煤油做密封性能试验。

清理阀座 14、阀杆 A、阀 8 的密封面毛刺，检查密封性能，不合格时用 400～600 号研磨膏进行研磨，使阀的密封面有一圈均匀的细线，否则应成套更换新件，检查复位弹簧是否良好。

对座 11 内的自保持定径孔 10 用汽油在两端进出口处反复清洗，再用洁净的液压油清洗几遍，然后从进口处用气体吹拂干净。

检查、清除管接头毛刺。用洁净的液压油清洗自保持通油管道 15、合闸管道 32 和常高压管道 31，然后用气体吹拂干净。

3. 装复

更换全部密封圈和密封垫圈，按分解相反顺序装复。检查阀口与钢球密封情况，如有渗漏应更换钢球，重新打密封线。在装配过程中，所有静密封处的密封圈均涂一薄层工业凡士林。

装配阀杆 A 的组合密封，应在阀座 14 孔内进行，将阀座 14 孔内壁涂一层工业凡士林，再把阀杆放入孔内，依次装上不涂任何油脂的组合密封圈 41、42，套 40，弹簧 38，弹簧座 36。

如图 16-4 将弹簧座 4 压下，让槽露出，然后利用工具 1 将弹簧卡圈 2 装入槽中，最后松开套，使卡圈进入套内。

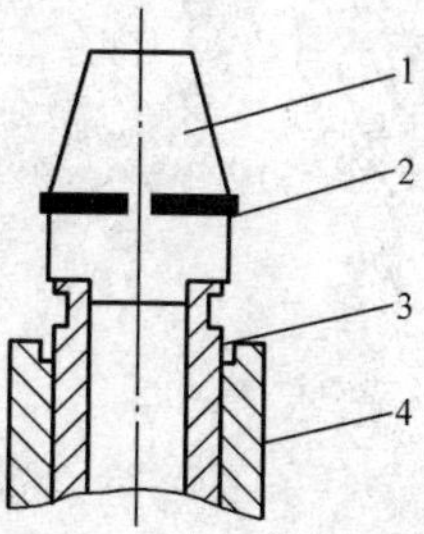

图 16-4　卡套装配
1—工具；2—弹簧卡圈；3—阀杆；4—弹簧座

装配球阀 34 和针阀时，先涂些工业凡士林将其固定，然后连同阀座 33 一起装入阀座 17 中。

装配分闸导向杆 21 时，测量阀杆 22 打到底的尺寸（13.9mm±0.1mm，球阀打开行程为 0.5～0.9mm），如不合格，可调节盖 25 与导向管 21 之间的尺寸。

装配合闸阀体 53 时，测量活塞 51 打到底的尺寸，如不合格，可调节垫片。

分、合闸阀与阀座 14 装配时，应注意油管的连接位置，不要装错。

拧紧阀座帽 3 和阀座 14（拧紧力矩为 350N·m）；

拧紧螺母 19 与阀座 17（拧紧力矩为 250N·m）；

拧紧连接铜质油管路（拧紧力矩为 10～20N·m）；

拧紧管接头 1（拧紧力矩为 80N·m）；

拧紧高压油管接头（拧紧力矩为 120N·m）。

装配结束后，复核分、合闸阀的阀杆打开球阀的间隙（0.5～0.9mm）。如有试验台，则需检查各部位的漏油情况；进行分、合闸操作各五次。

（四）三级阀的分解检修

三级阀的结构见图 16-5。

三级阀有二出口和三出口两种，二出口三级阀使用在 LW6-500 型开关上，控制一极两个支柱。三出口三级阀使用在 LW6-220 型三相联动开关上，它将二级阀送来的合闸信号分配给 A、B、C 三相，启动各相的供、排油阀，使开关分合闸。

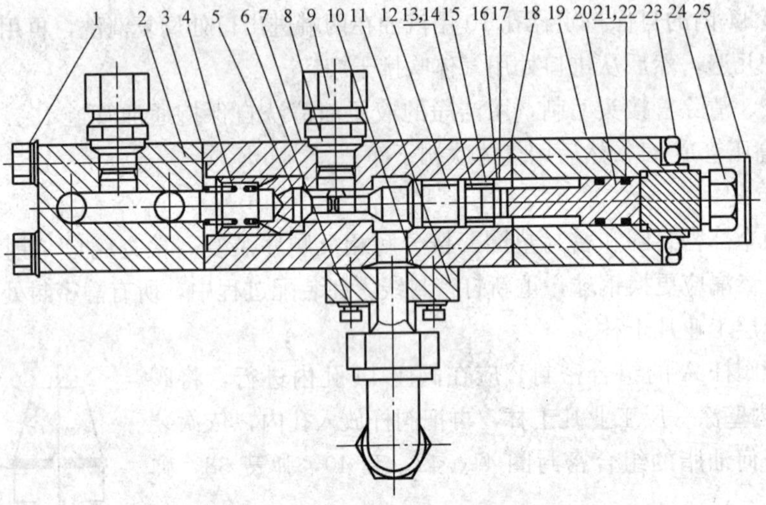

图 16-5　三级阀的结构

1，6，23—螺栓；2，19—阀盖；3，10，18—密封垫圈；4，15—弹簧；5—锥阀；7—阀座；8，14—垫圈；9—连接头；11—座；12—阀杆；13—组合式密封垫圈；16—弹簧托；17—卡圈；20—顶杆；21—密封圈；22—挡圈；24—螺塞；25—挡板

螺塞 24 是为防慢分而设计的。若断路器处在合闸状态，某种原因油压降为零，若要重新打压必须将螺塞 24 往下拧，使顶杆 20 将阀杆 12 压在阀座 7 上，使液压系统保持在合闸位置。此时启动油泵打压，高压油通过三级阀直接进入供、排油阀的供油阀而进入工作缸活塞合闸侧，使开关仍保持在合闸位置。按下合闸按钮，使合闸一级阀及二级阀处在合闸状态，将螺塞 24 拧回原位。

1. 分解

拧下挡板 25 后部螺钉，取下挡板，再拧螺钉 23，依次取下阀盖 19，顶杆 20，螺塞 24 和阀杆 12。拆下卡圈 17，依次取出弹簧托 16、弹簧 15 和组合式密封垫圈 13、14。拧下螺栓 1，取下阀盖 2、弹簧 4 及锥阀 5。

2. 清洗、检修

用洁净的液压油清洗拆下的零部件及阀体，更换全部密封垫圈和组合密封垫圈。检查各阀杆、阀体、阀腔、清理阀口毛刺，同时对阀座 7、阀杆 12 和锥阀 5 进行密封性能试验，当阀门密封不严，需用 400～600 号研磨膏进行研磨。检查复位弹簧是否良好。

3. 装复

按分解相反顺序进行装复。

装配阀杆 12 的组合密封时，应在阀座孔内进行。装配顶杆 20 上密封圈和聚四氟乙烯挡圈时，应涂凡士林以免卡损密封圈和挡圈。装上锥阀 5、弹簧 4、密封垫圈 3。

拧紧阀盖 2（拧紧力矩为 80N·m）；

拧紧阀盖 19（拧紧力矩为 60N·m）；

拧紧 ϕ10 管接头（拧紧力矩为 120N·m）；

拧紧 ϕ6 管接头（拧紧力矩为 80N·m）。

装配结束后，在试验台检查各部密封情况，（打压至 33.6MPa 不得有泄漏），进行分闸操作和手动泄压。

（五）信号缸的分解检修

信号缸的结构见图 16-6。

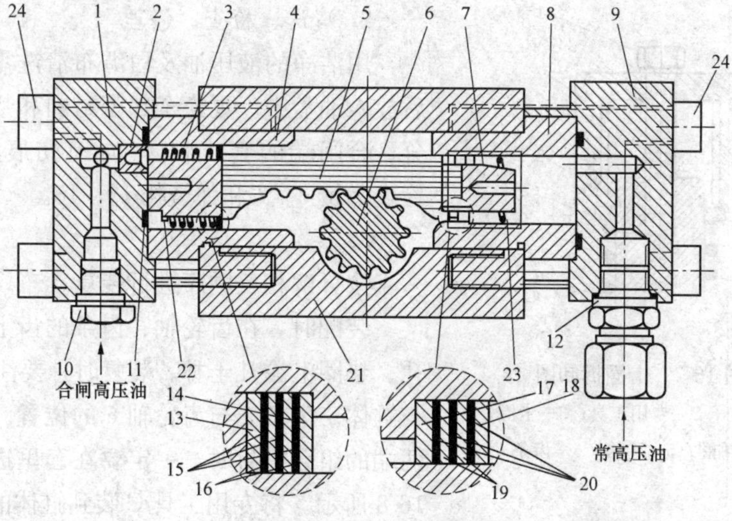

图 16-6　信号缸的结构图

1，9—端盖；2—喷嘴；3，7—弹簧；4，8—套；5—齿条；6—齿轮轴；
10，12—铜垫圈；11—橡皮垫圈；13，18—弹簧托；14，17—垫块；
15，20—聚四氟乙烯垫圈；21—缸体；16，19—密封垫圈；22，23—卡圈；24—螺钉

信号缸是液压机构的信号源，它显示断路器机构所处的分、合闸位置；给出分、合闸位置信号以及接通或断开分、合闸操作回路。

信号缸的工作原理：

当液压系统打压以后，常高压端（即是信号缸的分闸端）就充有高压油，而合闸端则为零表压，断路器和液压系统处于分闸状态。当液压系统接受合闸命令之后，合闸高压油同时经各自的管路进入断路器工作缸和信号缸的合闸端，由于信号缸齿条两端的活塞截面积不相等，合闸端大于分闸端，利用压差原理合闸端活塞推

动齿条向分闸端移动，齿条带动齿轮轴转动，齿轮轴带动辅助开关转动。从而达到辅助开关与断路器同步合闸。

当液压系统接受分闸命令之后，断路器工作缸和信号缸分闸，合闸高压油经泄压阀和管路排至低压油箱，常高压油推动工作缸和信号缸向分闸端运动，信号缸齿条5带动齿轮轴6转动，齿轮轴带动辅助开关转动，从而达到信号缸与断路器同步分闸的目的。

1. 分解

将齿轮轴6下端的弹簧挡圈卸掉，取出齿轮轴。分别拧下信号缸两端的螺钉24，取下端盖1、9，套4、8，齿条5。见图16-7，用带有三爪的专用工具2旋紧螺钉1，使卡圈3外露并取下，再松开螺钉1，依次取下组合密封。

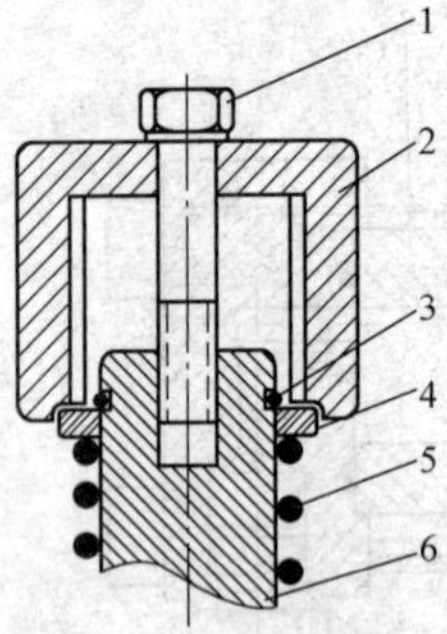

图16-7　卡圈拆卸图

1—螺钉；2—专用工具；3—卡圈；4—垫圈；5—弹簧；6—齿条

2. 清洗、检查、修理

用洁净的液压油及白绸布清洗零部件，然后放入油盘中。更换全部密封圈和垫圈。检查分、合闸端的套4和8，如有伤痕，应更换。检查弹簧3、7和弹簧托13、18。

3. 装复

按分解相反顺序进行装复。

装配时，在齿轮轴、齿条的齿上，缸体内孔、垫圈上涂凡士林。装复时，要注意套4、8与缸体；齿条5与齿轮轴6的位置。装配齿条两端的组合密封时，一定要在套里进行，如图16-8所示。将专用工具C装到缸体的一端，用螺钉9拧紧，调整螺钉10，使齿条4处在合适位置。在套内壁涂一薄层工业凡士林，再依次装入垫圈，组合密封等件。

将专用工具A拧到齿条上，放上卡圈5，然后放好专用工具B，用锤敲击，把卡圈压入齿条槽内，另一端装法相同。

在合闸端的端盖1上装有喷嘴2，其定径孔为ϕ1.1，在装配前应很好地检查喷嘴配合螺纹深度，喷嘴拧至螺纹底部，并用Y-150厌氧胶粘牢，以防止螺纹松动，合闸端接头上的喷嘴同样处理。

拧紧两端端盖1、9（拧紧立力矩为48N·m）；

拧紧高压油管接头（拧紧立力矩为120N·m）。

装配结束后，在试验台打压检查密封情况（打压至33.6MPa不得有渗漏）。

（六）压力开关组件的分解检修

压力开关的结构见图 16-9。压力开关是液压系统中的主要元件，它能反映液压系统的压力数值，压力低到 31.6MPa 时，启动电动油泵补压至 32.6MPa 时使油泵停止。若油泵不启动补压，当压力降到 27.8MPa 时，断开合闸操作回路。压力降到 25.5MPa 时，断开分闸操作回路。因油泵失控或温度上升而引起油压升高到（34.5＋2.0）MPa 时，安全阀动作，泄压至 33.0MPa 时，安全阀关闭。

1. 分解

拧下螺钉 37，取下阀座 38，再松开螺杆 34 上的紧固螺母后，依次取下支座 35，上盖板 32，弹簧 26、27，弹簧座 60。松开紧固螺栓 59，依次取下底板 22，导向套 57，柱塞 52 和弹簧 18。拧下螺母 14，取下尼龙阀片 15 以及聚四氟乙烯密封垫圈 55 和弹簧座 53，拆导向杆 16 时，可用钢丝插入柱塞端部的小孔内用力推压，可取出挡圈 17，依次取出导向杆和弹簧 54。松开套 4，依次取出阀 6、弹簧 3、弹簧座 5 等件。用内六角扳手卸下螺栓 86 并取下辅助储压器，然后拧下过滤器 49，储压器上半部已预充压力为 18MPa 的氮气，拆卸这部分应先放出氮气。辅助储压器的进一步分解参见后续章节。

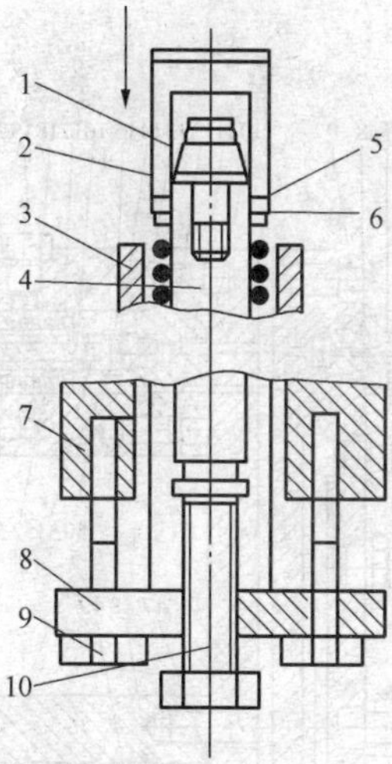

图 16-8　卡圈装配图

1—专用工具 A；2—专用工具 B；3—套；4—齿条；5—卡圈；6—垫圈；7—缸体；8—专用工具 C；9，10—螺钉

从多通体上拧下安全阀，拧下套 4 与阀体 92 的连接，取出弹簧座 1，弹簧 3 及垫圈 2 等零件。

2. 清洗、检查、修理

用洁净的液压油和白绸布清洗各零部件和过滤器 49。检查弹簧 26、27 有无裂纹，并测量长度（17.3mm±1.5mm）。检查柱塞 52 表面应光滑无划痕。检查阀 6 和阀体 92 密封面，密封线宽度不得超过 0.2mm，不合格时应更换新件，更换新件时，需用 400～600 号研磨膏对密封面进行研磨。

辅助储压器的检修，参见主储压器检修节。

3. 装复

按分解相反顺序进行装复。更换全部密封圈和密封垫圈，装配中，所有密封圈均涂以工业凡士林。装配过滤器时，应手扶过滤器下方，以防拧紧过程中过滤器部分与底部开胶脱落。密封垫 15 装配前要用 400 号研磨膏在平板上进行研磨，不合

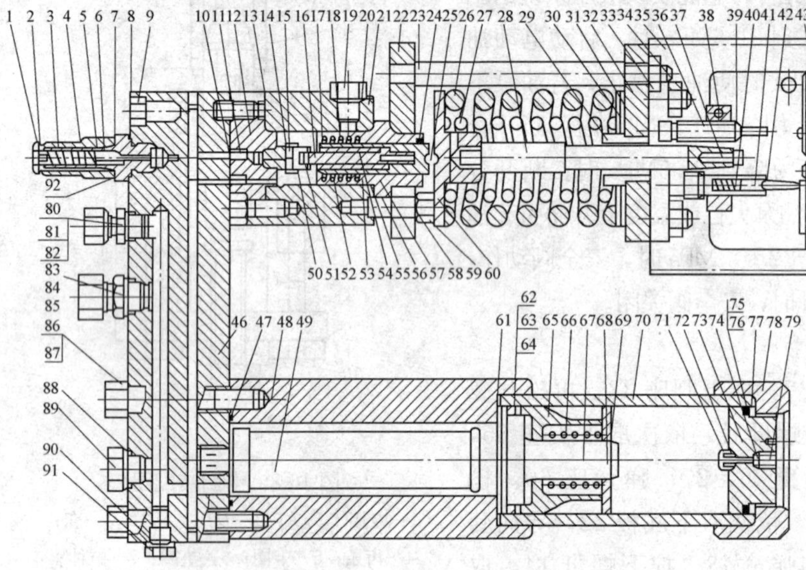

图 16-9 压力开关组件图

1，5，53，60—弹簧座；2，7，8，20，76，82，85，88，90—垫圈；3，18，26，27，40，54，66—弹簧；4，29—套；6，36—阀；9，23，34—螺杆；10，13，55，56，61，62，75—密封垫圈；11—固定套管；12，38，50—阀座；14，33，80，83—螺母；15，47—密封垫；16—导向管；17，42，69—挡圈；19，59，89，91—螺栓；21—阀体；22—底板；24—防尘圈；25—钢球；28—杆；30，31—调节垫；32—上盖板；35—支座；37—螺钉；39，77—垫；41—阀针；43—微动开关；44—绝缘垫；58—弹簧垫；45—盖；46—多通体；48—支柱；49—过滤器：由盖、筒、螺塞等组成；51—销；52—柱塞；57—导向套；59—紧固螺栓；63，64，68—垫圈；65—骨架；67—活塞；70—储压筒；71—衬套；72—密封阀；73—座；74—球阀；78—端盖；79—紧固螺钉；81，84—连接头；86，87—螺栓和弹簧垫圈；92—阀体

格时应更换，装复时，先把导向杆 16 与阀座 50 用销子铆牢，密封垫 15 用螺母固定，再将导向杆 16、弹簧 54 装入活塞内，用垫圈卡在导向杆槽内。

在装配柱塞 52 与导向套间的聚四氟乙烯密封垫圈时，应仔细检查外观，并检查柱塞与导向套配合是否适当。装配阀座 12、密封垫圈 13、阀体 21（拧紧力矩为 120N·m），螺纹上涂 Y-150 厌氧胶。均匀拧紧导向套上部的底板螺钉（拧紧力矩为 120N·m），紧固后用手压动柱塞，到与导向套端面平齐时再松开，柱塞应能返回。

在装复安全阀下部接头 92 时，应与防震容器上的接头区别开来，不要装错（安全阀下部接头内阀口打有 0.5mm 深缺口）。

紧固多通体 46 时（拧紧力矩为 220N·m），螺纹上涂 Y-150 厌氧胶。组件装复之后，将压力开关在试验台上做密封试验，打压至 33.6MPa 应无渗漏。

在试验台上检查微动开关动作值，并使柱塞上升和下降时不得出现爬行现象。

（七）手力泵的分解检修

手力泵的结构见图 16-10。手力泵是液压机构的辅助储能设备，它主要用于调试开关，也用于液压原件局部的漏油试验和强度考核，在应急情况下（所有电源全停了），可以用手力泵储能进行开关分、合闸操作。

手力泵的工作原理：

手柄上下运动时，带动柱塞 5 上下运动。当柱塞 5 向上运动时，逆止阀钢球 9 首先关闭，A 腔压力降低形成真空，进而变成负压。由于压力差的关系，进油管 10 这边的低压油经过阀座 8 上的小孔，把逆止阀钢球 7 推开，进入负压腔内，完成手力泵的吸油过程。

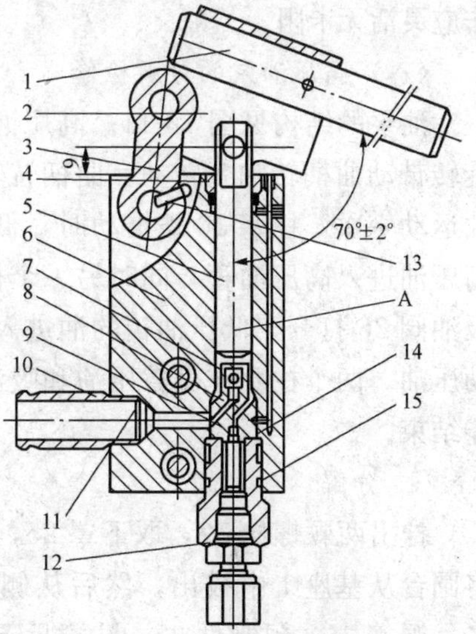

图 16-10　手力泵的结构图

1—操作杆；2—夹头；3—联板；4—压块；5—柱塞；6—泵体；7，9—球阀；8—阀体；10—进油管；11—过滤网；12—接头；13—轴销；14，15—密封圈

当柱塞 5 向下运动时，压缩 A 腔的油，首先使逆止阀钢球 7 关闭，使 A 腔的油不能返回低压油箱；然后高压油经过阀座 8 上的另一个小孔，把逆止阀钢球 9 顶开，进入接头 12 的高压腔内，完成了压油的过程。这样周而发始，可使油压打到额定压力。

1. 分解

拆下轴销 13 上的卡圈，取下轴销 13，再松开压块 4，然后将柱塞 5 取出。拧下接头 12，用铜杆放入另一端，把阀体 8 轻轻打出，然后再拆卸铜丝销，取出逆止阀钢球 7、9。用喷灯加热管接头 10，拧下管接头后，即可取出过滤网 11。

2. 清洗、检修

用洁净的液压油和白绸布清洗所有的零部件，过滤网应反复清洗，直至干净为止。更换全部密封圈和密封垫圈。检查泵体内孔和柱塞表面光洁度，表面应光滑无拉伤痕：检查柱塞 5 与泵体间隙，用手指堵住出油孔，压下柱塞 5，松开手后柱塞应返回，如间隙太大，应更换新件；检查逆止阀钢球 7、9 表面，应光滑无锈蚀，对球阀做密封试验，阀密封应良好。

3. 装复

按分解相反顺序进行装复。装管接头10时，必需涂Y-150厌氧胶，并将管接头部位朝向上方，待厌氧胶干固后方可进行其他工作。装管接头12时的拧紧力矩为70N·m。装复后的手力泵接入高压油和低压油进行检漏，操作手力泵打压，动作应灵活无卡阻。

（八）高压油泵的分解检修

油泵的结构见图16-11。高压油泵是径向双柱塞泵，其工作原理为：电动机旋转带动曲柄转轴5转动，曲柄转轴5每旋转一周，推动柱塞30向阀座29作压油运动一次，柱塞30被推动时，低压吸油阀26关闭，油被压缩使排油阀打开，高压油进入高压油管，同时另一个柱塞在弹簧的作用下，作吸油的运动，即低压吸油阀26打开，低压油箱的油进入泵腔内。当曲柄转轴5转动180°，该柱塞推动压油。两个柱塞作交替压油和吸油动作，将低压油变成高压油至额定压力，储能结束。

1. 分解

拧出两颗螺栓22，取下罩25，拧出阀座29的两颗紧固螺栓，沿抽螺栓方向将圆台从基座1中拔出，然后从侧面取出阀座装配（26，27，28，29）及柱塞30，弹簧31，限制件32，注意拆下的柱塞30与阀座29应始终保持原配对。从基座1上取出钢球37、弹簧35、座36，从阀座29上拧下低压吸油阀26，若吸油阀密封有问题，可继续分解，取下阀罩38，塔型弹簧39，圆片40。拧下出油口逆止阀19、接头17，倒出弹簧15和钢球16，转轴5，轴承9、10、12及密封装配一般不分解检修。

2. 清洗、检查、修理

用洁净的液压油和白绸布清洗零部件。检查柱塞30、阀座29的光洁度，柱塞、阀座表面应光洁，必要时可用400～600号研磨膏进行研磨；检查柱塞与阀座的间隙：用手指堵住阀座底部，压下柱塞，松开手后，看柱塞是否能返回；检查钢球与阀口的磨损和密封情况，如因磨损密封不良，研磨或重新打密封线，磨损严重者应更换；检查低压吸油阀26的密封情况，如圆片40和阀口密封不良，也可用400～600号研磨膏进行研磨，使片阀密封面宽度不大于0.6mm，用口吸阀片，应能吸住不掉；检查端帽，应无砂眼。

3. 装复

按分解相反顺序进行装复。更换所有密封圈和密封垫圈。在液压油中装配阀座29，低压吸油阀26，柱塞30等，然后装入基座1，转动转轴，使柱塞处于释放位置，找正圆台与基座1对应位置，将圆台按入基座，注意按入圆台应准确迅速，不

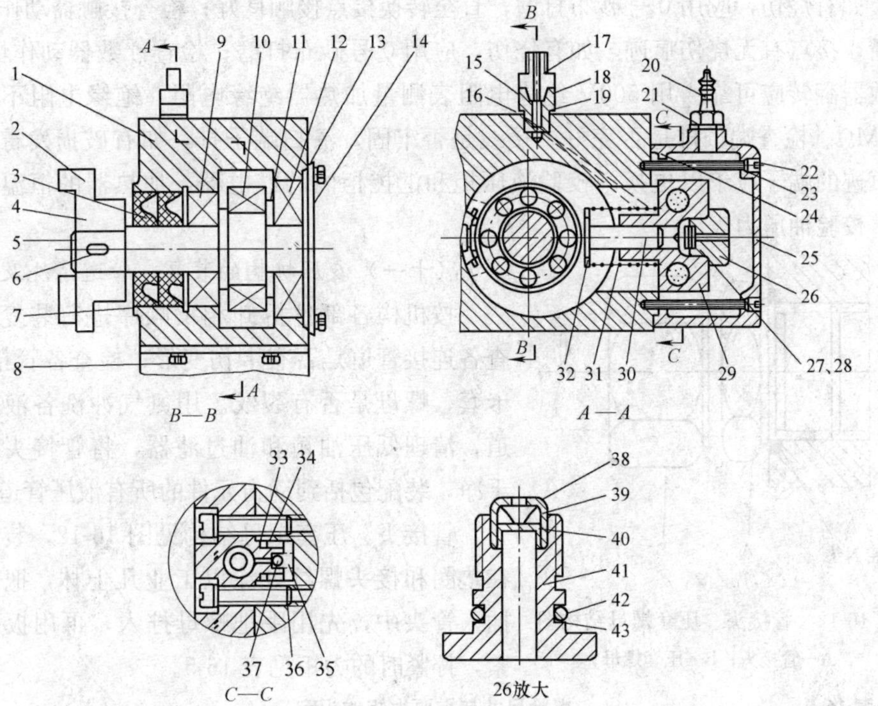

图 16-11　高压油泵图

1—基座；2—联轴节；3—O 形密封垫圈；4—联轴节；5—曲柄转轴；6—键；7—弹性挡圈；8—支架；9—204 轴承；10—305、6206 轴承；11—垫圈；12—403 轴承；13—O 形密封圈；14—盖；15，31，35—弹簧；16，37—钢球；17，20，41—接头；18，21，23，34—密封垫；19—逆止阀；22—螺栓；24，27，42—密封圈；25—罩；26—低压吸油阀；28，33，43—挡圈；29—阀座；30—柱塞；32—限制件；36—座；38—阀罩；39—塔型弹簧；40—圆片

得切损密封圈和挡圈。装配结束后，将低压油箱充满油，用手转动转轴，出油接头 17 应有油流出。

（九）电动机的分解检修

拆下电动机端盖，检查清洗轴承，重新加润滑油。如发现轴承磨损，应更换。测量电动机绝缘电阻，用 500V 绝缘电阻表测量绝缘电阻不小于 0.5MΩ。交流电动机应测量三相线圈电阻。检查电动机碳刷及整流子磨损情况，碳刷应接触良好，并应有足够的长度。清扫定子和转子，内外表面应清洁无油污。装复后检查电动机运转情况，转子和定子间隙应均匀，运转无卡磨现象。

（十）辅助元件的检查和校验

检查微动开关动作是否灵活、可靠。清扫辅助开关，检查转换接点接触是否良好，如有烧伤，应用0号砂布打磨，直至转换接点接触良好；检查接触器动作是否灵活，接点有无烧伤痕迹，如有烧伤，应用0号砂布打磨；检查计数器动作情况，计数器翻转应可靠。用500V绝缘电阻表测量加热器绝缘电阻，绝缘电阻不小于0.5MΩ。检查端子排是否完好，接线是否牢固，清扫端子排，如有破损发霉、烧伤痕迹的端子应予以更换。校验液压柜和汇控柜内的继电器，加热器的恒温控制器；校验油压力表。

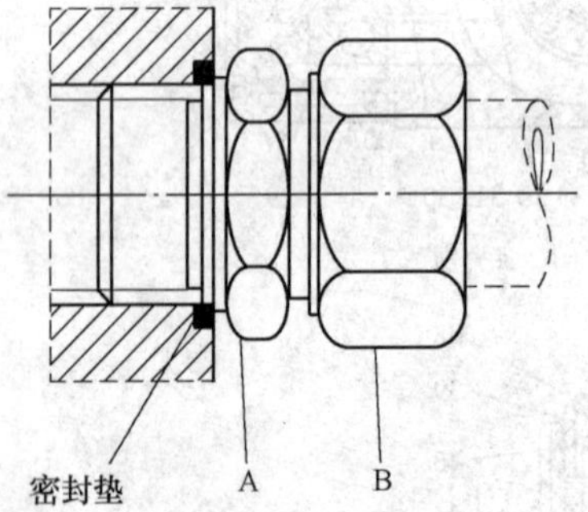

图16-12　管接头、压套螺母结构图
A—管接头；B—压套螺母

（十一）液压机构的装复，管道清洗及注油

按机构各部件拆卸相反顺序进行装复；检查各连接管道是否有卡伤变形；检查各管接头、卡套、螺母是否有裂纹。用氮气冲洗各液压管道，清理低压油箱和油过滤器，将管接头擦拭干净，装配包括到动力元件的所有液压管道。

管接头、压套螺母结构见图16-12，装配前在垫圈和接头螺纹处涂以工业凡士林，把管子插入管头中，先用手把螺母拧入，再用扳手拧紧，拧紧时的力矩见表16-5。

表16-5　螺栓尺寸与需要力矩的规定

钢管外径	连接螺纹	施加于A上的力矩（N·m）		开槽时B上的力矩（N·m）	装配时B上的力矩（N·m）
		铜垫圈	铝垫圈		
ϕ6	M12×1.25	50	45	16	16
ϕ10	M14×1.25	80	60	45	45
ϕ12	M16×1.25	120	90	45	45
ϕ18	M22×1.25	250	200	100	100
ϕ25	M30×1.25	400	不允许	40	240

（1）注油。使液压系统处于分闸位置，注入经过滤合格的液压油到最高油位，静置1h以上。

（2）排气。将液压系统放气接头螺钉拧掉，接入放气工具，把透明塑料管的另一端放入油箱中，启动油泵打压，打压时间不少于10min，直到塑料管的另一端无可见气泡及无油流间断为止。

退出放气接头，慢合使液压系统处于合闸状态，重复上述放气程序；退出放气接头，使机构分闸，打压至额定压力，通过三级阀上端或高压放油阀进行两次高压状态下放气，直到压力为零。

合闸，打压至额定油压，通过压力监视器上的放油嘴或高压放油阀进行一次放气，直到压力为零。

(3) 液压系统分别处于分闸、合闸位置，在额定油压下，停用油泵电源，检查液压系统保压情况，12h 压力降不大于 1.0MPa。

第三节　AHMA 型操动机构的检修

AHMA 型弹簧储能液压操动机构使用寿命长，稳定性、可靠性好，不受温度变化影响。这种操动机构采用差动式工作缸，弹簧储能液压——连杆混合传动方式。控制部分只用了一个主控阀、一个合闸阀、两个分闸阀。AHMA 操动机构组合了弹簧储能和液压机构的优点，无液压管道，液压回路与外界完全密封，可以确保液压系统不会发生泄漏。

ELFSP4-1 型 220kV 断路器和 HECI 型断路器配用 AHMA4 型或 AHMA8 型操动机构。

一、AHMA 型操动机构

AHMA 型弹簧储能液压操动机构组合了弹簧储能和液压机构的特点，储能借助于组装的碟型弹簧来实现，由于不受温度变化的影响，结构紧凑而小巧，无需管道连接。断路器与操动机构连接后，即形成一个相对独立的整体，三相的操作回路完全是独立的。

操动机构结构见图 16-13。

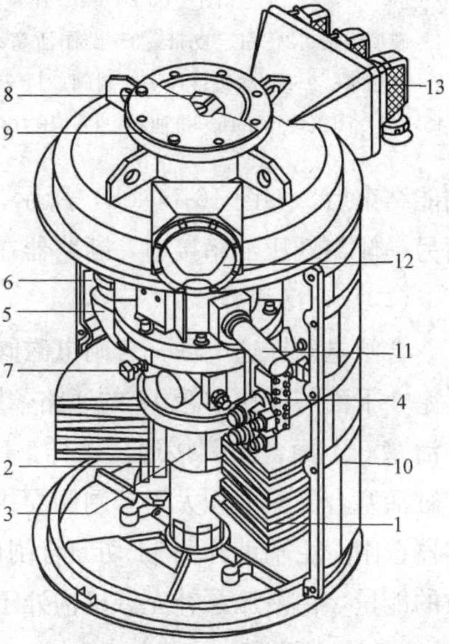

图 16-13　操动机构结构图

1—碟型弹簧柱；2—固定皮带；3—高压部件；4—控制阀；5—油泵；6—电动机；7—压力释放螺栓；8—耦合器；9—连接法兰；10—外罩；11—油量表；12—断路器位置指示器；13—连接插座

(一) 液压储能

碟型弹簧安装在下部的操动机构的动作过程如图 16-14 所示。电动机 9 接通电源，液压泵 8 将低压油箱 13 内液压油打入高压油箱 14，储能活塞 5 向上推动，通过储能活塞 5 上的拉紧螺栓，使碟型弹簧 1 压缩储能。紧接着，储能活塞上的压力开关连杆切换控制阀 10，切断电动机 9 电源，液压泵 8 停止。当高压油箱 14 内油压过高，安全阀 12 自动打开，高压油释放到低压油箱 13 内。

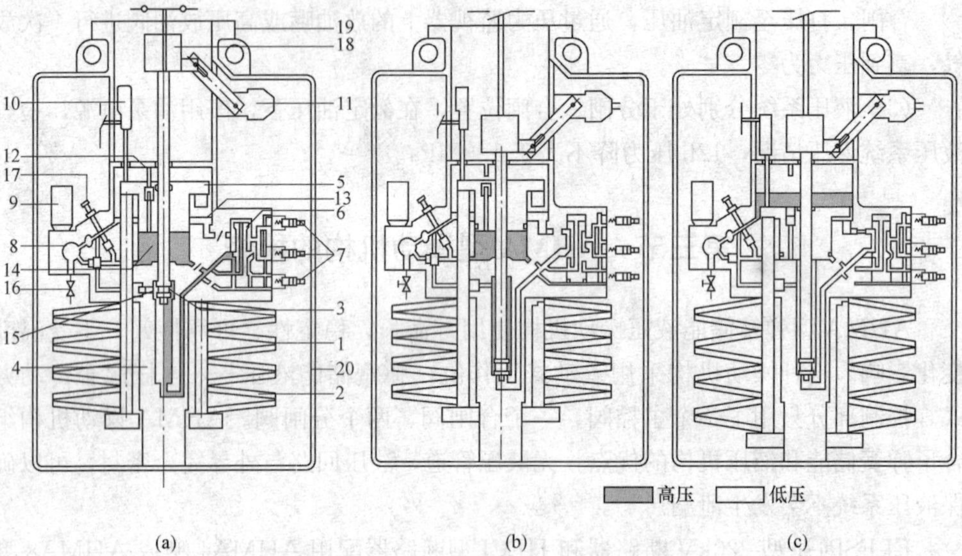

图 16-14　碟型弹簧安装在下部的操作机构动作过程

1—碟型弹簧；2—固定皮带；3—操作活塞；4—高压部件；5—存储活塞；6—转换阀；7—电磁阀；8—液压泵；9—电动机；10—控制阀；11—辅助开关；12—安全阀；13—低压油箱；14—高压油箱；15—　闭锁装置；16—排油阀；17—压力释放螺栓；18—耦合器；19—连接法兰；20—外罩

储能结束后，如图 16-14（b）所示，工作缸操作活塞 3 的连杆一侧充入高压油，而另一侧与低压油箱接通，断路器在分闸位置。

（二）合闸操作

合闸电磁铁通电后，合闸电磁阀 7 打开，转换阀 6 向上动作，隔断工作缸操作活塞 3 下面与低压油箱 13 的通路，同时通过转换阀 6，将高压油箱 14 与工作缸操作活塞 3 下面合闸侧接通。这样，工作缸活塞上下两侧都接入高压系统。由于工作缸活塞合闸侧面积大于分闸侧面积，于是差动式工作缸操作活塞 3 向上运动，断路器合闸。由辅助开关 11 切断合闸电磁铁电源，合闸电磁阀关闭，碟型弹簧所释放的能量，由液压泵补充。机构处于图 16-14（a）所示合闸位置。

（三）分闸操作

分闸电磁铁通电，分闸电磁阀 7 打开，转换阀 6 向下动作，接通了工作缸操作活塞 3 下面合闸腔与低压油箱 13 的通路，导致其合闸腔油压被排放，工作缸活塞向下运动，断路器分闸。辅助开关 11 切断分闸电磁铁电源，分闸电磁阀关闭。机构处于如图 16-14（b）所示分闸位置。

通过调节进入转换阀 6 的高、低压油路的节流螺栓，进而改变管道通流截面积，可以进行调整操动机构分、合闸速度。

（四）安全阀装置

当油泵限位开关失灵时，油泵持续打压，压力越来越高，此时靠机械作用的泄压阀12动作，将高压部分同低压部分连通起来泄压，以防止弹簧超压并防止产生不允许的系统压力。

（五）防慢分

断路器在合闸位置时，由于某种原因，使液压系统发生渗漏，可能使高压油压力降到零。此时油泵启动打压，断路器应仍能保持在合闸位置，不应发生慢分。

AHMA型操动机构采用合闸位置闭锁装置15防断路器慢分。闭锁装置采用压力油控制，当液压油释放低于工作压力，合闸位置闭锁装置在弹簧作用下，活塞杆插入工作缸活塞槽内，使断路器保持在合闸位置。此时油泵打压，断路器不会慢分。当油压建立起来后，到工作压力时，合闸位置闭锁装置活塞杆复位，从而起到防慢分的作用。

二、AHMA型操动机构维护性检修

（一）维修的内容

（1）操动机构液压油油位检查。

（2）操动机构油泵电动机碳刷长度检查。

（3）操动机构换相器随设备维护性检修时检查一次。

（4）操动机构加热器随设备维护性检修时检查一次。

（5）操动机构动力回路随设备维护性检修时检查一次。

（6）操动机构内接线、接点随设备维护性检修时检查一次。

（7）操动机构辅助开关随设备维护性检修时检查一次。

（8）操动机构密封件、紧固件在设备运行时，随时检查。设备维护性检修时检查一次。

（二）手动操作

卸下操动机构壳体后，断路器可通过电磁阀手工操作，电磁阀结构见图16-15。

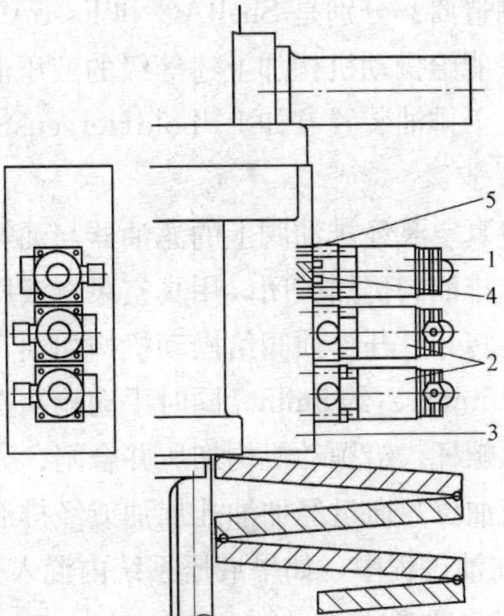

图16-15　电磁阀安装图

1—合闸电磁阀；2—分闸电磁阀；3—转换阀；4，5—O形环

特别要注意，手动操作方式只能在维修和保养期间采用，切不可在断路器正常带电运行时采用，并且只有当液压机构和 SF_6 气室都有足够压力时，该机构才可以用手动方式快速操作，否则可能造成断路器损坏。

在手动方式操作时，联锁机构不会工作。

（三）油位检查

在正常运行时，油位应处于油位计的中间位置。若油位低于所示的最低油位，应该查明油减少的原因，并补油。

（四）液压机构排油

断路器停止运行，使断路器置于分闸位置。ELFSP4-1 型断路器 AHMA4 操动机构碟型弹簧卸压，以使操动机构内无压力。

(1) 液压油的排放。见图 16-16，打开排油阀并卸下塞子，将液压油排入一个容量至少为 5L 的干净容器内。

(2) 排油之后，关闭排油阀并装上塞子。

（五）注油及试验

1. 操动机构加油

所用油的等级：

商标：AeroShellFluid4 或 EssoUNIVISJ13；

ABB 代号：GPHL730041R0001；

制造商：分别是 ShellAG 和 EssoAG。

只能给操动机构加上述等级的液压油。

关于排油装置（如 LeiboldHeraeusS4A），请参考操作说明书。

2. 步骤

将真空泵经排油阀上的滤油器与油箱和加油孔连接。逆时针旋转减压螺杆将其打开；排油阀仍然关闭。用真空泵将液压系统的压力降到 10kPa（100mbar）。让真空泵运转并打开排油阀给操动机构加油。关闭排油阀。使真空度保持在 1～1.5kPa（10～15mbar）约 5min。同时手动轮换操作控制阀。卸下真空泵并关闭加油孔。关闭减压螺杆。给操动机构加压并合闸、分闸操作数次。在操动机构完全储能的状况下检查油位。通过经加油孔加油或经排油阀排油进行调整。

注油过程中，如果液压系统内混入空气，应重新排油并注油。

3. 注意事项

(1) 二次加油可以不用真空泵，通过加油孔（见图 16-16）即可。

(2) 如果未和断路器连接而操作操动机构，必须确保节流螺杆在最小位置。

(3) 关闭前应标记出这些阀门的位置，以便在其后的开启时能复原。

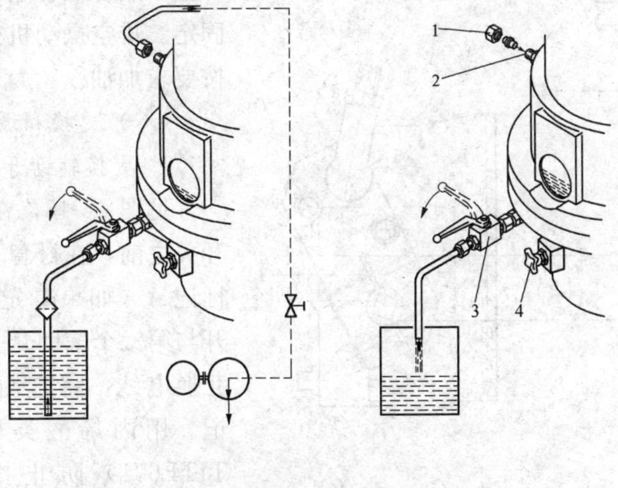

图 16-16　操动机构更换液压油图

1—塞子；2—加油孔；3—排油阀；4—减压螺杆

（4）在运行期间，油位不应低于所示的最低油位。

（六）油泵电动机检查

（1）油泵电动机采用永久性润滑，无须任何有关的保养。

（2）大约 5 年之后，应对换向器和碳刷进行检查。当碳刷被磨损到长度不足 11mm 时，应及时更换。

（3）对换向器进行清扫检查。

（七）更换泵和单向阀

更换泵和单向阀，使操动机构处于分闸位置，打开减压螺杆降压，见图16-17。

主要步骤：打开排油阀并排油，卸下装有圆锥齿轮的电动机 9，取出弹簧销钉 1。打开圆锥齿轮 3。松开盖子 2，取出油泵元件。安装带有单向阀的新油泵元件（插入端可见油泵元件中单向阀的球）。更换盖子中的 O 形圈 10 和密封圈 8（必要时）。用螺栓 7 和密封圈安装盖子。将圆锥齿轮 6 安装到凸轮轴上并用销子锁定。

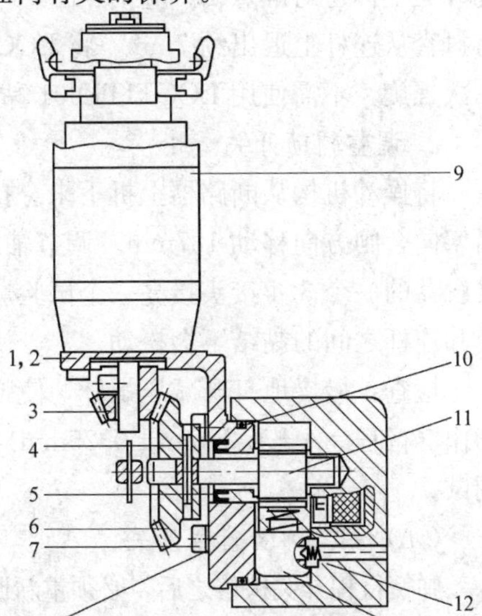

图 16-17　配有电动机的油泵图

1，4—弹簧销钉；2—盖子；3，6—圆锥齿轮；5，8—密封圈；7—螺栓；9—电动机；10—O 形圈；11—凸轮；12—单向阀；13—泵

说明：安装时，将弹簧销的缝隙相互

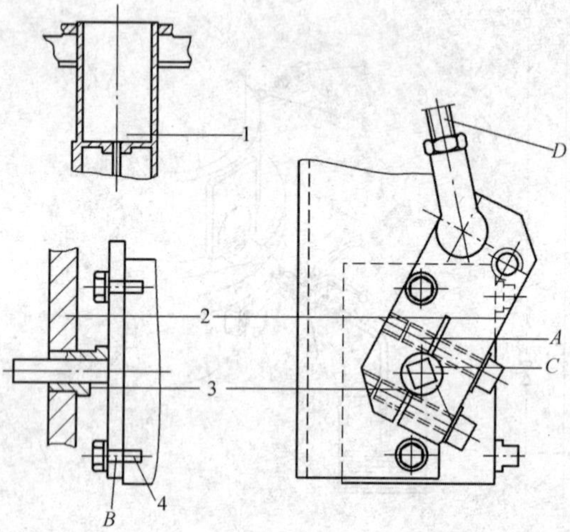

图 16-18 调整辅助开关图

1—活塞；2—连杆；3—衬套；4—螺杆

补偿。用螺栓将电动机和圆锥齿轮固定。排空操动机构中的空气，并按要求加油。

（八）更换和调节辅助开关

1. 更换辅助开关

见图 16-18，在拆下内部辅助开关之前，在衬套 3 和连杆 2 上画标记 *A*（如果事先没有的话）。松开与第二个辅助开关的连接，逐个互换电线，将它们拆开前做好标记。用丙烯酸类聚合物（LOCTITE601）防止拧紧的螺杆 4（M5）松动。清理衬套和连杆之间的胶质残余物。重新黏结前擦净表面、去脂。

调节辅助开关，在此过程中，保证衬套 3 和连杆 2 上的标记 *A* 必须一致。辅助开关上标有对准点 *C*。应按照图 16-18 所示。调整圆点 *C* 相对于标记 *A* 的位置。将衬套从连杆上退出约 7mm。将 LOCTITE601 涂衬套黏结表面。如果采用的是第二次螺旋，不需使用 LOCTITE601 黏结剂。推入衬套，用螺钉拧紧连杆。

2. 调整辅助开关

将操动机构从断路器上拆下来。打开减压螺杆泄压，将活塞移到分闸位置。将活塞向合闸方向移动 187mm。调节辅助开关连接机构 *D*，使得辅助开关中（3/4）接触器的一个 3/4 接头接亮一个试验灯，并固定它在此位置。在此过程中，保证衬套和连杆之间的黏结不会松动。

检查：慢慢地打开减压螺杆，使弹簧放松。再重新加上载荷。油泵应在减压阀动作（行程＝A＋1.25mm±0.25mm）之前 1mm＋0.5mm 时关闭。否则，应重新调试。

（九）调节弹簧行程开关

弹簧行程开关检修之后，必须重新调试。所有的开关点相对于另一个都有固定的位置。并被夹紧元件夹固。弹簧行程开关的调整（只有操动机构被拆下后才能进行）。

1. 基本调整

见图 16-19，将夹板与开关元件安装板平行安装，并用夹具将其夹在安装螺栓上，用调节螺杆调节开关元件，使被驱动的开关元件可靠地转换，使未被驱动的开关元件的滚轮与夹板的表面接触良好。行程开关的3、4号触头和1、2号触头分别接一个试验灯。当弹簧卸掉载荷时，1、2号触头应比3、4号触头先断开（约0.5mm）。

上述差别可以通过调节螺杆进行调整。夹板和开关元件之间的距离越大，转换的差别也越大。

2. 长度的调整

用油泵给弹簧充能，直到由顶针和单向阀所组成的减压阀动作为止。测量并记录下储能活塞的距离A，见图16-19。打开减压螺杆，将储能活塞降低1mm。通过移动开关元件安装板，调节油泵触头，使它刚刚分离。拧紧螺杆，见图16-19。

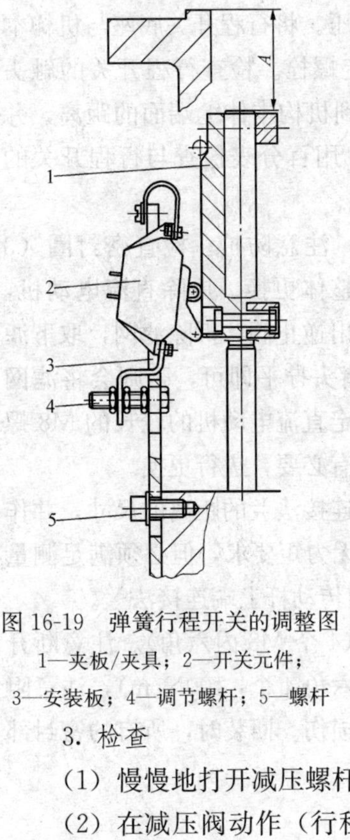

图16-19　弹簧行程开关的调整图

1—夹板/夹具；2—开关元件；3—安装板；4—调节螺杆；5—螺杆

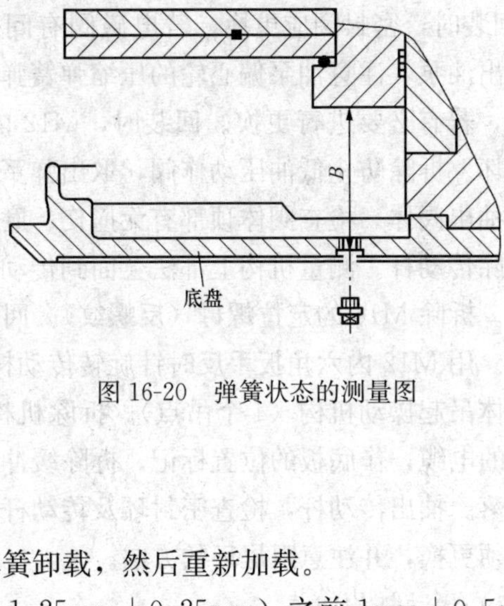

图16-20　弹簧状态的测量图

3. 检查

（1）慢慢地打开减压螺杆，使弹簧卸载，然后重新加载。

（2）在减压阀动作（行程$=A+1.25mm\pm0.25mm$）之前1mm+0.5mm时，油泵必须关闭。否则重新调整。

（十）泄漏试验

在断路器处于合闸和分闸位置，一次泄漏试验应至少进行8h。为此，操作断路器到合闸位置并给弹簧装置充能。为防止油泵自动启动，可以断开电动机电源线或电动机电源电路中的开关。

记录时间和弹簧行程显示（如用有色铅笔在弹簧行程显示器和检查窗的胶带上作标记），测量尺寸为B（见图16-20）。

每24h允许弹簧松开15mm。即使断路器不操作，允许油泵一天启动10次。如果油泵每天启动超过10次，应观察断路器，是否有内部渗漏。

（十一）检查加热器

若需更换加热器，卸下底盘，然后更换加热元件。

三、AHMA 型断路器操动机构解体大修

（一）操动机构解体

拆卸前，机构应在分闸位置。

断开操作电源，反时针旋转油压释放阀，释放油压。将行程开关底座与机构本体作位置标记，用 M8 内六角扳手拆下行程开关固定螺栓。检查行程开关的触头（8 组 16 对触头，8 对动合，8 对动断）。测量凸凹板到机构本体上端面的距离，并作好记录。拆除凸凹板（4 个 M8 的螺栓）。回装时，用百分表检查与行程开关的安装平面的平行度。

排油，拆电磁阀（3 个），注意拆卸时有油流出，注意防护。检查密封圈（3 个）。回装时，密封圈应更换。若电磁阀有问题，需整体更换。拆除直流电动机，水平抽出油泵，注意油泵偏心轮的压缩弹簧弹出。抽出逆止阀，拆除滤网，取下滤网清洗，若有必要进行更换。回装时，M12 内六角堵头拧平即可，否则会将滤网挤压损坏。拆除防止低油压动作阀，取出弹簧，用固定直流电动机的较长的 M8 螺杆拧入抽出阀体。检查阀体顶部有无撞伤、磨损，若有必要，进行更换。

拆除传动杆。测量机构上部法兰面到传动杆上端连接法兰的距离的尺寸，并作好记录。拆除 M16 的定位螺母（反螺纹）。回装时，无力矩要求，但必须满足测量的尺寸。用 M12 内六角扳手反时针旋转传动杆，拧出传动杆上端连接法兰。

整体吊起操动机构（4 个吊点）。拆除机构底板（4 个 M8 内六角）。注意断开加热器的电缆，作底板的位置标记。拆除缓冲阀（内六角 4 个，100N/m），注意阻尼环坠落。抽出传动杆，检查密封环及传动杆的有无损伤。回装时，所有的密封部件都必须更换，并注意阻尼环的方向。

（二）操动机构回装

1. 回装传动杆

将传动杆的螺纹用胶带进行防护，插入传动杆。装上缓冲阀（内六角 4 个，100N·m），并注意阻尼环的方向。安装机构底板（4 个 M8 内六角），注意底板的位置标记及接上加热器的电缆。放下操动机构，拆去吊钩。拆除传动杆的螺纹防护（胶带），用 M12 内六角扳手旋转传动杆，拧进传动杆上端连接法兰。安装 M16 的定位螺母（反螺纹），测量机构上部法兰面到传动杆上端连接法兰的距离的尺寸必须符合拆卸时记录的尺寸。

2. 安装防止低油压动作阀

用固定直流电动机的较长的 M8 螺杆拧入防止低油压动作阀，插入阀体（若阀

体顶部有撞伤、磨损，必须进行更换）。装上弹簧，拧入堵头 M16（110N·m）。

3. 安装直流电动机

清洗滤网，若有必要进行更换。装上滤网（M12 内六角堵头拧平即可）。插入逆止阀（可用手钳，注意用布保护）。水平插入油泵，注意油泵偏心轮的压缩弹簧，拧紧 M8 螺栓。

4. 回装电磁阀

更换电磁阀密封环。若电磁阀有问题，需整体更换。

5. 用百分表检查与行程开关的安装平面的平行度

用 4 个 M8 的螺栓拧紧凸凹板，测量凸凹板到机构本体上端面的距离，必须符合拆卸时记录的尺寸。

检查行程开关的触头（8 组 16 对触头，8 对动合，8 对动断）。用 M8 内六角扳手拧紧行程开关固定螺栓（两个），注意行程开关底座与机构本体作位置标记。所有密封环安装时，均应涂抹 MnO_2 润滑剂。

6. 调试

（1）操动机构注油，使液压油油位到达满刻度，关闭阀门，拧紧堵头。

（2）将 220V 直流电源接入 1 号（正）、3 号（负）接点，开启电源，油泵启动。

注意油泵的运行时间，当碟型弹簧被全部压紧后，手动停止油泵（机构内部的安全阀已动作）。测量凸凹板连接轴的上端面到机构本体上端面的尺寸 X。

将行程开关的常闭接点串入直流电动机的电源回路。手动松开压力释放阀，碟型弹簧释压后，再拧紧。启动油泵，碟型弹簧被压紧后，油泵会自动停止。

（3）测量凸凹板连接轴的上端面到机构本体上端面的尺寸 Y，Y 应在（$Y_{min}=X+1mm, Y_{max}=X+1.5mm$）的范围内。如果不满足要求，调整行程开关的上、下位置，使之达到要求。

（4）检查油泵的启动时间是否在 1min 以内。

（5）功能试验在机构检修或更换内部元件后进行。功能试验只能在断路器与高压系统隔离，断路器内 SF_6 气体的压力为额定压力，弹簧装置充能的情况下才能进行。

操动机构的电动机只能短时运行，不适合连续运行。因此，为防止电动机过热，每小时只允许不超过 10 次分合操作。

第四节　BLG1002A 型操动机构的检修

HPL-245B1 型断路器配用 BLG1002A 型弹簧操动机构。BLG1002A 型弹簧操动机构用来操作带有整体化分闸弹簧的断路器。分闸弹簧在断路器合闸时由机构自动储能，由此获得分闸所需的能量。在没有与相关的断路器装配并调整好的情况下，机构绝不能用储能的弹簧组操作。

通常操动机构由装有一个蜗轮的电动机储能弹簧组及启动分闸和合闸动作的机构组成。弹簧组在每次合闸操作后自动储能。

操动机构如图 16-21 所示。操动机构的零部件集中装在一个箱内，箱内也装有带操作设备的控制盘。箱的顶和门可取下以便维护和检修。

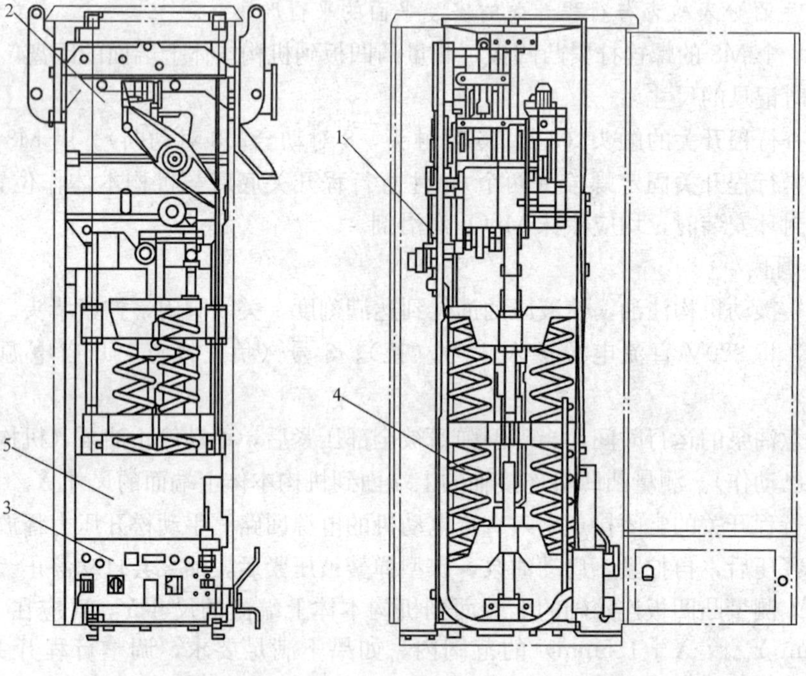

图 16-21　操动机构图

1—驱动装置；2—操动机构；3—控制盘；4—弹簧组；5—加热器

标准操作循环是分—0.3s—合分—3min—合分。在包括不少于 3 次合闸操作的断路器和继电器系统的试验期间，合闸操作之间的时间不小于 1min。

一、操动机构动作原理

合闸弹簧储能如图 16-22 所示。断路器合闸，电动机启动为合闸弹簧储能。驱动链轮逆时针转动并拉起链条段，这样弹簧轭架被提起并给合闸弹簧储能。在驱动链轮不动的时，链条段停止。

正常运行期间，断路器在合闸位置。断路器上的分闸弹簧和操动机构的合闸弹簧均储能，如图 16-23 所示。断路器由操动机构的分闸掣子装置保持在合闸位置。

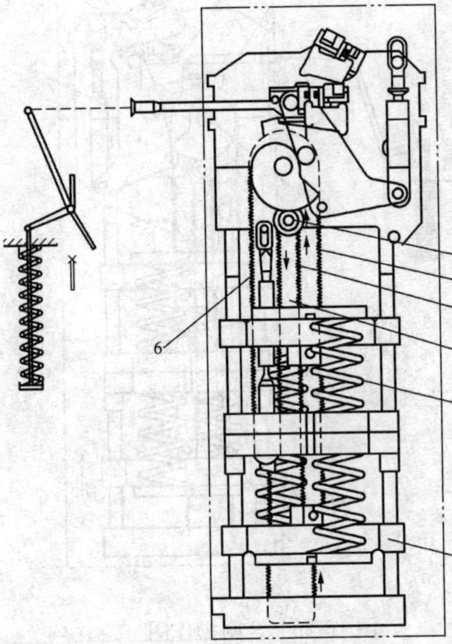

图 16-22　合闸弹簧储能图

1—合闸弹簧；2—驱动链轮；

3，4，5，6—链条段；7—弹簧扼架

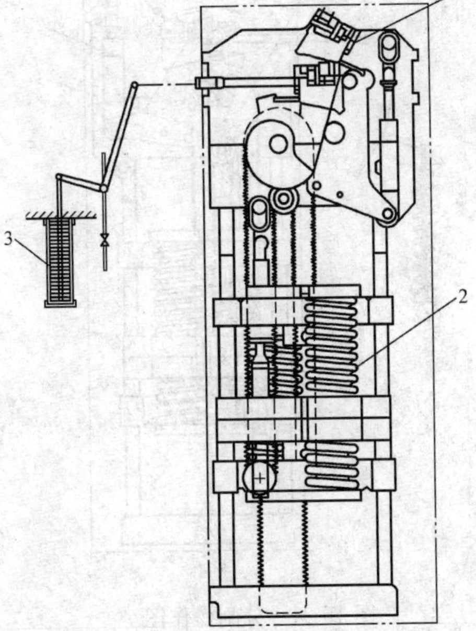

图 16-23　正常运行时的操动机构状态图

1—分闸掣子装置；2—合闸弹簧；3—分闸弹簧

当断路器分闸时，操动机构的动作如图 16-24 所示。此时分闸掣子装置的掣爪被释放，分闸弹簧经拉杆向左推操作拐臂，在操作拐臂靠在凸轮盘以前到终端位置，运动由分闸缓冲器阻尼。

当断路器合闸时，操动机构的动作如图 16-25 示。此时合闸掣子装置的掣爪被释放，链条段释放并把合闸弹簧的能量传输在凸轮盘，凸轮盘顺时针旋转 360°并把操作拐臂推向右直到分闸掣子装置啮合，运动在终端位置由合闸缓冲器阻尼，分闸弹簧经拉杆储能。链条段弹簧 10 上行的路径与链条段弹簧 9 下行的路径相同。

二、操动机构的调整、试验

（一）准备

断路器停止运行，将断路器置于分闸位置。进行一次合—分操作以释放操作机构弹簧组的能量。

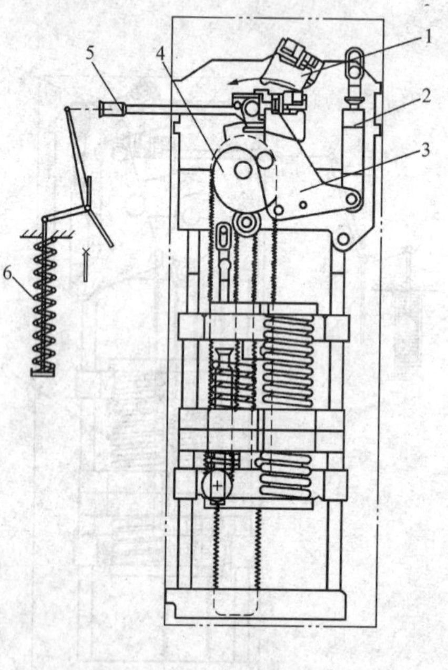

图 16-24　分闸操作图

1—分闸掣子装置；2—分闸缓冲器；3—操作拐臂；4—凸轮盘；5—拉杆；6—分闸弹簧

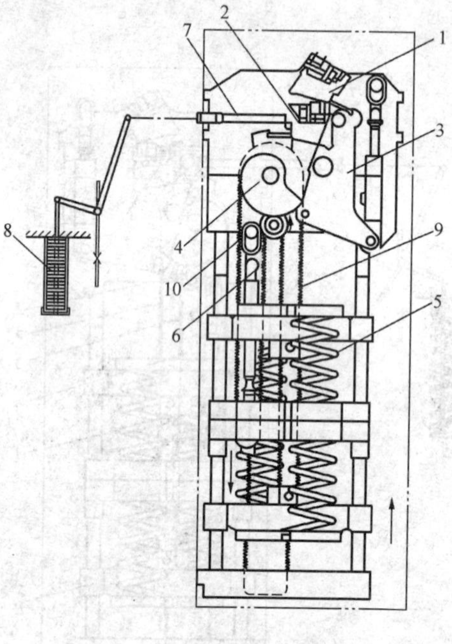

图 16-25　合闸操作图

1—分闸掣子装置；2—合闸掣子装置；3—操作拐臂；4—凸轮盘；5—合闸弹簧；6—合闸缓冲器；7—拉杆；8—分闸弹簧；9，10—链条段弹簧

（二）检查

用真空吸尘器清洁机构箱后擦拭。检查和润滑轴承和密封圈（用 Valvoline Tectyl 506 润滑剂保护气室外表面未处理过的部件）。

建议润滑齿轮、主要的运动部分和掣子装置。缓冲器中油位的检查也十分重要。

（三）机械联锁

机械联锁防止断路器已经在合闸位置、操动机构的合闸弹簧释能或未完全储能时，进行合闸操作，例如，如果合闸掣子已经用手打开或如果联锁机构出现机械故障，会出现这种情况。

检查联锁臂与联锁盘的相对位置。联锁臂应在联锁盘上 2mm，如图 16-26 所示。

检查当联锁臂靠在联锁盘外侧时，合闸回路应接通。解开联锁，如果凸轮盘的运动由联锁臂停止，在凸轮盘返回到其正常位置以前，不能进行合闸操作。

合闸弹簧的手动储能，把控制盘上的现地/远方开关放在“STOP（停止）”位置。用直接启动器断开电动机电源。把驱动装置上的开关放在“HAND（手动）”位置，这样，手动操作释放。把手柄插入轴内。用一个改锥按反向掣子按钮并顺时针旋转手柄，直到操作杆1上的锁钩越过滚子2，见图16-27（a）。

消除故障原因，逆时针旋转手柄，直到上的锁钩靠在合闸掣子装置的2上，见图16-27（b）

（四）合闸弹簧的手动储能

逆时针旋转手柄直到合闸弹簧完全储能。通过测量框架根部和桥架之间的距离进行检查，见图16-28。

把驱动装置上的开关放在“MOTOR（电动）”位置，复归直接启动器，把控制盘上的当地/远方开关放在“REMOTE（远方）”位置，进行一次试操作。

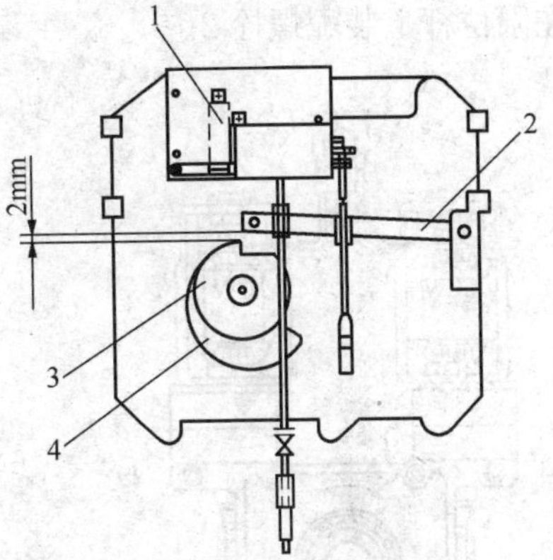

图16-26　联锁机构图

1—分闸掣子；2—联锁臂；3—联锁盘；4—凸轮盘

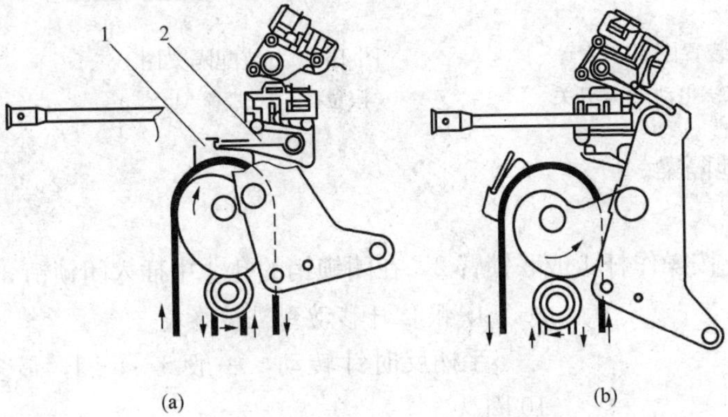

图16-27　解开联锁图

（a）手动解开分闸联锁；（b）手动恢复分闸联锁

1—操作杆；2—滚子

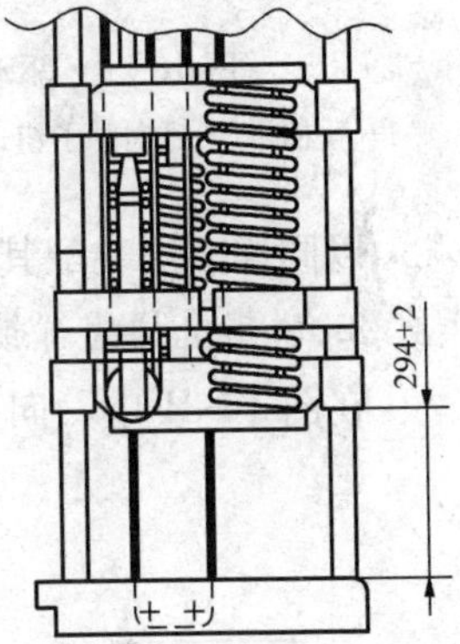

图16-28　检查尺寸，合闸弹簧图

（五）慢速手动合闸操作

断路器在分闸位置。控制盘的当地/远方开关在断开位置。电动机的电源用直接启动器，电动/手动开关在手动位置，这样，手柄的轴可释放。

1. 释放合闸弹簧的能量

在图16-29中，把手柄1放在轴上，用一个改锥按反向掣子钮2释放反方向掣子钮和弹簧的能量。顺时针转动手柄直到弹簧轭架到达底部位置并靠在框架的底脚上。

2. 装配隔梁

在图16-30中，在支架周围装配限位杆1，这样，固定孔就朝外面向操作箱。

在限位杆上装配螺栓 2。

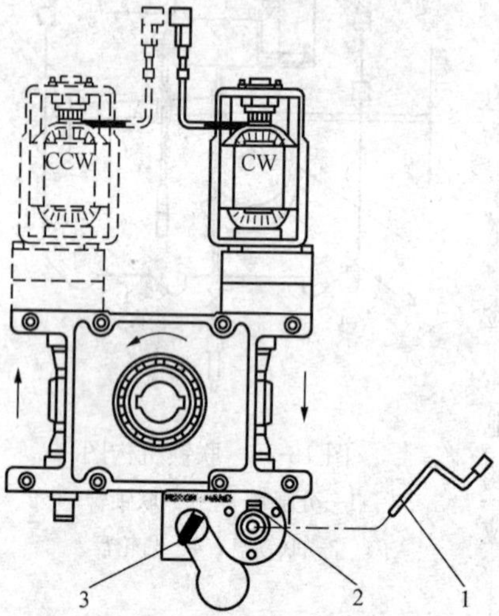

图 16-29　驱动装置图

1—手柄；2—反向掣子钮；3—电动/手动开关

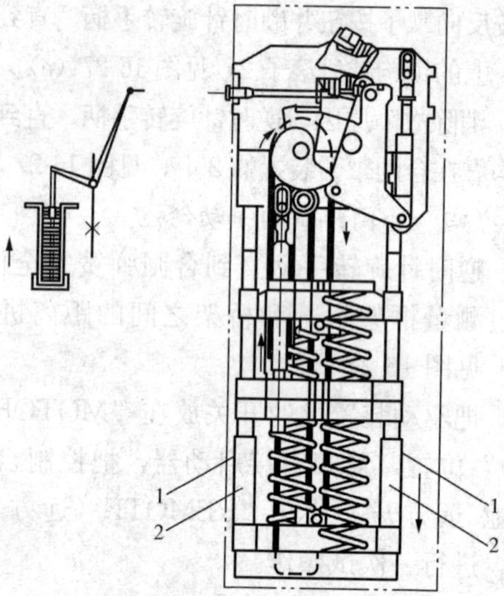

图 16-30　装配隔梁图

1—限位杆；2—螺栓 M8×60

以同样方法装配其他隔梁。

3. 联锁机构的解锁

在图 16-31 中，向上按操作杆 1 或联锁臂 2，在闭锁销的孔 4 中插入闭锁销 3。

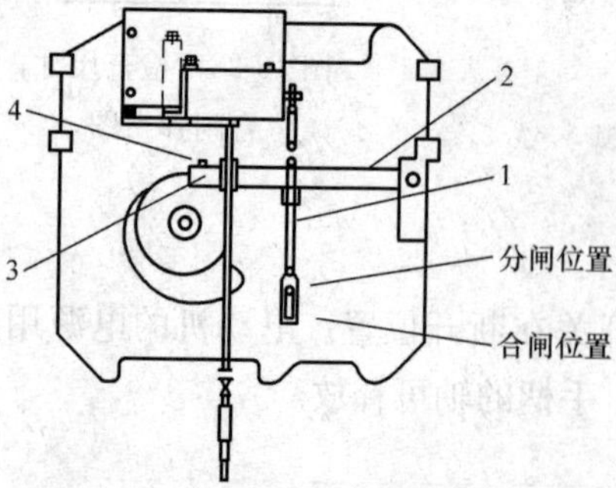

图 16-31　联锁、分闸和合闸弹簧已释能图

1—操作杆；2—联锁臂；3—闭锁销；4—闭锁销的孔

4. 限位杆移动到机械终端

手柄反时针转动，一般 6～8 圈，最多 10 圈。

5. 释放中间掣子

在图 16-32 中，按下合闸线圈 1 的衔铁，正在进行的慢合操作在闭锁钩子与滚子啮合以前可在任何位置中断。按反向掣子钮，断路器就慢慢朝其分闸位置运动，并在按钮释放时停在要求的位置。

手柄逆时针转 310r。随后凸轮盘 2 转动大约 3/4 圈并启动止动滚 3，这样操作拐臂慢慢使断路器向合闸位置移动。运动将要结束时，当操作臂上的闭锁钩 5 与跳闸机构的滚子 6 啮合时，可听到一个咔嗒声。手柄逆

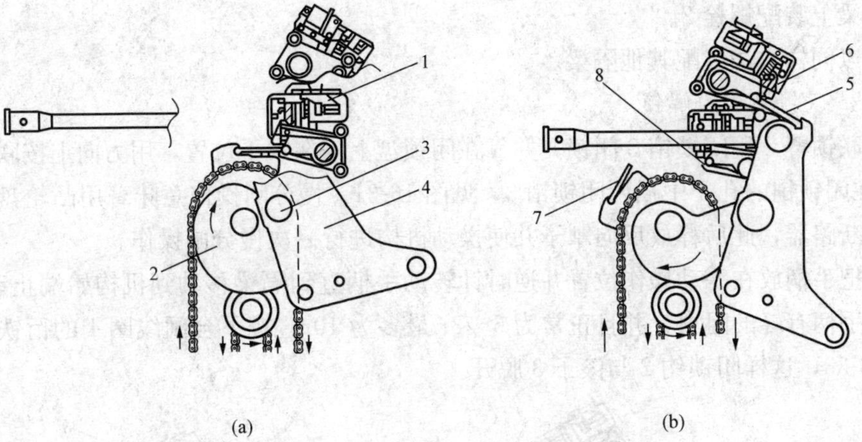

图 16-32 操动机构慢合操作

(a) 手动解开分闸联锁；(b) 手动慢合操作

1—合闸线圈；2—凸轮盘；3—止动滚；4—操作拐臂；5，7—闭锁钩；

6—滚子（分闸）；8—滚子（合闸）

时针转几圈，凸轮盘 2 的外部最尖端离开止动滚 3。操作拐臂在分闸弹簧作用下很快朝分闸位置操作，直到闭锁钩 5 靠在滚子 6 上。手柄逆时针转动直到闭锁钩 7 正好靠在滚子 8 上，这样凸轮盘就返回到其正常位置并使隔梁卸载。

除去限位杆，检查锁钩 7 应靠在滚子 8 上。否则凸轮盘将在错误位置并且在一个分闸操作期间可能损坏操动机构。从孔内拉出闭锁销，把电动/手动开关转到电动位置，用直接启动器接通电动机电源，把当地/远方开关放在远方位置。

现在断路器在合闸位置并可进行一次正常的分闸操作。

注意在进行一次分闸前，检查隔梁应拆下。

（六）慢速手动分闸操作

相关机构结构图参考前段“慢速手动合闸操作”。

断路器在合闸位置，控制盘的“当地/远方”开关在断开位置，电动机的电源用直接启动器断开，“电动/手动”开关在“手动”位置，这样，手柄的轴可释放。

1. 释放合闸弹簧的能量

在图 16-29 中，把手柄 1 放在轴上，用一个改锥按反向掣子钮 2 释放反方向掣子钮和弹簧的能量。顺时针转动手柄直到弹簧轭架到达底部位置并靠在框架的底脚上。

2. 装配隔梁

在图 16-30 中，在支架周围装配限位杆 1，这样，固定孔就朝外面向操作箱。

在隔梁上装配螺栓 2。

以同样方法装配其他隔梁。

3. 联锁机构的解锁

联锁臂 2 用闭锁销 3 闭锁，并靠在闭锁盘上停在水平位置，用力向上按联锁臂 2，在闭锁销的孔 4 中插入闭锁销 3，见图 16-31。慢分闸操作意味着用凸轮盘“带动”断路器，此后释放反向掣子并使操动机构进行一次慢分闸操作。

把手柄放在手动操作位置并逆时针转动手柄直到隔梁移动到机构始端止动器。感觉手柄有轻的阻力，并且正常为 6～8r 最多为 10r。按下合闸线圈 1 的衔铁，见图 16-33，这样闭锁钩 2 与滚子 3 脱开。

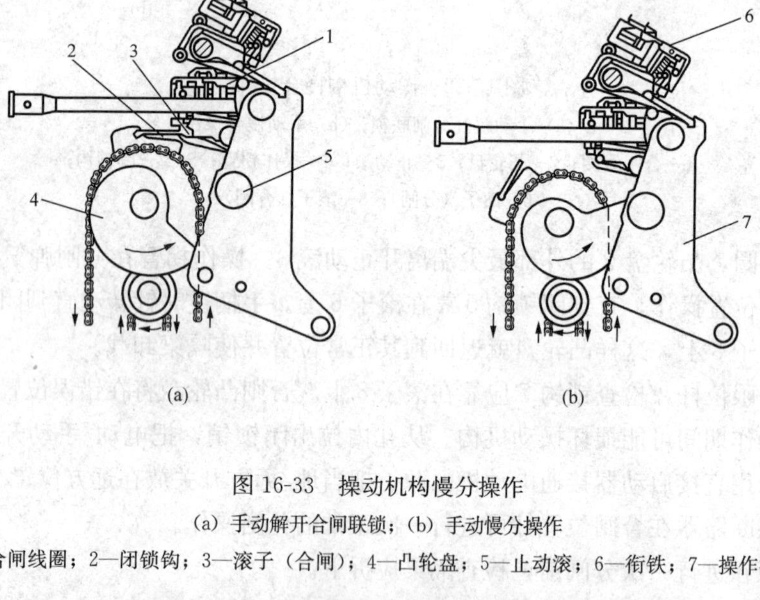

(a)　(b)

图 16-33　操动机构慢分操作

(a) 手动解开合闸联锁；(b) 手动慢分操作

1—合闸线圈；2—闭锁钩；3—滚子（合闸）；4—凸轮盘；5—止动滚；6—衔铁；7—操作拐臂

逆时针转动手柄大约 300r，如果手柄转动的圈数太多，当凸轮盘 4 通过止动滚 5 并立即重新返回到图 16-33 上的位置时，可听到一个叮当声，则需要重复以上操作，并少转几圈手柄。

4. 释放掣子装置

把反向掣子钮按入驱动装置，释放手柄并使它转动直到停止，用一个改锥轻轻敲衔铁 6 以释放分闸掣子装置。分闸弹簧把操作拐臂 7 推向分闸位置。当止动滚 5 靠在凸轮盘 4 上时，运动停止，保持反向掣子按钮直到断路器由分闸弹簧推到分闸位置。如果弹簧力不足以移动闭锁钩 2，这样它通过并靠在滚子 3 啮合在闭锁位置，按按钮并顺时针转动手柄。

拆去隔梁，检查闭锁钩 2 应靠在滚子 3 上。否则手柄逆时针转动直到闭锁钩靠在滚子上，从孔内拉出闭锁销，把电动/手动开关转到电动位置，用直接启动器接通电动机电源，把当地/远方开关放在远方位置。

现在断路器在合闸位置并可进行一次正常的分闸操作。

注意在进行一次分闸前，检查隔梁应拆下。

（七）操动机构调整、试验

1. 防误操作的机械联锁

(1) 机械联锁取决于断路器的位置和合闸弹簧托盘的位置，故合闸只可能在断路器处于分闸位置且合闸弹簧已完全储能的情况下进行。

(2) 在运行中，断路器已处于合闸位置、在分闸操作期间或合闸弹簧未完全储能下不可能进行操作的。

(3) 检查联锁臂与联锁盘的相应位置。联锁臂应在联锁盘上 2mm。见图 16-26。

(4) 检查当联锁臂靠在联锁盘外侧时，合闸回路应接通。

2. 缓冲器

操动机构装有一个阻滞凸轮盘转动的合闸缓冲器和一个缓冲分闸运动最终阶段的分闸缓冲器，见图 16-34。通过在操作期间记录缓冲效果，检查缓冲器的油位。缓冲器不应有漏油的迹象。

3. 开关位置校正

当开关在分闸位置，用 6mm 杆插入检查，校正孔正好与机构箱上的预留孔对齐，见图 16-35。拉杆自锁螺母紧固力矩应为 300N・m。

4. 驱动装置

检查和清洁驱动装置的涡轮，用 ABB 商品号为 11714016-612 的润滑脂润滑。

测量电动机电流，电动机最大储能时间为 20s，电动机在 85％的电压下能为弹簧储能。

5. 掣子装置

操动机构装有一个合闸线圈和两个分闸线圈。

合闸线圈：80％～110％电压可靠动作；

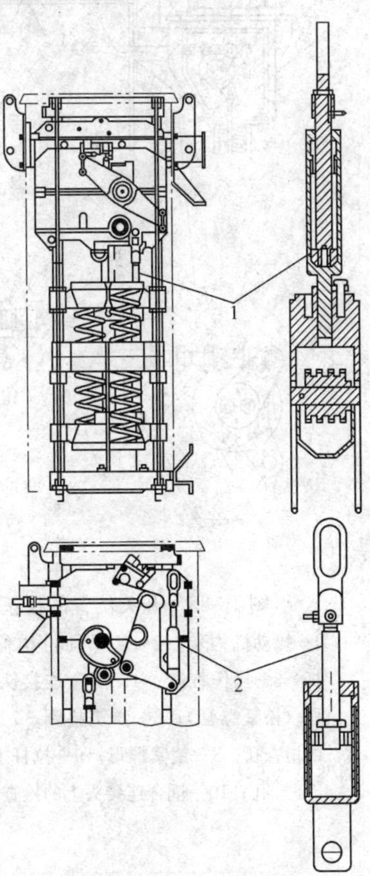

图 16-34　合闸和分闸缓冲器图

1—合闸缓冲器；2—分闸缓冲器

分闸线圈：65%～120%电压可靠动作，30%电压不动作。

应检查线圈的电压不低于最低值。检查衔铁和辅助掣子之间的间隙。间隙至少应是1mm，如图16-36所示。如果间隙不符合规定值，更换整个掣子装置。

6. 继电器

防跳继电器：测量最低动作值；

闭锁继电器：测量最低动作值；

密度继电器：检查密度继电器的触点通断，压力的最大偏差（20℃时）为±0.015MPa。

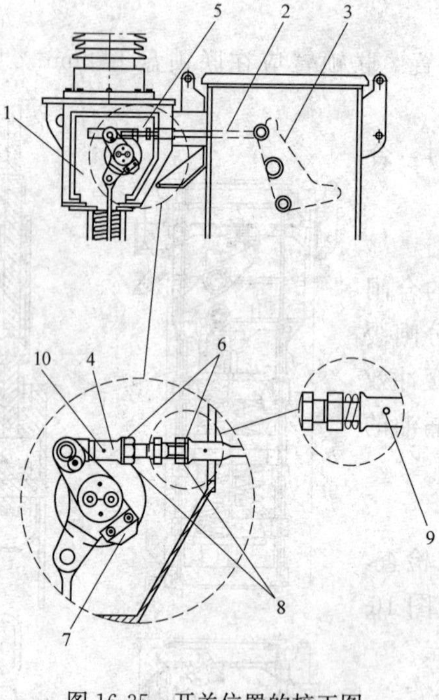

图16-35 开关位置的校正图

1—操动机构箱；2—从操动机构伸出的拉杆；3—操作杠杆；4—耦合连接头；5—拉杆（松紧螺套）；6—弹簧垫圈；7—拐臂上的检查孔；8—锁紧螺母；9—拉杆上的检查孔；10—耦合连接头上的检查孔

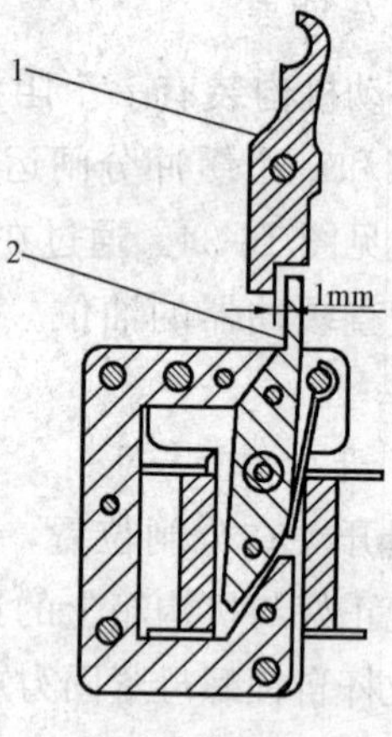

图16-36 检查间隙图

1—辅助掣子；2—衔铁

第十七章　SF_6 断路器的试验

对于现场运行的 SF_6 断路器，其常规试验应包括：辅助和控制回路绝缘电阻测量及交流耐压试验；导电回路电阻测量；合、分闸时间测量及同期性试验；并联电阻值及并联电阻的投入时间测量；断口并联电容器的绝缘电阻、电容量和介质损耗因数 $\tan\delta$ 测量；合、分闸电磁铁的最低动作电压测量；合闸接触器线圈、合闸电磁铁和分闸电磁铁线圈的直流电阻测量；断路器主回路对地、断口间及相间交流耐压试验。

一、辅助和控制回路绝缘电阻测量及交流耐压试验

测量 SF_6 断路器辅助和控制回路绝缘电阻使用 1000V 绝缘电阻表，辅助和控制回路交流耐压值为 2000V，可采用普通试验变压器或 2500V 绝缘电阻表代替。试验结果判断依据：①辅助和控制回路绝缘电阻不低于 2MΩ。②在进行交流耐压试验前后绝缘电阻值不应降低。试验时应注意记录环境温度。

二、导电回路电阻测量

导电回路接触的好坏是保证断路器安全运行的一个重要条件。一般采用直流压降法进行测量，通入电流应不小于 100A。现场使用回路电阻测试仪（要求不小于 100A）进行测试。

测量时 SF_6 断路器应处于合闸状态，将导电回路测试仪试验线接至断路器一次接线端上，注意电压线接在内侧，电流线接在外侧。试验结果判断依据：交接时和大修后导电回路电阻数值应符合制造厂的规定，运行中敞开式断路器每相导电回路电阻不大于交接试验值的 1.2 倍，GIS 中的断路器应符合制造厂的规定。

三、合、分闸时间测量及同期性试验

1. 使用仪器

（1）可调直流电压源。输出范围：电压为 0～250V 直流，电流应不小于 5A，纹波系数不大于 3%。

（2）断路器特性测试仪 1 台，要求仪器时间精度误差不大于 0.1ms，时间通道数应不少于 6 个。测量时将断路器特性测试仪的合、分闸控制线分别接入断路器二次控制回路中，用试验接线将断路器一次各断口的引线接入测试仪的时间通道。试验接线如图 17-1 所示。

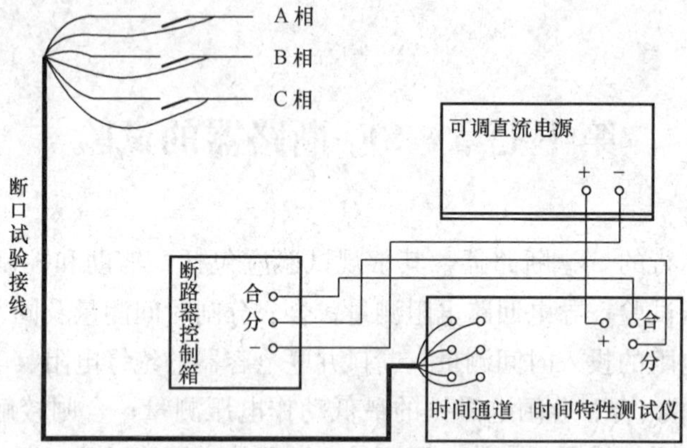

图 17-1　SF_6 断路器时间试验接线图

将可调直流电源调至额定操作电压，通过控制断路器特性测试仪，在额定操作电压及额定机构压力下对 SF_6 断路器进行分、合操作，得出各相合、分闸时间。三相合闸时间中的最大值与最小值之差即为合闸不同期；三相分闸时间中的最大值与最小值之差即为分闸不同期。如果 SF_6 断路器每相存在多个断口，则应同时测量各个断口的合、分时间，并得出同相各断口合、分闸的不同期。

2. 试验结果判断依据

(1) 合、分闸时间应符合制造厂的规定。

(2) 除制造厂另有规定外，断路器的分、合闸同期性应满足下列要求：

相间合闸不同期不大于 5ms；

相间分闸不同期不大于 3ms；

同相各断口合闸不同期不大于 3ms；

同相各断口分闸不同期不大于 2ms。

试验时也可采用站内直流电源作为操作电源；如果存在第二分闸回路，则应测量第二分闸回路的分闸时间、同期性和同相各断口的分闸的同期性。

四、并联电阻值及并联电阻的投入时间测量

并联电阻的主要作用是降低线路重合闸过电压。它是碳质烧结电阻片，通流能力大，以合闸于反相或合闸于出口故障的工作条件最为严重，多次通流以后，其特性变坏，影响功能，故需监视其阻值的变化。测量时，用精度高、抗干扰能力强的万用表或高压断路器并联电阻测试仪进行测试，对于多断口的 SF_6 断路器，因其每个断口都有并联电阻，需测试每个并联电阻的电阻值。

并联电阻的有效接入时间是指从辅助触头刚接通起到主触头闭合的一段时间。现场可采用带有并联电阻投入时间测试功能的断路器时间测试仪进行测量，投入时间一般在 8～11ms。

五、断口并联电容器的绝缘电阻、电容量和介质损耗因数 tanδ 测量

超高压断路器一般是由两个以上断口构成，断口间要加装并联电容器，其作用如下：

（1）均匀断口电压分布。

（2）改善开断性能。在开断近区故障时，电容可以降低断口高频恢复电压上升限度，有利于改善开断性能。

现场应采用 2500V 绝缘电阻表测量极间绝缘电阻，使用介质损耗测试仪测量电容量和 tanδ。断路器处于分闸位置时，参照各介质损耗测试仪进行试验接线，试验采用正接线法。对测量结果要求如下：

（1）极间绝缘电阻一般不低于 5000MΩ。

（2）对瓷柱式断路器，测得的电容值和 tanδ 与原始值比较，应无明显变化；电容值偏应在±5%范围内；10kV 下的 tanδ 值不大于 0.5%（油纸绝缘结构），0.25%（膜纸复合绝缘）。

（3）罐式断路器（包括 GIS 中的 SF_6 断路器）按制造厂的规定。

（4）对单节电容器，其电容值偏差应在额定值的±5%范围内。

在测试过程中，由于介质损耗试验中高压测试电压约为 10kV，应注意测试高压线对地绝缘问题和人身安全，介质损耗测试仪应良好接地。

六、合、分闸电磁铁的最低动作电压测量

测量最低动作电压，可以检查操动机构动作是否灵活，当电压降到一定程度时，是否能可靠的动作。试验时使用可调直流电压源。输出范围：电压 0～250V 直流，电流应不小于 5A，纹波系数不大于 3%。将直流电源的输出经隔离开关分别接入断路器二次控制线的合闸或分闸回路中，在一个较低电压下迅速合上并拉开直流电源出线隔离开关，断路器不动作，逐步提高此电压值，重复以上步骤，当断路器正确动作时，记录此前的电压值。则分别为合、分闸电磁铁的最低电压值。如果存在第二分闸回路，则应同时测量第二分闸回路电磁铁的最低动作电压。低电压动作试验应符合如下要求：

（1）操动机构分、合闸电磁铁或合闸接触器端子上的最低动作电压应在操作电压额定值的 30%～65%之间；在使用电磁机构时，合闸电磁铁线圈通流时的端电压为操作电压额定值的 80%（关合峰值电流等于或大于 50kA 时为 85%）时应可靠动作。

（2）进口设备按制造厂规定。

七、合闸接触器线圈、合闸电磁铁和分闸电磁铁线圈的直流电阻测量

用电桥测量合闸接触器线圈、合闸电磁铁和分闸电磁铁线圈的直流电阻，通过测量可发现上述线圈是否有断线、短路或焊接不良等缺陷。测量结果应符合制造厂的试验值，与以前数据比较也不应有明显的变化，否则可能存在缺陷应予以消除。

第十八章　SF_6 断路器常见故障及处理

第一节　LW6 系列 SF_6 断路器本体常见故障及处理

一、主回路接触电阻超标

1. 可能原因

(1) 连杆松动。

(2) 运行时长和操作次数多后，动触头表面磨损严重，或动静触头、中间触头表面不干净。

(3) 导电回路连接面粗糙或紧固螺栓松动。

2. 处理方法

对有些型号断路器，连杆松动如不及时处理，有可能发展成为连杆脱落，将会造成断路器拒动或爆炸等严重的后果。因此必须查明回路电阻不合格原因是在灭弧室内，还是导线连接处。

根据开关机械特性试验值可检查绝缘拉杆松脱，检测措施一般是用手扳动分合闸指示器看其是否能旋转。最有效的预防检测方法是测其同相合闸的不同期性，并结合测试超行程来判断其绝缘拉杆是否松脱。

动静触头接触不良、磨损过大或表面不干净，都会造成合闸后电阻超标。经过几次分合闸操作后，动静触头间电阻仍然超标，应对三（五）联箱进行解体检修，检查动静触头表面磨损情况和灭弧室内是否清洁。触头接触不良、接触面不干净可以通过解体检修解决，磨损过大，必须对灭弧室装配进行更换，或返厂检修。

一般连板处电阻会出现偏大的状况，这是因为安装中连板压接不紧或导电膏涂抹不均匀，造成接触面积不够。由于导电接触面间存在空隙，使导电面和空气接触，表面氧化严重，更加增大了接触面的电阻。处理办法是对连板导电面的氧化面用 0 号金相砂纸和纯酒精进行清理，使接触面平整、干净，均匀涂抹导电膏，压紧螺钉要平均用力，确保搭接面平行。

二、并联电阻不合格

1. 可能原因

(1) 并联电阻的电阻片老化使阻值超标。

（2）SF_6 含水量偏大，在开断大电流时产生的氟化物使铝合金导体腐蚀生成氟化膜造成电阻增大。

2. 处理方法

拆下并联电阻，对并联电阻进行解体检修，分别检查电阻超标问题出在哪一部分，是电阻片还是支架的故障。如果是电阻片超标，全部更换新的电阻片。或者更换上合格的并联电阻。

故障案例：2004 年春检查某站 LW6-500 型小修后做并联电阻值及预投时间测试时发现有 2 台断路器 12 只并联电阻中有 6 只阻值偏大，达 150～750Ω。拆下这一组断路器的并联电阻，查看这 2 组断路器并联电阻预投时间曲线时未发现有抖动间断现象，拆开阻值超标的并联电阻并没有发现电阻片有松动现象，再查断路器运行记录发现，1 台断路器在 1999 年经历过龙卷风近距离倒塔事故，另 1 台断路器多次开断故障电流及开断一次大扰动试验人为短路电流。再用万用表量每片电阻片阻值均为 33.3Ω。但在测量与并联电阻串接的固定支架（铝钢合金导体）横断表面时发现有的地方不导通，由此推断开断故障电流时的电弧使纯 SF_6 气体生成一些低氟化物与气体中的水分进行反应使铝钢合金导体支架腐蚀生成不导电的氧化膜。预防措施是对近期多次开断故障电流的断路器进行气体回收再生处理，避免生成的低氟化物腐蚀支架使阻值超标。

三、重燃

1. 可能原因

断路器出现重燃现象，不一定是内部故障，其原因复杂多样，应当仔细甄别。断路器为定开距设计的灭弧室在开断空载线路时发生重燃的几率较高，一般装配灭弧室残留的金属微粒，在操作振动和气流作用下，金属微粒悬浮在断口间，造成重燃的可能性较高。

2. 处理方法

对灭弧室进行解体检修，仔细清理灭弧室内部，装复过程中严格遵守作业规程，确保灭弧室无残留杂质、充入 SF_6 气体微水含量合格。

四、喷口及均压罩烧蚀或磨损

1. 可能原因

（1）运行时间长。

（2）开断大电流次数多。

（3）均压罩公差偏大固定不可靠。

2. 处理方法

断路器应当遵照国家标准和制造厂规定，进行大修、小修。对于检测出故障的断路器，可对灭弧室进行解体检修。检查喷口的烧损及磨损情况，严重的，应当更换。对于设计不合理的均压罩，应当根据现场实际情况进行改造。装复过程中，各紧固螺栓应当按照规定力矩拧紧牢固。

五、绝缘发生闪络

断路器瓷套管如果污秽严重或受潮造成绝缘电阻降低，将有可能发生闪络。在小修中应加强对绝缘套管的检查，并进行清洁。

六、密封圈老化

经验表明，SF_6 断路器在投运 8～10 年后。密封系统的密封性能将大大降低。在日常的巡检中，应对油、气密封系统的运行情况进行监视。发生泄漏后，确定合理的检修方案进行处理。

第二节　SF_6 断路器操动机构常见故障及处理

一、液压弹簧机构常见故障处理

目前国内使用最为广泛的 AHMA 型液压弹簧机构，机构具有操作功大、可靠、持久，噪声低等诸多优点，在国内获得了广泛应用。根据相关技术资料，结合国内的使用情况，对其主要故障进行分析。

（一）漏油

漏油是液压机构中最常见的一种故障，主要集中在两个部位，一是在油泵区，二是在储能提升杆位于储油桶处的密封。

油泵区的结构如图 18-1 所示，图中标明的密封圈处是最容易发生漏油的地方。按照一般的规律，静止的密封较动密封不易发生泄漏，但此处是一例外，经过解体后也证明这一点。这主要由于围绕转轴有一弹簧紧固着胶圈，但胶圈是通过侧面涂瞬干胶固定在油泵室密封盖上，由于电动机经常带动油泵储能，这样当电动机带动传动杆时，总会有旋转的力作用于胶圈上，时间久了就会使胶圈松动，当胶圈松动时，就会有油从缝隙中缓慢渗漏。如图 18-2 所示。

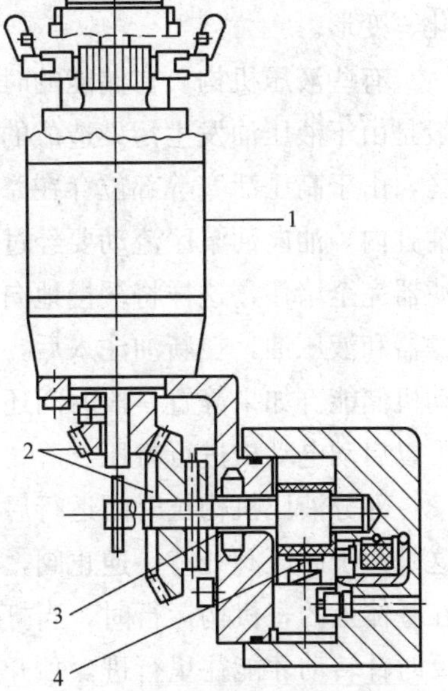

图 18-1　油泵区的结构图

1—电动机；2—转换齿轮；3—密封圈；4—油泵

储能提升杆在储油桶的密封处漏油是由于密封圈的磨损和胶圈的老化，其结构如图 18-3 所示。机构在日常运行中，每隔一段时间电动机就要打压一次，打压时，储能提升杆摩擦密封圈，摩擦逐渐积累最终导致漏油。

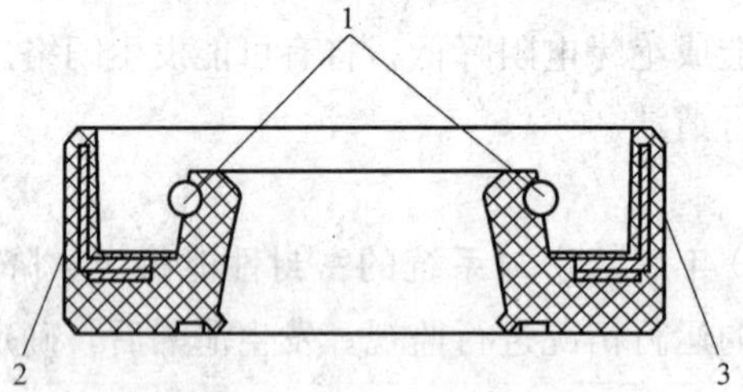

图 18-2　油泵密封图

1—紧固弹簧；2，3—此面涂瞬干胶

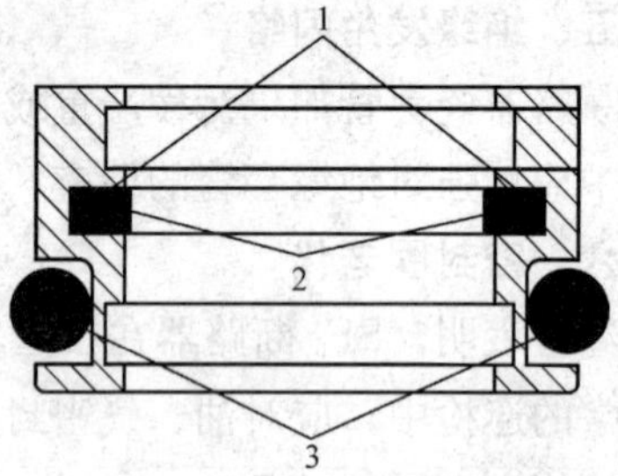

图 18-3　储能提升杆在储油桶的密封图

1—辅助密封胶圈；2—密封圈；3—密封胶圈

（二）打压频繁

断路器开始投运时，操动机构 20 多天打一次压都是正常的，电动机停泵到再次启动，拉杆只是移动 2mm，这样高压活塞就会在高压缸体内在上下 2mm 的距离内来回摩擦密封圈和缸体。随着时间的推移，在高压油的挤压下，密封圈会发生老化、变形。

有些液压机构，在储能的时候，虽然电动机在转，但弹簧根本不能储能。这一般是由于液压油发生污染造成的。电动机启动油泵将液压油从低压油区打向高压油区，由于高压活塞等部位存在摩擦，时间一长，油中就有可能生成杂质，而在低压油缸内，油向油泵区流动要经过油纸过滤器。当油中的杂质达到一定程度，会把过滤器完全堵住，这样将缓慢地向油泵室渗漏，就会发生储能不畅的情况。可更换过滤器和液压油，在新油注入后，需静置一段时间，待油中的气泡析出就可以启动电动机储能。如果静置一段时间还不能打压，需按动分合闸阀，将气泡完全放出，就可以启动电动机进行打压。

部分液压机构长时间运行后，可能还会遇到打压时间很长，卸压很快的现象。这是由于卸压阀处有一逆止阀，依靠球型钢珠来实现密封的。逆止阀是顺时针紧固在基体上的，机构运行时，当打压停止，内部的高压建立。如果卸压，卸压顶针需反时针转动才能往里行进，顶开逆止球阀，由于逆止阀是顺时针紧固的，当拧动卸压顶针时，在里面高压油和顶针的双重挤压下，逆止阀就有松动的趋势，随着卸压次数的增加，逆止阀就会越来越松。逆止阀的松动将导致打压时间延长。严重的时候，卸压阀会完全松动下来，这时打压时间会很长，而卸压会很快。

（三）分合闸线圈故障

1. 分合闸线圈过热

断路器配用电磁式或弹簧式操动机构，其分、合闸线圈由于进行分、合闸操作或继电保护，自动装置动作后，出现分、合闸线圈严重过热、有焦味、冒烟，可能是分、合闸线圈长时间带电所造成的。

合闸线圈烧毁的原因一般有：

（1）合闸接触器本身卡涩或触头粘连。

（2）操作把手的合闸触头断不开。

（3）重合闸辅助触头粘连。

（4）防跳跃闭锁继电器失灵，或动断触头粘连。

（5）断路器的动断辅助触头打不开，或合闸中机械原因铁芯卡住。

为了防止合闸线圈通电时间过长，在合闸操作中发现合闸接触器“保持”，应迅速拉开操作电源熔丝，或拉开合闸电源（可就近在直流盘上拉开总电源）。但不得用手直接拉开合闸熔断器，以防合闸电弧伤人。

2. 分闸线圈烧坏

主要原因：

（1）分闸传动时间过长，分、合闸次数多（包括重合闸失败再跳闸）。

（2）断路器分闸后，机构的动合辅助触头打不开，或机械原因分闸铁芯卡住，使分闸线圈长时间带电。

3. 分合闸线圈动作低电压偏低

AHMA 型液压储能弹簧操动机构有三只分合闸线圈，其中分闸线圈两只，合闸线圈一只，这样可以确保发生断路故障时断路器分断操作的可靠性。

运行中，分合闸线圈出现过动作低电压偏低的故障。如某电站机组出口断路器操动机构合闸线圈以及 GIS 断路器操动机构分合闸线圈动作低电压偏低，最低的仅为 38V，不满足操动机构分合闸线圈动作低电压不小于额定电压的 30％国家标准要求。为避免操动机构误动作，确保设备稳定运行，对线圈进行了更换后，试验合格，缺陷消除。

（四）弹簧机构运行中的异常及处理

（1）断路器合闸后瞬间，“弹簧未压紧”光字牌示警瞬时变亮然后熄灭，应查明原因。若常亮或熄灭后又亮，则应迅速切断交流合闸电源，然后查明原因。如熔丝不正常，应设法消除，再予以储能。若无法消除和储能，又要求立即送电，或储能电动机损坏时，均可手动储能将断路器合闸。但合闸后，还应再一次手动储能，供投入重合闸需要。

（2）手动储能前，应拉开储能电源隔离开关或熔丝，储能完毕，应将手柄取下，报告工段（区），检查处理。

（3）断路器在合闸过程中如出现“拒合”（绿灯未闪光、弹簧未释放）时，应立即拉开操作电源，防止合闸线圈长期通电而烧坏。

（4）当弹簧机构出现储能终了，合闸锁扣滑扣而空合时，将使弹簧再一次储能，甚至连续储能现象，则应立即拉开电动机电源隔离开关，检查原因。

（5）断路器在进行维修前，应先拉开储能电源隔离开关，然后进行一次“合、分”操作。将合闸弹簧释能，以保证工作安全（应在断路器冷备用或检修状态下进行释能）。

（五）液压机构运行中异常处理

（1）当发出“油压异常”信号，应立即检查，停止油泵打压。发现电触头压力过高，危及安全运行时，必要时可先打开高压放油阀放油，使液压降至额定值。若无法恢复时，应汇报调度。

（2）若油泵频繁启动时间过长，应检查漏油部位予以排除，严重漏油要停电处理。不能停电时，须采取液压机构“防慢分”措施，并汇报调度。

（3）运行中发生“压力异常”或“分闸闭锁”或“合闸闭锁”光字牌亮，应立即检查机构箱内储压缸活塞杆位置或油压表指示值，并报告调度，同时做以下处理：

活塞杆在低位置时，应检查是否漏油，油泵启动回路是否正常或油泵本身是否有故障；活塞杆在高位置时，油压指示值降低，则说明储压筒漏气，使压力降低，需停电处理；若某些原因使液压失压至零，应先拉开油泵电源隔离开关，查明原因。

（4）液压弹簧机构在极个别的情况下还会发生先发闭锁信号、后发报警信号的逻辑错误。液压机构非常精密，正常情况下，油压降低时，从发生报警信号到闭锁信号，行程拉杆的移动只有0.5～1mm的距离，液压机构的行程拉杆带动表面有约3.5mm的凸凹起伏的夹板移动时（夹板表面有8道凸凹起伏的轨道，每个轨道的凸起点位置不同），夹板的凸凹处会触动配套的带有小轮的接点开关打开或闭合。正确的逻辑关系是：当油压降低，小轮落下，相应的接点导通发出报警信号。当油压再降，相应的闭锁小轮顶起接点，接点断开，发出闭锁信号。从小轮被顶起到接点断开再到小轮再次落下，小轮需降落约2mm的距离。如果夹板离小轮的距离过近，就会发生报警小轮还未降落到接点接通，而闭锁小轮已将闭锁接点断开的故障。

（六）AHMA 型操动机构常见故障处理一览表

AHMA 型操动机构常见故障处理一览表，见表 18-1。

表 18-1 AHMA 型操动机构常见故障处理一览表

序号	故 障	可能的原因	解决办法
1	操动机构不能自动充能	MCB 跳闸	合上 MCB
2		电动机无电压输入	恢复供应电压
3		电动机故障	更换电动机
4		碳刷磨损	更换碳刷
5	电动机在运转但弹簧不充能	释压螺杆打开	关闭释压螺杆
6		油泵故障	更换油泵
7		油损耗减少	加油
8		过滤器阻塞	更换过滤器
9	操动机构不能驱动	没有跳闸电压	恢复跳闸电压
10		线圈故障	更换线圈
11		辅助开关不能发命令	重新调整辅助开关
12	加热器不能加热	加热器 MCB 跳闸	合上 MCB
		加热器无电压	合上加热器电源开关
		加热元件故障	更换加热元件
13	观察窗被雾气遮盖	操动机构外壳密封不严	更换操动机构外壳密封件
14	操动机构打压频繁（平均每天超过 10 次）	内部漏油	弄清断路器的漏油位置咨询制造商
		未关闭释压螺杆	关闭释压螺杆
		外部泄漏	更换有关的密封

二、液压操动机构常见故障及处理

以 LW6-500 型断路器为例，液压断路器操动机构常见故障及分析处理如下。

（一）外部漏油

在运行中，断路器的液压机构渗漏油现象是不可避免的。操动机构发生外部泄漏，一般会有明显的漏油痕迹，有经验的检修人员可以根据漏油痕迹快速判断故障原因，对于没有漏油痕迹，油位发生明显降低、打压频繁的，要仔细检查，寻找原因。

1. 本体管路渗油

(1) 故障分析。本体管路渗油主要是由于管接头拧紧力矩不够，接头松动；接头卡套损坏、毛刺及破裂；密封圈、垫片变形，损坏；安装不妥使接头受力，变形损坏等原因造成的。

可以通过拧紧接头；除毛刺或更换卡套；更换密封圈、垫片的方法来处理。注意铜垫要褪火使之变软，安装时最好是一次成功，否则铜垫在装拆几次后易产生新的渗漏点。

(2) 处理方法。可根据具体情况采取不同的办法解决，如低压管路包括低压油箱放油阀渗油处理起来比较容易，只需释放油压后用扳手拧紧接头螺母，或在渗漏处涂抹堵漏胶，待胶体凝固后重新注入液压油，一般都会取得明显效果。而针对高压油管路接头处的渗油由于正常工作时液压油压力很大，处理起来则比较复杂，主要有以下原因：

1) 高压传输管路连接管头由于长期承受分、合闸高压油流的冲击，管路连接管头有稍许变形。

2) 压套螺母松动。

3) 密封垫（密封圈）破损。

4) 密封卡套变形而使卡套在不锈钢管上来回窜动。

解决高油压管路渗漏油缺陷通常也可遵照以下原则进行：

若高压油管路接头处是初次渗油，可在释放油压后用大活动扳手（如 15 寸，1 寸=0.033m）拧紧螺母 1 到 2 圈，目的是压紧垫圈并使卡套与连接头配合紧密。

而对于反复渗漏油的高压管路接头，则需仔细检查连接头内密封圈是否损坏及密封卡套是否窜动，从而确定渗漏油的原因。密封圈（紫铜垫）如发生断裂、表面不平、起毛刺时均需立即更换，在退出高压管路两端压套螺母时要均匀用力，防止管路变形，用划针轻轻挑出旧密封圈，用干净白布清洗接头表面，不得留有任何杂质，在新垫圈表面涂抹硅脂后放入连接头内，将连有卡套的管路一并插入连接头内，均匀拧紧卡套螺母即可。

(3) 注意事项。

1) 低压管道接头渗漏油可以不停电进行处理，但处理高压管道接头漏油一定要设备停电泄压，不允许带压力紧固。

2) 在紧固接头前应先拧松接头螺母，检查卡套是否松动和有无弹性，接合面有无损伤与杂质，分别对不同情况进行清洁或更换卡套（清洁时应防止杂质进入管道内），然后再紧固螺母。

3) 压力表接头处渗漏油，应拆除原尼龙密封垫，调换成紫铜垫。

4）放气孔螺栓处渗漏油，拆除检查密封钢珠是否损坏、变形及密封垫是否破损，如损坏须调换再紧固。

2. 工作缸造成的泄漏

(1) 故障分析。断路器工作缸发生外部泄漏是非常严重的故障。故障初期会引起主油箱油位降低明显，打压次数偏高。而在现场检查机构箱，无明显漏油痕迹，管路连接良好。进一步检查可以发现支柱分合闸指示玻璃罩内有大量液压油汇集，可判断为工作缸滑动密封处漏油。

(2) 处理方法。变压器工作缸发生漏油，将会对断路器的安全运行造成重大安全隐患，必须立刻处理，并且尽量减少对故障断路器的操作。现场无法对工作缸进行解体检修，必须对该断路器进行更换支柱处理后，在检修车间完成工作缸的解体检修。对于工作缸有故障的支柱，现场如果没有检修能力，可以进行返厂检修。

3. 控制阀喷油

(1) 故障分析。控制阀由分合闸电磁铁及分合闸一、二级阀组成。当分合闸电磁铁接受分合闸信号，分别打开分闸或合闸的一级阀转换成分闸或合闸油压信号，使二级阀做出相应的分合闸动作，同时传递到三相断路器机构的供排油阀，实现三相断路器分合闸运动，但是如动作电压过低、液压油工作压力过低、手动操作用力不均或一、二级阀动作不灵活等，均可能造成二级阀在半分半合位置（此时进油阀打开，泄油孔尚未完全关闭）引起大量喷油，此类故障在开关合闸过程中较为常见。

(2) 处理方法。在断路器操作过程中有时会发生控制阀大量喷油的现象，可按下述情况分别处置。

处理时先切断油泵电源泄压，然后拆除二级阀下部高压油管，分别用闷头螺母拧上，再接通电源打压，同时手按合闸电磁铁动铁芯，使合闸一级阀处于打开位置，让高压油进入二级阀合闸腔，推动二级阀至全合闸位置，使一、二级阀处于各自的正常状态，然后检查故障原因，分别加以消除。

4. 信号缸漏油

(1) 故障分析。信号缸较容易出现漏油现象。主要是分合闸活塞处密封磨损，造成高压油从高压油腔向信号缸中间无压力区泄漏。在使用中也发生过新换信号缸由于密封圈装配不当，造成严重的失压事故。

由于信号缸的活塞密封分别由铜垫、树脂密封圈等组成。使用时，主要由密封圈承担密封作用，由弹簧压紧铜垫，铜垫支撑着密封圈和垫块。由于装配时将铜垫与密封圈顺序装反，造成运行中高压油将密封圈顶翻，操动装置高压油全部泄漏，压力降为零的严重事故。

(2) 处理方法。首先应将断路器退出运行，关闭油泵电动机电源，释放液压油压力。再拆卸下信号缸进行分解，检查是否密封圈磨损或装配不当，或者高压油腔内表面被杂质刮伤。

如果是密封圈原因造成漏油，可更换密封圈，重新装配，压力试验合格，即可安装上去正常使用。如果是高压油腔内表面拉伤，必须立即更换上备用信号缸。

注意安装上新信号缸后，应当在建压后操作断路器分合两到三次，以排除液压油管路内的空气。

5. 机构压力表出现外泄

压力表是整个液压机构外密封的薄弱点。如果压力表质量不过关，其表内压力弹簧管焊缝处极易开裂泄压，故校验时不应只校验其精度，还应做80%量程的1min耐压试验。现在使用的压力表与机构连接的密封垫由于经常换表也易变形破损而引发外泄。为根本防止上述异常现象的发生，表座测压装置应有手动闭锁和泄压两个针阀，如出现上述外泄时，可带压更换表头或垫。

（二）内部泄漏

内部渗漏是机构组件内部高压区和低压区之间的阀门密封不严引起的，表现在阀门的阀线有印痕、变形或损坏，阀门密封损坏，安全阀弹簧疲劳、老化，液压油内有杂质卡在各阀门或密封圈处。这种故障难以用肉眼从机构外表观察到，只能根据高压油渗漏时发出的声音寻找渗漏点，也可以根据油管温度、开关分合闸状况等综合判断渗漏位置。找出内部渗漏位置很大程度取决于检修人员在这方面的经验，处理也较复杂，需要装拆组件，研磨阀线，更换损坏的阀针、疲劳的弹簧、受损的密封垫圈，过滤或更换带杂质的液压油，工艺要求高，还要进行性能测试。

液压操动机构发生内漏，一般情况下会发生油泵电动机频繁启动。当严重内部泄漏时，可能导致液压机构失压，油泵闭锁，断路器不能动作。

1. 故障分析

发生内漏的主要原因是液压元件的动、静密封圈，垫片损坏老化；锥阀及阀座密封损坏，球阀及阀线损坏，阀线宽度大于0.2mm；阀门有污秽，使阀口不能正确复位；液压元件内部接头松动等。

内部泄漏主要有以下三种现象：分闸位置泄漏，合闸位置不泄漏；合闸位置泄漏，分闸位置不泄漏；分、合闸均泄漏。

（1）分闸位置泄漏，合闸位置不泄漏的分析。发生分闸位置泄漏，合闸位置不泄漏，主要可能是以下几点：

1）控制阀二级阀的供油阀密封不严。当开关处于分阀位置时，由于控制阀二级阀的供油阀密封不良，将会导致二级阀内的高压油从二级阀排油阀处窜出，通过低压回油管回到低压油箱。

2）三级阀的供油阀及供排油阀的供油阀密封不良。当开关处于分闸位置时因上述处密封不良，均会造成其液压元件的常高压油通过排油阀窜至低压回油管，回到低压油管产生内漏。

（2）合闸位置泄漏，分闸位置不泄漏的分析。发生合闸位置泄漏，分闸位置不泄漏，主要可能是以下几点：

1）控制阀的二级阀自保持空腔球阀及阀线密封不良。当开关处于合闸位置时，因自保持空腔球阀密封不良，使得空腔压力不够。锥阀合闸不到位，使得二级阀的排油阀密封不严，高压油从二级阀的排油阀处窜出。通过控制阀的低压回油管返回低压油箱，造成内漏。

2）锥阀的滑动组合密封及锥阀的阀线密封不良。在开关分、合闸操作过程中，锥阀的滑动组合密封是随锥阀一起作上、下运动的。故滑动组合密封圈易被磨损及老化，从而导致在开关合闸位置时自保持空腔里的高压油窜到二级阀的排油阀口处，通过控制阀的低压油管返回低压油箱，造成渗漏。而锥阀的阀线因油中杂质，特别是金属杂质会使阀线损坏或者金属杂质滞留在阀线上，使阀线出现密封吻合不良。随着开关使用年限的增长，锥阀阀线变粗，均会使开关在合闸位置时，锥阀对二级阀的排油阀密封不严，常高压油直接从二级阀的排油阀渗出，通过低压回油管返回至低压油箱。

3）三级阀的排油阀及三级阀锥阀的滑动组合密封以及供、排油的排油阀密封不良。当开关处于合闸位置时，三级阀里的瞬间高压油，会因三级阀锥阀的滑动组合密封不良窜至低压回油管，返回至低压油箱，造成内部渗漏，而三级阀的排油阀及供排油阀的排油阀密封不严，同样会直接造成其高压油通过排油阀窜至低压回油管，产生渗漏。

4）控制阀的静组合密封不严。当开关处于合闸位置时，控制阀的静组合密封不严会导致二级阀内部空腔的常高压油直接窜至控制阀空间，随低压回油管回到低压油箱。

（3）分、合闸位置均泄漏的分析。分、合闸位置时均泄漏，是因为高压放油阀阀门关闭不良或放油阀活塞顶杆未回位，致使高压放油阀向油箱内泄油；合闸一级阀关闭不良，致使高压油经泄油孔漏出；油泵或手力泵逆止阀阀门关闭不良等原因。

发生分、合闸位置均泄漏，主要可能是以下几点：

1）常高压系统渗漏。分、合闸均漏，说明分、合系统的公共常高压部分漏。如合闸一级阀的供油阀因密封不严，会造成开关在分闸或合闸时其常高压油通过一级阀的排油阀处渗出，窜至控制阀内，通过低压油管返回低压油箱。

2）放油阀漏。因放油阀在检修过程中经常使用，使阀芯松动或因工作疏忽未关严及阀线损坏都会使常高压油窜至低压油箱，从而产生内漏。

3）安全阀关闭不严。当安全阀关闭不严或阀线损坏时，都会造成常高压油通过低压回油管返窜至低压油管。

2. 内部渗漏的故障处理

处理内部渗漏，应根据渗漏情况确定渗漏位置，然后进行相对应的处理。

确定渗漏位置的主要采用的方法是：根据现象将开关处于分闸或合闸的状态，并将液压系统打压至额定油压，对可能渗油的重点部位进行“摸”、“听”、“看”。摸是指用手触摸怀疑泄漏部位是否发热或温度是否明显高于其他部位；听是指用听针探听液压元件是否有漏油声；看是指观察液压元件是否窜油以及对低压回油管的观察。

在找到具体的漏点后，就可以根据渗漏位置进行针对处理。如果是动、静密封圈、垫片损坏或老化，就更换密封圈、垫。如是阀线损坏，可用400～600号研磨膏研磨，但阀线宽度不得超过0.2mm。超过就必须更换。如是球阀损坏，可更换合格的球阀，重新敲打密封线即可。在装配液压元件时，一定要注意装配质量和装配前的工件清洁度，否则泄漏就难以处理好。

（三）液压操作系统压力异常

1. 故障分析

液压操作系统正常的油压范围是31.6～32.6MPa（温度为15℃），超出这个范围就属于压力异常。注意，在其他环境温度下，可用下式折算油压力

$$p_t = p_{15℃} + 0.09(t - 15)$$

液压操作系统的油回路或电气回路出现故障如微动开关故障、继电器故障或者油内有气泡等，都会引起系统的油压异常升高或降低。

另外，当储压器预充压力过高或过低，也会引起液压操作系统压力异常。

当储压器发生氮气泄漏或者高压油窜入氮气内，可能引起断路器重合闸动能不足、断路器压力闭锁接点失效等故障。氮气泄漏，是因为储压器筒体有泄漏点、逆止阀阀门关闭不良、活塞密封圈或活塞杆密封圈损坏造成卸压后氮气向外或油中泄漏造成预充压力不足；高压油窜入氮气内，是因为储压筒内有金属屑，致使储压筒缸体内壁与活塞组合密封垫划伤拉毛，造成高压油泄漏到压缩氮气里，氮气预充压力异常升高。

2. 处理方法

根据造成压力异常的具体故障原因，制定相应的处理方法如下：

（1）控制电动机停止触头损坏，应检查、修理微动开关及接触器。

（2）控制电动机的接触器误动作，可除去接触器上的污物、油垢。

（3）储压器漏氮气或氮气侧进油，应检查内壁粗糙度和更换密封圈，严重时更换储压器。

（4）压力表失灵或存在误差，压力表开关关闭，不能正确反映油压，应更换压力表或打开表计开关。

（5）中间继电器“粘住”或接触器卡滞，油泵电动机一直处于运转状态，应更换故障的中间继电器或接触器。

（6）油压建压时间长，且油压缓慢下降，说明机构内部有泄漏点，须停电寻找漏点。

（7）如油压力表指针不下跌，油泵打压时声音平缓无力，检查油泵放气螺栓，查看有无空气及低压进油管是否畅通。如正常，再检查油泵高压出油口，用手指压住出油口，转动油泵转轴；如油口有冲力，表示油泵柱塞良好，如无冲力表示柱塞间隙过大，要更换修理。拆下高压出油管道时管道内如无油漏出，说明机构逆止阀完好。

（8）如果储压器筒体有泄漏点，应立即更换新的储压器。逆止阀关闭不良等密封故障，可按照前述的储压器解体内容，对储压器进行解体检修，清理储压器内部和油箱，更换液压油，更换全部密封圈。

3. 检修注意事项

（1）处理储压器故障，首先确保断路器退出运行，并且与系统隔离。

（2）处理更换油泵可以在设备不停电状态下进行。

（3）断路器检修前必须处于分闸位置，将储能电动机电源断开，将油压力释放至零表压，方能进行工作，否则会损坏机构组件。

（4）一、二级阀组件在拆除解体后，其内部阀针、阀球极其细小，不能与坚硬物体碰撞或相挤压，以免变形。

（5）更换新的组件、密封圈前，要用干净的10号航空油清洗，液压管要用纯氮气吹干，工作人员的手也应清洗，确保人手、工具、元器件干净无杂质，新更换的10号航空液压油必须经过过滤，以保持纯净。

（6）检修完毕，断路器应在合闸位置静置2h以上，便于检查各个高压液压管、合闸指令管、合闸保持阀门等的密封情况。

（四）液压系统失压

液压系统失压故障是指液压操动机构内油压迅速由正常压力降低到闭锁压力甚至零压力，是极其严重的断路器操动机构故障之一，若发生在断路器带电操作过程中，可能造成断路器拒动或爆炸的严重事故。如果正常运行中或检修预防性试验中发生失压，应立即采取紧急措施，并尽快进行处理。

1. 故障分析

液压系统失压，主要原因是发生严重泄漏或脱管故障。

(1) 严重泄漏造成液压系统失压至零表压。断路器处在合闸的静止状态时，由于液压系统严重泄漏造成失压，油压力快速降至零表压。运行中失压导致零表压一般是由于液压机构内部泄漏引起的，是液压操作系统压力异常最严重的表现。故障发生时，该断路器严禁进行任何分/合闸操作，必须马上退出运行。

(2) 脱管故障。断路器在合/分过程中，其常高压管或合闸指令管脱落，高压油大量喷出，断路器合/分动作不正常。造成这种故障原因是：

1) 常高压管或合闸指令管的安装工艺差，紧固不足承受不了合/分操作的冲击而脱落。

2) 由于断路器运行时间长，常高压管或合闸指令管的接头老化返松（特别是发生过接头渗漏油而多次紧固过的管子），承受高压能力下降。这是一种及其危险的故障，发生时，必须马上退出运行，修复前，该断路器严禁再进行任何分/合闸操作。

2. 处理步骤

(1) 断开断路器储能电动机电源。

(2) 将断路器"就地"/"远方"操作把手切换至"就地"位置。

(3) 报告调度。

(4) 退出该断路器的操作电源和有关保护、重合闸、自投装置。

(5) 零表压故障时，用专用的防慢分卡具卡住操作传动杆合闸指示圆盘的下方，用螺钉拧紧。

(6) 通过倒闸操作将该断路器与系统隔离。

(7) 脱管故障时，更换脱落的液压管，补充10号航空液压油，打压、排气直至断路器修复。

(8) 零表压故障时，按油泵频繁启动的处理方法处理机构泄漏部位，补充10号航空液压油，打压、排气直至断路器修复。

3. 处理时注意事项

(1) 故障发生后，运行人员应及时切断油泵电源，及时置断路器于就地操作位置，千万不能人为的强行打压，也就是说完成上述故障处理步骤第1、2项步骤时动作要迅速，否则将极易引起断路器慢分（或慢合），造成断路器爆炸的严重事故。

(2) 在断路器发生这种故障时，严禁进行任何合/分操作。

(3) 补充液压油后，要多次排气。

(4) 断路器检修后合/分闸试验时，宜通过远方操作，工作人员应远离断路器，确保人身安全。

（五）油泵频繁启动

对一台 LW6 液压机构，油泵每天启动 2～3 次应属正常现象。若一天内一台液压机构油泵的运转次数多于 3 次则视为频繁打压，6 次左右要引起运行注意，加强监视，10 次以上应安排停电检修。

虽然油泵频繁启动一般对断路器的分、合操作不会构成直接影响，但如果长期不处理，故障会不断发展，当油泵一天启动超过 20 次以上时，断路器的分、合速度会逐渐降低，影响分断性能。

1. 油泵频繁打压的主要危害

(1) 储压筒内垫圈磨损大，易造成活塞杆外渗泄漏，同时使油中橡胶末增多，劣化油质。

(2) 压力开关频繁运行，密封垫圈磨损严重，更容易渗、漏油，造成恶性循环。

(3) 控制打压时间继电器频繁动作，缩短使用寿命。

(4) 电动机启动频繁，启动电流较大，易烧坏电动机。

(5) 控制电动机的接触器触头烧损严重。

(6) 由于频繁打压，使一些橡胶密封垫磨损严重，缩短使用寿命，劣化油质。同时相对运动部件之间的磨损加剧而划伤表面增大内部泄漏，影响断路器的开关性能。

(7) 油中存在铁屑等杂质影响断路器分、合性能，严重时会造成完全泄压至零，无法操作断路器。因为存在上述种种危害。所以发生液压机构频繁打压要及时处理。

2. 故障分析

当操动机构发生内漏或者外漏只要不至于失压时，油泵启动打压次数都会增加。所以油泵的启动次数也是判断断路器运行中是否发生泄漏的重要手段。但是控制阀上部的微动开关松动，电动机、油泵安装工艺不合格，安全阀动作值过低等故障，也会导致油泵在没有发生泄漏时频繁启动。

控制阀上部的微动开关松动。在建压过程中，油压开关上部触头上升，当其接触到微动开关时，微动开关由于松动，没有足够的反作用力使接点动作，而是随着油压开关上部触头一起上升，直到固定微动开关的螺栓将微动开关卡住，接点才动作，建压才停止，这样使打压的停止压力值升高，当停止压力值升高至安全阀动作值附近时，安全阀动作。易造成频繁打压或打压超时。

电动机、油泵安装工艺不合格。建压过程中，由于电动机、油泵没有按安装工艺进行安装，电动机与油泵的轴线不在一条直线上，虽然联轴器间有橡胶垫减震，电动机、油泵运转时还是震动很大，容易使零部件松动，影响液压机构压力控制装置的整定值。

安全阀动作值过低。在将微动开关固定好后，用强行建压的方法检查油压开关中安全阀的动作值、复归值，安全阀动作值应当大于34MPa，复位值在33MPa以上，低于这些值，都会造成油泵频繁启动打压。由于安全阀动作值是机械设定的，一般不随环境温度变化，而液压机构液压系统的压力随环境温度的变化而变化，当环境温度上升，机构压力上升时，安全阀很容易动作。

3. 处理方法

为了保证该型开关安全稳定的运行，提出三种措施来消除该型开关的这类缺陷。

(1) 固定微动开关。为解决油压开关上部微动开关在电动机运转时松动问题，将固定微动开关的两根螺杆上加装弹垫、平垫，防止在电动机运转时松动。

(2) 减轻震动。对电动机、油泵的安装尺寸，严格按照安装工艺进行调整，使其轴线在一直线上，其轴线平行度不大于0.2mm，并用水平尺进行校验，以减轻油泵在建压时的震动。

(3) 对油压开关安全阀动作值重新进行整定由于在测试过程中发现安全阀动作值偏低，于是从安全阀的结构、原理进行了分析：

安全阀动作原理是液压系统压力升高时，活塞向上运动，当压力到某一值时，活塞上的卡簧带动导向杆向上运动，使密封垫离开阀口泄压，活塞在组合弹簧的作用下向下运动，当压力值降到某一值时，导向杆在弹簧的作用下返回，密封垫封住阀口，停止泄压。

由安全阀的动作原理得出在安全阀组合弹簧处加垫片，改变压紧弹簧的弹性系数，减少油压开关活塞的运动行程，可以提高安全阀动作值。具体增加值由试验测试为：加2mm左右的垫片，可以将安全阀动作压力值增加4MPa左右。

(六) 典型事故案例

1. 工作缸发生漏油

某电站内一台LW6型断路器B相在运行中发现主油箱油位降低明显，打压次数偏高。现场打开机构箱检查，各部件无明显漏油痕迹，管路连接良好。进一步排查发现一个支柱下部分合闸指示玻璃罩里面有大量液压油，初步判断为工作缸滑动密封处漏油。

电站立即组织对该支柱进行更换，并将故障支柱进行返厂检修。厂家对断路器工作缸进行解体检查，发现工作缸分、合活塞杆材质有问题，活塞杆的抛光面上有3mm×4mm的金属铬脱落点，另外还有其他3个较小的脱落点。传动操作过程中，脱落的铬金属渣划坏了滑动密封胶圈，破坏了工作缸滑动密封。经更换工作缸分、合活塞杆和滑动密封胶垫后，上述缺陷消除。

2. 合闸位置渗漏，分闸位置不漏

某电厂一台LW6型断路器在合闸0～30s时间内，A相控制阀听见明显的“吱”声，多合几次，则时有时无，时长时短的“吱”声，分闸时则无，合闸保压不合格，分闸合格。

判断：因漏油声总是0～30s内，硬密封（阀线）损坏可能性不大。而锥阀的滑动组合密封及静组合密封损坏的可能性较大。

处理方法：将开关处于合闸位置，油压为额定压力，放掉低压油箱的油，关掉电动机电源，取掉A相控制阀密封罩进行观察，发现二级阀下部排油阀处窜油。泄去液压机构的油压，更换锥阀的滑动组合密封圈及控制阀的静组合密封圈，分、合闸分别保压合格，合闸时无泄漏声。

3. 分、合闸均泄漏

某电厂一台LW6型断路器B相分、合闸均漏，每半小时补一次压，外部无渗漏点。

判断：常高压系统漏或是放油阀漏。

处理：将开关处于分闸，打至额定压力，放掉低压油箱的油，关电动机电源。“摸”、“听”均未发现渗点，约20min后，对低压油箱再次清理，抹掉残油，观察低压油箱的回油管，发现控制阀低压回油管回油异常，打开三相控制柜密封罩，观察发现B相合闸一级阀常高压管接头处窜油，泄去液压机构的油压，拧紧管接头，分、合闸分别保压合格。

4. 三级阀泄漏造成不能建压

一台LW6断路器检修后，油泵电动机正常启动运转，但是压力表显示压力始终为零。用手力泵建压，压力依然没有变化。现场检查，未发现有明显渗漏油现象，三级阀螺栓也已经复位。

分析：内部泄压的主要元件有合闸阀、二级阀、三级阀的下部阀体和供、排油阀储能缸侧阀体。经细致检查，打压过程中没有出现开关慢动现象，因此可以排除供、排油阀储能缸侧阀体泄压故障；而合闸阀及二级阀，在阀杆下部都装有复位弹簧，其弹性强度足以克服阀体本身重力及表面摩擦力，不存在杂质等异物，密封线良好。所以故障原因为通过三级阀泄压终了旋起压阀螺杆后，三级阀下阀体锥阀稍许打开未完全复位、上阀尚未完全关闭，此时高压油经下阀口至上阀排油口经低压油箱缓慢泄掉，再打压时油压不能建立。

故障处理：先将泄压阀螺杆拧到底，从而封住泄压管路，打开三级阀内下部密封阀，使液压系统保持在合闸位置；此时启动油泵进行打压，高压油通过三级阀内下部密封阀直接进入供、排油阀的供油侧，使工作缸完成合闸，然后按下合闸按钮，使合闸阀和二级阀以及转换开关都处于对应位置，然后将泄压阀螺杆拧回原位。建压后，分合操作2次，开关动作正常，油压正常，证明故障排除。

注意事项：

(1) 检修人员应掌握液压机构原理，对故障进行正确分析判断，正确地操作液压机构和处理故障，避免故障的转移和扩大。

(2) 压阀螺杆实质上就是“防慢分”螺钉，其作用是当断路器处于正常运行状态时，由于人为或故障原因使系统压力泄掉，为了防止再建立油压时断路器会慢分而采取一种三级阀机械防慢分的防范措施。拧下“防慢分”螺钉强迫三级阀保持在合闸位置，故障处理后再打压时，断路器不会慢分。正确的操作可起到防慢分的作用，但是有些检修人员误以为防慢分螺钉是泄压螺钉（其实当断路器的机构处在分闸位置时，防慢分螺钉可以进行泄压操作），致使在检修中泄压操作后时常出现机构油压不能建立的故障。

图 18-4　断路器单相动力元件图

1—分闸端；2—主储压器；3—低压油箱；4—爆裂油管；5—合闸端；6—供油阀；7—排油阀；8—供排油阀内腔；9—低压油管；10—与机构箱连接的高压油管；11—命令油管

(3) 正确的泄压方法是从压力表高压放油嘴处泄压。用与放油嘴相配的油管连接至低压油箱，打开压力监视阀，开启高压放油阀，液压油流入低压油箱而泄掉系统压力，由于此法没有改变阀系统的原始位置，故再打压时油压容易建立。

5. 断路器高压油管爆裂

某变电站执行操作时，一台LW6型断路器A相高压油管爆裂，处于分闸状态，B、C相正常合闸。液压油全部从油管爆裂出喷出，操动机构液压为零。接着执行备用线送电，合上另一台LW6型断路器时，再次出现B相高压油管爆裂，液压机构失压，B相无法合闸。两个开关爆裂的高压油管均为同一位置。

(1) 故障分析。参照图18-4和液压

机构动作原理可知合闸前，断路器处于分闸状态，由于排油阀打开，供油阀关闭，工作缸合闸端承受低压，油压为低压油箱油压，工作缸分闸端承受常高压，高压油管（包括主储压器）油压应为额定油压 32.6MPa。接到合闸命令后，命令油管和供排油阀内腔迅速充入高压油，供油阀打开，排油阀关闭，主储压器高压油管的高压油迅速充入合闸端，活塞上移，工作缸上部即分闸端容积迅速减小，分闸端高压油管的油压高于额定油压，高压油沿分闸端高压油管冲向主储压器底部油管，同时主储压器释压，高压油系统油压低于油泵自启动数值，高压油泵启动，与液压机构连接的高压油管因受油泵高压，故高压油经高压油管迅速冲向主储压器底部，主储压器加压。由于断路器合闸时间极短，小于 0.09s，但高压油泵自启动到自动停泵时间约 6s。即在 0.09s 内主储压器完成释压过程和分闸高压油管的冲压过程，在接下来的 6s 内再承受液压机构高压油管的冲压过程，剧烈的高压油脉动集中施加在主储压器底部的高压油管上。虽然位于机构箱内防震容器能减少油泵启动时的油脉冲动应力，但不能减少主储压器底部高压油管的油脉冲动应力。

断路器分闸过程也会产生类似的油脉冲动，但少了分闸端高压油向主储压器底部的冲击力，油脉冲动的交变应力相对比合闸过程要小。因此，LW6 型 SF_6 断路器运行中高压油管爆裂主要原因为：

1）断路器分、合闸过程（尤其合闸过程）中，每相断路器本体的主储压器承受剧烈的脉冲动，油管内壁承受较大交变应力，薄弱处就会出现爆裂，从而无法顺利完成合闸操作。

2）对于运行时间较长的开关，在长期高压油的作用下，油管材料已经发生质变，机械疲劳产生积累效应，管壁的应力缓；中性能降低，交变应力易使主储压器高压油管爆裂。

3）因厂家安装设计原因，主储压器高压油管呈弯曲的 U 形结构，抵抗交变应力的能力降低。

4）检修过程中开关分、合次数较多，至可能违反额定操作循环的参数规定，高压油脉冲动应力来不及消化，所以在油管薄弱处发生爆裂。

（2）处理方法。按照断路器脱管失压的措施，紧急处故现场，避免危害进一步扩大。对两台断路器操动机构该油管全部更换，重新注入新油，打压、操作正常。

（3）运行维护中要注意的问题。

1）不能轻视高压开关液压机构渗漏油的缺陷。液压机构高压油管渗漏油，说明该部位已经不能长期承受高压油的压力，尤其不能承受脉冲动应力的冲击，应做好缺陷登记，报告检修，尽快修复，使高压油部件保持良好状态。

2）高压设备检修时应该尽量减少开关分、合闸次数和尽量延长分、合闸的时间间隔。不能产生高压开关可在不带电的情况下，多操作几次而对油管没有影响的错误认识，因为应力有累积效应，累积到一定程度，薄弱处就会出现爆裂。

3）运行中应注意高压开关的分、合闸累计次数以及开关故障跳闸的次数，严格按照有关规定执行。

4）发生高压油管爆裂导致开关非全相运行，应该按照规程作出快速处理，使开关退出运行状态。

6. 机械特性不合格

某电厂一台 LW6 型断路器机构大修后进行机械特性试验，合闸时间为：A 相 66ms，B 相 58ms，C 相 60ms，同期差达 8ms，超出标准值规定的 5ms。

分析：首先怀疑为 A 相放气不彻底导致，经过对液压系统多次排气，仍无变化，后判断为 A 相供、排油阀油流不畅或 B 相供、排油阀异常。

处理：解体 A 相与 B 相供排油阀，发现 A 相供油阀复位弹簧比 B 相的倔强系数大。两者互换后，试验结果合格，分别为 A 相 61ms，B 相 60ms，C 相 59ms。由于该机构为第 1 次大修，以前未进行过特性试验，所以，该缺陷一直存在。因此，为判断大修质量，以前没有原始数据的要在大修前进行一次机械特性试验，对设备进行摸底。

7. 绝缘拉杆脱落

2004 年 4 月，某变电站 242 断路器停电后，进行并联电容介损试验时，发现断路器 A、C 相正常，B 相本体未断开，液压机构正常，回路电阻为 $50\mu\Omega$。

(1) 故障分析。由于主回路处于正常导通状态，液压系统正常，可判断为断路器绝缘拉杆断裂，导致 B 相断口无法分开。

联系厂家人员到现场，按照协商确定的检查大修技术原则对 B 相本体解体，主要问题如下：

打开三联箱手孔后，发现拐臂及连接轴销齐全正常，解开轴销后用手已能将绝缘拉杆上接头转动，因此可以明确绝缘拉杆断裂。进一步吊开灭弧室、支柱瓷套后，绝缘拉杆已经从两端金属接头中彻底开胶脱扣。

中绝缘拉杆上端与中间三联箱变直机构以及下端与工作缸之间都是应用相同的绝缘拉杆套扣＋弹簧定位＋厌氧胶防止松动的胶装工艺连接。接头中弹簧保持完好，从与绝缘拉杆相连的三联箱拐臂、工作缸活塞杆均未发现变形以及运动卡涩等异常，工作缸缓冲也稳定可靠。断路器动作次数为 97 次，与其机械稳定动作 3000 次的要求相差甚远。因此分析为绝缘拉杆本身材质机械强度不足，两端胶装以及车扣工艺不良，造成绝缘拉杆逐步与金属接头产生松动以及轴向位移，多次动作积累导致绝缘拉杆丝扣被弹簧磨光，在最后一次开断时脱扣。

(2) 处理办法。

1) 对于与 242 断路器以及同型号、批次的断路器结合大修进行检查。

2) 绝缘拉杆的螺旋连接方式不适用于长期动作部件的连接，必须加以改进。对于早期出厂的 LW6 型断路器结合大修进行绝缘拉杆连接部位改造，加装定位销或者在工作缸出口装万向节法兰以克服或者抵消断路器操作中产生的剪切力。

3) 尽快安排同型号、同批次 LW6 型断路器解体大修，对这种绝缘拉杆结构进行改进，重点检查灭弧室、绝缘拉杆、工作缸等部位。防止高压断路器运行过程中发生非全相事故。

第十九章 SF_6 气体管理

SF_6 气体是一种无色、无味、无毒、不燃烧的惰性气体，易液化，对电气设备的金属不起腐蚀作用，故 SP_6 断路器的使用寿命长，检修周期长，检修工作量小。另外，该断路器不存在燃烧，爆炸的不安全问题，使用可靠。

第一节 SF_6 气体电气特性

一、影响 SP_6 气体中固体绝缘沿面放电的因素

电场均匀性对 SF_6 气体击穿电压的影响远比空气大，而和压缩空气的击穿特性相似，即 SF_6 气体在极不均匀电场下的击穿电压与之在均匀电场下的相比，降低程度比空气中要大得多。在 SF_6 气体中影响固体绝缘沿面放电电压的主要因素有：

(1) 电场分布的均匀程度。

(2) 固体绝缘与电极结合部的气隙情况。

(3) 介质表面的光滑与清洁度。

二、SF_6 气体中的水分对绝缘的影响

(1) SF_6 气体中微量水分虽然对 SF_6 气体本身的绝缘强度影响不大，但水分凝露附着在断路器内部的盆式绝缘子、绝缘拉杆等固体绝缘件上时，会大大降低这些绝缘件的沿面闪络电压，从而影响断路器的运行性能。

(2) 在电弧的作用下，水分会参与 SF_6 气体的分解反应，而生成剧毒的、腐蚀性很强的氟化氧、亚硫酸等分解物，它们会对高压断路器内部零部件产生腐蚀作用，降低绝缘件的绝缘性能，腐蚀金属部件的表面镀层，影响灭弧室内的电场均匀性，从而影响到断路器的绝缘性能和灭弧性能。一般来说，SF_6 断路器中水分含量越大，对断路器的损害越严重，而且有毒分解物的存在也是断路器检修人员应注意的安全问题。

(3) 气压过高时，SF_6 容易液化，在严寒地区使用受到限制。

三、SF_6 气体的缺点

(1) 由于 SF_6 的电气性能受电场均匀程度及水分、杂质的影响很大，因此，对 SF_6 断路器加工精度、SF_6 气体的纯度及密封性的要求相当高。为此，要专门设

置密封性能良好的阀门、检漏设备、气体回收装置、压力监视系统。在断路器常使用活性氧化铝、分子筛活性炭等吸附剂，以清除水分和电弧分解物。在检修断路器时，还要采取一些特别的防护措施，以确保人身安全。

（2）SF_6 气体在 1997 年全球变暖京都议定书中被列为受限制的温室气体，其中世界上每年一半左右的 SF_6 气体是用于高压开关设备，控制和减少使用 SF_6 气体是高压开关设备的一项重要任务。在没有更好的替代物之前，提高 SF_6 高压开关设备的断口电压、降低漏气率、减少废气排放、进行回收利用是降低 SF_6 使用量的重要措施。

第二节　新的 SF_6 气体管理

新的 SF_6 气体运到电厂后，必须进行抽样检查，抽样气瓶为总数的 30%。气体存放的时间超过 6 个月以上时，应对 SF_6 气体进行复检，以防止 SF_6 气体变质，其数量按照运行规程的规定抽检。如发现气体不合格，则用 SF_6 气体处理器进行干燥、过滤。如再次检验仍不合格，则该气体应报废。

一、新气体的质量监督

国内外生产 SF_6 气体的方法大多采用单质硫与单质氟直接合成的工艺流程。合成的 SF_6 粗品中，一般含有约 5% 的 S_2F_6、S_4F_4、SOF、SOF_2、SO_2F_2、SO_2、HF、CF_4、O_2、N_2 等十几种杂质，净化后 SF_6 气体纯度可达 99.8% 以上。但新气体仍可能由于各种因素造成质量问题，因此在抽样前必须进行复检，确认质量合格后方可使用。

（1）主要 SF_6 气体质量标准见表 19-1。

表 19-1　SF_6 气体主要质量标准

杂质名称	空气（%）	CF_4（%）	H_2O（ppm）	游离酸（ppm）	可水解氟化物（ppm）	矿物油（ppm）	SF_6 纯度（%）
IEC 标准	<0.05	<0.05	<15	<0.3	<1.0	<10	—
GB/T 8905—1996	≤0.05	≤0.05	≤8	≤0.3	≤1.0	≤10	≥99.8

注　$1ppm=10^{-6}$。

（2）断路器大修过程中的 SF_6 气体工艺流程见图 19-1。

二、SF_6 气体储存保管

（1）储存场所必须保持敞开，通风良好。

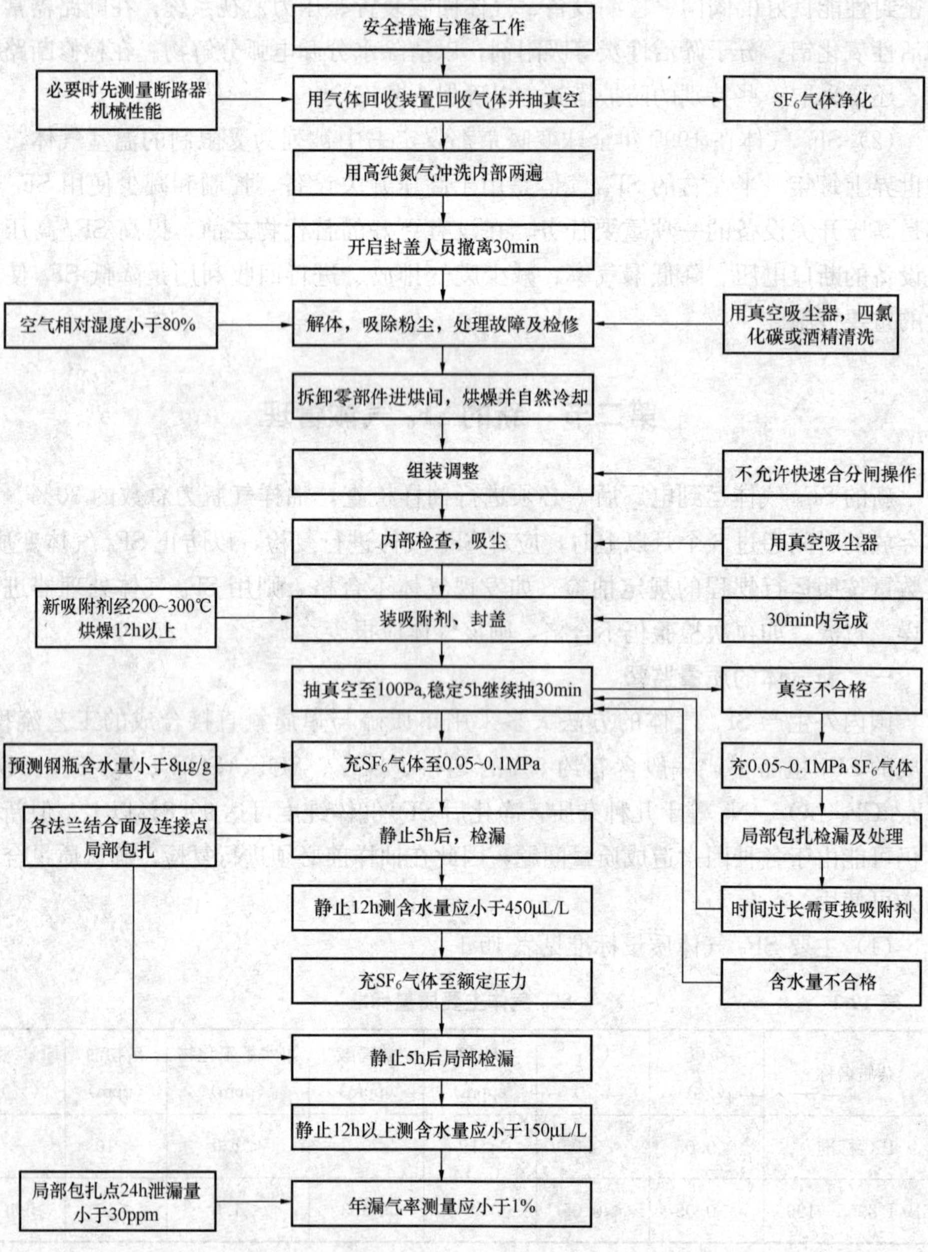

图 19-1 断路器大修过程中的 SF_6 气体工艺流程

（2）气体应有防晒、防潮遮盖措施。

（3）不得靠近热源和有油污的地方，不准有水分和油污粘在阀门上。

（4）气瓶的安全帽、防震圈齐全，安全帽应旋紧。

(5) 存放气瓶要竖起，标志向外，运输时可以卧放。

(6) 搬运时，把气瓶帽旋紧，轻装轻卸，严禁抛滑或敲打、碰砸。

三、SF_6 气瓶的检查

对 SF_6 气瓶首先进行外观检查，应符合国标《六氟化硫电气设备中气体管理和检测导则》GB/T 8905—1996 中的 6.3.2 条对气体钢瓶的技术要求，其具体过程如下：

(1) 充装 SF_6 气体钢瓶要用专用液化 SF_6 字样和检验钢印。充气前钢瓶应经真空处理，使瓶内无油污、水分。

(2) 充入的 SF_6 气体应有制造厂的分析报告，生物试验无毒的合格证书。

(3) 钢瓶外面应挂上明显的气体合格证。

(4) 安全附件要齐全，阀体和气瓶本体的连接处每次在充气后都要用检漏仪检查有无漏气现象。

(5) 凡不能判断瓶内装过何种气体时，要对气瓶进行清理，并经水压试验合格时，对瓶内的水分除净，干燥清洁后改充其他气体，气瓶应更改漆色标志。

(6) 检验钢印标志不全，又不知道何种气体或超过气瓶的检验期限的，一律不能使用；要经水压试验，并重新打上钢印才能使用。

(7) 气瓶外观检查发现缺陷，又无法确定可否使用的，必须进行探伤检验，合格后才能充装气体。

第三节　SF_6 气体的水分管理

一、水分的控制

以 SF_6 气体作为绝缘和灭弧介质的 SF_6 断路器，对其水分含量的严格控制是极其重要的。每一台 SF_6 断路器中的 SF_6 气体总是含有一定量的水分，这些水分的来源有：装配时进入的水分；外界环境透过密封环节侵入的水分；内部固体绝缘物和金属表面含有的水分；充入 SF_6 气体中原来含有的水分和充气时带入的水分等。要使 SF_6 断路器中的气体含水量达到要求的数值，则要根据水分几个方面的来源采取如下措施：

确保断路器的所有密封部位都具有良好的密封性能，以减少外界水蒸气向断路器内部侵入的水分。要达到这一点要求，一是密封结构的设计要合理；二是对密封结构装配要合理；三是对断路器的漏气量要进行严格的检测。

新的 SF_6 气体的微水量按 GB/T 8905—1996 的规定，不能超过 9ppm（体积比，$1ppm=10^{-6}$）。在运行过程中各气室的水分含量不应超过表 19-2 所规定的数值。

表 19-2　　SF_6 断路器各气室水分含量

微水量（ppm）＼气室名称	断路器气室	其他气室
交接试验时	150	500
运行时的最高允许值	300	1000

二、微水量的测量

（一）微水量的测量周期

在安装完毕后 3～6 个月测量一次，或根据当地的气象条件，由技术管理部门结合运行情况确定。

（二）SF_6 微量水分的测量方法

SF_6 电器中的 SF_6 气体水分含量是很小的，所以对其含水量的测量为微量水分测量。微量水分测量的方法很多，主要有：质量法、露点法、电解法、压力石英震荡法、吸附量热法、吸附电测法、气相色谱法。

（三）SF_6 气体检测中的注意事项

在水分测量中，除了要正确使用各种仪器从而获得较准确的测量结果外，还要了解影响测量的各种因素，并根据这些因素与测量的关系对测量结果加以修正，最后与电器的水分含量允许值比较，才能对试品的含水量是否满足要求给予判断，下面讨论与测量有关的几个问题。

1. 水分测量时间

在实际水分测量中可以发现，对断路器刚充完气体后马上测量和充气后几天时间再测量，其测量结果的数值是有显著差异的。

在实际工作中认为断路器充气以后大约 72h 后，它的含水量值基本达到稳定；同时还认为在充气后 24h 可达稳定值的 90%以上。所以为了节省时间和提高工作效率，通常都是选取在充气后 24h 进行水分测量工作。

2. 水分测量与充气压力的关系

用露点表示水分含量则水分测量结果与断路器充气压力无关，若以 ppm 值表示则与充气压力有关。如果充气压力为 0.1MPa 时的水分含量为 X_{ppm}，则在充气压力为 p 时的水分含量为 X/p_{ppm}。

3. 水分测量与环境温度的关系

法国梅兰·日兰（MERLIN GREIN）公司的有关技术资料给出了水分测量时环境温度与水分含量的关系曲线，如图 19-2 所示。从图中可以看出，这种关系曲线呈抛物线形状，所以对测量结果要按这个图中的曲线加以修正。同时要注意的是，这个图中的水分值是充气压力为 0.1MPa 情况下用 ppm 表示的值。

4. 水分测量与环境湿度的关系

由于水分测量时要求仪器、连接管路及接头的气密封必要保持良好，即测量的气路与外界是隔绝的，所以测量地点的潮湿程度与测量无关。也就是说，只要测量中操作正确，无论是什么天气，测量是一样的。

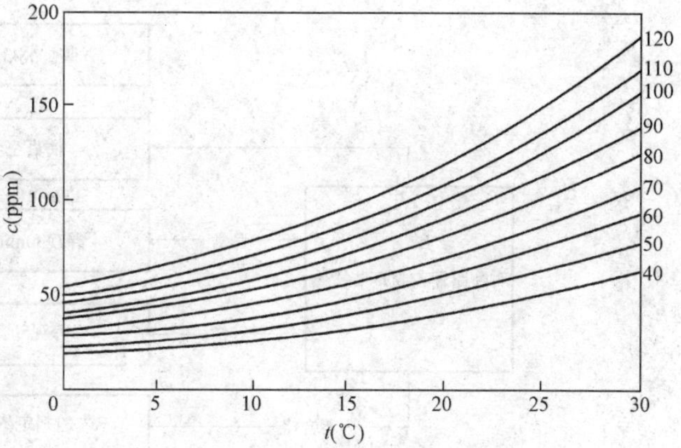

图 19-2　SF_6 水分含量与温度关系的校正曲线

三、SF_6 气体含水量超标处理

当检测到 SF_6 气体水分含量超过规定值时，应及时进行处理。微水含量超过规定值不大，且发展缓慢时，可用 SF_6 气体处理装置对 SF_6 气体进行干燥、过滤。对微水量较高的气室主要依靠抽真空的方法来进行处理，并用干燥的氮气进行置换工艺。若水量大于 1500～2000ppm（体积比）以上，属严重超标，必须更换吸附剂。

（一）所需设备

所需设备包括真空泵、麦氏真空计、专用充气工具和高纯氮等，所用高纯氮纯度不小于 99.999%，水分含量不大于 50ppm。

（二）处理步骤

图 19-3 所示是一种典型的水分处理程序。处理工艺步骤如下：

（1）对断路器气室抽真空，当真空度达到 133.3Pa 以下起计时。

（2）维持真空泵运转至少 30min。

（3）停真空泵，使真空泵与断路器气室隔离，静止 30min 后读取真空度 A 值。

（4）再静止 5h，读取真空度 B 值。

（5）要求 $B-A$ 小于 66.6Pa（极限允许值 133.3Pa）。否则，进行检漏，消除泄漏缺陷，并重复（2）、（3）、（4）步骤。

（6）对断路器气室充 SF_6 气体至 0.05～0.1MPa，若静置 12h 后测量含水量小于 450ppm（体积比），可认为处理合格；若大于 450ppm，应重新抽真空，并用高纯氮 N_2（99.999%）充至额定压力，静置 12h 以上，进行内部冲洗。重复（1）、（2）、（6）步骤。

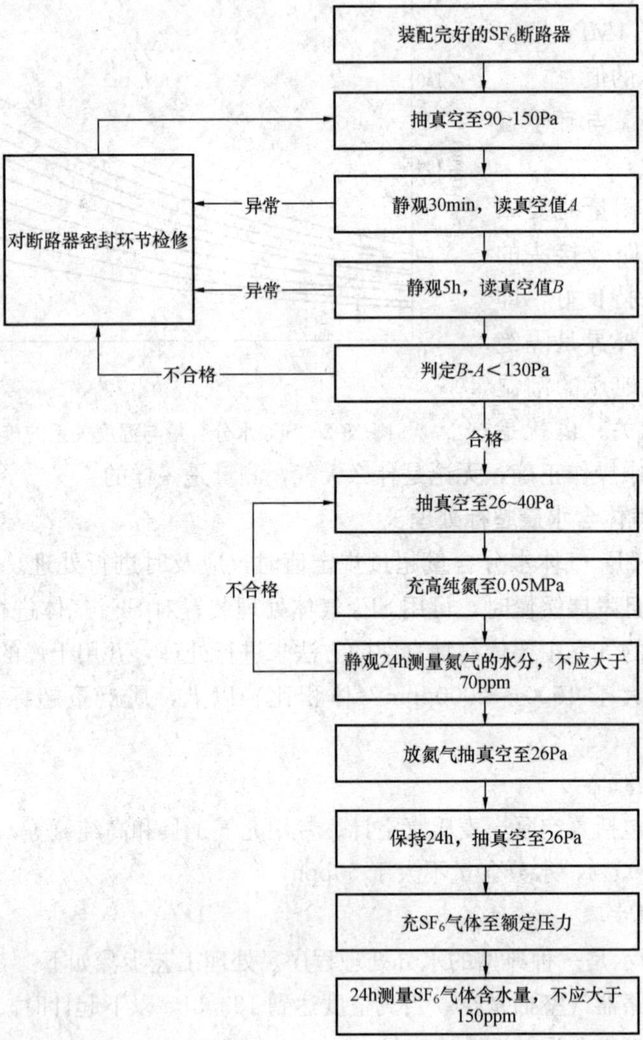

图 19-3　SF_6 断路器水分处理程序

（7）若含水量达到或小于 450ppm（体积比），可将 SF_6 气体充至额定压力，静止 12h 以上，测量含水量应不大于 150ppm（体积比）。

（8）非额定压力下含水量的估算。SF_6 气体在非额定压力时的含水量可用下列公式来计算，并通过换算来验证含水量是否合格（仅作含水量超标处理及新设备运输压力下，含水量是否合格的参考值）。

$$\frac{p_1 H_1}{t_1}=\frac{p_2 H_2}{t_2}$$

式中　p_1——含水量标准值，150ppm（体积比）；

p_2——充入压力下的含水量，ppm（体积比）；

H_1——额定压力值（表压），换算时应+0.1MPa，即绝对压力 MPa；

H_2——充入压力值（表压），换算时应+0.1MPa，即绝对压力，MPa；

t_1——换算时的环境温度,℃；

t_2——充入气体时的环境温度,℃。

水分处理程序（1）～（4）步的作用是：首先将产品内部的含杂质和水分的气体抽出去，剩余的杂质和水分只是原来的极小部分；保持 5h 的真空度，使产品内零件表面附着的水分向内部空间扩散，于是内部零件表面附着的水分大量减少；然后是检验产品的密封性能。如果经过 5h 以后的真空度比原来下降值小于 130Pa，则可以认为产品的密封性能是良好的，从而也可以认为产品的含水量也能够达到要求，这样可以进行下面的程序。反之，则认为产品的密封性能保证不了水分含量控制的要求，这时水分处理不能进入下面程序，而应当检修处理密封，循环到第一步骤，再重复程序（1）～（4）步，直至真空度保持 5h，下降值在 130Pa 以下为止。

经过程序（1）～（4）步的真空干燥处理合格后，则可进行程序（5）～（7）步，充高纯氮气清洗，程序（5）步的作用是抽出吸收了产品内部零件表面水分的稀薄残余气体，使内部的水分含量进一步减少。然后进行程序（6）步，充入 0.05～0.08MPa 的高纯氮气，保持 24h，使原来含水量很少的氮气充分吸收剩余一部分水分，此时测量氮气的含水量，其值若低于 70ppm，则可以认为充入 SF_6 气体后的含水量低于 150ppm。否则，即要循环到程序（5）步，再用高纯氮气清洗一次，直至氮气的含水量达到要求才可进行下面的程序。

无论从理论上分析，还是通过实践证明，每一种断路器只要经过这个水分处理程序的考核，其密封性能、SF_6 气体的含水量的大小及增长速度都能满足要求。但是可以看到这种水分处理程序所需要的时间较长，因此，对 SF_6 断路器最好按程序进行水分的处理，而对一些经常使用的常规电器，在它密封性能及含水量均容易达到要求时，则可以酌情简化本处理程序。

（三）SF_6 断路器微水处理注意事项

（1）抽真空要有专人负责，要防止误操作而引起的真空泵油倒灌。

（2）操作顺序：开真空泵→开断路器阀门→达到真空度后→关闭断路器阀门→停真空泵。

(3) 真空泵电动机电源选用220V为宜，避免真空泵反方向运转，即可避免真空泵油倒灌。在真空泵的出口配置电磁阀，可防止在抽真空过程中突然断电，造成真空泵油倒灌进入断路器内。

(4) 对断路器或GIS气室充SF_6气体时，国产气体宜采用液相法充气（将钢瓶横倒，底部垫高约30°），使钢瓶的出口处于液态，对于进口气体可用气相法进行充气。充气时阀门不宜打开过大，出口压力不宜过高，应使压力不抖动缓慢上升为宜；也要防止液态气体进入气室内，使气室压力过高。

(5) 当气瓶内压力降至0.1MPa时，应立即停止充气，因为剩余气体中含水量杂质较高。

(6) 环境温度较低时，液体不易气化，可用1000W碘钨灯1至数个对钢瓶加热，使液态气体加速汽化，提高钢瓶内SF_6气体压力，保持连续充气。

(7) 断路器充入额定压力的SF_6气体后，静置12h以上（必要时，应对断路器进行几次分、合操作，使灭弧室和支持瓷套内气体对流），然后测量其含水量，应小于150ppm（体积比），充气后，必须对充入压力值进行温度系数的修正。

(8) 测量断路器内部SF_6气体的浓度应大于95%，或SF_6气体中的空气含量小于5%，这对罐式断路器各气室尤为重要。SF_6气体纯度越低，即SF_6气体内空气、杂质含量越高，对SF_6高压电器设备的绝缘性能及灭弧性能影响越大。

第四节　SF_6气体的泄漏管理

在气体绝缘设备中，SF_6气体是主要的绝缘介质和灭弧介质。因而其绝缘强度和灭弧能力取决于气体的密度，因此，SF_6气体密度的降低。将会带来两方面的危害，一是气体绝缘设备耐压强度的降低；二是断路器开断容量下降。此外，SF_6气体密度的降低通常是由泄漏引起的，而泄漏点的存在则常常是伴随着大气中的水分向设备内渗透的，从而导致SF_6气体含水量的上升。

为了监视SF_6断路器中SF_6气体有无泄漏，每个单独的气室都应装上充放气阀门/真空压力表或密度计。有的制造厂在操作箱外壳印有SF_6气体压力温度曲线、报警压力曲线、SF_6气体的额定压力值和补气压力值。各气室的阀门除气阀门之外，其余的阀门均处于关闭位置。

断路器气室的密度计要投入补充和闭锁两个接点。其他气室的密度计只投入补气接点。SF_6气体的压力值应定期抄表，抄表时间应选择在温度变化小的时候。

一、常见漏气点及漏气原因

（一）焊缝

焊接时电流过大，焊缝烧穿，开始有微漏，过一段时间后漏气量逐渐增加；在两种不同材料的连接处，由于局部应力过大。焊缝开裂也会造成漏气。

（二）法兰胶装面

瓷件与法兰胶装面不严密、黏合不牢。运行日久出现裂纹漏气。

（三）密封面

造成密封面漏气的原因很多。如密封面加工精度不够，甚至有划痕；密封面或密封槽内有杂质微粒；密封件老化或耐低温性能差；密封件放置位置不正；法兰螺栓压紧程度不够均匀等。如果法兰两侧支架材料的膨胀系数不同。当温度变化时，由于其伸缩量不同也会导致密封面漏气。

（四）充气接口

由于自动接口内有异物或针阀位置不正，均会造成气体泄漏。

（五）其他原因

压力表和密度继电器铜管上的砂眼等缺陷也是气体绝缘设备常见的漏气原因。

除此之外，大量气体泄漏也可能由外壳烧穿、压力释放装置动作及人为误操作造成。

二、SF_6 气体绝缘设备的检漏方法

（一）在下述情况下必须进行检漏

（1）在 SF_6 气体绝缘设备安装或解体大修完毕之后。充入 SF_6 气体至额定气压之前应全面检漏。

（2）运行中，当发现压力表在同一温度下前后两次读数的差值达到 0.01～0.03MPa 时应全面检漏，找出泄漏点。

（3）补气警告信号动作时，应首先检查压力表以确定漏气区，再进行检漏以确定泄漏点。

（4）更换压力表或密度继电器后应进行检漏。

（二）检漏方法

1. 定性检漏

定性检漏只是判断气体绝缘设备泄漏情况的相对程度，而不测量其具体泄漏率。定性检漏的方法如下：

（1）抽真空检漏。这种方法主要是用于气体绝缘设备安装或解体大修后配合抽真空干燥设备时进行。先将设备抽真空至 133Pa，继续抽真空 30min 以上，然后停泵。静观 30min 后读取真空度 A。再静观 5h 后读取真空度 B。如果且 $B-A<67$Pa，则初步认为密封性能良好。

（2）发泡液检漏。这是一种简单的定性检漏方法，能够较准确地发现泄漏点。

发泡液可采用一份中性肥皂加入二份水配制而成。将发泡液涂在被检测部位，如果起泡即表明该处漏气，起泡越多越急，说明漏气越严重。采用发泡液检漏法可大体上能发现漏气率为 0.1mL/min 的漏气部位。

(3) 检漏仪检漏。运行中的 GIS，可直接用检漏仪对怀疑漏气的部位进行检漏。安装或大修后的 GIS 或其他气体绝缘设备。可先充入 0.2×10^5Pa 的 SF_6 气体，再充入高纯度氮气至额定气压，然后用检漏仪检漏。

2. 定量检漏

定量检漏是测定气体绝缘设备的泄漏率，其方法如下：

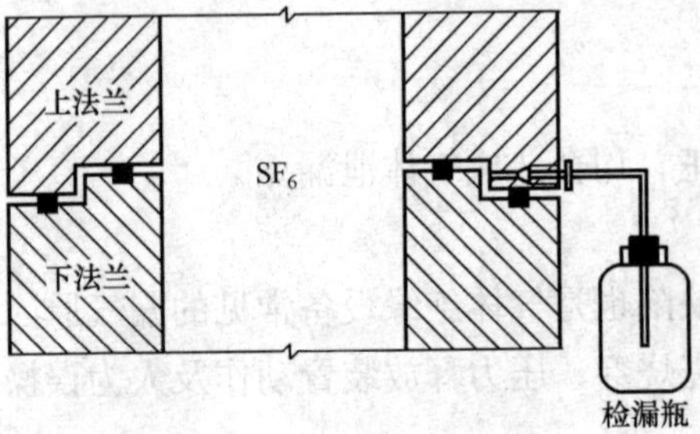

图 19-4　挂瓶检漏法

(1) 挂瓶法。用软胶管连接检漏孔和检漏瓶，经过一定时间后，测量瓶内 SF_6 气体浓度，通过计算确定泄漏率。此方法适用于具有双道密封槽的密封系统。挂瓶方法如图 19-4 所示。必须注意的是在挂瓶之前，应用干燥氮气将第一、二道密封之间的空腔和检漏瓶内的 SF_6 气体吹尽，以免影响测试结果。事实上，除了密封面外，其他部位（如阀门、管路接头、表计等）的泄漏率无法采用挂瓶法进行检测。因此，采用挂瓶法是难于精确测定整台设备的气体泄漏率的。

(2) 局部包扎法。将设备局部用塑料薄膜包扎，经过一定时间后测量包扎腔内 SF_6 气体的浓度，通过计算确定其泄漏率。局部包扎时间一般为 24h。局部包扎法不仅适合于密封面的气体泄漏率检测，而且也适合于其他泄漏点的气体泄漏率的检测。因此，局部包扎法是现场最为有效的检测方法之一。

(3) 扣罩法。用塑料罩将整台气体绝缘设备或已组装好的几个气室封罩在内，经过一定时间后测量罩内 SF_6 气体的浓度，通过计算确定其泄漏率。扣罩前应吹净待试设备周围残留的 SF_6 气体，扣罩时间一般为 24h，然后视设备体积大小，选取 2～6 个具有代表性的测试点进行测量以求取封罩内 SF_6 气体的平均浓度。扣罩法适合于整台气体绝缘设备年泄漏率的测量。

(4) 直接测量法。对于仅有数个孤立的泄漏点的设备，可采用读数为 MPa·m^3/s（MPa·mL/s）的检漏仪进行定量检漏。将各点的测量值累计相加，即可求出整台设备的绝对泄漏率。

三、气体绝缘设备的补气

（一）SF_6 气体充气及补气工艺

对 SF_6 高压断路器充气及补气工作应由专门经过培训的专业人员进行。

安装或检修完毕的 SF_6 断路器必须充入 SF_6 气体才能投入运行，在充气之前必须将断路器内部的空气抽出来，然后才能将 SF_6 气体充进去。充气所用的设备及各设备的组织方式如图 19-5 所示。

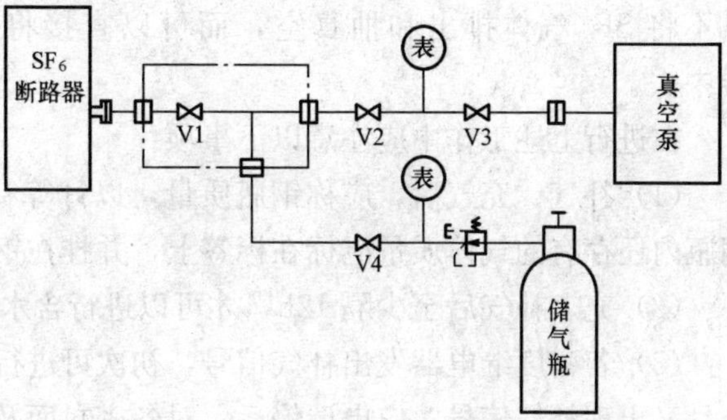

图 19-5　SF_6 充气设备及其组织方式

从图 19-5 可以看出，充气的主要设备是真空泵，其次是三通体、阀门、压力表、真空计、管道及接头等。管路最好选用尼龙管，如果实在没有合适的尼龙管也可选用不锈钢管。当将各种设备用管路按图示连接好以后，必须检查各个阀门与管路接头，均应无漏气现象。

在常温下，钢瓶中的 SF_6 气体压力超过液化点，所以是液体状态。开启阀门 V4 和减压阀后往断路器内部流入的液压 SF_6 气体压力降低而迅速变化为气态，此时需要通过管路的壁从空气中吸收热量。如果减压阀开启过大，流入的 SF_6 液体过多，从管壁传给的热量又不足，就可能是液态 SF_6 气体流入到断路器内部，这时压力表测量的不是断路器内部的压力值，可能造成充入到断路器内部的 SF_6 气体压力过高。所以在充气时的充气速度应当缓慢、恰当，不要急于求成，有时为了加速液态 SF_6 的气化，可将钢瓶稍微加热。

在充气时，SF_6 钢瓶放置状态有两种：一种是将钢瓶气口朝下，底部朝上，倾斜 30°以上的角度，这种充气方法可以使 SF_6 气体中微量杂质，例如空气、水分等可以浮在上面（即钢瓶底部），而从钢瓶进出气口流入到断路器内的比较纯的 SF_6 气体；另外也有人认为钢瓶立放位置好一些，这样充气可以使一部分 SF_6 液体在钢瓶中产生气化，从而使充气速度加快。

在给断路器充 SF_6 气体时，为了掌握所充入气体的质量，可以将 SF_6 钢瓶放在一台磅秤上，先称一下 SF_6 和钢瓶的总质量，在充气到所要求的压力值时，再称一下剩下 SF_6 气体和钢瓶的质量，两次所称质量之差即为充到断路器内部 SF_6 气体的质量。

大多数情况下，一台 SF_6 断路器在制造厂的出厂试验中，经过机械特性、绝缘、气体含水量和漏气量检测等各项试验合格后，通常在断路器内部保留 0.03MPa 左右的 SF_6 气体。当这些断路器运输到运行现场后，用压力表测量断路器内部 SF_6 气体压力，如果仍然为 0.03MPa 左右，则可以认为断路器的密封性能和内部气体含水量是满足要求的。这时当断路器在现场安装后，可

以不将 SF_6 气体排出和抽真空，而可以直接将 SF_6 钢瓶中的气体充入到断路器中去。

在进行上述工作中应注意以下事项：

(1) 补气、充气后，应称钢瓶质量，以计算补入高压断路器内部气体的质量，钢瓶内还存有的气体质量应标在标签上，并挂在钢瓶上。

(2) 充、补气后至少隔 12h，才可以进行含水量的检测。

(3) 若密度继电器发出补气信号，初次可进行带电补气，并加强监视。若在一个月又出现补气信号，应申请停运，对各密封面及接头进行检漏，并检查密度继电器的动作可靠性，若发现密度继电器接头发生误动，应予以更换。

(4) 如 SF_6 高压断路器的气室需经常补气，说明有漏点，则有可能有水分进入气室内部，使 SF_6 气体含水量增大，应及时处理。

如果将 SF_6 断路器的充气与气体回收设备组合在一起，即构成一台 SF_6 充气及回收装置，也就是将真空泵、压缩机、储气罐、压力表、真空计、过滤器、阀门、连接管路以及电气控制元件和线路等组合在一起，放在小车上，以便于移动，它具有抽真空、对气体加压充入、储存和过滤净化的各种功能，是 SF_6 断路器的辅助设备之一。

(二) 补气前的准备工作

(1) 准备一瓶有足够气体的 SF_6 气瓶，SF_6 气瓶内的气体应已经进行含水量的测试并符合检修规程规定的标准（小于 65ppm)。

(2) 长期储存的 SF_6 气体，补气前应测试其水分含量，必须符合标准。

(3) 将校验好的温、湿度计放置在被补气设备的附近，已确定其环境温、湿度是否具备补气条件。

(4) 补气前应称钢瓶质量，做好记录。

(5) 减压阀及管路等充气设备应清洁干燥。

(6) 根据当时气温在厂家提供的 SF_6 气体温度特性曲线上查取待补气设备中应该达到的气压。

(7) 进行补气的工作人员必须熟悉气体绝缘设备及现场情况。

(三) 补气操作步骤

(1) 将气瓶、减压阀、连接管道、与断路器配套的自动充气接头装配好，暂不与断路器连接。

(2) 钢瓶斜放，最好端口低于尾部，以便采用液相补气法。

(3) 充气管道排放空气：打开瓶阀，缓慢开启减压阀并将管道另一端的自动充气接头打开，排放气体时应略抬高自动充气接头，使空气完全排出。

(4) 打开断路器的自动充气接头盖，用专用纸擦拭接头，再对接头进行干燥处理。

(5) 擦拭充气装置的充气接头，并将充气装置的充气接头与断路器的自动充气接头对接起来。

(6) 称量 SF_6 气瓶质量。

(7) 打开 SF_6 气瓶阀，缓慢开启减压法进行充气。充气速度要慢，一般每次开启减压阀的1/4～1/2圈。

(8) 缓慢充气过程中应密切注意压力表的读数，读数达到略高于与环境温度对应的压力值时，关闭气瓶阀门。

(9) 充气至额定气压后，先关闭减压阀，再关闭钢瓶气阀。

(10) 再次称一下 SF_6 气瓶质量，计算出补充 SF_6 气体质量。

(11) 拆下充气装置的充气接头，拆除充气管路，将设备上充气接口的封盖装上。

注意事项：此时应注意断路器的自动充气接头逆止阀是否复位，如存在跑气现象，应立即将充气装置的充气接头与断路器的接头重新对接，使断路器充气接头的逆止阀复位。如断路器接头的逆止阀始终不能复位，应将充气装置的充气接头与断路器的接头保持对接状态（以保证断路器气体压力高于0.52MPa），并立即通知运行人员及有关领导，采取措施，将断路器停止运行，以便对断路器的自动充气接头进行检修处理。

(12) 为了更准确地测量断路器中的气压，可利用单独的标准压力表与断路器的充气接头对接以测量气压。

(13) 补气之后，通知运行人员手动复位低气压报警信号。低气压报警信号复位成功后，整个补气工作完毕。

(14) SF_6 气体绝缘设备的补气也可以通过气体回收装置进行。如果待充气体为回收的 SF_6 气体，应经过充分地净化处理，其质量应接近 SF_6 新气的标准。

（四）带电补气注意事项

断路器处于带电运行状态，补气如果操作不当，极可能引起断路器发生低气压误跳等严重事故，因此除了要遵守一般补气操作要求外，还应当特别注意以下几点：

(1) 带电补气的断路器应是已取消低气压强跳，并已改为低气压闭锁的断路器。

(2) 带电补气的断路器应是本体 SF_6 气压降低、断路器的其他部分（如液压机构等）无影响设备正常运行的缺陷的断路器。

(3) 带电补气时应是无雨的天气。

(4) 带电补气时周围环境的湿度应小于80%（紧急特殊的情况除外）。

(5) 对管道排出空气后，应预充 SF_6 气体。操作步骤是：将管道与设备连接端关闭，打开瓶阀，缓慢开启减压阀，将管道的气体压力预充至高于0.52MPa的压力。

第四篇

六氟化硫封闭式组合电器（GIS）的检修

第二十章　六氟化硫封闭式组合电器的结构

六氟化硫封闭式组合电器是指全部或部分采用六氟化硫气体作为绝缘介质的封闭开关设备。它是一种新型的高压电器和高压配电装置，英文全称为 Gas Insulated Substation，简称为 GIS。GIS 采用绝缘性能和灭弧性能优异的六氟化硫（SF_6）气体作为绝缘和灭弧介质，并将所有高压电器元件密封在接地金属筒中。与传统敞开式配电装置相比：GIS 具有占地面积及占有空间小、元件全部密封不受环境干扰、运行可靠性高、检修周期长、维护工作量小、安装迅速、运行费用低、无电磁干扰等优点。经过三十多年的研制开发，GIS 技术发展很快并迅速被应用于全世界范围内的电力系统。目前，GIS 的发展明显趋向于高电压、大容量和小型化。

GIS 是由断路器、母线、隔离开关、电流互感器、电压互感器、避雷器、套管等七种高压电器组合而成的高压配电装置。这些开关设备及其连接部分均被密封在充满 SF_6 气体的接地金属管道中，没有暴露在空气中的外绝缘，因此不受污秽空气和气候变化的影响，也杜绝了外来异物引起的闪络事故。GIS 是根据主接线要求将各元件按照积木式组合装配而成的，它的核心元件是断路器，绝缘介质是无色、无味、无毒的 SF_6 气体，在常温常压下，该气体化学性能稳定，且绝缘性能及灭弧性能都远远优于传统的绝缘油。

封闭式组合电器（GIS）通常为积木式结构，断路器（QF）、隔离开关（QS）、接地开关（ES）、电压互感器（TV）、电流互感器（TA）、避雷器（F）、母线（BUS）和套管（BSG）等八大部件可根据用户需要与电气主接线随意组合。所以 GIS 总体结构也不同，图 20-1 所示为典型接线的布置简图。

一、断路器

GIS 中的断路器大多是压气式断路器（单压式），压气式断路器制造简单，使用压力一般为 0.5～0.7MPa，在一般地区工作时，SF_6 气体没有液化问题。

GIS断路器的断口可以垂直布置，也可水平布置。水平布置的特点是两侧出线孔需支持在其他元件上，检修时，灭弧室由端盖方向抽出，因此没有起吊灭弧室高度的要求，但侧向要求有一定的宽度；断口垂直布置的断路器，出线孔布置在两侧，操动机构一般作为断路器的支座，检修时灭弧室垂直向上吊出，配电室高度要求较高，但侧向距离一般比断口水平布置的断路器要小，且断路器垂直安装可以用来支持其他元件。断路器总体结构及断口结构如图20-2、图20-3所示。

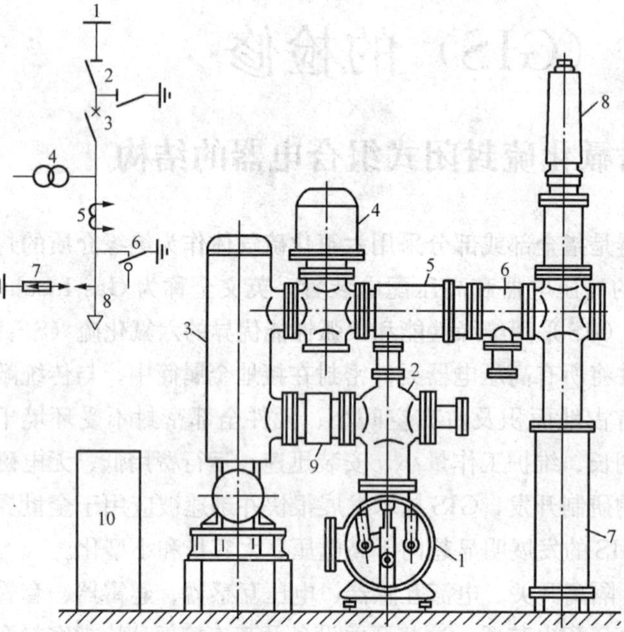

图20-1　GIS典型布置简图

1—母线；2—带接地装置的隔离开关；3—断路器；4—电压互感器；5—电流互感器；6—快速接地开关；7—避雷器；8—电缆终端盒；9—波纹管；10—控制柜

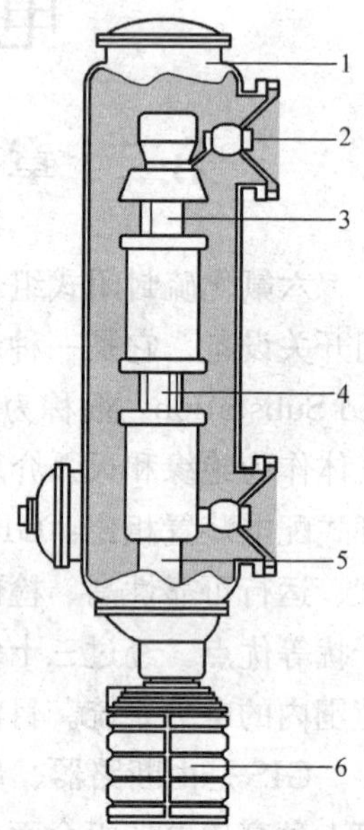

图20-2　断路器总体结构图

1—外壳；2—端子；3，4—灭弧室；5—支撑绝缘件；6—操动机构

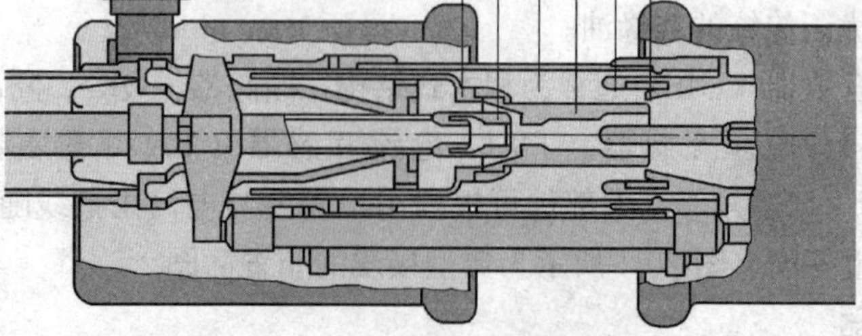

图20-3　断路器断口结构图

1—静主触头；2—静弧触头；3—动弧触头；4—动主触头；5—喷口；6—SF_6气体

二、隔离开关

隔离开关是GIS中的一个比较复杂的开关元件，它主要用于电路无电流区段的投入和切除。隔离开关从结构上可分直动式和转动式两种，转动式宜布置在90°转角处和直线回路中，直动式宜布置在90°转角处，结构简单，检修方便，且分合速度容易达到较大值。

为了简化电气接线，节省投资，在不重要的末端变电站可选用负荷开关。负荷开关是在隔离开关断口上加装了灭弧装置，因此结构尺寸基本上与隔离开关相同，但操动机构较大。隔离开关结构图如图20-4所示。

三、电流互感器

组合电器中的电流互感器可以单独组成一个元件或与套管、电缆头联合组成一个元件。单独的电流互感器放在一个直径较大的筒内，筒内根据需要可放置4～6个单独的环形铁芯，二次绕组即绕在环形的铁芯上。电流互感器结构图如图20-5所示。

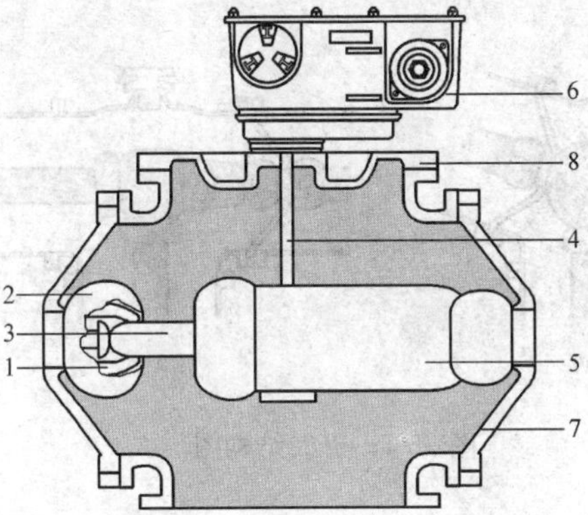

图20-4　隔离开关结构图

1—静触头；2—静触头屏蔽；3—动触头；4—操动杆；5—触头支撑座；6—操动机构；7—盆式绝缘子；8—端盖

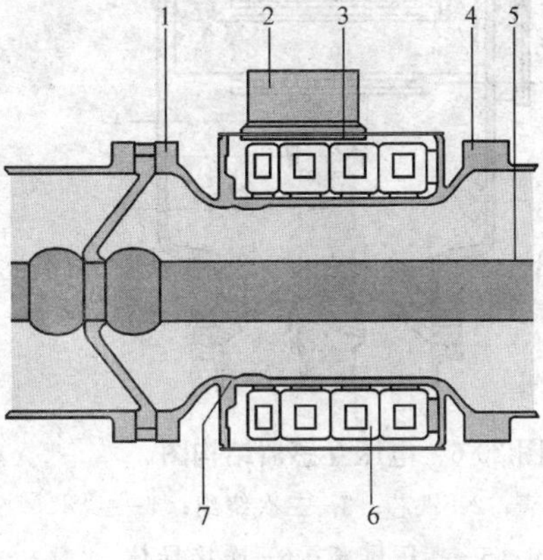

图20-5　电流互感器结构图

1—基座法兰；2—端子盒；3—铁芯；4—铁芯座；5—一次导体；6—外壳；7—绝缘板

四、电压互感器

电压互感器按其原理可分为电容分压式和电磁式两种，按其绝缘方式划分，常见的有环氧浇注式和SF_6气体绝缘式。

110、220kV采用环氧浇注的电磁式电压互感器，300kV及以上电压等级普遍采用电容式电压互感器。

电压互感器结构图如图20-6所示。

五、母线

有两种型式，一种是三相母线封闭于一个筒内，导电杆采用条形（盆形）支撑固定，它的优点是外壳涡流损失小，相应载流容量大。但三相布置在一个筒内不仅电动力大而且存在三相短路的可能性。单相母线筒是每相线封闭在一个筒内，它的主要优点是杜绝发生三相短路的可能性，圆筒直径较同级电压的三相母线小，可以分割若干个气隔，回收 SF_6 气体工作量相应减少。但是存在着占地面积、加工量大和涡流损耗的缺点。

母线结构图如图 20-7 所示。

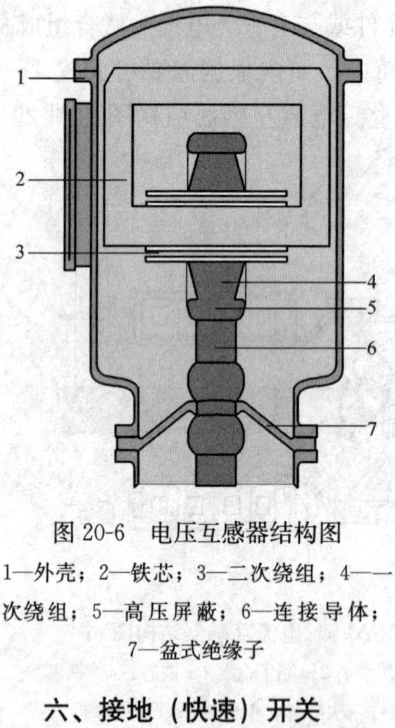

图 20-6　电压互感器结构图

1—外壳；2—铁芯；3—二次绕组；4——次绕组；5—高压屏蔽；6—连接导体；7—盆式绝缘子

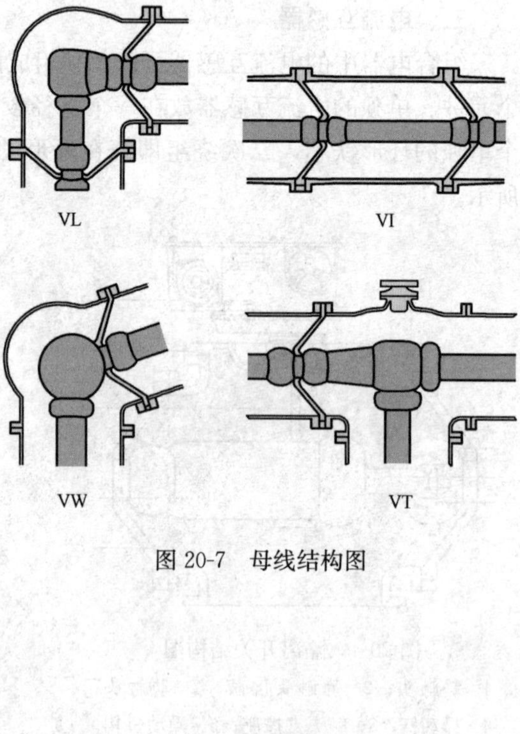

图 20-7　母线结构图

六、接地（快速）开关

在一般情况下，接地开关与隔离开关组合成一个元件。接地开关有以下三种型式：

（1）工作接地开关，其动触头运动速度较慢，工作接地开关可用手动机构，亦可用机械传动机构操作。

（2）快速接地开关，其触头运动速度很快，这种接地开关通常安装在汇流母线和电缆引线上。在 GIS 停电检修时，为安全工作的需要，应首先关合快速接地开关，然后直接关合工作点附近的工作接地开关。

（3）保护接地开关，其关合时间很短（100ms 以下）。保护接地开关主要是用来熄灭 GIS 内部的闪络电弧，因此，要求保护接地开关具有很高的可靠性，绝不允许误动作。

快速接地开关和保护接地开关应采用预先储能的操动机构（如弹簧机构和气动机构等）。

接地开关与隔离开关的不同之处是，接地开关的动触头安装在处于地电位的外壳上，因而不需要绝缘拉杆，而静触头则可装在母线、隔离套管等的高压导体上。

接地开关结构图如图 20-8 所示。

七、出线套管（终端）

GIS 的出线通常经套管引出至电缆、架空线、管道母线等输电设备。出线套管结构图如图 20-9 所示。

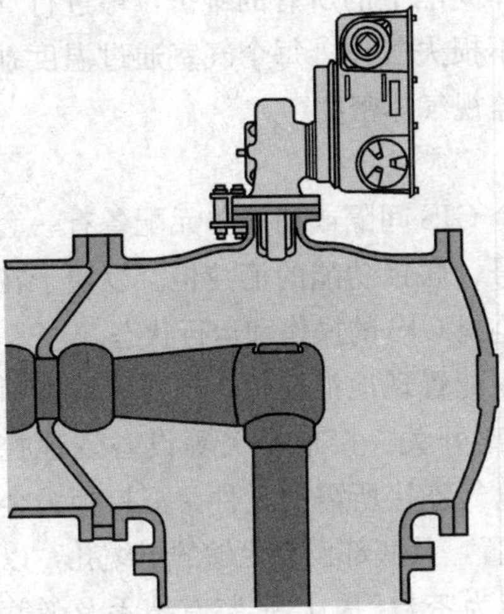

图 20-8 接地开关结构图

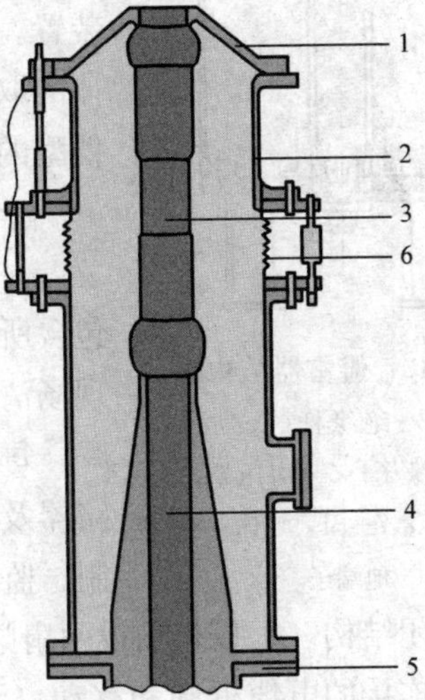

图 20-9 出线套管结构图

1—盆式绝缘子；2—横向可拆卸部件；3—软导体；4—油气套管；5—连接法兰；6—波纹管

八、绝缘子

依靠气体密封的绝缘子，GIS 被分成独立的气体间隔。通过这种方式，将 GIS 各间隔的相互影响减小到最小，并便于控制、管理和维护。所有法兰连接通过 O 形密封圈密封。由于绝缘子的气体密封设计，在气室间不发生气体泄漏。

九、避雷器

避雷器一般为非线性无间隙金属氧化物电阻片，采用 SF_6 气体绝缘，与母线连接带有插入式接头和隔离的隔室，以便在 GIS 进行绝缘试验时隔离避雷器。该隔室检修时可与其他隔室隔离，运行时与避雷器隔室连通。避雷器配置压力释放装置。避雷器每相均配备放电计数器及放电电流记录器，并装设在便于观察的位置。

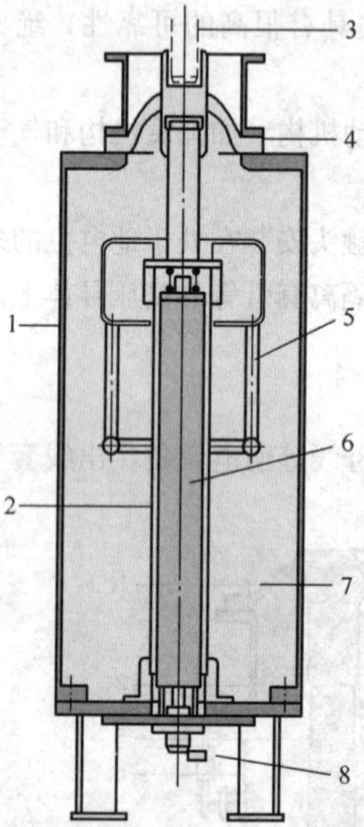

图 20-10　避雷器结构图

1—筒体；2—绝缘杆；3—接线端子；4—绝缘子；5—均压罩；6—ZnO电阻片；7—SF_6 气体；8—接地端子

避雷器主要由罐体、盆式绝缘子、安装底座及芯体等部分组成，芯体是由氧化锌电阻片作为主要元件，它具有良好的伏安特性和较大的通流容量。避雷器结构图见图 20-10。

十、气室

GIS包括两种类型的气室，其中断路器气室中的 SF_6 既是绝缘介质又是灭弧介质，在其他的气体间隔中，SF_6 仅用于绝缘。

所有的气体间隔通过盆式绝缘子分开。每一个气室配有接头用于连接一个气体密度继电器和气体回收装置。这样，在气体间隔上的所有的维护，像进行气体的取样、换气就不损失气体。每个气室通过温度补偿型的密度继电器监视气体密度。

十一、汇控柜

一般来说，每个GIS间隔或功能单元配备有一套包含所有控制、信号、联锁功能的汇控柜。以便于在现场清晰地控制和监视GIS的操作和运行状态。

每个断路器间隔配置现地汇控柜，柜内装设本断路器及其两侧的隔离开关、接地开关等设备现地控制、监视及与外部电气连接所需的元件。汇控柜为金属外壳封闭结构。汇控柜前设两扇门，后靠墙布置，其底部设有足够的电缆孔，以便与外部连接的电缆拆卸和移动。汇控柜的门应为密封门，门上装有把手及弹簧锁。汇控柜上能实现断路器、隔离开关、接地开关的现地操作，并设置防误操作的闭锁装置。现地或远方操作方式通过一个装于汇控柜内的带锁定的切换开关来选择。汇控柜结构图见图 20-11。

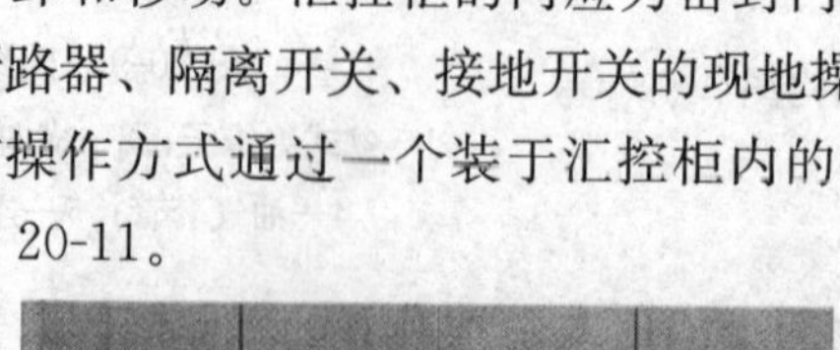

图 20-11　汇控柜结构图

第二十一章　六氟化硫封闭式组合电器的检修

第一节　六氟化硫封闭式组合电器的检修周期和项目

自20世纪80年代起，六氟化硫封闭式组合电器（GIS）已广泛应用于我国电力系统各变电站中，且在建的大中型水力发电厂多采用GIS。这些GIS有进口的，也有国产的，国外厂家主要是三菱、日立、ABB、西门子、法国MG等。国内厂家主要是西开、平开、北开、沈高、华通及山东泰开等，而我国在早期多采用的进口GIS，均在80年代投运。由于投产时间长，在运行期间暴露出了以下缺陷：

（1）产品质量存在问题，如加工精度不够、法兰接合面不平、焊缝有砂眼，安装后难以解决SF_6漏气等问题。

（2）安装工艺不严，GIS内遗留杂物、运行中放电击穿。

（3）运行、操作不当损坏设备元件。

（4）气动机构漏气或液压机构漏油。

（5）超大修年限运行。

GIS中最为重要的就是GIS灭弧室部分，而灭弧室的寿命主要包括两部分：机械寿命，指的是GIS断路器机构部分的最大操作次数及一些易损件的使用寿命等；电寿命，GIS灭弧室在运行中会开断额定电流或是故障电流，GIS灭弧室在开断这种大电流时根据开断电流的大小会发生不同程度的电烧损，而这种电烧损的累积就可能造成灭弧能力的下降，严重时甚至可能丧失开断能力，GIS灭弧室的电寿命指的就是累计开断电流的大小。此外，GIS本体绝缘的寿命也极为重要，其中包括SF_6气体的运行情况，盆式绝缘子的老化情况等。

从国内调研了解的GIS运行检修情况看，它们在运行期间暴露的问题主要有：气室漏气、操动机构空气控制阀在气温低时漏气、隔离开关的分合闸线圈容易损坏等。

一、GIS的检修管理与周期

随着电力系统投运的GIS日益增多，虽然GIS属于“免维护”设备，但因为运行时间的延长及故障的影响，GIS的运行与检修问题也日显突出。GIS的大修周期一般是10～20年，在此期间GIS厂家由于技术革新等原因，往往会对GIS进行换型，从而造成检修时备品备件的匮乏。综合以上原因，应从以下几个方面加强对

GIS 的监督与管理。

（一）基础管理

加强 GIS 基建监督，尽最大可能把缺陷在安装过程中消除。

做好例行 SF_6 气体微水、压力及泄漏监测工作，并建立详细的记录。

加强 GIS 开断次数及开断电流大小的监测，并做好详细的记录。

加强与 GIS 厂家的联系，对 GIS 易损、易耗部件应进行储备。

（二）检修方法

GIS 应综合考虑其运行状况，主要包括灭弧室机械寿命及电寿命、本体泄漏两大方面，应严格按照 GIS 厂家推荐的大修条件进行决策，对 GIS 本体的解体检修应采取慎重的态度。

进口 GIS 检修所需备品备件的匮乏是 GIS 检修的一大难点，因此备品备件的来源及其质量应列为 GIS 检修的关键。

GIS 现场检修的环境要求极为苛刻，包括温湿度、通风等都必须进行全面的考虑。

在经济条件允许的情况下，超过大修周期后，购置 GIS 待检修的间隔，再进行整体更换也不失为一种可行的选择。

为确保 GIS 检修的质量及检修后的安全稳定运行，对 GIS 检修工艺及检修后的试验方案应在 GIS 厂家、检修单位、试验单位等相关部门进行细致的审查，并严格执行，避免错项、漏项。

（三）状态检修

积极探索 GIS 的状态检修工作。

与有关研究机构积极合作，组织有关专家学者，建立 GIS 设备状态评估体系。

（四）检修周期

依据《气体绝缘金属封闭开关设备运行及维护规程》（DL/T 603—2006），典型的 GIS 检修周期可参考表 21-1。

表 21-1　GIS 检修周期表

序号	项目	主 要 内 容	周 期	备 注
1	巡视检查	对运行中的 GIS 进行外观检查，主要检查设备有无异常情况，并做好记录，如有异常情况应按规定上报并处理	每天至少一次（无人值班的开关站另定）	详见后文
2	定期检查	GIS 处于全部或部分停电状态下，专门组织的维修检查	每 4 年进行 1 次，或按实际情况而定	详见后文

续表

序号	项目	主要内容	周期	备注
3	临时性检查	根据GIS的运行状态或操作累计动作次数值，依据制造厂的运行维护检查项目和要求，对GIS进行必要的临时性检查	必要时	详见后文
4	分解检修	（1）电气回路。 （2）操动机构。 （3）气体处理。 （4）绝缘件检查。 （5）相关试验	每15年或按制造厂规定	达到制造厂规定的操作次数或达到以下操作次数：空载操作时，3000次；开断负荷电流时，2000次；开断额定短路电流时，15次
5	气体监督（泄漏＋湿度）	根据SF_6气体压力、温度曲线来监视气体压力变化，发现异常，应查明原因。 （1）气体压力监测：检查次数和抄表依实际情况而定。 （2）气体泄漏检查周期：必要时；当发现压力表在同一温度下，相邻两次读数的差值达0.01～0.03MPa时。 （3）气体泄漏标准：运行中每个气室年漏气率小于1%，交接时每个气室年漏气率小于0.5%。 （4）SF_6气体补充：根据监测各气室的SF_6气体压力的结果，对低于额定值的气室，应补充SF_6气体，并做好记录。 （5）SF_6气体湿度：新设备投入运行及分解检修后1年应监测1次；运行1年后若无异常情况，可间隔1年检测1次。如湿度符合要求，且无补气记录，可适当延长检测周期		SF_6气体湿度允许标准见表21-2，或按照制造厂的标准

GIS密度继电器、空气含氧量或SF_6气体浓度检测报警装置以及GIS内部放电故障诊断在线监测装置（如有）和室内的防火报警装置的校验周期和项目按各自的规定执行。

表21-2　SF_6气体湿度允许标准

气　室	有电弧分解物的气室（ppm）	无电弧分解物的气室（ppm）
交接验收值	≤150	≤250
运行允许值	≤300	≤500（1000）*

注　测量时周围空气湿度为20℃，大气压力为101325Pa；$1ppm=10^{-6}$。

*若采用括号内数值，应得到制造厂认可。

二、GIS的检查项目

(一) 巡视检查

每天至少1次，无人值班的另定。巡视检查是对运行中的GIS设备进行外观检查，主要检查设备有无异常情况，并做好记录，如有异常情况应按规定上报并处理。内容主要有：

(1) 断路器、隔离开关、接地开关及快速接地开关的位置指示正确，并与当时实际运行工况相符。

(2) 检查断路器和隔离开关的动作指示是否正常，记录其累积动作次数。

(3) 各种指示灯、信号灯和带电监测装置的指示是否正常，控制开关的位置是否正确，控制柜内加热器的工作状态是否按规定投入或切除。

(4) 各种压力表和油位计的指示值是否正常。

(5) 避雷器的动作计数器指示值是否正常，在线检测泄漏电流指示值是否正常。

(6) 裸露在外的接线端子有无过热情况，汇控柜内有无异常现象。

(7) 可见的绝缘件有无老化、剥落，有无裂纹。

(8) 有无异常声音、异味。金属罐内出现局部放电时，就会发出"晰"的声音，类似小雨落在金属罐上的声音；GIS的金属罐受到电磁力的作用而产生微小的振动，通常能听到相似于变压器的励磁声，若巡视时听到的声音与往常不同时，说明存在螺钉松动等状态变化。

(9) 设备的操动机构和控制箱等的防护门、盖是否关严。

(10) 外壳、支架等有无锈蚀、损坏，瓷套有无开裂、破损或污秽情况。外壳漆膜是否有局部颜色加深或烧焦、起皮现象。

(11) 各类管道及阀门有无损伤、锈蚀，阀门的开闭位置是否正确，管道的绝缘法兰与绝缘支架是否良好。

(12) 设备有无漏气（SF_6气体、压缩空气）、漏油（液压油、电缆油）。

(13) 接地端子有无发热现象，接触应完好。金属外壳的温度是否超过规定值。设备金属罐本体的温度上升，可通过金属罐的辐射热来感觉（指户内），一般用温度计来测定温度分布，查明发热部位，判断发热原因。通常认为导体的温升与通过电流的1.7次方成正比并与出厂试验的温度试验数据进行比较。

(14) 压力释放装置有无异常，其释放出口有无障碍物。

(15) GIS室内的照明、通风和防火系统及各种监测装置是否正常、完好。

(16) 所有设备是否清洁，标志清晰、完善。

(17) 定期对压缩空气系统（气动操动机构）进行排水和排污。

（二）定期检查

GIS处于全部或部分停电状态下，专门组织的维修检查。每4年进行1次，或按实际情况而定。内容主要有：

（1）对操动机构进行维修检查，处理漏油、漏气或缺陷，更换损坏的零部件。

（2）维修检查辅助开关。

（3）校验压力表、压力开关、密度继电器或密度压力表和动作压力值。

（4）检查传动部位及齿轮等的磨损情况，对转动部件添加润滑剂。

（5）断路器的机械特性及动作电压试验。

（6）检查各种外露连杆的连接情况。

（7）检查接地装置。

（8）必要时进行绝缘电阻、回路电阻测量。

（9）油漆或补漆工作。

（10）清扫GIS外壳，对压缩空气系统排污。

（三）临时性检查

根据GIS设备的运行状态或操作累计动作次数值，依据制造厂的运行维护检查项目和要求，对GIS进行必要的临时性检查。内容主要有：

（1）若气体湿度有明显增加时，应及时检查其原因。

（2）当GIS设备发生异常情况时，应对有怀疑的元件进行检查和处理。

临时性检查的内容应根据发生的异常情况或制造厂的要求确定。

三、GIS的分解检修项目

（一）分解检修项目的确定

分解检修项目应根据实际运行状况并与制造厂协商后确定。

分解检修项目可依据以下因素确定：

（1）密封圈的使用年限、SF_6气体泄漏情况。

（2）断路器的开断次数、累计开断电流、断路器的操作次数、断路器机构的实际运行状况。

（3）隔离开关的操作次数。

（4）其他部件的运行状况。

（5）SF_6气体压力表计、压力开关、二次元器件运行状况。

（二）分解检修项目和技术要求

根据检查结果对相关元、部件进行处理或更换。

1. 断路器

（1）灭弧室。检查引弧触头烧损程度、喷口烧损程度、触指磨损程度；检查并清洁灭弧室；更换吸附剂及密封圈；检查调整相关尺寸。

（2）操动机构。

1）弹簧操动机构：

①检查分、合闸线圈和脱扣机构尺寸及磨损情况。

②检查辅助开关切换情况。

③检查弹簧疲劳程度。

④检查轴、销、锁扣等易损部位，复核机构相关尺寸。

⑤检查缓冲器，更换缓冲器油及密封件。

⑥检查转动、传动部位润滑情况。

2）气动操动机构：

①检查分、合闸线圈。

②检查辅助开关切换情况。

③清洗并检查操作阀，更换密封圈。

④校核各级压力接点设定值并检查压力开关。

⑤检查缓冲器，更换缓冲器油及密封件。

⑥检查管道密封情况。

⑦气动弹簧操动机构应检查轴、销、锁扣等易损部位，复核机构相关尺寸。

⑧检查转动、传动部位润滑情况。

3）液压操动机构：

①检查分、合闸线圈。

②检查辅助开关切换情况。

③清洗并检查操作阀，更换密封圈。

④检查油泵、安全阀是否正常工作。

⑤校核各级压力接点设定值并检查压力开关。

⑥检查预充氮气压力，对活塞杆结构储压器应检查微动开关，若有漏氮及微动开关损坏应处理或更换。

⑦液压弹簧机构应检查弹簧储能前后尺寸。

⑧清洗油箱、更换液压油后排气。

2. SF_6 气体系统

（1）校验 SF_6 密度继电器、压力表或密度表。

（2）检测 GIS 气室及管道的泄漏，根据密封件寿命及使用情况更换密封件。

（3）测量 SF_6 气体湿度。

3. 隔离开关、接地开关和快速接地开关

（1）检查实际分合位置和触头磨损情况。

（2）操动机构。

1）检查分、合闸线圈。

2）检查辅助开关、微动开关切换情况。

3）气动操动机构检查清洗电磁阀。

4）检查轴、销、锁扣等易损部位，复核机构相关尺寸。

5）检查转动、传动部位润滑情况。

（3）隔离开关、接地开关和快速接地开关间的连闭锁功能试验。

4. 其他部件

电流互感器、电压互感器、避雷器、出线套管和带电显示器等其他部件可根据相关规定进行检查和试验。

5. 二次元器件

应对切换开关、继电器、接触器、空气开关、限位开关、端子排和信号指示灯等二次元器件进行检查，酌情更换。

6. 辅助系统（气动机构的空压机系统）

（1）检查空压机阀体、活塞环和曲轴箱，更换密封件及易损件，清洗进气滤网，有油压缩机应调换压缩机油。压缩机运转时间较长的建议调换整台压缩机。

（2）检查电动机及调换传动皮带。

（3）检查安全阀开启/关闭压力；检查减压阀、逆止阀和其他阀门，必要时应调换损坏部件。

（4）测量打压时间；检查气体管道泄漏情况；有减压装置的应检查一、二级压力；校验各级压力开关设定值。

第二节　六氟化硫封闭式组合电器分解检修的准备工作

目前，我国六氟化硫封闭式组合电器（GIS）运行现场往往不具备解体检修条件，检修技术力量也不足，只能对机构进行简单检修维护，对本体的检修尚无成熟经验，很多运行部门对运行良好的设备采取尽量不修的办法，以避免检修过程中带入不良因素。出了故障的设备可由厂家到现场处理或运回厂里解决，而对 GIS 的检修周期、检修工艺、检修条件、检修方式、备品备件等问题还缺乏整体考虑。

从解体大修经济角度出发，GIS 大修应以状态检修为方向，状态检修应该是在综合分析每台设备运行中的状态和设备运行可靠性的基础上。合理、科学地进行预测性试验，然后分门别类地确定检修时间和检修项目，提高电气设备的供电可靠性。

应尽量避免仅为了检查的目的而对GIS元件进行分解，若需要进行分解检修时，也应该将分解元件减少到最低限度。

GIS在运行中发现异常或缺陷应进行有关的电气性能、SF_6气体湿度、气室密封性能、机构动作特性等试验，根据相应的试验结果，进行必要的分解检修。

GIS处于全部或部分停电状态下，对断路器或其他设备的分解检修，其内容与范围应根据运行中所发生的问题而定，这类分解检修宜由制造厂负责或在制造厂指导下协同进行。

一、安全技术措施

GIS分解检查时的安全技术措施如下：

(1) GIS分解检查前，必须执行工作票制度，必须对被解体部分确定完全处于停电状态，并进行可靠的工作接地后，方可进行解体检查。

(2) GIS气室分解检查前，应对相邻气室进行减压处理，减压值一般为额定压力的50%或按制造厂规定。

(3) GIS分解前，如有必要及条件允许时，可取气样做生物毒性试验以及做气相色谱分析和可水解氟化物的测定。

(4) GIS分解前，在气体回收并抽真空后，用高纯氮气进行冲洗。且每次排放氮气后均应抽真空，每次充氮气压力应接近SF_6额定压力。排放氮气及抽真空应用专用导管，人须站在上风方位。

(5) 工作人员必须穿防护服，戴手套，以及戴备有氧气呼吸器的防毒面具，做好防护措施。封盖打开后，人员暂时撤离现场30min，让残留的SF_6及其气态分解物经室内通风系统排至室外，然后才准进入作业现场。

(6) 分解设备之前，应确认邻近气室不存在向待修气室漏气的现象。分解设备时，必须先用真空吸尘器吸除零部件上的固态分解物，然后才能用无水乙醇或丙酮清洗金属零部件及绝缘零部件。

(7) 工作人员工作结束后应立即清洗手、脸及人体外露部分。

(8) 下列物品应做有毒废物处理：真空吸尘器的过滤器及洗涤袋、防毒面具的过滤器、全部抹布及纸；断路器或故障气室的吸附剂、气体回收装置中使用过的吸附剂等；严重污染的防护服也应视为有毒废物。

处理方法：所有上述物品不能在现场加热或焚烧，必须用20%浓度的氢氧化钠溶液浸泡12h以上，然后装入塑料袋内深埋。

(9) 防毒面具、塑料手套、橡皮靴及其他防护用品必须进行清洁处理，并应定期进行检查试验，使其处于备用状态。

GIS发生故障有气体外逸时的安全技术措施如下：

（1）室内GIS发生故障有气体外逸时，全体人员迅速撤离现场，并立即投入全部通风设备。

（2）在事故发生后15min之内，只准抢救人员进入室内。事故发生后4h内，任何人进入室内必须穿防护服，戴手套，以及戴备有氧气呼吸器的防毒面具。事故后清扫GIS安装室或故障气室内固态分解物时，工作人员也应采取同样的防护措施。若故障时有人被外逸气体侵袭，应立即送医院诊治。

二、大修前的资源准备

（一）技术资料准备

GIS大修前除进行相应的人员配置。并对检修人员进行相关培训。还必须有充足的技术资料准备。

技术资料准备工作应从电气设备设计选型资料开始，收集每台设备的技术参数，了解制造厂的设计和生产技术水平。核实制造工艺、出厂试验数据是否良好。检查设备的运输、现场安装质量、试验交接情况，掌握投入运行后的工况，即负荷大小、大气污染情况，历年检修试验数据（包括在线监测和带电测试数据）和检修情况，同类设备在系统中的运行事故率及事故的原因等。只有这样才能正确分析和判断设备的运行状态，为开展状态检修打下基础。另外，应尽量收集厂家检修工艺资料。大修前应编制检修GIS的方案、安全措施，确定GIS解体检修的一般程序和检修内容、工程进度和工艺流程。

（二）工装准备

GIS的维护检修需有下列工装：

（1）检修工具。断路器灭弧室拆装专用工具，隔离开关拆装专用工具，电工、钳工、起重工具各一套。

（2）测试装置。电气测量仪表一套，密度计校验台，红外热敏成像装置，局部放电检测装置。

（3）仪器仪表。SF_6气体检漏仪，SF_6气体水分检测仪，含氧量测定仪，压力表、温度表、真空表的校验装置，麦氏真空表，酸度计，气相色谱仪。

（4）大型机具。SF_6气体处理车，SF_6气体运输车。

（5）防毒设备。防毒面具，防毒服、防毒手套。

（6）附属设备。SF_6气体采样瓶，SF_6气体专用高压软管。

（7）管理设备。手提电脑，数码摄像机，数码照相机。

上述所列的工具、仪表不一定都要备齐，应因地制宜。测试装置、仪器仪表应由挂靠单位配置。需要时委托有关单位检验即可。

（三）温度、湿度、灰尘的控制管理

GIS检修工作对于周围环境的规定比较严格，空气湿度应不大于70%，空气含尘量不大于0.1mg/m³，温度不能低于0℃，否则会在金属罐壁内结露。如现场的检修、装配尘源较多，它直接影响着安装及检修时的质量。一般情况下采取的措施主要有：

(1) 户内作业。户内作业时环境条件比较良好，地面用真空吸尘器清扫干净，检修设备外壳清扫干净即可。

(2) 户外作业时若环境条件较差，则必须用塑料布把作业区围起来，其高度为2～3m。主要取决于产品的防尘部位离地面的距离。如果地面未用水泥抹面覆盖时，应在作业区地面上铺一层覆盖物，以防尘土飞扬，必要时则应搭一个简易工作房。

(3) 预先清理。所有产品及辅助设备进入作业区之前都应预先清理。解体部位在解体前应进行清洁处理。

(4) 现场环境控制。作业人员进入作业区应更换专用工作服，以减少附在人体上的尘源，并尽量能减少进入现场的工作人员数量。

（四）零部件及消耗材料的管理

零部件和消耗材料应有专人保管和发放，必须严格按图纸和计划数量执行，以防遗留在设备内部。

（五）工具集中管理

在装配和检修SF_6电器时，必须加强对工具的管理，严防工具遗留在设备内部。集中管理的方法是把全部工具按图样划在简易的工具台上，标上规格型号，工具统一平放在所对应的位置上。工具取走后，在图样板上留下它的外型和规格型号便于查找，必要时标上序号作登记记录。

第三节　断路器的检修

下文以ELK型550kV GIS为例，具体介绍相关检修工艺。

ELK型550kV GIS断路器采用的AHMA型操动机构的检修已在本书第三篇中进行了详尽叙述，此处不再赘述。下面重点介绍断路器本体的检修。

ELK型550kV GIS断路器带两个灭弧室，水平排列，为户内式，由三个相同的单相断路器所组成。

一、断路器主要组件的功能

（一）灭弧室

当断路器跳闸，主电流回路在灭弧室中因触头断开而被切断，所形成的电弧在紧接的电流过零时被熄灭。当断路器合闸时，主电流回路在灭弧室中闭合。灭弧室（见图 21-1）的灭弧部分包括下列主要组件：

导流管 2，喷气缸 1，喷气缸支座 11，触头环 5，动弧触头 12，辅助喷嘴 13，绝缘喷嘴 6。

触头环构成动触头，指笼内的触指构成主电流通道的静触头。

灭弧室是基于喷气活塞的原理工作的。喷气缸的运动改变了喷气缸和喷气活塞间的体积，由此使在辅助喷嘴和绝缘喷嘴之间产生一个压力。

分闸时灭弧：由于灭弧室从动部分的分闸动作，首先主电流通道被切断时没有电弧，而电流转换到灭弧触头。通过电弧电流通道，电流能够继续流通。在引弧触头打开之后，这时已经被喷气缸分闸动作进行了压缩的 SF_6 气体，流经辅助喷嘴和绝缘喷嘴到达起弧处。电弧被强力地冷却，紧接着在电流为零时予以熄灭。

合闸时，引弧触头在主电流通道的触头之前闭合。预触发的电弧仅限制在引弧触头处。喷气缸的动作引起压缩室的增大，并通过隔膜使 SF_6 气体补充进来。

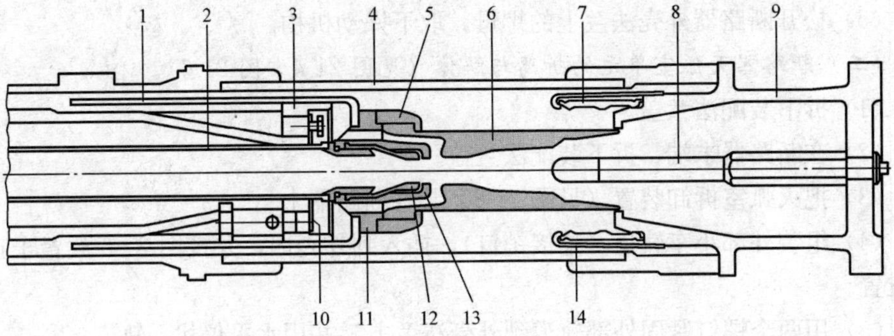

图 21-1　断路器的灭弧室

1—喷气缸；2—流向管；3—喷气活塞；4—绝缘子；5—触头环；6—绝缘喷嘴；7—触指；8—静弧触头；9—支撑架；10—隔膜；11—喷气缸支座；12—动弧触头；13—辅助喷嘴；14—指笼

（二）并联电容器

当触头在断开时，使断口的电压分布均匀。

（三）外壳

密封的外壳形成断路器 SF_6 气体间隔。SF_6 气体是作为绝缘和灭弧的介质。

（四）密度继电器

监测 SF_6 气体间隔内的气体密度。如果气体的密度降低到允许值以下，通过电气控制回路，防止对开关进行任何操作。

（五）合闸电阻

限制断路器所产生的操作过电压。

（六）操动机构

液压弹簧储能操动机构驱动灭弧室。操动机构接收从控制系统传来的分、合闸操作命令。

（七）控制系统

汇集监控系统的各种命令，并控制开关操作。控制系统安装在控制柜内。

二、检修的步骤

（一）操动机构的拆卸

（1）使断路器处在分闸位置。

（2）取下操动机构的外壳（见图 21-3）。

（3）打开压力释放阀，释放操动机构的压力（操动机构弹簧储能指示器指示“未储能”）。

（4）拆卸连接组合件（操动机构的连接头和断路器之间的连接）。

（5）松开断路器外壳法兰上的螺母，取下操动机构。

（二）断路器灭弧室单元的拆离与解体（见图 21-4～图 21-6）

（1）拆下装配法兰盖。

（2）在断路器末端，拆下装配法兰盖。

（3）把灭弧室拆卸装置（见图 21-6）装在断路器上。

（4）组装外部小车轨道（连接销钉），插入到外壳内，并按图 21-6 放置于正确的位置。

（5）用两个螺钉紧固外部轨道到外壳法兰上，并用水平仪找平轨道。

（6）将外部小车装到法兰上。松开连接件（见图 21-7）和法兰之间的内六角螺钉，并连同弹簧垫圈一起取下。

（7）在断路器外壳上，松开线性运动套管的对角设置的 6 只内六角螺钉，并对称地旋入限位销以及 4 只导向销。限位销作用是防止把灭弧室单元拉出太多。

（8）拆下线性运动套管上的剩余螺钉。

（9）把内部小车放到内侧轨道上，而灭弧室单元用支持绝缘子放在小车上。

（10）松开两只限位销。

（11）将灭弧室单元拉出到限定位置。

（12）松开 4 只内六角螺钉，并推动均压罩 26 直到靠在均压罩 6 上。

（13）将灭弧室单元推到外部小车，并固定。

（14）拆下均压罩 6、均压罩 26。

（15）用皮尺测量并记录两灭弧室连杆之间的尺寸 a（见图 21-5）。

（16）用钩子扳手（见图 21-8）握住操作杆，拆下操作杆的螺母。

（17）松开并联电容器上的螺钉，并拆下电容器（确认事先已对电容器短接）。

（18）分开两个灭弧室（内六角螺钉）。

（19）用起重机将灭弧室直立，并放到调整架上（见图 21-2），用螺钉紧固。

（20）实施检修。

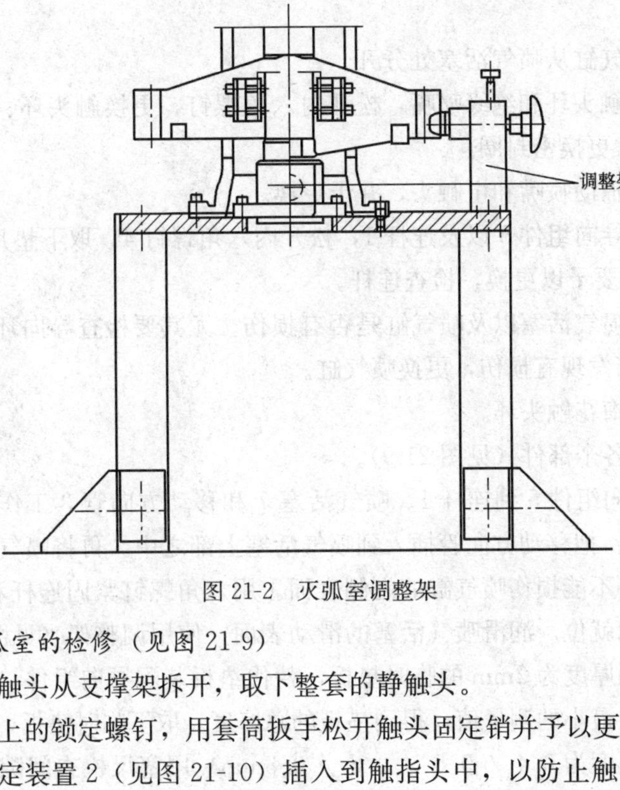

图 21-2　灭弧室调整架

（三）灭弧室的检修（见图 21-9）

（1）把静触头从支撑架拆开，取下整套的静触头。

（2）松开上的锁定螺钉，用套筒扳手松开触头固定销并予以更换。

（3）把固定装置 2（见图 21-10）插入到触指头中，以防止触指 1 从触指笼 5 中跌落。

（4）松开内六角螺钉 4，从静触头支撑架上拉出触指笼。

（5）检查触指笼。如果表面有损伤，更换触指笼。

（6）更换触指（见图 21-10）。

（7）用内六角螺钉在触指笼中安装组装环。

（8）在触指笼中（每 5 个指为一组）安装新的触指。

（9）插入组装装置 2 到已组装的指触头中，并拆除组装环 3。

（10）把滑动触指笼连同组装紧固装置装到静触头支撑架上。拧紧螺钉，力矩为 11N·m。

(11) 润滑新触头销（在螺纹处）的接触表面，并紧固到力矩为120N·m为止。检查尺寸$a=(2\pm0.2)$ mm。如果不符合要求，加垫片重新调整，再用内六角螺钉予以锁定。

(12) 松开两个内六角螺钉，拆除灭弧室绝缘子。用夹紧装置提起灭弧室绝缘子。

(13) 从连杆1处（见图21-9），取下移动方向管3。用专用套筒扳手松开连接螺钉2。

(14) 把喷气缸从喷气活塞处分开。

(15) 取下触头环和绝缘喷嘴，松开内六角螺钉，更换触头环、绝缘喷嘴，检查喷气缸支座，更换密封圈。

(16) 取下辅助喷嘴和主触头，并予更换。

(17) 取下导向组件5以及连杆1，松开内六角螺钉4，取下垫片6，检查导向组件5，如果必要予以更换，检查连杆。

(18) 检查喷气活塞以及喷气缸是否有损伤。尤其要检查导向环是否损伤，寻找擦伤痕迹。当发现有损伤，更换喷气缸。

(19) 更换梅花触头环。

(20) 润滑各个部件（见图21-9）。

(21) 将导向组件5到连杆1、喷气活塞7和移动方向管3工作按如下步骤进行（见图21-9）：把移动方向管插入到喷气活塞上部之中。再将喷气活塞插入到喷气缸时，触头环不能损伤喷气缸的内侧表面。用六角螺钉紧固连杆和移动方向管，确保圆柱销正确就位。润滑喷气活塞的滑动表面。使用调整架（见图21-2），对连杆进行找正。用厚度为2mm的临时垫板，替代垫板装配导向组件。在分闸位置测量间隙。间隙取最小的测量值，得到垫板的总厚度。取下临时垫板，并安装按照所选择的垫板（厚度为0.4 / 0.5 / 0.6 / 0.8mm）用塞尺检查间隙：整定点值为(0.1 ± 0.05) mm。

(22) 清洁灭弧室内绝缘子，将其在灭弧室上就位。紧固两个螺钉 / 垫圈。

(23) 安装并调整锁定装置尺寸。

(24) 推动开关室连杆向上使灭弧室合闸。

(25) 把静触头支撑架安装到灭弧室绝缘子上。

(26) 推动开关室连杆到分闸状态，锁紧连杆。

(27) 在灭弧室上测量尺寸U（见图21-11）。装配时用。

（四）过滤器的检修（见图21-12）

(1) 取下装配法兰盖5。

（2）更换密封圈 4。

（3）卸下内六角螺钉 6，并提起整个过滤盘 2。

（4）更换密封圈 7。

（5）更换吸附剂袋 3。

（6）吸附剂暴露到大气之中，最多不得超出 0.5h。

（五）灭弧室单元的组装（见图 21-5）

（1）在组装灭弧室 28 或 25 时，确认它们相互之间没有偏心。

（2）将端盖侧的灭弧室 28 放在灭弧室 25 之上，用两个找中心螺钉进行找正，并连同螺钉一起紧固。

（3）装配操作杆 24 要用胶固定，同时核对尺寸 a。a 值是在拆卸时所测量与记录的（见图 21-6）。如果部件没有进行过调换，所记录的尺寸才是正确的。

（4）从两个灭弧室取下锁定装置。

（5）安装并联电容器 115。

（六）绝缘子单元的组装（见图 21-11）

（1）组装支持绝缘子 5、线性运动套管 8 以及操作连杆绝缘子 4 时，不要加垫圈 6 和不能用锁定剂紧固螺纹。

（2）推动操作连杆绝缘子向下，直到线性运动套管的密封边搁置在弹性密封圈 7 上。

（3）测量尺寸 V。

（4）计算垫圈 s 的总厚度：$s=26-(U+V)$，销钉直径（25mm）＋密封边压痕（1mm）＝26mm。

（5）在附表上，找出垫圈的数目 12。

（6）安装垫圈并固定操作连杆绝缘子。

（七）支持绝缘子与灭弧室的组装

（1）将灭弧室放到支持绝缘子之上，用螺钉进行找正，并往下拧紧。

（2）安装并紧固销钉。

（3）装配均压罩。

（八）操动机构与断路器的装配（见图 21-3、图 21-4、图 21-13）

（1）压力释放螺钉打开，操动机构释放压力。

（2）测量尺寸 A（见图 21-13）。

（3）测量尺寸 B：$B=A+2.5$mm，如果偏差大于±1.5mm，则更换另一台操动机构。

（4）把操动机构装到断路器，用螺母 10(见图 12-5)与断路器外壳进行法兰连接。

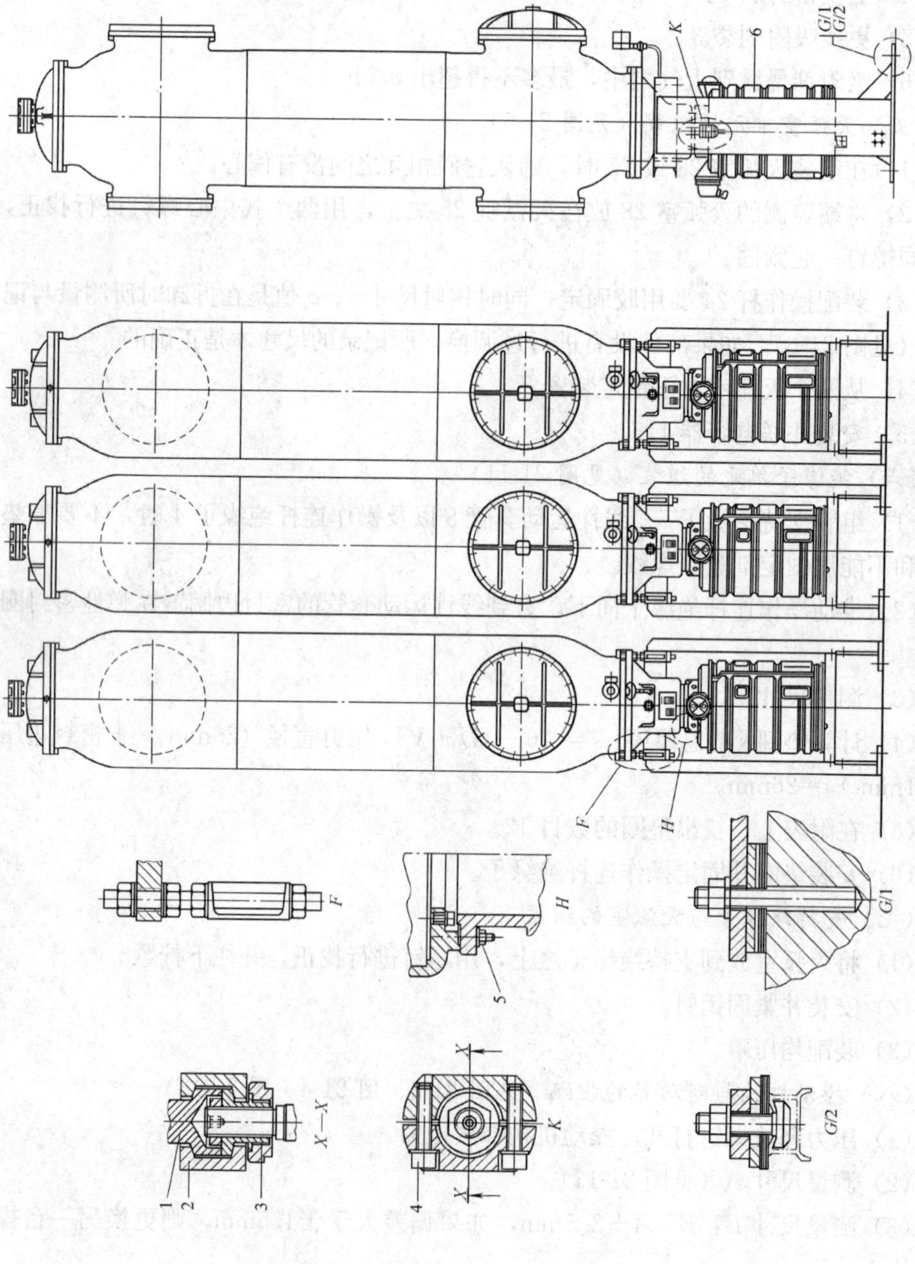

图 21-3 操动机构的整体装配（一）

1—操动机构的连接头；2，3—连接组合件；4—螺钉；5—螺母；6—操动机构的外壳

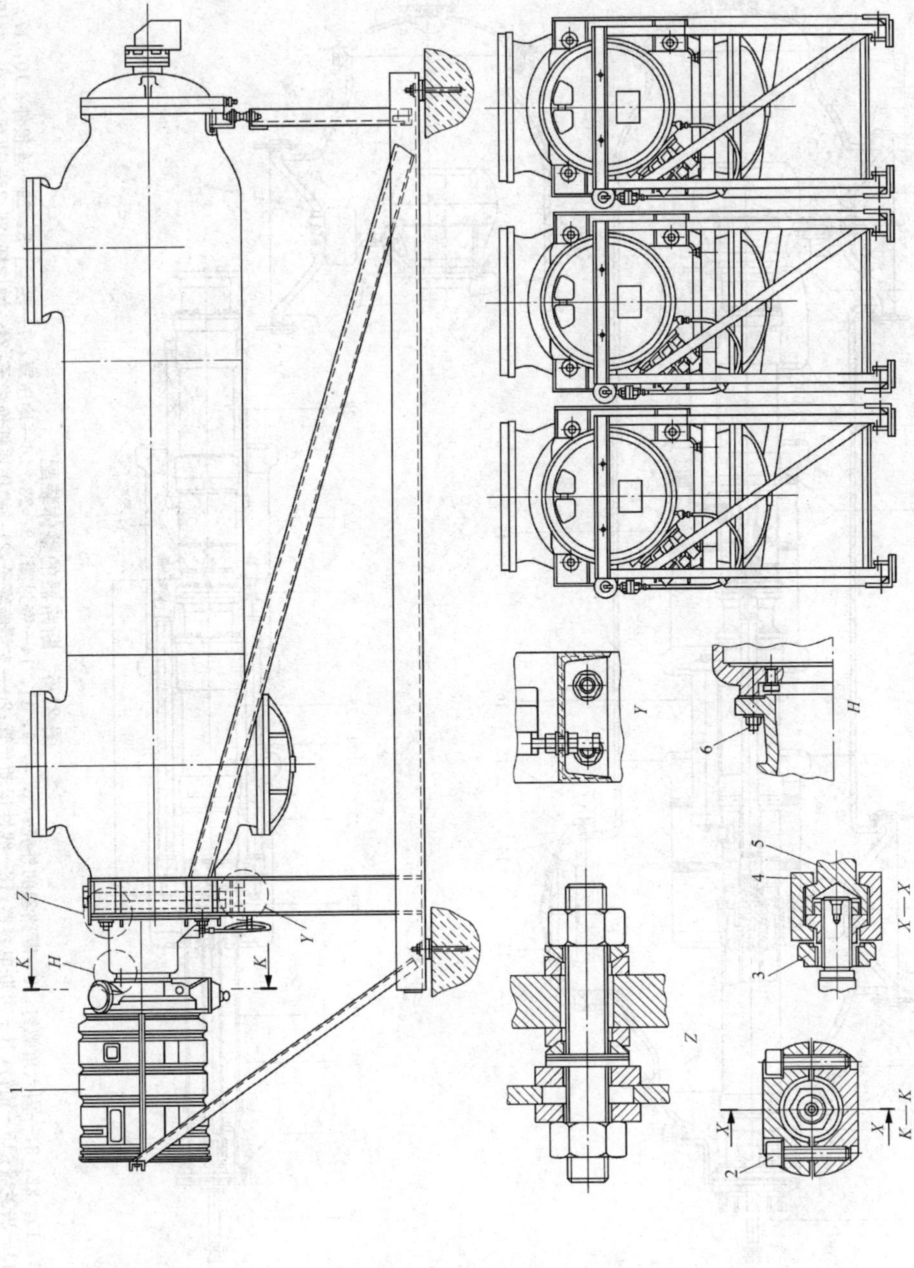

图 21-4　操动机构的整体装配（二）

1—操动机构的外壳；2—螺钉；3，4—连接组合件；5—操动机构的连接头；6—螺栓

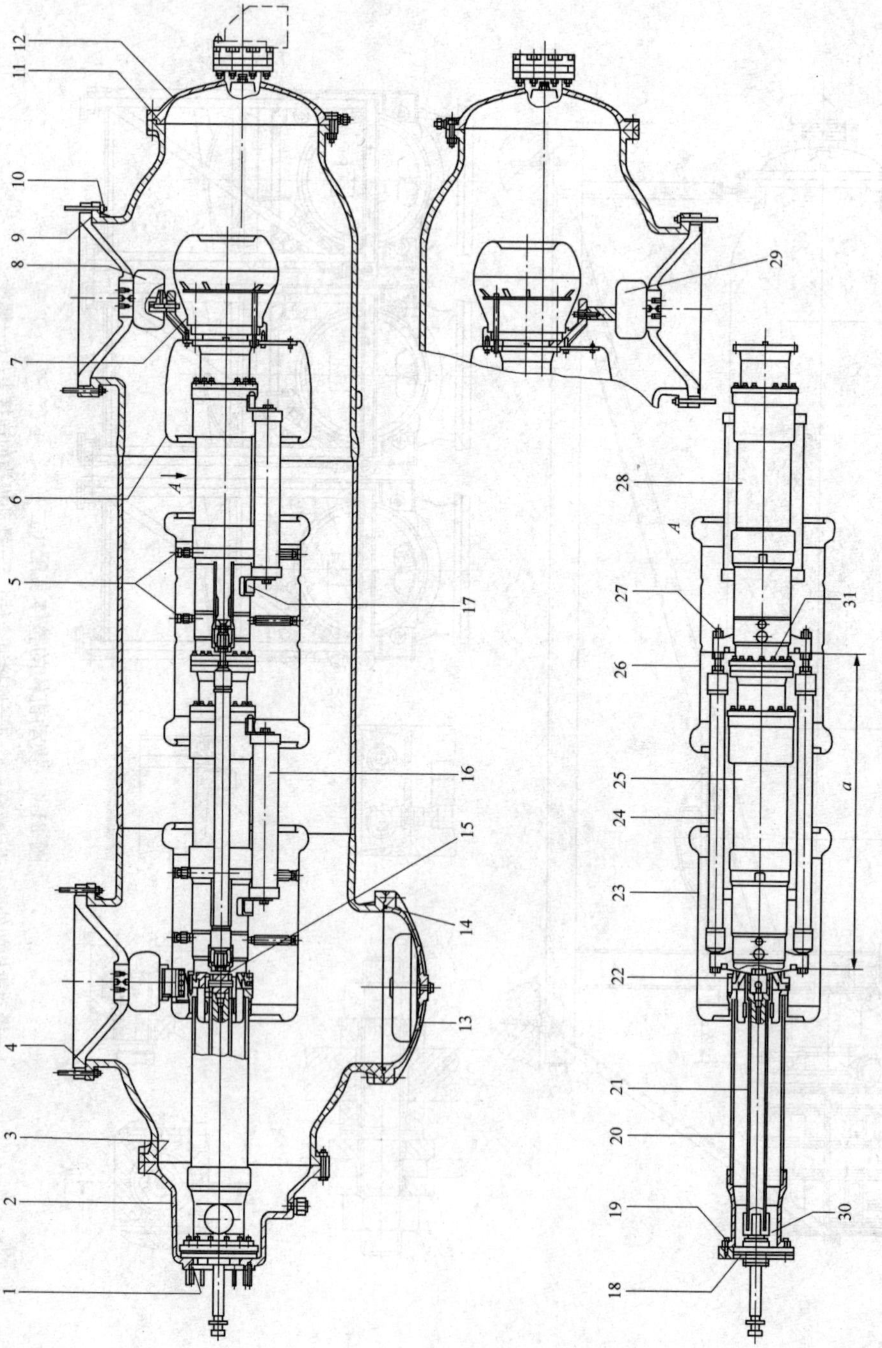

图 21-5 断路器的整体装配

1，5，19，22，31—内六角螺钉；2—断路器的外壳；3，4，9，11，14—密封圈；6，23，26—均压罩；7—法兰；8，29—连接件；10，17，27—螺母；12,13—法兰盖；15—销钉；16—并联电容器；18—线性运动套管；20—支持绝缘子；21—操作连杆绝缘子；24—操作杆；25,28—灭弧室；30—垫圈；31—螺钉

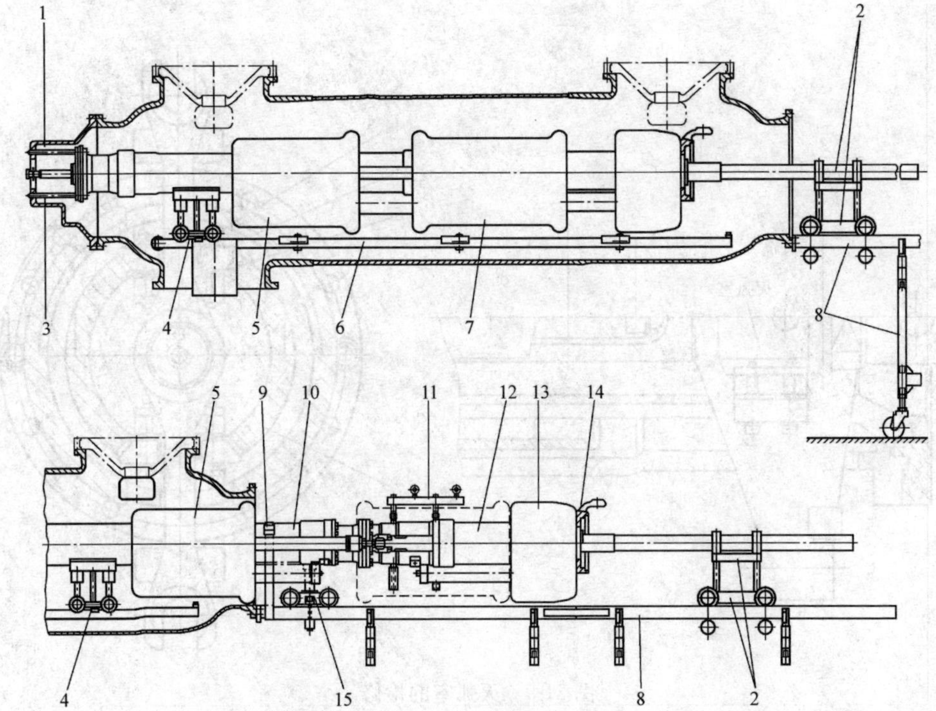

图 21-6 断路器灭弧室单元（一）

1—导向销；2，4，6，8，9，11，15—灭弧室拆卸装置；3—限位销；5，7，13—均压罩；10，12—灭弧室；14—法兰

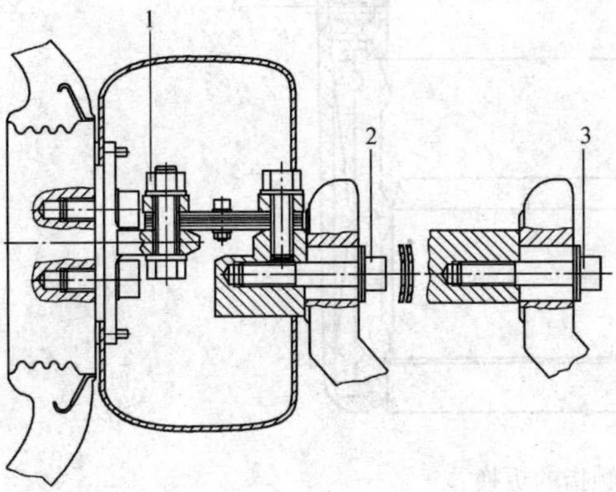

图 21-7 断路器灭弧室单元（二）

1—螺母；2，3—内六角螺钉

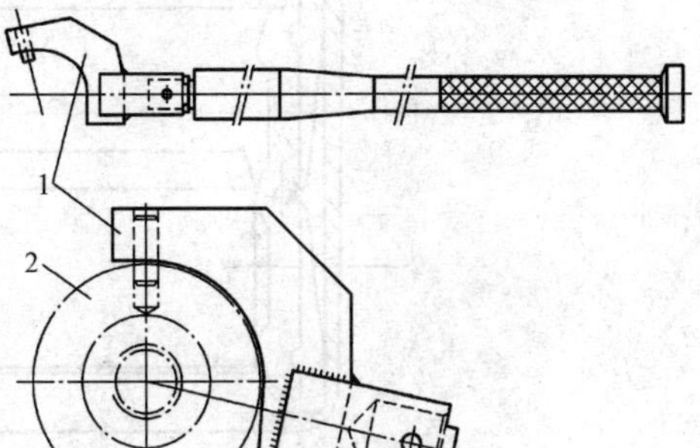

图 21-8 专用工具（钩子扳手）

1—钩子扳手；2—操作杆

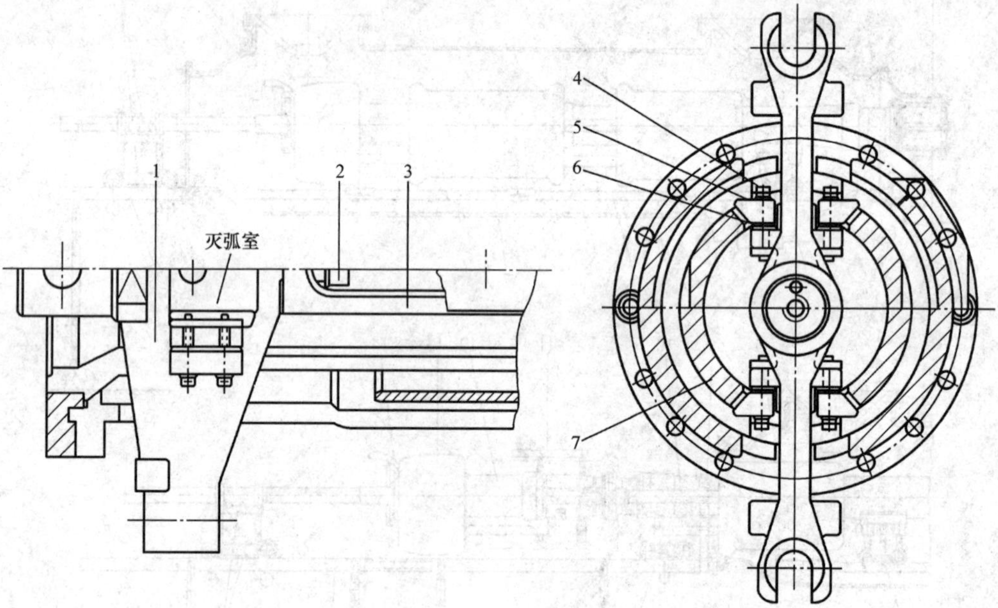

图 21-9　灭弧室的检修

1—连杆；2—连接螺钉；3—移动方向管；4—内六角螺钉；5—导向组件；6—垫片；7—喷气活塞

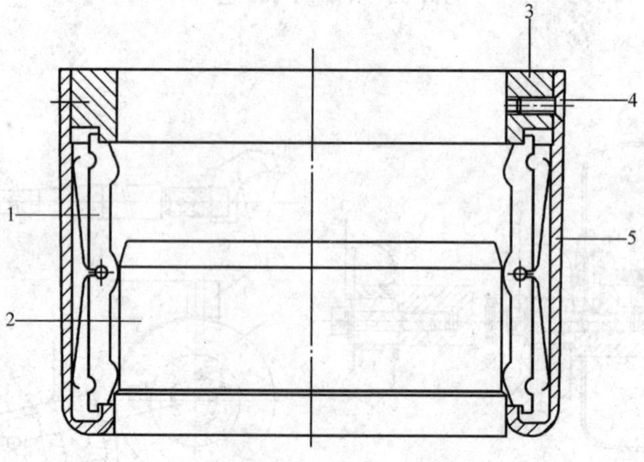

图 21-10　触指的更换

1—触指；2—固定装置；3—组装环；4—内六角螺钉；5—触指笼

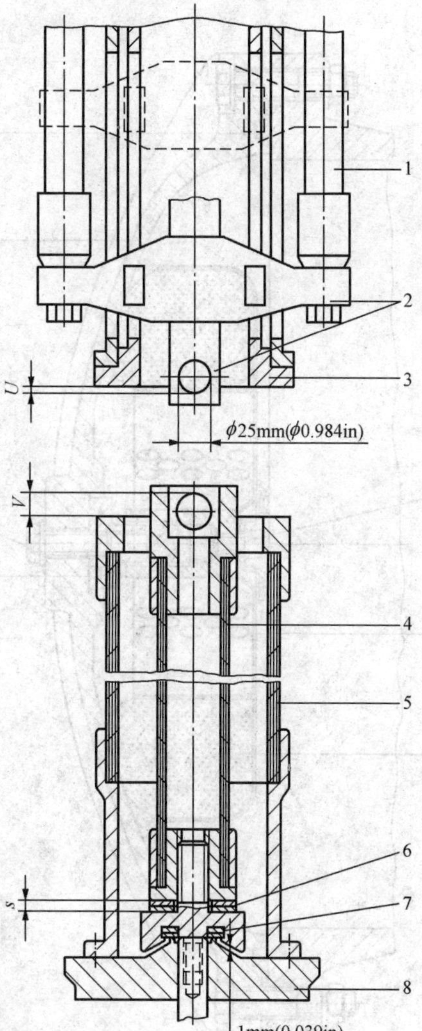

s (mm)	>	0	1	3	5	7	9	11	13	15	17	19
	<	1	3	5	7	9	11	13	15	17	19	21
	n	0	1	2	3	4	5	6	7	8	9	10
s (in)	>	0	0.04	0.12	0.20	0.28	0.35	0.43	0.51	0.59	0.67	0.75
	<	0.04	0.12	0.20	0.28	0.35	0.43	0.51	0.59	0.67	0.75	0.83

图 21-11　灭弧室相关尺寸测量

1—操作杆；2—连杆；3—喷气活塞；4—连杆绝缘子；5—支持绝缘子；6—垫圈；7—弹性密封圈；8—线性运动套管

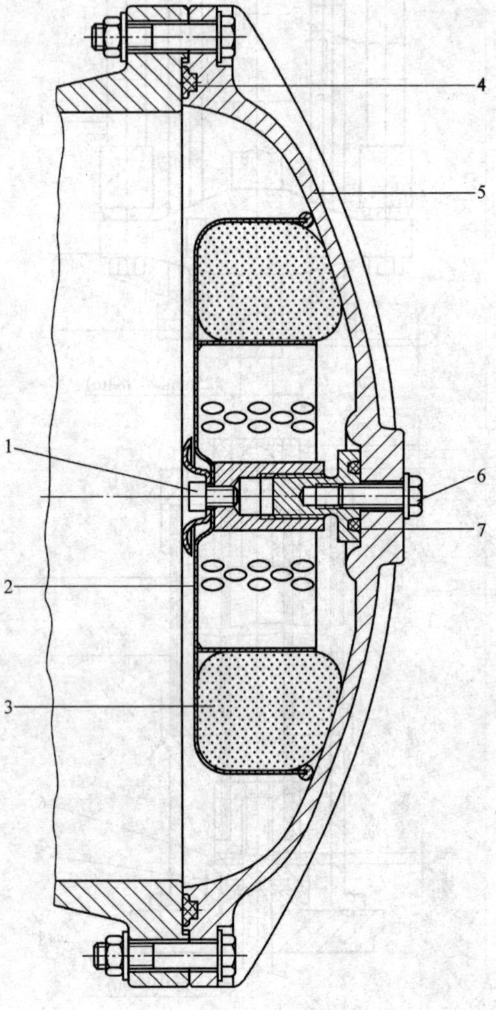

图 21-12 灭弧室过滤器的检修

1，6—内六角螺钉；2—过滤盘；3—吸附剂袋；
4，7—密封圈；5—法兰盖

（5）连接组合件和连接头之间的间隙 S_1，必须是（2.5±1.5）mm。装配连接组合件，拧紧螺钉将两个半边拉紧到一起，使距离 $S_2=S_3$，间隙 S_1 成为零。

（6）扭紧压力释放螺钉，装操动机构的外壳。

（7）装配之后，进行功能试验。

（8）再检查全部的密封点密封情况。

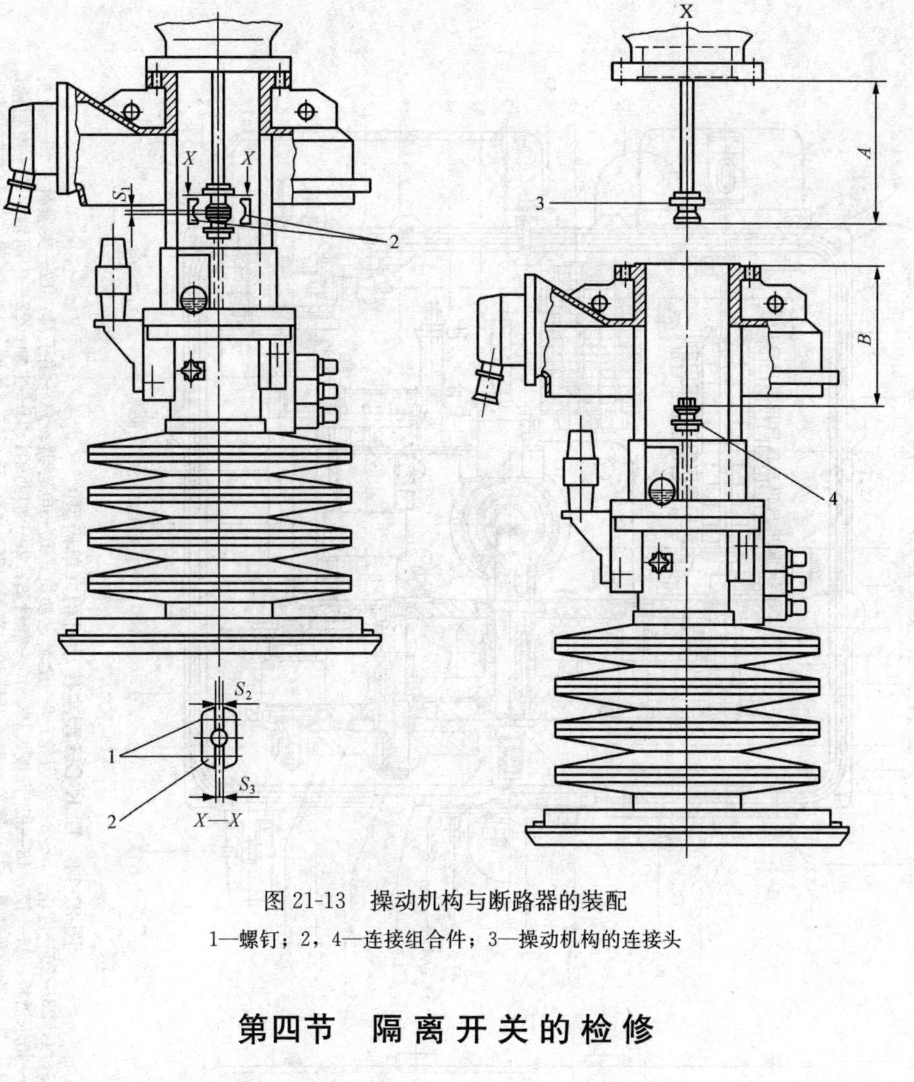

图 21-13　操动机构与断路器的装配

1—螺钉；2，4—连接组合件；3—操动机构的连接头

第四节　隔离开关的检修

一、ELK DH 型操动机构的检修

1. ELK DH 型操动机构的机械原理

见图 21-14，操动机构由电动机或手动摇曲柄，通过离合器 2、主轴 21 及伞形齿轮来驱动其他组件运动。合闸和分闸由改变电动机或手动摇曲柄的转动方向来选择。齿轮箱内减速器上的微动开关和机械限位器，对分闸和分闸行程进行限位。当齿轮箱的微动开关在极限位置被限制时，离合器 2 确保电动机不损伤。

位置指示器 1 通过辅助开关 60 直接与齿轮箱耦合。

在电动机电流回路被辅助开关 60 和控制继电器断开时，锁紧磁铁（限位联锁）

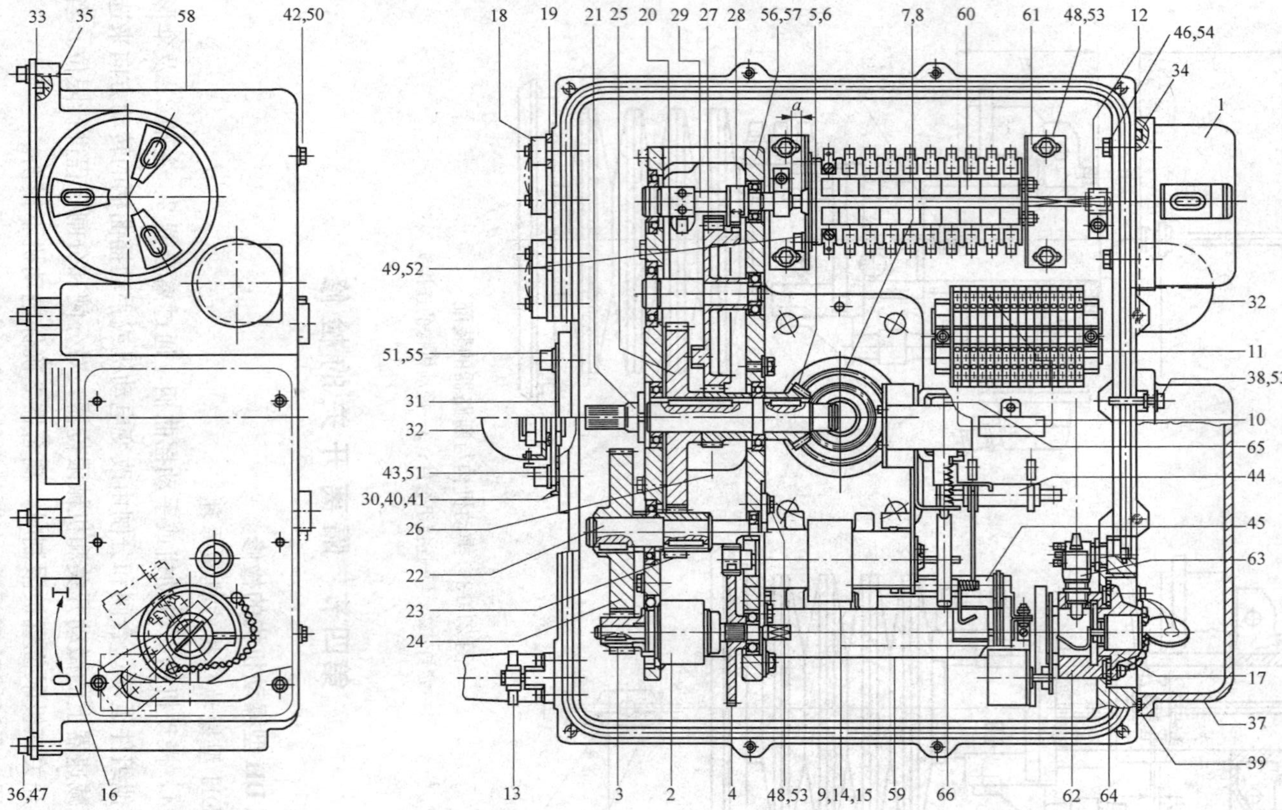

图 21-14　ELK DH 型主传动机构（单极型）

1—位置指示器；2—离合器；3，4，23～26—齿轮；5～8—伞齿轮；9—全套电动机；10—电容器；11—端子排；12—夹紧件；13—插头连接器；14，15—电动机；16—指示器板；17—锁；18—板/盲板；19，40—密封垫；20—辅助轴；21—主轴；22—中间轴；27—控制轮；28—连杆；29—控制轴；30，31—罩；32—通气罩；33—外盖；34，35，39—密封；36，41，53～55—垫圈；37—锁罩；38—控制螺钉；42，43—锁紧垫圈；44，45—电阻；46～51—螺栓；52—六角螺母；56，57—齿轮装置；58—机构壳体；59—全套导向管；60—辅助开关；61—支架；62—闭锁罩；63—微动开关；64—环；65—锁紧磁铁；66—锁紧机构

65 或锁紧机构 66 立即发生作用。当电动机/启动或手动摇曲柄插入手动操作时，闭锁立即解除。

手动操作时摇曲柄的转动方向在指示器板 16 上显示。拿下锁 17 后，手动摇曲柄能够插入。手动操作仅用于试验和调整工作。

检修时，将锁 17 插入到"检修"(REVISON)的位置。微动开关 63 被闭锁板作用，将电动机电源回路切断。操作时，将锁 17 插入到"工作"(SEVERICE)的位置。

手动操作：在手动摇曲柄的插入孔被触头、磁铁和连（杠）杆打开之后，才允许手动操作。

当闭锁杆插入到全套导向管 59 中撞到齿轮箱的正方块上时（微动开关 63 动作），闭锁住从外部来的全部机械与电气的指令（闭锁杆可自锁）。

2. 检修的基本要求

将相应的装置或设备与带电部分隔离。

在检修工作进行时，不得进行任何开关的操作。

拆卸的部件和要更换的部件，必须按照相关的操作手册的要求进行清洁。

3. 电动机的更换

转动锁 17 到 "REVISION" （检修）位置。取下外盖 33。在齿轮盘的啮合点处卡住齿轮装置，防止机构带动隔离开关运动。从端子排 11 处，拆除电动机的接线（端子 19、20、21、22）。并做好标记。松开螺栓 48 并拆除电动机。比较要更换的电动机其铭牌上的数据，电压、功率和转速必须一致。安装新电动机。取下齿轮装置的卡死工具。

4. 更换辅助开关 60

转动锁 17 到 "REVISION" （检修）位置。取下外盖 33。拆去辅助开关上的电气连接。松开夹紧件 12 并把辅助开关滑动。取下位置指示器 1（螺栓 46）。拆除辅助开关 60（螺栓 48）及支座并从操动机构外壳中取出。重新安装辅助开关时，将辅助开关轴插入控制轴 29，注意尺寸 $a=(8\pm1)$mm，安装辅助开关之后，用手动摇柄转动操动机构进入 "合闸" 位置。就位并找正位置指示器 1，使符号 "I" 或 "C" 出现在视窗的中间。拧紧位置指示器的螺栓 46 并检查在 "分闸" 位置时，是否在观察窗的中间出现符号 "O"。根据前面做好的标记连接控制电缆，安装控制电缆时，要避免与转动部件的接触。

5. 更换微动开关 63

拆卸操动机构；拆下整个的电动机；取下辅助开关（转换开关）的紧固螺钉；从齿轮箱中旋出螺栓 50；取下全套导向管 59 和闭锁罩 62 的紧固螺钉；在端子(17) 和 (18) 处，松开微动开关 63 的接头；推动齿轮箱到一边，直到闭锁罩能够取出；从微动开关处松开电线的接片，并装配到新微动开关上；装配新微动开关。以相反的顺序，重新装配操动机构。

二、隔离开关的本体检修

检修的基本要求与操动机构类似。

（一）拆卸隔离开关载流部件

见图 21-15，从 T 型外壳上，卸除外壳端盖 25。松开对应两侧的两个螺钉接头 37、44、45，并固定导向螺栓 51。拆除余下的螺钉接头并移开外壳端盖。在再次组装时，更换密封圈 31。

从外壳中取出绝缘轴 1。

卸除隔离开关的接地开关接头上的部件或接地开关法兰 52 上的部件。

使用专用扳手，卸除接地开关固定触头：使用导轨，将专用扳手固定到隔离开关的接地开关接头上，或接地开关法兰 52 上。将销钉插入到固定触头的孔眼中，并转动直至接地开关固定触头从调整板 27 中旋出。安装时，以相反的程序取下专用扳手。

从支撑板 17 中，松开主触头屏蔽罩 28，松开四只连接螺钉 39、垫圈 49，并从外壳中取出。

松开两只螺钉 39、垫圈 49，从支撑板 17 中松开短管形触头夹持器屏蔽罩 18。将护罩转动 90°，直到开孔与支撑板对准。首先在支撑板上，把护罩移向静触头 11 的方向，沿着管形触头座的侧边，从外壳中将其取出。

松开螺钉 40、垫圈 49，从管形触头夹持器 22 中，松开支撑板 17。并从外壳中取出。

（二）水平方向的管形触头座的拆卸

用固定装置，卸除管形触头夹持器 53：松开螺母，尽可能拉出转向架的夹持钳口。抬起拆卸用的固定装置的转向架到支持油缸 23 之上。推进夹持钳口到一起，直至支撑油缸 23 碰撞其限位器，并用螺母拧紧。插入导向螺栓到转向架的安装导轨（滚轮）之中，并固定支撑架到 T 型外壳的连接法兰上。用内六角螺钉固定轨道到支撑架而不全部拧紧。如必要，用星形柄调整拆卸用的固定装置。紧固止位器于轨道上。松开余下的两只螺钉接头 41、48，从管形触头夹持器 22 处，松开基座支架 15。抬起管形触头夹持器 53 使其离开基座支架 15 中心，用内六角螺钉作为接头。当底座和管形触头座间的间隙适当时，用内六角螺钉把轨道紧固到角撑架上。转动手柄，调整拆卸固定装置的轴，拆除转向架和管形触头座，用手将其从外壳中拉出。从固定装置上卸除管形触头夹持器 53，按照与装配时相反的程序拆除该装置。用专用扳手，松开引弧触头。使用力矩扳手和手柄将预引弧头夹紧在专用扳手之中。将杠杆插入到内六角凹头螺钉 2 的六角插座中。从随动管组件 26，用力矩扳手松开预引弧头，同时握住杠杆使其不转动。

从支持绝缘子 33 处，松开带静触头屏蔽罩 19 内静触头 11 的内六角凹头螺钉 43，将其从外壳中取出。

松开螺钉 41，从管形触头夹持器 22 处松开调整板 27。

（三）垂直方向的管形触头座的垂直方向拆卸

用固定装置，卸除管形触头夹持器 53：松开螺母，尽可能拉出转向架的夹持钳口。将拆卸用的固定装置的转向架抬到支持油缸 23 之上。同时推进夹持钳口，直至支持油缸 23 碰到限位器，拧紧螺母。将导向螺栓 51 插入到转向架的安装导轨（滚轮）之中，并固定角撑架到 T 型外壳的连接法兰上。用内六角螺钉将轨道与角撑架固定而不全部拧紧。必要时，用手柄调整拆卸用的固定装置。转动手柄，调整拆卸用的固定装置的心轴，直至触头环组件 24 的极限位，使其与管形触头夹持器 53 相连接。松开余下的两只螺钉 41、垫圈 48，从管形触头夹持器 22 处，松开基座支架 15。抬起管形触头夹持器 53 使离开基座支架 15 中心，而使用内六角螺钉作为接头。当底座和管形触头座间的间隙适当时，用内六角螺钉将轨道与角撑架紧固在一起。转动手柄，卸除转向架和管形触头座，用手从外壳中拉出。卸除管形触头夹持器 53，使离开拆卸用的固定装置，按照与装配相反的程序拆除该固定装置。

用专用扳手，松开引弧触头：将专用扳手装到预引弧触头上。使用力矩扳手和手柄，夹紧引弧触头于专用扳手。将加力杆插入到内六角凹头螺钉 2 的六角插座中。用力矩扳手将引弧触头从随动管组件 26 松开，同时握住加力杆不使转动。

从支持绝缘子 33 处，松开内六角凹头螺钉 43，从外壳中取出带静触头屏蔽罩 19 的静触头 11。

松开螺钉 41，从管形触头夹持器 22 处，松开调整板 27。

三、传动轴上密封圈的更换

密封圈只在发生泄漏和大修时才予以更换。为了更换密封圈，操动机构及外壳端盖都必须拆卸。

松开螺钉，从外壳端盖处松开轴承护套。将连接轴连同滚珠轴承，从外壳端盖的端盖孔中取出。将压缩环以及其密封圈，连同支持，从端盖孔中取出。清洁端盖的内孔。在新密封圈上涂上薄层的润滑脂，并连同支持环一起安装到端盖内孔中。将压缩环压入到端盖内孔中。将连接轴与滚珠轴承装配好。用螺钉紧固轴承护环与外壳端盖。安装外壳端盖和操动机构。

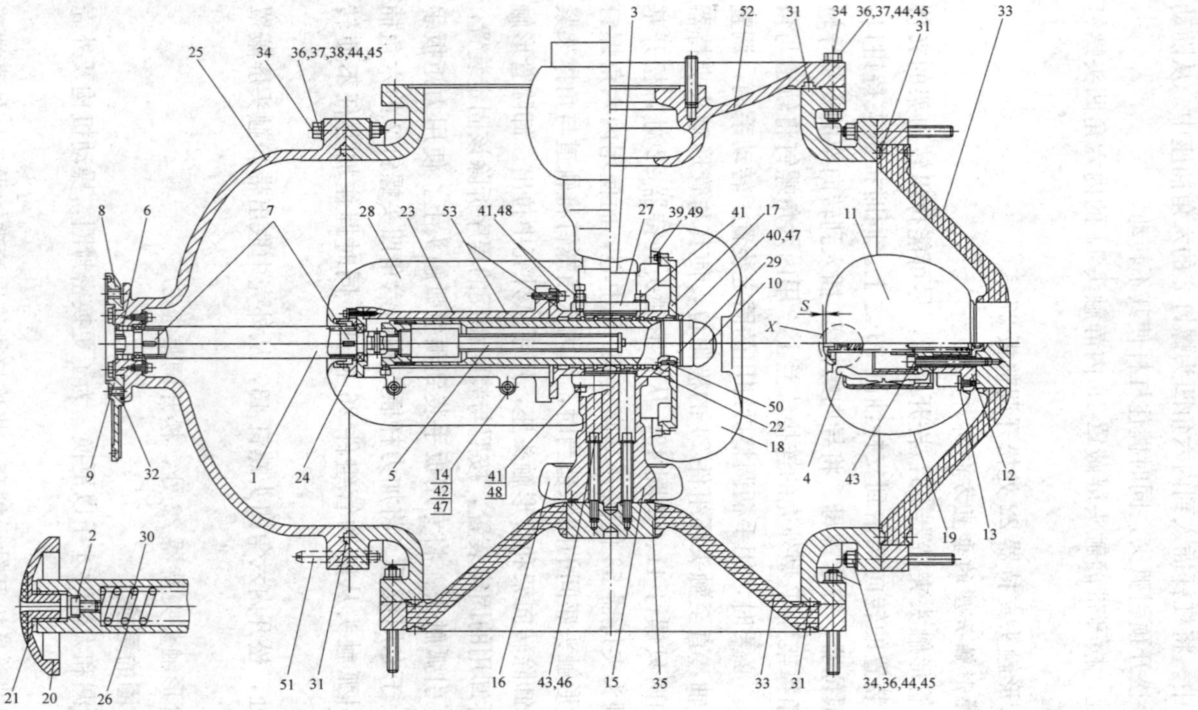

图 21-15　隔离开关本体结构

1—绝缘轴；2—内六角凹头螺钉 M5×10mm；3—接地开关静触头（故障闭合/断开保护）；4—触指；5—螺纹主轴；6—连接轴组件；7—耦合元件；8—夹紧法兰，户内型；9—夹紧法兰，户外型；10—预冲击环组件；11—静触头；12—适配器；13—夹紧螺钉；14—间隔衬套；15—基座支架；16—短屏蔽罩；17—支撑板；18—短管形触头夹持器屏蔽罩；19—静触头屏蔽罩；20—预冲击组件；21—填隙垫圈；22，53—管形触头夹持器；23—支撑油缸；24—触头环组件；25—外壳端盖；26—随动管组件；27—调整板；28—主触头屏蔽罩；29—管形触头；30—压力弹簧；31，32—密封圈；33—支持绝缘子；34—带有黄油嘴的螺钉；35—内六角凹头螺钉 M6×10mm；36—六角头螺钉 M16×30mm；37—六角头螺钉 M16×90mm；38—六角头螺钉 M12×65mm；39—内六角凹头螺钉 M5×12mm；40—内六角凹头螺钉 M8×25mm；41—内六角凹头螺钉 M10×30mm；42—内六角凹头螺钉 M8×50mm；43—内六角凹头螺钉 M12×110mm；44—六角螺母 M16；45—垫圈 17/30mm；46—垫圈 13/20mm；47—垫圈 8.4/15mm；48—垫圈 10.5/18mm；49—垫圈 5.3/9.5mm；50—弹簧销；51—导向螺栓；52—接地开关法兰

第五节　接地开关的检修

一、检修的步骤

将相应的装置或设备与带电部分隔离。

在检修工作进行时，不得进行任何开关的操作。

拆卸的部件和要更换的部件，必须按照相关的操作手册的要求进行清洁。

二、ELK EM 型接地开关本体的拆装

见图 21-16，使接地开关在断开“O”位置。

从外壳 1 上拆卸操动机构。拆除相间齿轮连杆。松开并拆下六角螺母 41 和六角头螺钉 42，并把开关本体吊离外壳。从外壳 1 中取出安装板 4。松开六角头螺钉 46，并取出扇形齿轮 2 和间隔管 7。在操作轴轴承法兰（轴承支座 14）的区域内，标出外壳 1 的位置标记，确保在组装时的位置正确。

从接地开关壳体 11 中松开内六角凹头螺钉 43 和带外壳 1 的夹紧法兰 6。更换密封圈环 29 与 31；修理操作轴的轴承；检修管形动触头。

检修之后，按相反的顺序进行组装。

三、操作轴的轴承的检修

见图 21-17，在轴承支座 1 上拉出深槽滚珠轴承 6、支持环 2、密封圈 4 以及压紧环 3。对深槽滚珠轴承 6、支持环 2、压紧环 3，按规定进行清洁润滑。更换密封圈 4，再进行回装。

四、管形动触头的拆装

见图 21-16，卸下内六角凹头螺钉 28 及绝缘垫圈 33，去除隔板 22。拔去连接器插座 32 的塞头。拆除内六角凹头螺钉 40（垫圈 37），拉出管形触头上的触头衬套 19。

松开内六角凹头螺钉 35，取出导向件 12。将管状触头 15 从接地开关外壳 11 取出。从管形触头中卸下销钉 18（开口销 39）。将触头环 20 / 21 从动触头套中取出。清洁、润滑或更换下列部件：

（1）清洁接地开关壳体 11 及触头衬套 19。

（2）清洁导向件 12 和滑动件 17。

（3）清洁隔板 22。如果损坏，则更换。

（4）更换触头环 20/21。

（5）清洁并检查管状触头 15；如果损坏，或发现侵蚀的痕迹，则更换触头。

（6）更换密封圈 30。

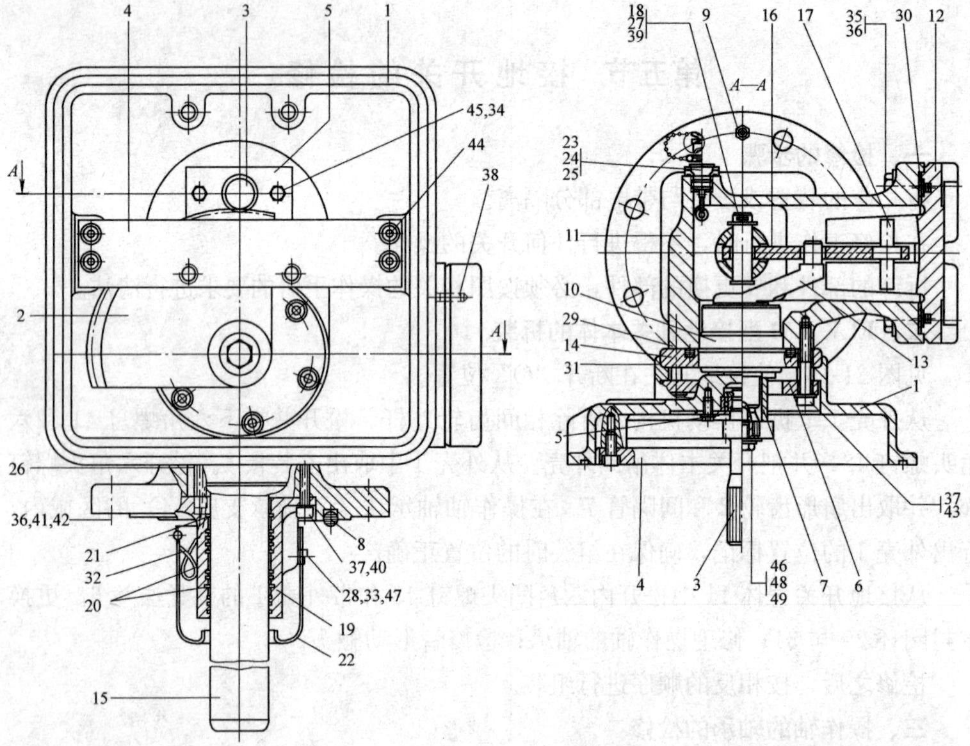

图 21-16　接地开关的结构

1—壳体；2—扇形齿轮；3—小齿轮轴；4—安装板；5—轴承支座；6—夹紧法兰；7—间隔管；8，25，29～31—密封圈；9—不锈钢加油嘴；10—带整套轴承操作轴；11—接地开关壳体；12—导向件；13—操作轴；14—轴承支座；15—管状触头；16—曲柄；17—滑动件；18—销钉；19—触头衬套；20，21—多触头环；22—隔板；23—同轴连接器；24—螺钉塞子 3/8（英寸）；26—电缆导管；27—垫圈；28—内六角凹头螺钉；32—连接器插座；33—绝缘垫圈 6.4/12.5mm；34—垫圈 6.4/12.5mm；35—六角头螺钉 M12×50mm；36—垫圈 13/24mm；37—垫圈 8.5/15mm；38—圆柱销 ϕ8×25mm；39—开口销；40—内六角凹头螺钉 M8×25mm；41—六角螺母 M12；42—六角头螺钉 M12×70mm；43—内六角凹头螺钉 M8×55mm；44—内六角凹头螺钉 M8×20mm；45—六角头螺钉 M6×12mm；46—六角头螺钉 M10×20mm；47—绝缘螺钉 M6×10mm；48—垫圈 10.5/21mm；49—垫圈 13/40mm

五、动触头的回装

用钳子将触头环安装到触头套上。把管状触头 15、销钉 18、曲柄 16 和滑动件 17 组合在一起。并插入到接地开关的外壳中。将触头衬套 19 套在管状触头 15 上，并予紧固。把新密封圈安装到导向件 12。调整导向部件使它平行于滑动件 17。使管状触头 15 运动自如地进入到触头衬套 19 中，拧紧导向部件。安装隔板 22。

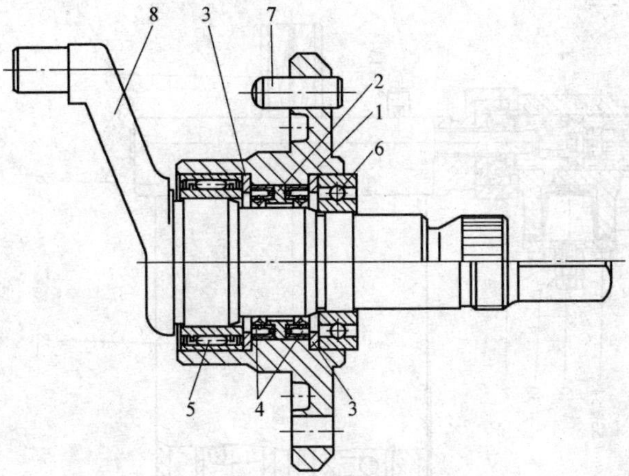

图 21-17　带整套轴承的操作轴

1—轴承支座；2—支持环；3—压缩环；4—密封环；5—滚珠轴承（NKI 40/20）；6—深槽滚珠轴承；7—圆柱销 $\phi10\times32$mm；8—操作轴

第六节　快速接地开关检修

一、ELK DB 型操动机构的检修

ELK DB 型操动机构的机械原理：操动机构是按单相操动机构设计的。电动机可远方控制（正常操作），紧急时可手动操作。见图 21-18，受压弹簧 1 被电动机 33 张紧，或用手动曲柄通过离合器 55 来张紧。由微动开关 35 控制电动机停机。传动装置在到达死点位置时，离合器脱开，使电动机空转而不损坏。弹簧释放能量释放，凸轮管 5 脱钩，驱动轴旋转 90°，使触头闭合。电动机反转时，所有的运动按相反的程序进行，压缩弹簧不张紧。本机构可实现电气联锁与机械闭锁。

操动机构的拆卸和装配（见图 21-18）：

（1）将快速接地开关切换到分闸“O”位置。将锁转动到“检修（Revision）”位置。拆下操动机构的端盖 20。将控制电缆从端子排处拆开，并松开密封的电缆管。

（2）用桥机缚住操动机构。松开 4 只六角头螺钉，并将操动机构拆离隔离开关单元。操动机构在接地开关处于分闸“O”位置时，才能装配。安装新的密封圈。

（3）将操动机构装配到隔离开关单元。

（4）用六角头螺钉（垫圈），紧固操动机构。紧固了至少两只螺钉之后，退出起吊设备。

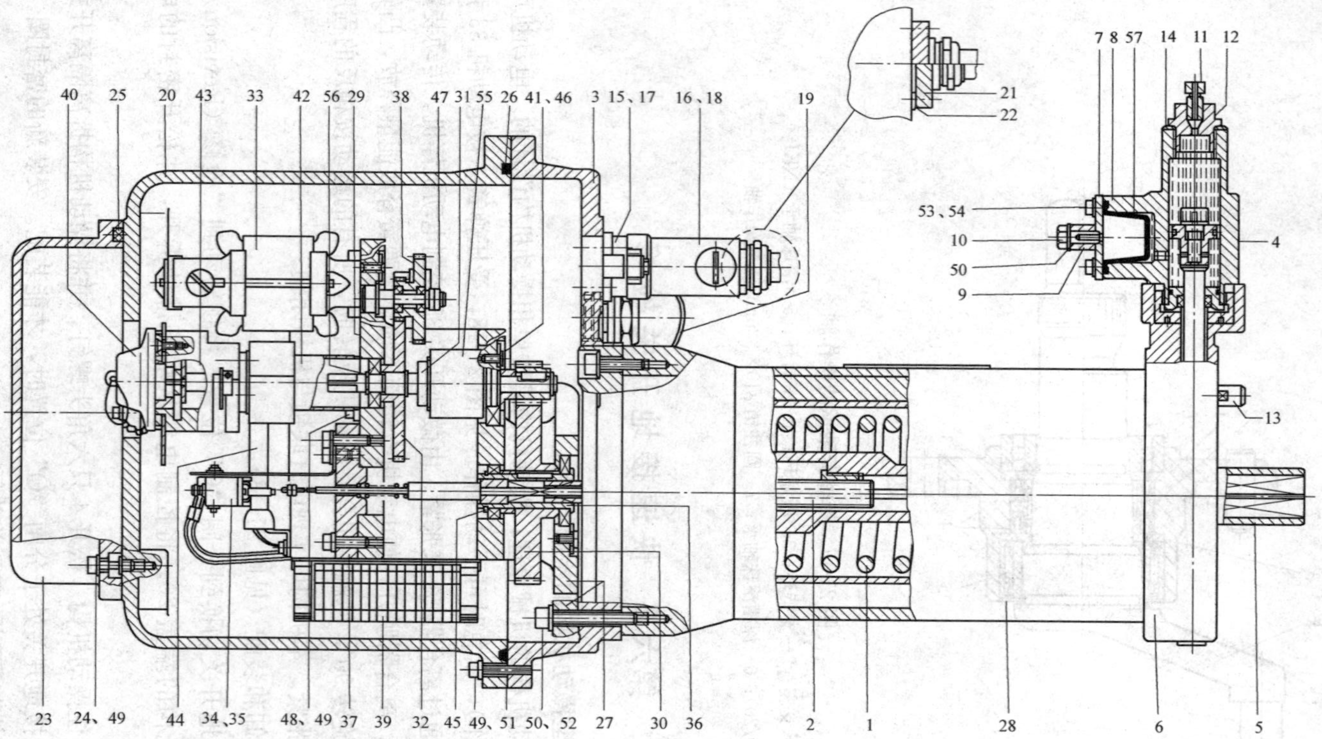

图 21-18　快速接地开关操动机构

1—受压弹簧；2—轴；3，7，20—端盖；4—速度限制器；5—凸轮管；6—方形法兰；8—膜盒；9—排气衬套；10，11—排气螺钉；12—螺塞；13—中心销；14，26—密封圈；15—阳连接器；16—阴连接器；17—装配完成的壳体；18—阴连接器壳体；19—通气罩；21—板；22，25—密封垫；23—锁盖；24—锁紧螺钉；27—接地开关弹簧机构；28—蓄能弹簧操动机构；29—齿轮箱；30，32—齿轮；31—滑动连接器 8N·m；33—电动机；34—用于开的微动开关；35—用于关的微动开关；36—主轴；37—导向法兰；38—齿轮对；39—支架；40—锁；41—内六角凹头螺钉；42—管子；43—联锁机构壳体；44—电阻；45—护环；46—垫圈6.4/18mm；47—六角螺母 M8；48—六角螺母 M6×10mm；49—内六角凹头螺钉 6.4×11mm；50—垫圈 8.4/17mm；51—内六角凹头螺钉 M6×30mm；52—内六角凹头螺钉 M8×50mm；53—垫圈 5.3/10mm；54—十字槽螺钉；55—离合器；56—护环；57—波纹隔膜

（5）装配完成，两个微动开关必须进行调整，电气接线（控制电缆）。

（6）装上端盖 20。

二、电动机的更换

见图 21-18：

（1）松开锁盖 23（锁紧螺钉 24）。

（2）卸下锁 40，卸下端盖 20。

（3）从支架 39 中拆开电动机的电气连接。

（4）松开六角螺母 47，并取出齿轮对 38。

（5）松开螺钉，并取出整个电动机（连小齿轮）。

（6）核对要更换的电动机的铭牌数据。

（7）安装新电动机。

（8）安装齿轮对 38 和六角螺母 47，使齿轮对具有轴向间隙最大 0.5mm。

（9）将连接线接到相应的端子：绿—端子（19），白—端子（20），黑—端子（21），蓝—端子（22）。

（10）重装端盖 20。

三、离合器的更换

更换离合器 55（图 21-18）：接地开关处在"O"位置。拆卸接地开关弹簧机构 27。松开微动开关上的电气连接。将传动装置从端盖 3 中取出。松开离合器 55 的内六角凹头螺钉 41。取出护环 45，拆卸主轴 36，将齿轮 30 从齿轮箱中取出。从离合器 55 轴上松开护环 56，拉出齿轮 32。从后面拆下离合器 55，在新离合器上，装配滚珠轴承、间隔环、齿轮轮盘、键销和护环。按拆卸的相反程序进行组装。

操作阻尼器漏油处理：阻尼器少量漏油可以修复。接地开关在断开"O"位置，使阻尼器向上。旋下螺塞 12，并更换密封圈 14。当螺塞 12 旋回时，稍微松开排气螺钉 11（一圈螺纹）。拧紧螺塞 12 后，再拧紧排气螺钉。当漏油发生在波纹隔膜 57 的区域时（端盖 7、排气衬套 9 或排气螺钉 10），操动机构必须送回到供应商处进行大修。

四、快速接地开关的本体检修

同上文中隔离开关本体的检修。

第七节　其他部件的检修和维护

一、密度继电器的检修

1. 密度继电器原理

密度继电器机构及原理图见图 21-19。由于泄漏而使气体密度低于一给定水平，控制器将分两个阶段发出漏气报警。被监测 SF_6 气体装置部分 1 的气体密度，与在参考室 2 内的相同气体的气体密度相比较。当在相等的气体温度时，密度大小比较可以以压力大小比较来判断。比较被监测 SF_6 气体装置部分 1 和参考室 2 的压力通过金属波纹管 3 来进行。波纹管的移动通过连杆 5 传递到微型开关 6。微型开关 6 把比较结果转为电信号。

密度继电器有观察的指示器。指示器（绿 / 红区域）指出密度的范围。指示器刻度区分点（绿 / 红）调整在最低的切换点。根据要求对微型开关 6 的动作值进行整定。

2. 密度继电器的拆卸

（1）卸除外保护罩 15，户外罩钥匙。

（2）切断控制电源。卸除顶盖。

（3）松开插接接点或向上拉出，不需要使用起子。从连接处分开密度继电器。为保证连接器不受损伤，用保护帽盖或塑料罩盖防止外部污染。

（4）对密度继电器的保护和信号系统进行检测。在回装时应更换新的密封圈。

3. 微型开关的调整

（1）参照密度继电器铭牌上的额定值，检查微型开关的切换点或压力表上的压力值，是否与参考数值表上的整定值相符合。

（2）拆除密度继电器的罩盖。卸除保护罩 15，包括户外罩钥匙。

（3）切断控制电源。

（4）要考虑周围的温度（20℃），以保证动作的灵敏度。如果压力值不在允许误差之内，整个密度监视器必须送厂家大修。

（5）将螺钉松开，卸除顶盖。

（6）在 GIS 单元上装一块高精度压力表。缓慢降低 GIS 单元气体压力，至微型开关刚好动作。读出压力表值进行比较。用微型开关调节螺钉来调整报警 1、2、3 段的压力点。逆时钟方向转动，使压力点下降；顺时针方向转动，则使压力点上升。微型开关调节螺钉调整后要用锁定剂固定。

二、安全膜，吸附剂的更换

1. 安全膜的更换

安全膜与法兰中心要找正。将润滑脂涂到安全膜与法兰接触区域，使它可以粘到法兰上。安装密封。按规定力矩拧紧。

2. 吸附剂的更换

安装吸附剂的腔体打开后，吸附剂必须全部更换。此外，如果内部的湿度指示

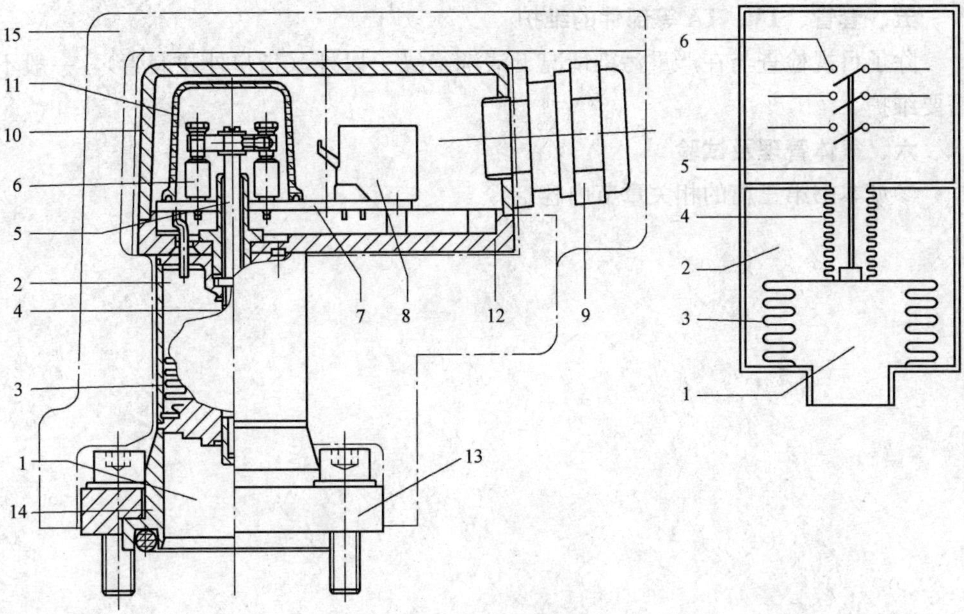

图 21-19　密度监视器结构

1—被监测 SF_6 气体装置部分；2—参考室；3，4—金属波纹管；5—连杆；6—微型开关；7—电路板；8—螺钉端子；9—电缆密封头；10—铸铁铝盖；11—微型开关盖；12—底板；13—法兰；14—压力接头；15—户外护罩

剂是蓝色的，也更换吸附剂。

松开螺钉，拆下法兰，处理时，不要动安全膜，否则安全膜必须更换。

更换吸附剂。组装按相反的顺序进行。吸附剂从包装中取出 2h 以内要安装。并要对安装单元及时充气。

三、GIS 母线连接的更换

根据管形导体的直径和数据选择合适的支撑。

在垂直连接的情况下，从底部开始组装，即外壳悬挂在桥机上，待到装配的组件附近时，打开保护罩。在清洁时用绳索拴住母线防止坠落。

重装触头座时必须保证平行度。

检查触头电接触面上没有锁定剂。

四、避雷器的检查

每 5 年进行一次检查，在检查期间，避雷器可处于工作状态。检查内容：气体湿度、纯度与压力、接地连接（目视检查）。

注意：为了安全，只有在完全停电后，才能在接地线上工作。

五、套管、TV、TA 等部件的维护

除了目视检查与在严重污染情况下清洗绝缘子以外（指户外式套管），一般不需要维护。

六、气体管理及试验

参见本书第三篇的相关章节内容。

第二十二章　六氟化硫封闭式组合电器的现场试验和故障处理

第一节　六氟化硫封闭式组合电器的现场验收和试验

六氟化硫封闭式组合电器（GIS）检修后，必须经过严格的检查与试验，确认检修安装正确、可靠后，才能投入运行。

大量的现场试验结果表明，下列现象不可避免的存在着：

（1）现场绝缘试验中往往会发生零件松动、脱落、导电表面刮伤。

（2）强烈的振动造成绝缘子开裂。

（3）安装错位引起电极表面缺陷。

（4）安装过程中造成导电微粒进入。

（5）由于疏忽将工具遗忘在装置内。

（6）原来潜伏在装置内的导电微粒在工厂试验时未能检测出来，后来在运输和安装过程中被振荡出来或漂浮在装置内等。

这些因素都会导致绝缘故障。绝缘缺陷一般分为两大类：一是由自由微粒和灰尘诱发的绝缘事故，称为活动绝缘缺陷（A类）；二是由于检修安装中的意外造成的固定绝缘缺陷（B类）。

根据有关资料统计，SF_6 设备的绝缘事故有2/3都发生在未进行现场耐压试验的设备上。因此，GIS经工厂装配、运输和现场安装之后，在投运前进行绝缘试验是十分必要的。

一、外观检查

主要内容有：装配状态、零件松动情况、接地端子配置及气体管路、电缆台架有无损坏。检查可按下述步骤进行：

（1）检查GIS整体外观包括油漆是否完好，有无锈蚀损伤，高压套管有否损伤等。

（2）检查各种充气、充油管路阀门及各连接部件的密封是否良好，阀门的开闭位置是否正确，管道的绝缘法兰与绝缘支架是否良好。

（3）检查断路器、隔离开关及接地开关分、合闸指示器的指示是否正确。

（4）检查各种压力表油位计的指示值是否正确。

（5）检查汇控柜上各种信号指示控制开关的位置是否正确。

（6）检查各类箱门的关闭情况是否良好。

（7）检查隔离开关与接地开关连杆的螺钉是否紧固，检查波纹管螺钉位置是否符合制造厂的技术要求。

（8）检查所有接地是否可靠。

二、二次接线检查

检查从控制屏到断路器、隔离开关等元件操动机构的连线，检查从控保屏到TA、TV等元件端子箱的接线。同时要检查接线端子的松紧程度及端子标记的情况。

三、绝缘电阻测量（含主回路及二次回路）

使用1000V绝缘电阻表测量主回路（母线、断路器、隔离开关及接地开关等）对地，以及控制回路对地的绝缘电阻。可直接从GIS出线套管导电杆处测量主回路的绝缘电阻值。在端子板上测量每一根线的绝缘电阻值。判定标准：主回路1000MΩ以上，控制回路1MΩ以上。

四、主回路电阻测量

回路电阻测试主要检测GIS在现场安装时的主回路导体连接情况，检查是否存在导体插入深度不够和接触不良的部位。在GIS现场安装完毕后，应用回路电阻测试仪(直流电流不小于100A)参照出厂试验时的方法，将测量的电阻值与出厂试验值相比较，按照《额定电压72.5kV及以上气体绝缘金属封闭开关设备》(GB 7674—2008)规定不超过20%时为合格。严禁在真空状态下测量回路电阻。为便于与制造厂测量的结果比较，应尽量采用与制造厂相同的测量方法。有困难时可采用下列方法：

（1）合上待测回路的隔离开关、断路器和接地开关。

（2）从接地开关上移开接地板后，接上电源。

（3）通以直流20～100A，测量接地开关两端的毫伏数（毫伏表测量点尽可能远离测量电源）。

（4）比较现场测量值与制造厂测量值。判定标准：现场测量值应不超过制造厂测量值的20%。

五、开关操作试验及联锁试验

断路器在进行电动操作之前，先慢分、慢合两次，应无异常现象。然后将机构储能至规定值，用机械特性测试仪进行断路器机械特性试验，测定各项性能参数，其试验结果应满足技术条件。对隔离开关和接地开关进行操作试验，应操作灵活，无卡滞现象。

（1）分、合闸试验。在额定操作压力和规定控制电压下，按下控制屏上按钮，检查分、合闸状况。

（2）连续分、合闸操作试验。除接地开关用手动控制外，要在额定操作压力和额定控制电压下连续进行5～10次分、合闸操作。在此过程中，检查操动机构、转换开关等部位。

（3）操动各元件，检查断路器与隔离开关之间的联锁情况是否满足电气控制原理图规定的联锁条件。

六、SF_6 气体抽真空、泄漏检测及水分处理

在安装组合电器的过程中，装置充气后的检漏工作是一个重要环节，这里面除了我们在安装过程中由于作业的不仔细可能导致各个连接密封点出现泄漏外，设备本体外壳在制造过程中存在砂眼导致气体泄漏也是常见的故障。而且砂眼较小泄漏轻微，不易发现，往往要经数月乃至一年以后才由表压下降较快所体现，而泄漏点的寻找也是相当困难的，处理起来也较为麻烦。具体方法和流程如下：

用 SF_6 检漏仪仔细巡检测量 GIS 本体的焊接部位及各密封点的 SF_6 含量（检漏仪的测量单位为10，体积分数），年漏气率必须小于1%；由于GIS是间隔整体运输的，有的气室在工厂内就将水分处理合格，而到现场又未打开，因此这些气室就不再需要抽真空和水分处理。对于现场打开过的气室以及重新组装的气室均需要进行水分处理。将在300℃经4h烘干的吸附剂放在密闭干燥的容器内冷却后，立即装入GIS气室中，在一边装吸附剂的同时一边抽真空，若吸附剂装入GIS后未及时封盖超过4h，应将吸附剂重新进行烘干处理。

抽真空：用软管将GIS的气室与回收装置连接起来，启动真空泵，首先检查真空泵的转向，然后抽至1托（133Pa）后继续抽30min，关闭气室阀门，要求4h内压力变化不大于1托，则说明气室密封良好。若超过范围则需要再抽至1托并持续30min，以确定是否存在泄漏或潮气释放。

如果气室密封良好则充入 SF_6 气体至额定压力，用塑料布将所有在现场装配的密封面包扎起来，静置24h后，用灵敏度不低于 1×10^{-6}（体积比）的检漏仪刺入各包扎塑料布底部，以检测是否存在 SF_6 气体泄漏。

七、水分测试

如果通过检漏测试合格后，应进行水分测试。按照GB 7674－2008规定有电弧分解物的气室水分应低于150ppm（体积比，$1ppm=10^{-6}$），无电弧分解物的气室水分应低于250ppm。如果水分不合格，则需要将气室内的 SF_6 气体进行回收干燥后，再充入气室直至水分合格。

八、SF_6 密度继电器试验

检查 SF_6 气体密度继电器的动作值在整定范围内。

九、TA试验

在端子板上用500V绝缘电阻表测量二次线圈对地绝缘电阻，其值应大于1MΩ。

十、TA、TV试验

(1) 在端子板上测量二次线圈对地绝缘电阻，其值应大于5×10MΩ。

(2) 对二次绕组及一次绕组接地端子施加工频电压。判定标准：耐受工频试验电压2kV、1min。

(3) 一次绕组进行工频耐压试验，但试验电压不得超过额定电压的1.3倍。

十一、LA试验

LA安装后，应在晴朗天气，无开关操作的情况下进行泄漏电流测量，检查和记录放电计数器的起始数据。判定标准：阻性电流超过0.5mA时，必须详细检查和分析原因。

十二、主回路工频1min耐压试验

为了防止安装上的失误，确保GIS安全运行，设备安装完毕后，主回路（对地和断口间）的工频电压试验，现场主回路工频耐压试验考察GIS的合闸对地绝缘。试验前，避雷器、电压互感器和电缆终端应与主回路隔离，电流互感器二次端子应相互短接并接地，根据试验方案要求相应的主回路断口均应闭合，接地开关均应断开，最后还需逐一检查各气室SF_6气体压力是否在额定值。所有准备工作就绪后，从套管接线端子处施加电压值为出厂值的80%，历时1min无击穿为合格。如果整个工程GIS间隔较多，而试验变压器容量又较小时，则需要分段试验，试验方法相同。

1. 试验电压的波形

交流耐压试验。交流耐压试验对检查是否存在杂质（如自由导电微粒）比较敏感，电压波形应接近正弦两个半波应完全一样且峰值与有效值之比应等于$\sqrt{2}\pm0.07$，试验电压的频率一般在10～300Hz的范围内。

冲击电压试验。按波头长短可分为雷电冲击电压和操作冲击电压；按波形特征可分为非周期性波和振荡波。试验时根据合同和试验设备选择其中一种。

(1) 雷电冲击电压对检查GIS异常电场分布比较敏感；雷电冲击波的波头时间不大于8μs，振荡雷电冲击波的波头时间不大于15μs。

(2) 操作冲击电压试验对检查存在绝缘缺陷比较敏感；操作冲击波的波头时间和振荡操作冲击波的波头时间为150μs～1ms之间。

2. 试验电压值

现场交流耐压试验电压值为出厂试验施加电压值的80%。

雷电冲击耐受电压和操作冲击耐受电压值为型式试验施加电压值的80%。

注：若无操作冲击试验电压值的规定时，安装后操作冲击试验电压应为安装后的雷电冲击试验电压值的80%。

3. 耐压试验程序

试验程序应由制造厂和用户协商并从下列程序中选取：

程序A：按前文进行交流耐压试验，在规定电压值下耐压1min。可增加冲击电压试验，在规定电压下正、负极性各3次。

程序B：按前文的交流耐压试验，在电压值不低于$U_m/\sqrt{3}$（对中性点有效接地系统）或U_m（对中性点非有效接地系统）下耐压5min（U_m为最高工作电压）；同时应补充进行冲击电压试验。在规定电压下正、负极性各3次。

4. 试验电压的施加

规定的试验电压应施加到每相导体和外壳之间，每次一相，其他相的导体应与接地的外壳相连。试验电源可接到被试相导体任一部位。

选定的试验程序应使每个部件都至少施加一次试验电压，在制订试验方案时，必须同时注意要尽可能减少固体绝缘的重复试验次数。例如，尽量在GIS的不同部位引入试验电压。

如怀疑断路器和隔离开关的断口在运输、安装过程中受到损坏，或经过解体，应做该断口间耐压试验。

5. 试验判据

如GIS的每一部件均已按选定的试验程序耐受规定的试验电压而无击穿放电，则认为整个GIS通过试验。

试验过程中如果发生击穿放电，可采取下列步骤：

（1）进行重复试验，如果该设备还能经受规定的试验电压，则认为放电是自恢复放电，耐压试验通过。如果重复耐压失败，则按本条（2）项程序进行。

（2）设备解体，打开放电间隔，仔细检查绝缘损坏情况，采取必要的修复措施，再进行规定的耐压试验。

十三、局部放电测量

局部放电测量有助于检查GIS内部多种绝缘缺陷，因而它是安装后耐压试验很好的补充。由于环境干扰，此项工作比较困难，试验结果的判断需要一定的经验，建议凡有条件和可能的地方，应进行局部放电试验。

现场局部放电试验按照《气体绝缘金属封闭开关设备技术条件》（DL/T 617—1997）中有关条款的规定进行。

局部放电试验应在耐压试验后，在同一试品上进行，也可以在交流耐压试验的同时进行。为了提高局部放电检测的效果，需尽量减少电源和环境干扰，避免高压引线电晕的发生（如GIS高压引入套管的屏蔽和采用无电晕的大直径导线等）。

十四、二次回路工频2kV、1min耐压试验

控制回路和辅助回路对地应进行工频电压试验，耐受试验电压为2kV、1min。

所有试验合格后，安装过程中产生的应力也随开关操作时产生的振动而充分释放，因此将GIS底架与基础埋件可靠焊接。最后进行外观检查，对GIS外壳补漆。

第二节　六氟化硫封闭式组合电器的故障处理

一、运行中的常见故障及其分析处理

（一）SF_6 气体泄漏

这类故障通常发生在组合电器的密封面、焊接点和管路接头处。主要原因是由于密封垫老化，或者焊缝出现砂眼引起。因此每年需要对GIS补充大量的 SF_6 气体来保证正常工作压力。这类故障约占整个故障的40%。

对于 SF_6 气体泄漏，通常先用 SF_6 检漏仪对漏气间隔进行检测，找出漏气点。若为焊缝漏气，将 SF_6 气体回收后进行补焊；若为密封接触面漏气，通常在回收 SF_6 气体后更换密封圈。

（二）SF_6 气体微水超标

SF_6 气体微水在运行时标准为断路器气室小于或等于 300×10^{-6}，其他气室小于或等于 500×10^{-6}，SF_6 气体含水量太高引起的故障易造成绝缘子或其他绝缘件闪络。微水超标的主要原因是通过密封件泄漏渗入的水分进入到 SF_6 气体中。经过多年的运行，气体中含水量持续上升无疑是外部水蒸气向设备内部渗透的结果。水分子呈V形结构，其等效分子直径为 SF_6 分子的0.7倍，因此水的渗透力极强，而且大气中水蒸气分压力通常为设备中水分压力的几十倍，甚至几百倍，在这一压力作用下，大气中的水分会逐渐透过密封件进入气体绝缘设备。

对于 SF_6 气体微水超标，通常办法为回收 SF_6 气体后，用氮气反复冲洗、干燥、抽真空，再充入新 SF_6 气体。

（三）动、静触头在合闸时偏移，引起接触不良

GIS的断路器或隔离开关等开关部件，运行过程中可能由于位置偏移、机构传动不良、磨损等原因造成接触不良或完全无法接触的现象。

对于动、静触头接触不良故障，必须停电解体后查明原因，针对不同故障，更换相应的备件。

（四）GIS 内部放电

由于制造工艺等原因，在 GIS 内部某些部件处于悬浮电位，导致电场强度局部升高，进而产生电晕放电，GIS 中金属杂质和绝缘子中气泡的存在都会导致电晕放电或局部放电的产生。

对于 GIS 内部放电故障，必须停电解体后查明原因，针对不同故障，更换相应的备件。

（五）液压机构出现渗漏油或打压频繁等故障

出现这类故障大多是由于液压机构密封圈老化，或安装位置偏移、或储压筒漏氮等原因引起。这类故障在 GIS 中比较普遍，约占 GIS 整个故障的 40%。

对于液压机构渗漏油或打压频繁故障，在停电后需将液压机构泄压，查明原因，更换相应的油封。

二、典型故障及其分析处理

（一）某电厂 500kV GIS 母线单相接地故障

某电厂 500kV 母线联络断路器气隔和 3 号机出口断路器气隔突然跳闸，计算机屏幕显示 I 母母差保护 C 相动作，故障录波图也表明 500kV C 相发生接地短路故障。

根据录波图初步分析为 500kV I 母 C 相接地短路，不是断路器故障。当即运行人员和检修人员对 I 母进行外观检查，母线外壳未发现明显的放电痕迹；随后，I 母各气隔进行压力及微水的临时检测，根据检测结果表明压力和微水正常，但在 BAY 03-G2-C 相气隔检测时有明显异于其他气隔的异味。拆开 I 母接地开关的短路桥接片及 I 母 TV 中性点引线，用 2500V 绝缘电阻表摇测 I 母对地绝缘电阻，测得 A、B、C 三相的对地绝缘电阻为 150MΩ，证明 I 母无永久的金属性接地，但母线筒未打开，故障点未找到。

再次对 I 母及与故障有关的气隔进行了压力及微水的检测。检查结果表明，气体的微水和压力均合格。检测后用酸度检测仪对异味的气隔进行酸度检测，检测时发现气体通过 Drager 管时，该管的晶体当即变色，由此说明该气隔内的气体受电弧的作用而分解，其酸度值增高，而其他气隔的酸度检测正常，故此确定故障气隔为 BAY03 G2-C 相。

打开 BAY03 G2-C 气隔的工作孔，发现导电杆接头均压环和母线外壳内壁有严重的放电痕迹，壁内和导电杆上有许多白色的金属粉末。处理工作如下：

清扫被电弧烧伤的故障母筒内壁，用 0 号砂纸打磨，直至斑点消失光滑为止，并用 400 号金刚砂纸磨光，彻底清除金属尘埃，最后用异丙醇擦拭干净密封包扎好；处理短导电杆的放电击穿孔，用麻花钻头在孔内手动旋转，打磨带尖的毛刺，使击穿孔变为无尖端的半球形；打磨边缘使其平滑，使带电时无尖端放电现象，打磨完成后清扫导体外表面及连接螺孔，吸出螺孔里部的金属尘埃与半球形内部的金属粉末；后用专用纤维纸沾异丙醇进行清扫，完毕后将短导电杆包扎好；检查并处理盆式绝缘子及导电杆夹件，检查盆式绝缘子无异常，清扫完毕后用塑料薄膜包扎好，更换导电杆接头外套的均压环。

本次事故，是由于母线导体均压环与导体接触不良，造成导体电压不均，形成不均匀的电场。SF_6 气体在不均匀电场下的击穿电压，要比均匀电场作用时低，在这种条件下，SF_6 气体极易被击穿对地短路。因此，我们在检修和安装 GIS 时，应特别注意这一点，讲究检修和安装工艺，保证其均压设备与导体接触良好，检修完毕或安装完毕要进行测试和检查，特别是对新安装的 GIS，要进行局部放电试验，以检查其均压状况，保证设备投产后的安全运行。

（二）某电厂 500kV GIS 运行中出现的问题

某电厂 500kV 系统采用开关厂引进日立技术生产的 GIS，由于某电厂所处的特殊地理位置，作为两大电网联网的枢纽电站，承担着变电站的职能，500kV 系统电气大型倒闸较为频繁，每年达几十次。频繁的操作使设备在运行中暴露出一些问题。

1. 开关内部放电问题

在进行解网操作后，断路器 C 相内部发生放电，造成瞬时单相接地故障。打开断路器 C 相罐体检查时发现：静触头屏蔽罩电弧烧伤、罐体外壳底部电弧烧伤。

经过分析判定：断路器 C 相静触头屏蔽罩加工不良，表面存在毛刺。断路器断开后，在系统过电压的作用下，屏蔽罩对罐体外壳底部发生游离放电，放电发生后将屏蔽罩表面毛刺烧掉。过电压消失后，熄弧重合闸成功。

GIS 内部放电的根本原因是绝缘水平低，在试验电压、运行电压或系统过电压下造成内部击穿。问题主要出现在绝缘件异常、罐体内部异常、主回路导体异常、罐内 SF_6 气体异常等方面。必须从设备选材、加工、检验、组装、现场安装和试验、运行监督等方面全过程进行控制。在设备生产、组装过程中，应加强对绝缘件材质的质量检验；提高罐体、主回路导体的表面加工工艺，防止出现电场畸变；重视组装前、后绝缘子表面的清理。在设备现场安装过程中，安装前注意检查绝缘件是否在运输中被吸附剂污染、受潮、表面凝露；安装时严格执行安装工艺规程；保证充入的 SF_6 气体纯度、微水含量等各项指标合格。设备运行过程中，加强对 SF_6 气体压力的检查，定期检测 SF_6 气体成分、微水含量。

2. 隔离开关操动机构出现的问题

（1）隔离开关操动机构动作缓慢。隔离开关、接地开关操动机构为分相、电动操动机构，驱动电机为直流电动机。在倒闸操作过程中，经常出现个别相机构分、合闸动作速度明显慢于其他相。由于隔离开关慢分、慢合，使动、静触头间放电时间长，容易造成触头烧伤，甚至引起 GIS 爆炸事故。造成隔离开关操动机构动作缓慢的原因为驱动直流电动机故障及电动机与传动机构间连接销磨损。自 500kV GIS 投运以来，已更换 8 台隔离开关操动机构驱动直流电动机。

（2）隔离开关操动机构不动作。在倒闸操作中，个别相隔离开关分、合闸操动机构经常不动作。其主要原因有：联锁回路用微动开关触头接触不良或故障、接触器烧损、合分闸线圈烧损、控制回路问题、电动机故障、电动机与传动机构间连接销断等。其中联锁回路用微动开关接触不良最为常见。造成联锁回路用微动开关接触不良的主要原因是微动开关弹簧片调整不合适、机构柜门关闭不严、机械闭锁装置不到位等。

（3）对隔离开关操动机构的建议。从采用不同操动机构的隔离开关和接地开关的运行实践看，与直流电动机驱动的分相操动机构相比，采用交流电动机驱动的三相连动操动机构和采用三相连动的气动操动机构可靠性要高得多。因此，建议新建或改造工程 500kV GIS 隔离开关操动机构尽量考虑采用交流电动机驱动的三相连动操动机构或三相连动的气动机构。

3. 隔离开关机械闭锁机构强度不足问题

由于直流回路发生接地，500kV 系统一组接地开关发生了自动误合闸。当时该接地开关的三相机械闭锁板均在闭锁位，电厂加装的防误操作机械挂锁在锁死位，但 B 相机械闭锁机构变形并被扭掉，地刀合闸；C 相机械闭锁机构扭曲变形，地刀未合上；只有 A 相机械闭锁机构起到了强制闭锁作用。

该事件暴露出部分隔离开关的机械闭锁装置存在强度不足问题，不仅机械闭锁机构所用材质机械强度本身不足或机械闭锁机构机械强度与电动机驱动力配合设计不好，而且机械闭锁机构焊接工艺质量也存在问题。应从设计、选材、焊接工艺方面进行改进提高。

（三）某变电站 SF_6 的微渗处理与分析

某变电站 110kV GIS 一母线分支气室从投运以来一直存在 SF_6 气体微渗现象，每次补气后至下次报警约需 4 个月的时间。而每次要补充 40kg 的 SF_6 气体。补气至正常压力后，短期内 SF_6 密度继电器压力无明显变化。经过多次使用便携式检漏仪检查，都不能查出微渗点。后经使用气体检漏仪进行全面分段包扎检漏后，发现该分支气室存在 3 处 SF_6 微渗点。

在对渗漏点处理之前，研究人员对可能存在的漏点进行了分析：与分支气室相连的另一气室压力一直正常，渗漏点应存在于分支气室及与其相连的进线套管处，而这一部分可能与外界存在微小气体通道的有：GIS器身、盆式绝缘子、密度继电器、瓷套管等，推测发生渗漏的可能原因有：①SF_6气室有沙眼造成微渗；②密封环有老化、伤痕或裂纹造成微渗；③通式盆式绝缘子有裂纹或伤痕造成微渗；④不通式盆式绝缘子内有沙眼或有裂纹、伤痕造成内渗；⑤瓷套管浇注部分内有沙眼造成微渗；⑥SF_6密度继电器发生微渗；⑦瓷套管进线接头螺钉孔内有沙眼造成微渗；⑧不通式盆式绝缘子与SF_6气室对接不齐造成微渗。

根据检漏结果，可逐一排除上述①、④、⑥、⑦4个因素，其余几个因素可能是造成微渗的主要原因。必须针对以上原因进行解体处理。

该气室解体前，空气相对湿度应符合小于80%，回收SF_6气体使气压为0MPa，保证与其相连的63G42分支气室水平母线SF_6气室仍有0.1MPa的压力；用高纯氮气冲洗置换作业，然后方可进行解体。解体检查及处理过程：

（1）分解并拆除通式盆式绝缘子，经检查发现通式盆式绝缘子及其密封环右上角有轻微伤痕，更换通式盆式绝缘子，并吸除其灰尘、毛刺、金属杂质和固体微粒，用99.9%浓度的丙酮或99.99%的酒精清抹，再更换通式盆式绝缘子上部密封环及其面密封胶。

（2）分解相关部件，检查不通盆式绝缘子，发现右上侧密封环也有轻微伤痕，用上述同样的方法先吸除、清洁不通盆式绝缘子，再更换不通盆式绝缘子上部密封环及其面密封胶。

（3）拆除微渗B相进线瓷套管，经反复检查发现，B相瓷套管底部内浇注部分有轻微伤痕沙眼，这是引起该处微渗的主要原因。由于不具备现场处理沙眼的手段，只能更换B相进线瓷套管。

（4）装复过程中发现通式盆式绝缘子与进线瓷套管气室的连接处，如按原基础固定，则相邻两个气室不能很好地保持在同一直线上，造成隐患。为此，调整该处连接，使之满足要求，并重新固定好气室基础。

该气室在检修后的1年运行中再没有发生SF_6渗漏报警现象。取得了很好的检修效果。

从这次SF_6气体微渗缺陷的分析和处理，在GIS的运行检修工作中应注意以下几个方面的问题：

（1）把好设备的制造、安装关。瓷套管浇注部分应先做超声波探查，器身、盆式绝缘子、密封件必须严格检查，现场安装必须小心谨慎，严格按照工艺要求，保证各种接触表面的完好、清洁以及达到规定的安装精度。

（2）在运行维护中要根据有关规程（或厂家要求）的规定，认真开展设备的巡查，尽早、尽快发现问题，在适当时间安排GIS大修。

(3) 查找漏点应认真使用检漏仪做细心的定量、定性分段包扎检漏，找准微渗点，重点关注器身、盆式绝缘子、套管、密度继电器及密封垫环的沙眼、损伤、老化，并做彻底处理。

(4) SF_6 气体年漏气率的国家标准是小于或等于1%，而现场检漏常采取用塑料布简易包扎的形式，包扎体积较难估算，所以 SF_6 年漏气率计算难以精确计算。运行过程中不必追究是否满足国家标准的漏气率，只要有微渗现象，就应高度关注。

（四）某换流站550kV GIS缺陷分析

1. 隔离开关绝缘拉杆绝缘缺陷

隔离开关绝缘拉杆绝缘缺陷是某直流输变电工程GIS建设中最为突出的设备缺陷。GIS安装完毕后，在对GIS进行592kV下的现场交流耐压试验中发现隔离开关绝缘拉杆存在绝缘缺陷。

第2串A相Q11母线侧隔离开关在耐压400kV 2.5min时，传动绝缘拉杆内部发生击穿放电，第5串B相Q15CT侧隔离开关在耐压500kV 40s时，绝缘拉杆内部再次出现击穿放电。更换两处绝缘拉杆后，重新做交流耐压试验并通过。

针对耐压试验中出现的击穿放电。制造厂的解释是由于绝缘拉杆制造缺陷造成的。曾经在一电厂升压站使用了同一厂家的绝缘拉杆，在现场交流耐压试验时发生了2次击穿，更换后通过了耐压试验，但在该站带电后30min再次发生了同样的绝缘击穿。而且对侧换流站在592kV下的耐压试验时，隔离开关的绝缘拉杆已经击穿5只。

针对问题分析给出了处理意见，将出现问题的隔离开关绝缘拉杆全部更换为另一合格供货方的产品，制造厂应在厂内进行更全面、更严格的试验和考核，而不应该在出现质量问题后依赖在安装现场通过试验来排查不合格产品。

2. 断路器内部缺陷

在进行400kV/60min长时间现场交流耐压试验过程中，加压至1min时，一断路器内部放电。制造厂技术人员打开该相断路器气室，发现断路器合闸电阻下方的罐体箱壁上有异物，清洁处理后，再次进行400kV/60 min交流耐压试验，试验通过。

从2次交流耐压试验结果可以看出GIS的绝缘性能不够稳定，已经通过592kV交流耐压的断路器在重新试验时加压至400kV，1min就发生了内部放电。鉴于交流耐压试验情况，试验方坚持要求对该断路器进行解体检查，以彻底查明在耐压400kV时1min发生放电的原因。

制造厂对这台断路器进行了解体检查。解体后发现该断路器合闸电阻辅助断口内部的1条导向环（聚四氟乙烯材料）断裂，断裂的部分脱落到该辅助断口的金属外屏蔽罩内，最大脱落物接近15mm，金属外屏蔽罩内还有一些较小的碎末。合闸电阻辅助断口内残留的导向环缺口部分长约15mm。

经过解体，可以确认上次耐压试验时筒壁上的异物就是合闸电阻辅助断口内的导向环碎末；若本次不经过解体检查，那么断路器今后操作时，残留在金属外屏蔽罩内的导向环碎末经过操作振动后会分散到GIS罐体内壁其他部位，从而造成绝缘故障；由于辅助断口内的导向环破损，如不处理，今后运行时可能产生操作事故。

解体检查及时发现了缺陷，有效避免了事故的发生。

3. 气室SF_6气体湿度超标

通过湿度测试，各气室情况总体良好。但气体湿度较高的气室为400ppm（1ppm=10^{-6}）左右，制造厂工艺标准规定：现场安装后湿度测量值不应达到规定值的75%。以上气室气体湿度已经超过制造厂内部控制标准，需进行复测和处理。

按照《电气装置安装工程电气设备交接试验标准》（GB 50150—1991）的要求，交接试验时，有电弧分解物的气室气体湿度应该小于150ppm，无电弧分解物的气室气体湿度应该小于500 ppm。某换流站GIS的技术参数是按此确定的。根据《电力设备预防性试验规程》（DL/T 596—1996）标准的要求，断路器灭弧室气室大修后不大于150ppm，运行中不大于300ppm；其他气室大修后不大于250ppm，运行中不大于500ppm。

以上两个标准存在一定冲突。由于交接时考核标准较宽松（非断路器气室气体湿度按500ppm以下考核），设备交付运行以后，对气体湿度的考核是按照《电力设备预防性试验规程》（DL/T 596—1996）进行的，非断路器气室的交接控制值和预防性试验值相同，没有留下一定裕度，很容易造成运行中气体湿度超标。一旦气体湿度超标，是否停电进行处理将成为一个棘手的决策问题。

2006年新颁布的《电气装置安装工程电气设备交接试验标准》（GB 50150—2006）已经将交接试验时无电弧分解物的气室气体湿度控制标准进行了调整，控制在小于250ppm，这将对厂家和安装单位提升工艺质量、严格工艺标准起到促进作用。

第二十三章　六氟化硫封闭式组合电器的状态检修

目前，电力设备的状态检修技术发展很快，针对 GIS 的状态检修问题，可以把要做的工作归纳为以下几个方面：①开关设备的状态检测及故障诊断：研究可靠的检测装置和检测方法；绝缘以及电气参数的劣化与故障，机械参数与物理参数的诊断等。②开关设备状态检修的管理软件，包括诊断数据的处理、设备状态的认定及检修对策、老化与寿命累计及相关的检修判据等。系统应能存储每台设备所有信息，包括设备台账、安装调试记录、设备缺陷记录、历次测试记录、在线监测数据等，对比较直观的故障给出检修对策。③电力设备的可靠性指标、检修技术判据及检修管理标准等。

上述三方面的工作相互关联，而第一个问题是实施该技术的前提与基础。作为状态监测，可以按其工作性质进行分类研究。

开展 GIS 状态检修的基本原则如下：①状态检修的关键在于如何及时、正确判断电力设备性能、状态，应大力发展 GIS 在线监测技术的研究和应用工作。目前，运行单位应重点开展 GIS 特高频（UHF）电磁波局部放电检测及断路器机械特性在线监测技术的应用。②研究 GIS 及各元件技术参数与运行工况的关系，建立一套完善的 GIS 状态判据，并使状态判据量化和具有可操作性。③重视状态监测和检修的数据处理工作，逐步建立以计算机技术、专家系统等为手段的 GIS 状态判定系统（智能判断设备状态，提出相应检修方案）。④重视 GIS 运行、检修、试验数据的积累和分析，建立一套包括交接验收资料、运行情况资料、检修试验资料等在内的，完整的 GIS 档案最好实行设备档案的动态电脑化管理。⑤提高 GIS 检修技术水平，建立 GIS 检修标准化制度，做到修必修好。⑥据统计，装配和安装不当是造成 GIS 运行故障的主要因素。因此，GIS 状态监测应从产品监造、施工监理及交接验收等环节抓起，重视工频耐压等出厂、交接试验，确保投入运行的 GIS 处于良好状态。⑦在目前 GIS 状态监测手段尚未完善的情况下，必须大力开展带电测试等外部诊断方法，结合预防性试验、运行巡视、停电检查等传统手段开展状态检修工作。

一、GIS 状态监测的方法和对象

除进出线套管外。GIS 没有外露的带电部分，采用 SF_6 气体绝缘，可靠性较高，检修少，通过开展外部诊断、监视法可减少不必要的拆卸检修工作量，即一种不解体设备而用确切简易的办法从外部进行各种（在线的、离线的、带电、停电）测量，监视、诊断设备内部状态及性能的好坏，包括故障定位。

GIS的绝缘性能是确保其安全运行的重要条件。GIS内部的金属微粒、粉末和水分等导电性杂质是引发GIS故障的原因。GIS内部存在导电性杂质时，会因局部放电而发出不正常声音、振动，产生放电电荷、发光、产生分解气体等。因此，局部放电是GIS状态监测的重要参数之一。

GIS是采用SF_6气体绝缘和灭弧的，其性能状态将影响GIS的可靠运行，也是GIS状态监测的重要对象之一。

GIS中的SF_6断路器是主要元件，其开断性能和机械操作性能状态是GIS工况的重要判据，也是GIS状态监测的重要对象之一。

二、GIS绝缘状态监测

开关设备的绝缘状态监测包括介质损耗、局部放电、漏电流等指标的在线监测和停电检测。绝缘在线监测在高电压工程及高压电器领域中多年来一直有专题研究，目前与开关有关、应用比较成功的方面主要有：开关电容套管的电容量的变化、介质损耗的在线检测，系统漏电流的检测。而较难实施的则是以GIS为代表的封闭式高压、超高压开关设备的绝缘在线监测。GIS处在长期运行的状态下，如果有潮气侵入或存在绝缘缺陷、罐体内表面附着物等，很容易引起局部放电，导致绝缘整体性能劣化，从而大大降低电晕起始电压和击穿电压。图23-1显示了GIS内部形成局部放电的典型原因。

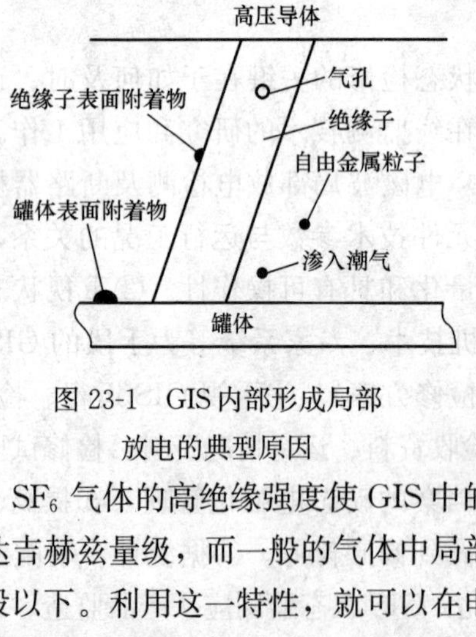

图23-1　GIS内部形成局部放电的典型原因

SF_6气体的高绝缘强度使GIS中的局放可辐射出频率很高的电磁波，最高频率可达吉赫兹量级，而一般的气体中局部放电以及电力系统中的干扰电磁波都在特高频段以下。利用这一特性，就可以在电磁波辐射出来的位置如盆式绝缘子处检测到局部放电，并可根据同时在不同位置上测到的信号相位，进行局部放电定位。

电检测法大致包括外电极法、内电极法、电容耦合法、电磁耦合法和磁探针法。外电极法是将绝缘膜和金属电极一起安装在GIS内，金属箱外壁作为测量电极（电极应尽可能安装在接受局部放电信号强而受外界电磁场干扰弱的位置，可采用围绕盆式绝缘子外侧的外电极作为在线检测仪的接收天线），当内部一旦发生局部放电时，在金属容器支架、接地系统中会流过高频电流，致使金属容器的电位瞬时升高，这一信号经过测量电极耦合，在电阻上造成压降，再经过放大、滤波后送到暂态记录仪、示波器进行分析处理。这种外电极法测量的放电灵敏度一般为几十皮库到200pC。

某公司开发了用外部天线监测GIS内部绝缘的装置，其组成见图23-2。该装置将局部放电的探测天线A安装在外部，而且采用了新研制的高灵敏隙缝天线，该天线能检测几个皮库的局部放电，灵敏度较高；为了克服外部电磁波干扰的影响，在天线A附近的GIS管道外部设置了同样的检测干扰的天线An，采用差动放大方法来消除干扰影响；装置在判断算法中加上持续时间，当超过规定时间仍然持续时，则判断为局部放电，这样可排除电压浪涌产生的干扰信号；此外，在绝缘监视装置中还安装了自检单元，这样可以使装置随时进行自检，排除因本身故障造成的误测量，确保可靠运行。在自检单元中设置了模拟局部放电的信号，通过发信号天线A定期地发送电磁波，确保探测天线A可靠检测信号，并且利用差动放大抑制干扰。自检单元的功能原理见图23-3。该装置通过1年时间的在线运行表明：装置运行情况良好，检测灵敏度高，未发生过误动作和异常，可实现在线监测。

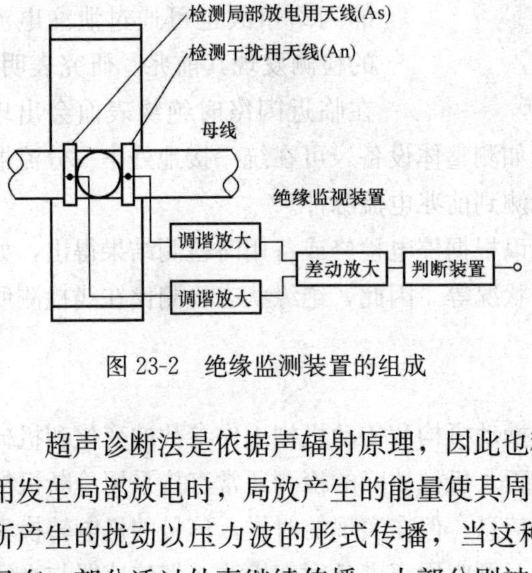

图23-2　绝缘监测装置的组成

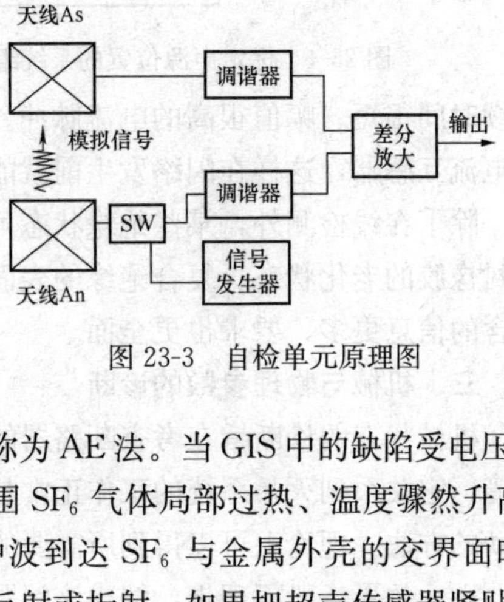

图23-3　自检单元原理图

超声诊断法是依据声辐射原理，因此也称为AE法。当GIS中的缺陷受电压作用发生局部放电时，局放产生的能量使其周围SF_6气体局部过热、温度骤然升高，所产生的扰动以压力波的形式传播，当这种波到达SF_6与金属外壳的交界面时，只有一部分透过外壳继续传播，大部分则被反射或折射。如果把超声传感器紧贴在GIS金属外壳的外表面，则可接受到局放产生的超声波信号；如果缺陷为金属颗粒，则当电场力超过颗粒的重力时，颗粒就开始跳动，从而碰撞金属外壳，每碰撞一次将发射一宽带瞬时超声脉冲。超声传感器同样也可检测到它们。声测法是GIS现场试验中进行局放测量的有效方法之一，对于没有内部传感器的GIS，它可在运行电压下对GIS定期开展的诊断性测量。而不需要另附高压电源。它是在有干扰的条件下进行测量的较好的方法。

某公司开发了采用声音检测GIS内部故障的定位装置。该装置利用故障时产

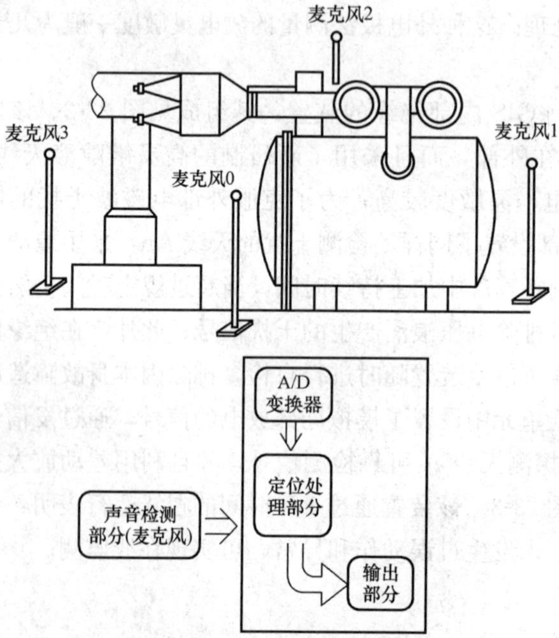

图 23-4　标定声源位置的系统组成

生的冲击声来标定声源位置。其原理是将电弧闪络时产生的冲击声作为检测对象，依靠设置在 GIS 周围的麦克风检测到的声源来对故障进行定位。为了提高定位精度，采取同时在 4 个部位设置麦克风的方式进行声源定位。标定声源位置的系统由 A/D 变换、定位处理及输出等部分组成，如图 23-4 所示。

绝缘问题一般可以泄漏电流的形式反映出来，污秽造成的闪络事故也可通过泄漏电流的检测发现其前兆。研究表明：在临近闪络时绝缘表面会出现持续时间很短、幅值很高的电流脉冲。如测整体设备，可在统一接地处串一分流器或电流互感器，这样在闪络发生前就能测到前兆电流脉冲。

除了在线检测外，某些绝缘状态可以根据停电检修或备用时检测结果得出，如密封橡胶的老化状态、复合绝缘的表面状况等。因此，绝缘状态检测比在线检测所包含的信息更多，要求也更全面。

三、机械与物理参数的诊断

机械状态的诊断旨在考查断路器的操动机构和传动机构工作参数的变化和机械故障，它关系到灭弧系统的工作正常与否。机械故障的检测通常直接采用诊断机械振动的方法，理论上可以得到所需要的信息。但在实现的时候，信号的机电转换失真严重，效果一般不理想，解决该问题，可应用声谱色度变换法：把传感器与光纤绕在开关壳体或动导电杆上，通过特制的光信号过滤器测量波动自干涉斑纹图样，包含了断路器操作时产生的机械与声的振动信息，应用色度变换，把所有信息压缩到色度坐标中，可以解决信号传输的问题。对于常见故障，由于开关所有的机械动作都是由机电转换完成的，相应的电量变化应能反映出机械系统的变化。如传动系统产生卡滞时，驱动线圈的电流就会发生变化，脱扣系统产生卡滞时脱扣电流波形也会产生变化，信号处理系统如能分辨出这些变化，就可发现故障的前兆，给出检修报警信号。这种以电量为基础的工作状态分析显得更实用一些。

如果高压断路器的操动机构是电磁操动机构，其合、分闸线圈一般由直流电源供电。经验表明：合、分闸线圈的电流信号可以作为诊断机械故障的信息。它可由补偿式霍尔电流传感器给出。合、分闸电磁铁及合、分闸线圈的电流波形如图23-5所示。

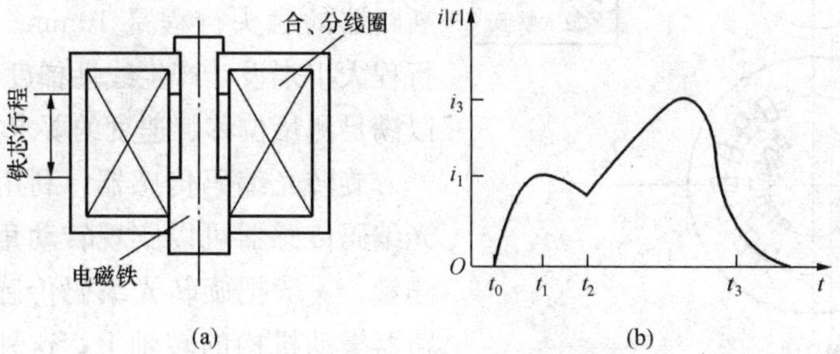

图 23-5 合、分闸电磁铁及合、分闸线圈的电流波形

(a) 合、分闸电磁铁；(b) 合、分闸线圈的电流波形

图 23-5 中，t_0 是合、分闸过程计时的起点时刻；t_1 为线圈中电流、磁通上升到足于驱动铁芯运动，即铁芯开始移动的时刻；t_2 为铁芯已触动（开始）操动机构负荷，也就是开关触头开始运动的时刻；t_3 为开关辅助接点切断电源，即电磁线圈回路断开的时刻。比较电流波形的变化或差异程度，可以诊断出操动机构的故障程度。

开关的动触头行程和时间的关系可反映其机械参数，因此要求传感器频率响应好，测试精度高。有一种应用半导体器件检测触头行程和速度的方法，在与动触头连接的某一部位上装一霍尔元件，并让它随开关动作在一梯度磁场中运动，当霍尔元件输入一恒定电流时其输出电压即可反映动触头的位移。霍尔元件有很高的灵敏度和很好的频率响应，脱离了电接触，这项技术在国外智能化开关的位移检测中得到广泛应用。

断路器触头刚分速度对灭弧性能影响很大，适当提高刚分速度对减少电弧能量、减少零部件的烧损有很大作用，但过分增大刚分速度不一定能提高灭弧性能，反而会加重操动机构的负担；同样，断路器触头合闸速度对灭弧性能也有很大影响。因此，对断路器触头的行程、速度特性的测量及在线监测很重要。为了实现正确测量，必须选取合适的位移传感器。

线性梯度磁场传感器：将霍尔片固定在断路器运动部件上，再在霍尔片上加一个恒定的控制电流，并使装有霍尔片的运动部件在线性梯度磁场中运动。这样可在霍尔片上建立电压。只要测量出霍尔片上的电压，就可求得触头在任一瞬时的行

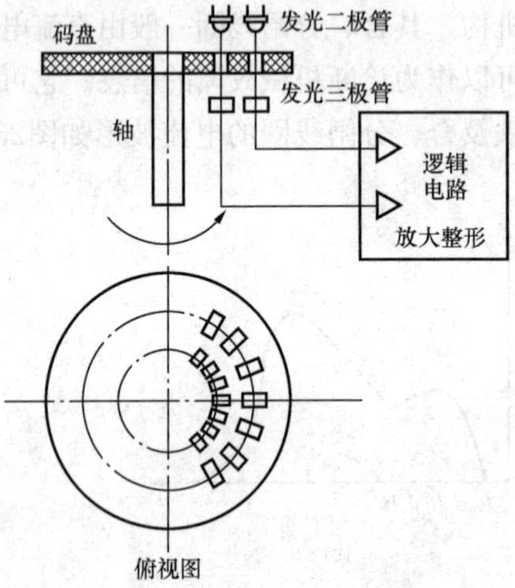

图 23-6　旋转光编码传感器结构原理图

程，从而可实现断路器触头的行程和速度测量。断路器电压等级不同，灭弧介质不同，其触头行程是不同的。如 110kV GIS 断路器的触头行程是 120mm。10kV 真空断路器的触头行程是 10mm。可以按触头行程大小来设计产生线性梯度的磁场线圈，以满足测量位移、速度的要求。

旋转光编码传感器：利用增量式旋转光编码传感器可以实现转动角度及方向的测量。一般把旋转光编码传感器安装在断路器操动机构的转轴上，这种传感器的结构原理如图 23-6 所示。

增量式旋转光编码一般有 A、B、Z 3 个码道。A 道与 B 道相差 90°，其每周的码条数可以根据测量分辨率选取，Z 道每周 1 条，用来确定旋转次数。当轴转动时，编码器输出 A 道、B 道 2 路相差 90°角的正交脉冲，并输入信号处理电路，从 A 道、B 道 2 信号的相对位置可确定转轴的转动方向。如果 A 道先于 B 道，则为正旋转；如果 B 道先于 A 道，则为反旋转。再通过加、减计数器对 A 道、B 道 2 路信号进行计数，得到转动角度的大小及方向，从而可以测出断路器运动部分的运动及反弹情况，由此可计算出动触头行程、分合闸同期性、平均速度、超行程、刚分后或刚合前 10ms 内的速度（主要是平均速度，最大速度）等。

机构操动时振动信号的监测：断路器在实现合、分闸的过程中，操动机构、联动机构及触头的运动和撞击，会产生一系列振动信号。在断路器体内，用频率响应为几十千赫兹的加速度传感器采集振动信号，再经信号处理单元得到一系列可反映断路器振动参数的物理量，从而可判断断路器的机械特性。如果振动事件出现的时间和强度相对于正常状态下的参数发生了明显变化，则说明机构已出现问题。

在物理参数诊断方面较为突出的是 SF_6 设备的气体密度监测，目前有较成熟的手段与仪器。通常采用压力表和密度继电器共同监测 GIS 中气体泄漏情况。SF_6 压力表可供值班人员观察用。由于 SF_6 的压力随环境温度而变，值班人员对照 SF_6 的压力—温度曲线即可判断气室是否有泄漏。图 23-7 是 SF_6

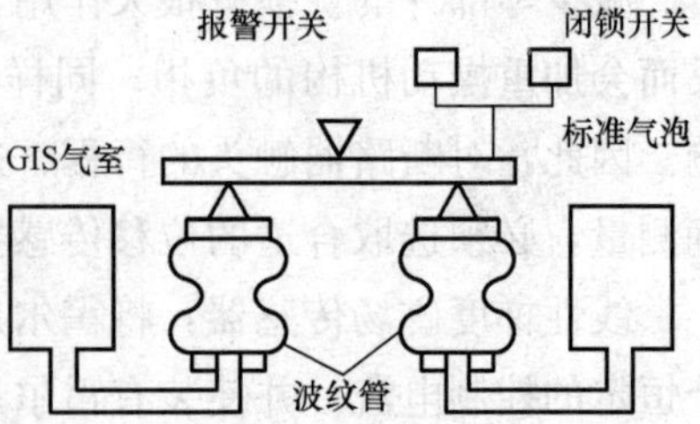

图 23-7　密度继电器工作原理

密度继电器（或称温度补偿压力开关）的工作原理。他由两个波纹管分别支在一个杠杆的两端，左侧波纹管与 GIS 气室相通，右侧波纹管与标准气包（内充有一定密度的 SF_6）相通。当环境温度变化时，二侧波纹管变形相同，杠杆维持平衡，如果 GIS 中有 SF_6 泄漏，则其密度降低，左侧波纹管变形减小，杠杆失去平衡，使报警开关闭合，如果泄漏未能及时制止，SF_6 密度进一步降低，则杠杆倾斜更大，使得闭锁开关闭合。

四、电气参数的劣化监测

开关电器的温升直接反映了其电接触的状况，是人们时常关心的电气参数，开关工作时的电弧形态与电弧电压则是最难诊断的状态。此外，开关操动机构的控制回路故障也常使开关整体失效如脱扣线圈的断线故障。

预埋热电偶、体外红外探测等温升在线监测方法已经比较成熟了，脱扣线圈断线检测因属纯电路问题，有实用电路供人们选用，而电弧电压的在线监测则因其信噪比问题而有相当的难度。因此，高电场环境下的电参数传输到二次控制系统，电磁兼容问题比较突出。研究表明，系统中常态噪声是工额 50Hz 及其高次谐波。一次回路中发生的任何形式的暂态过程（如各种过电压和各种短路故障）以及载波通信信号，都会通过不同的途径耦合到二次系统此外，高电场引起的电晕及荷闪也要产生电磁辐射，二次控制回路的大功率合闸电磁铁也会对电量传输带来扰动。解决电磁兼容问题就要从干扰源入手，严格屏蔽、隔离与接地措施，信号的数字化可以大大缓解干扰的影响程度，若引入光电转换就可以从根本上解决这个问题。

电气方面最难监测的是开关电弧的状态，有一种色度方法为电弧状态诊断提出了一种新的解决途径，但涉及灭弧室结构的改变，对现有断路器来说还有很远的道路。目前比较现实的还是想办法从电弧电压入手，研究电弧电压与电弧状态的关系。

五、老化监测

状态检修判据的研究包括两方面的内容：一是检测到的故障征兆或老化与劣化的状态评判；二是设备工作寿命终了的判定。由于断路器动作分散性很大，应以实际工作寿命的累计为判据，全面评估状态健康水平。由于断路器开断电流的大小与电磨损量是非线性关系，在寿命累计时应进行加权处理。由于状态检修的基础工作还比较分散，目前急需结合实际开发综合分析与判断的系统软件。这方面的工作应包括建立开关设备的运行状态分析诊断系统，实现数据远程相互传递，以便及时接收现场取得的测试数据，并将有关规定及设备的处理意见及时反馈现场实施，对设备的测试数据进行简单的判断，并对设备出现的异常情况给出有意义的参考意见。

电力系统应建立状态检修数据库，以存储每台设备所有信息。进一步的工作还应包括建立有关状态检修的技术规程和标准，结合前述的基础工作形成综合分析软件（即专家诊断系统）。

六、现阶段GIS过渡性状态检修方法

GIS过渡性状态检修判据，即如发现有下列缺陷，应作检查或检修处理：

（1）GIS进出线瓷套、外壳破损，或金属部件锈蚀。

（2）GIS工频耐压试验不合格时，先确定故障部位，再进行相关的处理。

（3）GIS发生短路等故障，或局放带电检测发现异常放电现象，先确定故障部位、程度，以确定检修方案，再进行相关的处理。

（4）SF_6气体含水量超标，应进行更换吸附剂、换气及干燥处理，必要时检查气室密封情况。

（5）SF_6气体异常泄漏时，应确定泄漏部位，视漏气严重程度做相应处理。

（6）隔离开关流过较大短路电流后，或断路器满容量开断次数达到制造厂规定值时，应进行解体检修。

（7）断路器等效开断次数，或累计开断的电流值达到标准极限值时，应进行解体检修，必要时更换本体。

（8）当断路器等效开断次数，或累计开断电流值达到极限值的50%时，应进行预防性试验项目检查。在有条件的情况下，可采用新的测试方法。检查触头磨损量，如动态电阻测试，以确定是否需要检修。

（9）当断路器、隔离开关导电回路电阻值超标时，应结合负荷电流、故障电流大小及开断情况综合分析，确定开关的检修方案。

（10）当断路器、隔离开关操动机构机械特性不符合要求，或机构变形、卡涩、拒分、拒合，泄漏、压力异常及其他缺陷时，应检查、检修机构。

（11）开关投运1年后，宜进行机械特性的测试和机构的维护、检查；开关本体大修时，同时进行机构的检修：机构的全面检查一般不宜超过5年，或按制造厂要求进行。

（12）GIS气站出现空气压缩系统泄漏、压力异常，空气压缩机不能启动或启动频繁。有异声或喷油等缺陷时，应检查、检修空气压缩系统。

（13）GIS气站的大修一般不宜超过10年，或按制造厂要求进行，必要时更换压缩机或气站。

（14）GIS是由多种高压电器元件组成的。运行中或预防性试验中发现异常时，应查明原因，按各自元件要求做相应处理。

作为一种新的维修策略，GIS状态检修将会大大提高电力系统运行的安全经济性，但状态检修的实施有赖于状态监测与故障诊断技术的发展。因此，开展 GIS 状态检修工作，一方面要积极积累设备运行资料，利用带电测试、预防性试验、运行巡视、停电检查等传统手段实行过渡性状态检修工作；另一方面要大力研究和推广在线监测和状态诊断技术在 GIS 上的应用。

第五篇

高压配电装置的检修

第二十四章　隔离开关和接地开关的检修

第一节　高压隔离开关的分类、原理及结构简述

隔离开关又名隔离刀闸，是高压电器中的一种开关设备。因为它没有专门的灭弧结构，所以不能用来切断负荷电流和短路电流，只能在电路开断或关合过程中无电流或接近无电流的情况下开断和关合电路，而且一般对隔离开关动触头的开断和关合速度没有规定。隔离开关使用时应与断路器配合，只有在断路器断开电路后才能进行操作。

一、隔离开关的作用

在电力系统中，隔离开关的主要作用如下：

(1) 隔离电源。在电气设备检修时，用隔离开关将需要检修的电气设备与带电的电网隔离，形成明显可见的断开点，以保证检修工作人员和设备的安全。

(2) 倒闸操作。在双母线接线形式的电气主接线中，利用与母线相连接的隔离开关将电气设备或供电线路从一组母线切换到另一组母线上去。

(3) 拉、合无电流或微小电流的电路。

1) 拉、合电压互感器、避雷器电路。

2) 拉、合母线和直接与母线相连接设备的电容电流。

3) 拉、合励磁电流小于 2A 的空载变压器（电压 35kV、容量为 1000kVA 及以下；电压 110kV、容量为 3200kVA 及以下）。

4) 拉、合电容电流不超过 5A 的空载线路（电压 10kV、长度 5km 及以下的架空线路；电压 35kV、长度 10km 及以下的架空线路）。

二、隔离开关的基本要求

(1) 隔离开关分开后应具有明显的断开点，易于鉴别设备是否与电网隔开。

(2) 隔离开关断开点之间应有足够的绝缘距离，以保证在过电压及相间闪络的情况下，不引起击穿而危及工作人员的安全。

(3) 隔离开关应具有足够的热稳定性、动稳定性、机械强度和绝缘强度。

(4) 隔离开关在分、合闸时的同期性要好，要有最佳的分、合闸速度，以尽可能降低操作时过电压。

(5) 结构简单，动作要可靠。

(6) 带有接地开关的隔离开关，必须装设联锁机构，以保证隔离开关的正确操作。即停电时先断开隔离开关，后闭合接地开关；送电时先断开接地开关，后闭合隔离开关。

三、隔离开关的类型和基本结构

(一) 隔离开关的类型

隔离开关的类型很多，可按不同的原则进行分类，主要有以下几种：

(1) 按安装地点可分为户内式和户外式。

(2) 按绝缘支柱的数目可分为单柱式、双柱式和三柱式。

(3) 按极数可分为单极和三极。

(4) 按有无接地开关可分为带接地开关和不带接地开关。

(5) 按用途可分为一般用、快速跳闸用和变压器中性点接地用等。

(6) 按隔离开关配用的操动机构可分为手动、电动和气动操作等类型。

(二) 隔离开关的基本结构

图 24-1 所示为常见的 GN2 型户内式手动三相高压隔离开关结构图，它主要包括导电部分、绝缘部分和操动部分。

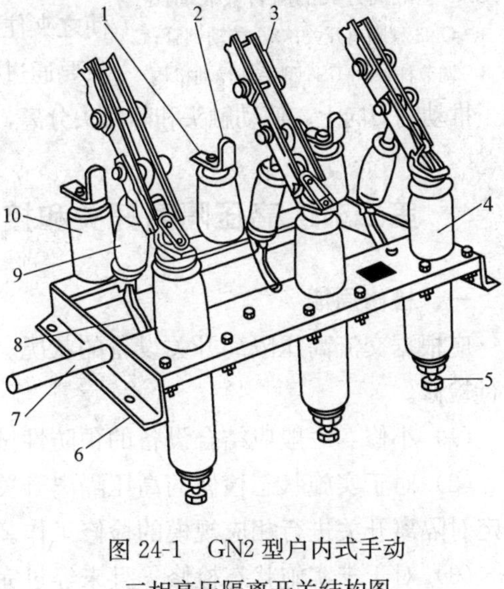

图 24-1　GN2 型户内式手动三相高压隔离开关结构图

1—上接线端子；2—静触头；3—闸刀；4—套管绝缘子；5—下接线端子；6—框架；7—转轴；8—拐臂；9—升降绝缘子；10—支柱绝缘子

1. 导电部分

主要作用是关合和断开电路。它包括 L 形静触头和动触头。动触头为两根矩形铜条制成的闸刀，用弹簧紧夹在静触头两边形成线接触。紧贴在闸刀两端外侧靠近静触头之处的钢板通常名为磁锁。它的作用是：在一定的弹簧力下，通过磁锁造成的杠杆比，可以在闸刀和静触头接触处产生较大的接触压力；在短路电流流过时，由于钢板被磁化，便产生一吸引力，此力作用于刀片上，使接触压力增加，从而可以避免短路电流引起触头熔焊和防止闸刀自行分开。

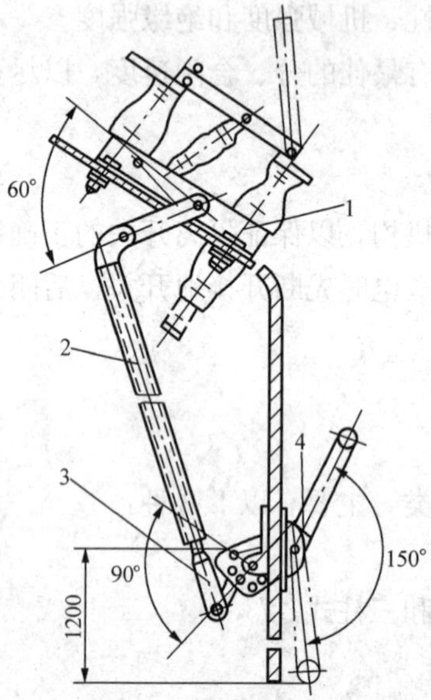

图 24-2 CS6 型手动操动机构与 GN8 型隔离开关的配合安装简图
1—GN8 型隔离开关；2—传动钢管；3—调节杆；4—CS6 型手动操动机构

2. 绝缘部分

主要起绝缘作用，它包括支柱绝缘子、套管绝缘子和升降绝缘子。动触头和静触头分别固定在套管绝缘子和支柱绝缘子上，升降绝缘子带动闸刀转动，实现分、合操作。

3. 操动部分

它与操动机构连接，完成分、合闸操作。主要包括转轴和拐臂，转轴装设在框架上，拐臂安装在转轴上，最终构成升降绝缘子与闸刀及转轴上的拐臂铰接。转轴通过其端部的拐臂（也称为主拐臂）与操动机构连接，从而进行分、合操作。CS6 型手动操动机构与 GN8 型隔离开关配合安装如图 24-2 所示其工作过程归纳如下：

图 24-2 所示为分开位置。当关合电路时，通过操动机构转动转轴，升降绝缘子即拉动闸刀向下，使之夹住静触头，于是电路便接通；当开断电路时，只要通过操动机构使转轴向相反方向转动，升降绝缘子推动闸刀向上，使动触头和静触头分离，造成可见的空气间隙，即明显断开点。

第二节 高压隔离开关和接地开关的检修周期和项目

一、检修周期

应根据交流高压隔离开关设备的状况、运行时间等因素来决定是否应该对设备进行检修。

（1）小修：一般应结合设备的预防性试验进行，但周期一般不应超过 3 年。

（2）对于实施状态检修的高压隔离开关，应根据对设备全面的状态评估结果来决定对隔离开关进行相应规模的检修工作。

（3）对于未实施状态检修，且未经过完善化改造、不符合国家电网公司《关于高压隔离开关订货的有关规定》和《交流高压隔离开关技术标准》要求的隔离开关，应该对其进行完善化大修。

（4）对于未实施状态检修，但经过完善化改造、符合国家电网公司《关于高压隔离开关订货的有关规定》和《交流高压隔离开关技术标准》要求的隔离开关，推荐每 8～10 年对其进行一次大修。

二、检修项目

1. 小修项目

(1) 手动操作隔离开关和接地开关，检查机构箱各转动部分是否灵活无卡涩，辅助开关、行程开关转换是否可靠，检查闭锁装置联动和动静触头分合是否正确可靠。

(2) 操作电源接线及电动机绝缘电阻测试。

(3) 检查机构箱体有无变形、锈蚀情况，箱门开合是否灵活可靠，密封是否严实。

(4) 检查操动机构箱齿轮啮合是否正常，传动机构加润滑油（脂)。

(5) 检查隔离开关和接地开关各传动杆、拐臂、拐板、拉杆等有无变形损坏，螺母是否紧固，轴销及开口销有无变形损坏。

(6) 检查隔离开关平衡弹簧、压力装置有无变形损坏，隔离开关和接地开关平衡弹簧表面至少两年刷一次油漆。

(7) 检查清除支持绝缘子和操作绝缘子表面积灰和赃污，检查绝缘子表面无裂纹、破损和放电痕迹，胶装处应无松动及裂纹。

(8) 检查隔离开关和接地开关动、静触头，各触头应清洁平整，无过热、电弧灼伤及放电痕迹；清洗隔离开关和接地开关动、静触头并涂导电脂。

(9) 检查隔离开关静触头减震环、导电杆和导电带有无变形破损、断股，螺栓是否齐全紧固。

(10) 检查接线板、导线有无过热放电痕迹，导线有无断股、破损现象。

(11) 设备消缺。

(12) 检查电气或机械闭锁情况，对于电动机构，应转动检查各部分附件装置，填写检修记录。

2. 大修项目

(1) 绝缘子外观检查并清除表面灰尘。

(2) 传动机构清洗并涂润滑油。

(3) 上导杆、下导杆、连杆解体检修。

(4) 隔离开关的缺陷处理。

(5) 检修或更换过热的动、静触头。

(6) 操动机构检修，必要时解体检修传动机构。

(7) 检查导电部分的接触面应清洁、平整，无烧伤和过热痕迹。清除接触面的氧化层。

(8) 固定接触面上涂电力复合脂。

(9) 用螺栓拧紧的接触面应紧密牢固。

(10) 检查静触头与活动闸刀的接触压力，用0.05mm×10mm的塞尺检查，其塞入深度不应大于6mm。如果接触不紧，对户内型隔离开关可以调节闸刀两侧弹簧的压力；对于户外型隔离开关，应根据触头的不同结构进行调整。

(11) 户内型隔离开关（闸刀式）在合闸位置时，闸刀应距静触头底部3～5mm，以免闸刀冲击绝缘子。若间隙不够，就调节拉杆或拉杆绝缘子调节螺栓的长度。

(12) 检查静触头两接触面的中心线是否在同一直线上，若有偏差，可略微改变静触头与支持瓷柱的位置予以调整。

(13) 隔离开关处于合闸位置时，触头压力应符合标准，转动的瓷柱应灵活。

(14) 三相联动的隔离开关，不同期差不应超过规定值，否则，应调整拉杆的长度或拉杆绝缘子调节螺栓的长度，直至达到要求为止。

3. 临时性检修

(1) 触头发热。

(2) 机械不灵活。

(3) 瓷柱闪络断裂。

(4) 隔离开关的临时检修项目按当时隔离开关的故障情况和历史遗留的缺陷而定，以消除缺陷和故障，满足正常运行要求为原则。

第三节 高压隔离开关和接地开关检修的相关要求

高压隔离开关大修时，导电回路和传动、操动机构应进行分解、清洗、检查、修理和调整。

隔离开关的检修一般都和断路器同时进行，检修的安排也常在一张工作票上。工作时一定要做好安全措施，看清编号，特别是室外双母线接线的隔离开关一般相距不远，容易走错位置。

一、检修前的准备工作

1. 检修前的资料准备

检修前应对拟检修的隔离开关的安装情况、运行情况、故障情况、缺陷情况及隔离开关设备近期的试验检测等方面情况进行详细、全面的整理分析，以判定隔离开关的综合状况，为制订现场具体检修方案打好基础。

2. 检修方案的确定

通过对检修前资料的分析、评估，制订出隔离开关具体的现场检修方案。现场检修方案应包含隔离开关检修的具体内容、标准、检修工作范围及是否包含完善化改造项目。

3. 检修前的工器具准备

根据隔离开关的检修方案及内容，准备必要的检修工器具、备件及材料。如检修专用支架、起重设备、试验检测仪器等，还应按制造厂说明准备相应的辅助消耗材料。另外，还应准备专用工具，如手力操作杆、专用拆装扳手等。

4. 检修安全措施的准备

(1) 所有进入施工现场工作人员必须严格执行《电业安全工作规程》，明确停电范围、工作内容、停电时间，核实所做安全措施是否与工作内容相符。

(2) 现场如需进行电气焊工作，要开动火工作票，应有专业人员操作，严禁无证人员进行操作，同时要做好防火措施。

(3) 如需设备制造厂人员进行现场检修，应向设备制造厂人员提供《电业安全工作规程（发电厂和变电所电气部分）》(DL 408—1991)，并让其学习有关部分；应向制造厂人员介绍变电站的接线情况、工作范围、安全措施，由专人带领进入工作现场，并全程监护。

(4) 在隔离开关操作前，要进行认真检查，在隔离开关操作过程中，应密切注视设备的动作情况，防止绝缘子断裂等造成人身伤害和设备损坏。

(5) 隔离开关检修前必须对检修工作危险点进行分析。每次检修工作前，应针对被检修隔离开关的具体情况，对危险点进行详细分析，并做好充分的预防措施，并组织所有检修人员共同学习。

5. 对检修人员要求

(1) 检修人员必须了解熟悉隔离开关的结构、动作原理及操作方法，并经过专业培训合格。

(2) 现场解体大修需要时，应有经过设备制造厂认证的专业人员指导。

(3) 对各检修项目的责任人进行明确分工，使负责人明确各自的职责内容。

6. 检修环境的准备

对隔离开关进行解体检修，应对检修现场的环境条件进行必要的准备，现场环境湿度、灰尘、水分的存在都影响隔离开关的性能，故应加强对现场环境的要求，具体要求如下：

(1) 大气条件：温度为 5℃以上，湿度小于 80%（相对）。

(2) 现场应考虑进行防尘保护措施。避免在灰尘较大的环境下进行检修工作，重要部件分解检修工作尽量在检修车间内进行。

(3) 有充足的施工电源和照明措施。

（4）有足够宽敞的场地摆放机具、设备和已拆部件。

7. 检修前的检查和试验

为了解高压隔离开关设备在检修前的状态以及为检修后试验数据进行比较，在检修前，应对被检隔离开关进行检查和试验。

隔离开关检修前的检查和试验应包括以下项目：

（1）隔离开关在停电前、带负荷状态下的红外测温。

（2）隔离开关主回路电阻测量。

（3）隔离开关的电动操作及手动操作。

二、高压隔离开关检修的一般要求

（1）仔细擦净绝缘子表面的灰尘，检查瓷件表面有无掉釉、破损、裂纹及闪络痕迹。绝缘子的铁瓷黏合部位应牢固，否则应根据缺陷严重情况考虑是否更换。

（2）用酒精擦净刀片、触头或触指上油污，检查接触表面应清洁无机械损伤，无氧化膜及过热痕迹，无扭曲变形现象，必要时应用砂布打磨触头接触面或者拆下触头、刀片等，用锉刀修整接触面，最后涂以中性凡士林或导电膏，表面镀银的接触面不可用砂布或锉刀进行锉磨处理，如有表面脱银现象，应重新镀银。

（3）触头或刀片上的附件如弹簧、螺钉、垫圈、开口销等应保证齐全无缺陷。

（4）软连接不应有折损、断股等现象。

（5）隔离开关和母线或断路器连接的引线部分应牢固无过热现象，对过热严重的部件应打开检修，使其导电良好。

（6）检查与清扫隔离开关的操作和传动机构，如蜗轮、蜗杆、传动轴，并在轴承、蜗轮处注上适当的润滑脂。

（7）传动机构与带电部分的绝缘距离要符合技术要求。

（8）定位器和制动装置应牢固且动作正确。

（9）对带有均压装置的隔离开关，其均压环不应变形，且连接紧固可靠。

（10）检查隔离开关底座固定情况和接地是否良好。

三、高压隔离开关的调整

经过检查和修理的隔离开关在组装后必须进行调整，使其动作性能符合厂家或规程要求，调整项目主要有：

（1）使隔离开关合闸，用 0.05mm 塞尺检查触头接触情况，对于线接触应塞不进去，对于面接触其塞入深度不应超过 4～6mm，否则应对接触面进行锉修或整形，使之接触良好。

（2）合闸位置时触头弹簧各圈之间的间隙应不大于制造厂家的规定值，且均匀。

(3) 隔离开关组装好后，将其缓慢合闸，观察闸刀是否对准固定触头的中心落下或进入，有无偏卡现象，如有则应调整绝缘子，拉杆或其他部件消除缺陷。

(4) 隔离开关的闸刀张角或开距应符合要求，户内型隔离开关在合闸后，闸刀应有 3～5mm 的备用行程，三相同期性应符合厂家要求。

(5) 检查调整辅助触头的切换应正确，并确保其触头接触良好。

(6) 隔离开关的闭锁、止点装置应正确、可靠，此外应按规定做预防性试验。检修后的隔离开关，操作应灵活，分闸应顺利，动作应准确可靠，各部件不应有变形、失调、振动等情况。

四、导电回路检修的质量要求

(1) 主触头接触面无过热、烧伤痕迹，镀银层无脱落现象。

(2) 触头弹簧无锈蚀、分流现象。

(3) 导电臂无锈蚀、起层现象。

(4) 接线座无腐蚀，转动灵活，接触可靠。

(5) 接线板应无变形、无开裂，镀层应完好。

五、绝缘支柱检修的质量要求

(1) 检查固定及转动的支柱绝缘子表面，应光洁发亮，无破损、裂纹、斑点和放电痕迹，无松动现象；底座无变形、锈蚀及损伤等情况。

(2) 活动绝缘子与传动机构部分的紧固螺钉、连接销子及垫圈应齐全紧固。

六、传动装置和操动机构检修的质量要求

(1) 清除传动装置和操动机构的积灰和脏污，检查各部分的螺钉、垫圈、销子应齐全完好，连接紧固；各零件应无锈、无开焊、无变形；各转动部分应涂以润滑油。

(2) 传动拉杆应无变形、开裂情况。

(3) 蜗轮蜗杆机构组装后应检查啮合情况，不能有磨损或卡涩现象。

(4) 辅助接点、闭锁装置应清洁。接触良好，有完好的防尘防雨罩。

(5) 操动机构检修完毕，应进行分、合闸操作 3～5 次，检查操动机构和传动部分动作是否可靠，有无松动现象。

七、接地开关检修的相关要求

(1) 接地开关的导电回路及操动机构等要求同隔离开关。

(2) 接地开关闭合时，动、静触头应准确闭合，且不能自动断开。

(3) 接地开关分闸后，与带电部分的最小距离应满足规定的要求。

(4) 接地开关操动机构与隔离开关操动机构应满足机械联锁要求，即接地开关处于合闸位置时，隔离开关应处于分断位置；隔离开关处于合闸位置时，接地开关就处在分闸位置。

第四节　常见隔离开关的维护和检修

一、SPOL2T-550/3150 型隔离开关的检修及维护

SPOL2T 系列隔离开关为水平半伸缩高压隔离开关，由三个单相组成，可单相操作，亦可三相联动操作，每相配两接地开关。每个单相包括底座、绝缘支柱、传动装置、导电闸刀、静触头和操动机构。单极结构如图 24-3 所示。

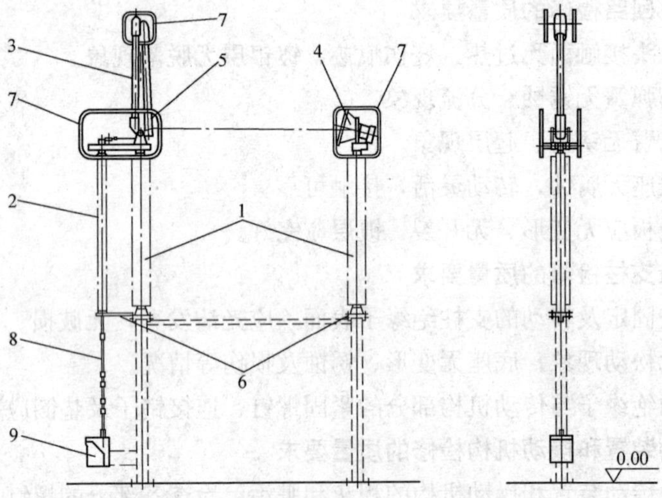

图 24-3　SPOL2T-550/3150 型隔离开关单极组成

1—支持绝缘子；2—操作绝缘子；3—导杆；4—静触头；5—动触头；6—底座；7—均压环；8—传动杆；9—机构箱

底座是隔离开关的基础，采用槽钢组成，在底座下有安装孔，以便和现场的基础固定，上面安装有固定支持绝缘子和操作绝缘子的支座。

操作绝缘子承担导电系统对地绝缘和保证隔离开关在动静荷下的机械稳定性，绝缘支柱分固定绝缘支柱和操作支柱各一个，均由 3 节绝缘子组成。为了改善电场分布，提高导电体对地及断口间的耐电强度，瓷柱顶部及导电闸刀中部，静触头均装有均压环。

绝缘支柱的顶部固有定传动装置，使操作支柱转动时，通过传动装置来伸缩导电闸刀，伸展时为合闸，收缩时为分闸。

SPOL 型具有专利技术的 L 型触头结构（见图 24-4），在打开和关合位置时 L

型触头都封闭在外壳内，可防止覆冰和外部污染。L型静触头呈漏斗形，是一束由不锈钢弹簧压紧的铜触指，L型动触头为实心铜棒。该类型隔离开关可以适应－50～＋50℃的环境条件，覆冰厚度可到20mm。

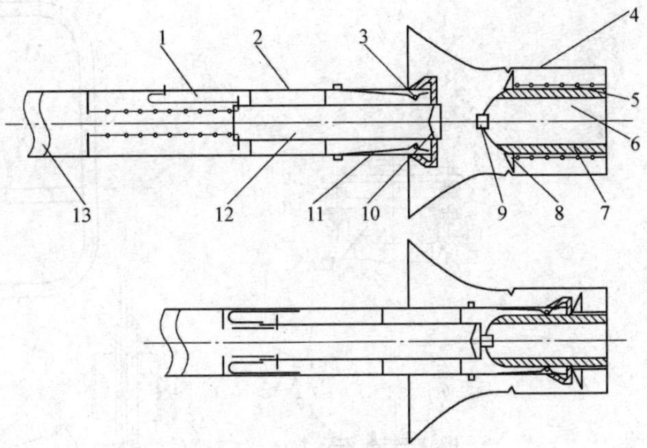

图 24-4　L型触头结构示意图

1—导流带；2—动触头；3，5—弹簧；4—静触头；6—母线环流通路；7—静主触头；8—保护盖；9—静触头引弧触头；10—动触头引弧触头；11—触指；12—引弧触头支撑导体；13—动臂

L型触头的优点是，无论隔离开关处在何种位置，动、静触头的导电接触部分都被保护罩和绝缘遮蔽，均能有效地防止电弧对导电接触区域的烧灼，减少了污染和导电接触面的氧化腐蚀。动触头采用梅花形触指结构，增加了线接触面积，有利于提高隔离开关的载流能力。

L型触头也有一些缺点。隔离开关合闸时，动静触头全部处在外保护罩内，从外部无法观察到接触情况，接触的可靠性由隔离开关本身的结构和正确的安装调试来保证。由于接触系统为多层结构，合闸时动静触头和外护罩之间存在有相对稳定的空气层，增加了散热阻力，对其载流能力有影响。SPOL2T-550/3150型隔离开关铭牌参数及操动机构参数见表24-1和表24-2。

表 24-1　SPOL2T-550/3150型隔离开关铭牌参数

型号	SPOL2T	额定电流	3150A
额定电压	500kV	额定机械强度	3000/1500/1200N（接线端子）
最高工作电压 U_n	550kV	短时额定短路电流	63kA（3s）
额定频率（Hz）	50Hz		

表 24-2　操动机构参数

型号	CS612	控制回路电流 I_a	0.04A
控制回路电压 U_a	220V	动力回路电流 I_m	1.3A
动力回路电压 U_m	380V	加热器工作电流 I_r	0.1A
加热器工作电压 U_r	220V	质量	75kg
引用标准	IEC		

（一）隔离开关重要部件的组成

1. 活动臂

SPOL2T-550/3150型隔离开关的活动部件结构示意图，见图24-5。

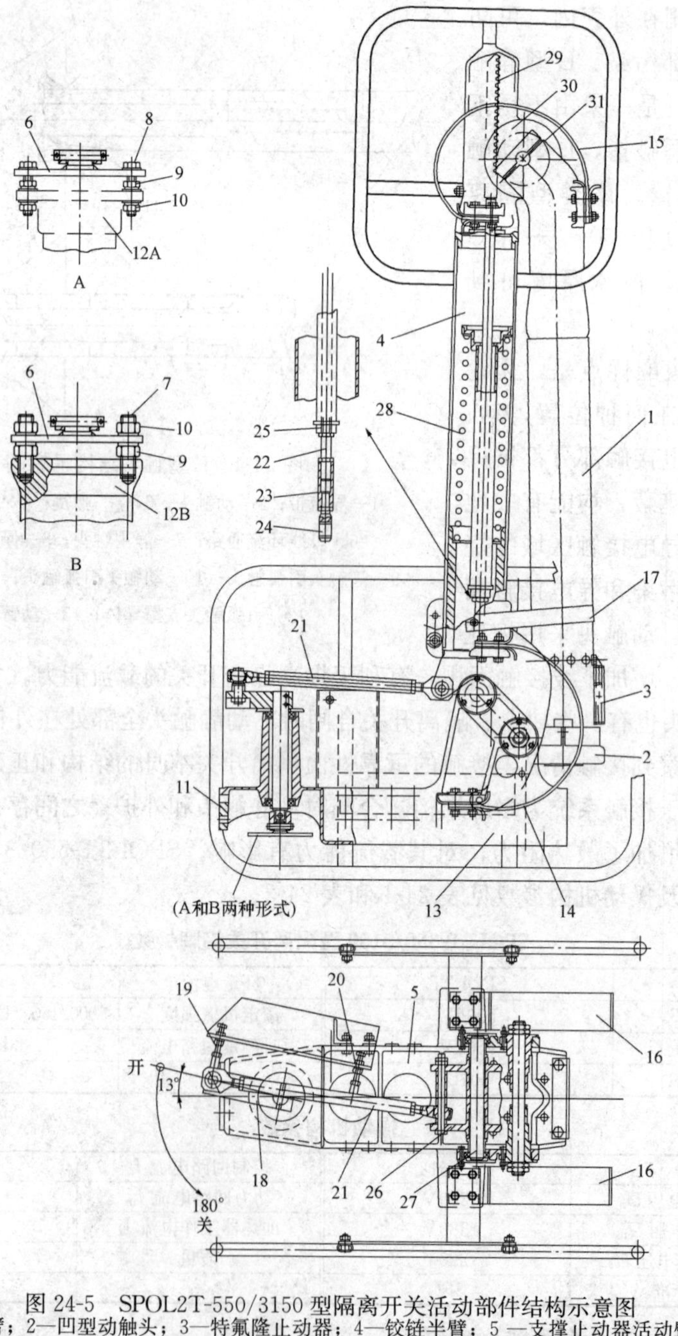

图 24-5 SPOL2T-550/3150 型隔离开关活动部件结构示意图

1—动触头半前臂；2—凹型动触头；3—特氟隆止动器；4—铰链半臂；5—支撑止动器活动臂；6—旋转法兰盘；7—柱头螺栓；8—螺杆；9，10—调整螺母；11—接线板；12A，12B—操作支架（旋转绝缘子）；13—底座；14—连接底座和铰链半臂的跳线；15—连接铰链半臂 4 和动触头半臂 1 的跳线；16—动触头止动器；17—运输扎带；18—驱动曲柄；19—分闸过程止动器；20—合闸过程止动器；21—可调整的球形关节传动杆；22—螺纹杆；23—套筒螺母；24—枢轴销；25—螺纹套管；26—叉型物；27—枢轴销；28—平衡弹簧；29—齿条；30—齿轮；31—前臂轴

2. 配有灭弧室的凹型动触头

配有灭弧室的凹型动触头结构示意图，见图24-6。

3. 静触头

静触头结构示意图，见图24-7。

（二）隔离开关的检修维护

SPOL2T型隔离开关不需特殊的维护，但是在操作1000次以上或运行了两年后，要按相关要求进行检查。如果出现异常，应采取维修、清洁、调整和润滑等方法来排除。

1. 隔离开关维护注意事项

（1）绝缘子表面的污物和盐尘会在一定的程度上降低绝缘性能，引起导线的对地击穿。必须用鬃刷及时地将所有的沉积物除去，然后擦净绝缘子表面，用布浸沾乙醇擦去表面油迹。

（2）清洁固定电气接触部件时，要用不会引起毛刺的擦拭材料，沾乙醇进行擦拭，并涂一层薄凡士林。

（3）动、静触头的表面应尽量少用导电脂或凡士林一类的油脂，避免因油脂硬化造成卡涩，阻碍动触头与静触头保护罩之间的滑动。

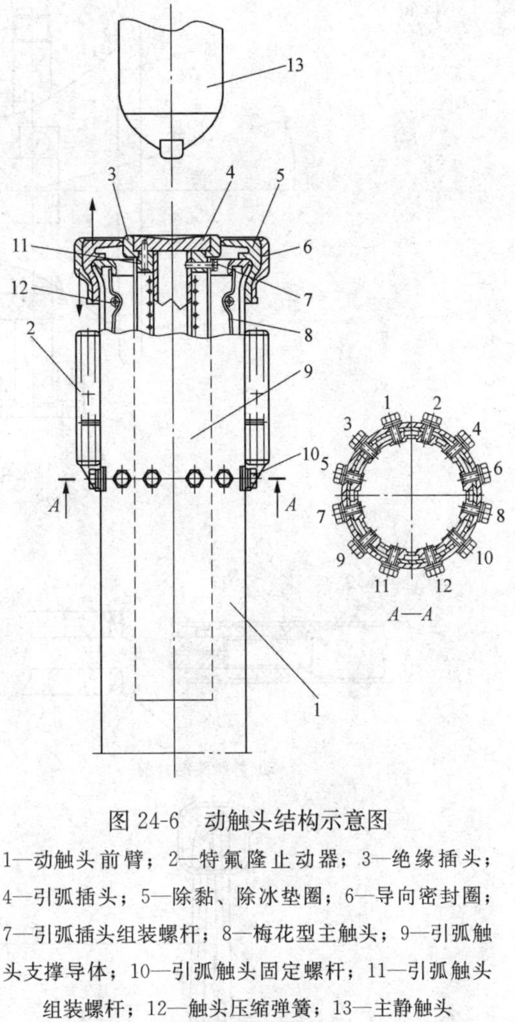

图24-6　动触头结构示意图

1—动触头前臂；2—特氟隆止动器；3—绝缘插头；4—引弧插头；5—除黏、除冰垫圈；6—导向密封圈；7—引弧插头组装螺杆；8—梅花型主触头；9—引弧触头支撑导体；10—引弧触头固定螺杆；11—引弧触头组装螺杆；12—触头压缩弹簧；13—主静触头

喇叭形固定外护罩较薄，易受外力作用而变形，从而影响静触头保护罩的滑动和动触头的插入行程。如发现静触头滑动保护罩有卡涩现象，应仔细检查喇叭形固定外护罩是否变形，不能简单地以加油脂的方法来处理。

在运行中用远红外方法测温时，不能直接测量到触头系统的温度，要采用灵敏度较高的测量仪器。建议在隔离开关带负荷后的一段时间内多测量几次，并根据负荷大小对同类设备的测量结果进行横向比较，以便及时发现可能存在的触头接触不良问题。

2. 隔离开关的检查

（1）检查操作机械底部的减速齿轮是否漏油，减速齿轮是否密封。

（2）动、静触头关合情况的检查方法。SPOL2T型隔离开关在安装或检修时

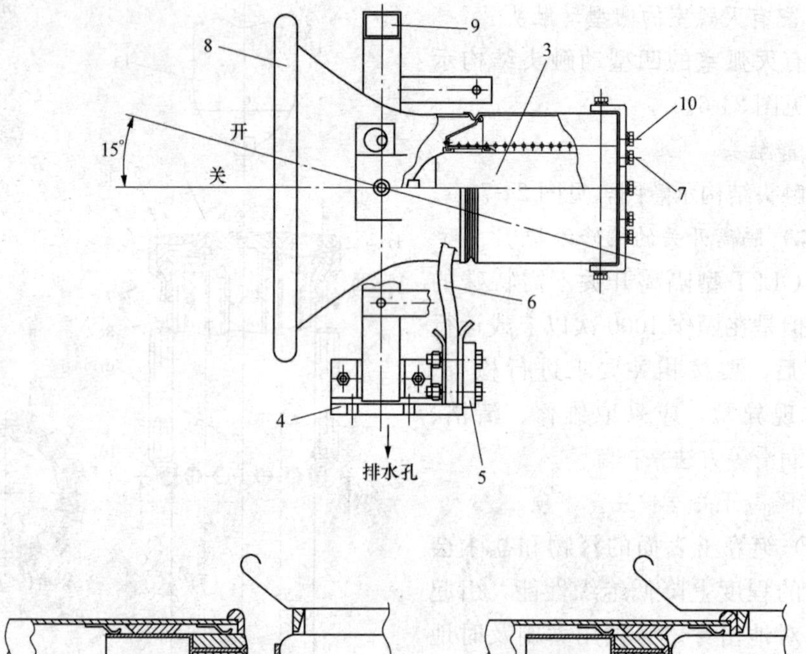

图 24-7　静触头结构及动、静触头结合示意图

1—动触头前臂；2—铰链臂；3—动触头；4—接触支撑；5—连接板；6—跳线；7—接触紧固螺杆；8—锥形导向（喇叭形固定外护罩）；9—触头固定器；10—锥形固定螺钉

一定要满足有关的调整尺寸要求，确保合闸时动触头达到规定的插入深度。动触头前臂前端安装动触头单元的部位，上下部装有一个白色的特氟龙标志棒，可以根据下部标志棒的位置来判断隔离开关合闸后动、静触头的插入情况；合闸正常时，动

触头的插入行程满足要求，从外部一般看不见这个白色的标志棒；反之，如果在合闸后能够看见该标志棒，则表明动触头的插入行程不够。

通过观察喇叭形固定外护罩内侧限位槽的位置，来判断合闸状态是否良好。如果合闸正常，用望远镜可以清晰地看到喇叭形固定外护罩内侧的限位槽。反之，如果插入深度不够，该限位槽被动触头导向环的凸出部分挡住而看不到。

当隔离开关连线为软母线时，可以通过观察其支持绝缘子的垂直度来判断动触头的插入情况。

（3）进行手动和电动操作时，应检查标在盘突出部位的铭牌上的极限位置是否恰好与标在操作箱顶面的参考点一致，如两个接近，则内外插入式接触件耦合正确。

3. 隔离开关的调整

（1）分、合闸位置的调整（见图 24-5）。经调整，触头到位停止后传动杆仍可以作 180°的旋转，因此在分闸位置的传动杆 21 可以到达隔离开关纵轴 13°的位置。

调整传动杆 21，使其臂 1 在分闸时处于恰当的垂直位置，合闸时处于水平位置。调整平衡弹簧和螺纹套管 25，使它在合闸于分闸操作过程中能得到额定力矩。左/右旋转螺纹的六角螺栓，通过齿轮 30 和齿条 29 调整动触头前臂 1 的位置，因此可以夹紧它和静触头。

（2）机械闭锁的调整（见图 24-8）。调整第 1 接地刀连接杆 23，使拉杆 21 在分闸和合闸位置时均沿着底座的纵轴运动。可调整拉杆 28 具有 133mm 的半径，如图 24-8 与水平轴有 30°夹角。进行这样的调整后，当拉杆 21 旋转 180°时，拉杆 27 旋转 130°。

调整连杆 23，使拉杆 24 位置如图 24-8 所示，与纵轴夹角为 8°。可调整拉杆 27 具有 133mm 的半径，如图 24-8 与水平轴有 20°夹角。进行这样的调整后，当拉杆 24 旋转 180°时拉杆 27 旋转 130°。

当隔离开关合闸同时第 1 接地开关分闸时，连杆的位置使得接地开关拉杆的联锁销 4 完全插入接地刀联锁的圆盘凹槽 7 内，当隔离开关分闸同时接地刀合闸时，反之亦然。

在安装时，当隔离开关合闸同时第 2 接地刀分闸时，连杆的位置使得接地刀拉杆的联锁销 5 完全插入接地刀联锁的圆盘凹槽 6 内，当隔离开关分闸同时接地刀合闸时，反之亦然。

（3）接地开关位置的调整。手动操作隔离开关控制机构，使之处于分闸位置。手动操作接地刀“1”和“2”的控制机构几乎到“合闸”位置，使得接地刀（见图 24-8 中 15 和 16）的内部套管可以从垂直位置稍微移动几度，用手稍微倾斜接地刀“1”（见图 24-8 中 15）的内部套管，使之离开垂直位置几度，同时连接接地刀的传动臂（见图 24-9 中 1），按照图 24-9 所示调整他们的位置。

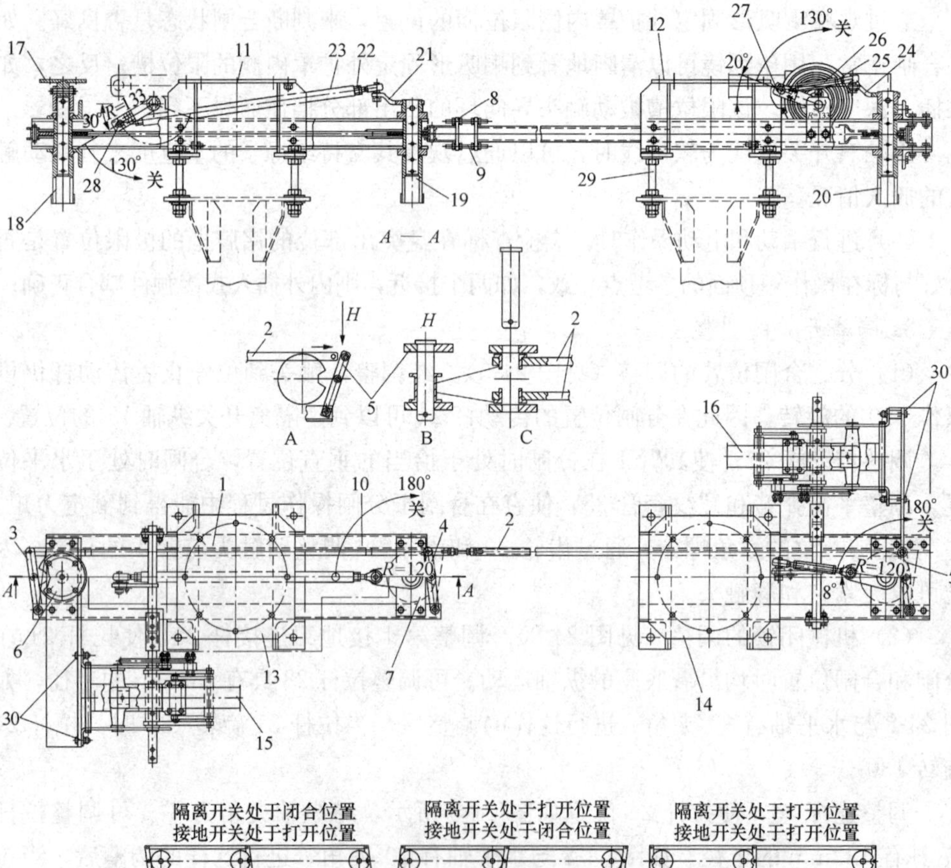

图 24-8 隔离开关和接地开关机械闭锁的调整

1—穿过隔离开关和第 1 接地刀的内部联锁连杆；2—穿过隔离开关和接地刀的内部联锁连杆；3—隔离开关内部联锁曲柄；4—联锁销；5—第 2 接地刀内部联锁曲柄；6—隔离开关内部联锁盘；7—第 1 接地刀内部联锁盘；8—配有柱头螺栓的耦合盘；9—带调整螺母的柱头螺栓；10—结合板；11—绝缘支柱（活动臂侧）；12—绝缘支柱（定触头侧）；13—底座框架（活动臂侧）；14—底座框架（定触头侧）；15—第 1 接地刀支撑管；16—第 2 接地刀支撑管；17—操作支架（旋转绝缘子）支撑法兰盘；18—隔离开关传动杆的耦合套管；19—第 1 接地刀传动杆的耦合套管；20—第 2 接地刀传动杆的耦合套管；21，24，27—拉杆；22—拉杆 23 的调整螺母；23—第 1 接地刀连接杆；24—第 2 接地刀控制曲柄；25—拉杆 26 的调整螺母；26—第 2 接地刀的连接杆；27—第 2 接地刀的驱动曲柄；28—可调整拉杆；29—底座框架紧固和水平螺杆，垫圈和螺母；30—螺栓

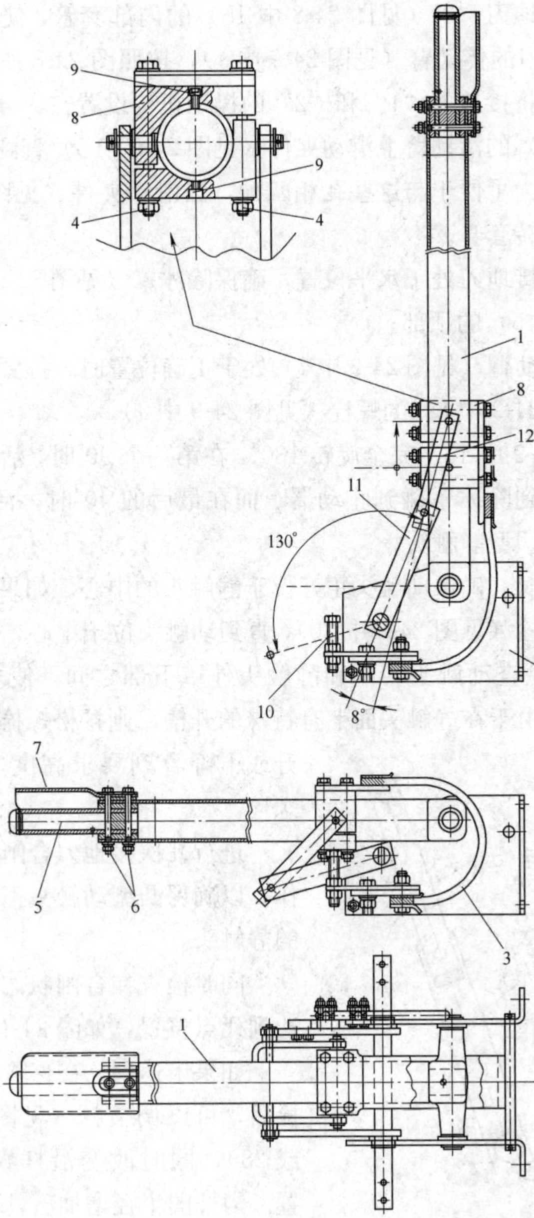

图 24-9　接地开关组件

1—接地开关传动臂；2—底座；3—连接跳线；4—隔离开关安装螺杆和垫圈；5—接地刀动触头；6—动触头固定螺杆、垫圈和螺母；7—除冰罩；8—紧固接地刀活动臂的夹件；9—紧固接地刀活动臂的螺杆；10—紧固接地刀活动臂的螺杆；11—操作接地刀活动臂的第 1 传动杆；12—操作接地刀活动臂的第 2 传动杆

用手稍微倾斜接地刀“2”（见图 24-8 中 15）的内部套管，使之离开垂直位置几度，同时连接接地刀的传动臂（见图 24-9 中 1），按照图 24-8 所示调整他们的位置。使用手动操作，将接地刀“1”和“2”的操动机构设置在“分闸”位置，在接地刀（见图 24-9 中 1）的活动臂上滑动夹件（见图 24-9 中 8）直到接地刀活动臂的套管下部的校准孔，为了便于与这些孔相匹配，当滑动夹件（见图 24-9 中 8）时，慢慢地在套管轴上旋转套管。

在这个位置上，接地刀处于水平位置，确保除冰罩（见图 24-9 中 7）处在凸型动触头（见图 24-9 中 5）的顶部。

当接地开关的传动臂（见图 24-9 中 1）处于正确位置时，拧紧螺栓（见图 24-9 中 9）和夹件（见图 24-9 中 8）的螺栓（见图 24-9 中 4）。

传动杆（见图 24-9 中 11）完全旋转 130°，在第一个 90°时，活动臂从水平位置旋转到垂直位置，直到除冰罩碰到止动器，而在最后的 40°时，活动臂垂直移动，使得凸型触头，穿过凹型静触头。

在到达垂直位置时，确保动触头正好位于静触头的中心。如果不是这样，拧松接地刀底座的紧固螺栓（见图 24-8 中 30），直到动触头位于中心，然后再拧紧螺栓（见图 24-8 中 30）。检查动触头尖端和静触头外罩下部之间，使之保持 13mm 间隙。如果不能达到，由于在静触头面上有特殊的开槽，则拧松螺栓，调节静触头上升或下降直到要求高度，然后重新拧紧螺栓。

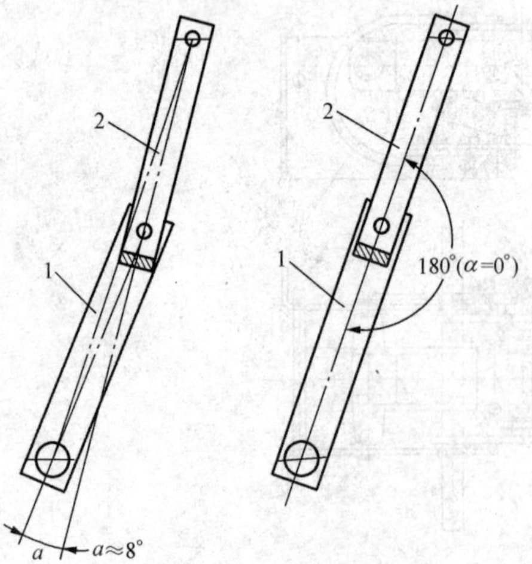

(a)　　(b)

图 24-10　接地开关过死点位置调整

(a) 最佳死点位置；(b) 可接受死点位置

1—操作接地刀活动臂的第 1 传动杆；

2—操作接地刀活动臂的第 2 传动杆

进行几次接地刀合闸与分闸的手动操作，以确保凸型动触头正确地插入接地刀的静触头。

同时检查在合闸状态时地刀杆 1 和 2 达到死点位置，如图 24-10 所示。

如果未达到，在移除调节板的紧固螺栓后，可以调节杆（见图 24-8 中 27 和/或 28），同时改变沿杆纵向轴的螺栓位置。当杆的半径增加后，死点的角度“α”会变小，相反，杆的半径减小后，死点的角度“α”会增加。

注意：可能会发生改变杆（见图 24-8 中 27 和/或 28）来达到最好的合闸位置时，动臂不会完全的水平；为解决这一问题可以通过拧紧杆（见图 24-8 中 23 或 26），如果拧进去让杆变短，动臂抬高，反之，拧出来让杆变长，动臂降低。任何情况下分、合闸时动臂的调节要达到折中状态，切记合闸的调节更为重要。

二、SSP 型和 GW10-500 型隔离开关检修及维护

SSP 型单柱垂直伸缩式隔离开关为法国 MG 公司产品，西安高压开关厂的 GW10-500 型隔离开关也是引进法国 MG 公司的生产技术生产的，因此，除操作机构有所不同外，其余部分两者是相似的，他们的技术参数见表 24-3。

表 24-3　　SSP 型和 GW10-500 型隔离开关的技术参数

<table>
<tr><th>序号</th><th colspan="2">项　　目</th><th>GW10-500</th><th>SSP</th></tr>
<tr><td>1</td><td colspan="2">额定电压（kV）</td><td colspan="2">500</td></tr>
<tr><td>2</td><td colspan="2">最高额定电压（kV）</td><td colspan="2">550</td></tr>
<tr><td>3</td><td colspan="2">额定频率（Hz）</td><td colspan="2">50</td></tr>
<tr><td>4</td><td colspan="2">额定电流（A）</td><td colspan="2">2500</td></tr>
<tr><td>5</td><td colspan="2">短时额定电流（kA）</td><td>50（2s）</td><td>50（3s）</td></tr>
<tr><td>6</td><td colspan="2">额定动稳定电流（kA）</td><td colspan="2">125</td></tr>
<tr><td rowspan="5">7</td><td rowspan="5">绝缘水平</td><td></td><td>断口间</td><td>对　地</td></tr>
<tr><td>雷电冲击（kV）</td><td>1675＋450</td><td>1675</td></tr>
<tr><td></td><td>1080＋450</td><td>1300（干试）</td></tr>
<tr><td>操作冲击（kV）</td><td colspan="2">1240（湿试）
890（干试）</td></tr>
<tr><td>工频耐压（1min，kV）</td><td colspan="2">790（湿试）</td></tr>
<tr><td>8</td><td colspan="2">切电容电流能力（A）</td><td>1</td><td>2</td></tr>
<tr><td>9</td><td colspan="2">电晕和无线电干扰水平</td><td colspan="2">在 1.1×550/3kV 下，无线电干扰电压
不大于 2500μV，在晴天夜晚无可见电晕</td></tr>
<tr><td>10</td><td colspan="2">操动机构</td><td>CJ6 电动机构</td><td>电动机构</td></tr>
<tr><td>11</td><td colspan="2">操作方式</td><td colspan="2">单相和三相操作</td></tr>
</table>

（一）隔离开关的结构

GW10-500 型隔离开关为单柱垂直伸缩式高压隔离开关，由三个单相组成，可

单相操作亦可三相操作，每相配一组接地开关。每个单相包括底座、绝缘支柱、传动装置、导电闸刀、静触头和操动机构。单极结构如图 24-11 所示（不包括操动机构和静触头）。

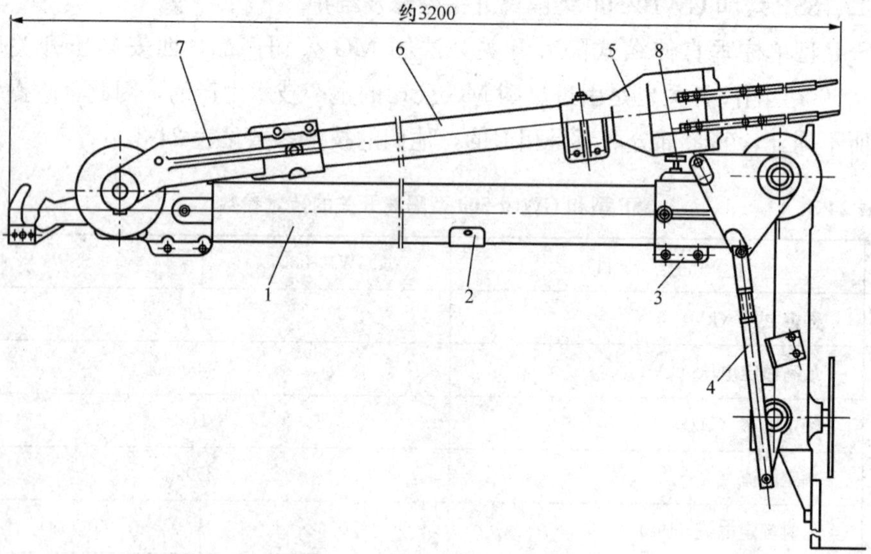

图 24-11　GW10-500 型装配图

1—下部导杆；2—盖板；3—紧固螺栓；4—连杆；5—动触头；6—上部导杆；7—联轴带；8—限位螺栓

1. 底座、绝缘支柱

底座是隔离开关的基础，采用槽钢组成，在底座下有安装孔，便于和现场基础固定，上面安装有固定支柱绝缘子和操作绝缘子的支座，接地开关的底座亦用槽钢焊接组成，通过螺栓与隔离开关本体底座相联。基座如图 24-12 所示。

支柱绝缘子承担导电系统对地绝缘和保证隔离开关在动、静负荷下的机械稳定性，支柱绝缘子分固定支柱和操作支柱各一支，均由 4 节瓷柱绝缘子组成。为改善电场的分布情况，提高导电体对地及断口间的耐电强度，瓷柱的顶部及上、下导电杆中部、静触头均装有均压环。

支柱绝缘子的顶部固定传动装置，使操作支柱转动时，通过传动装置来伸缩导电闸刀，上伸为合闸，下降为分闸。

2. 导电闸刀

导电闸刀采用伸缩式（半折架式）结构，由动触头、上部导电杆、下部导电杆、操作杆、齿杆、弹簧、辊式触头、联轴节等组成。

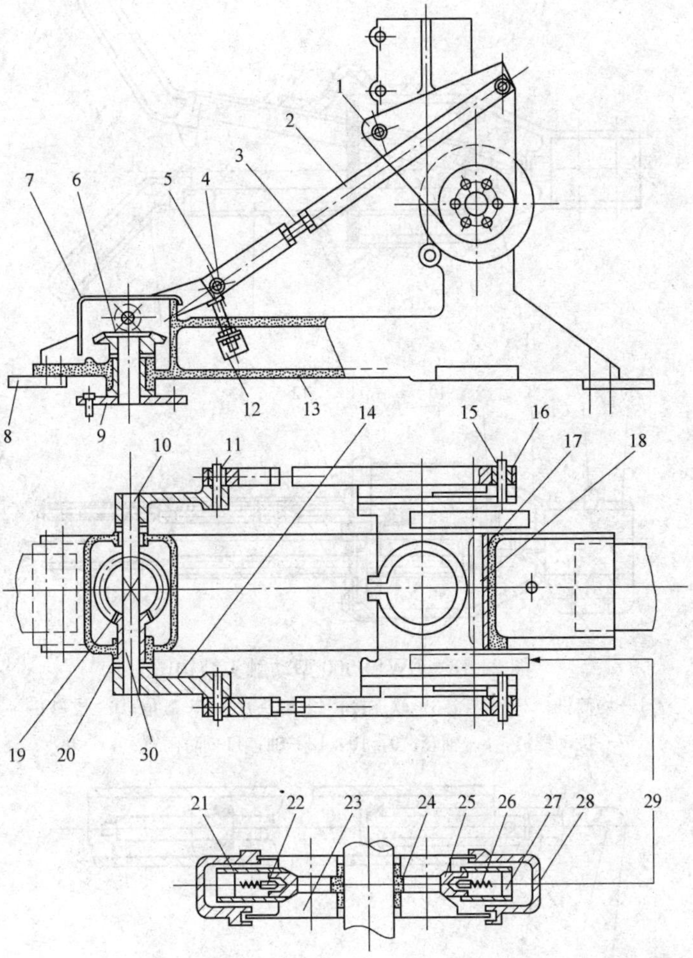

图 24-12　GW10-500 型基座结构图

1—拐臂；2，5，27—连杆；3—调整螺杆；4—限位螺栓；6，19—钳形齿轮；7，28—盖板；8—接线端子；9—上部转动支座；10，18—轴；11，15—轴销；12—止动器；13—导电基座；14—曲柄；16，17，20，24—轴套；21—定位圈；22—导杆；23—接触盘；25—触头；26—弹簧；29—辊式触头；30—弹性圆柱销

(1) 动触头，见图 24-13。动触头由均衡杆、连板、软连接、动触头片、弧角、支座、防雨罩等组成。

(2) 上部导杆，见图 24-14。上部导杆由滚轮、轴、上导电管、操纵拉杆、复位弹簧等组成。

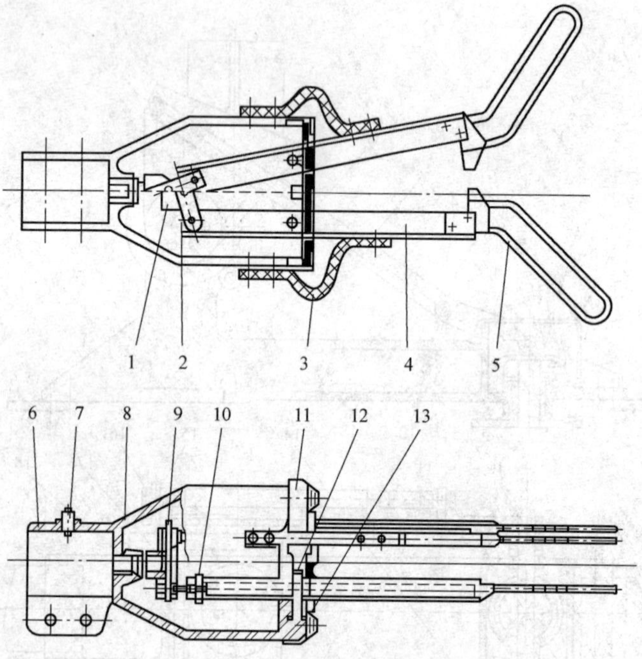

图 24-13　GW10-500 型动触头结构图

1—均衡杆；2—连杆；3—软连接；4—触头片；5—弧角；6—支座；
7—拨动螺钉；8—轴套；9，10，12—轴；11—防雨罩；13—垫

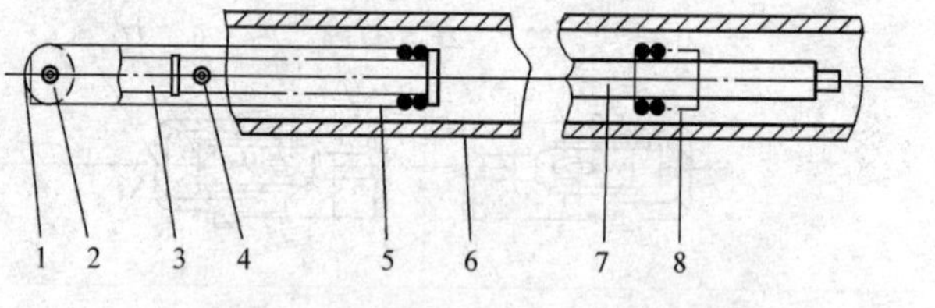

图 24-14　GW10-500 型上部导杆结构图

1—滚轮；2—轴；3—管；4—销；5—夹紧弹簧；
6—上导电管；7—操纵拉杆；8—复位弹簧

（3）下部导杆，见图 24-15。下部导杆由齿杆、导电管、拉杆、平衡弹簧、滚轮、连板等组成。

（4）联轴节，见图 24-16。连轴节由破冰钩、辊式触头、齿轮、齿轮盒、连轴节插头等组成。

（5）静触头，见图 24-17。静触头由导电杆、夹紧接头、软连接、钢绞线、均压环、夹紧块及支架组成。整个静触头悬挂于母线上，其导电杆为镀有银层的铜管。

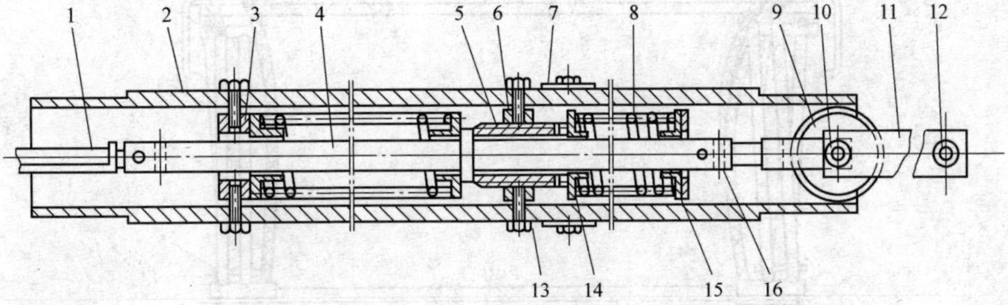

图 24-15　GW10-500 型下部导杆结构图

1—齿杆；2—导电管；3—定位套；4—拉杆；5—调节螺纹管；6—调节螺母；7—盖板；8—平衡弹簧；9—滚轮；10，12—轴销；11—连板；13—制动螺栓；14—弹簧座套；15—止动环；16—弹性圆柱销

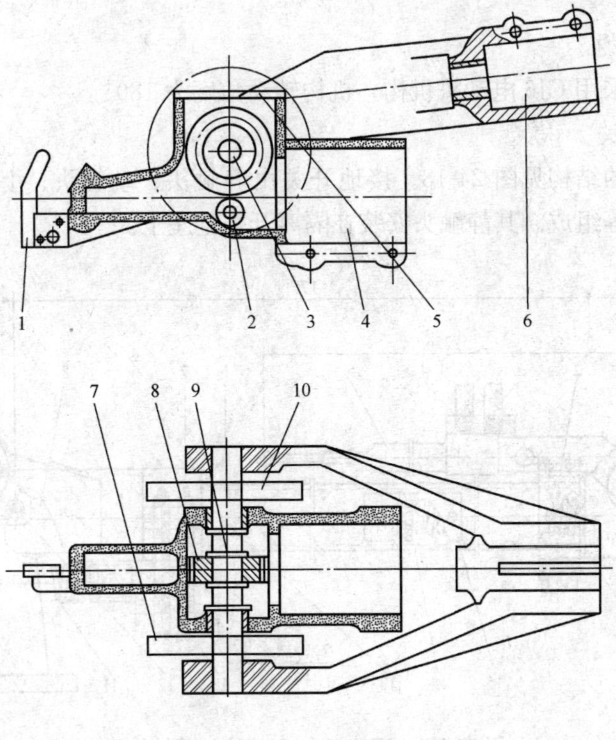

图 24-16　GW10-500 型连轴节结构图

1—破冰钩；2—支持轴；3—轴；4—齿轮盒；5—盖板；6—连轴节插头；7，10—辊式触头；8—齿轮；9—挡圈

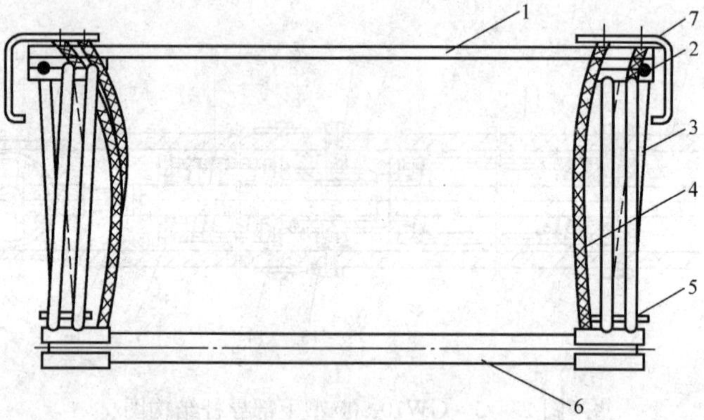

图 24-17　GW10-500 型静触头结构图

1—支架；2—夹紧块；3—钢绞线；4—软连接；
5—夹紧接头；6—导电杆；7—均压环

3. 操动机构

操动机构采用 CJ6 电动机机构，机构转动角度为 180°。

4. 接地开关

接地开关的结构见图 24-18。接地开关由静触头、动触头、上导杆、齿轮盒、下导杆及基座等组成。其静触头安装在隔离开关基座上。

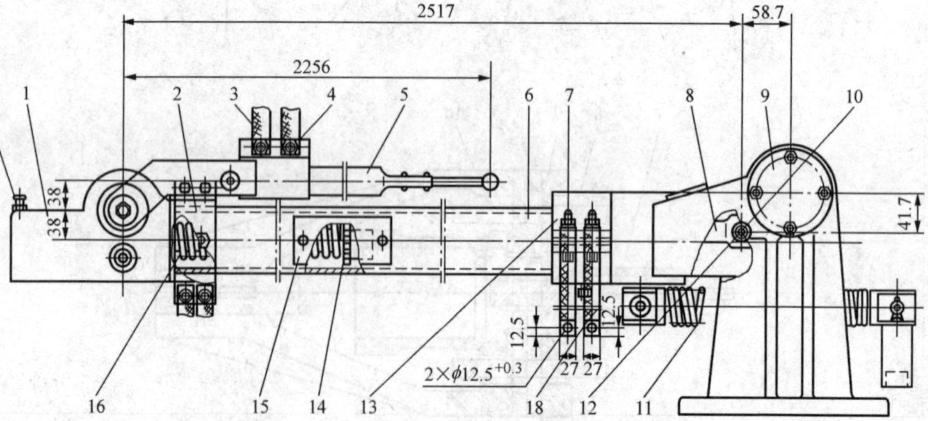

图 24-18　GW10-500 型接地开关结构图

1—齿轮盒；2，13—卡板；3，18—软连接；4—螺栓；5—接地开关上段铝管动触头；6—下段铝管；7—紧固螺栓；8—内拉杆；9—底座；10—带孔销；11—平衡弹簧；12—套；14—调节接头；15—盖板；16—弹簧；17—限位螺栓

接地开关静触头如图 24-19 所示。

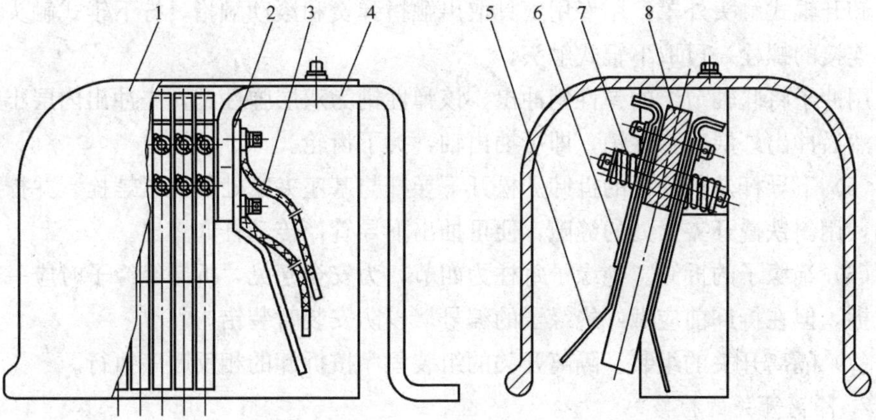

图 24-19　GW10-500 型接地开关静触头结构图

1—罩；2，4—弯板；3—软连接；5—触片；6—片；7—弹簧；8—导电块

（二）隔离开关的检修及调整

由于 SSP 型隔离开关其结构类似于 GW10-500 型隔离开关，因此，以 GW10-500 型隔离开关为例。

1. 隔离开关的拆卸和组装

（1）主刀部分的拆卸。让隔离开关处于分闸位置，用夹板或 $\phi 20$ 以上的棕绳将上、下导杆绑牢，将主刀部分从瓷柱上吊下来。

将主刀部分吊下后，慢慢松开绑在上、下导管上的棕绳，使上、下导管的相对位置呈自然伸缩状态，然后再开始拆卸其余部分。

（2）上导管的拆卸。取下上导管内操作杆上的滚轮，拧掉连轴节与上导管夹紧处的螺栓和定位销，用斜铁将夹紧片中间稍微撬开些，即可抽出上导管。

（3）组合动触头的拆卸。将动触头座与上导管夹紧处的夹紧螺栓拧掉，并拧松定位销，用斜铁将弹销动触头与上导管夹紧连接处的缝隙撬开一些，即可褪下上导管，露出铝合金操作管，夹紧弹簧及复位弹簧。

取下动触头上面的导电软铜片及防雨罩。

将连接复位弹簧的铝合金管下部弹性销用冲子打出，卸下操作杆。用小冲子打出动触头座，再用长冲子将动触头座上部的长销打出后，便可用手把动触头片与连杆一起拿出，将动触头片和连板间的圆柱销取下后，即可拆下动触片。

（4）联轴节的拆卸。打开联轴节齿轮箱盖，松掉联轴节与下导电杆夹紧处的夹紧螺栓，拧下该处的定位销，用斜铁将夹紧处的缝隙稍微撬开一些，即可取下连轴节。

卸开辊式触头外罩，用专用工具取出触指弹簧和滚动触指，拧下辊式触头与联轴节连接的螺栓，可取下辊式触头。

用冲子将联轴节上的弹性销冲出，该弹性销为双层弹性销，先冲出内层小弹性销，然后冲出外层大弹性销，即可抽出轴，拆下齿轮。

（5）下导杆及传动杆的拆卸。松开下导杆与基座夹紧处的夹紧螺栓，并拧下定位销，用斜铁撬开夹紧处的缝隙，便可抽出下导管，传动杆亦露出。

（6）绝缘子的拆卸。绝缘子每柱为四节，为安全起见，拆卸绝缘子时应一节一节地拆，但在拆卸前应做好绝缘子的编号，以防安装时装错。

（7）隔离开关的组装。隔离开关的组装程序按拆卸的相反顺序执行。

2. 隔离开关的检修

（1）动触头的检修。

1）常规检修：动触头的动触头片要活动自如；动触头支座上的漏水孔要畅通；动触头支座上的防雨罩要保持完好；动触头片的导电接触部位需用酒精清洗；打开动触头支座的防雨罩，支座内部的连板、连杆、轴销加润滑油；更换动触头上的损坏部件。

2）故障处理：检修中如发现动触头片锈死（支座内部进水且漏水孔堵死，引起传动机构锈蚀严重、动触头片不能动作），则需拆下动触头支座并解体：更换锈蚀、损坏部件；支座内部的连板、连杆、轴销加润滑油等。最后回装上导管、调试。

（2）静触头的检修。静触头上的钢绞线无断股、散股现象；用酒精清洗静触头杆（导电杆）；检查静触头上的所有紧固螺栓应无松动、锈蚀、脱落现象。

（3）导电杆进水锈蚀的处理。GW10-500 型隔离开关上部导电杆管的防水、排水性能存在一定的缺陷。隔离开关操作时其上部剪刀活动带动防雨罩随之活动，难以避免雨水的侵入，丧失了防雨罩的应有功能。为了克服这一缺陷，改善上部导电杆的密封状况，在导电杆上端与动触座的连接部、下端与连轴节插头的连接部均涂防水胶，并且在导电杆下部开排水孔，可以有效解决导电杆内积水、锈蚀问题，使部件活动顺畅。

3. 隔离开关检修后的调整

（1）支柱绝缘子的调整。支柱绝缘子组装后，应保证绝缘子上部两柱（动触头柱）中心距在（500±20）mm 范围内，上部面高度差为 25～30mm，当不能满足时，可在支柱绝缘子下部加 5mm 厚调节板来达到要求。

（2）分、合闸力的调整。当分、合闸力不均衡时，在隔离开关分别为合闸状态时，打开盖板（见图 24-9），用 $\phi 8$ 钢棍插入调节螺纹套的孔中，若分闸力大于合闸力时则逆时针方向调节螺纹套，即释放弹簧；若合闸力大于分闸力，则按与上面相反的方向调节螺纹套。调整后再操作分、合几次，看分、合闸操作力是否基本平衡，若仍相差很大，则需继续调整，直至基本平衡。

(3) 分、合到位的调整。调节连杆（见图 24-10）的长度，使隔离开关分、合到位。一般在分闸位置时，该连杆两端轴销中心距约在（502±10）mm 范围内(GW10-500 型)。

主闸刀合闸到位时，动触头与静触头定触杆应接触良好，保证四个触头的八个触头均应与定触杆接触，不能满足要求时，可调整一下静触头的位置或松开动触头固定螺栓，稍微旋转，同时在运行位置测量主回路电阻（两出线端子之间），直流 100A 时，应不超过 205μΩ（参考值）。

(4) 接地开关的调整。

1) 调节接地开关底座上的上下螺纹连杆，使分、合闸位置正确。

2) 当接地开关可正确分、合，但分闸后上下导电杆不能基本放置水平或夹角太大时，打开盖板并调整，直到满足要求。

3) 当动触头不能正确插入静触头时，检查限位螺栓是否正确，软连接是否挂住其他部件，接头调整是否正确等。

4) 动触头与静触头合闸后应接触良好，每片均应接触，当不能满足要求时，可稍微调整一下动触头。

三、GW6-220DW 型隔离开关的检修及维护

(一) 隔离开关的结构

GW6-220DW 型高压隔离开关为对称剪刀式结构，在分闸后形成垂直的绝缘断口，其合闸状态清晰，利于巡视。在配电装置中作母线隔离开关，具有占地面积小的优点。

每台隔离开关包含三个单极闸刀、一个操动机构、一组连杆和一台接地开关，每个单极闸刀由触头、导电闸刀、传动机构、绝缘子及底座等组成。接地开关包含三个接地刀杆，分别安装在隔离开关的三极底座上，每台接地开关公用一个操动机构。GW6-220DW 型隔离开关结构见图 24-20，技术规范如表 24-4 所示。

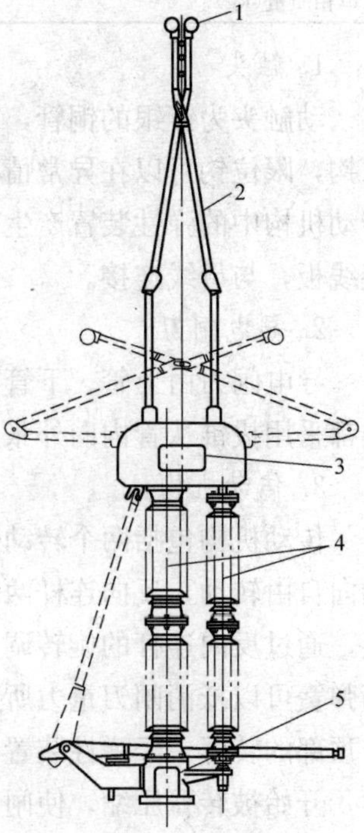

图 24-20　GW6-220DW 型隔离开关结构

1—触头；2—导电闸刀；3—传动机构；4—绝缘子；5—底座

表 24-4　　GW6-220DW 型隔离开关和 JW2-220 型接地开关技术规范

隔离开关		接地开关	
额定电压(kV)	220	型　号	JW2-220
最高工作电压(kV)	252	额定动稳定电流(kA)	125
额定电流(A)	2000	额定热稳定电流(3S，kA)	50(3S)
额定动稳定电流(峰值，kA)	125	单相质量(kg)	70
额定热稳定电流(3s 有效值，kA)	50	操动机构	CJ2-XG
工频耐压—干试对地(1min，kV)	460	主轴转角(°)	180
工频耐压—干试断口(1min，kV)	530	额定输出力矩(N·m)	750
工频耐压—湿试对地(1min，kV)	460	分、合闸时间(s)	6±1
雷电冲击电压—对地(全波 1.2/50μs，kV)	1050	配用电动机型号	Y802-4
雷电冲击电压—断口(全波 1.2/50μs，kV)	1200	电动机额定电压(V)	AC380
开断电容电流值(A)	0.6	电动机额定功率(kW)	0.75
接线端额定静拉力(N)	3000	电动机额定转速(r/min)	1390
爬电距离(mm)	6300	操动机构质量(kg)	100
单相质量(kg)	580		

1. 触头

动触头为镀银的铜管，有四个接触面。动触头的顶端有屏蔽罩，屏蔽罩上有限位钩，限位钩可以在异常情况下将静触头保持在正常位置。动触头的接触压力，由传动机构中的弹性装置产生并保持稳定。静触头为镀有银层的铜管，它的两端配有接线板，与母线连接。

2. 导电闸刀

导电闸刀由上管、下管与活动肘节等组成，上管两端、下管首端和活动肘节两端都采用拔锥从管内向外张紧的方法连接。

3. 传动机构

传动机构包括两个转动臂、反向连杆、平衡弹簧、弹性装置等。两个转动臂可轴向自由转动，反向连杆两端分别为左旋螺纹和右旋螺纹，转动臂通过反向连杆连接，通过反向连杆的旋转调整可以调整两转动臂的位置，使两转动臂保持对称。平衡弹簧可以抵消闸刀重力所产生的合闸阻力，保证分合闸操作灵活轻便。操作绝缘子顶部的转臂，经弹性装置与左侧转动臂连接，弹性装置在接近完全合闸 20°范围时，开始被转臂压缩，使闸刀承受稳定的推力，合闸结束时，转臂被挡块限位，弹性装置保持在被压缩状态，压缩量为 6mm。

4. 操动机构

GW6-220 型高压隔离开关及接地开关配用 CJ2-XG 型操动机构。该机构由电动机、齿轮传动机构、蜗轮减速装置及电气控制装置等部分组成。由电动机驱动齿轮传动机构及蜗轮减速装置，将力矩传递给输出轴，输出轴垂直安装。操动机构中设有分合闸限位开关及机械限位装置，保证机构主轴的转角保持在正常位置。机构设有手柄，可在现场进行手动、分合闸操作。

5. 接地开关

GW6-220 型高压隔离开关配用接地开关为 JW2-220 型。该接地开关包括动静触头、接地刀杆等部分。

接地开关在合闸过程中，接地刀杆先向上回转一定角度与静触头接触后变为向上运动，使动触头插进静触头中。分闸过程与此相反，接地刀杆先向下缩一定距离，使动触头拔出静触头，然后向下摆落至水平位置。

(二) 隔离开关和接地开关的检修及维护

1. 隔离开关的拆卸

(1) 隔离开关保持在分闸位置，断开闸刀两端引线。

(2) 拆下主刀、地刀的三相传动连杆并作好标记，拆除主刀、地刀主极操作拉杆。

(3) 用 8 号铁丝或 $\phi 10$ 以上的麻绳将闸刀与传动机构箱捆牢，以防止闸刀上下摆动。

(4) 用 8 号以上铁丝将接地开关与支架捆牢，以防止闸刀上下摆动。

(5) 拆除接地开关接地端子与闸刀基础地线的两个 M10 连接螺栓。

(6) 用麻绳将操作绝缘子捆牢后与支持绝缘子固定，防止隔离开关头部吊起后操作绝缘子摆动倾斜。

(7) 将隔离开关头部作好相别编号，用 1t 吊绳将闸刀头部捆牢，用起重机吊钩稍微带力，松开支持绝缘子与传动机构箱的六个 M16 螺栓，松开传动机构拐臂与连接盘的一个 M12 固定螺栓或连接盘与操作绝缘子的四个 M12 连接螺栓。用手轻轻摆动隔离开关头部，使开关头部与绝缘子松动后，将隔离开关头部吊起，运至检修场地待检修。

(8) 将操作绝缘子作好相别编号，用 1t 吊绳将操作绝缘子捆牢，用起重机吊钩稍微带力，用手轻轻转动绝缘子或用紫铜棒轻轻敲击操作轴，使绝缘子操作轴与底座松动后，将绝缘子吊起，运至检修场地待检修。

(9) 将支持绝缘子作好相别编号，用 1t 吊绳将支持绝缘子捆牢，拆除绝缘子与底座的六个 M16 连接螺栓，用起重机吊钩稍微带力，用手轻轻晃动绝缘子，使绝缘子与底座松动后，将绝缘子吊起，运至检修场地待检查试验。

(10) 先将隔离开关底座作好相别编号后用 1t 吊绳将底座连同地刀捆牢，拆除隔离开关和接地开关操动机构主轴拐臂支座的四个 M16×40 连接螺栓，拆除底座与基础构架的四个 M22×70 连接螺栓，用起重机吊钩稍微带力，用手轻轻晃动底座，使底座与隔离开关基础构架松动后，将底座吊起，运至检修场地待检修。

（11）拆除隔离开关和接地开关的操动机构，运至检修场地待检修。

2. 隔离开关的安装步骤

吊装闸刀底座及地刀支架，用 M22×70 的螺栓固定后，用水平尺检查底座是否水平，否则用金属垫片来校正底座水平度。但同一部位的垫片不得多于两片，垫片间及与基础构架间应点焊，防止受力后位移，电焊部位要刷漆防腐。

吊装支持绝缘子，用 M16 螺栓固定后，分别用吊线锤和水平尺检查校验两节绝缘子垂直度、绝缘子上节法兰面是否水平，两节绝缘子的垂直偏差不大于 5‰。必要时可以在每节绝缘子下端加垫金属垫片来校正垂直度，但同一部位的垫片不得多于两片，否则用适当厚度的垫片取代。加垫片后绝缘子间的缝隙要用腻子封堵，并在表面刷漆，以防止雨水浸渍。

吊装操作绝缘子前，要分别校验组装后的两节操作绝缘子垂直度，吊装后用麻绳将操作绝缘子捆牢后与支持绝缘子固定，防止操作绝缘子摆动倾斜。

将组装好的刀闸头部用 8 号铁丝或 $\phi10$ 以上的麻绳将闸刀与传动机构箱捆牢，以防止闸刀上下摆动。吊装头部时要将操作绝缘子置于分闸位置，闸刀头部落在绝缘子上找正后，要求机构箱与支持绝缘子上端接触紧密。先松开传动机构拐臂与连接盘的一个 M12×18 固定螺栓，均匀紧固头部机构箱与支持绝缘子的六个 M16×60 螺栓，然后紧固传动机构拐臂连接盘与操作绝缘子的 M12 螺栓。

将隔离开关其他两相安装就位，安装隔离开关和接地开关的操动机构、三相传动连杆和主极操作拉杆，连接闸刀两端引线。

3. 隔离开关安装的工艺要求

（1）支持绝缘子应垂直于底座表面。

（2）导电闸刀应灵活运动，分、合闸动作正常。合闸位置时，导电摺架应垂直；分闸位置时，导电摺架应对称。

（3）两根动触杆的接触面要互相平行，保证合闸时与静触头接触紧密。隔离开关合闸后，动、静触头的接触压力（在正常接触范围内）每侧应达到 490N·m。

（4）隔离开关分闸后，断口的绝缘距离应满足要求。

（5）隔离开关合闸后，传动机构中与操作绝缘子上部相连的转臂应过死点 1～4mm。

（6）隔离开关合闸后，主闸刀操作拐臂与拉杆应过死点。

（7）隔离开关合闸时，从静触头接线端至闸刀下端接线端的回路电阻应不大于 120$\mu\Omega$（采用直流压降法，电流 100A）。

(8) 三相机械联动的分合基本一致，三相不同期应不大于 30mm。

(9) 接地开关在合闸位置时，动、静触头应接触可靠，动触头与静触头末端应留有 10mm 左右的间隙；分闸后，刀杆应处在水平位置，不得高于绝缘子的下法兰。

(10) 接地开关与隔离开关的机械联锁应可靠，无卡涩。

4. 隔离开关、接地开关的调试

(1) 隔离开关和接地开关与操动机构间的连接和调整方法，见图 24-21。

连接和调整方法：①连接前根据基础的实际高度确定连接管的长度；在连接管两端将接套及管接套焊牢。②在开关及其操动机构均位于分闸位置时，将连接管装上，拧紧抱夹。③用力操动开关分、合闸，若开关与操动机构两端的终端位置不一致时，松开抱夹进行调整至合适为止，最后将抱夹固紧。

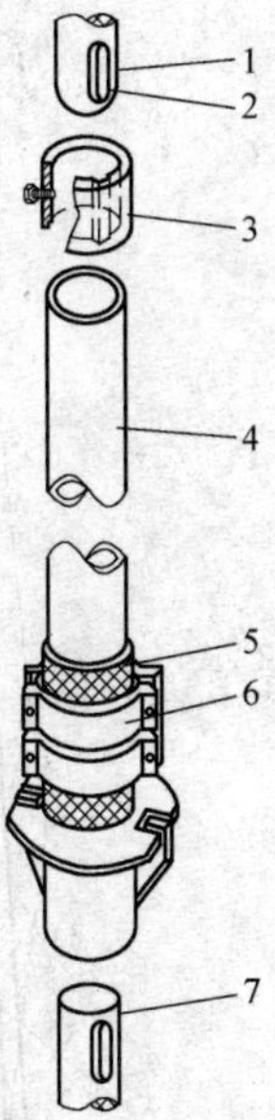

图 24-21　隔离开关和接地开关与操动机构间的连接和调整方法

1—开关操作轴；2—键；3—接套；4—连接管；5—管接套（连接管下端与其焊牢）；6—抱夹；7—操动机构主轴

(2) 隔离开关闸刀对称、垂直度及接触压力调整方法见图 24-22。

1) 合闸后，闸刀应左右对称，处于正中位置。调整方法：改变 L_1 达到。闸刀偏向 A 侧时，伸长 L_1；闸刀偏向 B 侧时，缩短 L_1。

2) 合闸过程中顶杆应伸进套筒约 6mm（合闸后“红色标志”隐没在套筒孔内）。调整方法：改变 L_2 达到。

动、静触头的接触压力可以直接用压力测量仪进行测量，也可以间接检查合闸时弹性装置中的红色标志是否隐没在套筒内，一般采用后一种方法。

(3) 回路电阻值测量若不符合要求，应检查各导电接触面是否光洁平整，连接螺钉是否拧紧。必要时可以在导电接触面上涂一薄层电接触导电膏。

(4) 传动机构中转臂死点位置的调整：①先在单相开关上分别调整好。转臂旁有限位螺钉满足越过死点 1～4mm［检测方法为测量转臂轴销与挡块之间的距离 L ($1\text{mm} \leqslant L \leqslant 4\text{mm}$) 来确定，见图 24-23］要求后，固定限位螺钉。如果未达到死点要求，可以适当缩短弹性装置的长度 L_2，达到死点和接触压力必须两者兼顾。②三相联装后，再复核各相的死点位置，若未达到要求，应先检查隔离开关是否合闸到位，若未到位，可能是主极连杆过长，可以调整主极连杆长度，使 B 相达到死点后，若边相未达到过死点可调整相间水平连杆的长短。

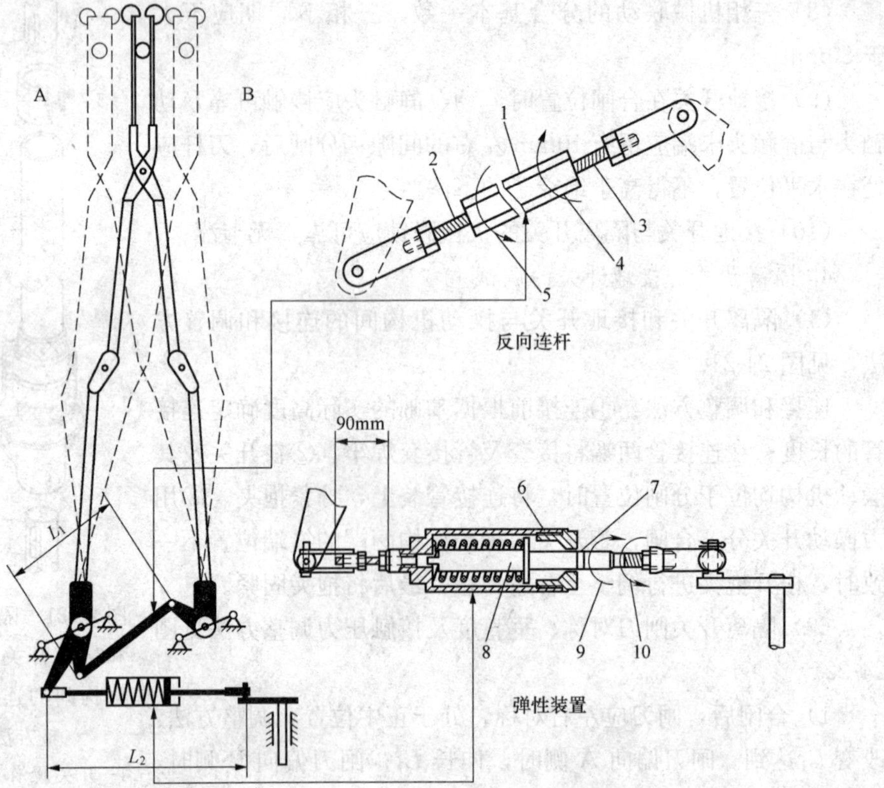

图 24-22　隔离开关闸刀和触头的调整方法

1—反向调整连杆，转动此杆，改变长度 L_1；2—右旋螺纹 L_1；3—左旋螺纹；4—伸长 L_1；5—缩短 L_1；6—套筒；7—红色标志；8—顶杆（转动此杆，改变长度 L_2）；9—伸长 L_2；10—缩短 L_2

（5）接地开关刀杆长度的调整：接地开关合闸完毕后，其动触头与静触头应可靠接触，动触头插入深度必须达到触指的刻度线，一般动触头顶端应越过刻度线不小于 5mm，如长度不合适时，可以将闸刀动触头端头的螺杆拧松，伸缩动触头将刀杆长度调节至合格范围内。

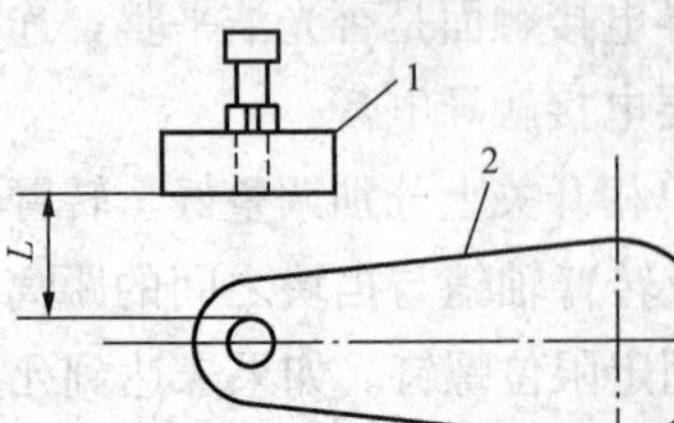

图 24-23　传动机构中转臂死点位置的调整

1—限位块；2—转臂

（6）接地开关触头的接触调整：合闸后，静触头应卡在动触头的中央，如果偏向一边，可以调节托架上托板的位置来调整刀管位置。

（7）接地开关闸刀重力平衡的调整：合闸时刀管向上运动的过程中，在其未碰到静触头之前，托板不应从刀管的槽口中滑出（见图 24-24）；若过早滑出，说明平衡弹簧拉力不够，可以调节平衡弹簧或加辅助弹簧，

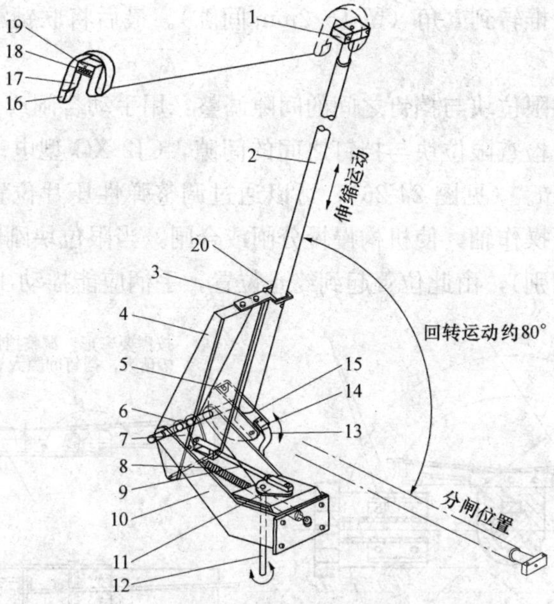

图 24-24　接地开关

1—动触头；2—导电管；3—托板；4—托架；5—止位钉；6—转轴；7—拐臂；8—平衡弹簧；9—连杆；10—底架；11—转臂；12—操作轴；13—导电带；14—轴销；15—转板；16—卡罩；17—触指；18—触头弹簧；19—触头块；20—定位弹簧

以改善刀管的平衡状况。

(8) 主、地刀机械联锁的调整：接地开关和隔离开关的调整方法见图 24-25。在状态 2，将联锁板推到 *a* 角靠拢约留 1～2mm 间隙；在状态 1 时，调节联锁

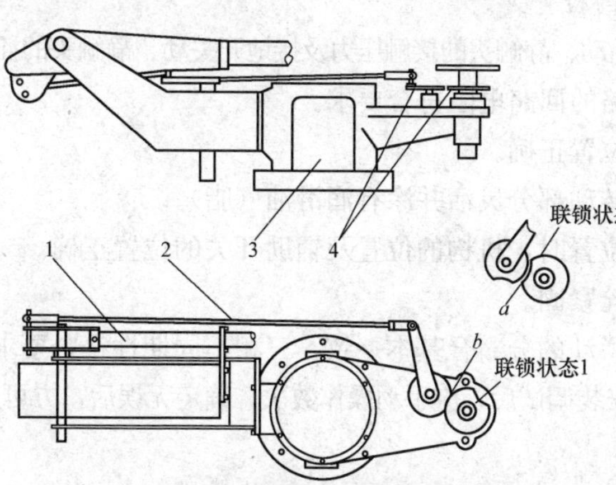

图 24-25　隔离开关底座及联锁装置

1—接地刀杆；2—联锁连杆；3—底座；4—联锁板

（联锁状态 1：隔离开关在合闸位置，接地开关在分闸位置；联锁状态 2：隔离开关在分闸位置）

杆的长度将联锁板推转到 b 角（留 1～2mm 间隙）。最后将联锁板与圆板焊牢并将焊点防腐处理。

（9）操动机构限位块与挡钉之间的间隙调整：用手动合闸或分闸，当终点限位开关刚刚切换时，检查限位块与挡钉之间的间隙，CJ2-XG 型电动操动机构的间隙为 $S=(8\pm3)$ mm。（见图 24-26），可以通过调整弹性压片位置来达到。测量方法：用手柄摇手力操作轴，使机构慢慢分闸或合闸，当限位块刚刚切换时（用电池指示灯或万用表判别），由此位置起到终止位置，手柄应能摇动 4.8±1.8 圈。

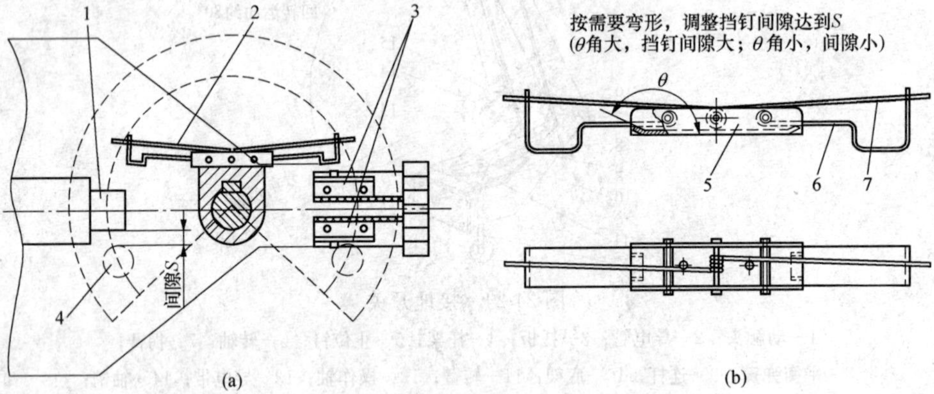

图 24-26　操动机构间隙调整示意图

（a）挡钉间隙；（b）弹簧压片

1—限位块；2—弹簧压片；3—限位开关；4—挡钉；5—支架；6—压片；7—弹簧

5. 检修投运前的检查

（1）隔离开关的动、静触头的接触压力及接地开关动、静触头的插入位置符合要求。

（2）主导电回路的回路电阻符合要求。

（3）机械联锁位置正确。

（4）各轴销及转动部分灵活并涂有润滑油（脂）。

（5）分、合闸位置时，机构的位置及辅助开关的位置正确。

（6）各连接螺栓紧固。

（7）三相机械联动的分、合基本一致，三相不同期性符合要求。

（8）隔离开关安装调试后，应手动操作数次，确定无误后，方可进行电动操作。

第五节　隔离开关的验收和试验

《电力设备预防性试验规程》（DL/T 596—2005）规定了隔离开关的试验项目，

并对各部分加以说明（见表 24-5）。

表 24-5　隔离开关的试验项目

<table>
<tr><th>序号</th><th>项　目</th><th>周　期</th><th>要　求</th><th>说　明</th></tr>
<tr><td>1</td><td>有机材料支持绝缘子及提升杆的绝缘电阻</td><td>(1) 1～3 年。
(2) 大修后</td><td>(1) 用绝缘电阻表测量胶合元件分层电阻。
(2) 有机材料传动提升杆的绝缘电阻值不得低于下表数值（MΩ）。
<table><tr><td rowspan="2">试验类别</td><td colspan="2">额定电压（kV）</td></tr><tr><td><24</td><td>24～40.5</td></tr><tr><td>大修后</td><td>1000</td><td>2500</td></tr><tr><td>运行中</td><td>300</td><td>1000</td></tr></table></td><td>采用 2500V 绝缘电阻表</td></tr>
<tr><td>2</td><td>二次回路的绝缘电阻测量</td><td>(1) 1～3 年。
(2) 大修后。
(3) 必要时</td><td>绝缘电阻不低于 2MΩ</td><td>采用 1000V 绝缘电阻表</td></tr>
<tr><td>3</td><td>交流耐压试验</td><td>大修后</td><td>(1) 试验电压值按 DL/T 593 规定。
(2) 用单个或多个元件支柱绝缘子组成的隔离开关进行整体耐压有困难时，可对各胶合元件分别做耐压试验</td><td>在交流耐压试验前、后应测量绝缘电阻；耐压后的阻值不得降低</td></tr>
<tr><td>4</td><td>二次回路交流耐压试验</td><td>大修后</td><td>试验电压为 2kV</td><td></td></tr>
<tr><td>5</td><td>电动、气动或液压操动机构线圈的最低动作电压</td><td>大修后</td><td>最低动作电压一般在操作电源额定电压的 30%～80%范围内</td><td>气动或液压应在额定压力下进行</td></tr>
<tr><td>6</td><td>导电回路电阻测量</td><td>大修后</td><td>不大于制造厂规定值的 1.5 倍</td><td>用直流压降法测量，电流值不小于 100A</td></tr>
<tr><td>7</td><td>操动机构的动作情况</td><td>大修后</td><td>(1) 电动、气动或液压操动机构在额定的操作电压（气压、液压）下分、合闸 5 次，动作正常。
(2) 手动操动机构操作时灵活，无卡涩。
(3) 闭锁装置应可靠</td><td></td></tr>
</table>

1. 测量绝缘电阻

这是DL/T 596—2005规定的唯一的定期试验项目。根据DL/T 596—2005规定，测量内容如下：

（1）测量有机材料支持绝缘子及提升杆的绝缘电阻。采用2500V绝缘电阻表测量胶合元件分层绝缘电阻以及有机材料传动提升杆的绝缘电阻，该绝缘电阻不得低于表24-6中的数值，各胶合元件绝缘子电阻应不小于300MΩ。

表24-6　有机物绝缘拉杆的绝缘电阻值　MΩ

试验类别	额定电压（kV）			
	＜24	24～40.5	72.5～252	363～550
交接	1200	3000	6000	1000
大修后	1000	2500		
运行中	300	1000		

（2）测量二次回路的绝缘电阻。采用1000V绝缘电阻表进行测量，测得的绝缘电阻不低于2MΩ。

2. 交流耐压试验

（1）对整体或胶合元件的交流耐压试验。试验电压如表24-7所示。

表24-7　交流耐压试验电压　kV

系统标称电压		3	6	10	15	20	35	60	110	220	330
最高工作电压		3.5	6.9	11.5	17.5	23	40.5	69	126	252	363
交流试验电压	纯瓷绝缘	25	32	42	57	68	100	165	265 (305)	490	630
	固体有机绝缘	22	26	38	50	59	90	150	240 (280)	440	

注　括号中数值适用于小接地短路电流系统。

用单个或多个元件支柱绝缘子组成的隔离开关进行整体耐压有困难时，可对各胶合元件分别进行耐压试验。35kV针式支柱绝缘子为两个胶合元件者，每元件耐压50kV；为三个胶合元件者，每元件耐压34kV。

若在试验过程中无局部发热、焦味、闪络等异常现象，可认为合格。值得注意的是，在交流耐压试验前、后均应测量绝缘电阻，耐压后的绝缘电阻值不得显著降低。

（2）二次回路交流耐压试验。外施试验电压为2kV，试验过程中无异常可认为合格。

3. 测量导电回路的电阻

采用直流压降法进行测量，电流值不小于100A，测量值不大于制造厂规定值的 1.5 倍。

由于导电回路的直流电阻很小，为了测量准确，应注意的问题如下：

(1) 必须有足够容量的直流电源，以供给 100A 以上的电流。当这个电流流过导电回路时，可以使回路中接触面上的一层极薄的膜电阻击穿，这样所测得的主回路电阻值与实际工作时的电阻值比较接近。

(2) 选用适合的接线，电压接线端应在电流接线端的内侧，以防止电流端头的电压降引起测量误差。流过电流的导线截面应足够大，一般可用截面积大于 $16mm^2$ 的铜线。

4. 测量最低动作电压

隔离开关一般都采用手动操作，当额定电流在 2000A 以上，人力不能胜任，或者需要远距离控制时，才采取其他非手动的机构操作，如电动操动机构。而这些操动机构都有合闸和分闸线圈，当线圈上的电压过低时就不能可靠的合闸和分闸，所以测量最低动作电压就是为了考核其动作可靠性。

测量合闸线圈的最低动作电压时，将试验电压逐渐从 0 升起，直到接触器启动，并使触点闭合为止，读取这个电压值，即为合闸的最低动作电压。测量分闸线圈的最低动作电压的步骤同断路器。

测得的最低动作电压一般在操作电源额定电压的 30%～80%范围内。测量中需要注意的问题如下：

(1) 对气动或液压操动机构，应在额定压力下进行测量。

(2) 根据操作电压的大小，适当选择可变电阻数值，最好取 50～100Ω。

(3) 试验时的实际接线应能保证隔离开关动作后迅速切断电源，以避免线圈长时间通电而被烧毁。

5. 检查操动机构的动作情况

隔离开关操动机构动作情况检查的目的，主要是检查在额定电压下或高于和低于额定电压时操作回路是否完好；分、合闸是否正常；机械传动部分是否灵活可靠。其具体要求如下：

(1) 电动操动机构在额定的操作电压下分、合闸 5 次，动作正常，其中包括主闸刀和接地闸刀均应动作正常。

(2) 手动操动机构操作时应灵活、无卡涩现象。

(3) 机械或电气闭锁装置应准确可靠。

6. 红外测温

由辐射理论知道，一切温度高于绝对零度的物体，每时每刻都会向外辐射人眼看不见的红外线，同时也发射辐射能量。物体温度越高，发射的能量也越大。电力系统不论是高压，还是低压，在运行过程中总会因各种原因产生一些热故障点，即设备故障前的热征兆。热故障的特点是过热点为最高温度，形成一个特定的热场并向外辐射能量。

当电力设备各种夹紧件、裸露接头及隔离开关刀口接触不良时，流过的电流使之温度和温升大为升高；另外，如果是弹簧夹紧件，高温会使弹簧退化失去弹力，同样造成接头接触不良，产生较高温度。这两种热故障开始时不严重，但会使金属表面加速氧化，接触电阻成倍增加，导致发热更加严重，接触电阻更大，形成恶性循环，最后导致烧断的事故发生。

隔离开关的红外测温缺陷诊断判据见表 24-8。注意事项及分析方法同变压器，具体可参见第二篇相关章节。

表 24-8　　隔离开关过热缺陷诊断判据

设备类别和部位		热像特征	故障特征	缺陷性质			处理建议
				一般缺陷	严重缺陷	危急缺陷	
隔离开关	转头	以转头为中心的热像	转头接触不良或断股	温差不超过15K，未达到严重缺陷的要求	热点温度大于 90℃ 或 δ ≥80%	热点温度大于 130℃ 或 δ ≥95%	
	刀口	以刀口压接弹簧为中心的热像	弹簧压接不良				测量接触电阻

图 24-27 所示为某站 GW6-220 型隔离开关 B 相红外测温图。测量时为减少环境辐射对结果的影响，测量时间为凌晨日出前气温较低时刻，可以看出，此时隔离开关发热较高的区域为电流通路的活动连接处，其中最高点到 106.6℃。

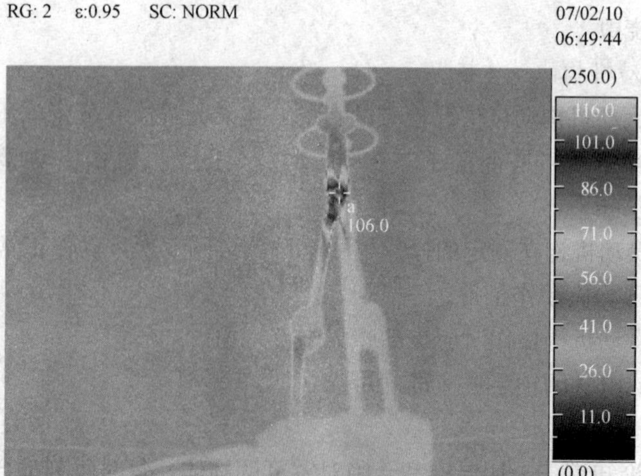

图 24-27　某站 GW6-220 型隔离开关 B 相红外测温图

第六节　隔离开关的常见故障和处理

在高压输变电设备中，户外高压隔离开关和接地开关是受环境和气候条件影响最大的电器设备。其运行条件比较恶劣，它毫无遮挡地矗立在变电站之中，长年累月受到各种环境和气候条件的作用，如风吹、雨淋、日晒和冰雪、霜露、湿热的影响，加上沙尘、盐雾、污秽和鸟虫等的侵害，容易产生机械或电气方面的故障。

随着设备的老化和用电负荷的增加，隔离开关由于年久失修和某些缺陷而引起的停电事故不断发生，而且呈上升趋势，威胁着电力系统的运行安全。因此，我国电力系统中隔离开关运行可靠性问题，越来越引起电力运行部门和设备制造厂家的关注。根据近年来我国电力系统实际运行统计和调查分析，户外高压隔离开关经常出现的四大问题是绝缘子断裂、操作失灵、锈蚀、导电回路过热。

一、瓷绝缘子断裂

高压隔离开关运行中或操作时发生的瓷绝缘子断裂故障，是危害性最大的一种故障，它往往会造成母线短路而引发母线停电、变电站或发电厂停电的重大事故，甚至会损坏相邻的电器设备或伤及操作人员。

（一）瓷绝缘子断裂的原因分析

造成瓷绝缘子断裂的原因，除了选用不当、安装不良之外，主要是绝缘子的烧制及胶装质量不良。另外，绝缘子质量的分散性，使一些不合格品流入电力系统，给电站的安全运行带来隐患。

1. 瓷绝缘子存在质量问题

瓷绝缘子存在的缺陷是造成断裂的直接原因。在处理瓷绝缘子断裂事故的现场调查中发现，瓷绝缘子存在的缺陷主要有以下几种：

（1）断裂面中心有黄芯，这是制造中 Fe_2O_2 未被充分还原或还原后重新被氧化而形成的缺陷称为阴黄，又称为赤变或氧化发黄。这种生烧缺陷会导致瓷质结构松弛，瓷件机械和电气性能指标下降。随着时间的推移，受环境的影响，使缺陷日趋扩大，从而加速产品的老化，缩短使用寿命。

（2）瓷质粗糙，断面上有黑点、斑点、青边、开裂、气孔夹层等。

（3）胶装质量不良。主要表现在：

1）水泥胶装不实，有间隙、空洞缺陷，造成应力分布不匀，操作后松动进水，冬天结冰膨胀后产生应力而损坏绝缘子。

2）胶装偏心造成间隙不均。间隙过小难以保证将胶合剂填满所有空隙，胶装强度低，间隙过大，胶合剂填充数量多，胶合剂本身强度比瓷体低得多，且收缩值大而使强度降低。

3）胶合部位瓷件缺砂、堆砂，或早期产品采用压花工艺，都会影响机械强度。

4）胶装比偏低。胶装比为胶装深度与瓷件直径之比（$i=h/d$），一般应为$0.6\leqslant i<1.0$。绝缘子的破坏负荷与胶装比成正比关系。断裂的绝缘子有的胶装比仅为0.3。

(4) 绝缘子的直线度、同轴度和平行度偏差过大，造成绝缘子安装后长期受到一个额外弯矩的作用。

2. 瓷绝缘子老化

由于瓷绝缘子长期受户外大气环境影响，而且还不同程度地承受力矩和高电压的作用，产生疲劳和老化，使其机械强度降低。目前还很难说明其老化的机理和规律。瓷绝缘子的使用寿命是一个有待研究的课题。

3. 产品结构设计和电站布置不合理

隔离开关的支柱绝缘子所需的机械强度与接线端机械负荷有直接关系，必须要有足够的安全系数。如果支柱绝缘子的抗弯强度选低了，就会成为导致绝缘子断裂的重要因素。

隔离开关的操作绝缘子，通常只重视它的扭矩参数。如果传动部件设计不合理，操作过程中使操作绝缘子承受额外的弯矩，加上由于锈蚀而引起的操作力过大，则可能发生断裂。

布置不当也是导致绝缘子断裂的原因，如端子引线过长过重或者过短。如某电站的一组隔离开关，其出线直接与悬挂式阻波器相连，由于引线过短，阻波器风摆产生的位移使隔离开关支柱绝缘子产生很大的弯矩，导致该隔离开关的同一相绝缘子几次折断。

4. 安装调整不当

安装调整的质量会影响隔离开关的操作可靠性，也是影响绝缘子安全使用的重要因素。如安装后传动机构运动卡滞，操作力矩大，绝缘子受到额外的作用力；运行中安装基础移位、变形等，均有可能引起绝缘子断裂。

有的隔离开关由于其接地静触头固定在绝缘子顶端，如果接地开关调整不当或其刀杆过长，合闸时绝缘子顶端受到额外推力后，就会造成上节绝缘子法兰处断裂。

(二) 解决瓷绝缘子断裂问题的对策

1. 重视瓷绝缘子的选用

瓷绝缘子是隔离开关耐受电压和承受机械力作用的主要元件，必须重视瓷绝缘子的选用。对已选定电压等级和污秽等级的绝缘子来说，其抗弯、抗扭强度是重要数据。

应根据产品的具体工作条件，计算出隔离开关接线端所需承受的机械负荷，然后从《高压交流隔离开关和接地开关》（GB 1985—2004）推荐的“额定端子静态机械负荷”中选取合理的数值，作为产品订货技术条件向制造厂提出。制造厂根据该数值计算出绝缘子所承受的最大力矩，该力矩与所选用绝缘子的额定机械强度对比，应有 2.5～2.75 的静态安全系数。

2. 保证安装调整质量

安装调整时，要保证隔离开关操作灵活，避免绝缘子受到不应有的额外作用力。在操作和检修时，加强对绝缘子的巡视检查，看其表面是否有破损，法兰胶装处是否有开裂松动现象，以便及时发现断裂的隐患。

3. 提高绝缘子制造质量

瓷绝缘子的制造质量由电瓷制造厂控制，但目前我国绝缘子出厂时按批抽样的试验方法，无法避免有一定数量质量较差的产品流向用户。唯一的办法就是提高工艺水平，降低产品质量分散性。作为用户则要选用设备条件和制造工艺及质量控制好的厂家产品，并严格出厂试验、进厂验收。一般高强瓷的分散性较小。在对支柱绝缘子进行 4 个方向施加 60％额定机械强度的抗弯试验时，对由两节叠装成的绝缘瓷柱，进行整柱抗弯试验是很必要的。此外，在线检测运行中的绝缘子状况也是一种有效方法，可避免重大事故发生造成损失，但该方法尚有待进。

4. 采用硅橡胶复合绝缘子

硅橡胶复合绝缘子是近年来新兴起的一种产品。对 126kV 及以下的隔离开关，可以采用硅橡胶复合绝缘子代替瓷绝缘子，但对 252kV 及以上的隔离开关，采用复合绝缘子则要慎重。

二、操作不灵活、动作不到位

高压隔离开关由于锈蚀、卡滞后导致操作不灵活、操作力矩增大等，出现分不开、合不上或分合不到位等操作障碍，严重时操作部件折断或绝缘子受到附加应力而折断，严重威胁电网的运行安全，甚至造成重大停电事故。电力系统的统计数字表明，高压隔离开关的操作故障约占其总故障的一半。

（一）操作不灵活的原因

1. 活动销轴锈蚀

户外隔离开关的机械传动元件，一般采用镀锌钢制销轴配黄铜轴套的运动副。现场调查发现，受潮后黄铜轴套发生严重的脱锌腐蚀，氧化锌粉末将滑动配合的间隙堵严，增加了运动阻力或根本无法运动。

2. 滚珠轴承锈蚀

隔离开关的转动绝缘子基座，大多采用滚珠轴承，而滚珠轴承在无油状态下没有防锈能力。由于没有密封措施，往往轴承又涂油不足，渗进雨水或吸入潮气便会生锈，润滑脂也容易流失或固化，导致轴承被锈死卡滞而无法转动。未经过完善化和年久失修的隔离开关，滚珠轴承锈蚀的现象相当普遍。

3. 机械传动元件加工粗糙

产品的机械传动部件加工粗糙、精度低、光洁度差、公差大，不能保证传动元件之间的精确配合，导致操作不灵活，机械特性不稳定，传动不可靠。

4. 材料选用不当

隔离开关的传动部件，如传动连杆、水平连杆、垂直连杆等。一般采用水煤气管制成，强度或刚度不足，容易发生变形扭曲或破裂，造成分、合闸行程变化，使得分、合闸不到位。

5. 二次控制回路不可靠

操动机构中的电气控制元件，如接触器、小型断路器、行程开关、辅助开关、转换开关、按钮开关、接线端子等，其中的任何一种元件质量不好，接触不可靠，均会影响隔离开关的正常操作和信号传输，进而引发其他故障。辅助开关切换不到位或接点不可靠的情况发生较多。

6. 现场安装调整不够完善

传动系统没有达到最佳状态，甚至存在某些缺陷，如操作障碍及传动不灵活引起的病态运行。随着运行时间延长，情况随之恶化而成为故障。

（二）消除操作不灵活的解决措施

1. 销轴与轴套的改进

如上所述，户外隔离开关传动系统中的销轴与轴套，不宜采用镀锌钢销轴配黄铜轴承，推荐采用：

（1）不锈钢销轴配不锈钢轴套或不锈钢球形轴节。

（2）不锈钢销轴或渗锌钢销轴配无油复合润滑轴套或塑料自滑润轴套。

这样，运行中不需要定期润滑。即可保持活动关节长期灵活和操作平稳可靠。

2. 滚珠轴承必须密封

由上文可知，滚珠轴承在失油状态下不能防锈，只有把滚珠轴承密封后，才能防止因渗进雨水和潮气而生锈，避免润滑脂流失和固化。

滚珠轴承处必须注满润滑脂，润滑脂要选用熔点高、耐寒、耐热、机械稳定性良好的产品。如二硫化钼锂基脂或进口高级润滑脂，不可用钙基润滑脂（黄干油）。

3. 保证现场安装调整质量

保证产品技术性能，避免在传动不灵活和操作障碍状态下运行。折叠式隔离开关和接地开关的平衡弹簧要调整合适，使其发挥作用，以免操作力矩过大。单柱剪刀式隔离开关在合闸位置时主拐臂连杆必须到达死点位置，以防止开关不能自锁，出现自动慢分造成带负荷分闸事故。

4. 二次回路选用优质电气元件

操动机构的电气元件接触不良引发的故障，偶发性强，无规律性，给运行维护带来困难。因此，电气元件应选用优质名牌产品，特别是目前国内辅助开关生产厂家很多，其中不乏假冒伪劣产品。大修时应选用原厂家的正宗产品。

5. 安装后进行必要的封堵工作

导电管或其他管类部件，要将其可以渗水的孔隙封住或者设置排水孔，以免进水、积水，造成管内零部件锈蚀或冬天结冰妨碍动作。

三、锈蚀

锈蚀是我国户外隔离开关普遍存在的问题。锈蚀严重影响产品外观，降低传动部件的机械强度，影响产品的导电性能。实际上，导电回路过热、操作不灵活和绝缘子断裂都与锈蚀有直接或间接的关系。因此，锈蚀已成为隔离开关安全运行的最大隐患。

（一）锈蚀的原因分析

锈蚀的根本原因是产品的材料、结构设计和制造工艺特别是表面防腐涂覆等，不能适应恶劣多变的环境和气候条件。

1. 金属材料材质的影响

钢铁、铜和铝及其合金是高压隔离开关应用的主要金属材料，它们的抗蚀能力不同。实践证明：钢铁部件仅靠 15μm 左右厚的电镀锌层或一般的油漆涂层，根本不能长时间抵御大气腐蚀。不锈钢是指含铬量在 12%以上，具有耐腐蚀性能的铁基合金。不锈钢的品种很多，不是所有的不锈钢都能防御复杂的大气腐蚀。铬、镍的含量要达到一定比例的不锈钢才会不生锈。暴露在大气中的铝合金表面会逐渐由光亮变暗、灰白、变黑，出现浅坑而粗糙不平。

在我国典型环境中，各类铝合金的耐蚀性顺序为：纯铝＞锻铝＞防锈铝＞硬铝及超硬铝合金。对高压开关常用的铝－铜系高强度铝合金 LY12，它们可能出现晶间腐蚀或者层状腐蚀，尤其在腐蚀性的工业大气和海洋大气中非常显著，曾出现过铝合金导电臂、导电管呈片状一层一层地剥落的实例。

铜在大气中易氧化，生成黑色氧化铜，在潮湿大气中生成铜绿—碱式碳酸铜。在工业大气中生成黑色硫化铜或绿色氧化铜。黄铜在潮湿大气中会发生严重的脱锌腐蚀，含铜量越高，脱锌腐蚀越严重。以往惯用的黄铜轴套，就因为脱锌腐蚀产生的粉末将活动间隙堵塞而使销轴无法转动，黄铜零件如处在拉应力作用下，在大气中还易发生腐蚀性破裂。

2. 零部件结构形状及加工工艺的影响

零部件结构及表面状况是影响锈蚀的一个因素。滚珠轴承由于密封不良，雨水、潮气浸入轴承内引起腐蚀；导电管和传动管内因进水和凝露而生锈。

此外，零部件上面的缝隙、死角、沟坑、表面粗糙不平以及零部件相互的连接处，都是容易引起锈蚀的部位。加工过程中引起的应力及应变不均匀性，会使金属加速腐蚀。焊缝附近往往是最先锈蚀的部位。

3. 金属表面涂覆的影响

通常钢铁部件大多采用油漆和电镀锌来防止锈蚀。隔离开关运行情况表明：普通油漆工艺的保护周期太短，每年需重刷一遍。锌层在污染的工业大气中，其腐蚀达 6～15μm/年。由于电镀锌层的厚度有限，一般多为 18μm，最多 30μm。紧固件镀层厚度通常在 12μm 以下，因此长期直接暴露在潮湿大气中的电镀锌件，容易出现锈蚀现象。如果镀锌前处理不良，锈蚀将更加严重。

4. 两种不同金属接触的影响

在隔离开关中，两种不同金属互相接触的情况很多，如铜－铝接触，钢质镀锌紧固件与铜或铝导电件的接触等。众所周知，在腐蚀介质中，当两种不同金属（包括金属镀层）接触时，由于两种金属的电极电位差而形成原电池的作用，接触腐蚀比一般大气腐蚀更严重。

（二）提高防腐性能的措施

我国幅员辽阔，各地气候条件不同，其中不乏高温、多雨、潮湿、盐雾或工业污染地区。隔离开关表面防腐处理，必须适应各种环境条件的影响，这给产品制造增加了难度。随着我国工业化进程的加快，工业大气污染程度加重，环境恶化加剧，而产品又要求免维护，这就为隔离开关的防腐提出了更高的要求。

根据多年的实践经验，运行部门的建议以及借鉴国外产品的防护技术，提出的户外隔离开关防护措施要求如下。

1. 选用耐腐蚀性能更好的材料

如销轴、弹簧、机构箱体、防雨罩、部分紧固件采用不锈钢材料制造；传动箱座、屏蔽环、防雨罩等采用铝或铝合金制造；机构箱体也可用覆锌钢板或热镀锌铝合金钢板制成。铝合金导电管采用防腐蚀性能好的锻铝代替可能出现晶间及层状腐蚀的 LY12。不锈钢要选用含铬 17%～19%、含镍 8%～10%的品种。

2. 改善零部件的结构形状

从防锈角度考虑，隔离开关零部件的结构形状，应该尽可能设计成不利于雨水、潮气、粉尘及其他污染物侵入、吸附、滞留、堆积。采取的措施是：①“堵”，如滚珠轴承密封好，堵住雨水潮气及有害物入侵；②“疏”，即不使雨水或有害物长期积存，能方便排出。此外，零件表面光洁度高，其防锈能力也高。

3. 零件选材及表面处理要考虑防止接触腐蚀

有关资料表明，下列金属接触偶会发生严重的接触腐蚀，不宜在户外潮湿的场合下使用：

（1）铜、黄铜、青铜——钢镀锌钝化、铝、铝氧化、铝镀锌钝化。

（2）铜镀锡、铜镀镍——钢镀锌钝化。

（3）铜镀银——钢镀锌钝化、铝、铝氧化。

（4）铝镀铜——铝、铝镀锌钝化。

（5）不锈钢、钢镀铬——钢镀锌钝化、铝。

随着户外隔离开关向高电压发展和要求轻型化，导电部件及结构件越来越多的采用铝合金材料，因此对铝合金的防腐蚀问题更加引起关注。铝合金在大气中虽能自然形成一层氧化膜，但膜层薄而疏松多孔，为非晶态、不均匀也不连续的膜层，不能作为可靠的防护膜层，因此必须进行氧化处理。氧化处理分化学氧化和电化学氧化（阳极氧化）两种。化学氧化处理获得的氧化膜厚度一般为 0.3～4μm，质软，耐磨耐蚀性差，但它有较好的吸附能力，表面再涂漆可有效地提高耐腐性。对铝合金铸件可以采用化学氧化、钝化后涂漆处理。阳极氧化的膜层一般在 5～20μm 范围内，硬度较高，达 400～600HV，有较高的耐磨性，但由于合金成分夹杂或金属化合物不能被氧化或被溶解，从而使氧化膜不连续或产生空隙，使氧化膜耐蚀性有所降低。

因此，一般必须进行封闭处理——水封闭或重铬酸盐封闭。对铝合金型材可以采用阳极氧化再封闭处理的工艺。

4. 根据不同部件选择不同的表面防护处理

（1）钢铁底座及其他不精密的大中型钢铁部件以及绝缘子法兰，采用热镀锌处理。

（2）普通钢板制成的机构箱体，表面喷锌或喷铝，最后覆盖油漆进行封闭处理。

（3）小型钢铁制件可采用渗锌处理。M10 以上紧固件应采用热镀锌处理。

（4）较大的弹簧采用磷化后浸沥青漆或喷丙烯酸氨酯黑漆处理。

（5）紧跟国内外防腐技术的发展，把先进的防护技术推广应用到隔离开关上。

四、导电回路过热

（一）导电回路产生过热的主要原因

隔离开关导电回路产生过热是出现在接触部位，而非其他导电部分。

接触部位产生过热的根本原因是接触不良。接触不良是由于接触在大气环境中变坏，其直接原因是沙尘、雨雪、潮气和污秽的侵袭，致使接触表面积灰、积垢和锈蚀；氧化和腐蚀性气体的化学作用，使接触表面生成化合物薄膜，这些都会导致接触表面电阻增大，温升过高。根据运行经验，户外隔离开关的工作电流如果达到其额定电流的70%，一般会发生过热。当然，针对这些问题，设计时都是经过考虑的，如让触头具有一定自清扫能力以及接触表面镀银或锡。但是，在实际带电运行中还是经受不住考验，问题具体表现在以下几方面。

1. 结构设计不尽合理

有的触头结构（如GW4、GW5、GW7型），其触指末端接触头自清扫能力较差，积灰、积垢和氧化，容易产生接触不良。正常情况下，触头的导电通路实际上是一个电桥电路。当触指末端出现接触不良时，电桥平衡条件被破坏，电流被迫从内置式弹簧中流过，流过电流的大小与接触不良程度成正比，若弹簧中流过电流过大，时间长了使其退火弹性减弱，降低接触压力，接触电阻增大，使接触不良进一步恶化，触头发热越加严重。此外，触头弹簧长期工作产生疲劳变形，甚至由于锈蚀失去弹性，也是造成触头接触不良的原因。

2. 安装不当使触头接触不良

安装调整不当，造成触头偏离正常接触位置、插入深度不够、不是每个触指都可靠接触、接触压力不足（特别对钳夹式触头）等，均可产生触头过热，甚至打火烧损。

三相联动的产品，如果联调不到位，很容易产生某一相产品触头接触位置不正确。

252kV及以上产品，往往不是整相或整组调试后出厂，大量安装工作是在现场进行。现场组装后如果没有进行仔细的调整和相应的检测，若触头接触压力、触头插入深度尺寸或回路电阻等没有达到要求，则会出现触头接触不良的现象。将会为日后产生过热埋下隐患。

3. 触头接触面磨损或露铜

(1) 触头上的油脂粘上沙尘，操作次数多，使接触面磨伤。

(2) 开合母线转换电流及其他小电流时触头间产生电弧烧损接触面。

(3) 多次不当的操作，有的触指受到过大撞击而变形，这些都会造成接触不良。如果长期不检修将形成恶性循环。

(4) 触指、触头表面镀银层厚度不够、硬度低或附着力差，造成操作中镀银层磨损或脱落，出现露铜现象，亦会使接触电阻增大而发热。

4. 固定接触连接接触不良

固定接触部位螺栓未压紧、接触面不光洁有脏物、镀层脱落，或者接触面渗进雨水和尘埃使其氧化，铜铝接触处处理不当产生电化腐蚀，这些腐蚀物皮膜均使接触电阻增大，造成连接处过热，并且随着温度升高，氧化反应加快，腐蚀物皮膜加厚，接触电阻越来越大，过热越加严重，产生恶性循环。

5. 触头元件质量不佳

有的隔离开关大修更换触头元件后，不久又出现触头过热现象。究其原因，可能是大修时新换的触头、触指、弹簧等的质量不符合要求。据了解，目前国内大量生产的各种型号的隔离开关（如 GW4、GW5、GW6、GW7、GW8、GW10、GW11、GW12、GW13、GW16、GW17 型等）的触头、触指备件供应商很多。有的厂商为了降低造价，抢夺市场，所采用的紫铜材料是杂铜制成，含铜纯度达不到标准，导电率低，再加上镀银层厚度不够，操作几次就露铜了。

（二）解决导电回路过热问题的对策

隔离开关导电回路的接触方式分为固定、滑动和可分开的接触连接（触头）三种。

1. 可分开的接触连接（触头）

触头属可分开的接触连接。触头在合闸位置所形成的接触连接，依靠弹簧或触指自身的弹性产生压力而形成导电通路。

（1）完善触头结构设计。总结实际经验，完善触头设计可以从以下几方面着手：

1）采用自力型触头。特殊铜合金制成的触指靠自身变形产生的弹力及电动力形成接触压力，不需要另外设置弹簧。

2）触头弹簧采用外置式，以杜绝弹簧流过电流。

3）在触指末端与触座之间增加软连接，提高导电可靠性。

4）采用不锈钢弹簧，避免生锈腐蚀。表面镀锌的弹簧容易生锈，特别是当其与铜导电元件直接接触时，更会加速氧化腐蚀。

5）内置式弹簧若有可能流过较大电流时，要采取绝缘措施，防止弹簧分流。

6）对要求具有开合母线转换电流能力的触头，要装设引弧装置，避免电弧烧损触头接触面。

7）防止雨雪、沙尘或阳光直接作用于触头部分。简单的办法是设置防雨防尘罩，如果能把触头设计成封闭式则更好。

（2）动、静触头接触面的润滑。动、静触头接触面镀银层要有足够的厚度和硬度（如厚度不小于 20μm，硬度不小于 120HV），而且要确保镀银层的结合力。

为了减少摩擦和防止氧化，通常在动、静触头接触面上涂上工业凡士林或导电膏，但其缺点是油脂会黏附沙尘和易干涸，造成触头运动阻力增大和接触不良，甚至会造成接触面磨损，加剧接触不良。以下办法可供借鉴：

1）日本某公司生产的隔离开关，在安装完毕后，厂方要求在触头接触面用厂家提供的黑色固体笔涂上薄薄一层，以确保润滑良好。上海某化工厂也曾产生过一种“电器触头润滑笔”（即二硫化钼蜡笔），在上海、安徽等地使用过。

2）触头表面经过石墨镀银处理，具有自润滑性能，不要求附加油脂润滑。优点在于灰尘或沙土不容易附着在触头表面，保证长时间的良好接触，可以免维护。

3）日本的资料介绍，为达到润滑和接触良好，在紫铜触头接触表面银焊上一层“银—石墨接触片”。该接触片是由97.5%银粉与2.5%石墨按质量比混合用粉末冶金法制成。国外某些大公司也采用接触面焊银片的方法。

2. 固定接触连接

固定接触连接的接触面，通常为平面或圆弧面，用螺栓、铆钉、拔锥及其他类似的方法将其互相压紧。

（1）固定接触连接的装配。固定接触连接在装配之前，要用干净抹布拭去接触面上的灰尘及脏物。为了防止空气中潮气进入而发生氧化，通常在接触面上涂上一层清洁的凡士林（不含酸）或导电膏，然后用螺栓固定压紧，再用浸过汽油的干净抹布擦去从缝隙内挤出来的油膏，最后用漆或防水胶封盖其周边缝隙，目的是防止因发热时油膏流出或雨水潮气渗入，保持接触面干燥清洁不被氧化，使接触电阻稳定。特别是铝—铝、铝—铜的接触面，涂封更为必要。

（2）固定导电元件紧固件的选取。由于铜、铜镀银或锡与锌组成的接触偶，受潮后将引起接触腐蚀。为此，对固定导电元件（导电板、导电带、导电杆、触指、触头、触座等）的紧固件应避免采用镀锌件，应采用不锈钢或黄铜件，防止发生接触腐蚀。

（3）铜—铝接触的处置。随着隔离开关采用铝质导体的增多，铜—铝接触问题就突显出来。众所周知，铜与铝直接连接在潮湿环境下将会产生严重的电化学接触腐蚀。有一段时间，采用铜铝复合板作为铜铝的过渡连接，俗称“过渡片”。由于国内生产的铜铝复合板质量难以保证，运行若干年后，接触面出现过热现象。目前，随着镀银工艺水平的提高，铝表面镀银的技术已经成熟，因此，可以取消铜铝复合板过渡片，采用铜、铝表面分别镀银的方法来解决铜铝接触的问题。

3. 滑动接触连接

当两个相对运动的导电部分，运动中导电通路不许中断，就需要采用滑动接触连接。如双柱中央开断式隔离开关的接线座及折叠式隔离开关的活动关节，必须采用滑动接触连接。

滑动接触连接的结构形式多种多样，如滚轮式、滚柱式、滚珠式、Z 形触指、螺旋弹簧触指、薄片折叠形触指等。这些结构的优点是接触头多，通流能力好，耐受短路电流能力强，操作阻力小。但结构相对比较复杂，制造工艺要求高，加工精密度高，并且要采用密封措施。目前国内外发展趋势是将滑动接触简单化，采用既简单又可靠的软连接来代替，使滑动连接变成为固定连接，提高了导电可靠性，减少了制造和维护工作量。这种做法并非复旧和倒退，而是将实践证明行之有效的方法重新推广应用。

第二十五章　互感器的检修

第一节　互感器的分类、原理及结构简述

互感器在电力系统的电能计量、继电保护、自动控制等装置中用于变换电压或电流，运行数量多，长期处于工作状态，其工作可靠性对整个电力系统的安全运行具有重要意义。

电流互感器和电压互感器的结构和原理与电力变压器类似，在一个闭合磁路的铁芯上，绕有互相绝缘的一次绕组和二次绕组。将高电压、大电流转换成低电压、小电流。

一、电压互感器

目前电力系统中运行的电压互感器，按绝缘结构可分为电磁式电压互感器、串级式电压互感器和电容式电压互感器三种。电磁式电压互感器又可分为油浸单相、油浸三相五柱式、固体绝缘（浇注式）三种，多用于35kV及以下的电压等级。其中固体绝缘式在我国水电厂现场最为常用。

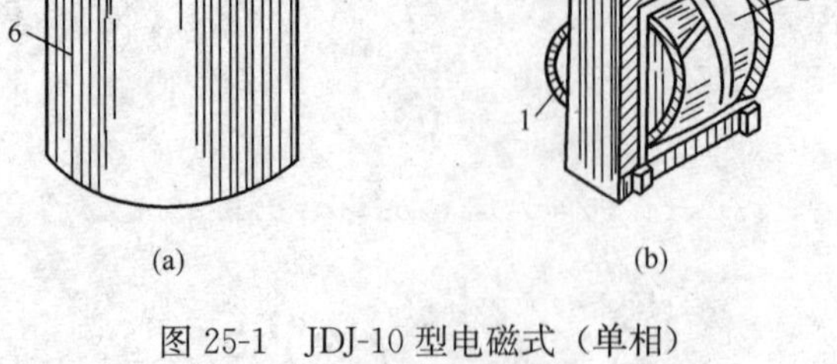

图25-1　JDJ-10型电磁式（单相）电压互感器的结构及原理图

(a) 外形；(b) 结构图

1—铁芯；2—一次绕组；3—一次绕组引出端；4—二次绕组引出端；5—套管绝缘子；6—外壳

近年来，由于电容式电压互感器（CVT）绝缘结构合理，绝缘强度较高，又能充分利用载波通信所必需的耦合电容器，在110kV及以上电压等级中得到广泛使用，已逐渐取代串级式电压互感器。

本节将重点对电磁式电压互感器（35kV及以下）和CVT（110kV及以上）的结构及其检修与试验进行论述。

（一）电磁式电压互感器

图25-1所示为JDJ-10型电磁式电压互感器的结构及原理图。

其结构基本与变压器相同。6、10kV 可作成三相式，这时铁芯必须做成五柱型式。见图 25-2，由于要反映电网各相对地电压并在第三绕组（辅助绕组）输出对地电压的零序分量，要求原边绕组接为星形中性点接地（工作接地）。在中性点接地情况下，如无边柱铁芯，则零序磁通只能以绝缘油、箱体等为通道，由于磁阻很大，而使电压互感器的零序阻抗很小，当电网发生不对称接地故障时，电网的零序电压作用于电压互感器上，将会产生很大的零序电流而使电压互感器过热。边柱的引入，使零序磁通以其为通道，因此提高了电压互感器的零序阻抗，限制互感器的零序电流。无边柱的三相互感器，不允许原边中性点接地，使互感器对零序处于开路状态，这时互感器也不能反应电网各相对地电压，即此种互感器不用于反映电网接地故障。

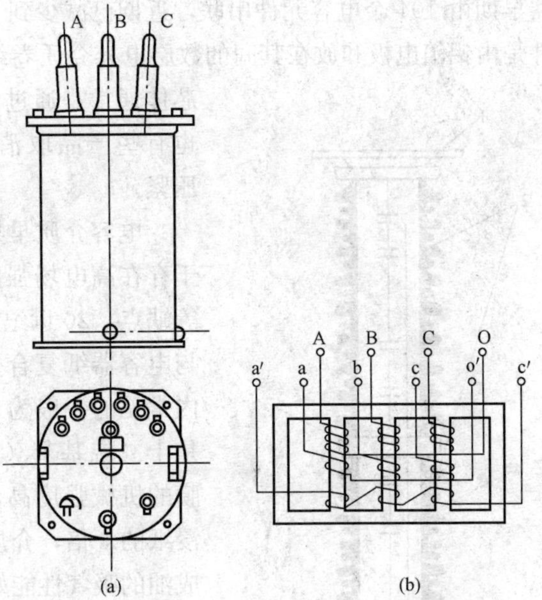

图 25-2 JSJW-10 型三相五柱式电压互感器

(a) 外形图；(b) 原理图

（二）电容分压式电压互感器

电容式电压互感器 CVT，由电容分压器和一个较低电压的中间电磁式电压互感器（简称为电磁单元）两部分组成。

1. 电容分压器

电容分压器由高压电容 C1 及中压电容 C2 组成，电磁单元则由中间变压器、补偿电抗器及限压装置、阻尼器等组成。电容分压器 C1 和 C2 都装在瓷套内，从外形上看是一个单节或多节带瓷套的耦合电容器。电磁单元目前都将中间变压器、补偿电抗及所有附件都装在一个铁壳箱体内，外形有圆形的也有方形的。

目前国内常见的大都采用叠装式结构，其典型结构原理图如图 25-3 所示。

电容分压器由单节或多节耦合电容器（因需从中压电容处引出抽头形成中压端子，也称为分压电容器）构成，耦合电容器则主要由电容芯体和金属膨胀器（也称为扩张器）组成。由电容分压器从电网高电压抽取一个中间电压，送入中间变压器。

(1) 电容芯体。电容芯体由多个串联的电容元件组成，如 $110/\sqrt{3}$kV 耦合电容器早期由 104 个电容元件串联，近期已减少到 80～90 多个元件串联。每个电容元件是由铝箔电极和放在其间的数层电容介质卷绕后压扁并经高真空浸渍处理而成。芯体通常是通过 4 根电工绝缘纸板拉杆压紧，近期也有些产品取消绝缘拉杆而直接由瓷套两端法兰压紧。

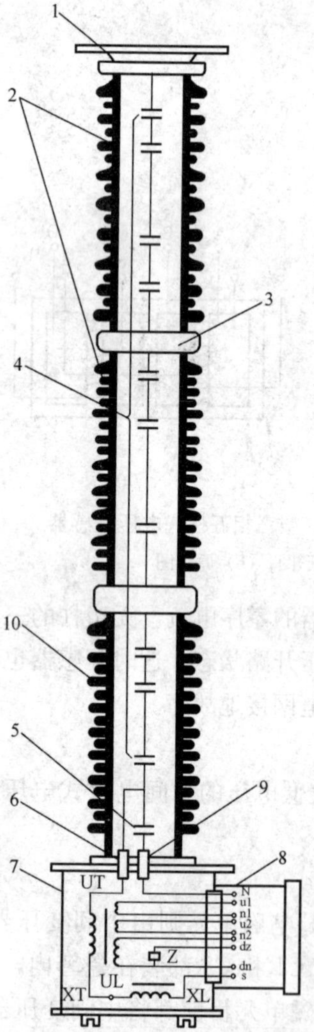

图 25-3　电容式电压互感器结构原理图

1—均压环；2—耦合电容器；3—屏蔽罩；4—高压电容 C_1；5—中压电容 C_2；6，9—中压套管；7—电磁单元油箱；8—二次接线端子盒；10—分压电容器；UT-XT—中间变压器一次绕组；UL-XL—补偿电抗器绕组；Z—阻尼器

电容介质早期产品为全纸式并浸渍矿物油，由于存在高电场强度下易析出气体，局部放电性能差等缺点，20 世纪 80 年代以后产品都采用聚丙稀薄膜与电容器纸复合并浸渍有机合成绝缘介质体系，国内常见的一般为二膜三纸或二膜一纸，浸渍剂主要是十二烷基苯（AB），也用二芳基乙烷，聚丙稀薄膜的机械强度高，电气性能好，耐电强度高，是油浸纸的 4 倍，介质损耗则将为后者的 1/10，加之合成油的吸气性能好，采用膜纸复合介质后可使 CVT 电气性能大大改善，绝缘强度提高，介质损耗下降，局部放电性能改善，电容量增大，同时由于薄膜与油浸纸的电容温度特性互补，合理的膜纸搭配可使电容器的电容温度系数大幅度降低，一般可达到 $a_c < -5\times10^{-5}$ K^{-1}，有利于提高 CVT 的准确性，增大额定输出容量和提高运行可靠性。

（2）膨胀器。电容器内部充以绝缘浸渍剂，随着温度的变化浸渍剂体积会发生变化，早期产品是在每节瓷套内部上端充以干燥氮气以作补偿，由于该结构缺点较多，目前产品均已改用金属膨胀器，并保持内部为微正压。膨胀器由薄钢板焊接而成，分内置式（外油式）及外置式（内油式）两种，结构与电磁式电压互感器所用金属膨胀器类似，不赘述。

2. 电磁单元

电磁单元主要由中间变压器、补偿电抗器阻尼器及限压装置等组成，电磁单元铁壳油箱内各制造厂可能充以不同的浸渍剂，如变压器油、十二烷基苯等，与分压器油路不相通，在油箱顶部都留有一定空气层（或充以氮气）以作补偿绝缘油因温度造成的体积变化之用，并可避免电磁单元发热的热量，直接传至电容单元，引起高、中压电容形成温差。

（1）中间变压器。CVT 的中间变压器实际上相当于一台 20～35kV 的电磁式电压互感器，将中间电压变为二次电压。但其参数应满足 CVT 的特殊要求，如高压绕组应设调节绕组以增减绕组匝数，铁芯磁密取值应较低，以适应防铁磁谐振要求等。铁芯采用外轭内铁式三柱铁芯，绕组排列顺序为心柱—辅助绕组—二次绕组—高压绕组。中间变压器外形图如图 25-4 所示。

（2）补偿电抗器。补偿电抗器的作用是补偿容抗压降随二次负荷变化对 CVT 准确级的影响，补偿电抗器常采用“山”字形或“C”形铁芯，铁芯具有可调气隙，在误差调完后再用纸板填满并固定，目前国内制造厂均已采用固定气隙，绕组设调节抽头以作调节电感之用。

补偿电抗器的安装可以在高电位侧（接在中压变压器之前），也可以在低电位侧（接在接地端），两者匝绝缘要求相同，但主绝缘要求不同，前者对地要求达到分压器中压端的绝缘水平，“山”形补偿电抗器外形如图 25-5 所示。

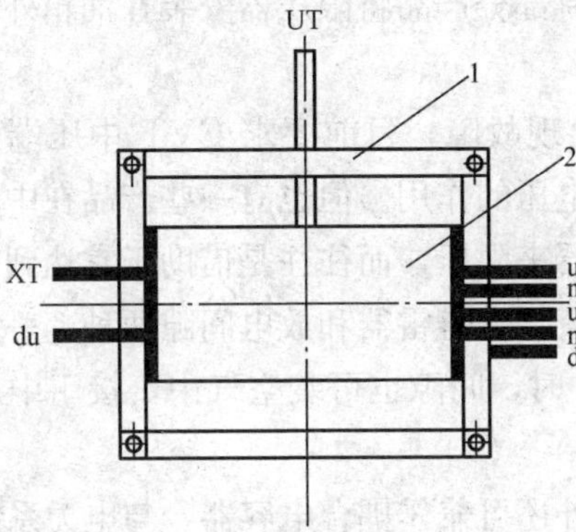

图 25-4　中间变压器外形图

1—铁芯；2—绕组

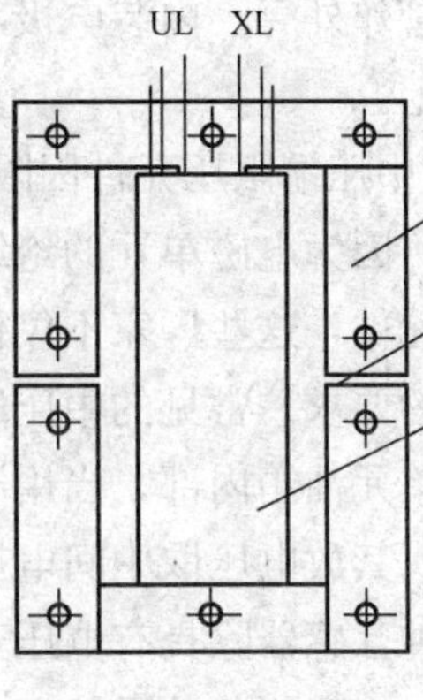

图 25-5　补偿电抗器外形图

1—铁芯；2—气隙；3—绕组

（3）阻尼器。CVT 使用的阻尼器基本上常采用电阻型、谐振型和速饱和型三种。

1）电阻型阻尼器。这是早期产品常用的阻尼器，其结构就是一个简单的电阻，其阻值及功率应达到设计要求，一般以钢板作外壳安装在离 CVT 不远的地方，安装处所应注意空气流畅，散热良好，并防止雨水浸入。纯电阻型阻尼器目前已逐渐被淘汰。

2）谐振型阻尼器。谐振型阻尼器采用电感 L 与电容 C 并联后再与电阻 R 串联而成，电感 L 采用山字形带气隙的硅钢片铁芯中柱套上绕组制成，为使电感 L 在正常运行时与发生分次谐波谐振时电感值接近相等，应使电感 L 在额定运行条件下磁密较低，气隙的选取也应适当。阻尼电阻常用 CrZnONi80 电阻丝绕制而成。

3）速饱和型阻尼器。速饱和型阻尼器是由速饱和电抗器与电阻相串联构成，电抗器是采用坡莫合金环形铁芯，绕上绕组构成，坡莫合金是具有良好饱和特性的材料，正常电压下（$1.2U_N$ 以下）运行时，通过电抗器的电流很小，一旦发生分类谐振，铁芯立即饱和，电流猛增而消除谐振。

（4）过电压保护器件。

1）补偿电抗器两端的限压器补偿电抗器两端的电压在正常运行时只有几百伏，当 CVT 二次侧发生短路和开断过程中，补偿电抗器两端电压将出现过电压，必须加以限制才能保证安全，限压元件除了降低电抗器两端电压（一般产品按补偿电抗器额定工况下电压 4 倍考虑）外，还能对阻尼铁磁谐振起良好的作用。常见的限压元件有间隙加电阻、氧化锌阀片加电阻或不加电阻、补偿电抗器设二次绕组并接入间隙和电阻等几种，大部分产品均将限压器安装在电磁单元油箱内，保护间隙常用绝缘管作外壳，内装电极和云母片。也有部分产品将限压器安装在油箱外的二次出线板上。

2）中压端限压元件因限压元件经常出现故障，目前要求 CVT 中压端不设限压元件，因为电磁单元的绝缘足以承受过电压的作用。但也有一些产品在中压端装有限压元件，这些厂家不仅仅是利用限压器来限压，而往往是借助于它达到消除铁磁谐振的要求。常见的中压端限压元件有氧化锌避雷器和放电间隙两种，一般均装在电磁单元油箱内部。当用于分体式 CVT 时，间隙也可装空气中，接于中压端与地之间，其放电压取中间电压的 4 倍。

这种互感器除具有电压互感器的作用外还可兼作耦合电容器，与电力系统载波机相连，作高频载波通信用。由于电容式电压互感器的绝缘冲击耐压强度高，体积小，220kV 电压等级以上的电容式电压互感器造价比电磁式电压互感器低，所以目前电容式电压互感器也广泛用在 220kV 及以上电力系统中，以取代电磁式电压互感器。

二、电流互感器

（一）电流互感器分类

（1）按安装地点可分为户内式和户外式，20kV 及以下电压级制成户内式 35kV 及以上多制成户外式。

（2）按安装方式可分为穿墙式、支持式和装入式。穿墙式装在墙壁或金属结构的孔中，可节约穿墙套管；支持式则安装在平面或支柱上；装入式是套在 35kV 及以下电压级变压器或多油断路器油箱内的套管上，所以也称为套管式。

（3）按绝缘分为干式、浇注式、油浸式等。干式用绝缘胶浸渍，适用于低压户内的电流互感器：浇注式用环氧树脂作绝缘，浇注成型，目前仅用于 35kV 及以下的电流互感器；油浸式多为户外型。

（4）接一次绕组匝数可分为单匝式和多匝式，见图 25-6。单匝式又分为贯穿型和母线型两种。贯穿型互感器本身装有单根铜线或铜杆作为一次绕组。母线型互感器则本身未装一次绕组，而是在铁芯中留出一次绕组穿越的空隙，施工时以母线穿过空隙作为一次绕组。通常多油断路器和变压器套管上的装入式电流互感器就是一种专用母线型互感器。单匝式电流互感器结构简单、尺寸小，价格低廉，内部电动力不大，热稳定也容易借选择原电器的导体截面来保证，但当一次电流较小时，误差较大，因此，额定电流在 400A 以下多采用多匝式。

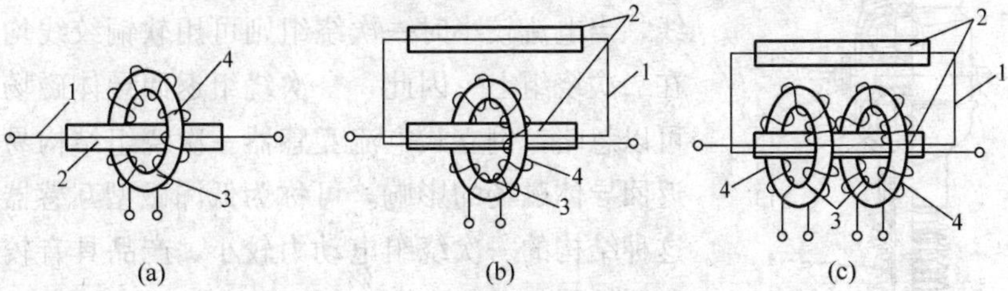

图 25-6　电流互感器的结构原理

（a）单匝式；（b）多匝式；（c）具有两上铁芯的多匝式

1—一次绕组；2—绝缘；3—铁芯；4—二次绕组

（二）倒立式电流互感器

1. 结构简介

通常电流互感器（TA）的二次绕组处于下部油箱中，主绝缘置于一次绕组或一二次绕组上，这种结构称为正立式；而带有主绝缘的二次绕组处于上部的电流互感器则称为倒立式电流互感器。两者比较，倒立式电流互感器的优点为：当一次电流较大时，容易解决温升问题；当一次电流较小时，容易实现高准确度，且可满足大的短路电流倍数的要求；瓷套径向尺寸较小，制造工艺性较好；不存在 U 形一次绕组绝缘处在油箱底部的环部绝缘容易受潮的薄弱环节，运行可靠性较高。同时，倒立式电流互感器易于和单级式 TV 组装，推进组合式互感器的开发。因此，倒立式电流互感器在国外一些工业较发达国家的生产量较大，电压高达 750kV（单级式）。国内近十年来从国外引进的 10～500kV 级电流互感器有不少也是倒立式的。

2. 倒立式电流互感器的结构特点

（1）主绝缘结构。高压油浸倒立式电流互感器的主绝缘为倒立吊环形电容均压结构。该结构的环部电极形状是由多个二次绕组组合的断面所决定，其尺寸一般比正立吊环形或U形大得多，为改善电场，改善绝缘包扎工艺性，其断面形状往往特殊，需要有特殊的结构件来保证。如果二次绕组个数多且质量大，则断面形状往往需要用金属外壳来保证。设计上除了要考虑断面有一定圆弧外，其高度与厚度尺寸之比也要适当，适于绝缘包扎。二次绕组组合通常用圆臂托架支撑，所有二次绕组引线均由管内引出到下部底座。

（2）一次绕组结构。正立式电流互感器的一次绕组或为U形、或为链形，其返回导体磁场对二次铁芯性能的影响很明显，特别对电流较大或一次安匝较高的情况尤为显著，往往造成保护级复合误差超标（如果未采取措施）。倒立式电流互感器的一次绕组结构一般采用两种形式，当一次电流较大时，一次绕组为穿过二次绕组中心的管形或矩形母线，当电流较小时一次绕组则可用软铜绞线均匀地绕在二次绕组上。因此，一次绕组返回导体磁场的影响可以忽略，倒立式电流互感器一次绕组结构易于消除返回导体磁场的影响，可称为低漏磁型互感器。另外这种结构的一次绕组电动力较小，产品具有较高的动稳定性能。

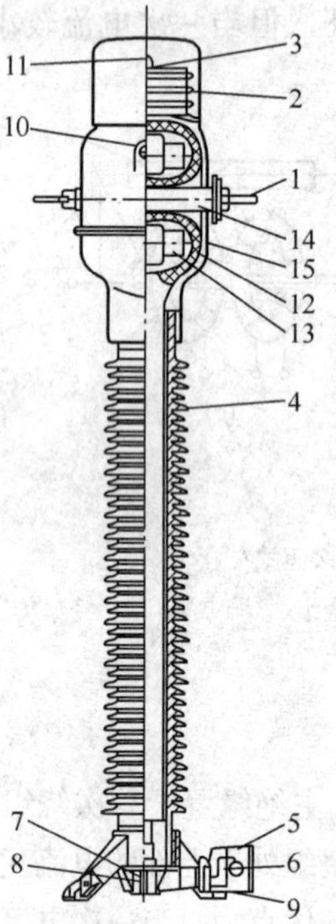

图 25-7 IOSK 系列电流互感器结构图

1—一次接线排；2—金属膨胀器；3—注油栓；4—瓷套；5—二次接线盒；6—二次接线端子；7—油阀；8—接地端子；9—密封盖板；10—吊攀；11—膨胀器油位指示计；12—高压绝缘；13—二次绕组和铁芯；14—一次绕组；15—互感器头部（铝壳）

（3）瓷套结构。倒立式电流互感器的瓷套径向尺寸小，通常为直圆筒形，易于制造，但瓷套的抗弯强度要求高。由于倒立式电流互感器的一、二次绕组均位于上部油箱中，外绝缘瓷套内只有尺寸较小的引线绝缘，瓷套内径尺寸较正立式大大缩小且为一圆筒形。这种瓷套易于烧成，合格率较高。但是，由于上部重最大、重心高，为适应运输或满足一定的抗地震强度要求，其瓷套抗弯强度较正立式高，需要改进制瓷工艺或使用高强度电瓷材料制造。

3. IOSK 系列电流互感器

目前国内水电厂使用较普遍的 IOSK 系列电流互感器即为典型的为油浸倒立式结构（见图 25-7），电容屏套管，绝缘性能好、外形小，与正立式结构相比，具有质量轻、有油量少的优点。

互感器上部为电流互感器器身，中部为瓷套绝缘子，底部为脚体。储油柜、底座和接线盒均采用铸铝件，外壳密封采用焊接。

第二节　互感器的检修周期和项目

一、检修分类及周期

（一）检修分类

（1）小修。互感器不解体进行的检查与修理，一般在现场进行。

（2）大修。互感器解体暴露器身（电容式电压互感器的分压电容器、330kV及以上电流互感器除外），对内、外部件进行的检查与修理，一般在检修车间进行。

（3）临时性检修。发现有影响互感器安全运行的异常现象后，针对有关项目进行的检查与修理。

（二）检修周期

（1）小修1～3年一次，一般结合预防性试验进行。运行在污秽场所的互感器应适当缩短小修周期。

（2）大修根据互感器预防性试验结果及运行中在线监测结果（如有），进行综合分析判断，认为确有必要时进行。

（3）临时性检修针对运行中发现的严重缺陷及时进行。

二、检修项目

（一）小修项目

（1）外部检查及清扫。

（2）检查维修膨胀器、储油柜、呼吸器。

（3）检查紧固一次和二次引线连接件。

（4）渗漏处理，必要时补油。

（5）检查紧固电容屏型电流互感器及N（X）端接地点。

（6）零部件检查修理。

（7）必要时进行绝缘油脱气处理。

（8）必要时补漆。

（二）大修项目

（1）外部检查及修前试验。

（2）检查金属膨胀器。

（3）检查电容器套管，测量电容值及介质损耗因数。

（4）排放绝缘油。

（5）一、二次引线接线柱瓷套分解检修。

(6) 吊起瓷套或吊起器身，检查瓷套及器身。
(7) 更换全部密封胶垫。
(8) 油箱清扫、除锈。
(9) 压力释放装置检修与试验。
(10) 绝缘油试验及电气试验。
(11) 绝缘油处理或更换。
(12) 必要时进行器身干燥处理。
(13) 总装配。
(14) 密封试验。
(15) 喷漆。

第三节　互感器的检修工艺及质量标准

一、互感器小修工艺及质量要求

1. 固体绝缘互感器

固体绝缘互感器小修工艺及质量标准见表 25-1。

表 25-1　　固体绝缘互感器小修工艺及质量标准

序号	项　目	检 修 工 艺	质 量 标 准
1	检查固体绝缘表面	(1) 清扫绝缘表面积尘和污垢，必要时可使用清洗剂，然后用洁净水清洁表面并擦拭干净。 (2) 绝缘表面如有放电痕迹，可用细砂纸打磨掉碳化层，露出正常的树脂绝缘表面后用丙酮溶液清洗干净，重新填涂同型号的树脂材料。 (3) 绝缘表面如有裂纹，应检查是否贯穿到一次绕组方向，如只是局部缺陷，可磨去裂纹部位，清洗后填涂同型号树脂材料，发现贯穿性裂纹时，应更换新的互感器。 (4) 树脂浇注体的硅粉填料外露时，可在清洗后补涂同型号的树脂胶料。 (5) 树脂绝缘表面的半导体涂层剥落时，可在清洗后补涂同型号的半导体漆	(1) 固体绝缘表面清洁，无积尘和污垢。 (2) 瓷件绝缘表面无放电痕迹及裂纹，铁罩无锈蚀。树脂绝缘表面无碳化物。 (3) 树脂绝缘表面无裂纹。 (4) 树脂表面绝缘涂层完好。 (5) 树脂表面半导体涂层完好

续表

序号	项　目	检修工艺	质量标准
2	检查一次引线连接	(1) 检查接线端子有无过热，如发现有过热后产生的氧化层，应分解一次引线，清除氧化物，涂导电膏后重新组装紧固。 (2) 检查一次引线紧固件是否已按要求紧固，缺少的螺栓垫圈应补全	(1) 一次接线端子接触面无氧化层，紧固件齐全，连接可靠。 (2) 一次引线应可靠连接
3	检查母线型电流互感器等电位线是否连接可靠	清除接触面氧化层，拧紧紧固接线耳板的螺钉	等电位线的末端接线耳板与一次电流母线用螺钉紧固无松动，接触可靠
4	检查器身上的铭牌标志	(1) 各接线端子的标志应齐全清晰，有缺损应重新做出标志。 (2) 铭牌完好，有缺损应与厂家联系及时补全	(1) 接线端子标志齐全清晰。 (2) 铭牌完好
5	检查铁芯及夹件	(1) 夹件应紧固可靠，发现缺少紧固件应补全，松动时应把铁芯片平整后紧固牢靠。 (2) 铁芯及夹件表面漆膜应完好，若有锈蚀，应清理除锈后重新涂漆	(1) 铁芯平整，夹件部件齐全，紧固可靠。 (2) 铁芯及夹件漆膜完好，无锈渍

2. 电容式电压互感器

电容式电压互感器小修工艺及质量标准见表 25-2。

表 25-2　　电容式电压互感器小修工艺及质量标准

序号	项　目	检修工艺	质量标准
1	检查分压电容器	(1) 清除瓷套外表积污，注意不得刮伤釉面。 (2) 用环氧树脂修补裙边小破损，或用强力胶（如 502 胶）黏结修复碰掉的小瓷块；如瓷套径向有穿透性裂纹，外表破损面超过单个伞裙 10%或破损总面积虽不超过单伞 10%，但同一方向破损伞裙多于两个以上者，应更换瓷套。 (3) 在污秽地区若爬距不够，可在清扫后涂覆防污闪涂料或加装硅橡胶增爬裙。 (4) 检查防污涂层的憎水性，若失效应擦净重新涂覆，增爬裙失效应更换。 (5) 密封处有渗漏应查明原因，按电容器生产厂提供渗漏处理方法处理	(1) 瓷套外表清洁无积污。 (2) 瓷套外表应修补完好，一个伞裙修补的破损面积不得超过左列规定。 (3) 涂料及硅橡胶增爬裙的憎水性良好。 (4) 分压电容器密封良好，无渗漏

续表

序号	项　目	检 修 工 艺	质 量 标 准
2	检查电磁单元油箱和底座	（1）检查并补齐铭牌和标志牌。 （2）清扫外表积污与锈蚀。 （3）打开二次接线盒盖板，检查并清擦二次接线端子和接线板。 （4）清擦电压互感器（端小瓷套、电流互感器末屏及监测屏小瓷套）。 （5）检查压力释放装置。 （6）检查放油阀。 （7）检查外表漆面，如漆膜脱落或锈蚀，应予除锈补漆。 （8）检查油位，必要时补油或补氮，补油方法参照前文相关内容进行	（1）铭牌、标志牌完备齐全。 （2）外表清洁，无积污，无锈蚀。 （3）二次接线板及端子密封完好，无渗漏，清洁无氧化，无放电烧伤痕迹。 （4）小瓷套应清洁，无积污，无破损渗漏，无放电烧伤痕迹。 （5）压力释放装置膜片完好，密封可靠。 （6）放油阀密封良好，无渗漏。 （7）漆膜完好。 （8）油箱油位正常
3	检查单独配置的阻尼器	对单独配置的阻尼器进行检查清扫，紧固各部分螺栓	阻尼器外观完好，接线牢靠
4	必要时对金属件补漆	参照相关内容	金属件外表面漆膜完整

二、互感器大修工艺及质量标准

互感器有电流的和电压的，型式很多，绝缘方式也很多，越来越多的互感器采用免维护设计，不需用户进行现场大修，即使设计寿命内出现内部故障，一般都采取更换处理。对于可以分解的互感器，因对检修环境及专用处理设备要求较高，用户一般不具备现场条件，再加上其本身的体积和质量不大，运输方便，基本上都采取返制造厂检修的方式。

本书以电容式电压互感器为例进行简要说明。

电容式电压互感器由分压电容器和电磁单元两部分组成，分压电容器部分一般不能在现场进行检修或补油，出现问题应返厂处理。

1. 外部检修

电容式电压互感器大修时外部检修工艺及质量标准见表 25-3。

表 25-3　　　电容式电压互感器大修时外部检修工艺及质量标准

序号	项　目	检 修 工 艺	质 量 标 准
1	瓷套检修	参照表 25-2 的序号 1	参照表 25-2 的序号 1
2	电磁单元油渗漏检修	检查互感器电磁单元及油标、中压瓷套二次接线板、放油阀等密封部位。如有渗漏可参照油浸式互感器油渗漏检修方法排除	油箱及各结合处无渗漏
3	检查分压电容器的油压指示	对于有油压指示的分压电容器，观察油压是否在规定的温度标线上。对于用其他方法测量油压的电容器，应按规定测量油压，如油压过低，应与制造厂联系补油	油压符合规定
4	检查互感器的铭牌及接线标志	互感器的铭牌及接线标志如有缺损应补全	铭牌及标志齐全清晰

2. 解体检修

电容式电压互感器大修时，应在现场分节拆下分压电容器。对一体式结构的互感器，可把最下一节分压电容器连同电磁单元一起运到检修车间。拆下的分压电容器应做好安装位置记录。

（1）解体前划好油箱上盖与底箱的相对位置。

（2）打开放油阀，放尽油箱中的绝缘油。

（3）拆除中压抽头与中压瓷套的连线（如果有）。

（4）拆除油箱上盖与底箱的固定螺钉，将分压电容器连同油箱上盖一起吊起。在上盖稍微吊起分离后，即应拆除相关连线，然后把上盖吊放在支架上。注意不要碰伤中压和低压套管。

（5）根据故障情况，决定是否吊出电磁单元。需要把电磁单元吊出检修时，可拆除固定电磁单元底板的螺栓，松开二次端子板连线（必要时还要松开误差调节绕组端子板连线），整体吊出电磁单元，放置在清洁的底板上。松开连线时应挂上连线的标志，保证装配时能正确连接。

3. 电磁单元的常规检修

电容式电压互感器电磁单元检修工艺及质量标准见表 25-4。

表 25-4　　电容式电压互感器电磁单元检修工艺及质量标准

序号	项　目	检修工艺	质量标准
1	检查中压变压器一、二次绕组	有脏污应擦除干净，外包布带松开应修整严实；有放电痕迹应检查原因并用新布带重新包覆	绕组表面清洁，无变形，无位移引线长短适宜，无扭曲。接头表面平整、清洁、光滑无毛刺
2	检查铁芯和夹件	穿心螺栓与铁芯以及夹件与铁芯之间绝缘不好时，应查明原因解决	铁芯平整，表面干净，绝缘良好，无片间短路和放电烧伤；夹件紧固可靠
3	检查阻尼器	若发现部件有损坏，应予更换	阻尼器各部件外观完好，无放电或过热烧损痕迹
4	检查避雷器或放电间隙	如有损坏，应予更换	避雷器表面无放电痕迹，放电间隙无烧蚀
5	检查补偿电抗器	有放电痕迹应检查原因并用新布带重新包覆	绕组表面清洁，无变色，无放电过热痕迹，铁芯紧固严实，无松动
6	检查二次接线板	检查二次接线板是否密封、清洁，有无放电痕迹。必要时应拆下修复。轻微放电碳化点可刮除，严重时应换用新品	密封良好，无渗漏，表面清洁，绝缘表面良好
7	检查油箱	如焊缝渗漏应补焊，有脏污应清洗干净，如有锈蚀、漆脱落，应补漆	内部清洁，无锈蚀、无渗漏、无油泥沉积，漆膜完好

4. 电磁单元的干燥和浸渍处理

电磁单元检修完成后，取出避雷器（若有），另行干燥处理。电磁单元放入底箱，用净油进行冲洗，然后进真空罐按加热、抽真空、破真空、注油、浸渍几个阶段处理。加热温度为80～90℃，真空残压不大于133Pa。注油前十几小时开始停止加热，注油温度控制在60～80℃。一般情况下真空浸渍50h左右，然后破空出罐。

合格的矿物油或烷基苯，应预先打入储油罐内，抽真空不大于133Pa，经过6h后，方可注入电磁单元内。

电磁单元浸渍处理后，应尽快进行装配，不可长时间暴露在空气中。如未能及时装配，应用盖板罩严。

电磁单元内更换和添加的绝缘油应符合表25-5要求。

表 25-5　　电容式电压互感器电磁单元绝缘油要求

液体介质	击穿电压（kV/25mm）	酸值（mgKOH/g）	介质损耗（90℃，%）
变压器油	＞45	＜0.015	＜0.5
十二烷基苯	＞60	＜0.015	＜0.13

5. 电容式电压互感器的组装

电容式电压互感器的电磁单元、分压电容器经过电气试验合格后，方能组装。

(1) 电磁单元装配。复原安装好中压变压器、补偿电抗器、避雷器（或放电间隙)、阻尼器等部件。中压变压器和补偿电抗器分接头应按原标志拧紧在端子板上，连接线用绝缘材料裹覆的部分应包扎牢固，连接线不晃动。

(2) 油箱装配。吊起上盖，用净油擦洗底部，根据拆卸时的标志吊放在底箱上方。在箱沿放置新密封胶圈，按拆卸时相反步骤恢复中压和低压连线。检查密封件放置正确后，均匀紧固密封螺钉，至胶圈达到 1/3 左右的压缩量。

(3) 误差调试。电容式电压互感器装配完后，需进行准确度测量，测量按照《电容式电压互感器》(GB/T 4703—2007) 的规定进行。如测量结果不能满足相应准确等级的要求，可通过调整中压变压器和补偿电抗器的分接头来满足。

(4) 铁磁谐振调试。对于更换过阻尼元件的电容式电压互感器，应进行铁磁谐振调试，调试按照 GB/T 4703—2007 要求进行。如测量结果不能满足铁磁谐振特性要求，应调整阻尼元件参数直至满足为止。

第四节　互 感 器 试 验

一、互感器的验收

1. 外观检查

产品在运输中是否有外观损坏，比如瓷套是否破损，金属零部件是否变形弯曲，油浸式产品外表是否有可见油渍，浇注式产品浇注体表面是否有裂纹等。

2. 附件检查

产品的说明书、合格证和出厂试验记录是否齐备；与产品配套的紧固零件和二次接线螺钉是否齐全。

二、电流互感器试验

按《电气装置安装工程电气设备交接试验标准》(GB 50150—2006) 规定，新电流互感器从生产厂家运到现场，必须要做交接试验；按《电力设备预防性试验规程》(DL/T 596--1996) 规定，电流互感器在工作现场运行一段时间后，一定要进行预防性试验；而电流互感器在运行中如果出现了故障和异常，就更要依据 DL/T 596—1996 和具体情况，停电进行一些检查性试验。现场电流互感器的试验类型基本上就是交接试验、预防性试验和检查性试验这三种（见表25-6）。

表25-6　现场电流互感器的试验项目

交接试验项目	预防性试验项目	检查性试验项目
（1）测量绕组及末屏的绝缘电阻。 （2）测量介质损耗因数 $\tan\delta$（35kV及以上等级）。 （3）局部放电试验。 （4）交流耐压试验。 （5）绝缘介质性能试验。 （6）测量绕组的直流电阻。 （7）误差检查。 （8）极性测量。 （9）测量电流互感器励磁特性试验	（1）测量绕组及末屏的绝缘电阻。 （2）交流耐压试验（20kV及以下等级）。 （3）测量介质损耗因数 $\tan\delta$（35kV及以上等级）。 （4）绝缘介质性能试验	根据运行中实际发生的故障或异常现象的不同，检查性试验项目可以是上述交接试验项目中的一项、几项，甚至是全部

1. 绝缘电阻测量

（1）测量一次对二次绕组及外壳、各二次绕组之间及其对外壳的绝缘电阻，交接值不低于1000MΩ，预防性试验值自行规定。

（2）测量一次绕组段间的绝缘电阻，不低于1000MΩ，但由于结构原因而无法测量时可不进行。

（3）测量电容式电流互感器末屏对地的绝缘电阻（一次接表G端），不低于1000MΩ，否则应测量其 $\tan\delta$。

上述各项绝缘电阻均要求用2500V绝缘电阻表进行测量，测量值与出厂值及历次数据比较，不应显著变化，且一般不应低于出厂值或初始值的70%。

2. $\tan\delta$ 及电容量测量

测量35kV及以上电流互感器一次绕组的介质损耗因数 $\tan\delta$，能灵敏地发现绝缘受潮、劣化及套管绝缘损坏等缺陷。

（1）油浸链式和串级式电流互感器 C_x 和 $\tan\delta$ 的测量。35～110kV级的电流互感器，有相当一部分为油浸链式（如LCWD-110型）和串级式（如L-110型）结构。这类电流互感器没有末屏端子引出，现场可用正接线测量一次绕组对二次绕组的 $\tan\delta$，也用反接线测量一次绕组对二次绕组及外壳的 $\tan\delta$。用正接线测量时，一次绕组加高压，（引线拆除后）接 C_x 线；采用反接线时，一次绕组加高压，二次绕组短路接地。

表25-7示出了对同一台电流互感器采用不同接线时的测量结果。可见，反接线测得的 C_x 值大于正接线值，而 $\tan\delta$ 值则远小于正接线值。

表 25-7　　不同试验接线时的 tanδ 测量结果

电流互感器型号	正接线				反接线	
	一次绕组对二次绕组（外壳接地）		一次绕组对二次绕组及外壳（垫绝缘）		一次绕组对二次绕组及外壳（接地）	
	C_x(pF)	tanδ(%)	C_x(pF)	tanδ(%)	C_x(pF)	tanδ(%)
LCWD-110	51	3.4	57.3	3.5	82	2.1

造成这种现象的主要原因是：正接线测量的是一次绕组对二次绕组之间或一次绕组对二次绕组及外壳之间绝缘的 tanδ，一次绕组对周围接地部分的电容则未被测入，而反接线的测量结果包括了这部分电容的值。反接线测量时，一次绕组对周围接地部分的电容为 82－57.3＝24.7（pF），占总电容的 30%。而这部分介质主要是空气。空气的 tanδ 很小，一般为 0.1%～0.2%，从而造成整体 tanδ 值偏小。故不能灵敏地反映电流互感器的绝缘状况。因此在现场测量中，应以正接线测量的结果作为分析、判断设备绝缘状况的主要依据。

采用正接线和反接线测量的区别在于后者测入了一次绕组对外壳间的电容，这部分电容很小（约为 6.3pF，主要是部分油及瓷套的电容），故这两种接线的 tanδ 值近似相等。

正接线测量一次绕组对二次绕组的 tanδ 可以发现互感器进水、受潮等缺陷。现场正接线测量（即一次绕组对二次绕组）时，测得的 tanδ 对互感器套管内外壁及支架绝缘状况反映不灵敏。因此，当采用正接线而不用反接线测量 tanδ 时，应当认真进行一次绕组对地绝缘电阻试验，当绝缘电阻偏低时，应再用反接线测量一次 tanδ。若反接线测得的 tanδ 大于正接线测得值时要考虑互感器内外壁及支架的绝缘状况是否有问题。

（2）电容型电流互感器 C 和 tanδ 的测量。220kV 及以上的电流互感器，一般为油纸电容型结构。这类互感器有供测量 tanδ 用的末屏端子引出，现场测量时可方便地用正接线进行测量。测量时一次绕组加压，二次绕组短路接地，电桥 C_x 线接末屏端子。这时测得的是一次绕组对末屏的 tanδ 和 C_x 值。

电流互感器进水受潮以后，水分一般沉积在底部，最先使底部和末屏受潮。当末屏对地绝缘电阻小于 1000MΩ 时，应在测量主绝缘（一次绕组对末屏）tanδ 和 C_x 值的同时，测量末屏对地的 tanδ 和 C_x 值。测量末屏对地 tanδ 时，用反接线，末屏加压 2kV，互感器二次绕组短路接地，一次绕组接电桥的屏蔽“E”端。末屏对地的 tanδ 值不应大于 2%。

（3）考核标准。

1）主绝缘在10kV下的tanδ（%）应符合表25-8要求，且tanδ值与历年数据比较不应有显著变化。测量环境要求：温度10～30℃、相对湿度不超过60%。

表25-8 不同电压等级下电流互感器的tanδ %

电压等级（kV）		20～35	66～110	220	330～500
交接时	油浸式	2.5	0.8	0.6	0.5
	其他干式	0.5	0.5	0.5	—
大修后	油纸电容型	—	1.0	0.7	0.6
	充油型	3.0	2.0	—	—
	胶纸电容型	2.5	2.0	—	—
运行中	油纸电容型	—	1.0	0.8	0.7
	充油型	3.5	2.5	—	—
	胶纸电容型	3.0	2.5	—	—

2）主绝缘在10kV下的电容量与出厂值或初始值比较，当差别超出±5%（一般型）、±4%（ISOK型）时应查明原因。

3）当在10kV下的tanδ值与出厂值或上一次测量值比较有明显增加时，应综合分析tanδ与电压的关系。当tanδ值随试验电压由$0.5U_m/\sqrt{3}$kV升到$U_m/\sqrt{3}$时，一般型电流互感器的tanδ增量超过0.3%，ISOK型电流互感器的tanδ增量超过0.2%，则表明绝缘内部有缺陷，被试电流互感器不应继续运行。

3．直流电阻测量

油浸电容式电流互感器的一次绕组是由两段导体经并联或串联后组成的，这种并联或串联的连接质量好坏不仅直接影响到设备运行温度的高低，而且还会影响到互感器测量的准确性。所以，测量油浸电容式电流互感器的直流电阻时应注意不要忽略对一次绕组直流电阻的测量。

测量一、二次绕组的直流电阻应分别采用回路电阻测试仪和单臂电桥进行，与同型号、同规格、同批次的产品平均值的差别不大于10%。测量时，绕组的一端必须接地，以防现场感应电的影响。

4．励磁特性试验

互感器的励磁特性是指互感器一次绕组及其他非被试二次绕组开路、二次侧励磁电流与所加电压的关系曲线，实际上就是铁芯的磁化曲线。互感器励磁特性试验的主要目的是检查互感器的铁芯质量，通过鉴别磁化曲线的饱和程度，以判断互感器的绕组有无匝间短路等缺陷。

该试验一般只在继电保护有要求时才进行。测得的励磁特性曲线与同类型电流互感器特性曲线或制造厂的特性曲线比较，应无明显差别。若电压有显著降低，应检查该二次绕组是否存在匝间短路缺陷。图25-8显示为有匝间短路缺陷的励磁特性曲线，曲线1是正常曲线，曲线2是有匝间短路发生的曲线。

试验接线如图 25-9 所示。试验前，应将电流互感器二次绕组引线和接地线均拆除，保持非被试绕组（包括一次侧和其他二次绕组）开路，从二次绕组施加电压。为了读数方便，可预先选取几个电流点，逐点读取相应电压值。通入的电流或电压以不超过制造厂技术条件的规定为准；当电流增大而电压变化不大时，说明铁芯已饱和，应停止试验。试验后，根据试验数据绘出伏安特性曲线。

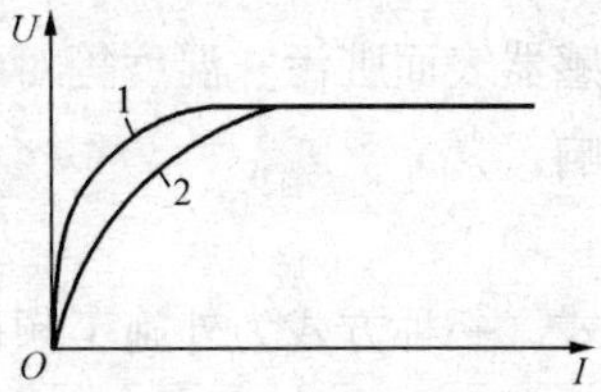

图 25-8　有匝间短路缺陷的励磁特性曲线

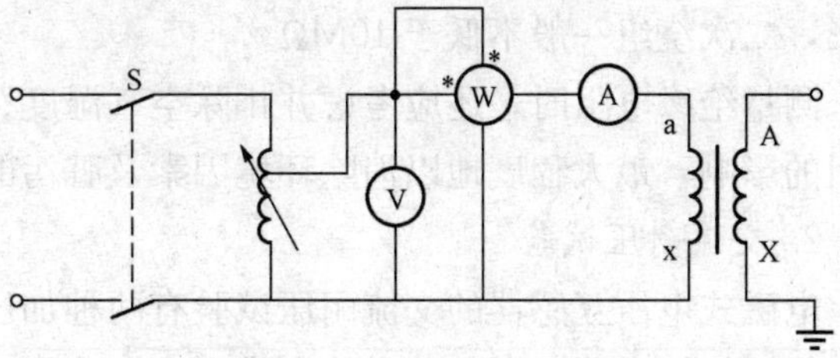

图 25-9　电流互感器励磁特性试验接线

5. 变比与极性试验

现场通常采用 TA 变比测试仪进行变比试验，试验方法及原理参见本书第二篇变压器的相关章节。试验测得的变流比不应与额定值有太大的差异，否则应作进一步地检查。

互感器的极性很重要，极性判断错误会使计量仪表指示错误，更为严重的是使带有方向性的继电保护误动作。互感器一、二次绕组间均为减极性。

用 TA 变比测试仪进行变比试验时，同时可测出电流互感器的极性，具体操作见 TA 变比测试仪的使用说明书。

三、电压互感器（固体绝缘）试验

与电流互感器相似，电压互感器在现场的试验类型也基本上分为交接试验、预防性试验和检查性试验三种类型，见表 25-9。

表 25-9　现场电压互感器（固体绝缘）的试验项目

交接试验项目	预防性试验项目	检查性试验项目
（1）测量绕组的绝缘电阻。 （2）交流耐压试验。 （3）测量绕组的直流电阻。 （4）变比检查。 （5）极性测量。 （6）测量空载励磁特性。 （7）局部放电试验	测量绕组的绝缘电阻。 交流耐压试验（20kV 及以下等级）	根据运行中实际发生的故障或异常现象的不同，检查性试验项目可以是上述交接试验项目中的一项、几项，甚至是全部

1. 绝缘电阻测量

测量电压互感器绕组的绝缘电阻，是为了检查其绝缘是否有整体受潮或老化的缺陷。测量时，一次绕组用2500V绝缘电阻表，二次绕组用1000V或2500V绝缘电阻表，非被测绕组应接地。

交接试验中，应测量一次对二次绕组及外壳、各二次绕组之间及其对外壳的绝缘电阻，测量值不低于1000MΩ。预防性试验时，试验结果可与历次试验数据比较，进行综合分析判断。一次绕组的绝缘电阻不应低于出厂值或历次测量值的70%，二次绕组一般不低于10MΩ。

测量绝缘电阻时，还应考虑并排除空气湿度、互感器表面脏污、温度等对绝缘电阻的影响，最大程度地以消除环境因素及脏污的影响。

2. 交流耐压试验

电磁式电压互感器的交流耐压试验有两种加压方式。一种方式为外施工频试验电压。该加压方式适用于额定电压为35kV及以下的全绝缘电压互感器，其试验接线及方法与变压器的交流耐压试验相同。

对于分级绝缘的电压互感器，其一次绕组的末端绝缘水平很低，不能与首端承受同样高的试验电压，应采用感应耐压的加压方式。即把电压互感器一次绕组末端接地，从某一个二次绕组加压，在一次绕组感应出所需要的试验电压。这种加压方式一方面使绝缘中的电压分布同实际运行时一致；另一方面，一次绕组首尾两端的电压比额定电压高，绕组电位也比正常运行时高得多。因此感应耐压试验可同时考核电压互感器一次绕组的纵绝缘，从而检验出由于互感器中电磁线圈质量不良如露铜、漆膜脱落和绕线时打结等原因造成的纵绝缘方面的缺陷。

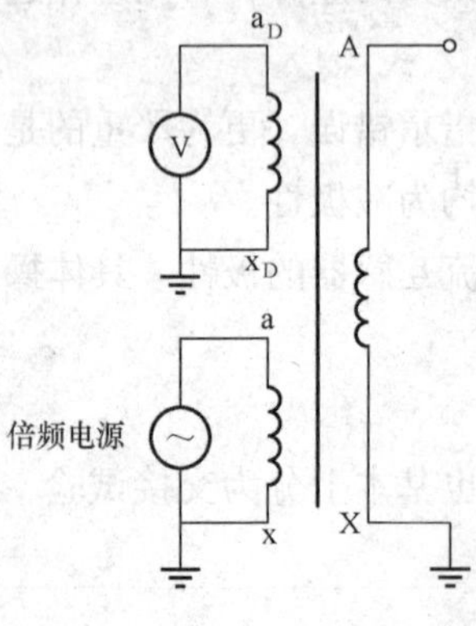

图25-10　倍频感应耐压试验接线图

为了避免工频试验电压过高引起铁芯饱和损坏被试互感器，必须提高工频试验电压的频率。现场试验常采用电子式变频电源或三倍频发生器。倍频感应耐压试验接线如图25-10所示，在二次绕组ax侧施加倍频电压，从辅助二次绕组aDxD侧测量。

一次绕组试验电压按出厂值的85%进行试验，出厂值不明的按表25-10所示电压进行试验。倍频感应耐压试验的试验电压同工频交流耐压试验的试验电压。

表25-10　电压互感器交流耐压试验的试验电压

电压等级（kV）	3	6	10	15	20	35
试验电压（kV）	15	21	30	38	47	72

3. 直流电阻测量

电压互感器一次绕组线径较细，易发生断线、短路或匝间击穿等故障，二次绕组因导线较粗很少发生这种情况，因而交接、大修时应测量电压互感器一次绕组的直流电阻。各种类型的电压互感器一次绕组的直流电阻均在几百欧至几千欧之间，一般采用单臂电桥进行测量。

一次绕组的直流电阻测量值，与换算到同一温度下的出厂值比，相差不宜大于10%；二次绕组直流电阻测量值，与换算到同一温度下的出厂值比，相差不宜大于15%。

4. 励磁特性试验

鉴于系统中经常发生铁磁谐振过电压和电压互感器质量不良等情况，所以要求对电压互感器进行空载励磁特性试验。

电压互感器空载励磁特性试验接线如图 25-11 所示。现场试验时，电压互感器高压侧开路，低压侧通以额定电压，读取其空载电流及空载损耗。

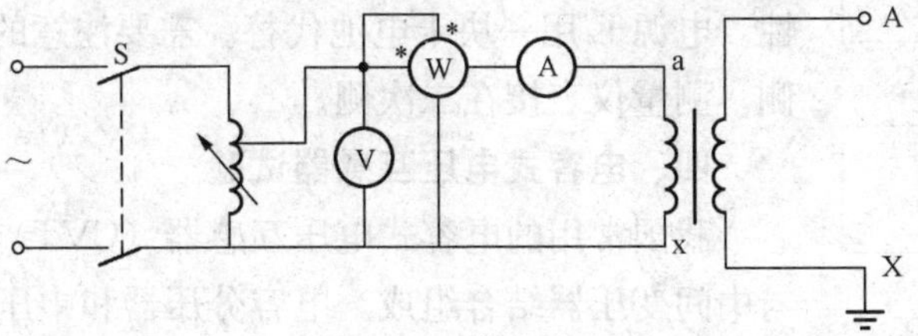

图 25-11　电压互感器空载试验接线

电压互感器的空载励磁特性试验可与工频感应耐压试验一起进行。试验时，在电压升至额定电压过程中先读取几组空载损耗与空载电流值，电压升至 1.3 倍额定电压并耐受 40s 后，再降至额定电压及以下，重新读取几组空载损耗与空载电流值。

实测的励磁特性曲线或额定电压时的空载电流值与过去或同类型电压互感器的特性相比较，应无明显的差异。如果偏差太大，特别是电流值成倍偏大，就要考虑是否有匝间绝缘损坏、铁芯片间短路或者是铁芯松动的可能。在进行 1.3 倍额定电压下的感应耐压试验时，其耐压前后的空载电流、空载损耗也不应有明显差异，否则应查明原因。

在交接性试验中，电磁式电压互感器的励磁特性试验应符合下列要求：

(1) 用于励磁特性测量的仪表为方均根值表。若测量结果与出厂试验报告或型式试验报告有较大差别（＞30%）时，应检查所使用的仪表类型是否正确。

(2) 一般情况下，励磁曲线绘制点为额定电压的 20%、50%、80%、100%、

120%。对于35kV及以下且中性点直接接地的电压互感器（N端接地），最高测量点为额定电压的190%。

（3）对于额定电压测量点（100%），励磁电流不宜大于其出厂试验报告和型式试验报告的测量值的30%，同批次、同型号、同规格电压互感器，此点的励磁电流不宜相差30%。

5. 变比与极性试验

现场通常采用变压器变比测试仪进行变比试验，试验方法及原理参见本书第二篇变压器的相关章节。试验测得的变流比不应与额定值有太大的差异，否则应作进一步地检查。

电压互感器一、二次绕组间均为减极性。极性试验方法与变压器的相同，一般采用直流法，如图25-12所示。

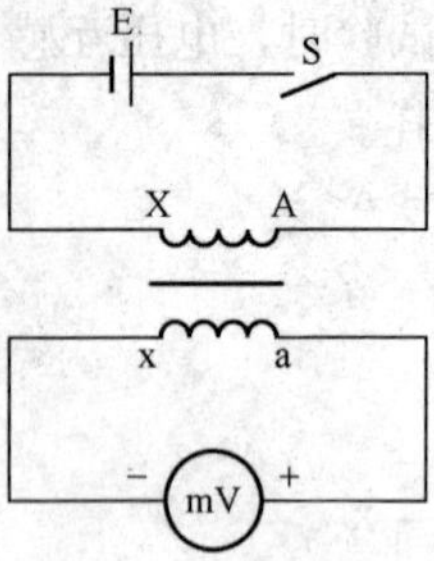

图25-12 互感器极性测量接线

若将开关S合上时，毫伏表向正向偏转，拉开开关S时指针向负方向偏转，说明该互感器为减极性；否则为加极性。电源E用一块干电池代替。需要注意的是电源加在一次侧，测量仪表接在二次侧。

四、电容式电压互感器试验

我国常用的电容式电压互感器（CVT）是由电容分压器与中间变压器结合组成。电容分压器和中压变压器的连接是在整套装置的内部完成的。一般无法使中间变压器同电容分压器断开，且无A端子（中压互感器高压侧与电容分压器连接端）引出。CVT的典型电路如图25-13所示。

1. 电容分压器试验

（1）电容分压器绝缘电阻试验。要求试验前须检查二次端子箱，N、X端均接地，二次绕组全部短接接地。

用2500V绝缘电阻表测 C_{11}、C_{12}、$C_{13}+C_2$ 的绝缘电阻，结果不小于5000MΩ；用1000V绝缘电阻表测N的绝缘电阻，结果不小于100MΩ。

对于运行中停电试验的CVT，试验时其顶端与连接导线间往往需要垫一块绝缘垫皮。为避免对接下来的 $\tan\delta$ 和 C_x 测量产生影响，应用2500V绝缘电阻表测量该绝缘垫皮的绝缘电阻，一般不小于5000MΩ。

（2）电容分压器 $\tan\delta$ 和 C_x 的测量。对于可以单独分开的高压电容器 C_{11} 和 C_{12}，其 $\tan\delta$ 和 C_x 的测量相对简单，用正接线方法直接进行即可。本节重点对不能单独分开的 C_{13} 和 C_2 的试验方法进行探讨。

1）测量 C_{13} 和 C_2 的接线及要求。接线如图25-14所示。试验前必须将X端接地。

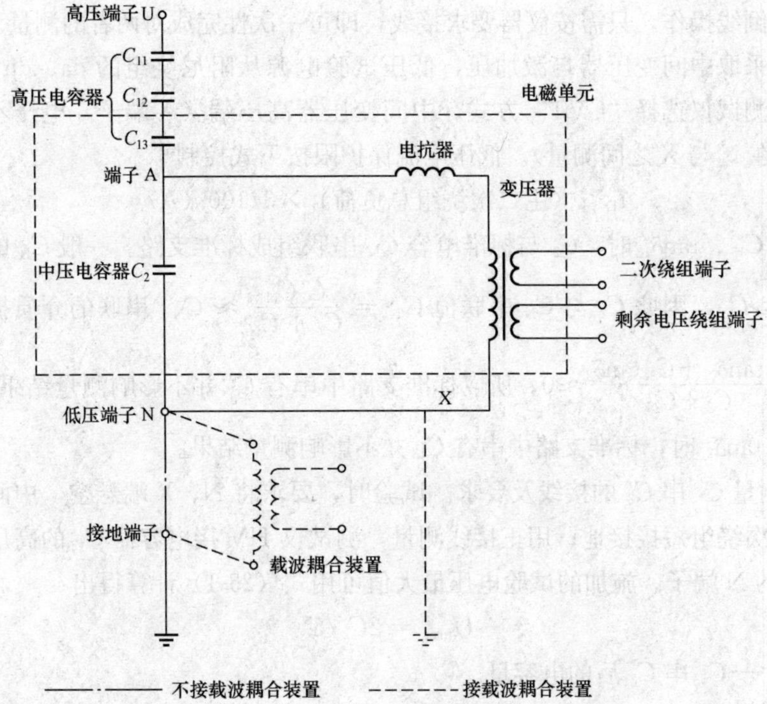

图 25-13　电容式电压互感器的典型电路图

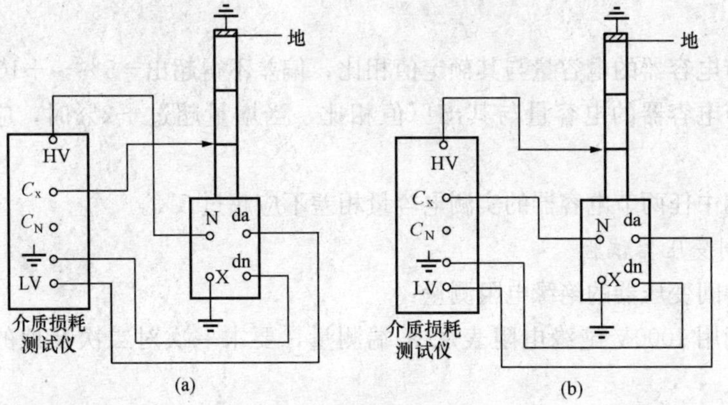

图 25-14　测量 C_{13} 和 C_2 的接线图

(a) 测量 C_{13}、$\tan\delta_{13}$ 接线图；(b) 测量 C_2、$\tan\delta_2$ 接线图

可见，测量 C_{13}、$\tan\delta_{13}$ 的接线和测量 C_2、$\tan\delta_2$ 的接线基本相同。所不同的是前者介质损耗测试仪的 HV 接 CVT 的 N 端子，C_x 接电容器 C_{13} 的高压端；而后者测试仪的 HV 接电容器 C_{13} 的高压端，C_x 接 CVT 的 N 端子。目前，国内不少仪器

都省去了倒线操作，只需按仪器要求接线，即可一次性完成对两者的测量。

试验采取中间变压器自激加压，低压试验电源从阻尼绕组的 da、dn 端加入，介质损耗测试仪选择“CVT”方式。中间变压器高压端（A 端子）电压不得超过 2.5kV（在 N 与 X 之间测量）。低压电流保护限按下式控制

$$I_D <（主二次绕组总负荷）\times 3/100（A）$$

测量 C_{13}、$\tan\delta_{13}$时，C_2 与标准电容 C_N 串联组成标准支路。一般 C_N 的 $\tan\delta \approx 0$，而 $C_2 \gg C_N$，因此 C_2 与 C_N 串联值 $C'_N = \dfrac{C_2 C_N}{C_2 + C_N} \approx C_N$，串联的介质损耗因数 $\tan\delta' = \dfrac{C_2 \tan\delta_N + C_N \tan\delta_2}{C_2 + C_N} \approx 0$，所以标准支路中串有 C_2 并不影响测量结果。同理，测量 C_2、$\tan\delta_2$ 时，标准支路中串有 C_{13} 并不影响测量结果。

2）测量 C_{13} 串 C_2 的接线及要求。试验时，要求将 N、X 端悬空，中间变压器的所有二次绕组短接接地；用正接线测量，测试仪 HV 接电容器 C_{13} 的高压端，C_x 接 CVT 的 N 端子。施加的试验电压最大值可用式（25-1）计算得出

$$U_{max} = 2C_2/C \tag{25-1}$$

式中　C——C_{13} 串 C_2 后的电容量。

3）考核标准及相关说明。

①每节电容器在 10kV 下的 $\tan\delta$，膜纸绝缘 $\tan\delta \leqslant 0.2\%$，油纸绝缘 $\tan\delta \leqslant 0.5\%$。

②每节电容器的电容量与其额定值相比，偏差不得超出－5%～＋10%。

③每节电容器的电容量与其出厂值相比，当增量超过＋2%时，应缩短试验周期。

④一相中任两节电容器的实测电容量相差不应超过 5%。

2. 中间变压器试验

（1）中间变压器的绝缘电阻测量：

一次侧用 1000V 绝缘电阻表从 X 端测量，要求一次对二次及地的绝缘电阻 ≥1000MΩ。

二次侧用 1000V 绝缘电阻表测量，要求二次绕组之间及地的绝缘电阻 ≥10MΩ。

所有中间变压器试验项目中，仅绝缘电阻测量为必做项目，其他项目均为检查性试验，应视具体情况在必要时进行。

（2）中间变压器 $\tan\delta$ 的测量：

试验时，将 N 端子与 C_{13} 首端短接，X 端子悬空，中间变压器的所有二次绕短

接接地。用反接线测量，测试仪的 HV 加压线接 N 与 C_{13} 首端的短接线。由于受 A 端子绝缘水平的限制，试验电压不宜超过 3kV。

这种接线测得的是 C_{13} 与 C_2 并联后再与中间变压器 C_{TV} 串联的 $\tan\delta$，其等值电路图见图 25-15。测得的 $\tan\delta$ 值为

$$\tan\delta=\frac{\dfrac{C_{13}\tan\delta_{13}+C_2\tan\delta_2}{C_{13}+C_2}C_{TV}+(C_{13}+C_2)\tan\delta_{TV}}{C_{13}+C_2+C_{TV}}$$

由于 $C_{13}+C_2\gg C_{TV}$，所以 $\tan\delta\approx\tan\delta_{TV}$，即测得的介质损耗因数 $\tan\delta$ 可近似认为是中间变压器一次绕组对铁芯、外壳和二次绕组的介质损耗因数。

（3）中间变压器二次绕组直流电阻测量：

要求各二次绕组直流电阻的测量值与换算到同一温度下的出厂值比较，相差不宜大于 15%。

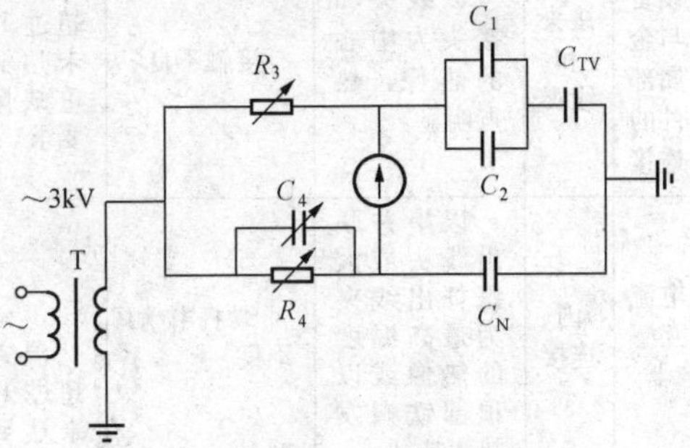

图 25-15　测量 C_{13} 和 C_2 的接线图

五、互感器的红外测温

电力设备热故障多种多样，按引起设备发热的原因不同可分为以下三类：电流致热型、电压致热型和综合致热型。其中，电流致热型缺陷主要为接触热故障，如导体连接件接触不良，电流流过会引起发热等。电压致热型缺陷由电压作用引起发热，如设备内部受潮导致介质损耗增大，设备零部件受长期电压作用劣化或损坏等。绝缘子电压分布不匀导致发热则是最典型的电压致热型缺陷。而综合致热型缺陷是指既有电压效应，又有电流效应，或者电磁效应引起的发热。

电流互感器同时受到高电压和大电流的作用，其正常发热由绝缘的介质损耗和导流体的铜损，铁芯的铁损过热成分组成。它的散热出口在顶部的储油柜和出线处，其内部热故障主要是导体连接接触不良和绝缘介质缺陷。正常运行时是三相温差很小，整体相间温升差别在 2K 以内。

例如：1994 年某变电站进行红外测温时，发现一台 220kV 母联电流互感器将军帽温升达 51.3K，而正常相同部位温升仅 5K 左右。解体检查发现内部一次接头接触不良导致的过热，使周围绝缘垫块已碳化烧穿，绝缘油变黑。

对 CVT 及电磁式电压互感器内部故障诊断，正常情况下 35kV 以上设备的相间温差不超过 2K。电磁式电压互感器内部故障包括铁芯绝缘故障、绕组绝缘缺陷及绝缘介质缺陷；CVT 的内部故障包括电容器内部缺陷和中间变压器内部缺陷。

正常时三相温升与温差不大，本体温度分布均匀，没有局部过热现象。

互感器的红外测温缺陷诊断判据见表 25-11 和表 25-12。对互感器进行红外测温诊断时，均可采用相间比较法。互感器的红外测温注意事项及具体分析方法同变压器，具体可参见第二篇相关章节。

表 25-11　互感器的电流致热型缺陷诊断判据

设备类别和部位		热像特征	故障特征	缺陷性质			处理建议	备注
				一般缺陷	严重缺陷	危急缺陷		
电气设备与金属部件的连接	接头和线夹	以线夹和接头为中心的热像，热点明显	接触不良	温差不超过 15K，未达到严重缺陷的要求	热点温度大于 80℃ 或 δ≥80%	热点温度大于 110℃ 或 δ≥95%	测量一次回路电阻	内外部温差 30～45K
电流互感器	内连接	以串并联出线头或大螺杆出线夹为最高温度的热像或以顶部铁帽发热为特征	螺杆接触不良	温差不超过 10K，未达到严重缺陷的要求	热点温度大于 55℃ 或 δ≥80%	热点温度大于 80℃ 或 δ≥95%		
套管	柱头	以套管顶部柱头为最热的热像	柱头内部并线压接不良					

表 25-12　互感器的电压致热型缺陷诊断判据

设备类别		热像特征	故障特征	温差(K)	处理建议
电流互感器	10kV 浇注式	以本体为中心整体发热	铁芯短路或局部放电增大	4	伏安特性或局部放电量试验
	油浸式（含气体绝缘）	以瓷套整体温升增大，且瓷套上部温度偏高	介质损耗偏大	2～3	介质损耗、油色谱、油中含水量检测
电压互感器（含电容式电压互感器的互感器部分）	10kV 浇注式	以本体为中心整体发热	铁芯短路或局部放电增大	4	特性或局部放电量试验
	油浸式	以整体温升偏高，且中上部温度高	介质损耗偏大、匝间短路或铁芯损耗增大	2～3	介质损耗、空载、油色谱及油中含水量测量

续表

设备类别		热像特征	故障特征	温差(K)	处理建议
高压套管		热像特征呈现以套管整体发热热像	介质损耗偏大		介质损耗测量
		热像为对应部位呈现局部发热区故障	局部放电故障，油路或气路的堵塞		
充油套管	绝缘子柱	热像特征是以油面处为最高温度的热像，油面有一明显的水平分界线	缺油		

第五节　互感器的常见故障和处理

目前随着设计水平和制造工艺的进步，越来越多的互感器采用免维护的设计，大大增加了运行的可靠性，减少了检修维护时间和人力消耗。现场对于互感器的检修主要以消除运行时的缺陷为主，根据使用经验，主要有以下几点。

1. 电流互感器二次侧开路

使用中要求电流互感器二次侧必须短路，如果二次侧开路，将一次侧安匝全部用于励磁，铁芯高度磁饱和，损耗、温度剧增。二次绕组产生高电压，将危及人身和绝缘，而且剩磁会增加误差。造成电流互感器二次侧开路的主要原因是电流引线接头松动，端子损坏等。

处理办法是：

(1) 按表计指示，判断是仪表级还是保护级二次开路。

(2) 手戴绝缘手套，用钳形表测各相电流值并进行比较。

(3) 逐段将回路短接测量回路电流，找出故障点并处理之。

2. 电压互感器二次侧短路

电压互感器在正常运行时，由于二次负载是一些仪表和继电器的电压线圈，阻抗很大，基本上相当于变压器的空载状态。互感器本身通过的电流很小，它的大小决定于二次负载阻抗的大小。由于电压互感器本身阻抗很小，容量不大，当互感器二次侧发生短路时，二次电流很大，二次侧熔丝熔断，影响到仪表的正确指示和保护的正常工作。当二次侧熔丝容量选择不当，二次侧发生短路，熔丝不能熔断时，则电压互感器极易被损坏。

对电压互感器二次侧短路故障处理过程如下：

(1) 双母线系统中任一故障电压互感器，可利用母线联络断路器切断停用。

（2）其他电路中的电压互感器，当发生低压电路短路时，如高压熔断器未熔断，则可拉开其出口隔离开关停用。但在拉开隔离开关时，应使其三相之间或其他电气设备之间有足够的安全距离及有一定容量的限流电阻的条件下进行，以避免发生电弧造成的设备和人身事故。

3. 放电

放电缺陷分两种情况：电晕放电和局部放电。

电晕放电是因为局部场强过大，如果长时间不处理，将会造成绝缘严重腐蚀、老化，处理办法是将绝缘表面与铁芯间缝隙用防晕漆或半导体垫条塞紧。

局部放电是因为绝缘内部有气孔等缺陷，对于局部放电的趋势应当加以监视，测局部放电量不大于40pC（油浸式互感器），环氧绝缘放电量不大于200pC，局部放电发展严重将会使绝缘介质逐步劣化，以致击穿。对于局部放电严重或者趋势明显变大的互感器，应当立刻加以更换。

4. 电压互感器铁磁谐振

在中性点不直接接地的10～110kV系统中，系统运行状态发生突变，铁芯发生过饱和，造成电压互感器铁磁谐振的故障。互感器铁芯磁通密度高，励磁电流大，二次侧将严重过电压而发热烧毁，严重时，将发生互感器的击穿、爆炸。

处理办法：

（1）改善互感器的伏一安特性。

（2）调整互感器的 x_C 与 x_L 参数，使 x_C/x_L 值脱离易激发铁磁谐振区。

（3）在开口三角处接非线性电阻，或在一次绕组中性点接入适当阻尼电阻。

5. 绝缘油渗漏

绝缘油渗漏常发生在金属件焊缝不良、有砂眼、密封面不严，密封圈老化的互感器上。绝缘油过少，会造成套管内部受潮、绝缘电阻降低造成击穿放电等故障。

处理办法：

（1）二次小瓷套部位渗漏油，如为小瓷套破裂导致渗漏油，应更换小瓷套。

（2）主瓷套与金属部分接触的部位渗漏，应更换密封圈。

（3）膨胀器本体焊缝破裂或波纹片永久变形，应更换膨胀器。

（4）铸铝储油柜砂眼渗漏油，可用锤子、样冲打砸砂眼堵漏。

（5）储油柜、油箱、升高座等部件的焊缝渗漏，情况轻微时，可采用堵漏胶临时处理，情况严重时，可采用带油补焊，但应在补焊后取油样做分析，如有不良气体发生，则应考虑脱气处理。

（6）若需放出绝缘油处理时，应调回检修车间内进行，应注意绝缘油不受污染，器身不受潮。

6. 绝缘油油质劣化

检测到绝缘油出现劣化，主要是因为油中溶解有氧气或有放电发生。油质劣化将使互感器绝缘强度下降，产生严重的放电，对安全运行造成重大隐患，处理措施是将绝缘油全部排出，重新注入经处理合格的新油，必要时还必须对互感器进行干燥或抽真空处理。

第二十六章 母线的检修

一、概述

在发电厂和变电站的各级配电装置中，用于将各种电气设备之间以及发电机、变压器之间连接的导线称为母线。母线的作用是汇集、分配和传输电能。

目前，由于具有安装方便、防潮防污、运行可靠等一系列优点，封闭母线在发电厂、变电站内得到了广泛应用。封闭母线包括离相封闭母线、共箱（含共箱隔相）封闭母线和电缆母线。

（一）母线的材料

1. 铜母线

铜的电阻率低、机械强度高、抗腐蚀性强，是很好的导电材料。但铜的储藏量少，在其他工业中用途很广，因此在电力工业中应尽量以铝代铜，除在特殊技术上要求必须用铜线外，一般应采用铝母线。

2. 铝母线

铝的电阻率比铜稍高，但储藏量大、密度小、加工方便。而且一般情况下，用铝母线比用铜母线经济，因此，目前我国广泛采用铝母线。

3. 钢母线

钢的电阻率比铜大（比铜大 7 倍），用于交流时，有很强的集肤效应，其优点是机械强度高和价格低廉。它适用于高压小容量回路（如电压互感器）和电流在 200A 以下的低压回路和直流电路以及接地装置中。

（二）母线的截面形状

1. 矩形截面

在 35kV 及以下的户内配电装置中，一般都采用矩形截面母线。矩形截面母线与相同截面积的圆形母线相比，散热条件好、冷却条件好、集肤效应较小。因此，在相同的截面积和相同的允许温度条件下，矩形截面母线要比圆形截面母线的允许工作电流大，或者是同一允许工作电流下，矩形截面母线的截面积要比圆形截面母线的截面积小。矩形母线要比实心圆形母线所消耗的金属量少。

为了增强散热条件和减小集肤效应的影响，宜采用厚度较小的矩形母线。但考虑到母线的机械强度，通常铜和铝的矩形截面母线的边长之比为 1∶5～1∶12，最大的截面积为 10×120＝1200（mm^2）。

2. 圆形截面

一般在35kV以上的户外配电装置中，为了防止电晕的产生，多采用圆形截面母线。

母线表面的曲率半径越小，则电场强度越大，所以矩形截面的四角易引起电晕现象。圆形截面无电场集中的现象，尤其当圆形截面母线为绞线或管线时，由于直径增加，其表面附近的电场强度要比单根导线更小。所以在110kV及以上电压等级的户外配电装置中，一般都采用钢芯铝绞线或管形母线；在110kV及以上电压户内配电装置中，一般采用管形母线。

电压在35kV及以下的户外配电装置中，采用钢芯铝绞线可使户外配电装置简化、投资降低。

3. 槽形截面

当每相需用三条以上的矩形母线时，一般采用槽形母线，如图26-1所示。这种母线具有邻近效应小、冷却条件好、金属材料利用率较高等特点。槽形母线通常用连接片焊接，构成一个整体。槽形母线工作电流可达10～12kA。

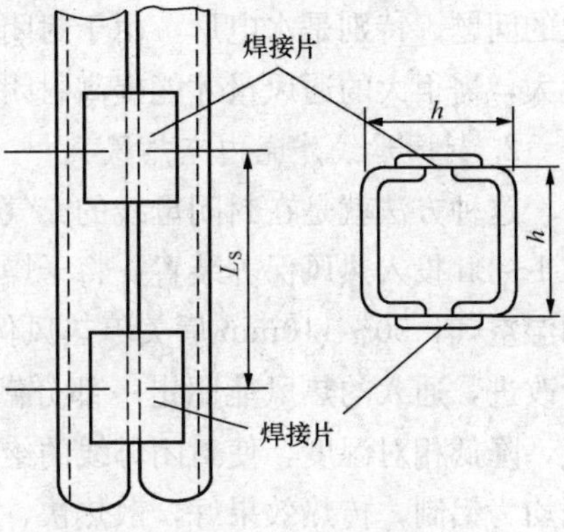

图26-1 槽形母线

二、常用封闭母线介绍

（一）离相封闭母线

离相封闭母线是每相具有单独金属外壳的封闭母线，分为分段绝缘离相封闭母线和全联式离相封闭母线。由于离相封闭母线是一种密闭的管道，当运行条件改变或气候条件变化时，内部易产生结露现象，从而降低母线的绝缘性能。严重时可引发单相接地事故，给发电企业的安全运行带来隐患。造成封闭母线结露的主要因素如下。

1. 运行温度

机组运行时，母线内导体和外壳的温度较高。而机组停机后，母线内导体和外壳的温度将快速下降。正常运行时，母线内空气的温度为70℃左右，空气中饱和水蒸气密度为196.8g/m³，而机组停机后（以环境温度20℃为例），母线内的空气温度则降为20℃，空气饱和水蒸气密度为17.28g/m³。也就是说，母线内的空气温度由正常运行时的70℃下降至20℃时，空气中将有179.52g/m³液态水析出。这些水将严重的影响母线和外壳之间的绝缘。冬季时这种现象更为严重。（以上数据由饱和湿空气表得出）

2. 潮气侵入

发电机每次停机检修或临修，封闭母线易被空气中的潮气、雨水、浓雾等侵入，造成停机受潮，每次开机均需处理封闭母线的绝缘，严重时影响按时开机。阴雨天开机时封闭母线的绝缘往往更是不合格。严重时会造成开机时间拖延。如不能按时正常开机，每推迟一天，发电企业都将会受到很大的经济损失。

目前，国内封闭母线防结露措施主要有以下几种。

1. 封闭母线外壳内通自然风

应用此种方式，一般是在机组停机后和再开机前，为解决封闭母线固体绝缘而采取的一种临时措施。这种方法比较简单，能有效解决机组开机前封闭母线绝缘电阻较低而影响开机的问题。但是这种方法并不能解决封闭母线外壳内空气相对湿度大的问题。特别是水电厂，由于封闭母线完全设置在地下涵洞中，周边环境相对湿度大，需很大的通风量才能提高封闭母线的绝缘电阻。

2. 封闭母线外壳内充热风

这种方法就是在封闭母线的充气管路中加装一套热风保养装置，在发电机开机前1～2h投入热风保养装置，将干燥的热风通入母线夹层，快速的置换出母线内的潮湿空气，50～110min后关停热风保养装置启动发电机。这种方法比通自然风有所改进，通入的热风能驱走一部分潮湿空气，还能提高母线内空气的饱和含湿量值，降低相对湿度，使封闭母线的绝缘很快建立起来。但是，由于母线内导体及外壳均为铝制，传热效果好，散热快，故一旦停止加热或沿母线长度方向距加热点较远时会出现降温。随着温度的降低，空气中的水蒸气将重新凝结成液态水；另一方面，当母线内部湿度很大时，在外部气温降低的过程中，由于内部温度的升高，就会出现外壳内壁表面空气降低到露点温度的逆效应。母线内壁表面会有水滴凝结，严重影响母线的绝缘。这种情况在水电厂的封闭母线保护中尤为常见。

3. 封闭母线外壳加装恒温加热装置

这种方法就是在封闭母线外壳上加装电加热装置，由于封闭母线是从发电机连至变压器等设备，因此，电加热装置需沿封闭母线布置方向依次加装。这样，在开机前为保证封闭母线绝缘电阻达到规定值，先接通电加热装置，给封闭母线加热，以提高封闭母线的绝缘电阻。由此看来，一方面这种方法只能降低外壳内空气的相对湿度，从而提高封闭母线的绝缘电阻，但空气中的水分并没有去除，成本也较高，布置也较困难；另一方面，这种方法对封闭母线漏氢有一定的安全隐患。

4. 风循环式空气干燥、净化装置

这种方法就是将封闭母线在适当的位置连通，使干燥、净化的空气在封闭母线中形成闭路循环，在空气循环过程中，母线内的空气被连续干燥、净化，不断的除湿。当母线内空气达到一定洁净度时，设备停止循环。这种方法可有效除湿，但运行成本较高，并且在制造、生产和现场安装中必须保证封闭母线外壳的气密性。可适用于各种大型临界、超临界、超超临界机组的封闭母线保护中。

5. 憎水性绝缘子

这种方法就是将母线与外壳之间的绝缘子采用具有憎水性能的绝缘子。当外壳内的空气结露时，绝缘子的绝缘性能不受影响。但由于该绝缘子是采用有机材料制成，在高温下容易被老化，使用寿命将受到影响。目前，国内只有极少数发电企业采用此方法，封闭母线绝缘值可达 1500MΩ 以上。这种方法只是提高了母线内绝缘子的固体绝缘。但并不能解决母线内空气相对湿度大的问题。如遇到阴雨天开机时，此方法效果便不明显，且成本昂贵。对于母线内的污闪和雾闪无任何防治作用。

6. 封闭母线外壳内充微正压干燥空气

这种方法在国内比较普及。它的方法是对封闭母线外壳内充入经微正压装置过滤后的干燥、洁净的空气。并使封闭母线外壳内的空气压力略高于外界大气压，一般为 300～2500Pa，形成一种气封的作用，这样，外界潮湿的空气及灰尘就不能进入封闭母线外壳，从而保证了封闭母线的绝缘要求。这种方法可有效提高封闭母线绝缘，尤其是在机组停机后，是封闭母线防止绝缘降低的最佳方法之一。微正压装置主要作用用于发电厂封闭母线的保护。其作用是向三相封闭母线提供干燥洁净的空气，使封闭母线内部始终保持在微正压状态。因为当外界温度下降或负荷电流降低引起母线温度下降时，会引起封闭母线内气压降低，微正压装置将提供干燥洁净的空气以维持当温度降低时的预置剩余压力，从而阻止外界潮气及粉尘的进入。微正压装置一般是由空压机（也可利用厂内气源）、空气干燥器、过滤器、储气罐（可不用）、压力控制柜、过压保护系统及管路等几部分组成。其工艺简单合理、安装方便、成本低，可适用于各种密封性能较差的封闭母线。

综上所述，由以上几种方法的可靠性、实用性、制造成本和运行成本、自动控制与简化管理等方面进行综合比对和分析后，推荐防止母线结露，造成绝缘下降的最佳方案为封闭母线外壳内充微正压干燥空气。目前，国内的微正压装置主要有吸附式、冷冻式和高分子膜式三种型号。吸附式微正压装置因其分子筛易失效、配置低、故障率高等原因，已不能符合现阶段大容量封闭母线对气源的要求。而冷冻式微正压装置和高分子膜式微正压装置以其运行指标稳定、维护量低、控制精度高、工艺流程合理等诸多优点，逐步为广大使用者所接受。特别是冷冻式微正压装置，以其压力露点低、流量大等特点，特别适合于各种气密性较差的封闭母线。

（二）SF_6 气体绝缘母线

由于受到环境的制约，越来越多的水电厂采用地下厂房结构，长垂直大电流母线也越来越多地被采用。但长垂直封闭母线所处的水电厂地下厂房，环境湿度较高，另外水电厂多为调峰运行，机组开、停机较频繁，封闭母线容易产生呼吸现象，使母线外壳内结露并导致母线绝缘水平降低，而发电机主回路封闭母线发生短路故障将产生严重后果。

如果地下厂房式电站将主变压器布置在地下，不仅施工量大、工期长，也给运输、安装和运行维护造成很大的不便，而布置在地上，则发电机与主变压器的水平、垂直距离较远，长垂直大电流封闭母线的温度分布、支撑结构设计、防凝露措施等方面一直是人们关心的问题，也是母线设计中的难点所在。出口母线如采用GIS分支母线，其造价就特别高，如采用六氟化硫气体绝缘母线 Gas Insolated Bus（GIB），俗称管道母线，则可在很大程度上降低工程造价，因此气体绝缘母线作为传输母线是一种具有发展前景的输电技术，越来越多的用于高电压、大容量化的水电厂中。

1. GIB 主要具有以下优点

（1）性能可靠，使用寿命长，无污染。由于管道母线在安装时，每个绝缘子上装了微粒捕捉装置，因此其维护及检修工作几乎为零，所以寿命长、全封闭在金属壳体的结构实现了安全性高，免维修。

（2）壳体全部采用铝壳体，通流能力强，体积小，质量轻，壳体的外径尺寸可缩到同电压等级封闭母线的 70%～80%，而且同样拥有优异的绝缘性能。

（3）该产品可以通过套管与架空线连接，通过油气套管与变压器连接，可以与 GIS 直连，也可以在其线路上增加避雷器、电压互感器等保护和测量设备。

（4）结构紧凑，部置施工方便，占地面积小，可以帮助用户实现比较复杂的接线方案，可以根据用户的意愿选取各种布置形式。

（5）与同样电流、电压等级的输电电缆相比较容量大。

（6）管道母线 GIB 标准单元的长度加长，气室容积相应的扩大，从而减少了绝缘支持件的使用数量，也降低了工程造价。

2. GIB 使用时应该考虑的要点

管道母线 GIB 与常规的 GIS 用分支母线的最大区别是，壳体及导体（除特殊部位）均采用现场焊接连接，从而管道母线 GIB 的部分工作将移至安装现场进行。

管道母线（GIB）可设计成三相分箱式或三相共箱式结构，考虑要点如下：

（1）壳体为铝合金材料，由于 GIB 的单元长度越长，结构就越简单，同时考虑到制造、运输的限制及导体的机械特性等因素，因此，可确定直线形管道母线 GIB 标准单元的长度，同时采用现场焊接的方式使壳体一段一段地接在一起，直到需要的长度。

（2）导体为铝合金材料，导体的连接采用现场焊接连接方式，当与 GIS 或其他设备连接时，可以采用插入式梅花触头结构。

（3）气体分隔处导体支持件可以使用不通气的盆式绝缘子，其他的导体支持件可以使用三脚绝缘子，两种绝缘子均可设置在壳体内，不接触大气。

（4）由于管道母线的特点，管道母线 GIB 还需要考虑设置杂质抑制装置，通过它可以捕捉到壳体内部的金属片等金属异物，以防止绝缘性能的降低。

（5）气室的划分问题，气室划分主要考虑到提高安装效率，缩短事故时的恢复时间，和现场的运输、安装条件。

（6）管道母线 GIB 的设计要考虑热胀冷缩的吸收问题。

（7）管道母线 GIB 的设计还要考虑到倾斜、垂直等各种布置方式方法的问题。

（8）考虑到管道母线 GIB 的特殊性，还应在设计结构上考虑现场焊接的喷溅物问题。

三、母线试验

母线是电力系统的重要设备，如发生事故往往造成比较严重的停电，尤其是特大型发电厂或中枢变电站母线事故的后果更为严重。在母线维护和检修过程中，进行预防性试验，对掌握母线的状况，预防母线故障很有益处。一般母线的试验项目、周期和要求见表 26-1。

表 26-1　一般母线的试验项目、周期和要求

序号	项目	周期	要求						
1	绝缘电阻	（1）1～3 年。 （2）大修时	不应低于 1MΩ/kV						
2	交流耐压试验	（1）1～3 年。 （2）大修时	U_N（kV）	1 以下	6	10	15	20	35
			纯瓷绝缘子	1	32	42	57	68	100
			固体有机绝缘子	1	26	38	50	59	90

在停电条件下对母线进行交流耐压试验，目的是考验母线支持绝缘子及部分辅助设备（如隔离开关支座等）对地绝缘能力。在试验设备容量足够时，对母线进行耐压试验时一般连同母线所带断路器、电流互感器、隔离开关一起进行，耐压标准为该回路上所有设备的最低耐压标准。

母线耐压试验时应注意以下问题：

（1）耐压前，母线所带断路器、电流互感器、隔离开关的控制回路及操作电压退出，二次做好安全措施，以防耐压过程中控制回路出现过电压并导致保护误动。

（2）母线耐压试验前，母线所带电压互感器、避雷器等设备应当与母线断开，并保证有足够的安全距离。

（3）母线耐压试验前，断口的对侧设备一般应处于停电状态，并将其进行良好接地，以防耐压过程中高电压窜至断口对侧设备造成安全事故。

（4）对有两段母线且一段运行或母线所带线路一侧仍带电的情况，做母线耐压试验时应注意母线与带电部位距离是否足够，两者距离承受电压应按交流耐压试验电压与运行电压之和考虑。间隔距离不够时应设绝缘挡板或不再进行耐压试验，而对母线用 2500V 绝缘电阻表进行绝缘电阻试验，绝缘电阻不应低于 1MΩ/kV。

（5）交流耐压试验时所有非试验人员应退出配电室，通往邻近高压室门闭锁，而后方可加压，母线通至外部的穿墙套管等加压处作好安全措施，派专人监护。

（6）母线耐压时间为 1min，无击穿、无闪络为合格。

另外，在运行条件下还应进行红外测温，用于判断连接处的接触是否良好。

四、母线检修概述

（一）母线常见的故障

（1）母线的接头由于接触不良，接触电阻增大，造成发热，严重时会使接头烧红。

（2）母线的支持绝缘子由于绝缘不良，使母线对地的绝缘电阻降低。严重时导致闪络和击穿。

（3）当大的故障电流通过母线时，在电动力和弧光闪络的作用下，会使母线发生弯曲、折断或烧坏，使绝缘子发生崩碎。

（二）母线的一般检修

（1）清扫母线，清除积灰和脏污；检查相序颜色，要求颜色明显，必要时应重新刷漆或补刷脱漆部分。

（2）检修母线接头，要求接头应接触良好，无过热现象。其中采用螺栓连接的接头，螺栓应拧紧，平垫圈和弹簧垫圈应齐全。用 0.05×10mm 塞尺检查，局部塞入深度不得大于 5mm；采用焊接连接的接头，应无裂纹、变形和烧毛现象，焊缝凸出成圆弧形；铜铝接头应无接触腐蚀；户外接头和螺栓应涂有防水漆。

（3）检修母线伸缩节，要求伸缩节两端接触良好，能自由伸缩，无断裂现象。

（4）检修绝缘子及套管，要求绝缘子及套管应清洁完好，用绝缘电阻表测量母线的绝缘电阻应符合规定。若母线绝缘电阻较低，应找出故障原因并消除，必要时更换损坏的绝缘子及套管。

（5）检查母线的固定情况，要求母线固定平整牢靠；并检修其他部件，要求螺栓、螺母、垫圈齐全，无锈蚀，片间撑条均匀。必要时应对支持绝缘子的夹子和多层母线上的撑条进行调整。

（三）母线接头的解体检修

（1）接触面的处理，应消除表面的氧化膜、气孔或隆起部分，使接触面平整而略粗糙。处理的方法可用粗锉把母线表面严重不平的地方锉掉，然后用钢丝刷来刷。铝母线锉完之后要先涂一层凡士林（因为铝表面很容易氧化，需要用凡士林把母线的表面与空气隔开），然后用钢丝刷再刷。最后把脏凡士林擦去，再在接触面涂一层薄的新凡士林并贴纸作为保护。铝母线的接触面不要用砂纸打磨，以免掉下的玻璃屑或砂子嵌入金属内，增加接触电阻。铜母线或钢母线的接触面，都要搪一层锡。如果由于平整接触面等原因而使锡层被破坏，就应重搪。搪锡的方法：将焊锡熔化在焊锡锅内，把母线要搪锡的部分锉平擦净，涂上松香或焊油并将它放在锅上。然后多次的把熔锡浇上去，等到母线端部粘锡时，则可直接将端部放在焊锡锅里浸一会，然后拿出用抹布擦去多余部分。

（2）拧紧接触面的连接螺栓。螺栓的旋拧程度要看安装时的温度而定，温度高时螺栓就应当拧得紧一些，温度低时就应当拧得松一些。拧螺母时，应根据螺栓直径大小选择尺寸、力矩范围合适的力矩扳手。采用过大的扳手用力稍大易把螺栓拧断，采用过小的扳手用力很大但螺母还未拧紧。由于铝在压力下会缓慢的变形，所以螺栓拧紧后，过一些时间还会变松，所以在送电之前再检查一次螺栓的紧度。螺母拧紧后应使用塞尺在接头四周检查接头的紧密程度。

（3）为防止母线接头表面及接缝处氧化，在每次检修后要用导电膏填塞，然后再涂以凡士林油。

（4）更换失去弹性的弹簧垫圈和损坏的螺栓、螺母。

（5）补贴已熔化或脱落的示温片。

（四）母线的安装

母线安装的关键工序是母线的连接。硬母线的连接一般可采用焊接、贯穿螺栓连接或夹板及夹持螺栓搭接；管形和棒形母线应用专用线夹连接。根据《电气装置安装工程母线装置施工及验收规范》（GBJ 149—1990）中规定硬母线螺栓紧固连接搭接面的质量检验，取消了沿用多年的用塞尺检查的落后方法，规定了采用力矩扳手紧固螺栓，对硬母线搭接面的质量要求就更高了。

《导体和电器选择设计技术规定》DL/T 5222—2005 规定导体和导体、导体和电器的连接处，应有可靠的连接接头。硬导体间的连接应尽量采用焊接，需要断开的接头及导体与电器端子的连接处，应采用螺栓连接。不同金属的螺栓连接接头，在屋外或特殊潮湿的屋内，应有特殊的结构措施和适当的防腐蚀措施。金具应选用合适的标准产品。导体无镀层接头接触面的电流密度，不宜超过表 26-2 所列数值，矩形导体接头的搭接长度不应小于导体的宽度。

表 26-2　无镀层接头接触面的电流密度　J(A/ mm^2)

工作电流（A）	J_{Cu}（铜一铜）	J_{Al}（铝一铝）
<200	0.31	$J_{Al}=0.78J_{Cu}$
200～2000	$0.31-1.05(I-200)\times10^{-4}$	
>2000	0.12	

注　I 为回路工作电流。

母线的安装应满足以下工艺要求：

(1) 母线与母线或母线与电器接线端子使用螺栓搭接时，母线接触面必须干净、清洁，并涂以电力复合脂。电力复合脂滴点高、导电性能好，不应再使用中性凡士林。母线平置时，贯穿螺栓应由下向上穿，螺母应置于维护侧，螺栓长度应露出螺母 2～3 扣。相邻螺栓垫圈间应有 3mm 以上的净距以避免母线螺栓间形成闭合磁路。母线伸缩节一般为定型产品，在安装前应检查伸缩节不得有裂纹、断股和折皱现象，其总截面不应小于母线截面的 1.2 倍。

(2) 母线连接螺栓必须使用力矩扳手紧固，使每一个相同直径的连接螺栓工作压力相等，受力均匀，增加接触面，降低接触电阻，减少母线发热。在施工中，若设计或制造厂无规定，连接螺栓的紧固力矩值可根据表 26-3 选择。

表 26-3　钢制螺栓的紧固力矩值

螺栓规格（mm）	力矩值（N·m）	螺栓规格（mm）	力矩值（N·m）
M8	8.8～10.8	M16	78.5～98.1
M10	17.7～22.6	M18	98.0～127.4
M12	31.4～39.2	M20	156.9～196.2
M14	51.0～60.8	M24	274.6～343.2

(3) 母线与螺杆形端子连接时，丝扣的氧化膜必须刷净，螺母接触面必须平整，螺母与母线间应加铜平垫圈，垫圈还应搪锡，并应使用锁紧螺母，但不能加弹簧垫，以防止接头部位过热。

(4) 为避免母线在运行时产生涡流或产生电晕放电，交流母线的支持金具不能形成闭合磁路，并无棱角和毛刺；母线的上部压板与母线应有一定的间隙，母线平置时，间距应保持 1～1.5mm；立置时，间距应保持 1.5～2mm。母线在支柱绝缘子上的固定死点，每段应设置一个，并宜位于全长或两母线伸缩节中点。

(5) 管形母线安装在滑动支持器上时，支持器的轴座与管形母线之间应有 1～2mm 的间隙；多片矩形母线间，应保持不小于母线厚度的间隙，相邻的间隔垫边缘间距应大于 5mm。

(6) 插接母线槽的安装还应符合下列要求：

1) 悬挂式母线槽的吊钩应有调整螺栓，固定点间距不得大于 3m；母线槽的端头应装封闭罩，引出线孔的盖子应完整。

2) 各段母线槽的外壳的连接应是可拆的，外壳之间应有跨接线，并可靠接地。

(7) 封闭母线的安装还应符合下列要求：

1) 封闭母线支座必须安装牢固，母线应按分段图、相序、编号、方向和标志正确放置，每相外壳的纵向间隙应分配均匀。

2) 母线与外壳应同心，误差不得超过 5mm，段与段连接时，两相邻段母线及外壳应对准，连接后不应使母线及外壳受到机械力。

3) 封闭母线不得用裸钢丝绳起吊或绑扎，外壳内和绝缘子必须擦拭干净，外壳内不得有异物。

4) 橡胶伸缩套的连接头，穿墙处的连接法兰、外壳与底座之间，外壳各连接部位的螺栓应采用力矩扳手紧固，各接合面应密封良好。

5) 外壳的相间短路板应位置正确，连接良好，相间支撑板应安装牢固，分段绝缘的外壳应作好绝缘措施。

6) 母线焊接应在封闭母线各段全部就位并调整误差合格，绝缘子、互感器全部试验合格后再进行施工。

7) 有微正压装置的封闭母线，安装完毕后应按设计定值做风压试验，检查其密封是否良好。

(8) 铝合金管形母线安装还应符合的要求：

1) 为避免伤及母线，管形母线应采用多点吊装。

2) 母线终端应有防电晕装置，其表面应光滑、无毛刺或凹凸不平。

3) 同相管段轴线应在一个垂直面上，三相母线管段轴线应互相平行。

五、封闭母线的检修

以 QZFM-20/26000-Z-I 型离相封闭母线为例，简要说明封闭母线的检修。

(一) 概述

QZFM-20/26000-Z-I 型离相封闭母线（以下简称 IPB）导体和外壳均采用铝板

卷制焊接而成，广泛应用于 50MW 及以上发电机的引出线回路及厂用分支回路。离相封闭母线由工厂成套生产，质量可靠，施工安装简便，不需设置安全遮拦，简化了对现场土建的要求。由于有外壳保护，封闭母线可以消除外界潮气、灰尘及外物引起的接地故障以及避免相间短路的发生。离相封闭母线采用外壳屏蔽，由于外壳上涡流和环流的双重屏蔽作用，可从根本上解决钢结构感应发热和相间导体所受的短路电动力过大的问题。

IPB 由母线导体、外壳、绝缘子、盆式绝缘子、金具、弹簧、外壳支撑件、短路板、穿墙板、各种设备柜及与发电机、变压器、厂用变压器、励磁变压器、电气制动开关的连接部件等构成。

为了保证防尘效果，IPB 采用 HAD-0004 型微正压装置，该装置设置了母线自动充气机，以保证其内部始终保持 300Pa 的正压力。母线自动充气机由气路系统和电控系统构成，可以连续工作。充气机启动后，对气源首先进行过滤和干燥，再通过调压器两级减压阀向母线供气，维持母线内的正压。IPB 微正压供气回路图如图 26-2 所示。

当封闭母线内相对压力低于 300Pa，低压控制开关吸合，充气机灯光指示低压信号；当母线内压力高于 2500Pa，高压控制开关吸合，充气机自动停止，充气灯光指示高压信号。

当出口压力表压力检测低于 300Pa，说明母线有漏气点，密封漏气点后，压力自动上升。当母线压力超过 1800Pa，安全阀自动泄压，维持出口压力 1500Pa 以内。

当母线内压力超过 3500～4000Pa，充气机灯光指示高压信号，充气机可能发生故障，如气口管道堵塞、安全阀打开裕度不够、安全阀故障等。

（二）IPB 整体检修

1. 检修周期及项目

QZFM-20/26000-Z-I 型离相封闭母线整体检修周期为 5 年，其检修项目为母线导体、外壳、绝缘子外壳、支撑件短路板、穿墙板与发电机、变压器、厂用变压器、励磁变压器、电气制动开关的连接结构部件以及微正压供气系统。

2. 检修工艺要求

（1）将母线和其他电气设备的连接引线断开，并检查连接处有无过热现象。

（2）检查母线内部有无脏污，绝缘子有无破裂，连接是否可靠。

（3）母线整体交流耐压。

（4）母线导体连接引线恢复。

（5）母线整体泄漏试验。

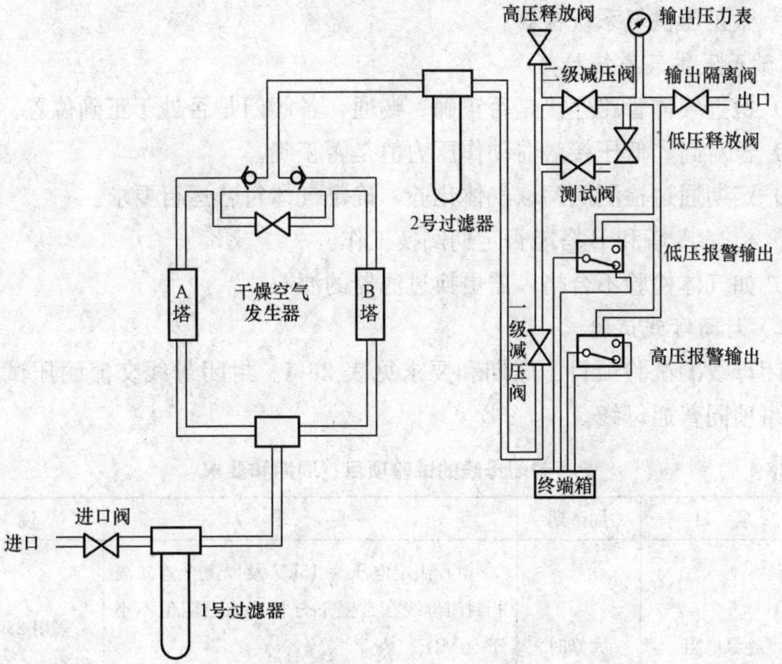

图 26-2　IPB 微正压供气回路图

3. 离相封闭母线系统检修工艺流程

离相封闭母线系统检修工艺流程见图 26-3。

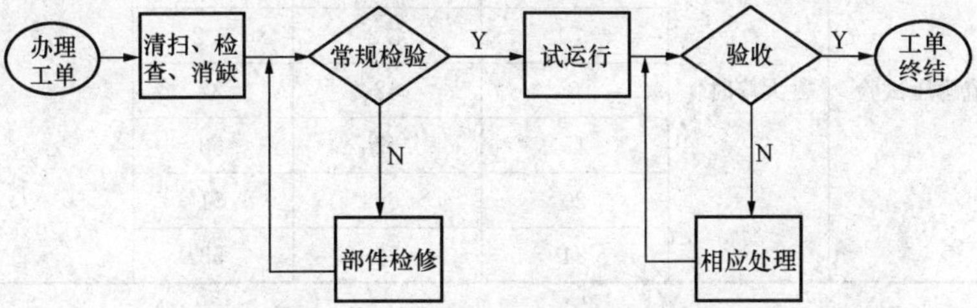

图 26-3　离相封闭母线系统检修工艺流程

（1）将母线和其他电气设备的连接引线断开，并检查连接处有无过热现象。

（2）将快拆装置盖板打开，检查母线内部有无脏污，绝缘子有无破裂。

（3）检查外壳一点接地装置是否良好，外壳对地绝缘电阻测量。

（4）母线外壳有无裂缝，密封件有无损坏。

（5）母线整体交流耐压。

（6）母线导体连接引线恢复。

（7）母线整体泄漏试验。

（8）微正压供气系统检修。

4. 微正压供气系统检修

（1）检查气体管路连接是否正确、畅通，各阀门是否处于正确位置。

（2）核对高、低压接触器动作压力值是否正确。

（3）定期通过检测阀门取气体化验，确定气体符合运行要求。

（4）检查A塔和B塔能否定期倒换工作。

（5）如气体检验不合格，需更换过滤器的滤心。

（三）封闭母线试验

封闭母线的试验项目、周期和要求见表26-4。封闭母线交流耐压试验的方法及注意事项同普通母线。

表26-4　　封闭母线的试验项目、周期和要求

<table>
<tr><th>序号</th><th>项　目</th><th>周　期</th><th colspan="3">要　　求</th><th>说　　明</th></tr>
<tr><td>1</td><td>绝缘电阻</td><td>大修时</td><td colspan="3">（1）额定电压为15kV及以上全连式离相封闭母线在常温下分相绝缘电阻值不小于50MΩ。
（2）6kV共箱封闭母线在常温下分相绝缘电阻值不小于6MΩ</td><td>采用2500V绝缘电阻表</td></tr>
<tr><td rowspan="7">2</td><td rowspan="7">交流耐压试验</td><td rowspan="7">大修时</td><td rowspan="2">额定电压（kV）</td><td colspan="2">试验电压（kV）</td><td rowspan="7"></td></tr>
<tr><td>出厂</td><td>现场</td></tr>
<tr><td>≤1</td><td>4.2</td><td>3.2</td></tr>
<tr><td>6</td><td>42</td><td>32</td></tr>
<tr><td>15</td><td>57</td><td>53</td></tr>
<tr><td>20</td><td>68</td><td>51</td></tr>
<tr><td>24</td><td>70</td><td>53</td></tr>
</table>

此外，为避免感应电动势在表面产生环流引起发热，离相封闭母线的外壳通常采用一点接地方式。故还需测量其外壳的绝缘电阻，一般不低于1MΩ。

第二十七章　防雷与接地装置的检修

第一节　防雷与接地装置的种类

一、电力系统的接地种类

电力系统接地是保证人身安全以及电气设备和过电压保护装置正常工作的非常重要的技术措施，它不仅为变电站内各种电气设备提供一个公共的参考地，而且在系统故障时可将故障电流迅速排泄，降低变电站的地电位升高，以保障人身和设备安全。

有效而合理地接地可以防止电气设备意外带电而造成触电事故，在防止电网局部过电压而造成的电弧伤害，防止雷击对电力系统设备的损害以及防止静电危害等方面都有重要作用。

接地的种类很多，常见的有如下五种。

1. 工作接地

这种接地方式在防止电网中性点积累静电而引起的局部过电压、防止电网意外跳闸、提高电力系统供电可靠性等方面都有十分重要的作用。

2. 保护接地

这是一种技术上的安全措施，应用十分广泛。无论是电流还是静电，无论是交流还是直流，无论是高压还是低压，都经常采取该种接地措施，以保障人生和设备的安全。

3. 防雷接地

主要应用在避雷针、避雷器、防雷间隙等装置的接地中。在系统遭受雷击时，防雷接地将雷电流向大地泄放，从而限制防雷装置对地电压不致过高。

4. 重复接地

重复接地是在中性点直接接地的保护接零系统中，除变压器中性点接地外，将相隔一定距离的各个电器设备外壳对大地作良好的接触，从而防止保护零线断线而造成保护系统失灵现象发生的方法。

5. 防静电接地

将设备某一部分与大地作良好的接触，从而消除设备所带的静电。

二、电力系统的防雷措施

发电厂、变电站受到的雷电危害主要来自两个方面：一是直接雷击发电厂、变电站的电气设备；二是雷电感应产生的高电压波沿输电线路侵入发电厂、变电站的电气设备。对于防止直接雷击的破坏，发电厂、变电站一般采用安装避雷针或避雷线保护。对于沿输电线路侵入，发电厂、变电站主要靠合理配置避雷器，并在距变电站 1～2km 的线路段加装辅助保护措施，以限制通过避雷器的雷电流幅值和降低雷电压的陡度。

发电厂、变电站主要采用的防雷措施有以下几种。

1. 对直击雷的防护

装设避雷针是直击雷防护的主要措施，避雷针是保护电气设备、建筑物不受直接雷击的雷电接受器。它将雷吸引到自己的身上，并安全导入地中，从而保护了附近绝缘水平比它低的设备免遭雷击。

装设避雷针时对于 35kV 变电站必须装有独立的避雷针，并满足不发生反击的要求；对于 110kV 及以上的变电站，由于此类电压等级配电装置的绝缘水平较高，可以将避雷针直接装设在配电装置的架构上，因此，雷击避雷针所产生的高电位不会造成电气设备的反击事故。同时，变电站的接地网一般都要严格按照《交流电气装置的接地》(DL/T 621—1997) 设计，接地网的型式、工频接地电阻、跨步电压和接触电势都符合规程要求，满足雷电流的泄散和电气设备短路时的短路电流的泄散。

变电站装设避雷针的原则：所有被保护设备均应处于避雷针（线）的保护范围之内，以免遭受雷击。当雷击避雷针时，避雷针对地面的电位可能很高，如它们与被保护电气设备之间的绝缘距离不够，就有可能在避雷针遭受雷击后，使避雷针与被保护设备之间发生放电现象，这种现象称为反击。此时避雷针仍能将雷电波的高电位加至被保护的电气设备上，造成事故。不发生反击事故的避雷针与电气设备之间的距离称为避雷针与电气设备之间防雷最小距离。

2. 对侵入波的防护

变电站对侵入波防护的主要措施是在其进线上装设阀型避雷器。阀型避雷器的基本元件为火花间隙和非线性电阻，目前，FS 系列阀型避雷器为火花间隙和非线性电阻，其主要用来保护小容量的配电装置；SFZ 系列阀型避雷器，主要用来保护中等及大容量变电站的电气设备；FCZ1 系列磁吹阀型避雷器，主要用来保护变电站的高压电气设备。

3. 线路的防护

对变电站进线实施防雷保护，其目的就是限制流经避雷器的雷电电流幅值和雷电波的陡度。当线路上出现过电压时，将有行波沿导线向变电站运动，其幅值为线路绝缘的 50%冲击闪络电压，线路的冲击耐压比变电站设备的冲击耐压要高很多。

因此，在靠近变电站的进线上加装避雷线是防雷的主要措施。如果没架设避雷线，当靠近变电站的进线上遭受雷击时，流经避雷器的雷电电流幅值可超过 5kA，且其陡度也会超过允许值，势必会对线路造成破坏。

4. 变压器的防护

变压器的基本保护措施是靠近变压器安装避雷器，这样可以防止线路侵入的雷电波损坏绝缘。

装设避雷器时，要尽量靠近变压器，并尽量减少连线的长度，以便减少雷电电流在连接线上的压降。同时，避雷器的接线应与变压器的金属外壳及低压侧中性点连接在一起，这样，当侵入波使避雷器动作时，作用在高压侧主绝缘上的电压就只剩下避雷器的残压了（不包括接地电阻上的电压压降），就减少了雷电对变压器破坏的机会。

5. 防雷接地

变电站防雷保护满足要求以后，还要根据安全和工作接地的要求敷设一个统一的接地网，然后避雷针和避雷器下面增加接地体以满足防雷的要求，或者在防雷装置下敷设单独的接地体。

三、电力系统防雷装置

防雷与接地是统一的，两者缺一不可。只要通过合理配置，使之融为一体，就能有效确保系统的稳定工作，从而发挥出系统防护工作的最佳效果。

1. 避雷针

避雷针是防直接雷击的有效装置。它的作用是将雷电吸引到自身并泄放入地中。从而保护其附近的建筑物、构筑物和电气设备等免遭雷击。

避雷针的保护原理是：当雷云中的先导放电向地面发展，距离地面一定高度时，避雷针能使先导通道所产生的电场发生畸变。此时，最大电场强度的方向将出现在从雷电先导到避雷针顶端（接闪器）的连线上。致使雷云中的电荷被吸引到避雷针，并安全泄放入地。

2. 避雷线

避雷线是由悬挂在被保护物上空的镀锌钢绞线、接地引下线和接地体组成。避雷线的保护原理与避雷针基本相同，但因其对雷云与大地之间电场畸变的影响比避雷针小，所以避雷线的引雷作用和保护宽度也比避雷针小。避雷线主要用于输电线路的防雷保护。但近年来也用于保护发电厂和变电站（所），如有的国家采用避雷线构成架空地网保护 500kV 变电站。

3. 避雷带和避雷网

根据长期经验证明，雷击建筑物有一定规律，最可能遭到雷击的地方是屋脊、屋檐及房屋两侧的山墙；若为平顶屋面，则为屋顶四边缘及四角处。所以在建筑物的这些容易受雷击的部位安装避雷带（即接闪器），并通过接地引下线与埋入地中的接地体相连，就能起到防雷保护的效果。采用避雷带保护时，屋面上任何一点距避雷带的距离不应大于10m。若屋顶面宽度超过20m时，应增加避雷带或用避雷带纵横连接构成避雷网（即网状接闪器），则保护效果会更好。

避雷带多采用截面积不小于12mm×4mm的镀锌扁钢或直径不小于8mm的镀锌圆钢。而由避雷带构成的避雷网。对于钢筋混凝土建筑物也可利用建筑物自身各部分混凝土内的钢筋，按防雷保护规范要求相互连接构成其防雷装置。

避雷带、避雷网与避雷针及避雷线一样可用于直击雷防护。

4. 避雷器

避雷器是用来限制沿输电线路侵入的雷电过电压（或因操作引起的内过电压）的一种保护设备。避雷器的保护原理与避雷针（或避雷线、带、网）不同，避雷器实质上是一种放电器，把它与被保护设备并联，并在被保护设备的电源侧，一旦沿线路侵入的雷电过电压作用在避雷器上，并超过其放电电压值，则避雷器立刻先行放电，从而限制了雷电过电压的发展，保护了与其并联的电气设备免遭过电压击穿绝缘的危险。

四、常用避雷器

目前应用的避雷器类型主要有保护间隙、管型避雷器、普通阀型避雷器、磁吹避雷器、氧化锌避雷器和复合外套氧化锌避雷器。以下分别介绍这几种类型避雷器的结构、特点及使用场合。

1. 保护间隙

保护间隙是一种最简单的限制过电压的设备。间隙的放电电压低于被保护设备绝缘的击穿电压，所以把它与被保护设备并联，一旦设备上出现危及绝缘的过电压，间隙就会先击穿放电，从而保护了设备。

保护间隙的优点是简单、价廉、容易制作。缺点是灭弧能力低，只能用于熄灭中性点不接地系统中较小的单相接地电容电流，因此，在我国多用于3～10kV及以下的配电网中。

2. 管型避雷器

管型避雷器也称为排气式避雷器，它是在保护间隙的基础上加以改进发展而成的。

管型避雷器的缺点是：伏安特性太陡，分散性太大，难于和被保护设备的绝缘相配合；放电间隙击穿后，使工作母线直接接地，形成幅值很高的冲击截波，危及变压器的绝缘；另外，运行维护较麻烦。所以，目前管型避雷器只用于输电线路个别地段的防雷保护，如变电站进线段和大跨越交叉挡距等处。

3. 普通阀型避雷器

普通阀型避雷器是由组装在密封瓷套管中的若干个火花间隙和多个非线性电阻片串联构成。火花间隙具有平坦的伏秒特性和较强的熄弧能力，非线性电阻可避免截波并有低的残压。这些优点给保护电力变压器的绝缘提供了良好条件。因此，在电力系统中普通阀型避雷器被广泛采用。其中FS型普通阀型避雷器的火花间隙没有分路电阻，并且阀片较小，多适用于保护配电变压器和电缆头等；而FZ型普通阀型避雷器火花间隙有分路电阻，阀片较大，用于保护大型变电站的电气设备和变压器。总之，FS和FZ型多适用于220kV及以下电压级的雷电冲击过电压保护。

4. 磁吹避雷器

磁吹避雷器也是一种阀型避雷器，也称为磁吹阀型避雷器。磁吹避雷器比普通阀型避雷器具有更强的灭弧性能和通流容量。这主要因为磁吹避雷器的火花间隙利用磁场对电弧的电动力，以旋转或拉长电弧的方式，迫使间隙中的电弧加速运动，使间隙的去游离作用增强，从而提高了灭弧能力。

电弧旋转式磁吹间隙多用于电压较低的磁吹避雷器，如保护旋转电机用的FCD型避雷器。电弧拉长式磁吹避雷器多用于35kV及以上电力系统中，如保护变电站用FCZ型磁吹避雷器。

磁吹避雷器的原理与结构与普通阀型避雷器基本相同，所不同的是间隙之间串入了磁吹线圈（见图27-1）。

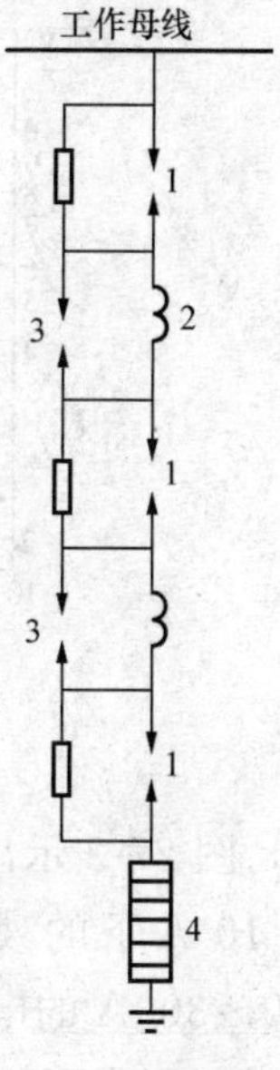

图27-1 磁吹避雷器的原理电路

1—主间隙；2—磁吹线圈；3—辅助间隙；4—阀片

为了避免等值频率很高的雷电冲击电流在线圈电抗下产生电压降，从而增加避雷器的残压，又在磁吹线圈上并接一个辅助间隙3，利用冲击电流在磁吹线圈上产生的电压，使辅助间隙击穿，磁吹线圈被短接。于是雷电放电电流通过主间隙1→辅助间隙3→主间隙1→辅助间隙3→主间隙1→阀片4→入地。泄放雷电流与无磁吹线圈的普通阀型避雷器一样。当转入工频续流通过时，磁吹线圈上的压降很低，不能维持辅助间隙击穿放电，电流则通过线圈2，并产生磁吹效应，熄灭工频续流。

为了适应磁吹间隙能切断较大工频续流并降低避雷器的残压，磁吹避雷器采用了通流容量较大的阀片。阀片的材料与普通阀型避雷器一样，但焙烧温度不同，为1350～1390℃的高温条件，故又称为高温阀片。其通流容量：20/40μs波为10kA，2000μs方波为800～1000A（各20次）。不易受潮，非线性系数α约为0.24。

5. 氧化锌（ZnO）避雷器

氧化锌避雷器是20世纪60年代末、70年代初研制成功的氧化锌非线性电阻片及电力用氧化锌避雷器。氧化锌非线性电阻片是以氧化锌为主要成分，添加微量的三氧化二铋、三氧化二钴、二氧化锰、三氧化二锑等金属氧化物，经过成形、烧结、表面处理等工艺过程而制成。由于氧化锌电阻片具有非常优异的非线性伏安特性，如图27-2所示，它在过电压下电阻很小，残压很低；而在正常工作电压下其电阻很高，相当于一个绝缘体，故可以取消火化间隙，实现避雷器无间隙、无续流（实际上续流很小，为微安级），而且其体积小，造价低，在越来越广的过电压防护中氧化锌避雷器可取代有间隙的碳化硅避雷器。

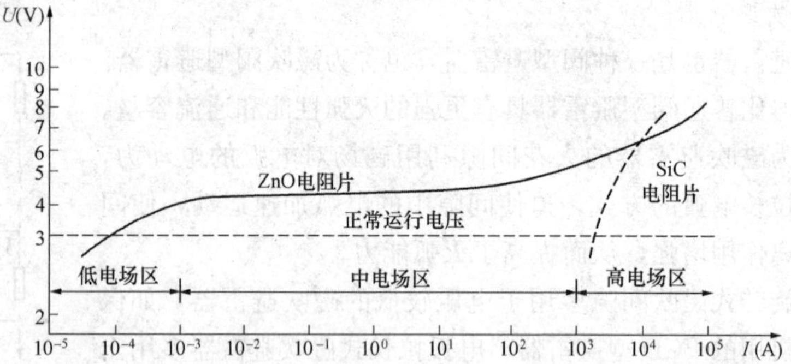

图27-2　氧化锌电阻片的伏安特性

图27-2示出了氧化锌阀片与碳化硅阀片的伏安特性。从两者对比可知，当$I=10^4$A下的残压两者相同。而在系统相电压作用下碳化硅阀片流过幅值为200～300A的电流，氧化锌阀片流过的电流却在10～50μA。所以氧化锌避雷器可以不用串联火花间隙，直接并联在电网上，在冲击电压过后工频电压作用下无续流。

将碳化硅（SiC）电阻片加串联火花间隙组成的传统避雷器与新型的氧化锌避雷器比较，后者具有以下优点。

（1）不用串联火花间隙，可使结构简单，体积减小；也不存在因外瓷套污秽，火花间隙放电电压不稳的问题，故抗污性强。

（2）没有火花间隙放电时延问题，其陡波响应特性优于碳化硅避雷器（见图27-3），提高了对设备保护的可靠性。

（3）在雷电过电压下动作后无续流（只有微安级电流），所以引入的能量大大减少，具有耐受多重雷击和重复操作冲击过电压的能力，工作寿命长。

（4）氧化锌电阻片单位面积通流容量大，为碳化硅电阻片的4～5倍，可用来限制操作过电压和耐受一定时间的暂态过电压。

（5）氧化锌电阻阀片残压特性分散性小，电流分布特性均匀，又无间隙烧伤问题。故可采用阀片或整个避雷器并联方法得到所需通流容量，设计制造重载避雷器，以便保护大电容器组或长电缆系统。

（6）氧化锌阀片与碳化硅阀片在 10kA 雷电流下残压相同，但因前者在整个过程中都有电流流过，后者只在火花间隙放电后才有电流流过，为此氧化锌阀片抑制了过电压的发展，降低了作用在电气设备上的雷电过电压幅值（见图 27-4）。

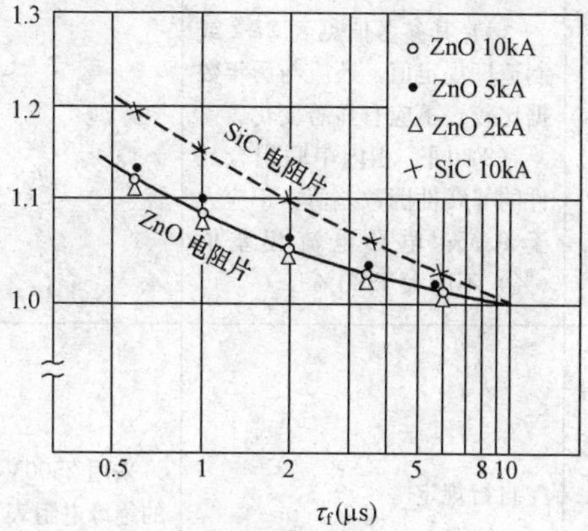

图 27-3　氧化锌避雷器的陡波相应特性

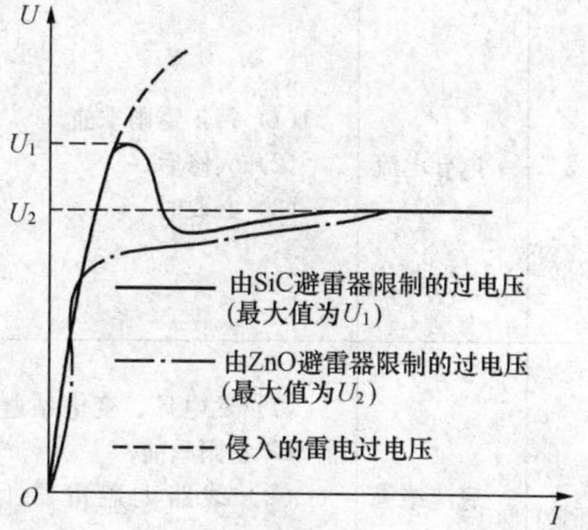

图 27-4　氧化锌避雷器的保护效果

（7）氧化锌阀片性能稳定，当装入六氟化硫（SF_6）组合电器里时，不存在因 SF_6 气压变化引起电压变动和间隙中电弧引起 SF_6 分解问题。

（8）氧化锌电阻片适于批量生产，造价低廉，尺寸小，节省投资和占地空间。

（9）由于氧化锌避雷器具有一系列优点，故其发展潜力很大，是目前世界上避雷器发展的主要方向。

（10）氧化锌避雷器没有火花间隙，因此，不存在所谓的工频放电电压和冲击电压等特性。

第二节　避 雷 器 试 验

一、阀式避雷器的试验

目前，随着金属氧化物避雷器的大量应用，普通阀式避雷器已逐渐趋于淘汰。但是在水电厂的防过电压设施中，还大量存在着磁吹阀式避雷器，其基本分类为 FCZ 型（变电站用）和 FCD 型（旋转电机用）。

磁吹阀式避雷器的试验项目、周期和要求见表 27-1。

表 27-1　　磁吹阀式避雷器的试验项目、周期和要求

序号	项　目	周　　期	要　求	说　明
1	绝缘电阻	（1）发电厂、变电所避雷器每年雷雨季前。 （2）线路上避雷器1～3年。 （3）大修后。 （4）必要时	FCZ和FCD型避雷器的绝缘电阻自行规定，但与前一次或同类型的测量数据进行比较，不应有显著变化	（1）采用2500V及以上绝缘电阻表。 （2）FCZ和FCD型主要检查并联电阻通断和接触情况
2	电导电流	（1）每年雷雨季前。 （2）大修后。 （3）必要时	（1）其参考值见表27-2或制造厂规定值，还应与历年数据比较，不应有显著变化。 （2）同一相内串联组合元件的非线性因数差值，不应大于0.05；电导电流相差值（%）不应大于30%	
3	底座绝缘电阻	（1）发电厂、变电站避雷器每年雷雨季前。 （2）线路上避雷器1～3年。 （3）大修后。 （4）必要时	自行规定	采用2500V及以上的绝缘电阻表
4	检查放电计数器的动作情况	（1）发电厂、变电站内避雷器每年雷雨季前。 （2）线路上避雷器1～3年。 （3）大修后。 （4）必要时	测试3～5次，均应正常动作，测试后计数器指示应调到“0”	
5	检查密封情况	（1）大修后。 （2）必要时	避雷器内腔抽真空至（300～400）×133Pa后，在5min内其内部气压的增加不应超过100Pa	

1. 绝缘电阻试验

对FCD、FCZ型避雷器，测量绝缘电阻不仅可以检查内部受潮、瓷套裂纹，还可以检查并联电阻接触是否良好、是否老化变质或断裂。测量前应检查瓷套有无外伤，测量时应用2500V绝缘电阻表。

当天气潮湿时，瓷套表面对泄漏电流的影响较大，应用干净的布把瓷套表面擦

净，并用金属丝在下端瓷套的第一裙下部绕一圈再接到绝缘电阻表的屏蔽接线柱，以消除其影响。

2. 测量电导电流

在避雷器两端施加一定的直流电压时，流过避雷器本体的电流称为避雷器的电导电流。电导电流使用直流高压发生器进行测量，电导电流的测量可以检查避雷器是否受潮，并联电阻是否老化、断裂、接触不良。测得的电导电流须在规定的范围内。超出范围的电导电流，若明显偏大，则表明避雷器内部受潮，并联电阻劣化；若明显偏小，则可能是并联电阻断裂或接触不良。

测量电导电流时施加直流试验电压及电导电流值允许范围，如表 27-2 所示。

表 27-2　　FCD、FCZ 型避雷器电导电流值

避雷器型号	试验电压（kV）					电导电流（μA）
FCD	额定电压	6	10	13.2	15	FCD1、FCD3 不超过 10，FCD2 为 5～20，FCD 为 50～100
	试验电压	6	10	13.2	15	
FCZ3-35	50（海拔 4000m 以及上为 60）					250～400
FCZ3-110J	110					250～400
FCZ3-220J	110					250～400

对于多元件串联组成的 FCZ 型避雷器（110kV 及以上），还应测量每个元件的非线性因数 α，并计算出串联元件中两个元件的非线性因数 α 的差值。非线性系数 α 是考核阀片非线性的一个参数，若同一相内 $\Delta\alpha$ 超过 0.05，则各元件在运行电压下承受电压极可能不均匀，将严重影响避雷器的灭弧性能。

$$\alpha = \lg\frac{U_2}{U_1}/\lg\frac{I_2}{I_1} = \lg 2/\lg\frac{I_2}{I_1} = \frac{0.3010}{\lg I_2/I_1} \tag{27-1}$$

$$\Delta\alpha = \alpha_1 - \alpha_2 \tag{27-2}$$

式中　U_1、U_2——50%规定电压值（半压）及规定试验电压值（全压）值；

I_1、I_2——半压及全压下电导电流值；

α_1、α_2——一般选用同一相内最大和最小的非线性因数 α 值。

另外，同一相内串联元件的电导电流相差值不应大于 30%。同一相内最大的电导电流与最小的电导电流（均对应全压下）之差与最大值之比，即电导电流相差值。计算公式为

$$\Delta I\% = \frac{I_{max} - I_{min}}{I_{max}} \times 100\% \tag{27-3}$$

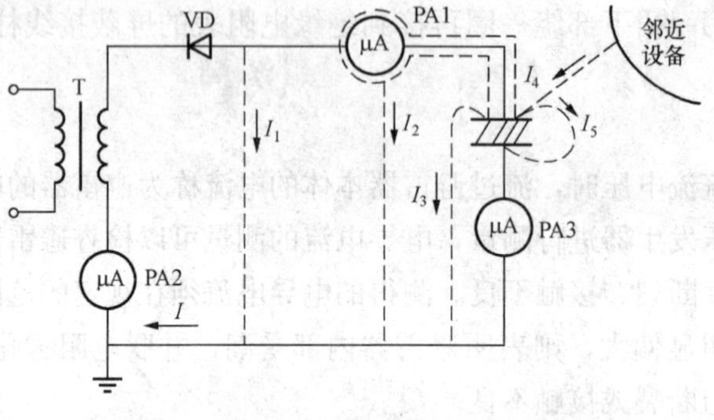

图 27-5　高压引线对地杂散电流及表面泄漏电流示意图

在对电压等级为 110kV 及以上的 FCZ 型磁吹避雷器进行电导电流测量时，由于其施加电压较高，微安表最好接在避雷器低压端进行测量（见图 27-5 中的 PA3 位置），并对避雷器瓷套表面电流进行屏蔽，以克服部分高压引线杂散电流及高场强对微安表的各种影响。

表 27-3 示出了对某变电站一组 FCZ2-110JN 型避雷器进行测量，微安表不同接线位置时的试验结果。

表 27-3　　　　微安表不同位置时的试验结果

微安表位置	电导电流（μA）			
	A 相	B 相	C 相	
高压端	720	730	750	
低压端	610	660	加屏蔽	不加屏蔽
			620	650

3. 避雷器底座绝缘测量

避雷器底部的基座一般是一个绝缘的瓷柱，基座上一般并联有放电记数器。基座起对地绝缘作用。当雷电流通过避雷器时，放电记数器动作，为分析过电压及避雷器动作情况积累数据。对避雷器基座要求用 2500V 绝缘电阻表测量绝缘电阻，该绝缘电阻值各单位自行规定，如某水电厂规定其数值在 2MΩ 以上即可。

运行中曾发现由于避雷器基座内部进水受潮使避雷器放电记数器不能正常工作的情况；某变电站因为基座内部积水，在冬天结冰使瓷套胀破，致使一相 FZ-110kV 型避雷器倒塌，并使变电站 110kV 母线发生短路的停电事故。

二、氧化锌避雷器的试验

金属氧化物避雷器（MOA）的试验项目、周期和要求见表 27-4。其阀片绝缘电阻及底座绝缘电阻测量方法及注意事项同阀式避雷器，不再累述。

1. 直流 1mA 下电压及 75%该电压下泄漏电流测量

测量其直流电压 U_{1mA} 及 75% U_{1mA} 电压下的泄漏电流，是为了检查 MOA 阀片的非线性特性及绝缘性能。

表 27-4　　　金属氧化物避雷器的试验项目、周期和要求

序号	项　目	周　期	要　求	说　明
1	绝缘电阻	(1) 发电厂、变电站避雷器每年雷雨季节前。 (2) 必要时	(1) 35kV 以上，不低于 2500MΩ。 (2) 35kV 及以下，不低于 1000MΩ	采用 2500V 及以上绝缘电阻表
2	直流 1mA 电压 (U_{1mA}) 及 $0.75U_{1mA}$ 下的泄漏电流	(1) 发电厂、变电站避雷器每年雷雨季节前。 (2) 必要时	(1) 不得低于 GB11032 规定值。 (2) U_{1mA}实测值与初始值或制造厂规定值比较，变化不应大于±5%。 (3) $0.75U_{1mA}$下的泄漏电流不应大于 50μA	(1) 要记录试验时的环境温度和相对湿度。 (2) 测量电流的导线应使用屏蔽线。 (3) 初始值是指交接试验或投产试验时的测量值
3	运行电压下的交流泄漏电流	(1) 新投运的 110kV 及以上者投运 3 个月后测量 1 次；以后每半年 1 次；运行 1 年后，每年雷雨季节前 1 次。 (2) 必要时	测量运行电压下的全电流、阻性电流或功率损耗，测量值与初始值比较，有明显变化时应加强监测，当阻性电流增加 1 倍时，应停电检查	应记录测量时的环境温度、相对湿度和运行电压。测量宜在瓷套表面干燥时进行。应注意相间干扰的影响
4	工频参考电流下的工频参考电压	必要时	应符合 GB11032 或制造厂规定	(1) 测量环境温度为 20℃±15℃。 (2) 测量应每节单独进行，整相避雷器有一节不合格，应更换该节避雷器（或整相更换），使该相避雷器为合格
5	底座绝缘电阻	(1) 发电厂、变电站避雷器每年雷雨季节前。 (2) 必要时	自行规定	采用 2500V 及以上绝缘电阻表
6	检查放电计数器动作情况	(1) 发电厂、变电站避雷器每年雷雨季节前。 (2) 必要时	测试 3～5 次，均应正常动作，测试后计数器指示应调到"0"	

U_{1mA}为试品通过 1mA 直流时被试避雷器两端的电压值。U_{1mA}与初始值比较，变化应不大于±5%，$0.75U_{1mA}$电压下的泄漏电流应不大于 50μA。也就是说，在电压降低 25%时，合格的 MOA 的泄漏电流大幅度降低，从 1000μA 降至 50μA 以下。

若U_{1mA}电压下降或0.75U_{1mA}下泄漏电流明显增大，就可能是避雷器阀片受潮老化或瓷质有裂纹。测量时，为防止表面泄漏电流的影响，应将瓷套表面擦净或加屏蔽措施，并注意气候的影响。

测量MOA的U_{1mA}及75%U_{1mA}电压下泄漏电流的试验接线同阀式避雷器电导电流测量接线。

试验中应注意的问题：①试验必须与地绝缘，外表面应加屏蔽，屏蔽线要封口；②试品底部绝缘应保持干燥；③加压线应与避雷器及其他试验线的夹角保持在90℃左右，以最大限度地减小加压线自身的泄漏电流；④直流电压发生器应单独接地，以免操作箱带电伤害试验人员；⑤现场测量应注意场地屏蔽。

值得指出的是，有些新型MOA（如PDV-100型）只要求测量5mA或具体某mA下的直流电压，而不是U_{1mA}及75%U_{1mA}电压下的泄漏电流，但其测量目的及试验方法仍和后者一样，这里不再赘述。

2. 运行电压下的交流泄漏电流测量

多年来的现场检测表明：密封不严和装配过程中避雷器内部元件受潮是MOA发生故障的主要原因。当MOA阀片受潮或老化时，阻性电流幅值增加很快，因此监测阻性电流可以有效地监测避雷器绝缘状况。当泄漏电流有功分量增加到2倍初始值时，应停电进行检查。国内有些单位自己制定了某些判断标准，如有的单位规定当500kV MOA的阻性电流峰值超过0.3mA或测量值较初始值有明显增加时，应进行停电试验，以判断绝缘优劣。

目前，国内有很多厂家生产MOA带电测试仪，传统的试验方法需从TV处或试验变压器测量端取参考电压，典型仪器是LCD-4型避雷器检测仪，其原理如图27-6所示。此时一定要仔细检查接线，并正确使用隔离变压器，以避免TV二次

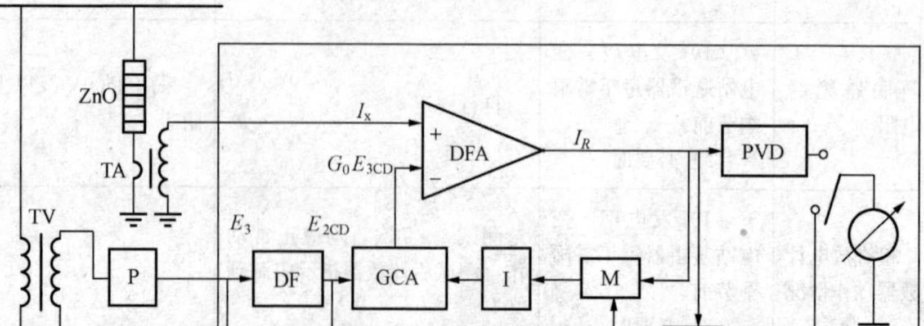

图27-6 LCD-4型避雷器泄漏电流测试仪原理图

P—光电隔离器；TA—钳型电流互感器；M—乘法器；DFA—差动放大器；
I—积分器；GCA—可控增益放大器；DF—微分移相电路；PVD—峰值测量电路

或试验电压短路。具体接线及操作见仪器说明书。

还有些新型仪器无需从 TV 处取参考电压，同样可以测取氧化锌避雷器总电流 I_x、容性电流 I_C、各次谐波电流、阻性电流 I_R 及有功损耗 P_x 等参数。典型仪器有挪威的 LCM 型避雷器泄漏电流测试仪，其原理框图如图 27-7 所示。具体接线及操作按仪器的说明书进行即可。

避雷器瓷套表面污秽将引起 MOA 总电流 I_x、阻性电流 I_R 及有功损耗 P_x 的普遍增大，环境温度、湿度对测量结果有较大影响。试验时应注意设法去除这方面的干扰。

MOA 运行时进行泄漏电流测试，还容易受到电场干扰、磁场干扰、相间干扰、系统电压波动及高次谐波的影响。电场干扰与避雷器电压等级、空间布置有关，但有规律可循。对于某一特定位置的避雷器，一旦设备安装就位，其干扰就相对固定，干扰量一般不变。环境条件的影响也是有规律的周期性变化，必要时可参照有关文献进行修正。

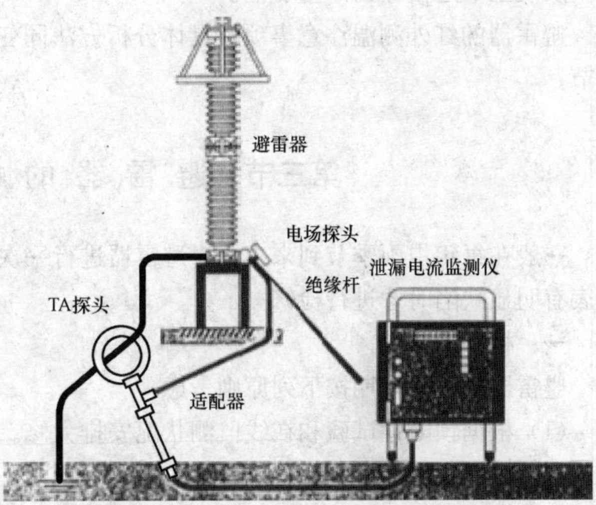

图 27-7　LCM 型避雷器泄漏电流测试仪原理图

在现场测试中，可以对避雷器的泄漏电流进行纵向比较，找出历次变化规律，也可以进行三相间横向比较，使三相泄漏电流的差别小于一定的范围。为了排除测量过程中母线电压瞬时波动的影响，测量时可按 A-B-C-A 的顺序进行。如 A 相电流前后 2 次测量变化不大，即可忽略母线电压波动的影响。

值得指出的是，国内已有部分单位开始采用在线监测装置，对 MOA 泄漏电流进行实时在线监测。如何从容性电流为主的总电流中分离出微弱的阻性电流仍是其主要的关键技术。MOA 泄漏电流在线监测的相关内容，将在下节进行探讨。

三、避雷器的红外测温

避雷器不论是磁吹避雷器还是金属氧化物避雷器，在正常情况下运行时都有轻微的发热元件，前者是间隙并联电阻，后者是氧化锌元件本身发热。因为发热量不大，在户外自然冷却条件下，避雷器本身温升很小，热场分布均匀。同一相设备的温度相当均匀或上下两端温度偏低，而中部稍高，最大温差仅在 1K 以内。当避雷器内部有缺陷时，如受潮、元件老化或并联电阻断裂等，避雷器整体的热像会出现变异，热场温度出现不均匀，故障相的避雷器温差增大，局部温升显著升高。

例如，某变电站在对一组 FCZ3-220J 型磁吹避雷器进行红外测温时，发现 B 相上节温度偏高达 33.2℃，下节和环境温度相近为 9℃，温度分布极不均匀。停电检查发现上节避雷器已严重受潮。

避雷器的红外测温注意事项及具体分析方法同变压器，具体可参见第二篇相关章节。

第三节 避雷器的检修

一般在每年雷雨季节到来之前对避雷器进行一次预防性试验，发现质量不良或外表有明显缺陷时才进行检修。

一、检修周期

避雷器的检修周期按下列原则考虑：

(1) 根据预防性试验和在线监测状况安排大修。

(2) 结合预防性试验进行小修。

二、解体检修

阀型避雷器解体检修程序，氧化锌的也可参考。

1. 修前试验

项目有绝缘电阻测量、直流电导电流试验、工频放电电压试验。

2. 解体

拆围屏、检查元器件，烘烤、更换、修复损坏的元器件，更换密封。

3. 处理

(1) 阀片胶合。对按规定残压配组的阀片进行编号，每 2～3 片胶合成一柱。

(2) 阀片烘干。胶合好的阀片送入温度为 60～100℃ 的烘箱（房）内干燥 4h。

(3) 间隙组装配。瓷环用硼酸水清洗、烘干，间隙组应始终保持垂直位置，均压电阻并联在间隙组旁，电阻必须与瓷环抱紧，上下连接片的爪套入瓷环内。

(4) 其他部件处理。

1) 将密封橡皮圈浸渍绝缘清漆，晾干 8～24h。

2) 将瓷套擦净后放在 60～70℃ 浓度为 0.2%～0.3%的硼酸液内浸洗，再用热水冲洗干净并干燥处理。

4. 装配

(1) 将瓷套按伞形倒置，在端面上放置密封橡皮圈，装好外部密封盖。

（2）翻正瓷套，依次装入阀片、间隙、压紧弹簧、密封橡皮，装好上部密封盖。

5. 充氮密封

（1）抽真空检查密封，避雷器内部在真空状态下停留 20min，观察有无密封不良现象为合格。

（2）充氮：继续抽真空状态下充入高纯度氮气至 140kPa，再抽真空后充氮，封闭抽气孔，依次放入橡皮塞、铜垫片，上紧螺栓，最后涂密封胶。

6. 修后试验

试验合格后，复引，工作结束。

三、常见故障及其处理

1. 受潮及处理

磁吹及氧化锌避雷器受潮及其处理见表 27-5。

表 27-5　　FZ 系列及氧化锌避雷器受潮及处理

序号	受潮原因	处理方法
1	密封小孔未焊牢引起潮气进入	密封试验后，焊牢小孔，仔细检查焊口防止虚焊
2	密封垫圈老化开裂，失去密封作用	更换密封垫圈
3	瓷套与法兰胶合处不平整或瓷套有裂纹	可采用加厚密封垫圈办法来调整或重新胶合，瓷套有裂纹应予调换
4	上下密封底板位置不正，四周密封螺栓受力不均匀或松动，使底部撬裂引起空隙，或密封垫圈位置不正	在检修复装时，注意橡皮垫圈位置，在旋紧底板时防止垫圈位移，四周密封螺栓均匀旋紧，底板歪斜过度应平正处理后复装
5	瓷套顶部密封用的螺栓垫圈未焊死或长期运行后垫圈老化开裂，潮气水分沿螺栓渗入内腔	拆下螺栓，将螺栓和垫圈焊死，并更换已老化的橡皮垫圈
6	顶部紧固用的螺母在安装时被旋松，引起顶部漏水	瓷套顶部螺杆上应配有 3 只螺母，最下一只旋紧后涂上堵漏胶

2. 工频放电电压不合格及处理

避雷器工频放电电压不合格处理见表 27-6。

3. 电导电流不合格及处理

电导电流不合格原因分析及处理见表 27-7。

表 27-6　　避雷器工频放电电压不合格的处理

<table>
<tr><th>故障类型</th><th colspan="2">原　因</th><th>处 理 方 法</th></tr>
<tr><td rowspan="4">放电电压偏高</td><td rowspan="2">内部间隙位移</td><td>压紧弹簧松弛，搬运时使内部间隙产生位移</td><td>（1）调换弹簧，增加压力。
（2）用金属管或经短接的阀片填高使压力增加</td></tr>
<tr><td>固定内部间隙用的小瓷套破碎使间隙电极位移</td><td>更换良好的小瓷套，并重新调整间隙工频放电电压值</td></tr>
<tr><td colspan="2">黏合的云母垫圈因受潮膨胀使间隙增大</td><td>（1）更换云母垫圈。
（2）将电极与云母片干燥处理重新黏合</td></tr>
<tr><td colspan="2">制造厂未控制工频放电电压上限值</td><td>重新测量单个火花间隙的工频放电电压，对偏高者进行调整</td></tr>
<tr><td rowspan="6">放电电压偏低</td><td colspan="2">潮气使电极腐蚀生成残留物；绝缘垫圈及固定间隙用小瓷套绝缘下降，使电压分布不均匀</td><td>清洗间隙电极、烘干绝缘垫圈及瓷套等内部构件，重新调整工频放电电压</td></tr>
<tr><td colspan="2">避雷器多次动作放电使电极灼伤产生毛刺</td><td>调换严重灼伤的电极，一般灼伤的用（0 号或 00 号）砂纸，砂平毛刺并重新调整间隙及工频电压</td></tr>
<tr><td colspan="2">组装不当，使部分间隙被短接</td><td>重新组装并测量间隙工频电压</td></tr>
<tr><td colspan="2">密封抽气后，未放进足量气体使瓷套内部气压低于正常气压</td><td>抽气密封试验后，过 5min 再放进足量的干燥空气后封小孔</td></tr>
<tr><td colspan="2">弹簧压力过大，使小瓷套破碎、间隙变形、距离缩小</td><td>更换压力适当的弹簧及破碎小瓷套，重新调整间隙</td></tr>
<tr><td colspan="2">避雷器内各对非线性分路电阻不均匀或变质，造成各对间隙上的电压分布不均匀</td><td>更换不合格的封路电阻并重新调整</td></tr>
</table>

表 27-7　　电导电流不合格原因分析及处理方法

序号	原　因	处 理 方 法
1	分路电阻老化、变质	测试分路电阻，更换不合格者
2	运输、搬运不当或安装不慎将分路电阻断裂	更换断裂的分路电阻
3	铆接松脱、接触不良或胶合处接触不良	重新铆接
4	分路电阻受潮	进行烘燥后重新组合

4. 阀片损坏及处理

阀片损坏原因分析及处理见表 27-8。

表 27-8　　阀片损坏原因及处理方法

序号	损坏原因	处理方法
1	阀片受潮后表面呈白色氧化物	将阀片进行干燥处理测量残压后重新组合使用
2	制造不良或内过电压下经常动作造成阀片上出现放电黑点或贯穿性小孔	更换有贯穿性小孔的阀片；测量有黑点阀片的残压，更换不合格者
3	装配、运输冲击致阀片碰撞使釉脱落损坏	更换损坏的阀片

第四节　氧化锌避雷器的在线监测

一、氧化锌避雷器的等值电路

MOA 主要由氧化锌阀片组成，其等值电路如图 27-8 所示。

在该等值电路中，R_c 表示氧化锌阀片晶粒电阻，在冲击大电流下才起作用；C 为氧化锌阀片的电荷电容及位移极化电容之和，为氧化锌阀片的固有电容；R 表示氧化锌阀片的泄漏电阻。

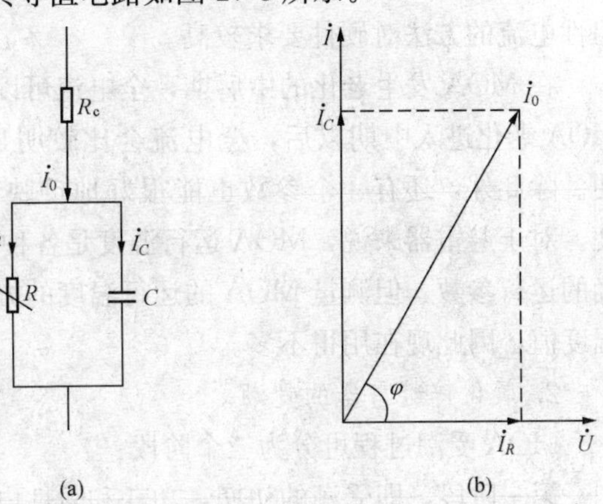

图 27-8　MOA 阀片等值电路及电流矢量分析

(a) 等值电路；(b) 电流矢量分析

判断 MOA 的绝缘状况如何，通常以观察在正常运行电压下流过氧化锌阀片的阻性泄漏电流 I_R 的变化，即观察阻性泄漏电流是否增大作为判断依据。MOA 在正常运行下，I_R 只有约数十微安，占全电流的 10%～20%。

MOA 泄漏电流的阻性分量主要包括：瓷套内外表面的沿面泄漏、阀片沿面泄漏及其本身的非线性阻性分量、绝缘支撑件的泄漏等。

二、氧化锌避雷器的老化与受潮

据有关资料统计，目前 MOA 事故绝大多数是因为受潮引起的，约占总事故的 95%以上。其中密封不良导致受潮的约为 80%，由于装配前干燥不彻底而引起阀片吸潮约占 20%。此外，还有约 5%的 MOA 事故是由于阀片老化等原因造成的。大多数 MOA 取消了放电间隙，MOA 阀片长期承受工频或谐振过电压作用，其绝缘性能可能会逐渐劣化，这将引起避雷器伏安特性曲线的变化，避雷器热稳定工作点发生偏移。电阻片温度上升，又进一步加速了 MOA 阀片的老化。

在实际诊断中，MOA 的老化和受潮表征现象较为相似，因此有必要对这两种情况进行分析加以区分。

1. 氧化锌避雷器的老化

MOA 的老化一般可以分为早期老化、中期老化和后期老化。在这三个老化阶段，能够灵敏地反映 MOA 各个阶段老化状况的参数是不同的。

在 MOA 早期老化发生时，通过 MOA 的全电流将发生微小的变化，这时如果仅测量全电流，很难做出准确的判断。虽然全电流的变化微小，但是阻性电流发生较大的变化，这样在监测过程中发现阻性电流上升，说明 MOA 有可能已经开始老化。如果这种现象持续的时间较长，则基本可以确认已经进入早期老化的阶段。而阻性电流的变化又主要表现为阻性电流的三次谐波分量的上升。因此，在这个阶段的参数测量中可以测量阻性电流，功率损耗和阻性电流三次谐波分量等。不过测量阻性电流的方法对硬件要求较高。

在 MOA 发生老化的中后期，全电流可以比较好地反映出 MOA 老化状况。当 MOA 老化进入中期以后，全电流会比较明显增大，这时候采用全电流法最为简便。除此外，还有一个参数也能很好地反映 MOA 老化状况，即 MOA 的运行温度。对于避雷器来说，MOA 运行温度是各种影响因素综合作用的结果，是一个精确的运行参数，但测量 MOA 的运行温度的方法比较复杂，不容易得到比较正确的温度值，因此现在用得不多。

2. 氧化锌避雷器的受潮

MOA 受潮过程可分为三个阶段：

第一阶段，即受潮的初期，功耗和阻性电流值上升速度较快；全电流、容性电流和全电流的基波也呈上升趋势，但上升幅度相对较小；全电流的三次谐波分量在短暂的波动后即呈现明显的上升趋势。

第二阶段，潮气的侵入渐趋饱和，功耗和阻性电流值的上升势头逐渐变缓；此时全电流、容性电流和全电流的基波分量则趋于恒定；全电流的三次和五次谐波分量均有不同程度的下降，五次谐波的下降幅度似乎更大些，而且其值小于初始测量值。

第三阶段，MOA 迅速劣化，功耗、阻性电流、全电流及其各次谐波分量均有大幅度的上升，其中功耗、阻性电流和三次谐波分量的上升幅度更为剧烈，而容性电流值变化不大。

通过以上的分析，我们在实际诊断中就能较好地区分造成 MOA 运行状况变化的原因是老化还是受潮。

三、影响氧化锌避雷器在线监测的因素

由于阻性电流在全电流中占的比例很小，许多的实际因素将影响阻性电流的分

离。下面是 MOA 在线监测中遇到的主要问题。

1. 谐波电压对氧化锌避雷器在线监测的影响

谐波电压在电网中不可避免。由于谐波电压的存在，谐波电压会同基波电压同时作用在 MOA 上，由于谐波电压幅值、相位的波动，会对基波阻性电流和谐波阻性电流产生影响。谐波电压对它们的影响有多大，是否影响到 MOA 阻性电流监测的精度，这是一个需要研究的问题。

2. 相间干扰对氧化锌避雷器在线监测的影响

大量的现场试验结果证明相间干扰对 MOA 阻性电流在线监测的影响较大。

当三相 MOA 同时带电运行时，各相 MOA 之间存在杂散电容，通过相间杂散电容各相 MOA 之间就有了电气联系。即各相 MOA 不仅受到自身相电压的作用，同时还通过相间杂散电容而受到邻相电压的作用。他们之间的距离和电压等级决定了这种作用的大小，这种作用将影响到下部阻性电流的大小，这将对 MOA 阻性电流在线监测带来一定的困难。

3. 全电流信号取样对氧化锌避雷器在线监测的影响

在信号的取样上，目前通常选择相电压、全电流作为被监测状态量。电压信号从被测相 TV 二次侧取得，全电流取自 MOA 的下端。由于在正常的运行条件下全电流是一个几十至几百微安的小信号，因此 MOA 在线监测中电流信号取样的准确与否对于 MOA 在线监测至关重要。

常用的电流信号取样有两种：①利用小 TA 取得电流信号。②在泄漏电流计数器的两端取电压信号，然后除以计数器的自身的阻值得到全电流。这两种方法都有其缺陷。

(1) 利用小 TA 测取电流信号，将受到精度、灵敏度的制约，受到现场温、湿度和噪声信号的干扰作用，其测量结果和实验室理想环境下的测量结果相比有较大的偏差。

(2) 泄漏电流计数器来测取全电流信号时，往往把计数器的电阻作为常数处理，但在现场中计数器的阻值要受环境温度、湿度和动作负载因数有关，不可能保持恒定不变。

四、泄漏电流监测的主要方法

目前对 MOA 泄漏电流进行在线监测的方法有许多种，按测试原理可分为全电流法、相量补偿法、三次谐波法及基波分析法等。

1. 全电流法

全电流法就是通过仪器来监测运行中 MOA 的全泄漏电流。MOA 阀片老化或受潮时，阻性电流增加，从而全电流随之增加，可以根据这一特征来判断 MOA 的运行状况。这种方法简单，且实现方便。

但在正常的情况下，MOA 全电流的阻性分量只占容性分量的 10%左右，且两者基波相位差 90°。这使得监测到的全电流的有效值或平均值主要取决于容性电流分量，即便是阻性电流增加一倍，全电流的变化也不是太明显。因此采用监测 MOA 全电流的方法灵敏度很低，只有在严重受潮或老化严重的情况下才能表现出明显的变化，这不利于对于监测 MOA 的早期性故障的监测。

2. 相量补偿法

在正常情况下，三相交流电源的电压是对称的，其相位角互为 120°。这就使其中任何一相的相电压与另外两相的线电压自然地互为正交关系，在运行电压作用下的任何一相 MOA 泄漏电流的容性分量必然与另外两相的线电压成同相或反相关系。因此，直接利用电流与电压的相位关系能补偿消除 MOA 中容性电流分量，即可达到测试避雷器泄漏电流阻性分量的目的。采用相量补偿法的典型仪器是 LCD-4 型避雷器检测仪，其原理如图 27-6 所示。

该方法的缺点是，在测试现场，由于其他两相的电场干扰，有可能会使本相的容性电流分量与阻性分量不再呈 90°相位差，因而引起误差；另一方面，相量补偿信号时，TV 可等效成一电容分压器，所取得的补偿信号在任何频率下增益的大小相同，但实际上流过氧化锌避雷器的容性电流对于不同频率，增益不等，而是与频率成正比例。因此用 TV 取补偿信号，除存在相位差和安全性差外，还不能将其他各次容性电流谐波分离充分补偿掉。这是相量补偿法监测氧化锌避雷器泄漏电流存在的缺陷。

3. 三次谐波法

阻性全电流 I_R 与三次谐波阻性电流 I_{R3} 存在一定的比例关系，通过测量三次谐波阻性电流的大小，即可得到总的阻性电流值。这是三次谐波法的基本原理。

三次谐波监测氧化锌避雷器泄漏电流结构简单，测量方便，它无需引入电网电压信号及其他外附设备，只要用 TA 探头钳在避雷器的接地线上就可直接读取泄漏电流和阻性电流。

三次谐波补偿法具有以下特点：

(1) 受电压和电流测量中相移的影响较小。

(2) 受表面电流影响程度较小。

(3) 从诊断的有效性来看，所得信息的质量最高，操作及使用也不复杂。

(4) 从应用的经验来看，使用广泛，经验丰富。

因此它是目前较为理想的一种测试方法。

该方法的缺陷是：

(1) 不同的 ZnO 阀片，$I_R=f(I_{R3})$ 关系也会产生变化，难以保证准确的测量结果。

(2) 当母线电压含有谐波成分时，该测试方法无法排除容性三次谐波电流对测量结果的影响，而将总泄漏电流中的三次谐波分量全部看成三次谐波阻性分量，并以此推算总泄漏电流，这显然是不理想的。

与常规相量补偿法相比，三次谐波补偿法补偿效果更好。但两者都不能完全克服电网谐波对 I_R 的影响。现场试验表明，含有 5%的三次谐波时，引起的 I_R 各项值的最大变化为：平均值为 23.8%，峰值为 22.6%，这显然给准确判断氧化锌避雷器的绝缘状况带来困难。

采用三次谐波法的典型仪器有挪威的 LCM 型避雷器泄漏电流测试仪，其原理框图如图 27-6 所示。

4. 基波分析法

在正弦交流电压作用下，由于 ZnO 阀片的非线性特性而使阻性电流分量含有三次、五次谐波分量。从电路理论可知，只有同频率的电压、电流才能消耗功率，不同频率的电压、电流不会消耗功率，这是由三角函数的正交特性所决定的。由此可知，使 ZnO 阀片发热做功的仅是阻性电流 I_R 中的基波分量 I_{R1}，I_{R1} 才是 MOA 避雷器劣化的关键指标。

另外，当电网中含有谐波时，阻性电流测量值会从幅值和相位两方面受到影响。故谐波状况不同，阻性电流（峰值）的测量结果会相差甚大。而监测 I_{R1} 这一指标量，可避免谐波对测量的影响，即不论电网电压谐波含量如何，I_{R1} 总是一个定值。基波分析法的监测系统组成如图 27-9 所示。

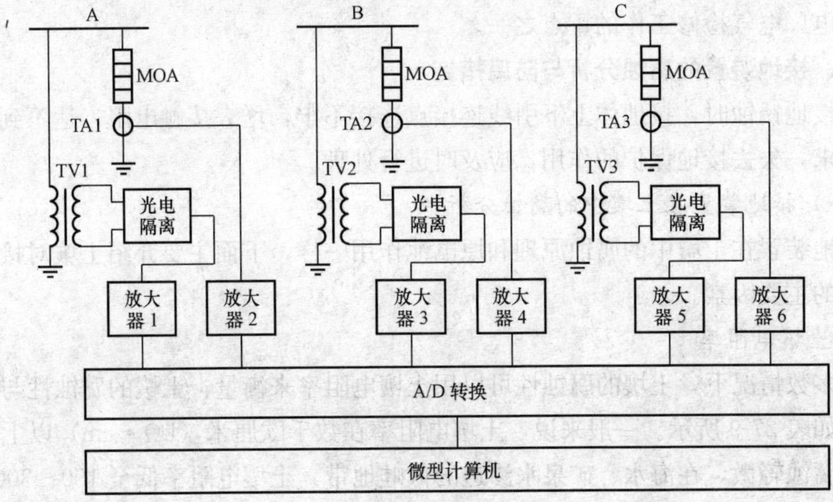

图 27-9 基波分析法原理框图

该方法是以软件为主的监测方法，可测取阻性电流的基波成分，对受潮情况比较有效，但不能有效反映 MOA 阀片的老化情况。

第五节 接地装置的检修

有些接地装置在建成初期是合格的，但经一定的运行周期后，接地电阻就会变大，除了由于施工时留下的隐患外，以下一些问题也值得注意：

（1）由于接地体的腐蚀，使接地体与周围土壤的接触电阻变大，特别是在山区酸性土壤中，接地体的腐蚀速度相当快，会造成一部分接地体脱离接地装置。

（2）在接地引下线与接地装置的连接部分因锈蚀而使电阻变大或形成开路。

（3）接地引下线接地极受外力破坏时误损坏等。

接地网对于电力系统的可靠运行和发电厂、变电站工作人员的人身安全起着重要作用，其接地电阻、跨步电压与接触电压是接地系统的重要技术指标，是衡量接地系统的有效性、安全性以及鉴定接地系统是否符合要求的重要参数。然而水电厂由于受地理条件的限制，不得不建在高土壤电阻率地区，导致这些水电厂的接地电阻、跨步电压与接触电压的设计计算值偏高，无法满足现行标准的要求。近年来，随着电力系统短路容量的增加，由于接地不良引起的事故扩大问题屡有发生，因此接地问题越来越受到重视，在运行如何确保接地装置的良好工况，降低接地电阻，这是水电厂电气检修工作的重点之一。

一、接地装置的腐蚀分析与防腐措施

当接地锈蚀时，接地体上下引线连接点连接不牢，增大接触电阻，达不到原设计的要求，失去接地保护的作用，应及时进行处理。

（一）接地装置在土壤中的腐蚀分析

接地装置在土壤中的腐蚀原理和原电池作用一样，下面主要介绍土壤对接地装置腐蚀的主要因素。

1. 土壤电阻率

在多数情况下，土壤的腐蚀性可以用土壤电阻率来衡量，土壤的腐蚀性与土壤电阻率如表 27-9 所示。一般来说，土壤电阻率在数千欧厘米（kΩ·cm）以上，则对钢的腐蚀轻微，在海水、矿泉水渗透的低畦地带，土壤电阻率低至 100～300Ω·cm 时，其腐蚀性相当强。

表 27-9 土壤电阻率与腐蚀的关系

土壤电阻率（Ω·cm）	腐蚀性	钢的平均腐蚀速度（mm/年）
0～500	很高	>1
500～2000	高	0.2～1
2000～10000	中等	0.05～0.2
>10000	低	<0.05

2. 土壤中的含氧量

土壤中的含氧量对腐蚀过程也有很大的影响，除了酸性很强的土壤以外，通常金属在土壤中的腐蚀，主要由下面的阴极反应所支配

$$\frac{1}{2}O_2 + H_2O + 2e = 2OH^-$$

土壤中的氧主要来源于从地表渗透的空气和在雨水、地下水中原有溶解的氧。后者的含氧量是很有限的，起主要作用的是土壤颗粒缝隙中的氧。在干燥的砂土中，由于氧容易渗透，所以含氧量较多；在潮湿的砂土中，因氧较难通过，含氧量少，在这样含氧量不同的土壤中埋设金属导体，就可能形成充气不均的腐蚀电池。

3. 土壤的酸度（PH 值）

大部分土壤水，其 pH 值为 6～6.75，即显中性，但也有 pH 值为 7.5～9.5 的盐碱土地，还有 pH 值为 3～6 的酸性土。一般认为，pH 值低的土壤，其腐蚀性较大。

当在土壤中含有大量的有机酸（如腐殖酸）时，其 pH 值虽然接近于中性，但其腐蚀性仍然很强，特别是对于铁、锌、铝和铜等金属。因此，在检验土壤的腐蚀性时，不能只看 pH 值这个指标，最好同时测定土壤的总酸度（酸性物质的含量）。

4. 土壤中的细菌

土壤中含有硫酸盐，并且在缺氧或完全不透气的情况下，有一种厌气细菌——硫酸盐还原细菌，就会繁殖起来，对附件的钢铁结构，起着腐蚀的作用。硫酸盐还原细菌之所以能促进腐蚀是因为在它们的生活过程中，需要氢或者某些还原物质，将硫酸盐还原成硫化物，而细菌本身是利用这个反应的能量而繁殖的。

当有硫酸盐还原菌活动时，在铁的表面的腐蚀产物是黑色的。这种细菌在中性土壤中最易繁殖，但当土壤 pH 值达到 9 以上就不容易繁殖了。

5. 土壤中的杂散电流

直流设备（如电解槽、电车、直流电焊设备等）常常会因绝缘不良产生入地杂散电流，以及当交流电流通过混凝土时，在钢筋和水泥交界处大约有 0.01%的交流被整流成直流。这些杂散电流从土壤流进金属导体的地方是阴极，而电流经金属

导体再流出土壤的地方则为阳极。阴极处不会受到什么影响，但在阳极处会引起腐蚀，这和电解时作为阳极的金属会发生腐蚀的情况基本一样。

杂散电流强度越大，金属构件的腐蚀越严重。实验结果表明，1A 的电流一年内能损耗 10kg 的铁，11kg 的铜或 37kg 的铅，而且对铅皮电缆来说，杂散电流能引起晶间腐蚀。杂散电流也能引起钢筋混凝土结构腐蚀，特别是在混凝土内含有氯化物盐类（NaCl、$CaCl_2$）等在冬季施工加入的这些盐的情况下，腐蚀就更为激烈。

（二）腐蚀的防护

前面介绍了腐蚀的基本原理及导体在土壤中腐蚀的影响因素。了解到地网导体在土壤中腐蚀的主要原因是由于导体表面的物理化学的不均匀性，或者是与不同材料的导体相邻近或相接触，和土壤中的电解质溶液构成原电池而引起。为了防护地网导体免遭腐蚀，应当设法消除形成腐蚀原电池的各种条件或者尽量减缓极化反应速度。下面简单讨论腐蚀的防护办法。

1. 正确选用导体材料

对地网导体材料的选择应进行技术经济的全面分析比较。目前世界上普遍采用的地网导体材料是铜和钢两种。以前国外大多采用铜地网，比如美国以前都采用铜包钢材料，而我国绝大多数地网为钢地网。铜抗腐蚀能力强，但与地网连接或相邻的设备外壳、构架基础、电缆皮、水油气管道都是钢铁或铅做的，它们会与铜导体构成原电池，加速腐蚀。考虑到未镀锌的钢铁在土壤的腐蚀速度为铜的 4～5 倍，镀锌钢为铜的 1～2 倍，而铜的价格为钢的价格的几倍到几十倍，且钢的热稳定性能比铜的优越多，因此建议我国采用镀锌钢为地网导体材料。目前，美国、印度等许多国家都逐步采用镀锌钢作为地网导体材料，澳大利亚防雷保护规程中规定，除某些特殊情况外，只允许用镀锌钢作接地电极。当然，还应当重视防腐能力强，价格便宜的导体材料的研究。

2. 合理设计

在地网设计中，测量土壤电阻率的同时，应该测量该土壤对铜、钢和镀锌钢的腐蚀速度，并按预期的地网使用年限，考虑一定的裕度系数计算按腐蚀要求应选择的导体截面积。然后与按热稳定要求所选择的导体截面积相比较，取大值作为设计值。应尽量选用圆钢，少用扁钢，避免使用多股导线作为接地导体。布置地网时，尽量避免将电极电位差较大的金属导体相连接或靠近，减小腐蚀速度。

3. 采用电化学保护方法

电化学保护的实质在于对要保护的接地装置导体或金属管道通以直流电流使之进行极化反应。如果在导电的电解质溶液中将导体或金属管道连接到直流电源的负极，通以电流，它就进行阴极极化，这种方法称为阴极保护。如果将导体或金属管道连接到电源的正极并通以电流，使之进行阳极极化，此时如果引起金属钝化，腐蚀就会急剧下降，这种方法就称为阳极保护。阳极保护只是对于那些在氧化性的介质中发生钝化的金属才有良好的效果。因此，它的应用受到较大的限制，而阴极保护不受此限制，应用较广。下面简单介绍阴极保护方法。

阴极保护法主要有两种，一种是消耗阳极法或称为无源法；另一种是馈电法或称有源法。图 27-10 是无源法的原理图。将一个比被保护物有更大负电性的辅助电极（镁），埋在土壤里，并与铜锌导体按在一起，就会产生所需的电流。这样辅助电极被腐蚀，保护了锌和铜导体。图 27-11 是有源法原理图。将电源负极接在被保护的锌和钢导体上，正极接在一辅助电极（可用铜或石墨做成），这样电流从正极流向铜锌导体，辅助电极被腐蚀。

阴极保护主要用于防止地下金属管道、电缆等的防护。

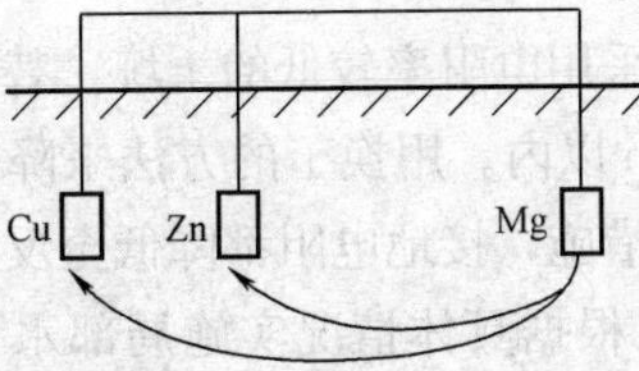

图 27-10　无源法的原理图

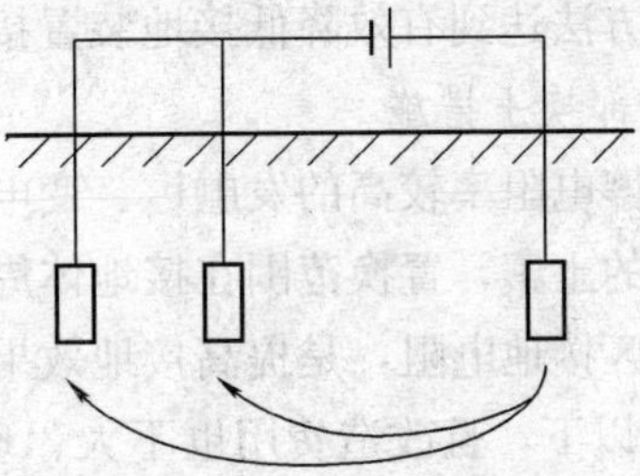

图 27-11　有源法原理图

4. 用覆盖层保护

在导体表面用覆盖层是防止导体腐蚀最普通而又重要的方法，覆盖层的作用在于使导体与外界隔离开来，以阻碍金属表面的微电池腐蚀作用。覆盖可分为两类：

（1）金属覆盖层，用耐腐蚀性强的金属或合金将容易腐蚀的金属表面完全覆盖起来，如铜包钢导体、镀锌钢等。

（2）非金属覆盖层。其主要作用是将导体与电解质溶液隔离开来，用油漆、沥青和塑料等。这种方法主要用于地下管道及接地引下线（包括与地网接地处）的防腐。

5. 用缓蚀剂

在土壤中加入少量的某种物质，能使导体的腐蚀速度大大降低，这种物质就称为缓蚀剂或称腐蚀抑制剂。其作用实质上就是在于使阴极或阳极过程减慢。缓蚀剂种类很多，从组成来分可以分为无机和有机缓蚀剂两类。无机缓蚀剂主要用在由于氧的存在引起对金属的腐蚀，而有机缓蚀剂主要用于土壤酸性而引起的腐蚀。当使用降阻剂时，可以加入一些缓蚀剂，降低导体的腐蚀速度。

二、外力破坏、假焊和地网外露的处理方法

(1) 轻度外力破坏变形，可进行矫正复位，必要时可设置警示标志。

(2) 发现接地网有假焊缺陷，应进行补焊。同时重新测量接触电阻，并做好记录。

(3) 由于水土流失或人为取土造成接地体外露，应及时进行复土工作，必要时可设置保护电力设施的警示标志。

三、降低接地电阻的措施

在实际接地工程中，有必要对每种降阻措施的作用、适用场所和应注意的问题进行深入的分析和研究，采用技术经济分析的方法，具体工程，具体对待，在保证设备和人身安全的前提下，结合具体的工程情况和现场实际，特别是现场的地质、地势情况、土壤电阻率分布以及具体的工程要求，找出最佳的降阻措施，以正确合理的降阻方法达到有效降低接地装置接地电阻的目的。

1. 局部换土措施

对土壤电阻率较高的发电厂、变电站，可采用电阻率较低的土壤，替换原有电阻率较高的土壤，置换范围在接地体周围 0.5m 以内。用换土的方法来降低高土壤电阻率地区接地电阻，是提高接地效果的有力措施，接地电阻都降低至反措技术要求的 10Ω 以下，且改造费用也不大。现场可以根据具体情况实施局部水平接地带换土和全部水平接地带换土。换土的土壤电阻率越低越好。利用黏土、泥炭、黑土及砂质黏土等（即地电阻土壤）代替原有较高电阻系数的土壤，必要时也可使用焦炭、木炭等。置换的范围是在接地体周围 1～2m 的范围内和近地面侧大于或等于接地极长的 1/3 区域内。这样处理后，接地体电阻可减少为原来的 3/5 左右。

为进一步提高降阻效果，还可在换土时掺入碎铁屑。

2. 外延接地及其应用

首推的降阻措施为：在高土壤电阻率地区，当在发电厂 2000 m 以内有较低电阻率的土壤时，可敷设引外接地极。这就要求在确定降阻方案时要对发电厂周围进行认真的勘探、测量，测量出发电厂四周土壤电阻率沿水平方向上的分布，找出土壤电阻率较低和适合做引外接地的位置。因为在山区、丘陵地区土壤电阻率在水平方向上大都呈不均匀分布，即总有一些地方的土壤电阻率相对较低，可以引外接地。在降阻措施中外延接地是最简单有效的，也是在接地工程中最常应用的措施。在决定外延接地时应首先根据可利用来做外延接地的地形、面积、土壤电阻率和接地装置应降低的电阻值来决定外延接地的大小。

所以在设计外延接地时，应首先考虑降阻的需要以决定外延地网的大小；再考

虑安全的需要以决定外延地网的网格布置、埋深和形状；还要考虑外延地网不被破坏以及不妨碍以后的建设等综合因素。同时在设计外延接地时还要尽量地考虑减少接地体之间的相互屏蔽，使之发挥最大的降阻效果，节约投资。

3. 深井式接地极及其应用

当地下深层有较低土壤电阻率的地质结构时可采用深井式接地极进行降阻，或构建立体地网。采用深井式接地极时要求对接地装置及其四周测出垂直方向上的土壤电阻率分布。

采用深井式接地极可减少占地，接地装置的接地电阻受气候影响较小，且接地问题在厂、站内解决，不与周围农民发生关系，因而受到电力系统的偏爱。但采用深井式接地极同样要考虑屏蔽问题，深井式接地极一般应设在水平地网的边缘，深井式接地极之间的间距应达到接地极长度的 2～3 倍，才能取得较好的降阻效果。现场适合于采用深井式接地极的场所较少，只有在地下有金属矿，或北方地表土壤干燥，而地下水丰富的场所才适用；而一般的地区往往都是深层土壤的土壤电阻率高于表层的土壤电阻率，特别是深层为岩石的山区和丘陵地区，深层土壤电阻率往往高于上层土壤的电阻率，这时不适宜采用深井式接地极。再则，深井式接地极的施工费用往往大于水平接地体施工费用的若干倍，就是均匀土壤，采用深井式接地极也是不经济的。

4. 采用降阻剂降阻

降阻剂就其特性来说分为物理降阻剂和化学降阻剂。物理降阻剂由导电的非电解质固体粉末组成并台有一定量起固化作用的水泥，具有吸潮性、电阻率低、节约接地钢材、节约占地面积及其相应的土方工程稳定性好、长效、不流失、无毒、无污染、不腐蚀接地体、价格适宜等优点，可谓物美价廉。而化学降阻剂由电解质盐类组成，腐蚀接地体，稳定性较差、易流失，从长远来看效果呈下降趋势。

降阻剂的降阻效果是不可置疑的，因为降阻剂已在实际的接地工程中得到大量的、长期的应用，并被写进国家标准和相关行业标准，如《交流电气装置的接地》(DL/T621—1997) 所推荐的降阻措施中就有："填充电阻率较低的物质或降阻剂"。

(1) 降阻剂的降阻机理。

1) 由于降阻剂的扩散和渗透作用，所以可以降低接地体周围的土壤电阻率。关于扩散和渗透作用，一般化学降阻剂强于其他形式的降阻剂，如膨润土类的降阻剂其扩散和渗透作用较差。但降阻剂的稳定性和长效性与扩散和渗透作用是矛盾的，扩散和渗透好的降阻剂其稳定性和长效性都比较差，因为扩散和渗透性强的降阻剂容易随雨水的流失而流失。

2）接地体同周围施加降阻剂后，相当于扩大了接地体的有效截面，这机理对固体降阻剂和膨润土类降阻剂最为明显，而化学降阻剂和树脂状的降阻剂随着时间的流逝及有效截面的增大而不太明显，会越来越小。

3）消除接触电阻，接地体的接地电阻可以分为两部分，一是接地体与周围的大地所呈现的电阻 R_d；二是接地体与周围土壤的接触电阻 $R_d=R_d+R_j$，R_j 的大小与接地极周围的土壤有关，一般土质越密实，接触电阻越小，土壤越松散，接触电阻越大；接触电阻还与电极表面状况有关，接地极表面越光滑，接触电阻越小，接地极表面越粗糙，接触电阻越大。接地极生锈后，接触电阻会逐渐增大。接地体施加降阻剂后，会减少或消除接触电阻，但只有某些物理降阻剂和膨润土类降阻剂才具有这方面的功能，而化学降阻剂和流质降阻剂则不具这方面的功能，有些降阻剂由于腐蚀还会使接触电阻变大。

4）降阻剂的吸水性和保水性可以改善并保持土壤导电性能，土壤的导电性能除了与土壤所含金属导电离子的浓度有关外，还与土壤的含水量有关。某些降阻剂具有较强的吸水性和保水性，如膨润土类降阻剂，具有较强的吸水性，吸水后体积膨胀并能长期保持水分成为糨糊状，使接地电阻一直保持稳定而不受气候的影响。

（2）降阻剂在应用中存在的问题及解决措施。但是降阻剂在实际工程应用中确实也存在一些问题，比如降阻剂的腐蚀性问题，降阻效果问题，降阻稳定性问题，以及对地下水资源的污染问题。一些厂家片面追求短期的降阻效果而忽略了降阻稳定性、长效性和对钢接地体的腐蚀，有的还对环境构成了污染，降阻效果也随着时间的推移迅速下降，接地电阻反弹，接地体受到严重的腐蚀。这大多是由降阻剂的产品质量引起的，但也有一些是由于使用方法不当造成的，因而有必要在选择和使用降阻剂上下工夫。

1）选择使用降阻剂应注意的指标。

①降阻剂的电阻率：要想获得理想的降阻效果，首先降阻剂本身的电阻率 ρ 值要小。用户在选择降阻剂时首先要考虑降阻剂自身的标称电阻率，一般情况下，降阻剂自身的标称电阻率越小越好。

②降阻剂对钢接地体的腐蚀率：降阻剂对钢接地体的腐蚀率要低，一些降阻剂对钢接地体有腐蚀作用，但也有一些降阻剂对钢接地体有防腐保护作用。降阻剂是否具有防腐作用，要看其对钢接地体的平均年腐蚀率是否低于当地土壤对钢接地体的腐蚀率，一般土壤对钢接地体的平均年腐蚀率为：扁钢为 0.05～0.2mm/年；圆钢为 0.07～0.3mm/年。如果降阻剂对钢接地体的腐蚀率低于当地土壤对钢接地体的腐蚀率，就认为降阻剂对钢接地体具有防腐作用；否则就认为具有腐蚀作用。

③降阻剂的稳定性和长效性：希望接地装置的接地电阻一直稳定在某个值以

下，不希望其经常变化。而某些降阻剂的降阻效果会随土壤干湿度的变化而变化，特别是一些无机降阻剂、离子类降阻剂，一旦缺水就会析出颗粒状的晶体，失去导电特性；还有一些靠非电解质导电的粉末降阻剂，或固体降阻剂，如导电水泥等，其降阻效果受土壤干湿度的影响也较大。另外，有些降阻剂虽然具有较强的渗透性、扩散性，在短期内降阻效果好，但容易随水分而流失，随着时间的推移逐渐失去其降阻效果，使接地电阻回升，这是特别应该注意的。

④对环境有无污染：选择降阻剂时一定要选无污染、无毒性、使用安全的降阻剂，对降阻剂要看其组分，要查有无环保部门的检测报告。

⑤使用是否方便，价格是否便宜：降阻剂的使用，应便于操作，方法简单，最后才是价格问题，要做综合的技术经济分析，既要满足性能上的要求，又要价格合理、经济。

2）降阻剂使用应特别注意的问题。

①小型接地装置：降阻剂用在小型接地装置的降阻效果是非常有效的，如35kV及以下的系统接地，使用降阻剂进行降阻是非常有效的，选用合适的降阻剂后，应严把施工工艺关，关键是要通过合理的设计，并按要求施工。

②大中型接地装置：大、中型接地装置由于其相互屏蔽作用，在接地网内部施加降阻剂效果并不明显，这时要结合合理的设计和施工来体现降阻剂的降阻效果，把降阻剂用在接地网四周、外延接地及深井式接地。对发电厂网状接地体可采用不等量施加降阻剂法。即在地网四周和内部每隔一定的网格加大施加剂量。这样主要是减少屏蔽、充分发挥降阻剂的降阻效果。

③降阻剂的施工工艺：关于降阻剂的使用，一定要按厂家说明书上的方法使用和施工；降阻剂要均匀的施加在接地体的周围，不能有脱节现象；对施加降阻剂和不施加降阻剂的地方要有过渡措施；降阻剂的埋深要足够，回填土要合格。

5. 利用电解离子接地系统（Ionic Earthing Array，IEA）

IEA 近几年在新建电厂中得到广泛的应用，并取得一定的效果。有研究和实践证明：土壤电阻率过高的直接原因是因为缺乏自由离子在土壤中的辅助导电作用，IEA 能在土壤中提供大量的自由离子，从而有效地解决接地问题。IEA 由先进的陶瓷复合材料、合金电极和中性离子化合物组成，以确保能提供稳定的、可靠的接地保护。IEA 的主体是铜合金管。以确保较高的导电性能及较长的使用寿命，其内部含有特制的、无毒的电解离子化合物，能够吸收空气中的水分，通过潮解作用，将活性电解离子有效释放到周围土壤中。正是因为 IEA 不断的自动释放活性电解离子使得周围土壤的导电性能能始终保持在较高水平，于是故障电流能顺畅地扩散到周围的土壤中，从而充分发挥接地系统的保护作用。另外，IEA 所包含的特制回填料具有非常好的膨胀性、吸水性及离子渗透性，使 IEA 与周围的土壤保持良好的接触界面。无论天气或周围环境如何变化，都能使 IEA 保持最佳的接地保护效果。但投资相对比较大。

6. 铺设水下地网和利用自然接地体

因为水电厂大都建在山区或山谷中，没有地方铺设接地网，且大多为山岩，土壤电阻率极高，一般都在 2500～5000Ω·m，要把接地电阻降到合格范围非常困难，但是对大中型水电厂来说一般都有较大的水库。这时可以在水库中铺设水下地网。首先要测出水的电阻率，计算出水下地网的大小。水下地网的网格可用 20m×20m 的网孔，有条件的可把水下地网埋在库底的泥土中，这样接地电阻值就少受水库水位高低的影响。对于河道式水电厂可沿河流两边设置河岸接地装置。对于水电厂来说应充分利用水工建筑、厂房、管道等自然接地体来进行降阻。

7. 采用综合降阻措施

对于一个接地工程采用一种降阻措施并不能把接地电阻降到合格范围，往往需要利用多种降阻措施进行降阻，如采用外延接地加降阻剂法；深井接地加降阻剂法；或外延、深井、降阻剂法。采用综合降阻措施时，应首先分析计算出单一的降阻措施的降阻效果，再决定采用的复合补充措施，如采用外延加降阻剂的方法降阻时，要首先计算出仅采用外延时的降阻效果，与目标值相比较，看还相差多少，再根据降阻剂的特性计算出使用多少降阻剂。

对一个具体的接地工程采用何种降阻措施，首先应根据接地短路电流值和电网的要求计算出接地电阻的目标值，再对接地装置所在现场的地形、地势进行认真的勘探测量，特别要测量出土壤电阻率在水平和垂直 2 个方向上的分布。看现场有无可以利用的自然接地体，找出有利于降阻的最佳条件，然后经过几种降阻方案的分析、比较、计算，通过技术经济分析筛选出最佳的降阻方案，在确保安全的情况下争取用最少的投资来取得最佳的降阻效果。

第六节　接地装置的测量

一、接地装置的试验项目和周期

DL/T 596—1996 规定了接地装置的试验项目、周期和要求，见表 27-10。接地装置的检查项目、周期和要求见表 27-11。

二、测量接地电阻时电极的布置

1. 发电厂和变电站接地网测量接地电阻的电极布置

测量接地电阻的电极布置见图 27-12。根据《接地装置特性参数测量导则》

（DL/T 475—2006）中接地电阻测量方法，推荐 d_{13} 一般取接地网最大对角线的4～5倍，以使其间的电位分布出现一平缓区段。在一般情况下，电压极到接地网的距离约为电流极到接地网距离的50%～60%。测量时，沿接地网和电流极的连线移动3次，每次移动距离为 d_{13} 的5%左右，如3次测得的电阻值接近即可。

表27-10　　接地装置的试验项目、周期和要求

序号	项　目	周　期	要　求	说　明
1	有效接地系统的电力设备的接地电阻	（1）不超过6年。 （2）可以根据该接地网挖开检查的结果斟酌延长或缩短周期	$R\leqslant 2000/I$ 或 $R\leqslant 0.5\Omega$，（当 $I>4000$A时） 式中　I——经接地网流入地中的短路电流，A； R——考虑到季节变化的最大接地电阻，Ω	（1）测量接地电阻时，如在必须的最小布极范围内土壤电阻率基本均匀，可采用各种补偿法，否则，应采用远离法。 （2）在高土壤电阻率地区，接地电阻如按规定值要求，在技术经济上极不合理时，允许有较大的数值。但必须采取措施以保证发生接地短路时，在该接地网上，①接触电压和跨步电压均不超过允许的数值；②不发生高电位引外和低电位引内；③3～10kV阀式避雷器不动作。 （3）在预防性试验前或每3年以及必要时验算一次 I 值，并校验设备接地引下线的热稳定
2	非有效接地系统的电力设备的接地电阻	（1）不超过6年。 （2）可以根据该接地网挖开检查的结果斟酌延长或缩短周期	（1）当接地网与1kV及以下设备共用接地时，接地电阻 $R\leqslant 120/I$。 （2）当接地网仅用于1kV以上设备时，接地电阻 $R\leqslant 250/I$。 （3）在上述任一情况下，接地电阻一般不得大于10Ω	
3	1kV以下电力设备的接地电阻	不超过6年	使用同一接地装置的所有这类电力设备，当总容量达到或超过100kVA时，其接地电阻不宜大于4Ω。如总容量小于100kVA时，则接地电阻允许大于4Ω，但不超过10Ω	对于在电源处接地的低压电力网（包括孤立运行的低压电力网）中的用电设备，只进行接零，不作接地。所用零线的接地电阻就是电源设备的接地电阻，其要求按序号2确定，但不得大于相同容量的低压设备的接地电阻
4	独立微波站的接地电阻	不超过6年	不宜大于5Ω	
5	独立的燃油、易爆气体储罐及其管道的接地电阻	不超过6年	不宜大于30Ω（无独立避雷针保护时不应超过10Ω）	

续表

<table>
<tr><th>序号</th><th>项　目</th><th>周　期</th><th colspan="2">要　求</th><th>说　明</th></tr>
<tr><td>6</td><td>露天配电装置避雷针的集中接地装置的接地电阻</td><td>不超过6年</td><td colspan="2">不宜大于10Ω</td><td>与接地网连在一起的可不测量，但应检查与接地网的连接情况</td></tr>
<tr><td>7</td><td>独立避雷针（线）的接地电阻</td><td>不超过6年</td><td colspan="2">不宜大于10Ω</td><td>在高土壤电阻率地区难以将接地电阻降到10Ω时，允许有较大数值，但应符合防止避雷针（线）对罐体及管、阀等反击的要求</td></tr>
<tr><td>8</td><td>与架空线直接连接的旋转电机进线段上排气式和阀式避雷器的接地电阻</td><td>与所在进线段上杆塔接地电阻的测量周期相同</td><td colspan="2">排气式和阀式避雷器的接地电阻，分别不大于5Ω和3Ω</td><td></td></tr>
<tr><td rowspan="7">9</td><td rowspan="7">有架空地线的线路杆塔的接地电阻</td><td rowspan="7">（1）发电厂或变电站进出线1～2km内的杆塔1～2年。
（2）其他线路杆塔不超过5年</td><td colspan="2">当杆塔高度在40m以下时，按下列要求，如杆塔高度达到或超过40m时，则取下表值的50%，但当土壤电阻率大于2000Ω·m，接地电阻难以达到15Ω时可增加至20Ω</td><td rowspan="7">对于高度在40m以下的杆塔，如土壤电阻率很高，接地电阻难以降到30Ω时，可采用6～8根总长不超过500m的放射形接地体或连续伸长接地体，其接地电阻可不受限制。但对于高度达到或超过40m的杆塔，其接地电阻也不宜超过20Ω</td></tr>
<tr><td>土壤电阻率（Ω·m）</td><td>接地电阻（Ω）</td></tr>
<tr><td>100及以下</td><td>10</td></tr>
<tr><td>100～500</td><td>15</td></tr>
<tr><td>500～1000</td><td>20</td></tr>
<tr><td>1000～2000</td><td>25</td></tr>
<tr><td>2000以上</td><td>30</td></tr>
<tr><td rowspan="4">10</td><td rowspan="4">无架空地线的线路杆塔接地电阻</td><td rowspan="4">（1）发电厂或变电站进出线1～2km内的杆塔1～2年。
（2）其他线路杆塔不超过5年</td><td>种　类</td><td>接地电阻（Ω）</td><td rowspan="4"></td></tr>
<tr><td>非有效接地系统的钢筋混凝土杆、金属杆</td><td>30</td></tr>
<tr><td>中性点不接地的低压电力网的线路钢筋混凝土杆、金属杆</td><td>50</td></tr>
<tr><td>低压进户线绝缘子铁脚</td><td>30</td></tr>
</table>

注　进行序号1、2项试验时，应断开线路的架空地线。

表 27-11　　接地装置的检查项目、周期和要求

序号	项　目	周　期	要　求	说　明
1	检查有效接地系统的电力设备接地引下线与接地网的连接情况	不超过 3 年	不得有开断、松脱或严重腐蚀等现象	如采用测量接地引下线与接地网（或与相邻设备）之间的电阻值来检查其连接情况，可将所测的数据与历次数据比较和相互比较，通过分析决定是否进行挖开检查
2	抽样开挖检查发电厂、变电站地中接地网的腐蚀情况	（1）本项目只限于已经运行 10 年以上（包括改造后重新运行达到这个年限）的接地网。 （2）以后的检查年限可根据前次开挖检查的结果自行决定	不得有开断、松脱或严重腐蚀等现象	可根据电气设备的重要性和施工的安全性，选择 5～8 个点沿接地引下线进行开挖检查，如有疑问还应扩大开挖的范围

电压极、电流极也可采用如图 27-12 所示的三角形布置方法，一般取 $d_{12}=d_{13}$，夹角 $\theta=30°$。

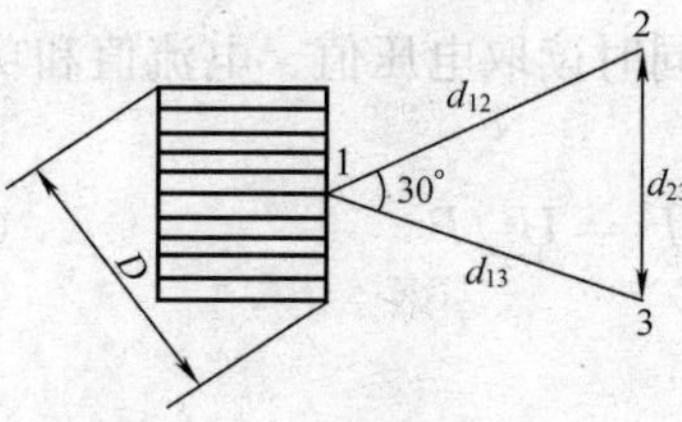

图 27-12　电流极、电压极三角形布置法

1—接地网；2—电压极；3—电流极

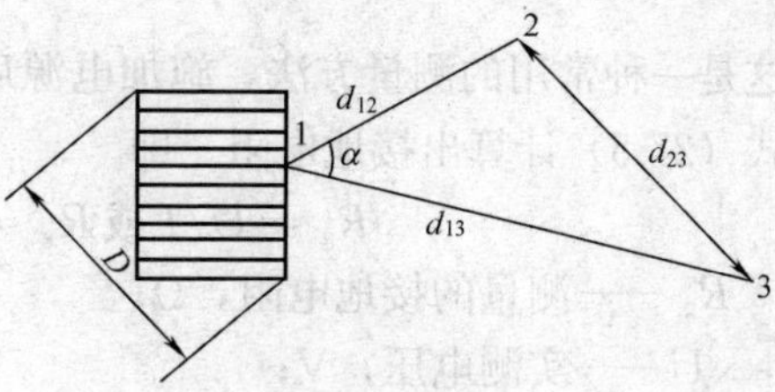

图 27-13　大型发电厂、变电站电流极、电压极的布置

1—接地网；2—电压极；3—电流极

对大型发电厂、变电站，由于地网直径极大，经常使用架空线路作电压、电流测量线，这时电压、电流极的布置不可能一定是直线或成 30°，可能布置成如图 27-13 所示的位置。

若电压、电流极的布置不成直线或 30°，测量结果将按式（27-4）作误差修正

$$\delta=r_{g}\left(\frac{1}{\sqrt{d_{12}+d_{13}^{2}-2d_{12}d_{13}\cos a}}-\frac{1}{d_{12}}-\frac{1}{d_{13}}\right)$$

$$R=\frac{1}{1+\delta}R_{g} \tag{27-4}$$

2. 电力线路测量杆塔接地电阻的电极布置

电极布置如图 27-14 所示。图中，d_{13}一般取接地装置最长射线长度 L 的 4 倍，d_{12}取 L 的 2.5 倍。

三、测量方法及接线

1. 电压表、电流表和功率表法（三极法）

采用电压表、电流表和功率表法测量接地网接地电阻的试验接线，如图 27-15 所示。

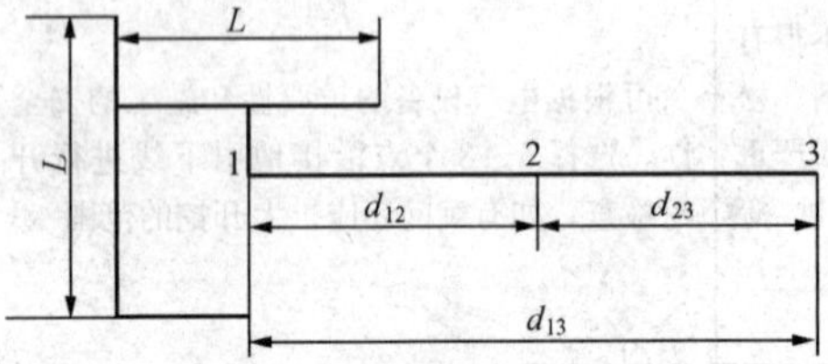

图 27-14　电力线路测量杆塔接地电阻的电极布置

1—杆塔接地体；2—电压极；3—电流极

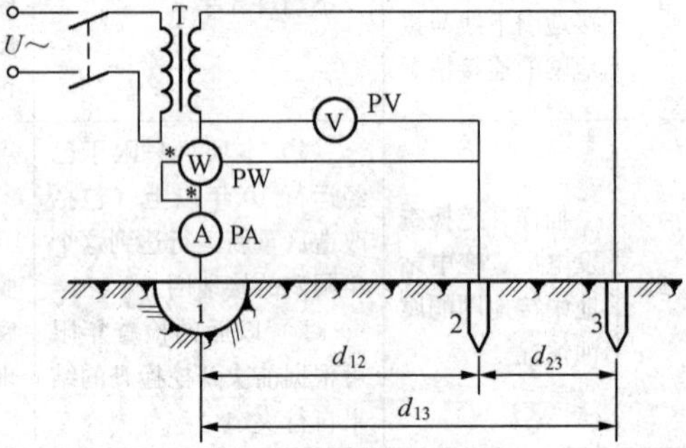

图 27-15　电压表、电流表和功率表试验接线

1—接地体；2—电压极；3—电流极

这是一种常用的测量方法，施加电源后，同时读取电压值、电流值和功率值，并由式（27-5）计算出接地电阻。即

$$R_g = U/I \text{ 或 } R_g = P/I^2 = U^2/P \tag{27-5}$$

式中　R_g——测量的接地电阻，Ω；

U——实测电压，V；

I——实测电流，A；

P——实测功率，W。

对发电厂、变电站接地网，若地中有干扰电流流过，电压表读数亦包含干扰电压，则测量结果不是实际的接地电阻值，我们经常采用电源倒相或增大试验电流的方法来消除和减小干扰造成的误差。对于电流、电压测量线很长，又并行排列的情况，线间互感形成的互感电压也会影响测量结果，建议采用功率表法。

接地电阻由式（27-6）计算

$$\left.\begin{aligned} I &= \sqrt{\frac{I_Z^2 + I_f^2}{2} - I_0^2} \\ U &= \sqrt{\frac{U_Z^2 + U_f^2}{2} - U_0^2} \\ P &= \frac{P_Z + P_f}{2} \\ R_G &= \frac{P}{I^2} = \frac{U^2}{P} \end{aligned}\right\} \tag{27-6}$$

式中　I_0、U_0——实测干扰电流、电压值，A、V；

I_Z、U_Z——电源正向加压时的实测电流、电压值，A、V；

I_f、U_f——电源反向加压时的实测电流、电压值 A、V；

P_Z——电源正向加压时的实测功率，W；

P_f——电源反向加压时的实测功率，W。

2. 用接地电阻测量仪测量接地电阻

测量接地电阻用的仪表有许多种，从测量原理上分为两类：一为比率计法，二为电桥法。还有围绕这两种方法开发的数字式的接地电阻测量仪。

采用电桥原理的接地电阻测量仪有国产的 ZC-8 型、ZC29 型等接地绝缘电阻表和现行开发的数字式接地电阻测试仪，现场使用简单便捷，应用较为普遍。具体操作见接地电阻测量仪的使用说明书。

四、消除干扰的措施

1. 消除接地体上零序电流干扰

发电厂、变电站的地网中经常有零序电流流过（包括新建站），零序电流的存在给接地电阻测试带来误差，常用下列措施消除。

（1）加大测量电流的数值，以减小外界干扰对测量结果的影响。

（2）采用变频电源，即采用（50±10）Hz 的工频电源作试验源。

（3）采用倒相法，按计算公式，可消除零序电流干扰的影响。

2. 消除测量线间互感电压对测量结果的影响

220kV 及以上的发、变电站占地面积较大，地网最大对角线的长度 D 一般为几百米。在测量接地电阻时需放置专用的测量线达 1km 以上，有时无法满足需要，现场测试常利用一条停运的低压架空线为测量线路，从而造成电流线与电压线长距离平行，因互感作用而在电压线上有较大的感应电压。

另一方面，大型地网接地电阻甚小，注入测量电流后地网电位升高值较小，所以感应电压的串入，将严重影响测量结果，使地网接地电阻大幅度偏高，造成地网电阻不合格的假象。

现场常用以下措施消除干扰：

（1）采用功率表三极法，用计算公式，消除互感电压的影响。

（2）采用四极法测量，可消除互感电压对测量结果的影响，测量接线见图

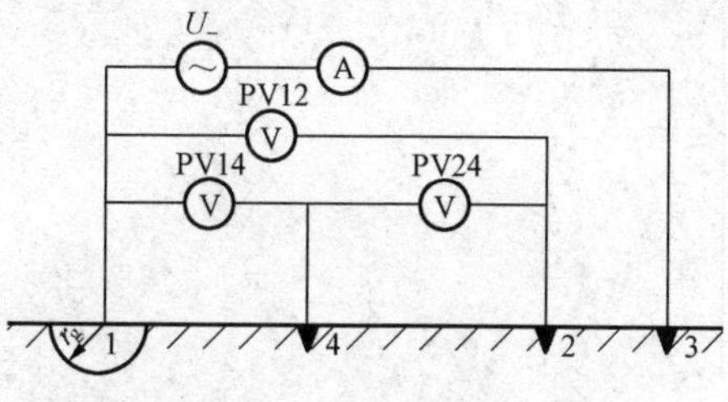

图 27-16　四极法测量接地电阻

r_g—接地体的半径；1—接地体；2—电压极；3—电流极；4—辅助电压极，离接地网边缘 20～30m 处

27-16。在测量电压极与地网间电压 U_{12} 的同时，测出辅助电压极与地网和电压极间电压 U_{14}、U_{24}，可计算出测量所得的接地电阻值

$$R_g = \frac{U_{12}^2 + U_{14}^2 - U_{24}^2}{2IU_{14}}$$

消除构架上架空地线对测量结果的影响，应尽量将发、变电站进出线杆塔架空地线与地网解开。

五、测量时注意事项

(1) 接地电阻测试应在每年的雷雨季节来临前进行，由于土壤湿度对接地电阻的影响很大，因此不宜在刚下过雨进行。

(2) 使用接地电阻测量仪测接地电阻，若发现有外界干扰而读数不稳时，最好采用电流表、电压表和功率表（三极法）测量，以消除干扰的影响。

(3) 电压极、电流极的要求：电压极和电流极一般用一根或多根直径为 25～50mm，长为 0.7～3m 的钢管或圆钢垂直打入地中，端头露出地面 150～200mm，以便连接引线。电压极接地电阻应不大于 1000～2000Ω；电流极的接地电阻应尽量小，以使试验电源能将足够大的电流注入大地。由此，电流极的接地经常采用附近的地网和杆塔的接地。

(4) 测量发电厂、变电站接地网的接地电阻，通入的电流一般不应低于 10～20A，测量接地体的接地电阻，通入的电流不小于 1A 即可。

(5) 注入接地电流测量接地电阻时，会在接地装置注入处和电流极周围产生较大的电压降，因此，在试验时应采取安全措施，在 20～30m 半径范围内不应有人或动物进入。

第六篇

电力电缆的检修

第二十八章　电力电缆的简介和检修管理

第一节　电力电缆的分类

电力电缆可以有多种分类，如按电压等级、按线芯截面积、按导体芯数、按绝缘材料分类等。

一、按电压等级分类

电力电缆都是按一定电压等级制造的，电压等级有两个数值，用斜杠分开，斜杠前的数值是相电压值，斜杠后的是线电压值。我国电缆产品的电压等级有 0.6/1、1/1、3.6/6、6/6、6/10、8.7/10、8.7/15、12/15、12/20、18/20、18/30、21/35、26/35、36/63、48/63、64/110、127/220、190/330、290/500kV 共 19 种。

从施工技术要求、电缆接头、电缆终端结构特征及运行维护等方面考虑，也可以依据电压分类为：①低电压电力电缆（1kV 及以下）；②中电压电力电缆（6～35kV）；③高电压电力电缆（63～330kV）；④超高压电力电缆（500kV 及以上）。

二、按导电线芯截面积分类

电力电缆的导电线芯一般按一定等级的标称截面积制造，我国电力电缆标称截面积系列为 1.5、2.5、4、6、10、16、25、35、50、70、95、120、150、185、240、300、400、500、630、800、1000、1200、1400、1600、1800、2000mm^2 共 26 种。

三、按导线芯数分类

电力电缆导电线芯有单芯、二芯、三芯、四芯和五芯五种。

单芯和二芯电缆通常用于传送单相交流电、直流电，也可在特殊场合使用（如高压电动机引出线等），一般中低压大截面的电力电缆和 63kV 及其以上电压等级的充油、充气高压电缆多为单芯。三芯电缆主要用于三相交流电网中，在 35kV 以下各种中、小截面电缆线路中得到广泛应用。四芯和五芯电缆多用于低压配电线路、中性点接地的三相四线制系统（四芯电缆的第四芯截面积通常为主线芯面积的40%～60%）。

四、按绝缘材料分类

电力电缆按绝缘材料可分为以下几种。

1. 油浸纸绝缘电力电缆

油浸纸绝缘电力电缆是以纸为主要绝缘，以绝缘浸渍剂制成的。根据浸渍情况和绝缘结构的不同，油浸纸绝缘电力电缆又可分为下列几种：

（1）普通黏性浸渍纸绝缘电缆：它是一般常用的油浸纸绝缘电缆。电缆的浸渍剂是由低压电缆油和松香混合而成的黏性浸渍剂。

（2）滴干绝缘电缆：它是绝缘层厚度增加的黏性浸渍纸绝缘电缆，浸渍后经过滴出浸渍剂制成。滴干绝缘电缆适用于10kV及以下电压等级和落差较大的场合。

（3）不滴流浸渍电缆：它的结构、尺寸与滴干绝缘电缆相同，但用不滴流浸渍剂浸渍制造。不滴流浸渍剂是由低压电缆油和某些塑料及合成地蜡的混合物。不滴流浸渍电缆适用于35kV及以下高落差电缆线路以及热带地区。

（4）油压油浸纸绝缘电缆：它包括自容式充油电缆和钢管充油电缆。电缆的浸渍剂，一般为低黏度的电缆油。充油电缆适用于110kV以及更高的电压等级的电缆线路中。

（5）气压油浸纸绝缘电缆：它包括自容式充气电缆和钢管充气电缆。多用于35kV及以上电压等级的电缆线路中。

2. 塑料绝缘电缆

塑料绝缘电缆分为聚氯乙烯绝缘电缆、聚乙烯绝缘电缆和交联聚乙烯绝缘电缆。聚氯乙烯电缆和聚乙烯绝缘电缆一般用于10kV及以下的电缆线路中；交联聚乙烯电缆多用于6kV及以上电压等级及超高压电路中。

3. 橡皮绝缘电缆

由于橡皮富有弹性，性能稳定，有较好的电气、机械、化学性能。主要用于发电厂、变电站、工厂企业内部的连接线，目前应用最多的还是0.6/1kV等级的产品。

4. 阻燃聚氯乙烯绝缘电缆

前述油浸纸绝缘电缆、塑料电缆和橡皮绝缘电缆，其绝缘材料有一个共同的缺点，就是具有可燃性。当线路中或接头处发生事故时，电缆可能因局部过热而燃烧，并导致扩大事故。阻燃电缆是在聚氯乙烯绝缘中加阻燃剂，即使在明火的烧烤下，其绝缘也不会燃烧，现广泛用于10kV及以上的电缆线路中。

第二节　电力电缆的基本结构

电力电缆由导电线芯、绝缘层和护层三部分组成。为了改善电场的分布情况，减小切向应力，有的电缆加有屏蔽层。多芯电缆绝缘线芯间，还需要增加填芯和填料，以便将电缆绞制成圆形，国产电力电缆的结构及其特点分述如下。

一、电力电缆的分层结构

1. 电力电缆的导电线芯

电力电缆的导电线芯简称导线，通常用导电性好，有一定韧性、一定强度的高纯度铜或铝制成。导线截面有圆形、椭圆形、扇形、中空圆形等几种。较小截面（$16mm^2$ 及以下）的导线线芯由单根导线制成。较大截面（$25mm^2$ 及以上）的导线线芯由多根导线分数层绞合而成，绞合时相邻两层扭绞方向相反。圆形导电线芯的排列结构，中心一般为一根单线，第二层为六根单线，以后每一层比里面一层多六根，这样既增加了电缆的柔软性，也增加了线芯的牢固度，便于制造和施工。

2. 电力电缆的绝缘层

电力电缆的绝缘层用以隔离多芯导线以及导线与护套，并保证一定的电气耐压强度。它应有一定的耐热性能和可靠的绝缘质量。

根据线芯绝缘层所用材料的不同，电缆主要分为油浸纸绝缘电缆、塑料绝缘电缆和橡皮绝缘电缆：

（1）油浸纸绝缘。油浸纸绝缘由电缆纸和浸渍剂组合而成。普通油浸纸电缆纸的厚度为 0.08、0.12、0.17mm 三种；浸渍剂用低压电缆油和松香混合而成。电力电缆绝缘层的厚度根据电缆的工作电压和导线截面来决定。它既要保证在工频电压和冲击电压下不会被击穿，又要保证电缆在正常施工时绝缘不会受到机械损坏。

（2）塑料绝缘。塑料绝缘主要有聚氯乙烯绝缘和交联聚乙烯绝缘两种，电缆绝缘层分别由热塑性塑料挤包制成和由添加交联剂的热塑性塑料挤包、交联制成。这种绝缘电气性能及耐水性能好，能抗酸、碱、防腐蚀。交联聚乙烯绝缘是近年来发展起来的新材料，它还具有允许工作温度高，机械性能好，可制造高电压电缆等优点。塑料绝缘电缆是电缆产品技术方向之一。

（3）橡胶绝缘。橡胶绝缘层常用的材料有天然丁苯橡皮和人工合成橡胶（丁基橡胶、乙丙橡胶）三种。它们具有电气性能较好、吸水性和透气性低等特点，但是橡皮的耐热性差，并且容易受热空气和油类的影响而损坏。特别适用于移动性的用电和供电的装置。

3. 电缆护层

为了使电缆绝缘不受损伤，并适用于各种使用条件和环境的要求，在电缆绝缘层外包覆的保护层，称为电缆护层。电缆护层分为内扩层和外护层。

(1) 内护层。内护层是包覆在电缆绝缘上的保护覆盖层，用以防止绝缘层受潮、机械损伤以及光和化学侵蚀性媒质等的作用。内护层有金属的铅护套、平铝护套、螺纹铝护套以及非金属的塑料护套、橡胶护套等。金属护套多用于油浸纸绝缘电缆；塑料和橡胶护套多用于塑料、橡胶绝缘电缆。由于铝护套比铅护套不仅经济，而且可以提高电缆的运行性能，所以铝护套电缆已逐渐推广使用。

按电缆在使用中受力和外护层的结构情况，铅护套的厚度分为三类，每一类又随着导线截面的增大而加厚。

第一类：电缆有铠装层（或麻被）保护，使用中有机械外力而不受拉力的电缆，铅护套厚度为 1.05～1.95mm。

第二类：各种分相铅包电缆，铅护套厚度为 1.15～2.5mm。

第三类：没有任何外护层的裸铅护套电缆，以及用于水下敷设等承受大的拉力的钢丝铠装电缆，铅护套厚度为 1.4～2.8mm。

由于铝护套的机械强度比铅护套的大得多，因此各种形式电缆的铝护套的厚度是统一的，其厚度为 1.1～2.0mm。

聚氯乙烯绝缘电缆和交联聚乙烯绝缘电缆的内护层为聚氯乙烯护套。厚度为 1.6～3.4mm，随着导线直径增大而加厚。

(2) 外护层。外护层是包覆在电缆护套（内护层）外面的保护覆盖层，主要起机械加强和防腐蚀作用，常用电缆的外护层有金属护套外护层和聚氯乙烯护套外护层。金属护套外护层一般由衬垫层、铠装层和外被层三部分组成。衬垫层位于金属护套与铠装层之间，起铠装衬垫和金属护套防腐蚀作用。铠装层为金属带或金属丝，主要起机械保护作用，金属丝可承受拉力。外被层在铠装层外，对金属铠装起防腐蚀作用。衬垫层及外被层由沥青、聚氯乙烯带、浸渍纸、电缆麻纱、聚氯乙烯护套等材料组成。根据各种电缆使用的环境和条件的不同，其外护层的组成结构也各异。

聚氯乙烯护套外护层的结构有升种，一种是无外护层仅有聚氯乙烯护套；另一种是有铠装层无外被层的裸铠装电缆；再一种是铠装层外还挤包了聚氯乙烯套，其厚度与内护套相同。

4. 屏蔽层

所谓“屏蔽”，实质上是一种改善电场分布的措施。电缆导体由多根导线绞合而成，它与绝缘层之间易形成气隙，导体表面不光滑，会造成电场集中。在导体表面加一层半导电材料的屏蔽层，它与被屏蔽的导体等电位并与绝缘层良好接触，从而避免在导体与绝缘层之间发生局部放电，这一层屏蔽为内屏蔽层：同样在绝缘表面和护套接触处也可能存在间隙，是引起局部放电的因素，故在绝缘层表面加一层半导电材料的屏蔽层，它与被屏蔽的绝缘层有良好接触，与金属护套等电位，从而避免在绝缘层与护套之间发生局部放电，这一层屏蔽为外屏蔽层；没有金属护套的挤包绝缘电缆，除半导电屏蔽层外，还要增加用铜带或铜丝绕包的金属屏蔽层，这个金属屏蔽层的作用，在正常运行时通过电容电流；当系统发生短路时，作为短路电流的通道，同时也起到屏蔽电场的作用。

二、常用的国产电力电缆的结构及其特点

1. 油浸纸绝缘电力电缆

（1）黏性浸渍纸绝缘统包型电力电缆。黏性浸渍纸绝缘统包型电力电缆，各导线外包有纸绝缘，绝缘厚度依电压而定。绝缘线芯之间，填以纸或麻为主的填料，各绝缘线芯连同填料，扭绞成圆形，外面再用绝缘纸统包起来。如果用于中性点接地的电力系统中，则统包绝缘层的厚度较薄。如果用于中性点不接地的电力系统中，则统包绝缘层的厚度较厚。统包绝缘层不仅加强了各芯导体与铅（铝）护套之间的绝缘，同时也将三个绝缘线芯扎紧，使其不会散开，统包绝缘层外为多芯共用的一个金属（铅或铝）护套。由于敷设环境不同，有的电缆在金属护套外，还有铠装层，铠装层内外还分别有沥青防腐层和沥青黄麻防腐层。黏性浸渍绝缘统包型扇形线芯电缆的结构如图 28-1 所示。

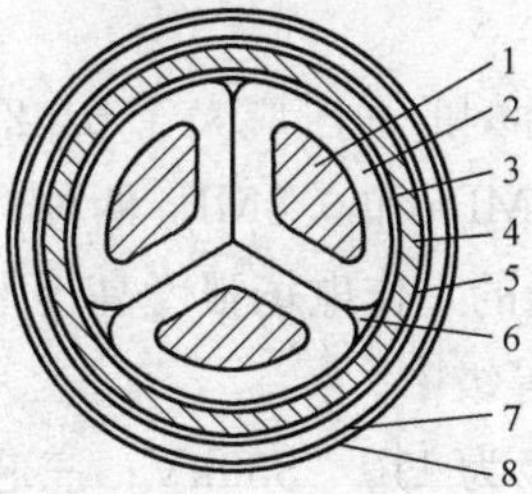

图 28-1 扇形线芯三芯统包型铠装电缆结构图

1—导线；2—相绝缘；3—带绝缘；4—金属护套；5—内衬垫；6—填料；7—铠装层；8—外被层

纸绝缘统包型电缆，制造简单，价格便宜，性能良好。电缆绝缘线芯周围有填充物，含有大量的浸渍剂，黏性浸渍纸绝缘电力电缆的浸渍剂虽然黏度很大，但它仍有一定的流动性。当敷设落差较大时，电缆上端因浸渍剂下流而形成空隙，击穿强度下降，而下端浸渍剂淤积，压力增大，可能胀毁电缆护套。因此它的敷设落差受到限制，一般不得大于 30m。而且由于多芯之间电场堆积不均匀，在绝缘层中电场强度方向不垂直纸面，有沿纸面的分量，这将导致绝缘的损坏。所以这种电缆一般只用于 10kV 以下电压等级和落差不大的场合。

（2）黏性浸渍纸绝缘分相铅（铝）包型电力电缆。黏性浸渍纸绝缘分相铅（铝）包型电力电缆的主要特点是各线芯绝缘层外分别铅包，然后再与内衬垫及填

料绞成圆形，用沥青麻带扎紧后，再外加铠装和保护层。6～10kV 分相铅包电缆，绝缘层表面有半导体屏蔽层，而 20～35kV 分相铅包电缆，导线线芯及绝缘表面均有半导电屏蔽层，如图 28-2 所示。这种电缆和统包型电缆比较，制造工艺比较复杂，价格较贵，但是由于有屏蔽层，电缆线芯周围有漏油现象和绝缘中有气隙形成，因而比统包电缆绝缘性能好，故可适用于 20～35kV 电压等级。

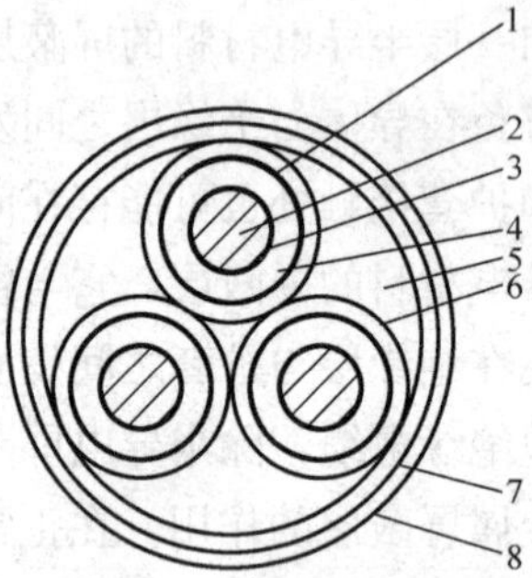

图 28-2 分相铅包电力电缆结构图

1—绝缘屏蔽；2—导线；3—导线屏蔽；4—绝缘层；5—内衬垫及填料；6—铅护套；7—铠装层；8—外被层

2. 自容式充油电力电缆

自容式充油电力电缆一般简称为充油电缆，其特点是利用压力油箱向电缆绝缘内部补充绝缘油的办法，消除因温度变化而在纸绝缘层中形成的气隙，以提高电缆的工作电场强度。

单芯充油电缆的导线中心留有可对电缆补充绝缘油的油道，所用的绝缘油是低黏度的电缆油，它可以提高补充浸渍速度，减小油流在油道中的压降，电缆的油道通过管路与压力油箱相连，当电缆温度上升时，绝缘油受热，体积膨胀，膨胀出来的绝缘油流到压力油箱；当电缆温度下降时，绝缘油体积缩小，压力油箱中的绝缘油便流入电缆中。这样做能维持电缆内部的油压，避免在绝缘层中产生气隙。

国家标准规定，充油电缆线路上任何一点，任何时刻的油压应大于 0.02MPa；按电缆加强层结构不同，其允许最高稳态油压分为 0.4MPa 和 0.8MPa 两种。

充油电缆纸绝缘的工作电场强度比一般电缆纸绝缘的工作电场强度高得多，因而工作电压可提高很多，故可运行于 35～330kV 电压等级中。

充油电缆有单芯和三芯两种。单芯电缆的电压等级为 110～330kV；三芯电缆的电压等级为 35～110kV。单芯电缆导线的结构有两种：一种是中心具有金属螺旋管作支撑的油道的圆形绞线，螺旋管一般采用不锈钢带或 0.6mm 厚的镀锡铜带绕成；另一种有 Z 形及扇形型线绞合成中空油道的圆形绞线，油道直径不小于 12mm。

3. 聚氯乙烯绝缘电力电缆

聚氯乙烯绝缘电力电缆的绝缘层由聚氯乙烯挤包制成。多芯电缆的绝缘线芯绞合成圆形后绕包塑料带或者挤包聚氯乙烯护套作为内护层。其外为铠装层和聚氯乙烯外护套。聚氯乙烯电力电缆结构如图 28-3～图 28-10 所示。

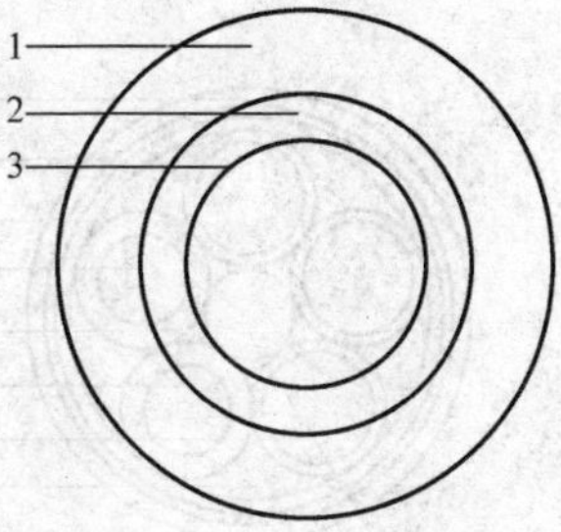

图 28-3 1kV 单芯聚氯乙烯绝缘电力电缆结构图

1—聚氯乙烯护套；2—聚氯乙烯绝缘；3—导体

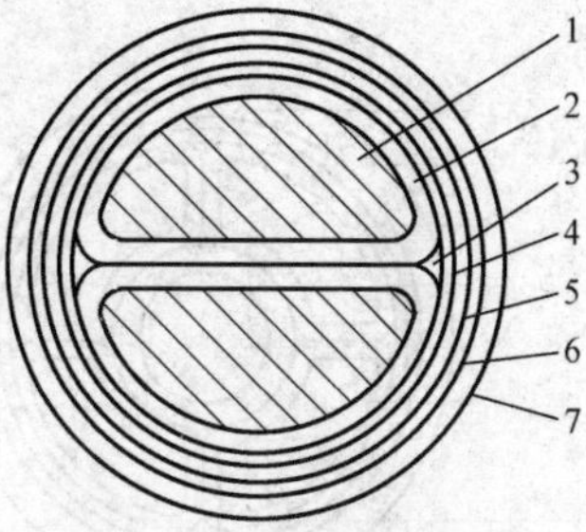

图 28-4 1kV 二芯聚氯乙烯绝缘电力电缆结构图

1—导体；2—聚氯乙烯绝缘；3—填充物；4—聚氯乙烯包带；5—聚氯乙烯内护套；6—钢带铠装；7—聚氯乙烯外护套

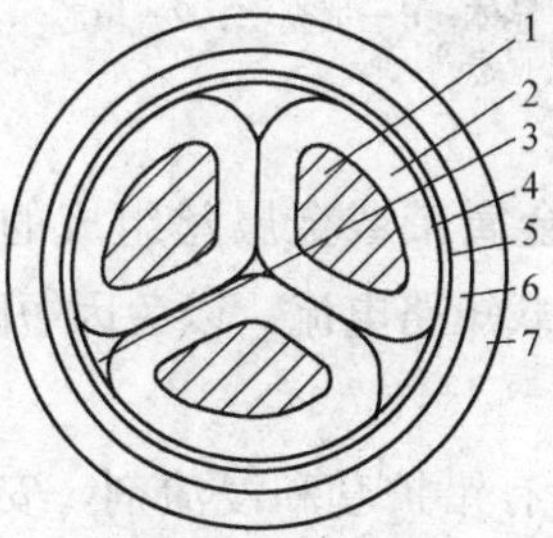

图 28-5 1kV 三芯聚氯乙烯绝缘电力电缆结构图

1—导体；2—聚氯乙烯绝缘；3—填充物；4—聚氯乙烯包带；5—聚氯乙烯内护套；6—钢带铠装；7—聚氯乙烯外护套

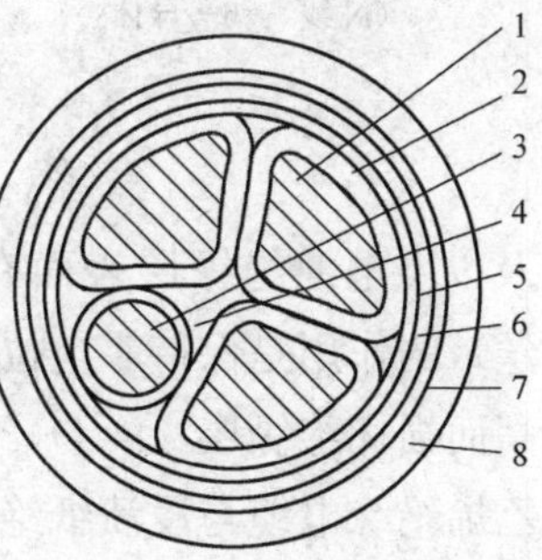

图 28-6 1kV（3＋1）四芯聚氯乙烯绝缘电力电缆结构图（一）

1—导体；2—聚氯乙烯绝缘；3—中性导体；4—填充物；5—聚氯乙烯包带；6—聚氯乙烯内护套；7—钢带铠装；8 —聚氯乙烯外护套

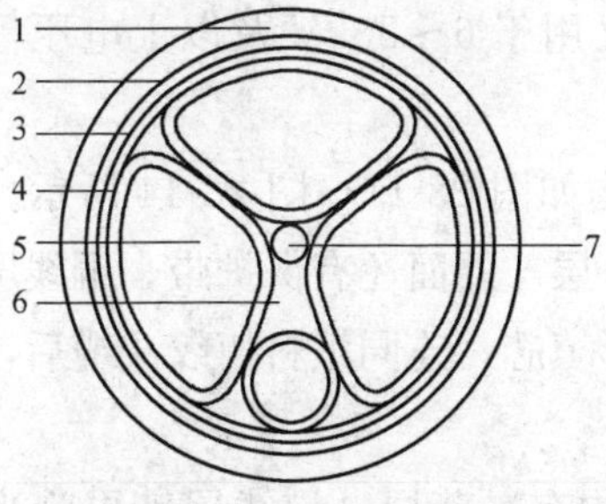

图 28-7 1kV（3＋1）四芯聚氯乙烯绝缘电力电缆结构图（二）

1—聚氯乙烯外护套；2—钢带铠装；3—聚氯乙烯内护套；4—聚氯乙烯绝缘；5—导体；6—填充物；7—填芯

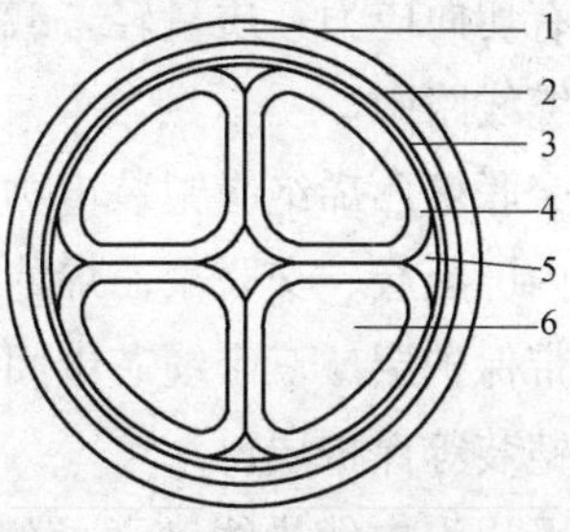

图 28-8 1kV 四芯聚氯乙烯绝缘电力电缆结构图

1—聚氯乙烯外护套；2—钢带铠装；3—聚氯乙烯内护套；4 —聚氯乙烯绝缘；5 —填充物；6—导体

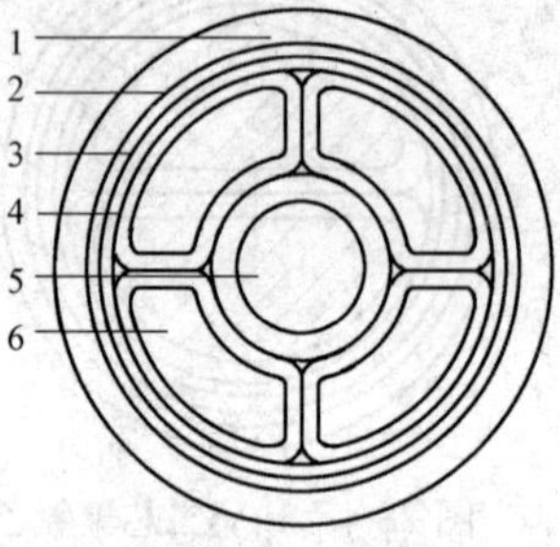

图 28-9　1kV（4+1）五芯聚氯乙烯绝缘电力电缆结构图

1—聚氯乙烯外护套；2—钢带铠装；3—聚氯乙烯内护套；4—聚氯乙烯绝缘；5—中性导体（N线）；6—导体

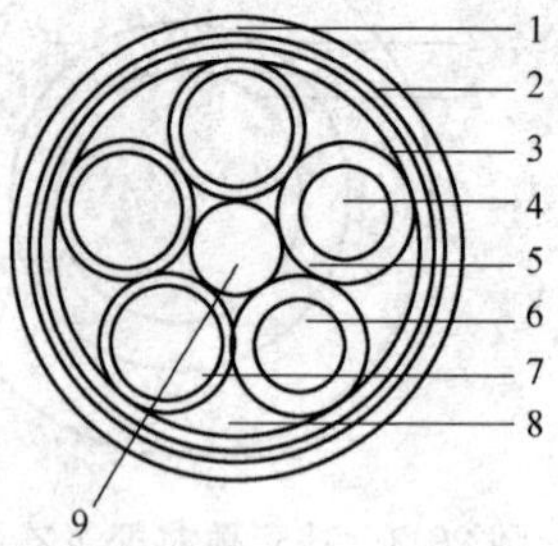

图 28-10　1kV（3+2）五芯聚氯乙烯绝缘电力电缆结构图

1—聚氯乙烯外护套；2—钢带铠装；3—聚氯乙烯内护套；4—中性导体（N线）；5—聚氯乙烯绝缘；6—保护导体（地线）；7—导体；8—填充物；9—填芯

6kV 及以上电缆绝缘层表面有半导电材料与金属带或金属丝组成的屏蔽层。金属带（丝）的作用是保持零电位，并在短路时承载短路电流，以免因短路电流引起温升过高而损坏绝缘层。

聚氯乙烯绝缘电缆与浸渍纸绝缘电缆相比，没有铅护套和浸渍剂，安装简便，它多用于 10kV 及以下电压等级，在 1kV 配电线路中应用最多，特别适用于高落差场合。

4. 交联聚乙烯绝缘电力电缆

交联聚乙烯绝缘电力电缆是近几年来发展起来的塑料电缆。这种电缆电场分布均匀，没有切向应力，质量轻，载流量大，已用于 6～35kV 及以上电压等级和高落差的电缆线路中。

二芯交联聚乙烯绝缘铠装电力电缆的结构如图 28-11～图 28-14 所示。在圆形导体外有内屏蔽层、交联聚乙烯绝缘和外屏蔽层。外面还有保护带、铜线屏蔽、铜带和塑料带保护层。三个缆芯中间有一个圆形填芯，连同填料扭绞成缆后，外面再加护套、铠装等保护层。

6kV 及以上电缆导线表面及绝缘层表面均有屏蔽层。导线屏蔽层为半导体材料；绝缘屏蔽层为半导电交联聚乙烯，并在其外包一层 0.1mm 厚的金属带（丝）。电缆内护层（套）的方式，除上面介绍的三个绝缘线芯共用一个护套外，还有绝缘线芯分相护套。分相护套电缆相当于三个单芯电缆的简单总合。

图 28-11　6～35kV 三芯交联聚乙烯绝缘电力电缆结构图

1—护套；2—包带；3—导体；4—交联聚乙烯绝缘；5—外半导电屏蔽；6—内半导电屏蔽；7—软铜带；8—填料

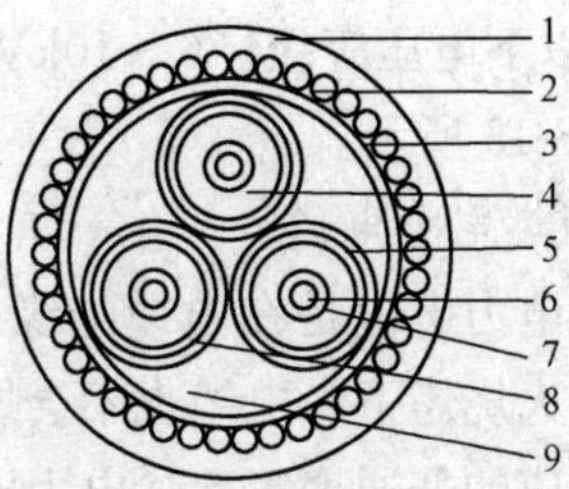

图 28-12　6～35kV 三芯交联聚乙烯绝缘钢丝铠装电力电缆结构图

1—外护套；2—钢丝；3—内护层；4—交联聚乙烯绝缘；5—软铜带；6—导体；7—内半导电屏蔽；8—外半导电屏蔽；9—填料

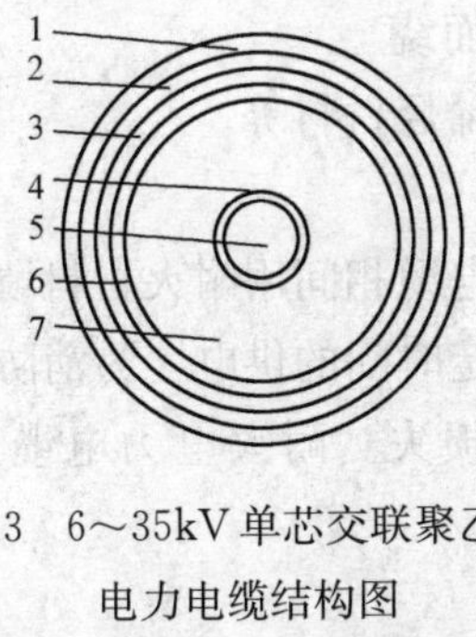

图 28-13　6～35kV 单芯交联聚乙烯绝缘电力电缆结构图

1—护套；2—包带；3—软铜带；4—内半导电屏蔽层；5—导体；6—外半导电屏蔽层；7—交联聚乙烯绝缘

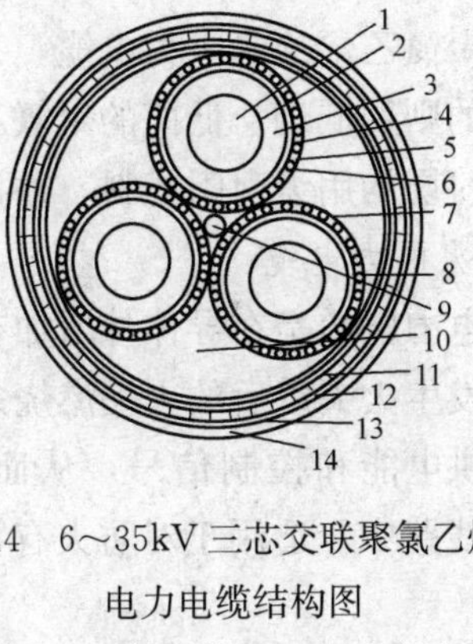

图 28-14　6～35kV 三芯交联聚氯乙烯绝缘电力电缆结构图

1—导体；2—导体屏蔽层；3—交联聚乙烯绝缘；4—绝缘屏蔽层；5—保护带；6—铜线屏蔽；7—螺旋铜带；8—塑料带；9—填芯；10—填料；11—内护套；12—钢带铠装；13—钢带；14—外护套

5. 橡皮绝缘电力电缆

橡皮绝缘电力电缆的绝缘层为丁苯橡皮或丁基橡皮。6～35kV 的橡皮绝缘电缆，导线表面有半导体屏蔽层，绝缘层表面有半导电材料和金属材料组合而成的屏蔽层。多芯电缆绝缘线芯绞合时，采用具有防腐性能的纤维填充，并包以橡皮布带或涂胶玻璃纤维带，橡皮电缆的护套一般为聚氯乙烯或氯丁橡皮护套。

橡皮绝缘电缆的绝缘层柔软性最好，其导线的绞线根数比其他形式的电缆稍多，因此电缆的敷设安装简便，适用于落差较大和弯曲半径较小的场合。它可用于固定敷设的电力线路，也可用于定期移动的敷设线路。但是橡皮绝缘遇到油类时会很快损坏，在高电压作用下，容易受电晕作用产生裂缝，因此这种电缆一般用于

10kV 及以下电压等级。6～10kV 橡胶绝缘电力电缆结构如图 28-15 所示。

6. 阻燃电力电缆

阻燃电力电缆是在电缆绝缘或护层中添加阻燃剂，即使在明火烧烤下，电缆也不会燃烧。阻燃电力电缆的结构与相应的普通聚氯乙烯电力电缆和交联聚乙烯绝缘电力电缆的结构基本上相同，而用料有所不同。对于交联聚乙烯绝缘电力电缆，其填充物（填充绳）、绕包层、内衬层及外护套等，均在原用材料中加入阻燃剂，以防止火灾蔓延；有的电缆为了降低电缆火灾的毒性，电缆的外护套不用阻燃型聚氯乙烯，而用阻燃型聚烯烃材料。对于聚氯乙烯绝缘电力电缆，有的采用加阻燃剂的方法，有的则用低烟、低卤的聚氯乙烯料做绝缘，而绕包层和内衬层均用无卤阻燃料，外护套用阻燃型聚烯烃材料等。

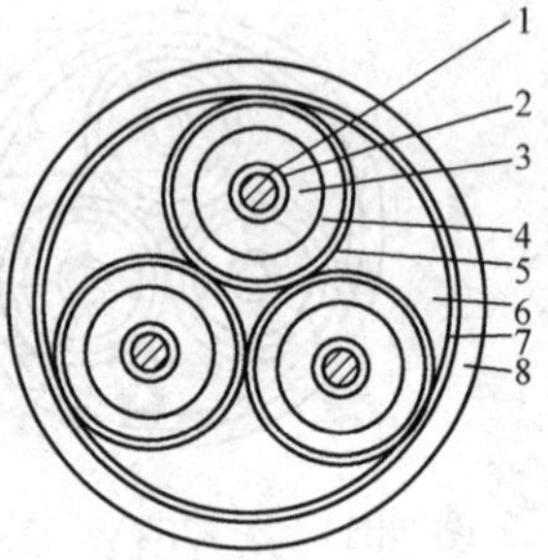

图 28-15　6～10kV 橡胶绝缘电力电缆结构

1—导体；2—导体屏蔽层；3—橡胶绝缘；4—半导电屏蔽层；5—铜带屏蔽层；6—填料；7—橡胶布带；8—聚氯乙烯外护套

7. 耐火电力电缆

耐火电力电缆是在导体外增加有耐火层，多芯电缆相间用耐火材料填充。其特点是可在发生火灾以后的火焰燃烧条件下，保持一定时间的供电，为消防救火和人员撤离提供电能和控制信号，从而大大减少火灾损失。耐火电力电缆主要用于 1kV 电缆线路中，适用于对防火有特殊要求的场合。

第三节　超高压电力电缆简介

在超高压输电技术中架空线路和电力电缆是并行两种方式，前者以空气为主绝缘，后者则选用具有高耐电强度与高介电系数的介质为绝缘介质，使其具有全封闭全屏蔽紧凑型的结构和一定的可挠性，大大地降低了对空间尺寸和环境条件的要求，这些独特的优势使其应用于广阔领域，诸如穿越水中、地下埋设等，在采取地下厂房的水电站应用较多。

一、500kV 充油电缆

1975 年第一条 500kV 电缆在日本问世，是在 278kV 电缆的基础上发展起来的传统的浸渍纸绝缘为主的充油电缆，利用终端头的外置压力油箱连接到由电缆芯线结构的中心油道，使沿线的浸渍纸绝缘始终保持有丰满的绝缘油膜，因而具有较高的可靠性和使用寿命。

500kV 充油电缆由于介质损耗系数较大，故其在超高压下传输大容量电能受到一定的限制。中国从 1964 年开始，66、110、220kV 及 330kV 充油电缆已按适用的电压等级相继在电网中运行，目前中国多家电缆厂均已掌握 500kV 及更高电压级充油电缆的制造技术。

中国生产的 500kV 充油电缆的工作油压为 0.4～0.8MPa。当敷设落差为 130m 时，下端电缆油压达 1.6～2.0MPa。电缆金属护套采用铅套或皱纹铝套，铅套充油电缆需要有非磁性金属带径向及纵向加固。皱纹铝套充油电缆不需金属带加固，可以满足电站对 500kV 电缆敷设高差 130m 的要求。

二、500kV 交联（XLPE）电缆

聚氯乙烯（PVC）、聚乙烯（PE）等为绝缘的挤塑电缆，随着石化工业产品工艺的完善、物理性能提高，能更好地适应于线缆工业的需求。1988 年由日本研制的 500kV 交联聚乙烯（XLPE）电缆问世，实现了电缆“无油化”的要求。XLPE 电缆介质损耗较低，传输容量较大，适合于高落差敷设，实现无油化。

500kV XLPE 电缆导体最高温度为 90℃，截面积范围为 800～2500mm²。

我国生产的 500kV 交联电缆主要型号有 YJLW02（03），YJTW02（03），YJQ02（03）等，生产能力超过 200km，其结构如图 28-16 所示（从内到外结构依次为 1～12）。

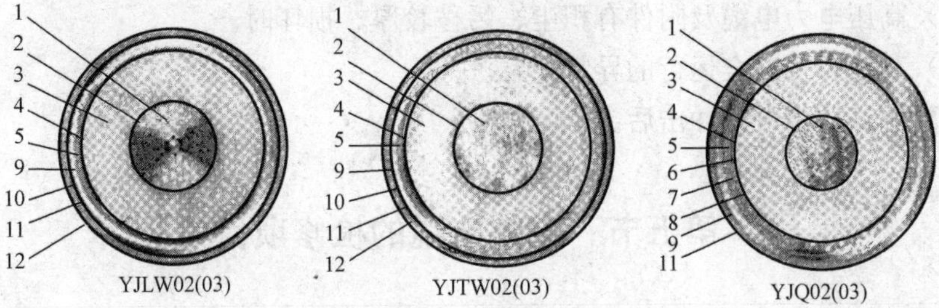

图 28-16　500kV 交联电缆结构图

1—导体；2—内半导电屏蔽；3—XLPE 绝缘；4—外半导电屏蔽；5—阻水层（缓冲层）；6—钢丝屏蔽；7—阻水层；8—铅套（铝塑复合带）；9—皱纹铝护套；10—沥青；11—外护套；12—半导电涂层

三、500kV 聚丙烯薄膜木纤维复合纸绝缘充油电缆（PPLP 电缆）

经过几十年对低损耗系数包带材料的探索与开发研究，聚丙烯薄膜木纤维复合纸（PPLP）已是公认的可以用来制造高压至特高压低损耗充油电缆的绝缘材料。PPLP 电缆损耗系数小，且其最大工作梯度比较高，为 17～18kV/mm（500kV 充油电缆最大工作梯度为 15kV/mm）。500kV PPLP 电缆绝缘厚度较薄，为 25mm（中国 500kV 充油电缆绝缘厚度为 31mm）。PPLP 电缆的金属套和外护层结构与充油电缆相同，500kV PPLP 电缆导体最高温度为 85℃，截面积范围为 800～2500mm²。

第四节　电力电缆的检修周期

电力电缆的检修一般没有特定的周期，各电站根据各自情况自行安排，下面以某大型电站的电力电缆的检修为例进行说明。

一、维护性检修

针对联络电缆和防汛电缆一年检修预防性试验一次，其他电缆每三年检修一次。

二、设备巡视

电缆廊道、电缆井、电缆桥架及电缆线段等，每月巡视一次。特殊情况下如发生洪水，暴雨时应进行专门的巡视，汛期应加强巡视。

三、临时性检修

当电缆存在有严重缺陷时，影响安全运行时或发生故障后进行的非计划性检修。出现下列情况之一时，电缆应退出运行，随时进行检修，并做相应的试验：

（1）绝缘不良、放电、闪络或击穿时。

（2）高压电力电缆及附件有积尘、污秽较厚、损坏时。

（3）其他影响安全运行的异常现象。

（4）短路故障电流冲击后。

第五节　电力电缆的检修项目

一、维护性检修项目

维护性检修分以下几个方面：

（1）高压电力电缆及附件检查、清除积尘、试验。

（2）电缆连接金具、绝缘件、接地（保护器）箱、交叉互联接地保护箱、绝缘子等的清洁及检查。

（3）电缆各电气连接部位检查。

（4）电缆护层保护接地检查包括：

1）电缆护层接地（保护器）箱、电缆护层交叉互联各电气连接检查试验。

2）接地线、同轴电缆连接检查。

二、巡视项目

巡视项目一般包括：

（1）电缆沟及电缆管整体状况。

(2) 电缆的铠装完好度。

(3) 电缆终端头套管应完整清洁。

(4) 引出线连接点有无发热现象。

(5) 油纸电缆终端头有无漏油现象。

(6) 电缆终端头接地有无松动现象。

(7) 电缆护层保护装置各连接与接地状况。

(8) 电缆外表是否有过热现象，是否有电晕噪声或放电声，有条件进行红外测温或成像。

(9) 电缆廊道照明及通风是否良好、桥架及防火构造是否正常。

三、临时性检修项目

电缆的常见故障及检修方法如表 28-1 所示。

表 28-1　电缆的常见故障及检修方法

故障现象	产生原因	检修方法
机械损伤	直接受外力破坏	依据损伤不同程度，采取相应措施
	安装过程中损伤	
	自然现象造成的	
绝缘受潮	绝缘盒、终端盒不密封	割去受潮段电缆，重新安装中间接头盒或终端盒
	制造不良或外物刺穿，护套有小孔或裂缝	检查导体中有无水分，采取相应干燥处理措施
绝缘老化变质	长期过载	减小负载
	附近有热源	采取隔离措施
电缆短路	遭受外界机械损伤造成相间或对地短路	用试验方法测定出故障点，然后切断，安装中间接头盒
电缆断路	外界机械破坏使线芯断裂或整个断裂	
终端头浸水爆炸	运行维护不善	加强维护和防止浸水
中间接头爆炸	过负荷引起接头盒内绝缘胶膨胀	减小负荷，更换新品或采取相应措施
	导体连接不良	
	封铅漏水	

第二十九章　电力电缆的敷设和护层的保护

第一节　电力电缆的敷设

一、电缆敷设前的检查与准备

（1）电缆通道畅通，排水良好，清除所有杂物。

（2）通道内照明、防火、通风符合要求。

（3）电缆线路通过的构筑物、电缆沟及隧道等土建部分的转弯处，其转弯半径不应小于所敷设电缆的最小允许弯曲半径。电缆的最小弯曲半径应符合表 29-1 的规定。

表 29-1　　电缆最小弯曲半径

<table>
<tr><th colspan="3">电缆型式</th><th>多芯</th><th>单芯</th></tr>
<tr><td colspan="3">控制电缆</td><td>$10D$</td><td></td></tr>
<tr><td rowspan="3">橡皮绝缘电力电缆</td><td colspan="2">无铅包、钢铠护套</td><td colspan="2">$10D$</td></tr>
<tr><td colspan="2">裸铅包护套</td><td colspan="2">$15D$</td></tr>
<tr><td colspan="2">钢铠护套</td><td colspan="2">$20D$</td></tr>
<tr><td colspan="3">聚氯乙烯绝缘电力电缆</td><td colspan="2">$10D$</td></tr>
<tr><td colspan="3">交联聚乙烯绝缘电力电缆</td><td>$15D$</td><td>$20D$</td></tr>
<tr><td rowspan="3">油浸纸绝缘电力电缆</td><td colspan="2">铅包</td><td colspan="2">$30D$</td></tr>
<tr><td rowspan="2">铅包</td><td>有铠装</td><td>$15D$</td><td>$20D$</td></tr>
<tr><td>无铠装</td><td>$20D$</td><td></td></tr>
<tr><td colspan="3">自容式充油（铅包）电缆</td><td></td><td>$20D$</td></tr>
</table>

注　表中 D 为电缆外径。

（4）核查电缆型号、电压、规格是否符合设计要求。

（5）电缆外观应无损伤、绝缘良好，当对电缆的密封有怀疑时，应进行潮湿判断。

（6）直埋电缆应经试验合格。

（7）电缆放线架应放置稳妥，钢轴的强度和长度应与电缆盘质量和宽度相配合。

（8）敷设前应按设计和实际路径计算每根电缆的长度，合理安排每盘电缆，减少电缆接头。

(9) 在带电区域内敷设电缆，应有可靠的安全措施。

(10) 金属部分的防腐层完整。

二、电缆敷设一般要求

(1) 电缆敷设时，不应损坏电缆沟、隧道、电缆井和人井的防水层。

(2) 三相四线制系统中应采用四芯电力电缆，不应采用三芯电缆另加一根单芯电缆或以导线、电缆金属护套作中性线，以防止三相系统电流不平衡时，在金属护套和铠装层中由于电磁感应会产生感应电压和感应电流而发热，造成电能的损失。

(3) 并联使用的电力电缆其长度、型号、规格宜相同。

(4) 电力电缆在终端头和中间接头附近宜留有备用长度。

(5) 电缆各支持点间的距离应符合设计规定。当设计无规定时，不应大于表29-2中所列数值。

表 29-2　　电缆各支持点间的距离　　mm

电缆种类		敷设方式	
		水平	垂直
电力电缆	全塑型	400	1000
	除全塑型外的中低压电缆	800	1500
	35kV及以上高压电缆	1500	2000

注　全塑型电力电缆水平敷设沿支架能把电缆固定时，支持点间的距离允许为800mm。

(6) 黏性油浸纸绝缘电缆最高点与最低点之间的最大位差，不应超过表29-3的规定，当不能满足要求时，应采用适应于高位差的电缆。

表 29-3　　黏性油浸纸绝缘铅包电力电缆的最大允许敷设位差

电压（kV）	电缆护层结构	最大允许敷设位差（m）
1	无铠装	20
	铠装	25
6～10	铠装或无铠装	15
35	铠装或无铠装	5

(7) 电缆敷设时，电缆应从盘的上端引出，不应使电缆在支架上及地面摩擦拖拉。电缆上不得有铠装压扁、电缆绞拧、护层折裂等未消除的机械损伤。用机械敷设电缆时的最大牵引强度宜符合表29-4的规定，充油电缆总拉力不应超过27kN。

表 29-4　　电缆最大牵引强度　　N/mm^2

牵引方式	牵引头		钢丝网套		
受力部位	铜芯	铝芯	铅套	铝套	塑料护套
允许牵引强度	70	40	10	40	7

(8) 机械敷设电缆的速度不宜超过 15m/min，在复杂的条件下用机械敷设大截面电缆时，应进行施工组织设计，确定敷设方法、线盘架设位置、电缆牵引方向，校核牵引力和侧压力，配备敷设人员和机具。

(9) 敷设电缆时，电缆允许敷设最低温度，在敷设前 24h 内的平均温度以及敷设现场的温度不应低于表 29-5 的规定；当温度低于表 29-5 规定值时，应采取措施。

表 29-5　　电缆允许敷设最低温度

电缆类型	电缆结构	允许敷设最低温度（℃）
油浸纸绝缘电力电缆	充油电缆	−10
	其他油纸电缆	0
橡皮绝缘电力电缆	橡皮或聚氯乙烯护套	−15
	裸铅套	−20
	铅护套钢带铠装	−7
塑料绝缘电力电缆		0
交联聚乙烯绝缘电力电缆	钢带铠装	0

(10) 电力电缆接头的布置应符合下列要求：

1) 并列敷设的电缆，其接头的位置宜相互错开。

2) 电缆明敷时的接头，应用托板托置固定。

3) 直埋电缆接头盒外面应有防止机械损伤的保护盒（环氧树脂接头盒除外）。

4) 位于冻土层内的保护盒，盒内宜注以沥青。

(11) 电缆的固定，在下列地方应将电缆加以固定：

1) 垂直敷设或超过 45°倾斜敷设的电缆。

2) 在电缆首末两端及转弯、电缆接头的两端处。

3) 当对电缆间距有要求时，每隔 5～10m 处。

4) 单芯电缆的固定应符合设计要求。

(12) 电缆进入电缆沟、隧道、竖井、建筑物、盘（柜）以及穿入管子时，出入口应封闭，管口应密封。装有避雷针的照明灯塔，电缆敷设时尚应符合现行《电气装置安装工程接地装置施工及验收规范》（GB 50169）的有关要求。

（13）电缆的排列，应符合下列要求：电力电缆和控制电缆不应配置在同一层支架上。高低压电力电缆，强电、弱电控制电缆应按顺序分层配置，一般情况宜由上而下配置。

（14）在下列地点，电缆应有一定机械强度的保护管或加装保护罩。

1）电缆进入建筑物、隧道、穿过楼板及墙壁处。

2）从沟道引至电杆、设备、墙外表面或屋内行人容易接近处，距地面高度 2m 以下的一段。

3）其他可能受到机械损伤的地方。保护管埋入非混凝土地面的深度不应小于 100mm。

（15）电缆之间，电缆与其他管道、道路、建筑物等之间平行和交叉时的最小净距，应符合表 29-6 的规定。严禁将电缆平行敷设于管道的上方或下方。特殊情况应按下列规定执行。

表 29-6　电缆之间，电缆与管道、道路、建筑物之间平行和交叉时的最小净距　m

项　目		平 行	交 叉
电力电缆间及其与控制电缆间	10kV 及以下	0.10	0.50
	10kV 以上	0.25	0.50
控制电缆间		—	0.50
不同使用部门的电缆间		0.50	0.50
热管道（管沟）及热力设备		2.00	0.50
油管道（管沟）		1.00	0.50
可燃气体及易燃液体管道（沟）		1.00	0.50
其他管道（管沟）		0.50	0.50
铁路路轨		3.00	1.00
电气化铁路路轨	交　流	3.00	1.00
	直　流	10.0	1.00
公路		1.50	1.00
城市街道路面		1.00	0.70
杆基础（边线）		1.00	—
建筑物基础（边线）		0.60	—
排水沟		1.00	0.50

注 1. 电缆与公路平行的净距，当情况特殊时可酌减。

2. 当电缆穿管或者其他管道有保温层等防护设施时，表中净距应从管壁或防护设施的外壁算起。

1）电力电缆间及其与控制电缆间或不同使用部门的电缆间，当电缆穿管或用隔板隔开时，平行净距可降低为0.1m。电力电缆间、控制电缆间以及它们相互之间，不同使用部门的电缆间在交叉点前后1m范围内，当电缆穿入管中或用隔板隔开时，其交叉净距可降为0.25m。电缆与热管道（沟）、油管道（沟）、可燃气体及易燃液体管道（沟）、热力设备或其他管道（沟）之间，虽净距能满足要求，但检修管路可能伤及电缆时，在交叉点前后1m范围内，尚应采取保护措施；当交叉净距不能满足要求时，应将电缆穿入管中，其净距可减为0.25m。电缆与热管道（沟）及热力设备平行、交叉时，应采取隔热措施，使电缆周围土壤的温升不超过10℃。

2）电缆与铁路、公路、城市街道、厂区道路交叉时，应敷设于坚固的保护管或隧道内。电缆管的两端宜伸出道路路基两边各2m；伸出排水沟0.5m；在城市街道应伸出车道路面。

3）直埋电缆的上、下部应铺以不小于100mm厚的软土或沙层，并加盖保护板，其覆盖宽度应超过电缆两侧各50mm，保护板可采用混凝土盖板或砖块。软土或沙子中不应有石块或其他硬质杂物。直埋电缆在直线段每隔50～100m处、电缆接头处、转弯处、进入建筑物等处，应设置明显的方位标志或标桩。直埋电缆回填土前，应经隐蔽工程验收合格。回填土应分层夯实。

4）木桥上的电缆应穿管敷设。在其他结构的桥上敷设的电缆，应在人行道下设电缆沟或穿入由耐火材料制成的管道中。在人不易接触处，电缆可在桥上裸露敷设，但应采取避免太阳直接照射的措施。悬吊架设的电缆与桥梁架构之间的净距不应小于0.5m。在经常受到震动的桥梁上敷设的电缆，应有防震措施。桥墩两端和伸缩缝处的电缆，应留有松弛部分。

第二节　电力电缆护层的保护

一、电缆护层的接地

通常35kV以下电压等级的电缆都采用两端接地方式，当电压超过35kV时，大多数采用单芯电缆，单芯电缆的导体与金属护套的关系，可以看作是一个变压器的一次绕组与二次绕组。当电缆导体通过交流电流时，其周围产生的一部分磁力线与金属护套交链，使金属护套产生感应电压。例如某电站，有一回220kV、截面270mm^2、长度370m的单芯充油电缆线路，设计传输容量为90MVA，运行中进行了测量试验，当电缆带负荷约30%时，进行两端接地或一端接地，测量金属护套的环行电流及其感应电压，测试结果见表29-7。

表 29-7　　某电厂电缆线路金属护套接地电流、电压测试记录

电缆负荷			实测值		
相别	功率 (MW)	导体电流 (A)	两端接地护套环流 (A)	环流与导体电流之比 (%)	一端接地时，另端护套电压
A	28	75	34	45.3	5.2
B	28	75	32	42.6	4.9
C	28	75	41.5	55.3	6.75

表 29-7 中所列电缆线路长度仅为 370m，测试时的负荷电流还不到设计传输容量的 30%，如果负荷达到满负荷，电缆线路长度更大时，金属护套环流或金属护套电压都会成比例地增加，达到很大的数值。

为了减少金属护套损耗，提高电缆的输送容量，在高压电缆中常使金属护套对地绝缘，并在施工时根据线路的不同情况按照经济合理的原则在护套的一定位置采用特殊的连接和接地方式，装置护层绝缘保护器（以下简称保护器）等，以保证金属护套在最高电压时对地绝缘正常。

二、电缆护层的连接和接地方式

1. 金属护套两端接地

单芯电缆金属护套上的感应电压与电缆的长度和负荷电流有很大关系。对电缆线路很短（长度一般小于 300m），传输功率很小时，金属护套上的感应电压极小，金属护套两端接地形成通路后，护套中的环流也很小，造成的损耗不显著，对电缆的载流量影响不大，电缆线路可以采用金属护套两端接地。金属护套两端接地后，不需要装设保护器，金属护套两端接地的方式如图 29-1 所示。

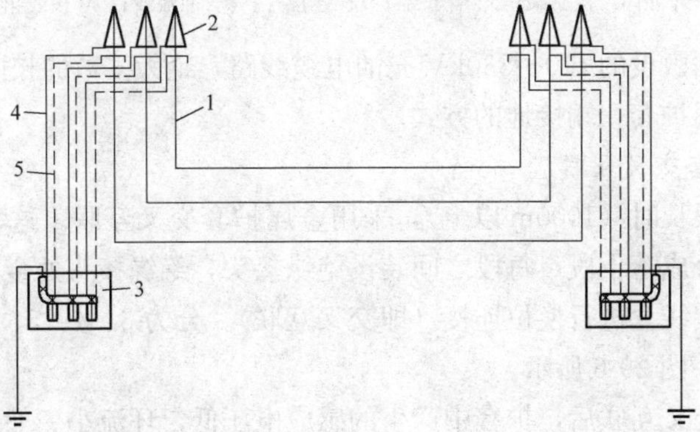

图 29-1　金属护套两端接地的电缆线路示意图

1—电缆；2—终端；3—接地箱；4—金属护套接地多股绞线；5—支架接地引线

2. 金属护套一端接地

对于电缆长度不太长（长度大约在500m及以下）的单芯电缆，电缆金属护套可以采用一端直接接地（通常在终端位置接地），另一端经护层保护器接地（见图29-2），金属护套的其他部位对地绝缘。这样金属护套没有构成电流通路，金属护套基本上没有环行电流，从而提高了电缆的输送容量。

金属护套一端接地的电缆线路，还必须安装一条沿电缆线路平行敷设的导体，导体的两端接地，这种导体称为回流线。为了避免正常运行时回流线内出现环行电流，敷设导体时应使其与中间一相电缆的距离为0.7s（s为相邻电缆轴间距离），并在电缆线路的一半处换位。回流线两端应可靠接地，其截面积应满足短路电流热稳定的要求。

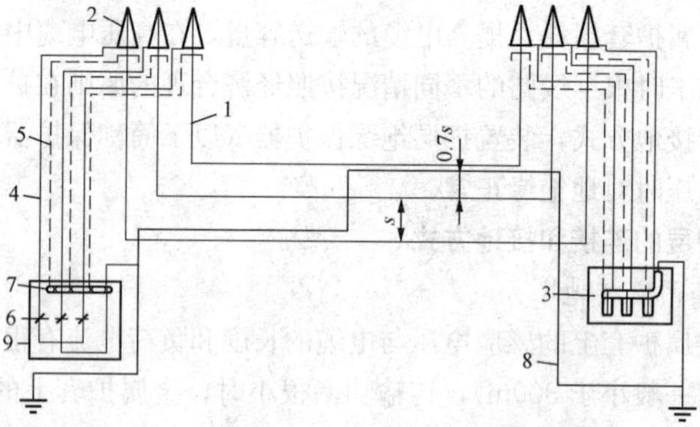

图 29-2　金属护套一端接地的电缆线路示意图

1—电缆；2—终端；3—接地箱；4—同轴电缆内导体，接金属护套；5—同轴电缆外导体，接支架；6—保护器；7—连接片；8—回流线；9—接线箱

我国水电站敷设的110～330kV充油电缆线路，绝大多数的长度在500m以内，普遍采用了金属护套一端接地的方式。

3. 金属护套交叉互联

电缆线路很长时（1000m以上），采用金属护套交叉互联。这种方法是将电缆线路的护层等分成若干段，每段之间装设绝缘接头，绝缘接头处金属护套三相之间用同轴引线经接线盒进行换位连接（即交叉互联）。分为3、4、5、6段时交叉互联方式如图29-3～图29-6所示。

金属护套交叉互联后，护套中产生的感应电压低，环流小。如果电缆线路的三相是对称排列的，则各段金属护套感应电压相位差为120°，并且幅值相等，因此两个接地点之间的电位差为零，这样在金属护套上就不可能产生环流，电缆线路上金属护套电压即为每一段长度上的感应电压可以实现限制在50V以内。如果电缆

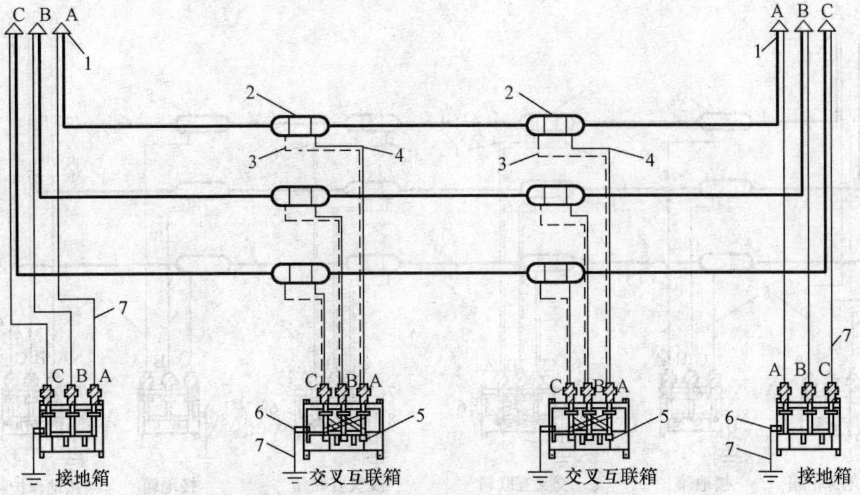

图 29-3　单芯电缆护层保护示意图 3 小段

1—电缆终端头；2—电缆中间绝缘接头；3—同轴电缆内导体；4—同轴电缆外导体；5—电缆护层保护器；6—接线端子；7—接地线

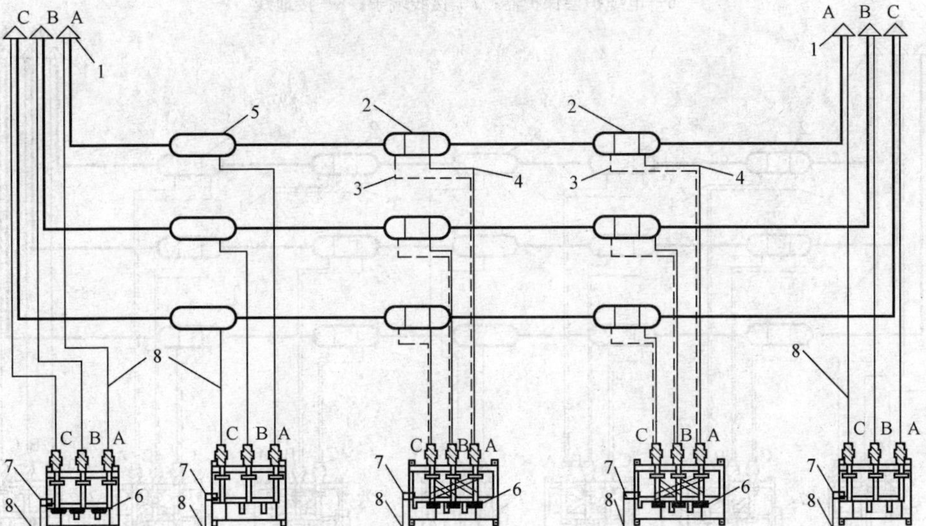

图 29-4　单芯电缆护层保护示意图 4 小段

1—电缆终端头；2—电缆中间绝缘接头；3—同轴电缆内导体；4—同轴电缆外导体；5—直通接头；6—电缆护层保护器；7—接线端子；8—接地线

排列不对称时，如水平排列时，中相感应电压较边相低。虽然各个小段金属护套的长度相等，三相金属护套电压的相量和有一个很小的合成电压，经两端接地在金属

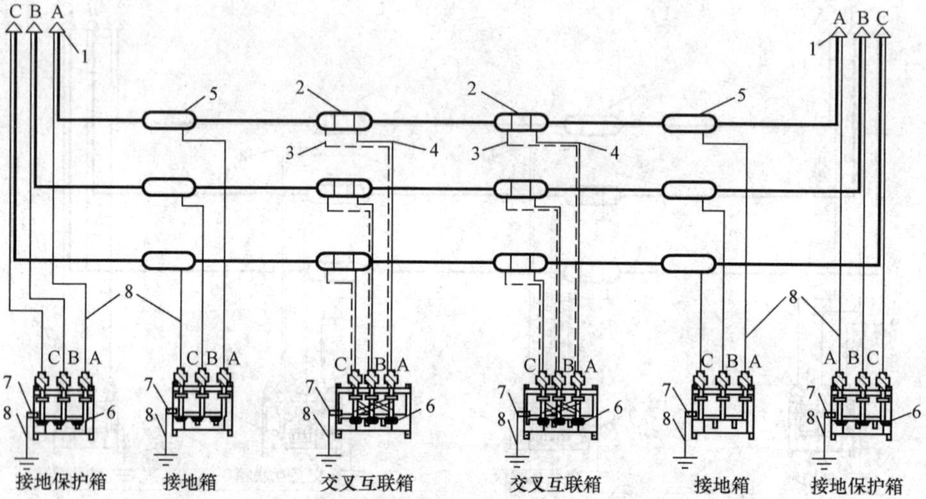

图 29-5　单芯电缆护层保护示意图 5 小段

1—电缆终端头；2—电缆中间绝缘接头；3—同轴电缆内导体；4—同轴电缆外导体；5—直通接头；6—电缆护层保护器；7—接线端子；8—接地线

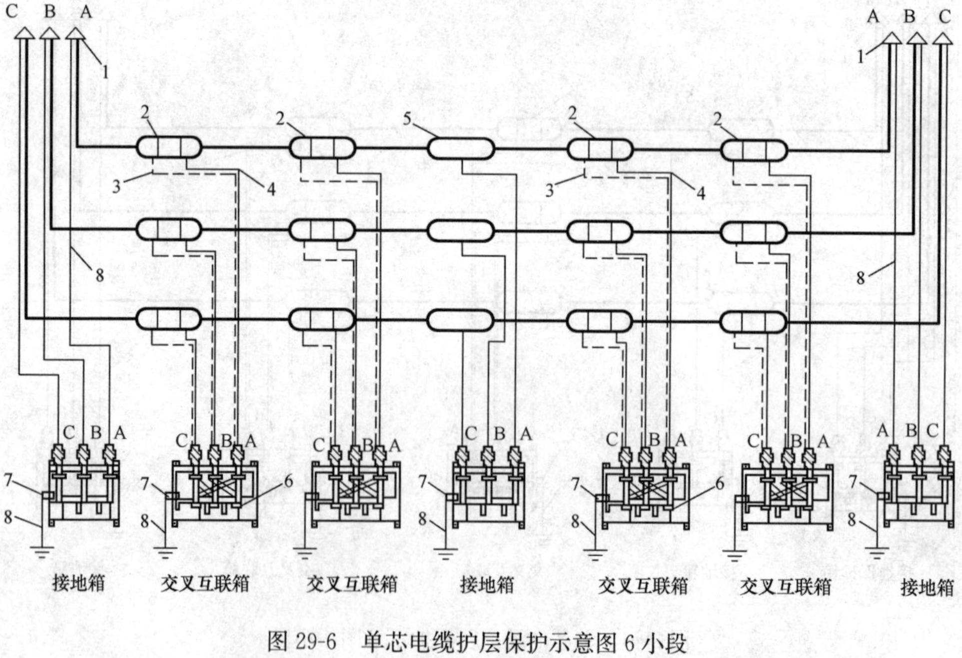

图 29-6　单芯电缆护层保护示意图 6 小段

1—电缆终端头；2—电缆中间绝缘接头；3—同轴电缆内导体；4—同轴电缆外导体；5—直通接头；6—电缆护层保护器；7—接线端子；8—接地线

护套内形成环流，但接地极和大地之间有一定的电阻，故电流很小。

采用电缆换位及金属护套交叉互联的方法，可以将环流减低为零，将电缆线路分段，金属护套交叉互联，同时将三相电缆连续的进行换位，这样不但对称排列的三相电缆金属护套电位相量为零，就是在不对称的水平排列三相电缆中，由于电缆每小段进行了换位，每大段全换位，三相电缆金属护套感应电压相等，相位差120°，其相量和为零，就消除了环流。

三、ZJD 护层保护器的安装工艺

以国产 ZJD-B 型接地箱、ZJDB-B 型接地保护箱和 FCD 型电缆交叉互联箱的安装进行说明，其他型式的保护器可参考。

1. ZJD-B 型接地箱、ZJDB-B 型接地保护箱的安装流程

ZJD-B 型接地箱、ZJDB-B 型接地保护箱的结构如图 29-7 所示，安装流程如下：

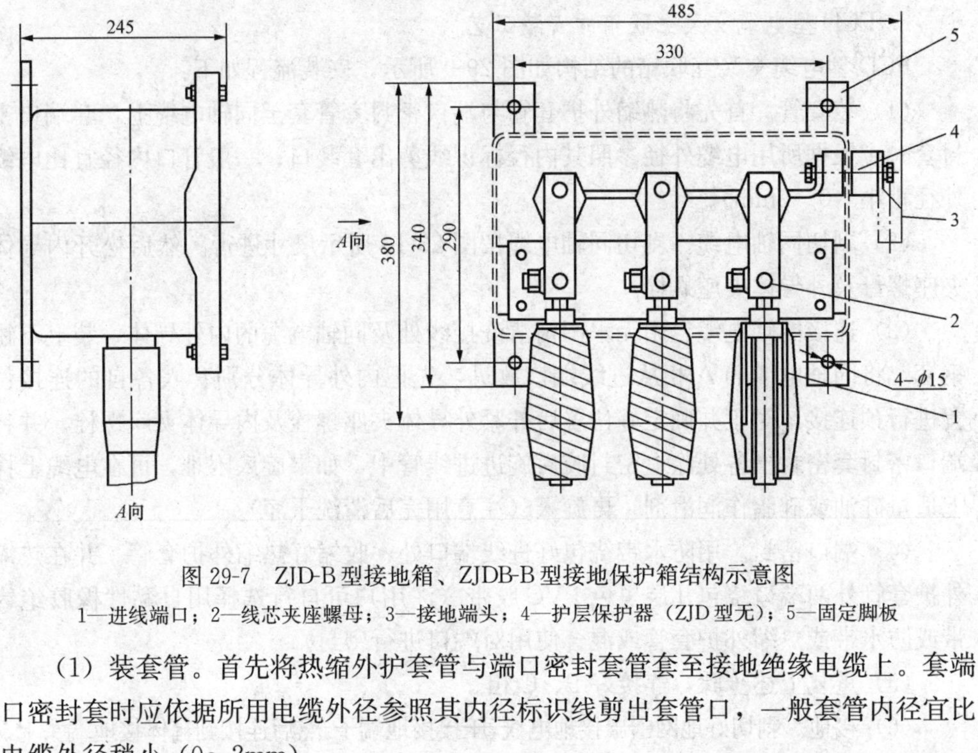

图 29-7　ZJD-B 型接地箱、ZJDB-B 型接地保护箱结构示意图

1—进线端口；2—线芯夹座螺母；3—接地端头；4—护层保护器（ZJD 型无）；5—固定脚板

（1）装套管。首先将热缩外护套管与端口密封套管套至接地绝缘电缆上。套端口密封套时应依据所用电缆外径参照其内径标识线剪出套管口，一般套管内径宜比电缆外径稍小（0～2mm）。

（2）剥切接地绝缘电缆。剥切接地绝缘电缆按图 29-8 所示尺寸进行。然后松开压接导体处的螺栓。

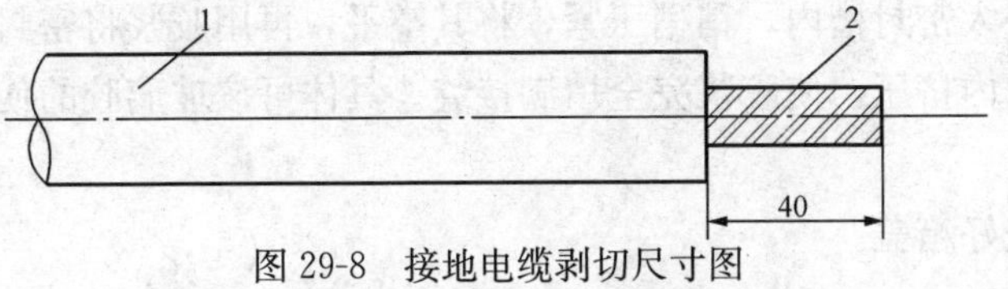

图 29-8　接地电缆剥切尺寸图

1—接地绝缘电缆；2—导体

（3）清洁。用无水酒精清洗接线处及接地绝缘电缆导体，首先是 A 相，将电缆的 A 相导体套入导

体夹座的孔中进行预连接，对正并确定好位置后用无水酒精清洗接线处及导体，之后拧紧螺栓。并将密封套管用力旋进进线管中。

（4）热缩和密封。用防水带绕包好进、出线端口处，收缩好热缩外护套管。并在热缩护套管外两端口绕包几层黑色 PVC 带，确保密封。

（5）依上连接好 B、C 相。

（6）压接接地端子。剥切好地网引出接地电线，压接接地端子，然后连接到箱体接地端头上。

（7）盖好箱盖。

（8）清理好工作现场。

2. FCD 型电缆交叉互联箱的安装工艺

FCD 型电缆交叉互联箱的结构如图 29-9 所示，安装流程如下：

（1）装套管。首先将热缩外护套管与端口密封套管套至同轴电缆上，套端口密封套时应根据所用电缆外径参照其内径标识线剪出套装口，一般管口内径宜比电缆外径稍小（0～2mm）。

（2）剥切同轴电缆。剥切同轴电缆按图 29-10 所示尺寸进行。然后松开内导体夹座螺母及外导体夹座螺栓。

（3）连接同轴电缆。用无水酒精清洗接线处及同轴电缆的内外导体，装上不锈钢套，将同轴电缆的 A 相从进线端口放进，先把内外导体分别套入各自的连接位置进行预连接，对正并确定好位置后拧紧外导体夹座螺栓及内导体夹座螺栓。并将端口密封套密封槽各处涂上密封胶后旋进进线管中，如果旋入困难，可在电缆上抹上适量硅油或硅脂作润滑剂，再旋入（注意用完后清洗干净）。

（4）端口密封。用防水带绕包好进线端口处，收缩好热缩外护套管。并在热缩外护套管外两端口绕包几层黑色 PVC 胶带（注用户可自行选择用自黏性橡胶绝缘带或防水带或热缩外护套管或混合使用对端口进行密封）。

（5）重复上述步骤，连接好 B、C 相。

（6）接地。剥切好地网引出接地电线，压接接地端子，然后连接到箱体接地端头上。

（7）装有机玻璃密封盖。先用清洁巾将密封槽和有机玻璃盖板清洗干净，吹干。取出配套的玻璃胶，剪齐出口，用手动注胶枪向密封槽内先注入约为槽深一半的胶后，将有机玻璃盖板嵌入密封槽内，稍稍压紧，将其整平，再用胶浆将密封槽填满，然后用刮刀进一步向内挤压，使胶浆完全填满接缝。具体可按玻璃胶的使用说明书操作。

（8）安装好密封垫，盖好箱盖。

（9）清理好工作现场。

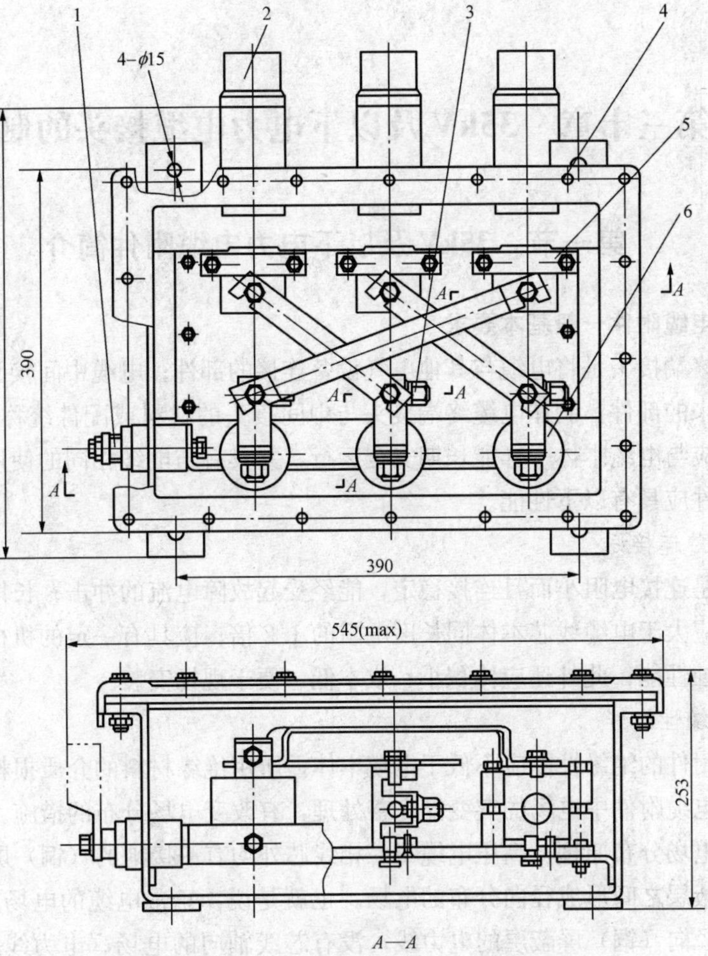

图 29-9　FCD 型电缆交叉互联箱内部结构示意图

1—接地端头；2—进线端口；3—内线芯夹座螺母；4—固定脚板；5—外线芯夹座；6—护层保护器

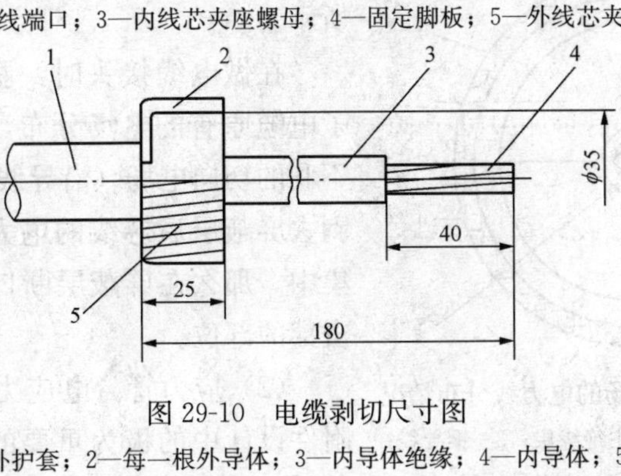

图 29-10　电缆剥切尺寸图

1—同轴电缆外护套；2—每一根外导体；3—内导体绝缘；4—内导体；5—外导体

第三十章 35kV及以下电力电缆接头的制作

第一节 35kV及以下电力电缆附件简介

一、电缆附件一般基本要求

电缆终端接头是将电缆与其他电气设备连接的部件；电缆中间接头是将两根电缆连接起来的部件；制作电缆终端接头与中间接头的材料或配件统称为电缆附件。电缆附件应与电缆本体一样能长期安全运行，并具有与电缆相同的使用寿命，良好的电缆附件应具有以下性能。

1. 线芯连接好

主要是连接电阻小而且连接稳定，能经受起故障电流的冲击；长期运行后其接触电阻不应大于电缆线芯本体同长度电阻的1.2倍；应具有一定的机械强度、耐振动、耐腐蚀性能；此外还应体积小、成本低、便于现场安装。

2. 绝缘性能好

电缆附件的绝缘性能应不低于电缆本体，所用绝缘材料的介质损耗要低，在结构上应对电缆附件中电场的突变能完善处理，有改变电场分布的措施。

(1) 电场分布原理。高压电缆每一相线芯外均有一接地的（铜）屏蔽层，导电线芯与屏蔽层之间形成径向分布的电场。也就是说，正常电缆的电场只有从（铜）导线沿半径向（铜）屏蔽层的电力线，没有芯线轴向的电场（电力线），电场分布是均匀的。电场的电力线分布情况如图30-1所示。

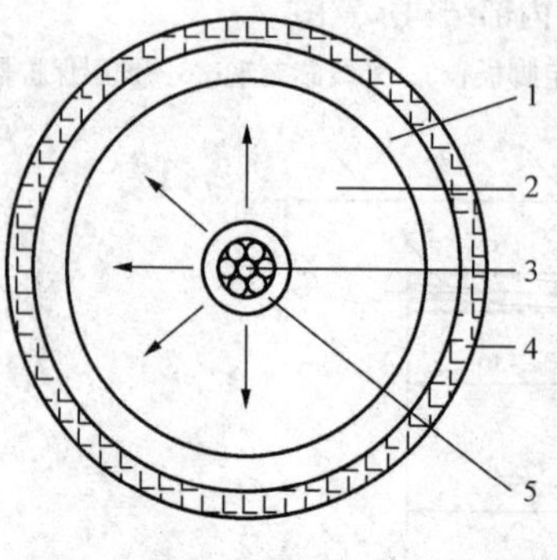

图30-1 电缆中电场的电力线分布情况
1—外半导体层；2—主绝缘层；3—铜导线；4—铜屏蔽层；5—内半导体层

在做电缆接头时，剥去了屏蔽层，改变了电缆原有的电场分布，将产生对绝缘极为不利的切向电场（沿导线轴向的电力线）。在剥去屏蔽层后芯线的电力线向屏蔽层断口处集中。那么在屏蔽层断口处就是电缆最容易击穿的部位。

(2) 应力管。电应力控制是中高压电缆附件设计中的极为重要的部分。电应力控制是对电缆附件内部的电场分布和电场强度实行控制，也就是采取适当的措施，使得电场分布和电场强度处于最佳状态，从而提高电缆附件运行的可靠性和使用寿命。

电缆最容易击穿的屏蔽层断口处，我们采取分散集中的电力线（电应力），用介电常数为 20～30，体积电阻率为 $10^{8}\sim10^{12}\Omega\cdot cm$ 材料制作的电应力控制管（简称应力管），套在屏蔽层断口处，以分散断口处的电场应力（电力线），保证电缆能可靠运行。没装应力管的断口处电场分布情况如图 30-2 所示，装设应力管的断口处电场分布情况如图 30-3 所示。

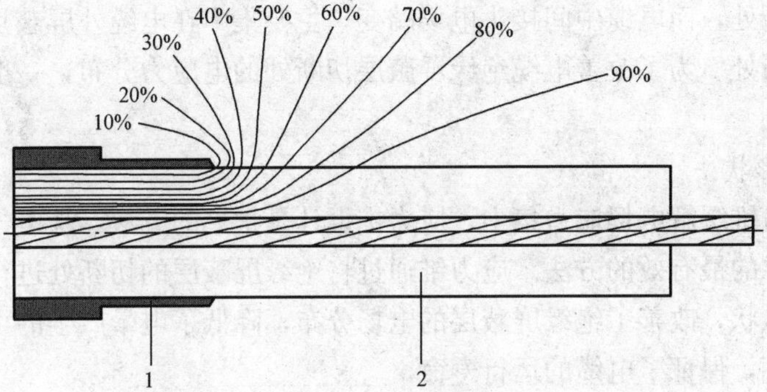

图 30-2　没装应力管断口电场分布情况

1—半导体层；2—线芯绝缘层

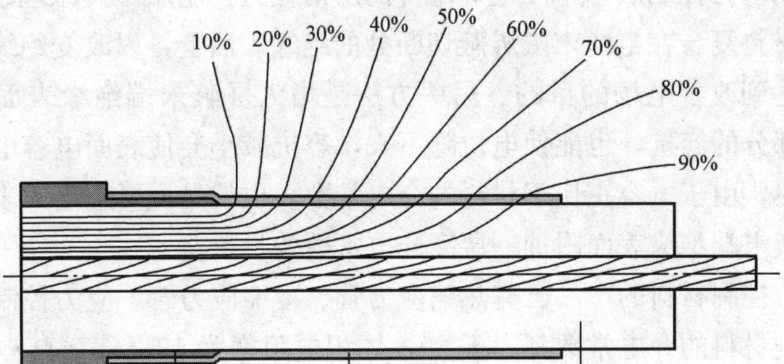

图 30-3　装设了应力管的断口处电场分布情况

1—半导体层；2—应力管；3—线芯绝缘层

要使电缆可靠运行，电缆头制作中应力管非常重要，而应力管是在不破坏主绝缘层的基础上，才能达到分散电应力的效果的。在电缆本体中，芯线外表面不可能是标准圆，芯线对屏蔽层的距离会不相等，根据电场原理，电场强度也会有大小，这对电缆绝缘也是不利的。为尽量使电缆内部电场均匀，芯线外有一外表面圆形的半导体层，使主绝缘层的厚度基本相等，达到电场均匀分布的目的。

为尽量使电缆在屏蔽层断口处电场应力分散，应力管与铜屏蔽层的接触长度要求不小于20mm，短了会使应力管的接触面不足，应力管上的电力线会传导不足(因为应力管长度是一定的)，长了会使电场分散区（段）减小，电场分散不足。一般为20～25mm。

二、电缆接头电应力控制方法

对于电缆终端而言，电场畸变最为严重，影响电缆终端运行可靠性最大的是电缆外屏蔽切断处，而电缆中间接头电场畸变，主要集中在电缆外屏蔽切断处和电缆末端绝缘切断处。为了改善电缆绝缘屏蔽层切断处的电应力分布，一般采用以下几种方法。

1. 几何形状法

采用应力锥缓解电场应力集中：应力锥设计是常见的方法，从电气的角度上来看也是最可靠的最有效的方法。应力锥通过将绝缘屏蔽层的切断处进行延伸，使零电位形成喇叭状，改善了绝缘屏蔽层的电场分布，降低了电晕产生的可能性，减少了绝缘的破坏，保证了电缆的运行寿命。

采用应力锥设计的电缆附件有绕包式终端、预制式终端、冷缩式终端。

2. 参数控制法

（1）采用应力控制层。中压电缆附件的所谓应力控制层。其原理是采用合适的电气参数的材料复合在电缆末端屏蔽切断处的绝缘表面上，以改变绝缘表面的电位分布，从而达到改善电场的目的。另一方法是增大屏蔽末端绝缘表面电容（C_s），从而降低这部分的容抗，也能使电位降下来，容抗减小会使表面电容电流增加，但不会导致发热，由于电容正比于材料的介电常数，也就是说要想增大表面电容，可以在电缆屏蔽末端绝缘表面附加一层高介电常数的材料。

目前应力控制材料的产品已有热缩应力管、冷缩应力管、应力控制带等，一般这些应力控制材料的介电常数都大于20，体积电阻率为10^8～$10^{12}\Omega\cdot cm$。应力控制材料的应用，要兼顾应力控制和体积电阻两项技术要求。

虽然在理论上介电常数是越高越好，但是介电常数过大引起的电容电流也会产生热量，促使应力控制材料老化。同时应力控制材料作为一种高分子多相结构复合材料，在材料本身配合上，介电常数与体积电阻率是一对矛盾体，介电常数做得越高，体积电阻率相应就会降低，并且材料电气参数的稳定性也常常受到各种因素的影响，在长时间电场中运行，温度、外部环境变化都将使应力控制材料老化，老化后的应力控制材料的体积电阻率会发生很大的变化，体积电阻率变大，应力控制材料成了绝缘材料，起不到改善电场的作用，体积电阻率变小，应力控制材料成了导电材料，使电缆出现故障。这就是应用应力控制材料改善电场的热缩式电缆附件为什么只能用于中压电力电缆线路和热缩式电缆附件经常出现故障的原因所在，同样采用冷缩应力管和应力控制带的电缆附件也有类似问题。

（2）采用非线性电阻材料。非线性电阻材料（FSD）也是近期发展起来的一种新型材料，它利用材料本身电阻率与外施电场成非线性关系变化的特性，来解决电缆绝缘屏蔽切断处电场集中分布的问题。非线性电阻材料具有对不同的电压有变化电阻值的特性。当电压很低的时候，呈现出较大的电阻性能；当电压很高的时候，呈现出较小的电阻性能。采用非线性电阻材料能够生产出较短的应力控制管，从而解决电缆采用高介电常数应力控制管终端无法适用于小型开关柜的问题。

非线性电阻材料亦可制成非线性电阻片（应力控制片），直接绕包在电缆绝缘屏蔽切断处上，缓解这一点的应力集中的问题。

三、35kV 及以下电缆附件的分类和结构特点

35kV 及以下电缆终端和中间接头的品种很多，按照它们的用途进行的分类的情况如表 30-1 所示，它反映了各种电缆附件在电缆线路中的部位及其作用。

表 30-1　35kV 及以下电缆终端和中间接头按用途分类的品种

类型	品　种	用　途
终端	户内终端	安装在室内环境下使电缆与供用电设备相连接。在既不受阳光直接辐射又不暴露在大气环境下使用的终端
	户外终端	安装在室外环境下使电缆与架空线或其他室外电气设备相连接。在受阳光直接辐射，或者暴露在大气环境下使用的终端
	设备终端（固定式和可分离式）	电缆直接与电气设备相连接，高压导电金属处于全绝缘状态而不暴露在空气中
接头	直通接头	连接两根同一线路上的相邻电缆
	分支接头	将支线电缆连接到干线电缆上去。支线电缆与干线电缆近乎垂直的接头称为 T 形分支接头；近乎平行的接头称为 Y 形分支接头；在干线电缆某处同时分出两根分支电缆，称为 X 形分支接头
	过渡接头	连接两根不同绝缘类型电缆，例如将交联电缆与油浸纸电缆连接的接头
	堵油接头	用于落差大于规定值的油浸纸电缆线路里。接头内将油路截断，以防止高端电缆绝缘油干枯，低端电缆绝缘油压超过规定值
	转换接头	连接多芯电缆与单芯电线，多芯电缆中的每相导体分别与一根单芯电缆导体连接
	绝缘接头	用于大长度电缆线路里，使接头两端电缆的金属护套和电缆绝缘屏蔽层在电气上断开，以交叉互连，减少护层损耗

按主绝缘成型工艺分类的电缆附件品种如表 30-2 所示。

表 30-2　35kV 及以下电缆终端和中间接头按主绝缘成型工艺分类的品种

品　种	结　构　特　征	适用范围
绕包式电缆附件	绝缘和屏蔽都是带材（通常是橡胶自黏带）绕包而成的电缆附件	适用于中低压挤包绝缘电缆终端和接头
热缩式电缆附件	将具有电缆附件所需要的各种性能的热缩管材、分支套和雨裙（户外终端）套装在经过处理后的电缆末端或接头处，加热收缩而形成的电缆附件	适用于中低压级挤包绝缘电缆和油浸纸绝缘电缆终端和接头
预制式电缆附件	利用橡胶材料，将电缆附件里的增强绝缘和半导电屏蔽层在工厂内模制成一个整体或若干部件，现场套装在经过处理后的电缆末端或接头处而形成的电缆附件	适用于中压（6～35kV）级挤包绝缘电缆终端和接头
冷缩式电缆附件	利用橡胶材料将电缆附件的增强绝缘和应力控制部件（如果有的话）在工厂里模制成型，再扩径加支撑物。现场套在经过处理后的电缆末端或接头处，抽出支撑物后，收缩压紧在电缆上而形成的电缆附件	适用于中低压级挤包绝缘电缆终端和接头
浇注式电缆附件	利用热固性树脂（环氧树脂、聚氨酯或丙烯酸酯）现场浇注在经过处理后的电缆末端或接头处的模子或盒体内，固化后而形成的电缆附件	适用于中低压级挤包绝缘电缆和油浸纸绝缘电缆终端和接头
模塑式电缆附件	利用与电缆绝缘相同或相近的带材绕包在经过处理后的电缆接头处，用模具热压成型的电缆附件	适用于中压（6～35kV）级挤包绝缘电缆终端和接头

中低压电缆附件目前使用的比较多的产品种类主要有热收缩附件、预制式附件、冷缩式附件。它们分别有以下特点。

1. 热收缩附件

所用材料一般为以聚乙烯、乙烯—醋酸乙烯（EVA）及乙丙橡胶等多种材料组分的共混物组成，利用高能辐照方法使其交联，膨胀到所需的几何尺寸时冷却定型，安装时只需加热到一定的温度，即可利用聚合物的“弹性记忆”性能回缩到位，从而将电缆剥切部分箍紧密封，达到绝缘密封的目的。主要优点是轻便、安装容易、性能尚好、价格便宜。缺点是电压等级高时应力管将发热而不能可靠工作。使用热收缩附件应关注的关键工艺节点如下：

（1）要保证应力管的电性能参数必须达到上述标准规定值方能可靠工作。

（2）要注意用硅脂填充电缆绝缘半导电层断口处的气隙以排除气体，达到减小局部放电的目的。

（3）交联电缆因内应力处理不良时在运行中会发生较大收缩，因而在安装附件时注意应力管与绝缘屏蔽搭盖不少于 20mm，以防收缩时应力管与绝缘屏蔽脱离。

（4）热收缩附件因弹性较小，运行中热胀冷缩时可能使界面产生气隙，因此密封技术很重要，以防止潮气侵入。

2. 冷缩式附件

所用材料一般为硅橡胶或乙丙橡胶，冷缩式附件一般采用的电应力控制方法为几何形状法。电应力控制单元采用高温、高压硫化成型加工而成，形状尺寸均一可靠，电气性能稳定。冷缩式附件无需加热即可安装、弹性好，只需在正确位置上抽出电缆附件内衬芯管即可安装完工。

3. 各类电缆附件的特性比较

各类电缆附件的特性比较见表 30-3。

表 30-3　　各类电缆附件特性比较

对比项目			电缆附件品种					
			绕包式	热收缩式	预制式	冷收缩式	浇注式	模塑式
范围	电缆种类	挤包绝缘电缆	适用	适用	适用	适用	可适用	适用
		油浸纸绝缘电缆	一般不用	可适用	一般不用	一般不用	适用	一般不用
	电压等级	35kV	适用	适用	适用	适用	可适用	适用
		10kV 及以下	适用	适用	适用	适用	适用	一般不用
	电缆附件分类	终端	适用	适用	适用	适用	可适用	适用
		直通接头	适用	适用	适用	适用	适用	适用
		分支接头	可适用	一般不用	适用	一般不用	适用	一般不用
结构特点		结构	简单	简单	较复杂	简单	简单	简单
		规格	少	少	较多	少	少	少
现场安装		对操作技术要求	高	较高	一般	一般	一般	高
		耗费工时	多	较多	少	少	少	多
成本			低	低	较高	较高	低	低

第二节　电力电缆接头制作的准备

一、安全措施的准备

（1）高空作业时可能发生高空坠落及高空落物，使用喷灯时可能发生火灾事故，在带电区域制作电缆接头时可能发生触电事故，中压电缆做试验时可能发生触电事故。

（2）在高空制作电缆接头时必须系好安全带，安全带要系在上方牢固的构件（或上方牢固的脚手架）上，防止高空坠落，同时避免交叉作业。

（3）在高空制作电缆接头时工作面上要铺一层三防雨布，以防工具及锯下的短电缆接头坠落砸伤人及设备。

（4）在用喷灯加热收缩管时，要将周围的易燃、易爆物品清理现场，喷灯不用时应将喷灯熄灭。在变压器区域做电缆接头时，应事先开好工作票，同时还应有应急的防火措施。

（5）在开关室内做电缆接头时应有防火措施，开关室内应配备消防器材。

（6）在带电设备区做电缆接头时，应事先开好工作票，施工人员必须确认电缆接线位置，并设专人监护。

（7）中压电缆接头做耐压试验时，在其周围应用安全绳围起来并设专人监护，并挂“高压作业区，止步”的警示牌。

（8）脚手架按有关规定进行搭设，且应有防护栏杆，并经检验合格方可使用。脚手架的工作面上必须满铺竹篱笆。

（9）开工前，施工负责人和安全员应对安全防护设施予以确认。防护设施不完备，施工人员有权拒绝施工。

（10）严格执行施工方案、施工前必须进行安全技术措施交底，参加交底人员必须签字。

（11）作业人员应提高自我保护意识，做到“三不伤害”。工器具、安全防护用具等设施每天使用前应检查是否完好并正确使用。

（12）严格遵守安全规范和施工现场的安全生产十大纪律。所有进入现场的人员必须统一着装，佩戴胸卡。

（13）安全设施（如脚手架、围栏等）的拆除必须经过安全员的许可，由搭设人员拆除。

（14）夜间施工必须有充足的照明。遇有大雪、大雾、雷雨等恶劣气候，室外不得进行电缆作业。

（15）在做电缆接头时应先做接地侧设备的电缆接头，再做开关室侧的电缆接头，以防误送电。

（16）认真进行每天“班前会”和班后会小结，并做好记录。

（17）每天施工结束时，废料应及时放入废料箱内。废弃短电缆应有专人清理，分类存放，确保工完料尽场地清。

二、技术措施的准备

1. 工器具和材料的准备

除准备如剪刀、锯工、尖嘴钳、老虎钳、电工刀等常用电工工具外还需准备喷枪、压线钳、剖塑刀、割塑钳等专用工具。

2. 技术资料的准备

电气班班长安排人员准备施工前的有关文件资料，如设计书、电缆路径图、管线执照、电缆和附件的结构图和电缆质保书等。并于施工工程中收集施工记录、报表、试验报告和竣工图纸并存档。运行管理部门应为每一条电缆线路编制线路索引卡，为每一条电缆线路设置技术专档，建立电缆线路资料计算机数据库。一些为若干电缆线路所共有的资料，也属于电缆线路的技术资料。例如，电缆线路总图，电缆的地下分布总图，电缆和附件的结构图，各种辅助土建设施的土建工程资料等。

第三节　电力电缆接头制作的通用工艺

一、一般规定

电缆接头是电缆线路中最薄弱的部分，其事故率要多于电缆本身，其安装质量的好坏是电缆线路能否安全运行的关键，因此，应严格遵守制作工艺规程，以保证施工质量。

(1) 电缆绝缘最怕受潮。阴雨天、雾天不宜进行安装，在晴天安装所需用的工具、材料也要保持干净干燥，安装工作应在保证质量的前提下尽量缩短工时，以减少绝缘裸露于空气中的时间。

(2) 在室外制作 6kV 及以上电缆终端与接头时，其空气相对湿度宜为 70%及以下；当湿度大时，可提高环境温度或加热电缆。

(3) 110kV 及以上高压电缆终端与接头施工时，应搭临时工棚，环境湿度应严格控制，温度宜为 10～30℃。制作塑料绝缘电力电缆终端与接头时，应防止尘埃、杂物落入绝缘内。严禁在雾或雨中施工。

(4) 检查所用接头和终端接头的附件规格应与电缆一致，零部件应齐全无损伤，绝缘材料不得受潮，密封材料不得失效。

(5) 核对型号、规格应与电缆类型如电压、芯数、截面、护层结构、结构尺寸和环境要求一致，防止剥切尺寸发生错误。

(6) 电缆线芯连接金具，应采用符合标准的连接管和接线端子，其内径应与电缆线芯紧密配合，间隙不应过大。截面积宜为线芯截面积的 1.2～1.5 倍。采用压接时，压接钳和模具应符合规格要求。

(7) 核对相序，电缆终端接头上要有明显的相色标志。

(8) 施工用工器具齐全，便于操作，状况清洁，消耗材料齐备，清洁塑料绝缘表面的溶剂宜遵循工艺导则准备。必要时应进行试装配。

(9) 电力电缆接地线应采用铜绞线或镀锡铜编织线，其截面积不应小于表30-4的规定。110kV及以上电缆的截面积应符合设计规定。

表30-4 电缆终端接地线截面积 mm^2

电缆截面积	接地线截面积
120及以下	16
150及以上	25

二、高压电缆导体连接工艺

电缆接头压接作业人员须经过电缆接头制作专业培训，高压电缆进行中间接头和终端接头制作时，导体部分压接在作业过程中只有靠作业人员的技术水平和工艺保障产品质量。

1. 导体连接方式

电缆导体连接包括终端导体与接线端子的连接和接头中两段电缆导体的相互连接。导体连接方法的种类比较多，无论哪一种连接方法，都必须符合接触电阻和抗拉强度的要求。

(1) 压缩连接。压缩连接又称为压接，属于不可拆卸的连接方法。它是用专用模具对连接的金具和导体施加压力，靠压应力产生塑性变形，从而使导体和连接金具相连接的一种工艺。

(2) 机械连接。靠旋紧螺栓、扭力弹簧或金具本身的楔形结构产生的压力，使导体与连接金具相连接的方法，称为机械连接。这种连接方法是可拆卸的。机械连接的优点是工艺比较简单，可应用于带电作业。机械连接用的金具有时应用螺纹结构，在拧紧螺栓时，能够紧紧地“咬住”导体表面，从而获得良好的机械和导体性能。

(3) 锡焊连接。锡焊连接是古老的导体连接方法。应用开口或有浇注孔的镀锡连接管、出线梗，将熔化的焊锡（成分是铅、锡各50%）填注在导体、接管或出线梗之间，从而完成导体连接。锡焊连接仅适用于铜导体的连接。锡焊连接的缺点是当发生短路故障时，其允许温度只有160℃，温度过高，将引起焊锡熔化流失，以致接点脱焊。

(4) 熔焊连接。熔焊连接是应用焊接设备产生高温，将导体间熔化，从而实现连接的一种方法。熔焊的优点是不增加连接处导体的直径，特别适用于制作电缆软接头。用于大截面铝芯电缆导体连接的氩弧焊连接技术，就是一种熔焊连接。氩弧焊连接，由于工艺比较复杂，需要专用焊接设备，技工要经专门训练，这种工艺已很少采用。一种比较简便的熔焊连接技术，称为铝热剂熔焊，又称为“药包焊”。

这种熔焊方法，不需要焊接设备，而是利用置于特制模具中的粒状氧化铜和铝，经点燃后，产生激烈化学反应，生成铜和氧化铝，同时放出大量的热。

2. 铝连接管及线鼻子压接的工艺

（1）压接前检查机械压钳是否灵活好用，按线芯截面核对连接管和线鼻子及压模的规格等级是否相符合。

（2）压接前将铝连接管内壁的氧化铝膜用圆锉清理干净，再用白布蘸无水乙醇或丙酮擦洗干净，并在铝连接管和铝鼻子内壁薄薄涂上一层中性凡士林，以保护铝的表面不再被氧化。

（3）剥去线芯临时包带，并用细砂布打去氧化层，再用丙酮擦净，用鲤鱼钳将线芯夹圆，端头锉圆角后紧紧塞入鼻子内。插入线芯时应插到底，线芯不应出现单丝凸起现象，不宜用硬物敲打铝鼻子，防止变形后影响接触面积而增加接触电阻。

（4）按线芯截面选取钢压模，常用机械压钳进行局部压接。每一鼻子压两个坑，每一压接点应一次完成，压接完毕后应停留 15～30s 后脱模。压接时应按图 30-4 中所示 1、2、3、4 的顺序进行，压坑的位置应在一直线上，压坑深度如表 30-5 所示，压坑位置如图 30-4 所示。

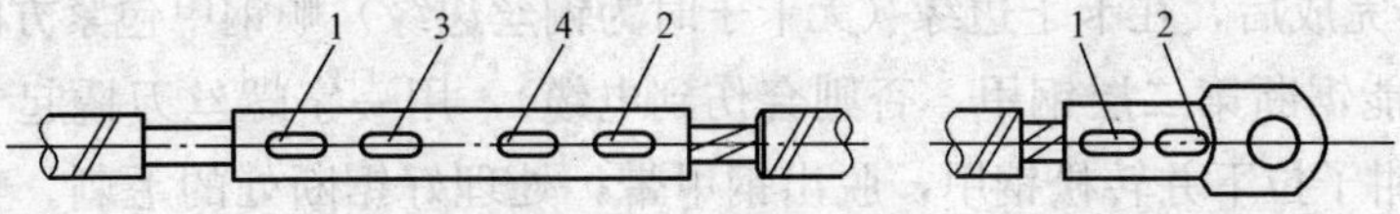

图 30-4　压坑位置及深度图

表 30-5　铝芯局部压接工艺尺寸

电缆截面积 (mm^2)	压坑深度 h_1 (mm)	剩余厚度 h (mm)	电缆截面积 (mm^2)	压坑深度 h_1 (mm)	剩余厚度 h (mm)
10	5.4	4.6	95	11.4	9.6
25	5.9	6.1	120	12.5	10.5
35	7.0	7.0	150	12.8	12.2
50	8.3	7.7	185	13.7	13.3
70	9.2	8.8	240	16.1	14.9

3. 铜芯电缆线芯焊接的工艺

锡焊是连接电缆线芯最常用的方法，因其容易焊接和质量容易保证，并具有一定的机械强度。户外终端通过线芯与出线铜梗焊接将导电线芯引出。户内终端接头将线芯直接与铜鼻子焊接，中间接头通过铜接管将两根线芯连接起来。焊接时应先将导线及铜接管表面的氧化层消除镀锡后再进行焊接。铜接管及铜鼻子内焊锡应丰满，以保证接触良好。

4. 铜铝线芯过渡压接的工艺

铜接管和铜鼻子与铝芯的压接相同，工艺比铝芯的压接更简单可靠。铜接管及铜芯没有一层电阻很高的氧化膜，可以通过导体表面的紧密接触来导电，不需要形成一个金属渗透层，在压接时只要铜管内壁镀锡，铜芯表面除锈即可，不需涂凡士林。

铜铝连接和不同线芯截面电缆的连接时，最常用的是采用铜—铝闪光焊和铜—铝摩擦焊作过渡。户内头可用铜铝线鼻子，户外头有铜铝过渡铜梗，中间接头可用铜铝过渡棒材车制铜铝连接管。如 $120mm^2$ 的铜芯电缆与 $185mm^2$ 铝芯电缆连接可用铜铝过渡棒车制，铝芯则按铝接管要求制作，铜芯则按铜接管要求制作，中间留10mm 作铜铝摩擦焊的焊口，连接管两端以局部压接法连接。

三、重要工序要点

1. 剥外护套

为防止钢甲松散，应先在钢甲切断处内侧把外护层剥去一圈（外侧留下），做好卡子，用铜丝绑紧钢甲并焊妥钢甲接地线，最后剥外护套。

2. 锯钢甲

上一步完成后，在卡子边缘（无卡子时为铜丝边缘）顺钢甲包紧方向锯一环形深痕，（不能锯断第二层钢甲，否则会伤到电缆），用一字螺丝刀撬起（钢甲边断开），再用钳子拉下并转松钢甲，脱出钢甲带，处理好锯断处的毛刺。整个过程都要顺钢甲包紧方向，不能把电缆上的钢甲搞松。

3. 剥内护绝缘层

注意保护好色相标识线，保证铜屏蔽层与钢甲之间的绝缘。

4. 焊接屏蔽层接地线

把内护层外侧的铜屏蔽层铜带上的氧化物去掉，涂上焊锡。把附件的接地扁铜线（分成三股），在涂上焊锡的铜屏蔽层上绑紧，处理好绑线的头，再用焊锡与铜屏蔽层焊住，焊住线头。

终端接头的接地线安装方法（中间接头也一样，只是接地线不用向后）如图30-5 所示，外护套防潮段表面一圈要用砂纸打毛，涂密封胶，以防止水渗进电缆头。屏蔽层与钢甲两接地线要求分开时，屏蔽层接地线要做好绝缘处理。

在制作电缆接头时，将钢铠和铜屏蔽层分开焊接接地，是为了便于检测电缆内护层的好坏。在检测电缆内护层时，钢铠与铜屏蔽间通上电压，如果能承受一定的电压就证明内护层是完好无损。

5. 铜屏蔽层处理

在电缆芯线分叉处做好色相标记，按电缆附件说明书，正确测量好铜屏蔽层切

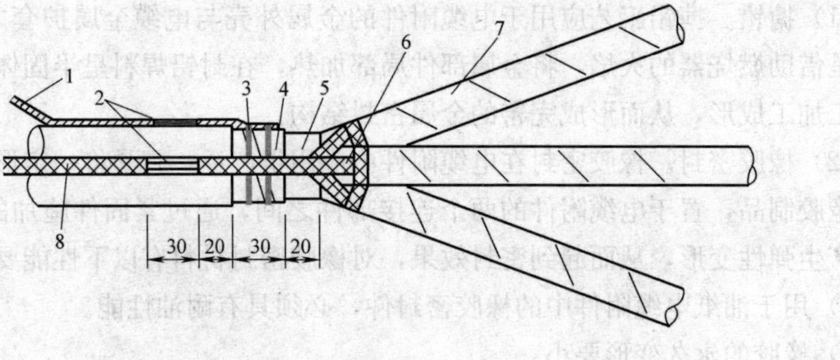

图 30-5　10kV 终端接头的接地线安装方法

1—钢甲接地线；2—地线防潮段；3—钢甲接地；4—钢甲；5—内护套；
6—铜屏蔽接地；7—铜屏蔽；8—屏蔽层接地线

断处位置，用焊锡焊牢（防止铜屏蔽层松开），在切断处内侧用铜丝扎紧，顺铜带扎紧方向沿铜丝用刀划一浅痕（注意不能划破半导体层），慢慢将铜屏蔽带撕下，最后顺铜带扎紧方向解掉铜丝。

6. 剥半导电层

在离铜带断口 10mm 处为半导电层断口，断口内侧包一圈胶带作标记。半导电层可分为：

（1）可剥离型。在预定的半导电层剥切处（胶带外侧），用刀划一环痕，从环痕向末端划两条竖痕，间距约 10mm。然后将些条形半导电层从末端向环形痕方向撕下（注意，不能拉起环痕内侧的半导电层），用刀划痕时不应损伤绝缘层，半导电层断口应整齐。检查主绝缘层表面有无刀痕和残留的半导电材料，如有应清理干净。

（2）不可剥离型。从芯线末端开始用玻璃刮掉半导电层（也可用专用刀具），在断口处刮一斜坡，断口要整齐，主绝缘层表面不应留半导电材料，且表面应光滑。

7. 清洁

清洁主绝缘层表面。用不掉毛的浸有清洁剂的细布或纸擦净主绝缘表面的污物，清洁时只允许从绝缘端向半导体层，不允许反复擦，以免将半导电物质带到主绝缘层表面。

8. 电缆终端和接头的密封工艺

为了防止外界水分或有害物质进入和防止绝缘剂流失，电缆终端和接头必须具有完善而可靠的密封，这对于确保其绝缘性能是极其重要的。密封工艺的质量，在很大程度上决定了电缆终端和接头的使用寿命。常用密封工艺有以下几种：

（1）搪铅。搪铅工艺应用于电缆附件的金属外壳与电缆金属护套之间的密封。搪铅是借助燃烧器的火焰，将金属部件局部加热，在封铅焊料呈半固体状态下，通过手工加工成形，从而形成完善的金属密封结构。

（2）橡胶密封。橡胶密封在电缆附件中应用很广泛，它是将一定形状和一定厚度的橡胶制品，置于电缆附件的两个连接部件之间，通过紧固件施加的适当压力，使其产生弹性变形，从而起到密封效果，对橡胶密封材料有以下性能要求：

1）用于油纸电缆附件中的橡胶密封件，必须具有耐油性能。

2）橡胶的永久变形要小。

3）橡胶件的几何尺寸应符合设计要求。例如，进线套橡胶密封圈的内径要随电缆金属护套的外径大小而选用，其内径不得大于金属护套外径 3mm。

（3）环氧树脂密封。环氧树脂对金属有较强的黏合力，应用这一特性，在电缆附件的金属外壳与电缆金属护套之间，可采用浇注环氧树脂复合或以无碱玻璃丝带与环氧树脂涂料组合绕包，组成环氧树脂密封结构。采用环氧树脂密封，必须严格清除金属表面的油污，为增强环氧树脂对金属表面的黏合力应将金属表面打毛。

（4）热收缩护套管密封。热收缩护套管密封，在交联聚乙烯电缆附件中被广泛采用，也可用于油纸—交联过渡接头和油纸电缆接头。在电缆接头外，套上热收缩护套管，热缩后使之与电缆外护套连成一体，除密封外，还兼有一定的机械保护作用。热收缩护套管内壁应涂热熔胶，热熔胶能使热收缩护套管在加热收缩后紧密结合，增强密封、防漏和防潮效果。热收缩护套管内壁和被覆盖的电缆附件、电缆外护套表面，在热缩之前必须擦拭干净，不得有油污、杂物。当环境温度低于 10℃时，应对被覆盖物预热。热收缩护套管的热缩操作，应使用装上热缩喷嘴的液化气喷枪，喷枪火焰温度为 120～140℃，一般控制火焰与热收缩管轴线呈 45°夹角，应沿着圆周方向均匀加热，缓慢推进。热收缩护套管热缩后表面应光滑、平整、无烫伤痕迹，内部不夹有气泡。

9.“铅笔头”问题

制作终端接头时，可以不在主绝缘层削成“铅笔头”形状。但是，如电缆绝缘端部与接线金具之间需包绕密封带时，为保证密封效果，通常将绝缘端部削成锥体，以保证包绕的密封带与绝缘能很好地黏合。

在制作中间接头时，如果所装接头为预制型结构（含预制接头、冷缩接头），绝缘端部不要削成锥体，因为这种类型的接头，在接头内部中间部分都有一根屏蔽管，该屏蔽管的长度只比铜或铝连接管稍长，如电缆绝缘削成锥体，锥体的根部将离开屏蔽管，连接管部分的空隙将不会被屏蔽，从而影响到接头的性能，造成接头在中部击穿。如果所装接头为热缩型或绕包型结构时，绝缘端部必须削成锥体，即制成反应力锥，同时必须将锥面用砂带抛光，因为锥面的长度远大于绝缘端部直角边的长度，故而沿着锥面的切向场强远小于绝缘直角边的切向场强，沿锥面击穿的可能性大大降低，从而提高了接头的性能。

第四节 35kV 及以下电力电缆接头的制作工艺

一、1kV 挤包绝缘电缆绕包型终端与中间接头的制作

绕包型终端与中间接头的最大特点就是绝缘与半导电屏蔽层都是以橡胶为基准的自黏性带材现场绕包成型的。制作 1kV 及以下挤包绝缘电缆绕包型终端与中间接头的常用的材料如表 30-6 所示。

表 30-6　绕包型终端头所需主要材料

序号	材料名称	规格	用量
1	聚氯乙烯软手套	与电缆截面同	1只
2	线鼻子	与电缆截面同	3只
3	聚氯乙烯带	25×0.2	30m
4	塑料管		4m
5	黄、黑腊带或酚醛玻璃纤维带	25×0.19	30m
6	尼龙绳	ϕ1.5	8m
7	硬脂酸		0.1kg
8	封铅		0.2kg
9	凡士林油	中性	0.02kg

1kV 橡塑绝缘电缆户内及户外终端头如图 30-6 所示，其安装工艺程序如下：

(1) 根据实际需要的剖塑长度用电工刀割去橡塑护套。

(2) 离剖塑口 20mm 处打两道卡子，并将接地线牢牢扣在钢带上，在每一道卡子 25mm 处将钢带锯掉，接地卡子是用原电缆钢带制成，两道卡子中间距离为钢带宽。接地线应紧压于两道卡子内并与钢带和铅包焊接，地线应采用多股软铜线作接地线，截面积一般为 25mm^2。

(3) 锯钢带。在第一道卡子边缘 5mm 处将钢带环形锯 2/3 深痕，不得一次锯穿，以防损伤铅包，然后用螺丝刀在锯痕尖角处将钢带挑起，用钳子夹住，顺原缠绕方向把钢带撕下。再用同样方法剥去第二层钢带，两层钢带撕下后，用锉刀修饰钢带切口，使其圆滑无刺。并用蘸有丙酮的白布将锯末及其他杂物擦干净。

(4) 焊接地线。

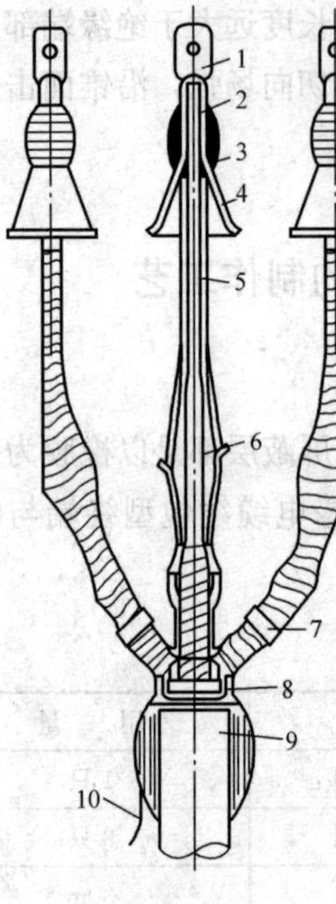

图 30-6　1kV 橡塑绝缘电缆户内及户外终端头

1—出线杆；2—电缆导体；3—电缆绝缘；4—雨罩；5—自黏性橡胶绝缘带；6—自黏性橡胶绝缘带绕包成型应力锥；7—相色带；8—分支手套；9—电缆外护层；10—接地线

(5) 套进聚氯乙烯手套。手套口与手指口用透明聚氯乙烯带封口，外包两层黑色聚氯乙烯带。

(6) 压接线鼻子。并用透明聚氯乙烯带封住接线鼻子下口，防止水分浸入线芯内。

(7) 从接线鼻子下口起至手套三叉口，绕包两层黑色聚氯乙烯带。

(8) 在终端头尾线顶端绕包 100mm 相色带。

(9) 用电缆抱箍将终端头加以固定，接地可靠。

对于绕包型中间接头，在接头增强绝缘绕包完成后，用半导电橡胶自黏带从电缆半导电屏蔽层一端开始，半搭盖式绕包到电缆半导电屏蔽层另一端，然后返回。再将屏蔽铜丝网移到接头中间，向两边均匀拉伸，使其紧贴在接头半导电屏蔽层上，铜丝网两端分别与电缆屏蔽铜带绑扎焊牢。铜丝网也可用缠绕方法包在接头上。然后安装过桥线，即用规定截面的镀锡编织铜带跨接在接头上，两边分别与电缆屏蔽铜带绑扎焊牢，也可用恒压弹簧固定在屏蔽铜带上。

二、10kV 交联聚乙烯电缆热缩型终端和中间接头的制作

以 NRS、JRS 型 10kV 的交联电力电缆接头制作为例说明，其他 10kV 电缆热缩型附件可参考其工艺，最终应以电缆附件生产厂家操作工艺说明书中的具体要求为准。

安装热缩式电缆附件所用到的工具及材料如表 30-7 所示。

表 30-7　热缩电缆头所需主要材料、工器具表

序号	材料名称	规　格	颜　色	单　位	用　量
1	导电三芯分支护套	配合电缆截面	黑	个	1
2	内绝缘热缩管	配合电缆截面	白	个	1
3	应力控制热缩管	配合电缆截面	黑	个	1
4	绝缘热缩管	户内或户外电缆截面	红	个	1
5	密封热缩管	配合电缆截面	红	个	1
6	标记管	配合电缆截面	红、黄、绿	个	3

续表

序号	材料名称	规　格	颜　色	单　位	用　量
7	单孔雨裙	配合电缆截面	红	个	8
8	三孔雨裙	配合电缆截面	红	个	1
9	耐油填充胶带		黄	g	180
10	耐油导电胶带		黑	g	20
11	剪刀			把	1
12	焊锡			kg	0.5
13	接地线（相应截面）	20～25mm²		m	0.5
14	硬脂酸			kg	0.1
15	砂布			张	2
16	接线鼻子	配合电缆截面		个	3
17	白布（或棉纱）			kg	1.5
18	锯条			根	2
19	老虎钳			把	1
20	尖嘴钳			把	1
21	电烙铁	300W		把	1
22	电源盘			把	1
23	电工刀			把	1
24	喷枪	连同液化气罐及打火机		套	1
25	压线钳			套	1
26	酒精或丙酮			kg	0.5
27	铜丝	$\phi 2$		m	1
28	焊锡膏			kg	0.5

1. 10kV 交联聚乙烯电缆终端头的制作

（1）将电缆拉直，离电缆末端 760mm 处整齐剥离外护套。

（2）离外护套切口 30mm 处绑扎线，锯钢铠，切口要整齐，除掉毛刺。

（3）保留铠装切口以上 15mm 内护层，除去多余的内护层及填充物，不得伤及铜屏蔽层。

（4）分开线芯，离内护层切口 20mm 处去掉铜屏蔽层，注意不得伤及半导体层，用半导电带绑扎铜屏蔽层切口并搭接半导电带 15mm。

（5）保留铜屏蔽层切口以上 30mm 的半导电层，其余剥离，将保留的半导体层端部 5mm 削成过渡的圆锥状，注意不得损伤电缆绝缘（损伤深度不得大于

0.5mm）。

（6）安装接地线。可按照要求选择以下两种焊装方式：

1）屏蔽与铠装分别接地。先用砂纸将钢铠和铜屏蔽层打毛，除去氧化层，用白布蘸丙酮擦洗干净，涂上焊锡膏，将 25～40mm^2 的铜编织线绑扎在钢铠上，用锡焊牢，并用锡将靠近内护层切口的接地线间隙填平形成 30mm 左右的扎束防潮段，套入热缩管，上端管口与内护层切口平齐加热收缩固定。然后将另一段接地线拆分成三股分别绑扎在三相铜屏蔽上，用锡焊牢，并与第一根地线错开 180°，同样方法作一段防潮段。

2）屏蔽与铠装用同一根接地线，只是将一根地线既焊于铜屏蔽又焊于钢铠上。同样要做 30mm 左右的扎束防潮段。

（7）从电缆末端量取（$k+5$）mm 剥去电缆主绝缘层（其中 k 为实测接线端子孔深）。

（8）作直流耐压及测定绝缘电阻和相序。

（9）将接线端子套入线芯，按工艺要求压接。并用锉刀、砂布除掉尖角、毛刺。

（10）用细砂布仔细打磨线芯绝缘，然后清洗线芯绝缘，不得留有半导体痕迹。

（11）将应力控制管套入线芯，下端管口与铜屏蔽切口相接，从铜屏蔽切口处开始加热收缩，待应力管冷却后，搭接应力管与铜屏蔽各 20mm 左右包绕两层半导电带或热缩一段热缩管。

（12）所有热缩管部件均是橡塑材料特殊工艺加工制作，温度达 110～120℃时材料开始收缩，收缩率为 50%～70%，材料在 140℃短时间作用性能不受影响，但局部长时间过热将损伤甚至烧毁材料。

（13）开始加热收缩管材时火焰要缓慢接近材料，在其周围移动确保径向收缩均匀再缓慢延伸，火焰朝收缩方向，以便预热管材，有利于收缩均匀。

（14）为确保附加热缩管和包敷材料间的紧密接触和黏结强度，在套入每层管件前，被包敷部位和黏结密封段应预热，随后用溶剂清洁，去除火焰烟碳等沉积物，使层间界面接触良好。

（15）收缩完毕的管子应光滑无皱折，能清晰看出其内部结构轮廓，密封部位有少量胶挤出表明密封完善。

（16）用密封胶带包绕填平分支处空隙及内护层切口部位的凹陷。

（17）清洗接地线和外护层，用密封胶带将引出线包两层，并在外护层切口朝电缆方向包绕密封胶带一层长为 60～80mm。注意在包绕胶带前将外护套和热缩管清洗干净。

(18) 将分支套尽量套至电缆三芯分叉根部。先从分支套交叉处开始向袖口方向加热收缩，再从分支套分叉处向手指方向收缩。

(19) 擦洗干净分支套手指，从手指上端部开始包绕 35～40mm 长一层密封胶。

(20) 户内终端头套上护套管，户外终端头套上红色耐候管，与分支手套搭接 35～40mm，从手指处开始向电缆末端方向收缩，切去多余的护套管。

(21) 清洗干净接线端子，用密封胶将接线端子上的压坑和接线端子与电缆绝缘之间的间隙填平，从端子向电缆方向绕包一层密封胶带 120mm，套上密封管，从接线端子向电缆方向加热收缩。

(22) 户外热缩头需安装防雨裙，三孔雨裙自由下落就位，加热收缩，每相装单孔雨裙两个，所有裙距皆为 100mm。

(23) 套上相色管，加热收缩，电缆头制作完毕。

(24) 测定直流耐压及绝缘电阻并校验相序。

6/10kV，8.7/15kV 三芯交联聚乙烯电缆热缩终端头的结构图如图 30-7 所示。

2. 10kV 交联聚乙烯电缆中间接头的制作

6～10kV，8.7/15kV 交联聚乙烯绝缘电缆中间接头制作除参考终端头的制作外，还要注意到中间接头的特点：由于中间接头处电缆铜带屏蔽已断开，故要包铜丝网并与两根电缆的铜带屏蔽绑扎用焊锡焊牢；接头施工完毕后要待完全冷却后，才可移动，否则容易破坏热收缩型的绝缘和密封。10kV 交联聚乙烯绝缘电缆热收缩型中间接头的结构图如图 30-8 所示。

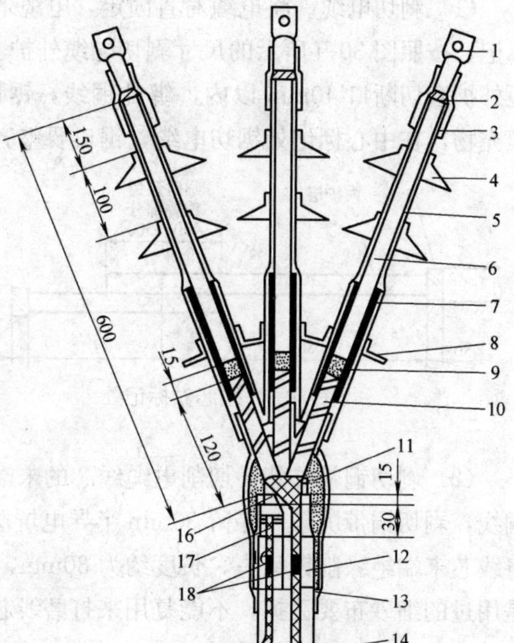

图 30-7　6/10kV，8.7/15kV 三芯交联聚乙烯电缆热缩终端头的结构图

1—接线端子；2—密封胶；3—密封管；4—单孔雨罩（户外配）；5—护套管（户内），耐候管（户外）；6—电缆绝缘；7—应力控制管；8—三孔雨罩（户外配）；9—半导电层；10—铜屏蔽层；11—填充胶；12—热缩管；13—分支套；14—屏蔽接地线；15—电缆外护层；16—内护层；17—钢铠；18—扎束防潮带；19—钢铠接地线

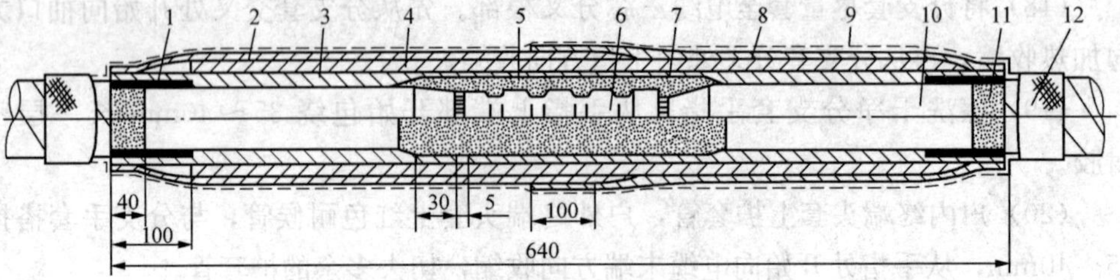

图 30-8　10kV 交联聚乙烯绝缘电缆热收缩型中间接头的结构图

1—应力管；2，8—半导电管；3—内绝缘管；4—外绝缘管；5—半导电带；6—连接管；7—填充胶；9—铜网；10—芯绝缘层；11—半导电层；12—铜屏蔽层

（1）剥切电缆。将电缆对直固定，电缆末端重叠 400～500mm，取其中心处做标记，按照图 30-9 所示的尺寸剥切电缆外护套，图中 L 的尺寸如表 30-8 所示。在距外护套切断口 40mm 以内，绑扎铜线，锯切钢带。保留 10mm 长内衬层，去除填充物，在中心标记处锯切电缆，锯口要整齐。

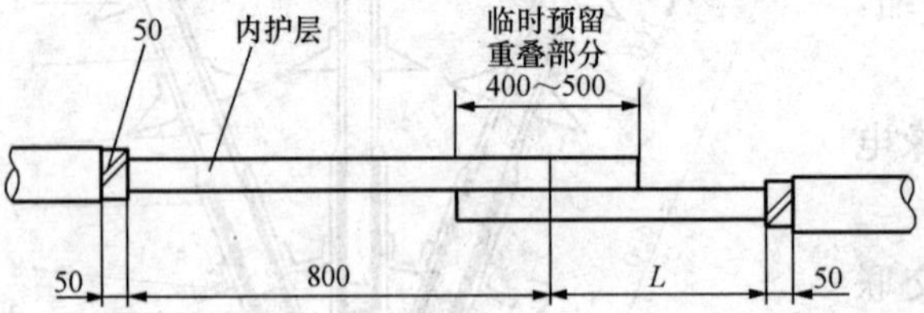

图 30-9　线芯做标记处

表 30-8　图 30-9 中 L 的尺寸

电缆截面积（mm²）		L（mm）
6kV	10kV	
25～50	16～35	500
70～120	50～95	500
150～300	120～300	600

（2）剥切铜带屏蔽，切削电缆线芯的末端绝缘。剥切铜带屏蔽断口内侧，绑扎铜线，剥切铜带屏蔽。保留 30mm 半导电屏蔽层，其余剥除。剥除多余线芯绝缘。将线芯末端绝缘削铅笔头，长度约为 30mm，清除绝缘表面污秽（可用细砂布，但是用过的细砂布要丢掉，不能复用来打磨线芯表面；也可用清洁剂）剥切尺寸如图 30-10 所示。

（3）套热收缩保护管。将两根电缆距外护套断口 200mm 内的外护套表面打毛，再将两根热收缩保护管（长、短配套）两端 100mm 内的表面打毛，用清洁剂清洁干净，分别套到两根电缆上，长管套到长端上，短管

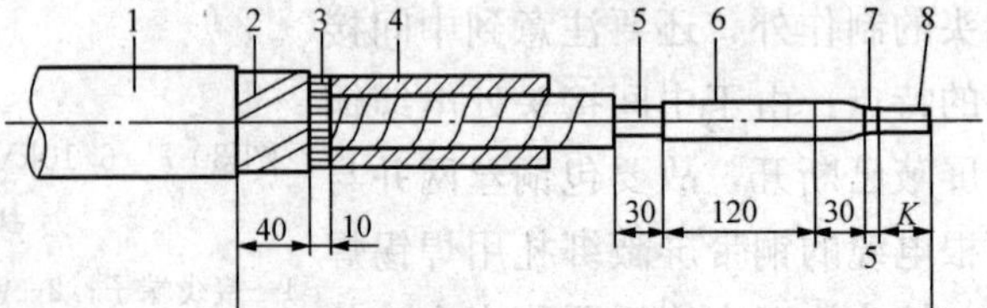

图 30-10　剥切尺寸标示

1—外护套；2—钢带铠装；3—内衬层；4—铜带屏蔽；5—半导电外屏蔽层；6—电缆线芯绝缘；7—半导电层内屏蔽；8—导体；K—连接管长度，一般为＋5mm；L—电缆短端尺寸

套到短端上。

（4）套应力控制管、绝缘热收缩管和半导电热收缩管。在长端电缆三根芯线上分别套入应力控制管、绝缘热收缩管和半导电热收缩管。将三个铜丝网扩张缩短，分别套到三个外导电热收缩管上。

（5）压接连接管。将长端和短端的三相导体分别对应插入已清洁好的连接管内，进行压接。先压两端，再压中间。用锉刀和砂布去除连接管表面的棱角和毛刺。用清洁剂清洁连接管表面，校直电缆，准备包绕屏蔽和绝缘。

（6）包绕屏蔽层和增绕绝缘层。用清洁剂清洁绝缘表面。用半导电带填平连接管的压坑，并用半叠绕方式包绕填平连接管与导体半导电内屏蔽层之间的间隙，然后在连接管上半叠绕包两层半导电带。在两端绝缘末端"铅笔头"处与连接管端部用自黏带拉伸包绕填平。自长端距半导电层外屏蔽 10mm 处至短端距半导电层外屏蔽 10mm 处中间的一段用自黏带半叠绕包绕 6 层。移动应力管至搭盖铜屏蔽层 20mm 处，加热收缩。将绝缘热收缩管从长端绝缘线芯上移至连接管上，中部对正，从中部向两端加热收缩。加热时要均匀缓慢环绕进行，保证完好收缩。在绝缘热收缩管的两端与半导电外屏蔽层上用半导电带以半叠绕方式绕包成约 40mm 长的锥形坡，以达到平滑过渡。将半导电热收缩管从绝缘线芯上移到绝缘热收缩管上，中部对正，从中部加热收缩。加热要均匀、缓慢、环绕进行，保证完好收缩。两端部包压在铜带屏蔽上 10～20mm。三根绝缘线芯依次收缩完毕。将三相绝缘线芯上的铜丝网移到中部，对正中心，将铜丝网拉紧、拉直，平滑紧凑地包在半导电热收缩管上，两端用铜丝绑在铜带屏蔽上并用焊锡焊好。

（7）焊接地线，安装热收缩保护管。将编织铜接地线焊在两段电缆的钢带铠装上。把三相绝缘线芯并拢收紧，用塑料带将三相绝缘线芯和接地线缠绕扎紧，使其成为紧凑平滑的圆柱。在电缆长、短两端已打毛的外护套上，分别缠绕 100mm 宽的热熔胶带 1～2 层，钢带铠装上也缠 1～2 层热熔胶带更好。从短端电缆上将短热收缩护套管拉出，使其与短端电缆的外护套搭接 100mm，从此端向另一端加热收缩。从长端电缆上将长热收缩护套管拉出，使其与长端电缆的外护套搭接 100mm，在长热收缩护套管的另一端与已收缩的短端热收缩护套管的搭接处做好搭接长度标记。在该搭接长度标记内，用热熔胶带包绕 1～2 层。从长端电缆侧向中间方向进行加热收缩。加热要均匀、缓慢、环绕进行，完好收缩时，保护管两端应有少量胶液被挤出。在电缆外护套与保护管交界处，用自黏带绕包 3 层，长约 200mm，分别包在外护套和保护管上各 100mm。在两保护管交界处，用自黏带绕包 3 层，长约 200mm，分别包在两保护管上各 100mm。待中间接头完全冷却后，才可移动。

三、35kV单芯交联聚乙烯电缆冷缩型终端和中间接头的制作

1. 35kV单芯交联电缆户内全冷缩终端的制作

以NLS型35kV单芯交联电力电缆的制作为例说明，其他35kV及以下电缆冷缩型附件可作参考其工艺，最终应以电缆附件生产厂家操作工艺说明书中的具体要求为准。

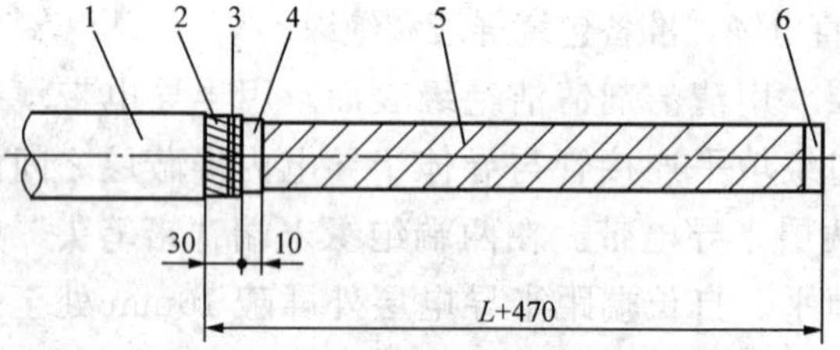

图30-11　剥外护套示意图

1—外护套；2—钢丝铠装；3—扎线；4—内护套；5—铜屏蔽层；6—PVC胶黏带

（1）剥外护套。自电缆端头剥除电缆外护套，长度为$L+470$mm（L为端子孔深）。保留30mm钢丝铠装（铠装断口用扎线扎紧）及10mm内护套，其余剥去，如无铠装则该步及后与之相关工序省去。用胶黏带将铜屏蔽带的端头临时包好。清理填充物。如图30-11所示。

（2）焊接地线，确定安装尺寸。用扎线将一根铜编织带扎紧在铠装上，用锡焊牢或用恒力弹簧扎紧；将另一根铜编织带用扎线扎紧在内护套以上20mm处的铜屏蔽上，用锡焊牢或用恒力弹簧扎紧；自外护套断口处至其以下25mm长范围内的铜编织带均需进行渗锡处理。掀起两铜编织带，在电缆内外护套断口上绕1层填充胶，将两铜编织带压入其中，在外面包绕1～2层填充胶，然后在绕包的填充胶外再包绕1层胶黏带（注两铜编织带不能接触，绕包后的外径应小于绝缘管内径）；在离外护套断口大约40mm位置将铜编织带固定。距电缆端间$L+340$mm（L为端子孔深）用胶黏带作好标记。如图30-12所示。

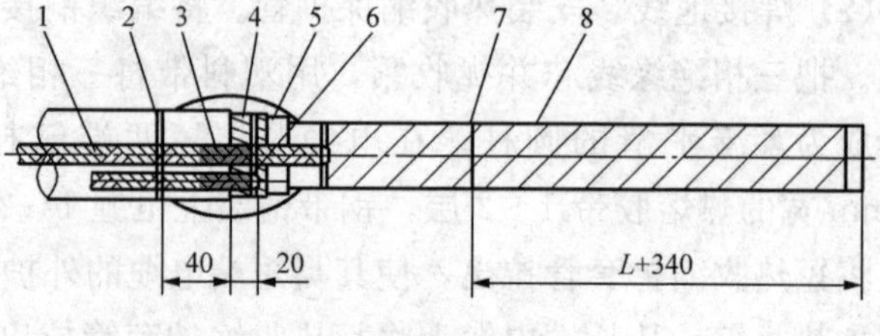

图30-12　焊接地线示意图

1—铜编织带；2—PVC胶黏带；3—渗锡；4—填充胶；5—扎线；6—焊锡；7—标记；8—铜屏蔽层

（3）缩绝缘管。将冷缩绝缘管套入电缆，衬管条伸出的一端先入电缆，冷缩绝缘管一端与标记齐平，另一端与电缆外护套自然搭接，从标记处起收缩绝缘管（注意冷缩绝缘管缩好后，其顶端需与标记齐平）。如图30-13所示。

（4）剥铜屏蔽层、半导电层。在绝缘管下端包绕2～3层DJ-20绝缘带，外面

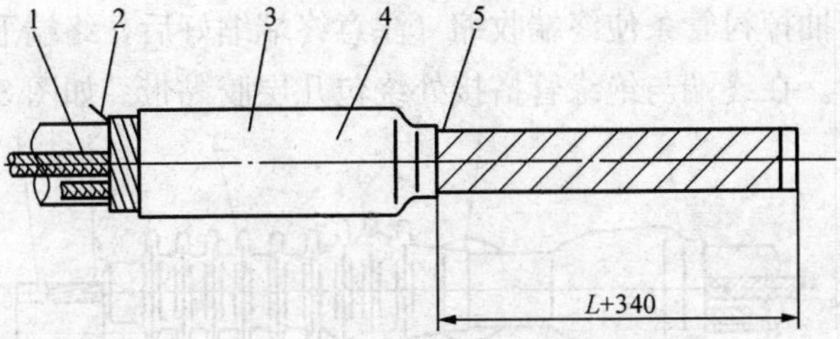

图 30-13　缩绝缘管示意图

1—铜编织带；2—衬管条；3—绝缘管；4—铜屏蔽层；5—标记

用胶黏带包好，加强密封。自绝缘管端口向上量取 15mm 长铜屏蔽层，其余铜屏蔽层去掉；自铜屏蔽断口向上量取 15mm 长半导电层，其余半导电层去掉。将绝缘表面用砂纸打磨以去除吸附在绝缘表面的半导电粉尘，半导电层末端用砂纸或砂布打磨成小斜坡，使之平滑过渡；绕两层半导电带将铜屏蔽层与外半导电层之间的台阶盖住。如图 30-14 所示。

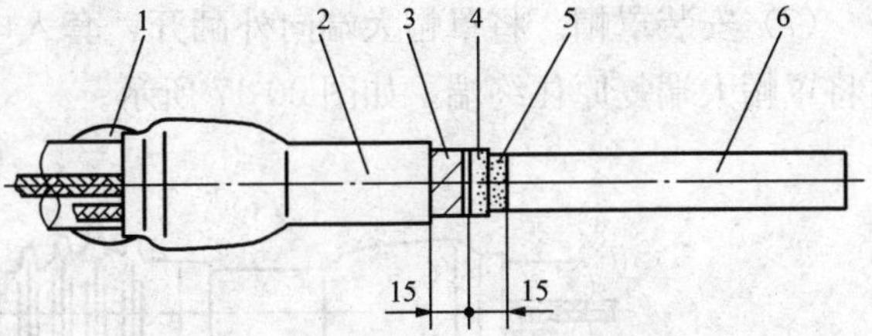

图 30-14　剥铜屏蔽层、半导电层示意图

1—DJ-20 绝缘带、PVC 胶黏带；2—绝缘管；3—铜屏蔽层；4—半导电带；5—外半导电层；6—线芯绝缘层

(5) 剥线芯绝缘层。自电缆末端剥去线芯绝缘层及内屏蔽层，长度为 $L+30$mm（L 为端子孔深）；将绝缘层端头倒角 1.5×45°。用细砂纸或砂布将绝缘层表面砂光，复核绝缘长度 280mm，在绝缘管端口以下 40mm 处用胶黏带做好标记（以上（3）～（5）工序中的电缆相关剥切尺寸可通过所配标尺量取）。如图 30-15 所示。

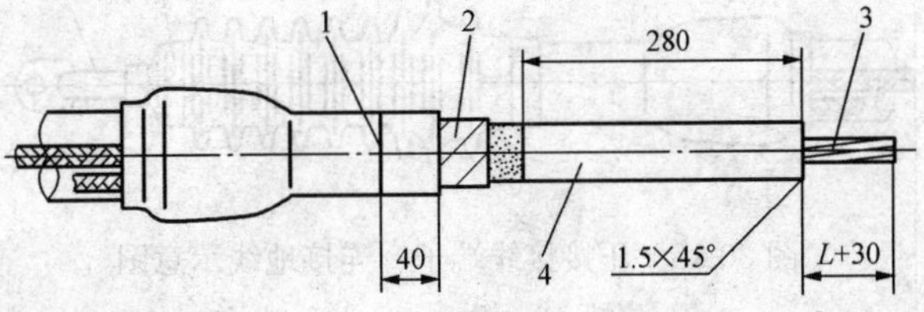

图 30-15　剥线芯绝缘层示意图

1—标记；2—铜屏蔽层；3—线芯；4—线芯绝缘层

(6) 安装冷缩终端。用胶黏带将线芯端头包好，用清洁巾从上至下把电缆清洗干净，待清洁剂挥发后，在绝缘层表面均匀地涂上一层硅脂，将冷缩终端套入，沿

逆时针方向均匀抽掉衬管条使终端收缩（注意终端缩好后，终端下端与标记平齐）；抹尽挤出的硅脂。在终端与绝缘管搭接处绕包几层胶黏带。如图 30-16 所示。

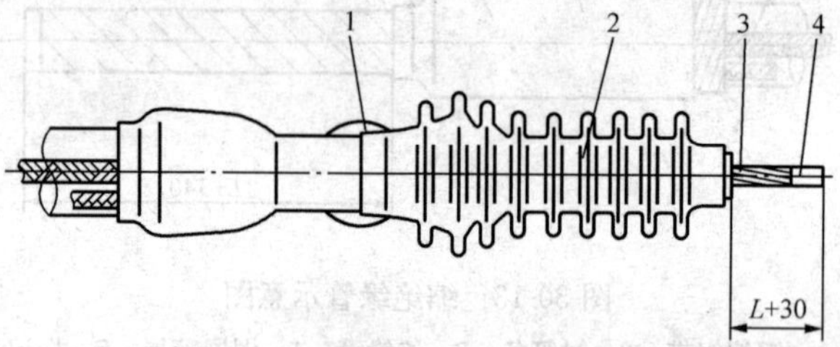

图 30-16　安装冷缩终端示意图

1，4—PVC 胶黏带；2—终端；3—线芯

(7) 安装罩帽。将罩帽大端向外翻开，套入电缆，待罩帽内腔台阶顶住绝缘，再将罩帽大端复原住终端。如图 30-17 所示。

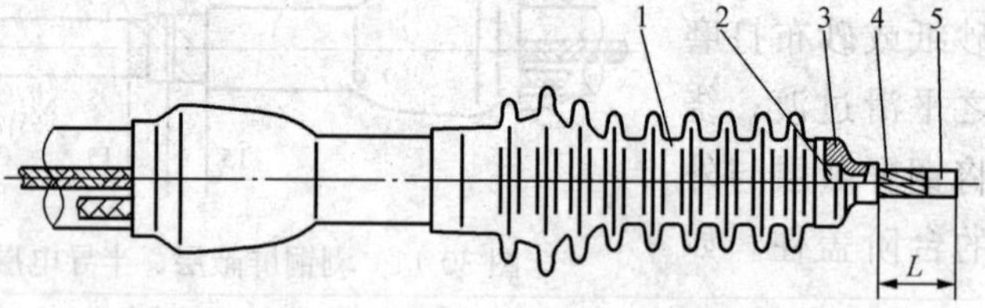

图 30-17　安装罩帽示意图

1—终端；2—线芯绝缘层；3—罩帽；4—线芯；5—PVC 胶黏带

(8) 压接接线端子、连接地线。除去临时包在线芯端头上的胶黏带，将接线端子套在线芯上，压接接线端子；将接地铜编织带与地网连接好，安装完毕。如图 30-18 所示。

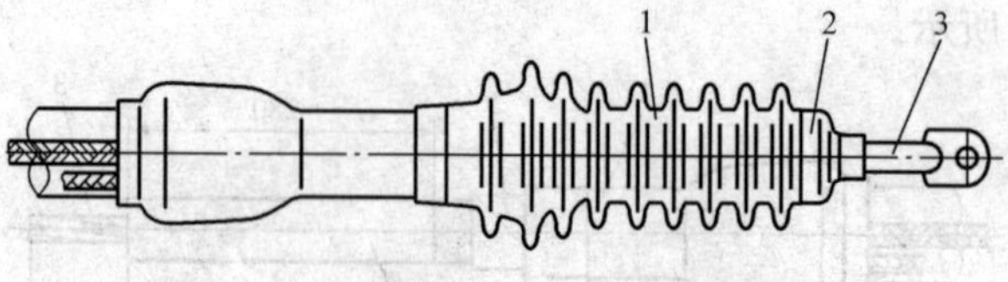

图 30-18　压接接线端子、连接地线示意图

1—终端；2—罩帽；3—接线端子

2. 35kV 单芯交联电缆冷缩中间接头的制作

以 JLS 型 21/35kV、26/35kV 单芯交联电力电缆的制作为例说明，其他 35kV 及以下电缆冷缩型附件可作参考其工艺，最终应以电缆附件生产厂家操作工艺说明书中的具体要求为准。

(1) 剥外护层。将试验合格的，准备连接的两根电缆末端搁平、调直、对接锯齐；然后将一根电缆剥除 850mm 长外护套，另一根电缆剥除 350mm 长外护套，分别套入两根热缩护套管，如图 30-19 所示。

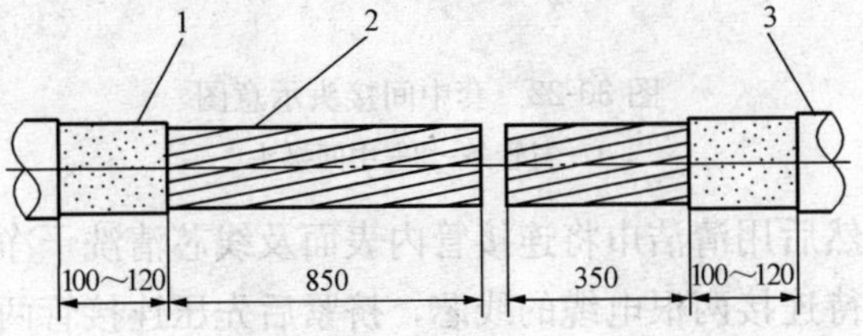

图 30-19 剥外护层示意图

1—外护套；2—钢丝铠装；3—热缩护套管

(2) 剥屏蔽层和半导电层。用扎线在电缆外护套断口 30mm 处将铠装扎紧，其余铠装层割除；从铠装断口起保留加 20mm 内护层，其余内护层去掉（如无铠装，则此步及后相关的工序省去）；再从待连接的两根电缆由末端向两端各量取 270mm，剥除这部分的铜屏蔽层，用半导电带将铜屏蔽切断外扎紧，保留 40mm 半导电层，其末端 230mm 长剥除半导电层，如图 30-20 所示。

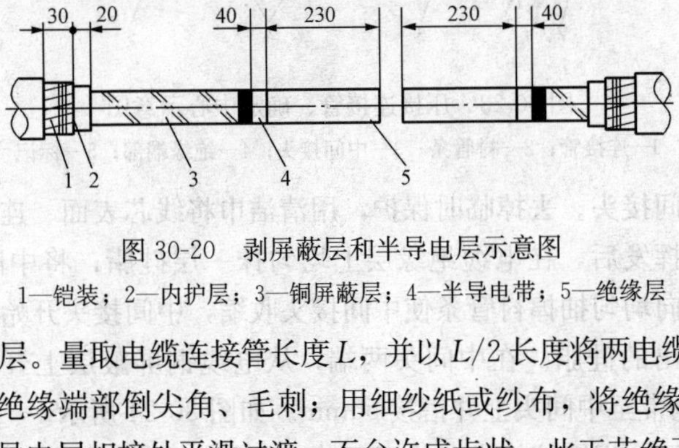

图 30-20 剥屏蔽层和半导电层示意图

1—铠装；2—内护层；3—铜屏蔽层；4—半导电带；5—绝缘层

(3) 剥绝缘层。量取电缆连接管长度 L，并以 $L/2$ 长度将两电缆端部绝缘及内屏蔽层剥去，并将绝缘端部倒尖角、毛刺；用细纱纸或纱布，将绝缘层表面砂平、打光、绝缘层与半导电层相接处平滑过渡，不允许成齿状，此工艺绝不能省，如图 30-21 所示。

(4) 套中间接头。将铜屏蔽保留较长的一根电缆的绝缘层、半导电层和铜屏蔽层用清洁巾清理干净，套入中间接头，衬管条伸出的一端要先套入电缆。如图 30-22 所示。

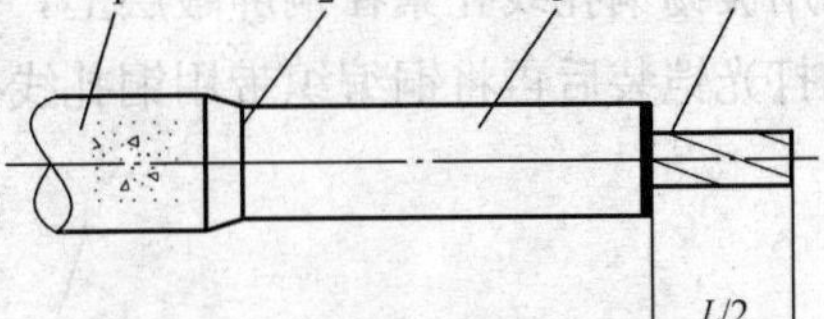

图 30-21 剥绝缘层示意图

1—半导电层；2—半导电斜坡；3—绝缘层；4—线芯

(5) 压接连接管，确定中心。将中间接头和电缆绝缘临时保护好。用砂布砂去

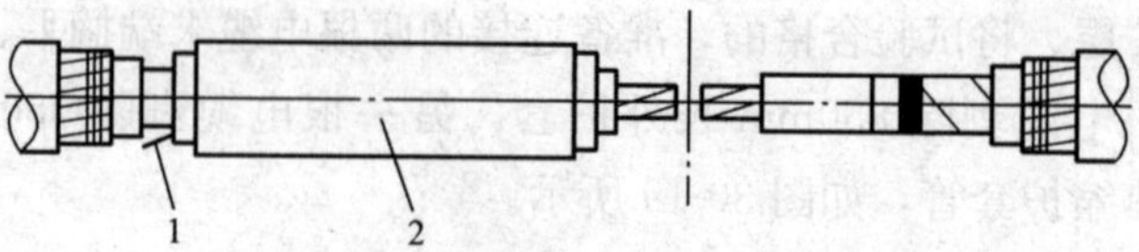

图 30-22　套中间接头示意图

1—衬管条；2—中间接头

线芯表面氧化层，然后用清洁巾将连接管内表面及线芯清洗干净，待清洁剂挥发后将连接管分别套入待连接两根电缆的线芯，挤紧后先压连接管两端，再在连接管中间压接两道（共压接 4 道），将连接管表面的毛刺、尖角等砂平，用清洁巾将连接管表面清洗干净，并将中间接头靠近连接管端头部位清理干净，特别注意不能在中间接头端头位置留有金属渣或半导电物质。确定已连接好的两根电缆绝缘端部的中心，由中心位置向电缆一端量取 250mm，做好标记，如图 30-23 所示。

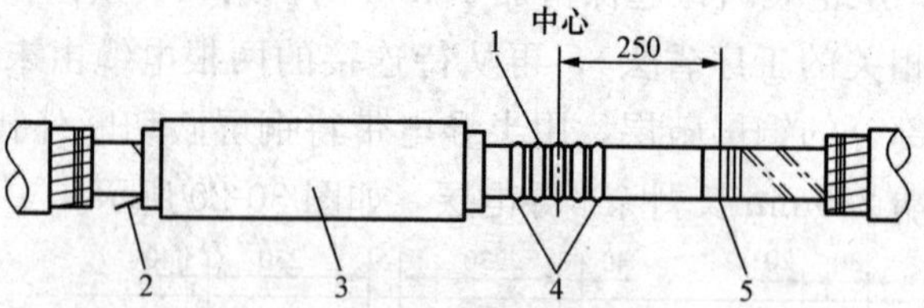

图 30-23　压接连接管、确定中心示意图

1—连接管；2—衬管条；3—中间接头；4—绝缘端部；5—标记

（6）收缩中间接头。去掉临时保护，用清洁巾将线芯表面、连接管表面再清洗一次，待清洁剂挥发后，在电缆绝缘层上均匀抹一层硅脂；将中间接头移至中心处，沿逆时针方向均匀抽掉衬管条使中间接头收缩，中间接头开始收缩的一端与标记齐平。抹尽挤出的硅脂。在中间头两端，从电缆铜屏蔽层上开始，搭接 30mm 绕 2～3 层半导电带至中间头上并搭接 50mm。如图 30-24 所示。

（7）绕包铜网、焊铜编织带。将铜网以半重叠方式绕包到中间接头上，铜网两端用镀锡铜扎线扎紧在铜屏蔽层上，并焊锡焊牢（或用恒力弹簧抱箍抱紧）；用砂纸打光铠装后再将铜编织带用铜扎线扎紧并用焊锡焊牢（或用弹簧抱箍抱紧）在两

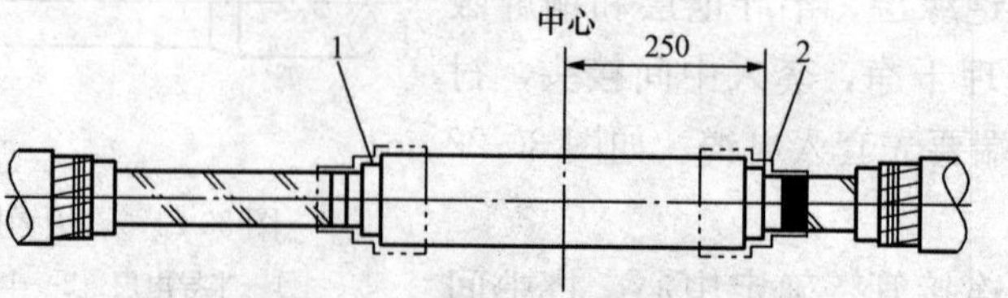

图 30-24　收缩中间接头示意图

1—半导电带；2—标记

根电缆的铠装上，即连通铠装层。如图 30-25 所示。

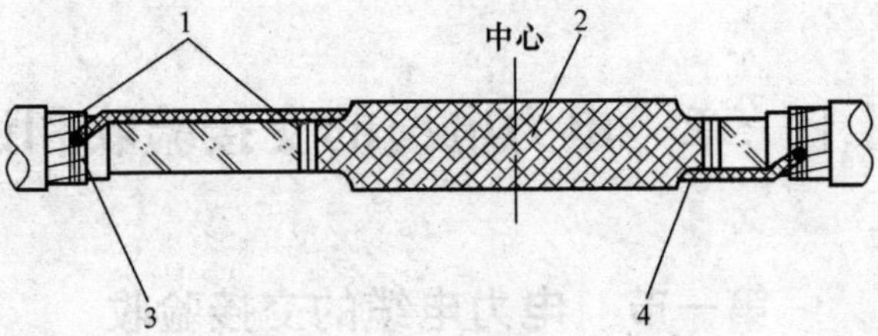

图 30-25　绕包铜网、焊铜编织带

1—扎线；2—铜网；3—焊锡；4—铜编织带

（8）缩热缩护套管。将第一根长为 1000mm 的热缩护套管与电缆外护套搭接 100mm，加热收缩好后，再将另一根长为 500mm 的热缩护套管，与另一端电缆外护套搭接 100mm，与第一根重叠搭接，加热收缩。至此安装完毕，如图 30-26 所示。

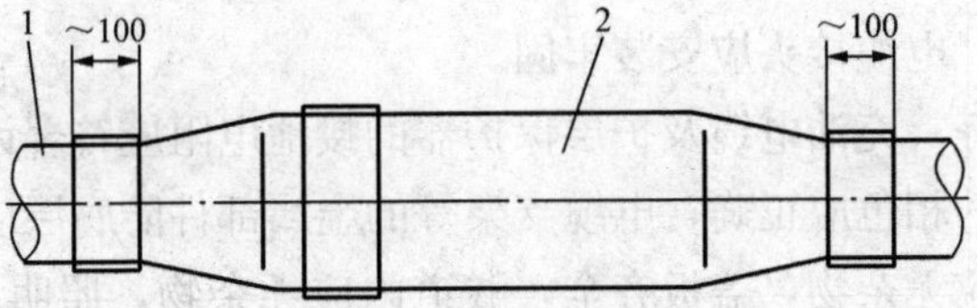

图 30-26　缩热缩护套管

1—电缆护套；2—热缩护套管

第三十一章　电力电缆的交接验收和试验

第一节　电力电缆的交接验收

一、电力电缆的交接验收

(1) 在验收时，应按下列要求进行检查：

1) 电缆规格应符合规定；排列整齐，无机械损伤；标志牌应装设齐全、正确、清晰。

2) 电缆的固定、弯曲半径、有关距离和单芯电力电缆的金属护层的接线、相序排列等应符合要求。

3) 电缆终端、电缆接头应安装牢固。

4) 接地应良好；充油电缆及护层保护器的接地电阻应符合设计。

5) 电缆终端的相色应正确，电缆支架等的金属部件防腐层应完好。

6) 电缆沟内应无杂物，盖板齐全，隧道内应无杂物，照明、通风、排水等设施应符合设计。

7) 直埋电缆路径标志，应与实际路径相符。路径标志应清晰、牢固，间距适当。符合相应标准的规定。

8) 水底电缆线路两岸，禁锚区内的标志和夜间照明装置应符合设计。

9) 防火措施应符合设计，且施工质量合格。

10) 隐蔽工程应在施工过程中进行中间验收，并作好签证。

(2) 在验收时，应提交下列资料和技术文件：

1) 电缆线路路径的协议文件。

2) 设计资料图纸、电缆清册、变更设计的证明文件和竣工图。

3) 直埋电缆输电线路的敷设位置图，比例宜为 1∶500。地下管线密集的地段不应小于 1∶100，在管线稀少、地形简单的地段可为 1∶1000；平行敷设的电缆线路，宜合用一张图纸。图上必须标明各线路的相对位置，并有标明地下管线的剖面图。

4) 制造厂提供的产品说明书、试验记录、合格证件及安装图纸等技术文件。

5) 隐蔽工程的技术记录。

6) 电缆线路的原始记录：①电缆的型号、规格及其实际敷设总长度及分段长度，电缆终端和接头的型式及安装日期；②电缆终端和接头中填充的绝缘材料名称、型号。

7）电缆试验报告。

二、试运行中的检查与测试

1. 试运行中的检查

（1）电力电缆带负荷试运行后，应检查电缆的负荷电流，其值不应超过电缆的持续允许载流量。

（2）电缆在负荷电流下，由于导体电阻的损耗、绝缘介质的损耗以及金属护套和金属铠装的电磁感应效应，使电缆发热，温度升高。温度过高将使电缆绝缘加速老化。为了使电缆安全运行，应限制电缆导体的运行温度。电力电缆的最高允许温度不应超过表 31-1 所列数值。35kV 及以上重要回路高压电缆宜装设有效的测温装置和防火报警装置，以便在运行中对电缆进行监测和安全防护。

表 31-1　　塑料绝缘电力电缆最高允许温度

电缆类型	额定电压（kV）	允许最高温度		
		额定负荷时	短路时	
			铜芯	铝芯
聚氯乙烯绝缘	1～6	65	160	160
交联聚乙烯绝缘	≤10	90	250	250
	＞10	80		

（3）110kV 及以上电压的直埋电缆，当其表面温度超过 50℃时，应采取降低负荷电流或改善回填土的散热性能等措施。

（4）电缆同地下热力管道交叉或接近敷设时，电缆周围的土壤温度，在任何时候不应超过本地段其他地方同样深度的土壤温度 10℃。

2. 35kV 及以上单芯电缆金属护套感应电压和电流的测试

金属护套两端接地的电缆线路，当负荷电流接近额定值时，可分别测量两端接地线的环行电流，其值相差应很小。如果相差很大，说明接地不良或护层绝缘有损坏。对于护层一端接地的电缆线路，在额定电流时，测量直接接地端接地线的电流，其值应为零，如果电流很大，说明护层绝缘损坏。另外可测量非直接接地端金属护套的感应电压（相对地）和回流线接地的电流。对于护套交叉互联的电缆线路应测量各相金属护套电流、交叉互联处金属护套感应电压及绝缘接头两侧金属护套接地电流。

第二节　电力电缆的试验

根据绝缘材料的不同，电力电缆分为油纸绝缘、橡塑绝缘、充油电缆等类型。本书将重点对橡塑绝缘电力电缆的试验进行探讨。

橡塑绝缘电力电缆线路的试验项目、周期和要求见表31-2。

表31-2　　橡塑绝缘电力电缆线路的试验项目、周期和要求

序号	项　目	周　期	要　求	说　明
1	电缆主绝缘绝缘电阻	（1）重要电缆：1年。 （2）一般电缆： 1）3.6/6kV及以上3年。 2）3.6/6kV以下5年	自行规定	0.6/1kV电缆用1000V绝缘电阻表，0.6/1kV以上电缆用2500V绝缘电阻表（6/6kV及以上电缆也可用5000V绝缘电阻表）
2	电缆外护套绝缘电阻	（1）重要电缆：1年。 （2）一般电缆： 1）3.6/6kV及以上3年。 2）3.6/6kV以下5年	每千米绝缘电阻值不应低于0.5MΩ	采用500V绝缘电阻表。当每千米的绝缘电阻低于0.5MΩ时应采用方法判断外护套是否进水。 本项试验只适用于三芯电缆的外护套，单芯电缆外护套试验按本表第6项
3	电缆内衬层绝缘电阻	（1）重要电缆：1年。 （2）一般电缆： 1）3.6/6kV及以上3年。 2）3.6/6kV以下5年	每千米绝缘电阻值不应低于0.5MΩ	采用500V绝缘电阻表。当每千米的绝缘电阻低于0.5MΩ时应判断内衬层是否进水
4	铜屏蔽层电阻和导体电阻比	（1）投运前。 （2）重作终端或接头后。 （3）内衬层破损进水后	对照投运前测量数据自行规定	用双臂电桥测量
5	电缆主绝缘直流耐压试验	新作终端或接头后	（1）试验电压值按表31-3规定，加压时间5min，不击穿。 （2）耐压5min时的泄漏电流不应大于耐压1min时的泄漏电流	
6	交叉互联系统	2～3年		

表 31-3 纸绝缘电力电缆的直流耐压试验电压 kV

电缆额定电压 U_0/U	直流试验电压	电缆额定电压 U_0/U	直流试验电压
1.0/3	12	6/10	40
3.6/6	17	8.7/10	47
3.6/6	24	21/35	105
6/6	30	26/35	130

一、测量绝缘电阻

电力电缆的绝缘电阻，是指电缆芯线对外皮或电缆某芯线对其他芯线及外皮间的绝缘电阻。因此测量时除测量相芯线外，非被测相芯线应短路接地。

电力电缆的绝缘电阻与电缆的长度、测量时的温度以及电缆终端头或套管表面脏污、潮湿等有很大关系。测量时应将电缆终端头表面擦拭干净，并进行表面屏蔽。

由于电缆电容很大，操作时绝缘电阻表的摇动速度要均匀。测量完毕后，应先断开绝缘电阻表与电缆的连接再停止摇动，以免电容电流对绝缘电阻表反充电；每次测量后都要充分放电，操作应采用绝缘工具，以防止电击。

对于橡塑绝缘电缆（主要指交联聚乙烯电缆），除测量芯线绝缘电阻外，还要测量钢铠甲对地的绝缘电阻及铜屏蔽对钢铠甲的绝缘电阻，以确定外、内护套有无损伤，判断绝缘有无受潮的可能。测量时通常用 500V 绝缘电阻表进行，当绝缘电阻低于 0.5MΩ/km 时，应用万用表正、反接线分别测屏蔽层对铠装、铠装层对地的绝缘电阻，当两次测得的阻值相差较大时，表明外护套或内衬层已破损受潮。

二、直流耐压和泄漏电流试验

直流耐压及泄漏电流试验的接线及操作步骤已做过详述，本章不再重复。

1. 试验注意事项

（1）试验前先对电缆验电，并接地充分放电；将电缆两端所连接设备断开，试验时不附带其他设备；将两端电缆头绝缘表面擦干净，减少表面泄漏电流引起的误差，必要时可在电缆头相间加设绝缘挡板。

（2）电缆的直流击穿强度与电缆芯所加电压极性有关，试验时缆芯一般接负极性高压。有文献表明，如果缆芯接正极高压，其击穿电压较接负极性高压高 10% 左右，而且在电场作用下，绝缘中的水分将移向电场较弱的铅皮，使缺陷不易被发现。

（3）加压时，应分段逐渐提高电压，分别在 0.25、0.5、0.75、1.0 倍试验电压下停留 1min 读取泄漏电流值；最后在试验电压下按规定的时间进行耐压试验，并在耐压试验终了前，再读取耐压后的泄漏电流值。

(4) 根据电缆类型不同，微安表有不同的接线方式，一般都采取微安表接在高压侧，高压引线及微安表加屏蔽。

(5) 每次耐压试验完毕，应先降压，切断电源。切断电源后必须对被试电缆用每千伏约 80kΩ 的限流电阻对地放电数次，然后再直接对地放电，放电时间应不少于 5min。

2. 试验结果的分析判断

(1) 耐压 5min 时的泄漏电流值不应大于耐压 1min 时的泄漏电流值。

(2) 按不平衡系数分析判断，泄漏电流的不平衡系数等于最大泄漏电流值与最小泄漏电流值之比。除塑料电缆外，不平衡系数应不大于 2。当最大一相泄漏电流小于 20μA 时，不平衡系数不作规定。

(3) 泄漏电流应稳定。若试验电压稳定，而泄漏电流呈周期性的摆动，则说明被试电缆存在局部孔隙性缺陷。在一定的电压作用下，间隙被击穿，泄漏电流便会突然增加，击穿电压下降，孔隙又恢复绝缘，泄漏电流又减小；电缆电容再次充电，充电到一定程度，孔隙又被击穿，电压又上升，泄漏电流又突然增加，而电压又下降。上述过程不断重复，造成可观察到的泄漏电流周期性摆动的现象。

(4) 泄漏电流随耐压时间延长不应有明显上升。如发现随时间延长泄漏电流明显上升，则多为电缆接头、终端头或电缆内部受潮。

(5) 泄漏电流突然变化。泄漏电流随时间增长或随试验电压不成比例急剧上升，则说明电缆内部存在隐患，应尽可能找出原因并加以消除。必要时，可视具体情况酌量提高试验电压或延长耐压持续时间使缺陷充分暴露。

电缆的泄漏电流只作为判断绝缘情况的参考，不作为决定是否能投入运行的标准。当发现耐压试验合格而泄漏电流异常的电缆，应在运行中缩短试验周期来加强监督，或采用传感器监视被怀疑电缆地线回路中的电流来预防电缆事故。若经较长时间多次试验与监视，泄漏电流趋于稳定，则该电缆也可允许继续使用。

三、交叉互联系统试验

1. 电缆外护套、绝缘接头外护套与绝缘夹板的直流耐压试验

试验时必须将护层过电压保护器断开。在互联箱中将另一侧的三段电缆金属套都接地，使绝缘接头的绝缘夹板也能结合在一起试验，然后在每段电缆金属屏蔽或金属套与地之间施加直流电压 5kV，加压时间 1min，不应击穿。

2. 非线性电阻型护层过电压保护器

(1) 碳化硅电阻片。将连接线拆开后，分别对三组电阻片施加产品标准规定的直流电压后测量流过电阻片的电流值。这三组电阻片的直流电流值应在产品标准规

定的最小和最大值之间。如试验时的温度不是20℃，则被测电流值应乘以修正系数（120－t）/100（t为电阻片的温度,℃）。

（2）氧化锌电阻片。对电阻片施加直流参考电流后测量其压降，即直流参考电压，其值应在产品标准规定的范围之内。

（3）非线性电阻片及其引线的对地绝缘电阻。将非线性电阻片的全部引线并联在一起与接地的外壳绝缘后，用1000V绝缘电阻表测量引线与外壳之间的绝缘电阻，其值不应小于10MΩ。

3. 互联箱

（1）接触电阻。本试验在作完护层过电压保护器的上述试验后进行。将闸刀（或连接片）恢复到正常工作位置后，用双臂电桥测量闸刀（或连接片）的接触电阻，其值不应大于20$\mu\Omega$。

（2）闸刀（或连接片）连接位置。本试验在以上交叉互联系统的试验合格后密封互联箱之前进行。连接位置应正确。如发现连接错误而重新连接后，则必须重测闸刀（或连接片）的接触电阻。

四、电力电缆相位的检测

新装电力电缆竣工验收时，运行中电力电缆重装接线端头或拆过接头后，必须检查电缆的相位。检查电缆相位比较简单，一般用万用表、绝缘电阻表等检查，接线如图31-1所示。检查时，依次在Ⅱ端将芯线接地，在Ⅰ端用万用表的电阻挡测量对地的通断，每芯测三次，共测九次，测后将相位标记一致即可。

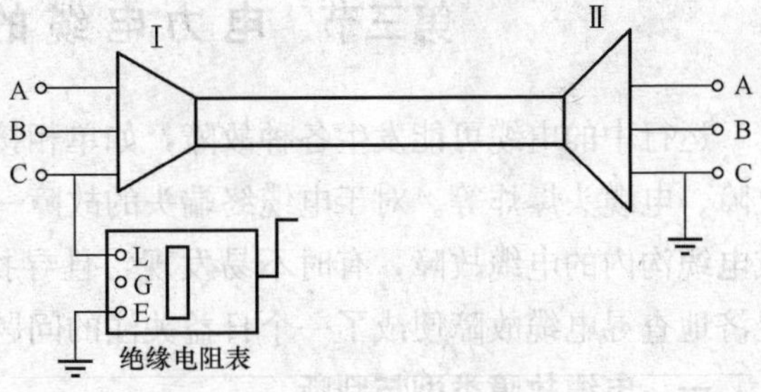

图31-1　电缆相位检查接线示意图

五、电力电缆交流耐压试验

近年来，橡塑绝缘特别是交联聚乙烯电缆发展迅速。由于交联聚乙烯电缆材质、结构的特点，许多研究表明，交联聚乙烯电缆不宜采用直流电压试验，更宜采用交流电压试验。

（1）直流电压试验过程中在交联聚乙烯绝缘电缆及附件中会形成空间电荷，对绝缘有积累效应，加速绝缘老化，缩短使用寿命。

（2）交流电压下绝缘电场分布与实际运行电压基本相同，能更好地考核电缆的主绝缘状况。

根据《电气装置安装工程电气设备交接试验标准》（GB 50150—2006）中规

定，橡塑电缆应优先采用20～300Hz交流耐压试验。橡塑电缆20～300Hz交流耐压试验电压和时间见表31-4。

表31-4　　橡塑电缆20～300Hz交流耐压试验电压和时间

额定电压U_0/U（kV）	试验电压	时间（min）
18/30及以下	$2.5U_0$（或$2U_0$）	5（或60）
21/35～64/110	$2U_0$	60
127/220	$1.7U_0$（或$1.4U_0$）	60
190/330	$1.7U_0$（或$1.3U_0$）	60
290/500	$1.7U_0$（或$1.1U_0$）	60

注　不具备上述试验条件或有特殊规定时，可采用施加正常系统相对地电压24h方法代替交流耐压。

预防性试验中的橡塑电缆交流耐压试验标准参照表31-4执行，具体试验电压和时间各单位自行规定。

第三节　电力电缆的故障探测

运行中的电缆可能发生各种故障，如单相接地、多相短路接地、断线及闪络性故障、电缆头爆炸等。对于电缆终端头的故障一般易于发现，而对于那些埋在地下或电缆沟内的电缆故障，有时不易发现，且寻找起来十分困难。如何准确、迅速、经济地查寻电缆故障便成了一个日益关注的问题。

一、电缆故障类型与判断

1. 电缆故障类型

电缆的故障种类很多，有单一的接地故障、短路故障或断线故障，也有混合性的接地且短路的故障和断线又接地的故障。各种故障按其故障处过渡电阻的大小，均可分为高阻故障和低阻故障。一般情况下电缆故障分为以下五种类型：

（1）接地故障。电缆一芯或数芯接地故障，又可分为低阻接地故障和高阻接地故障。一般将电缆接地处对地电阻较低（10～100kΩ以下）能直接用低压电桥进行测量的故障，称为低阻接地故障；接地处对地电阻较高，需要进行烧穿或用高压电桥进行测量的故障，称为高阻接地故障。

（2）短路故障。电缆两芯或三芯短路，或两芯或三芯短路且接地。

（3）断线故障。电缆一芯或数芯被故障电流烧断或受机械外力拉断，形成完全断线或不完全断线的故障，也可分为高阻断线故障和低阻断线故障。一般以1MΩ为分界线，小于1MΩ为低阻断线故障。

(4) 闪络性故障。这类故障多出现在电缆中间接头和终端头内，运行中发生，预防性试验中也可能发生。试验时绝缘被击穿，形成间歇性放电，当所加电压达到某一定值时，发生击穿；有时在特殊条件下，绝缘击穿后又恢复正常，即使提高试验电压，也不再击穿。以上两种现象均属于闪络性故障。

(5) 混合性故障。同时具有上述两种或两种以上故障的称为混合性故障。

2. 电缆故障性质确定

判断电缆故障，一般多采用 1000V 或 2500V 绝缘电阻表及万用表进行测量，判断方法如下：

(1) 首先在任意一端用绝缘电阻表测量电缆各芯对地绝缘电阻值，判断是否有接地故障。

(2) 测量各芯间的绝缘电阻，判断有无相间短路故障。

(3) 如测得绝缘电阻为零，可应用万用表测量各相对地或各相间的电阻，判断是低阻故障还是高阻故障。

(4) 因为运行中有可能发生断线故障，所以还应做电缆导通性的检查：在一端将 A、B、C 三相短路但不接地，在另一端用万用表测量各相间是否完全通路，相间电阻是否完全一致。相间电阻不一致时，应用电桥测量各相间电阻，检查有无低阻断线故障。

二、电缆故障探测方法

电缆故障的性质确定后，要根据不同的故障，选择适当的方法测出电缆故障点的位置，这就是故障测距。由于仪表精度及电缆敷设路径测量的误差影响，往往测距只能判断出故障点可能的地段，找到可能的地段后还应采取其他检测手段精确确定故障点的位置，这就是故障定位。常见的测距方法有电桥法、脉冲法、闪络法等，定位方法有声测法及音频电流感应法等。以下将简要介绍脉冲测距法、闪络测距法以及声测定位法。

1. 低压脉冲法

(1) 工作原理。由仪器的脉冲发生器发出一个脉冲波，通过引线把脉冲波送到故障电缆的故障相上，脉冲沿电缆线芯传播；当传播到故障点时，由于故障点电缆的波阻发生变化，因而有一脉冲信号被反射回来；用示波器在测试端记录下发送脉冲和反射脉冲之间的时间间隔，即可算出测试端距故障点的距离。如图 31-2 所示。

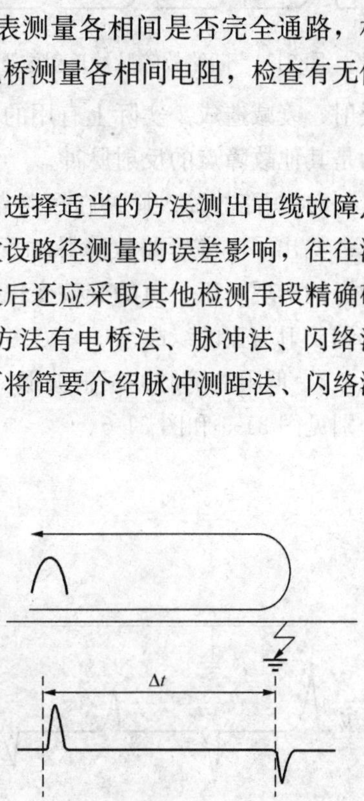

图 31-2　低压脉冲反射原理图

波形上发射脉冲与反射脉冲的时间差 Δt，

对应脉冲在测量点与阻抗不匹配点往返一次的时间。已知脉冲在电缆中的波速度 v，则阻抗不匹配点距离计算式如下。

$$L=0.5v\times\Delta t$$

接地故障反射脉冲的大小和接地电阻值有关。接地电阻越低，反射信号越大，当接地电阻大于 100Ω 时，其反射波明显减弱。因此低压脉冲法仅适用于测量电缆的低阻故障，不能测量高阻故障和闪络性故障。

目前国内已有许多低压脉冲法测量仪器，技术较为成熟，操作简单便捷，在现场使用参照这些仪器的说明书即可。

（2）典型故障的脉冲反射波形。通过识别反射脉冲的极性，可以判定故障的性质。

1）断路故障。脉冲在断路点产生全反射，反射脉冲与发送脉冲同极性。

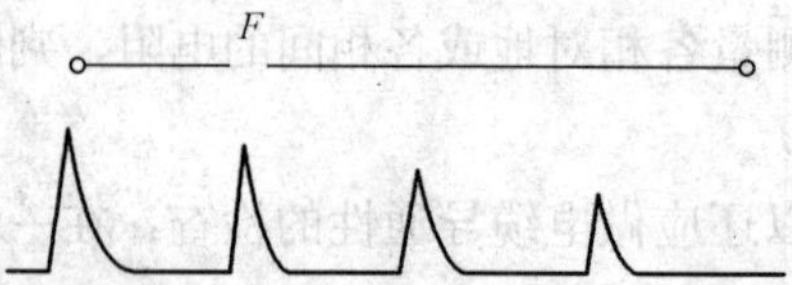

图 31-3　断路故障脉冲反射波形

图 31-3 给出了断路故障脉冲反射波形。波形上第一个故障点反射脉冲之后，还有若干个相距仍然是故障距离的反射脉冲，脉冲幅值逐渐减小，并且波头上升变得越来越缓慢，这是由脉冲在测量端与故障点之间来回反射、衰减造成。实际上有用的是第一个反射脉冲，注意不要把后续反射脉冲误认为是其他故障点的反射脉冲。

2）短路故障。脉冲在短路点产生全反射，反射脉冲与发送脉冲极性相反。图 31-4 给出了电缆短路故障脉冲反射波形。波形上第一个故障点反射脉冲之后的脉冲极性出现一正一负的交替变化，这是由于脉冲在故障点反射系数为－1，而在测量端反射为正的缘故。

3）低阻故障脉冲反射波形。低阻故障在电缆中点之前、之后的脉冲反射波形分别见图 31-5 和图 31-6。

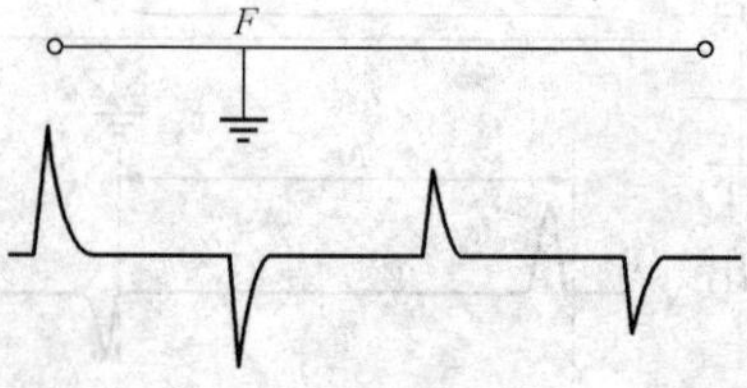

图 31-4　短路故障脉冲反射波形

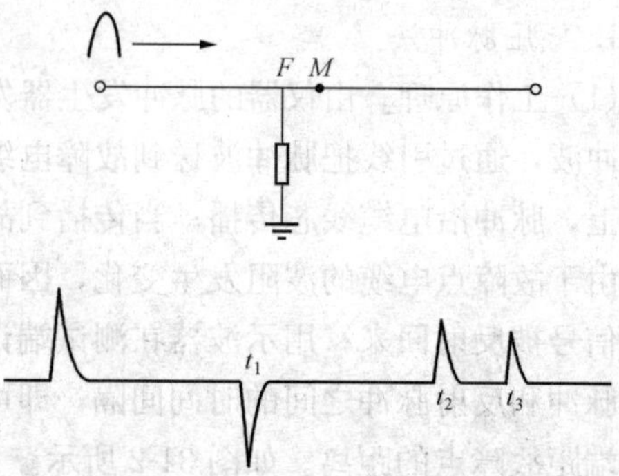

图 31-5　电缆中点之前的低阻故障脉冲反射波形

4）电缆中间接头的脉冲反射波形。电缆脉中间接头 J 的脉冲反射波形见图 31-7，其幅值相对较小，试验中注意区别。

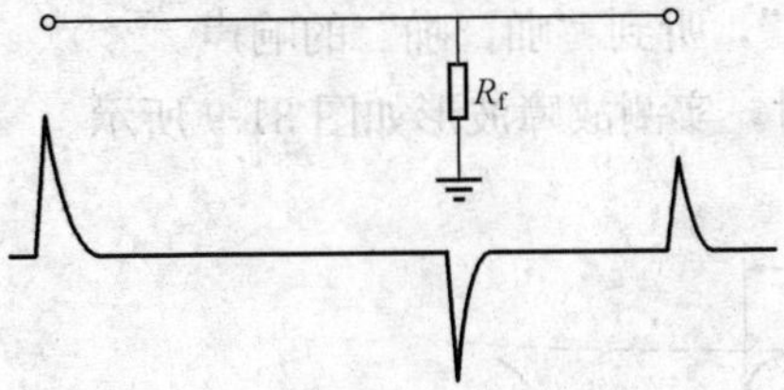

图 31-6　电缆中点之后的低阻故障脉冲反射波形

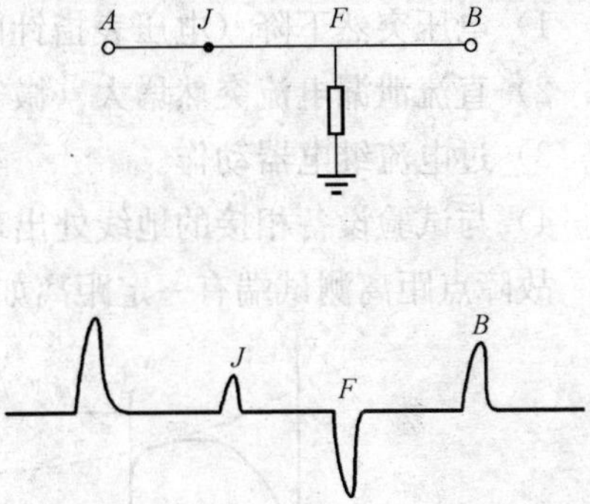

图 31-7　中间有接头的电缆脉冲反射波形

2. 闪络测距法

对于高阻故障及闪络性故障，一般均须将故障点电阻烧成低阻后方可测量故障点，既费时又费力。采用闪络法测量电缆高阻故障点及闪络性故障点不必经过烧穿过程，可以用电缆故障闪络测试仪直接测量，因而缩短了电缆故障点的测量时间。

闪络法测量基本原理与低压脉冲法相似，也是利用脉冲波传播时在故障点产生反射的原理。测量时，在电缆上加上一直流高压或冲击高压，使故障点放电而形成一突跳电压波，此突跳电压波在电缆内从测试端到故障点之间来回反射，用闪络测试仪测出两次反射波之间的时间，用公式即可算出故障点的位置。

(1) 直流高压闪络法。直流高压闪络法接线如图 31-8 所示，T1 为调压器、T2 为高压试验变压器，输出电压在 30～60kV 之间；C 为储能电容器，容量一般在 1～4μF之间；L 为线性电流耦合器。线性电流耦合器 L 的输出经屏蔽电缆接测距仪器的输入端子。为安全起见，高压设备、电容器的外壳、电缆的完好线芯一定要就近接电站的接地网。

逐渐升高加在电缆上的直流电压，当电压超过故障间隙击穿电压时，故障点击

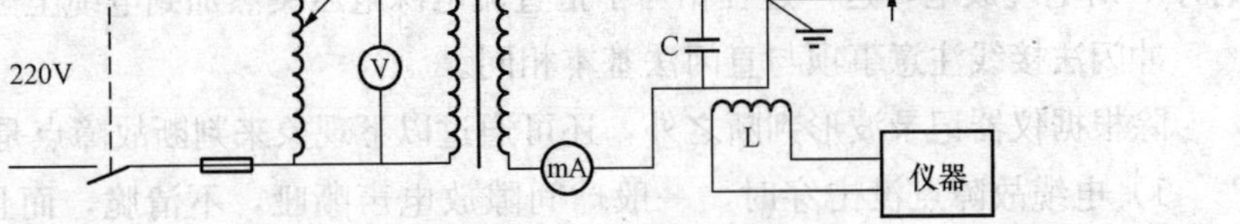

图 31-8　直流高压闪络法测试接线

穿放电。故障点击穿，除了测量仪器被触发显示出波形外，还可通过以下现象判断：

1）电压突然下降（电压表指针向刻度零点摆动）。

2）直流泄漏电流突然增大（微安表指针突然向上摆动）。

3）过电流继电器动作。

4）与试验设备相接的地线处出现“回火”，听到“啪，啪”的响声。

故障点距离测试端有一定距离如800m时，实测故障波形如图31-9所示。

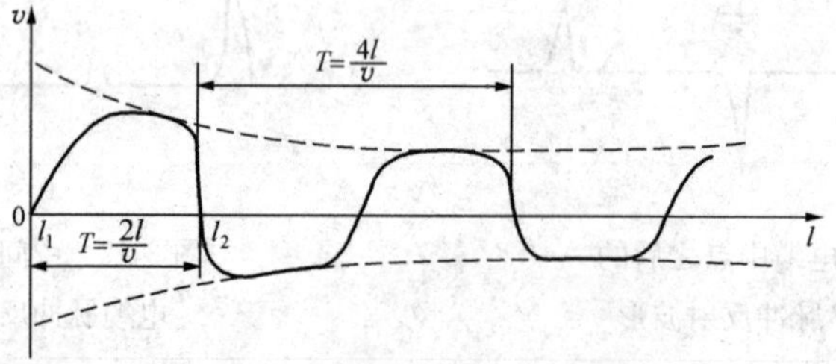

图31-9　直流高压闪络法的实测故障波形

故障点离测量端很近时的故障波形如图31-10所示。故障点靠近测量端时故障波形的特点是往返反射线密集，幅度较小，衰减很快。

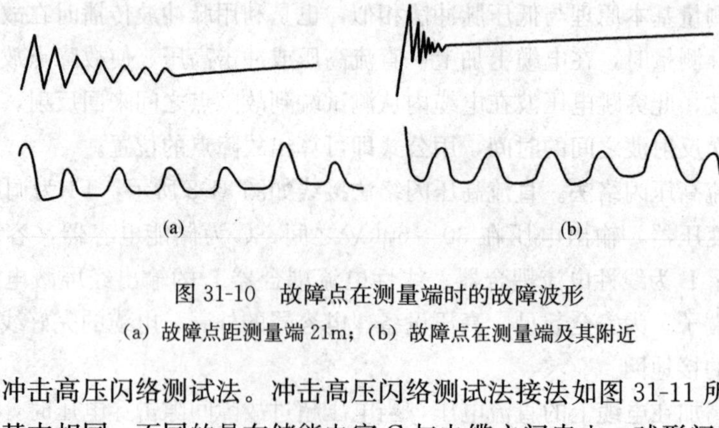

(a)　(b)

图31-10　故障点在测量端时的故障波形

（a）故障点距测量端21m；（b）故障点在测量端及其附近

（2）冲击高压闪络测试法。冲击高压闪络测试法接法如图31-11所示，它与直闪法接线基本相同，不同的是在储能电容C与电缆之间串入一球形间隙G。首先，通过调节调压升压器对电容C充电，当电容C上电压足够高时，球形间隙G击穿，电容C对电缆放电，这一过程相当于把直流电源电压突然加到电缆上去。

冲闪法接线注意事项与直闪法基本相同。

除根据仪器记录波形判断之外，还可通过以下现象来判断故障点是否击穿：

1）电缆故障点没击穿时，一般球间隙放电声嘶哑，不清脆，而且火花较弱。而故障点击穿时，球间隙放电声清脆响亮，火花较大。

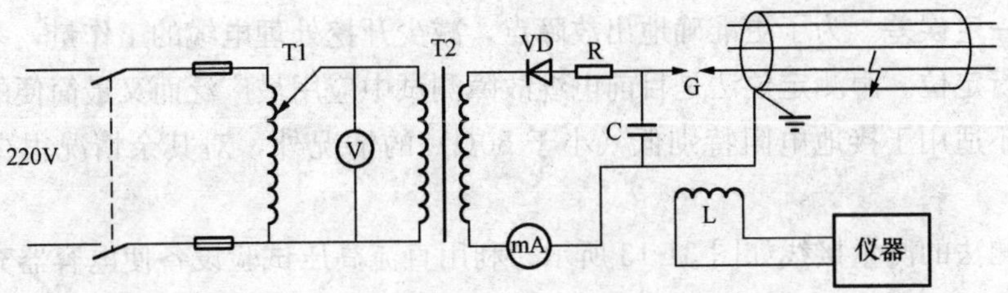

图 31-11　冲闪法测试接线

2）电缆故障点未击穿时，电流表摆动较小，而故障点击穿时，电流表指针摆动范围较大。

图 31-12 给出了几个典型的冲闪波形，图中实线标出故障点放电脉冲的起始处，虚线标出故障点反射脉冲起始处。

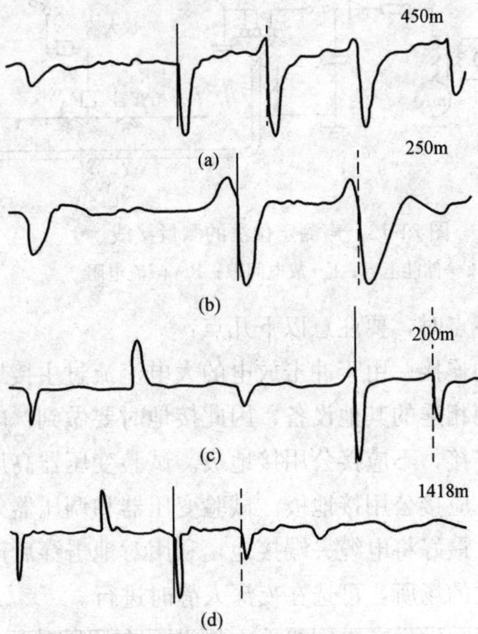

图 31-12　典型的冲闪波形

图 31-12（a）是直接击穿的波形，第三个负脉冲起始处的正脉冲与直闪波形中正脉冲形成原因类似，是由高压设备与导引线的杂散电感引起的。图 31-12（b）、（c）、（d）均为远端反射电压击穿的波形，但放电延时逐渐变大。四个波形与理想条件下波形相比，由于传输损耗等原因，脉冲变化较平缓，幅值亦逐渐变小。

3. 声测定位法

对于电缆，按上述故障测距方法（脉冲法、闪络法）确定的故障点的位置一般总带有一定误差。为了更准确地出故障点，减少开挖处理电缆的工作量，多采用声测法进行定位。声测定位法是目前电缆故障测试中应用最广泛而又最简便的一种方法，除不适用于接地电阻特别低（小于 50Ω）的情况外，对其余情况很少发生误判断。

声测法的测量接线如图 31-13 所示。利用直流高压试验设备使电容器充电、储能，当电压达到某一数值时，经过放电间隙向故障相电缆芯放电，由于故障点具有一定的故障电阻，在电容器放电过程中，此故障电阻相当于一个放电间隙，在放电时将产生火花放电，引起电磁波辐射和机械的音频振动。根据粗测时所确定的故障点大致位置，在地表面用声波接收器（拾音器）探头反复探测，找到地面振动最大、声音最大处即为电缆故障点的位置。

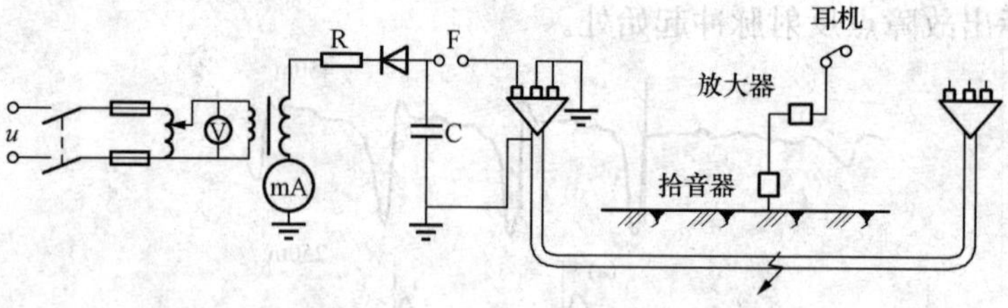

图 31-13　声测定位法的测量接线

C—储能电容；F—放电间隙；R—限流电阻

在用声测法测定故障点时，要注意以下几点：

(1) 特别注意地线的连接。由于冲击放电的大电流流过主接地网引起的电压瞬时升高，可能危及与电网相连的其他设备，因此接地时要做到：电容器的接地线应直接和电缆的铅包地线连接，不应接公用接地极。试验变压器高压绕组的接地端不直接和电容器地线连接，应接公用接地极。试验变压器和调压器外壳可不接地。

(2) 对于断线故障，最好将电缆一端接地，利用对地击穿后声音较响来声测。

(3) 外界声音干扰大的场所，可选在夜深人静时进行。

(4) 断线和闪络故障常发生在中间接头。因此，在用脉冲法确定大致地段后，可用声测法定点，并着重检查中间接头。

(5) 若电缆头或电缆的连接盒外壳与接地线接触不良，户内电缆接头处电缆与接地支架接触不良，声测时这些处所亦有声音，应注意与真正故障点声音相区别，防止误判断。

(6) 听测时不仅要注意放电响声，还应注意电缆表面是否有振动，便于精确确定故障点位置。

电缆故障的类型很多，电缆故障的测寻方法也因故障性质的不同而不同。近年来，国内故障测距、定点方法不断发展、不断改进，应在实践中多摸索，多总结经验。图 31-14 绘出了各种性质的电缆故障适合采取的测试方法及步骤，供测量时参考。

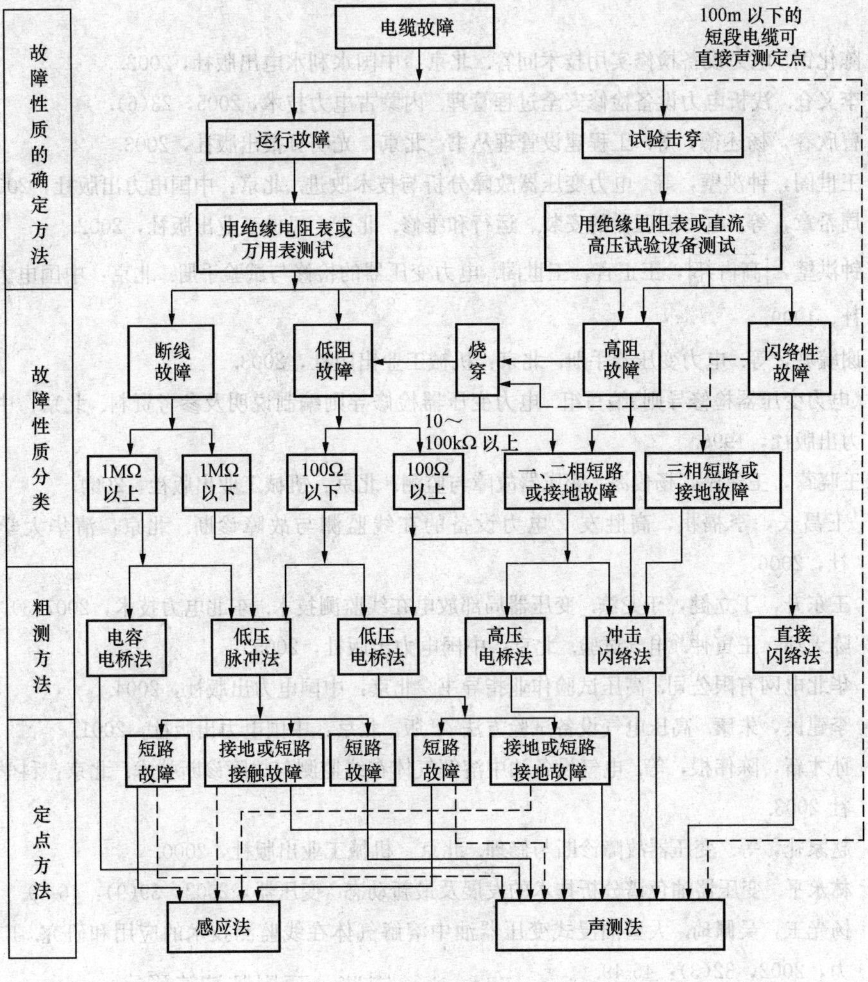

图 31-14　电缆故障测寻方法的选择图

参 考 文 献

[1] 陈化钢. 电力设备检修实用技术问答. 北京：中国水利水电出版社，2002.
[2] 李义仓. 浅析电力设备检修安全过程管理. 内蒙古电力技术，2005，23(6).
[3] 曹欣春，杨述德，等. 工程建设管理丛书. 北京：光明日报出版社，2003.
[4] 王世阁，钟洪璧，等. 电力变压器故障分析与技术改进. 北京：中国电力出版社，2004.
[5] 周希章，等. 电力变压器的安装、运行和维修. 北京：机械工业出版社，2002.
[6] 钟洪璧，高占邦，王正官，王世阁. 电力变压器的检修与试验手册. 北京：中国电力出版社，1999.
[7] 谢毓城，等. 电力变压器手册. 北京：机械工业出版社，2003.
[8]《电力变压器检修导则》编写组. 电力变压器检修导则编制说明及参考资料. 北京：中国电力出版社，1996.
[9] 王晓莺，王建民，杨俊海. 变压器故障与监测. 北京：机械工业出版社，2004.
[10] 王昌长，李福祺，高胜友 . 电力设备的在线监测与故障诊断. 北京：清华大学出版社，2006.
[11] 王东升，丁立健，于龙滨. 变压器局部放电在线监测技术. 东北电力技术，2007(3).
[12] 陈天翔，王寅仲. 电气试验. 北京：中国电力出版社，2005.
[13] 华北电网有限公司. 高压试验作业指导书. 北京：中国电力出版社，2004.
[14] 李建民，朱康. 高压电气设备试验方法 . 2 版. 北京：中国电力出版社，2001.
[15] 孙才新，陈伟根，等. 电气设备油中溶解气体在线监测与故障诊断技术. 北京：科学出版社 2003.
[16] 赵家礼，等. 变压器故障诊断与修理. 北京：机械工业出版社，2000.
[17] 林永平. 变压器油色谱分析技术的发展及最新动态. 变压器，2002，39(9)：46-49.
[18] 杨光玉，吴佩琦. 大型油浸式变压器油中溶解气体在线监测技术的应用和研究. 广西电力，2002，32(3)：46-49.
[19] 李义仓. 变压器油中 CO 和 CO_2 与绝缘材料劣化的关系及故障诊断. 华东电力，1993，21(2)：16-19.
[20] 赵晓辉，路秀丽，杨景刚，等. 超高频方法在变压器局部放电检测中的应用. 高电压技术，2007，33(8)：111-114.
[21] 华中电管理局 . 高压断路器技术问答 . 北京：中国电力出版社，1997.
[22] 清华大学高压教研组 . 高压断路器 . 北京：水利电力出版社，1978.
[23] 雷雨贵 . 变电检修 . 北京：中国水利水电出版社，2006.
[24] 上海超高压输变电公司 . 常用中高压断路器及其运行 . 北京：中国电力出版社，2004.

［25］ 上海超高压输变电公司．变电设备检修．北京：中国电力出版社，2008.

［26］ 徐国政．高压断路器原理和应用．北京：清华大学出版社，2000.

［27］ 陈家斌．SF_6 断路器实用技术．北京：中国水利水电出版社，2004.

［28］ 国家电网公司．高压开关设备管理规范．北京：中国电力出版社，2006.

［29］ 陈家斌．电气设备检修及试验．北京：中国水利水电出版社，2003.

［30］ Meppelink，J.；Diederich，K.；Feser，K.；Pfaff，W.；Very Fast Transients in GIS；IEEE Trans. On Power Delivery，Vol. 4，No. 1，Jan. 1989.

［31］ Meppelink，J.；Hofer，P.；Design and Calibration of a High Voltage Divider for Measurement of Very Fast Transients in Gas Insulated Switchgear；5th International Symposium on High Voltage Engineering；Braunschweig；1987.

［32］ Glinkowski，M；Buesch，W.；Lopez-Roldan，J.；Poittevin，J.；Saravolac，M.；Seitlinger，W.；Wang，N. C.；Electrical Environment of Transformers-Impact of Fast Transients；ELECTRA，No. 218；Feb. 2005；pp. 25-37.

［33］ Glinkowski，M；Buesch，W.；Lopez－Roldan，J.；Poittevin，J.；Saravolac，M.；Seitlinger，W.；Wang，N. C.；Electrical Environment of Transformers-Open Workshop；CIGRÉ JWG 12/13/23. 21，Paris，2002.

［34］ ABB High Voltage Technologies；VFT Calculations-Switching of unloaded Transformer byDisconnector（Three Gorges Project，left bank power plant）；Document No. 1HC0011703，2000.

［35］ Christian，J；Wimmer，R.；Comparability of Transfer Function Results；Europ. Trans. Electr. Power，Vol. 16，2006.

［36］ Boeck，W.；Witzmann，D.；Main influences on the fast transient development in gas insulated ubstations；5th International Symposium on High Voltage Engineering；Braunschweig；1987.

［37］ Witzmann，D.；Fast transients in gas insulated substations-modeling of different components；5th International Symposium on High Voltage Engineering；Braunschweig；1987.

［38］ Kress，K.；König，D.；Müller，W.；Travelling waves as caises of internal resonance phenomena in coils and windings；paper 12-303；CIGRÉ Session 1992，Paris.

［39］ Cornick，K.；Filliat，B.；Kieny，C.；Müller，W.；Distribution of very fast transient overvoltages in transformer windings，paper 12-204；CIGRÉ Session 1992，Paris.

［40］ Schmidt，W.；Meppelink，J.；Richter，B.；Feser，K.；Kehl，L.；Qui，D.；Behavior of MO-Surge-Arrester Blocks to Fast Transients；IEEE Trans. on Power Del.，Vol. 4，No. 1，1989.

［41］ Reisinger，F.；Schenner，H.；Diessner，A.；Muhr，M.；Field Measurements of Fast Transient Voltages in the 420 kV-GIS Wien-Sued；CIGRÉ Syposium 05-87，Vienna 1987，paper 1010-02.

[42] Judd, M. D.; Farish, O.; Hampton, B. F.; Broadband couplers for UHF detection of partial discharge in gas-insulated substations; IEE Proc. -Sci. Meas. Technol., Vol. 142, No. 3, May 1995.

[43] Heindl, Maximilian; Entwicklung eines Algorithmus' zur Bewertung der FRA; student research thesis, University of Stuttgart, 2006.

[44] 钟连宏，欧世尧.GIS中快速暂态过电压的分析及计算，高电压技术，2000，26(1).

[45] 鲁铁成，李思南.GIS中快速暂态过电压的仿真计算.高电压技术，2002，28(11).

[46] 史保壮，张文元.GIS中快速暂态过电压的计算及其影响因素.高低压技术，1997，22(4).

[47] 高有华，王尔智.GIS种快速暂态过电压及其在变压器绕组中电压分布的计算.电机与控制学报，2005，9(2).

[48] 王俊，夏英毅.GIS中的快速暂态过电压现象.华通技术，2005(2).

[49] 杨泽明，谢晓文.GIS中快速暂态过电压对电抗器的影响.四川电力技术，2006(1).

[50] 孙伟，史保壮.500kV GIS中快速暂态过电压的测量.高压电器，1998(4).

[51] 杨凌辉，张嘉曼.500kV GIS隔离开关操作过电压的研究.华东电力，2004，32(1).

[52] 胡文堂，金祖山.500kV GIS快速暂态过电压防护措施的选择.高电压技术，2005，31(1).

[53] 何善庆.GIS的电气特征与切合空载母线试验.高电压技术，1993(1).

[54] 何善庆.GIS中的快速暂态现象.高电压技术，1995(2)：41.

[55] 刘长邑，等.GIS中快速暂态过程的计算机研究.电网技术，1992，53(1)：37.

[56] 邱毓昌.GIS装置及其绝缘技术.北京：水利电力出版社，1994.

[57] 王晓林，等.GIS中的快速暂态过电压及影响因素分析.高压电器，1989，5：20.

[58] 吉嘉琴.GIS中的VFT过电压分析.清华大学学报(自然科学版)，1994，34(1)：49.

[59] 罗学琛.SF_6 气体绝缘全封闭组合电器(GIS).北京：中国电力出版社，1998.

[60] 陈化钢，潘金銮，吴跃华.高低压开关电器故障诊断与处理.北京：中国水利水电出版社，2000.

[61] 张利生.高压并联电容器运行及维护技术.北京：中国电力出版社，2006.

[62] 陈家斌.接地技术与接地装置.北京：中国电力出版社，2003.

[63] 胡红光.电力红外诊断技术作业与管理.北京：中国电力出版社，2006.

[64] 李建明，朱康.高压电气设备试验方法，2版.北京：中国电力出版社，2001.

[65] 陈天翔，王寅仲.电气试验.北京：中国电力出版社，2005.

[66] 李宗延，王佩龙，赵光庭，等.电力电缆施工手册.北京：中国电力出版社，2001.

[67] 江日洪.交联聚乙烯电力电缆线路.北京：中国电力出版社，1997.

[68] 夏国辉.新编电工手册：第二卷.延吉：延边人民出版社，2001.

[69] 潘绍询.电缆线路的维护及故障处理.北京：中国铁道出版社，2000.

[70] 韩伯锋.电力电缆试验及检测技术.北京：中国电力出版社，2007.